普通高等教育"十三五"规划教材

有机化学

Organic Chemistry

吴爱斌　李水清　龚银香　主编

U0196355

化学工业出版社

·北京·

《有机化学》是在注重基础、强化应用和反映学科最新成果的基础上，结合多年教学实践编写而成。全书共分 16 章，采用脂肪族和芳香族混编体系，以反应机理为主线组织教学内容。为便于教和学，本书配有电子课件，且章节后设有本章小结、习题和参考答案；另外，每章还附有相关的阅读材料，以拓宽学生的知识面，提高学习效率。

　　本书可作为农林、生物、石油、地质、环境、食品、轻纺、医学、护理等非化学化工专业的有机化学课程教材，也可供其他相关专业选用和社会读者阅读。

图书在版编目（CIP）数据

有机化学/吴爱斌，李水清，龚银香主编 .—北京：化学工业出版社，2017.5　（2023.1重印）

普通高等教育"十三五"规划教材

ISBN 978-7-122-29325-1

Ⅰ．①有…　Ⅱ．①吴…②李…③龚…　Ⅲ．①有机化学-高等学校-教材　Ⅳ．①O62

中国版本图书馆 CIP 数据核字（2017）第 057571 号

责任编辑：旷英姿　　　　　　　　　　　　　　　装帧设计：史利平
责任校对：吴　静

出版发行：化学工业出版社（北京市东城区青年湖南街 13 号　邮政编码 100011）
印　　装：三河市延风印装有限公司
787mm×1092mm　1/16　印张 21¾　字数 531 千字　　2023 年 1 月北京第 1 版第 5 次印刷

购书咨询：010-64518888　　　　　　　　　　售后服务：010-64518899
网　　址：http://www.cip.com.cn
凡购买本书，如有缺损质量问题，本社销售中心负责调换。

定　　价：48.00 元

前言

　　《有机化学》是按照教育部"高等教育面向 21 世纪教学内容和课程体系改革计划"的原则，根据普通高等学校创新型人才培养的需要，结合国内外有机化学的发展状况和教学改革实践，经过多年认真思考和精心组织编写而成。本书可作为非化学化工专业（包括农林类、石油类和医学类等）本科生教材，按 30～50 学时安排理论教学，也可供有关院校师生和科研工作者参考。

　　本教材具有如下特点：①在内容的选择上注重非化学化工专业的特点，突出理论与实际相结合，强调"宽口径、厚基础、强能力、高素质"大类培养模式教育的特点，使学生受益面广；②在结构方面进行了大胆的改革尝试，将有关章节按新思路进行了科学合理的编排和取舍，使教材在层次上更加分明，结构上更加合理，更利于精简学时，适合非化学化工专业在有机化学教学内容和课程体系方面所做的改革；③加大了对新知识、新进展的介绍，章节后均有相应领域的最新阅读材料（如富勒烯、手性合成和 DNA 修复技术等），使教材更具先进性和前瞻性；④配套有电子课件和习题集，能有效地帮助教师教学和学生学习，有利于课程教学质量的提高，真正做到"教学相长"。

　　本教材由长江大学吴爱斌、李水清、龚银香任主编，胡琳莉、胡圣扬、黄剑平任副主编。参加编写的人员还有戴捷、周智敏、舒文明等。教材初稿于 2016 年 8 月在湖北荆州召开的审稿会上进行了认真的审议。本教材是在化学工业出版社和长江大学化学与环境工程学院各级领导的关怀和大力支持下完成的，在此表示衷心感谢，同时向所有参与教材编写工作的教师和本书所列参考文献的作者表示诚挚的谢意。

　　由于编者水平有限，书中不足之处在所难免，敬请同行与读者批评指正。

编者

目 录

3 烷烃和环烷烃 40

6　旋光异构　　117

9 醛、酮和醌   166

10 羧酸、羧酸衍生物和取代酸   185

15   氨基酸、蛋白质和核酸   279

16   油脂和类脂化合物   296

Chapter 01

绪论 ▶▶

1.1 有机化学和有机化合物

有机化学是研究有机化合物的科学，即研究有机化合物的组成、结构、性质及其变化规律的科学，是化学学科的重要分支，是有机化学工业的理论基础。不论是化学工业、能源工业、材料工业，还是电子工业、国防工业、生命科学的发展，都离不开有机化学。有机化合物在组成上通常都含有碳和氢两种元素，在结构上可看作碳氢化合物分子中的氢原子被其他原子或基团取代后得到的衍生物，因此有机化合物可定义为碳氢化合物及其衍生物。有机化合物大量存在于自然界中（如粮、油、棉、麻、毛、丝、木材、糖、蛋白质、农药、塑料、染料、香料、医药和石油等），与人们的衣、食、住、行等日常生活密切相关，是人们生活中一刻也离不开的物质。

1.1.1 有机化学的产生和发展

有机化学的发展历史与无机化学相比要短得多，迄今约 200 年。19 世纪初期当化学刚刚成为一门学科的时候，由于当时的有机物都是从动植物——即有生命的物体中取得的，而它们与由矿物界得到的矿石、金属、盐类等物质在组成和性质上又有较大的区别，更重要的是当时人们对生命现象的本质缺乏认识，认为有机物是不能用人工方法合成的，而只能由"生命力"所创造，因此将化学物质根据来源分成无机物与有机物两大类。"有机"这个名称也由此而来，意思是指"有生机之物"。1806 年，瑞典化学家 Berzelius J. 首先使用了"有机化学"这个词。随着科学的发展，越来越多的原来由生物体中取得的有机物，可以用人工的方法合成，而无需借助于"生命力"。但"有机"这个名称却被保留下来。由于有机化合物数目繁多，在结构和性质上又有许多共同的特点，因此有机化学逐渐发展成为一门独立的学科。

1828 年，德国化学家 Wöhler 在研究氰酸盐的过程中，意外地发现了用无机物氯化铵和氰酸银一起加热，可以制得有机物尿素。这是世界上第一次在实验室中从无机物制得有机物。毫无疑问，Wöhler 的这一伟大发现，是对"生命力学说"的有力冲击，打破了无机物和有机物绝对分明的界限，开辟了人工合成有机物的新纪元，是有机化学发展史上的一个重要里程碑。

$$NH_4Cl + AgOCN \longrightarrow AgCl \downarrow + NH_4OCN$$

$$\xrightarrow{\triangle} H_2N-\overset{\overset{\textstyle O}{\|}}{C}-NH_2$$

19 世纪中叶，化学家们陆续合成了相当多的有机物。1845 年，德国化学家 Kolber A. W. H. 合成了醋酸；1854 年，法国化学家 Berthelot P. E. M. 合成了油脂；1861 年，俄国化学家 Butlerov A. M. 合成了糖等。此后，许多天然有机化合物被合成出来，许多自然界中不存在的有机物也被制造出来。自此"生命力学说"被彻底否定，开创了合成有机化合物的新时代。

1858 年，德国化学家 Kekulé F. A. 和英国化学家 Couper A. S. 提出价键学说，奠定了分子结构的基础理论；1861 年，Butlerov A. M. 提出化学结构的概念，指出原子间存在相互影响；1865 年，Kekulé F. A. 提出苯的环状结构学说；1874 年，荷兰化学家 van't Hoff J. H. 和法国化学家 Le Bel J. A. 提出饱和碳原子的四面体构型学说，开创了有机化合物的立体化学研究；1916 年，美国化学家 Lewis G. N. 用电子对的方法说明化学键的生成；1926 年，德国化学家 Heitler W. 和 London F. 等人阐明了化学键的微观本质，建立了量子化学；1931 年，德国物理化学家 Hückel E. 用量子化学方法研究不饱和化合物和芳香化合物的结构；1933 年，英国化学家 Ingold C. K. 用化学动力学方法研究饱和碳原子上的取代反应机理；1943 年，Hassel D. 和 Barton D. H. R. 提出的构象分析方法，使人们对有机反应中分子的动态有了新的认识。20 世纪 60 年代，各种光谱分析方法的应用为有机分子结构的测定提供了强有力的手段，同时热力学和动力学方法以及同位素标记法的应用，极大地帮助了化学家对化学反应详细历程的理解。这些工作对有机化学的发展都起到了重要作用。

有机合成艺术大师 WoodWard R. B. 在 20 世纪中叶，不仅成功合成了叶绿素和维生素 B_{12}，还与 Hofmann R. H. 共同发现了分子轨道对称守恒原理，成功说明和预言了具有环状过渡态的协同反应；1967 年，Corey E. J. 首次提出了合成子的概念，并于 1985 年系统地提出了可普遍适用于各类复杂分子全合成的分析策略；1989 年哈佛大学的 Kishi 对海葵毒素（palytoxin）进行了全合成研究，该化合物有 64 个手性中心，其可能的异构体数为 2^{71} 个。海葵毒素的全合成成功，被认为是有机合成中的珠穆朗玛峰，标志着当今有机化学的理论和方法已发展到相当高的水平。

我国在有机化学发展中也起到了许多重要作用。1965 年，我国成功地运用人工方法合成了世界上第一个具有生物活性的蛋白质——结晶牛胰岛素；1981 年，我国成功地合成了分子量约为 26000、具有与天然分子相同结构和完整生物活性的酵母丙氨酸转移核糖核酸；2000 年，我国科学家在国际人类基因组计划工程中，成功地破译了人类 3 号染色体部分遗传密码，标志着我国在蛋白质和核酸的研究方面已进入世界先进列。

1.1.2　有机化学的研究对象

自然界中的化合物按其组成和性质的异同，在化学上可以分为两大类：无机化合物（简称无机物）和有机化合物（简称有机物）。以前所认识的化合物，如盐酸、氢氧化钠、氯化钠、碳酸钙等，都属于无机物。而人们吃的饭菜、穿的衣服、用的纸张以及大多数中西药物等，都是由有机物构成的。在自然界中，有机物不但广泛存在，而且同人类的关系极为密切，一切生物过程都离不开有机化合物。

一些简单的有机物，如甲烷（CH_4）、乙烯（$CH_2\!=\!CH_2$）、乙炔（$CH\!\equiv\!CH$）、苯

（C_6H_6）、酒精（C_2H_5OH）、醋酸（CH_3COOH）、葡萄糖（$C_6H_{12}O_6$）等都是人们所熟悉的。这些化合物的元素组成有一个共同的特点即都含有碳元素，因此，Gmelin L. 等认为有机物就是含碳的化合物，有机化学就是研究含碳化合物的化学。但是一氧化碳（CO）、二氧化碳（CO_2）和碳酸盐（CO_3^{2-}）等含碳化合物仍属于无机物。另外从上述列举的有机物分子式中可以看出，绝大部分有机物都含有氢元素，而且许多有机物除了含碳、氢元素外，还含有氧、氮、硫、磷和卤素等。因此，Schörlemmer C. 等认为有机物就是碳氢化合物及其衍生物，有机化学是研究碳氢化合物及其衍生物的化学。

通常，把只含有碳、氢两种元素的化合物称为烃，因而有机化合物亦称为烃及其衍生物。有机化学就是研究烃及其衍生物的组成、结构、性质及其变化规律的科学。

1.1.3　有机化合物的特性

与无机物相比，有机物一般具有如下特性。

（1）数量庞大，结构复杂，同分异构现象普遍存在　构成有机物的主要元素种类不多，但有机物的数量却非常庞大。据估计，目前世界上有机物的数量已超过 1000 万种，而且这个数量还在与日俱增，几乎每天至少有一种新的有机物被合成或被发现。但是由 100 多种元素构成的无机物的数量迄今仅有十几万种。有机物数量庞大与其结构的复杂性密切相关。构成有机物主体的碳原子不但数目可以很多，而且相互结合能力较强，可以以单键、双键或三键相连，还可以相互连接成不同形式的碳链或碳环。这样就导致有机物普遍存在同分异构现象，所谓同分异构现象是指有机化合物分子式相同，但结构式不同，从而性质各异的现象。这些都是造成有机物数量庞大和结构复杂的原因。

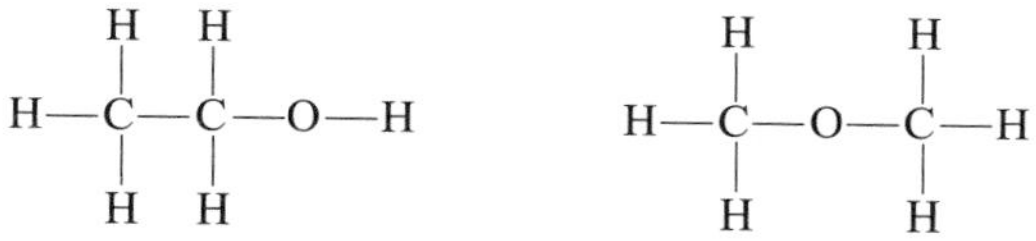

乙醇（沸点78.5℃）　　　　甲醚（沸点−25℃）

图 1-1　乙醇和甲醚结构式

例如，乙醇和甲醚，互为同分异构体，分子式均为 C_2H_6O，但它们的结构不同（见图 1-1），因而物理性质[如沸点(b. p.)]和化学性质也不相同。由于在有机化学中普遍存在同分异构现象，故在有机化学中不能只用分子式来表示某一有机化合物，必须使用构造式或构型式。

（2）容易燃烧　除少数例外，几乎所有的有机物都能燃烧，生成二氧化碳和水，同时放出大量热量。而大多数无机物，如酸、碱、盐或氧化物等都不能燃烧。因此有时采用灼烧试验区别有机物和无机物。

（3）熔点和沸点较低，热稳定性较差　有机物分子中的化学键一般是共价键，而无机物中一般是离子键。有机物分子之间相互作用力是范德华（van der Waals）力，而无机物分子之间是静电引力，这就决定了有机物通常以分子状态存在，分子间的吸引力主要是微弱的范德华力，所以有机物的熔、沸点较低，受热易分解。而无机物如酸、碱、盐等都是离子型化合物，正、负离子之间静电吸引力很强，离子排列比较整齐，要破坏这种引力需要较高的能量，因此无机物的熔、沸点较高，热稳定性较好。

一般来说，纯的有机物都有固定的熔点和沸点，熔点和沸点是有机物非常重要的物理常数，人们常利用测定熔点和沸点的来鉴定有机物。

（4）难溶于水、易溶于有机溶剂　溶解是一个复杂的过程，一般服从"相似相溶原理"规律。有机物是以共价键相连的碳链或碳环，一般是弱极性或非极性的化合物，而水是一种强极性物质，故大多数有机物在水中的溶解度都很小，易溶于非极性或极性较弱的有机溶剂中，而极性较强的无机物大多易溶于水，不易溶于有机溶剂。因此，有机化学反应常在有机溶剂中进行，而无机化学反应常在水中进行。

（5）反应速率慢，副反应多且产物复杂　无机物的反应一般都是离子型反应，反应速率非常快，几乎无法测定。例如，下列反应在瞬间完成且产物单纯。

$$AgNO_3 + NaCl \longrightarrow AgCl\downarrow + NaNO_3$$

而大多数有机物的反应，包括原共价键断裂和新共价键形成的过程，所以反应速率通常较慢，一般需要几小时，甚至几十小时才能完成。因此，常采用加热、加压、光照、搅拌或加催化剂等措施来加速有机反应的进行。

在有机反应中，反应中心往往不局限于有机物分子的某一固定部位，而是可以在不同部位同时发生反应，得到多种产物。而且反应生成的初级产物还可能继续发生反应，得到进一步的产物。因此，常把某一反应中产率较高的产物称为主要产物，产率较低的产物称为副产物。为了提高主产物的产率，控制好反应条件是十分必要的。由于经反应得到的产物是混合物，故还需要经过分离、提纯等步骤，才能获得较纯净的有机物。在书写有机反应方程式时，常采用箭头，而不用等号，一般只写出主要反应及其产物，并在箭头上标明反应的必要条件。反应方程式一般不需要配平，只是在需要计算理论产率时，有机反应才要求配平。

1.1.4　有机化合物的分子结构和结构式

原子按照一定的键合顺序和空间排列而结合在一起的整体，称为分子。这种键合顺序和空间排列关系称为分子结构。由于分子内原子间的相互作用，分子的物理和化学性质不仅取决于其组成原子的种类和数目，更取决于分子的结构（例如，同分异构体等）。因此，可以根据有机化合物的结构预测其性质，也可以根据物质的性质推测其结构。

分子结构通常用结构式表示，结构式是分子结构的化学表示式。一般使用的结构式有短线式（见图 1-1，乙醇和甲醚的表示式）、缩简式和键线式（如表 1-1）。短线式书写不便，一般只在阐明反应机理时才使用；对于开链化合物，习惯用缩简式表示；环状化合物通常用键线式表示；如果结构中同时含有碳链和碳环，则采用缩简式和键线式相结合的结构式。需要指出的是，书写键线式时，用短线表示化学键，拐角和线端表示碳原子。除氢原子外，与碳相连的其他原子（如 O，N，S 等）或基团，需用元素符号或缩写符号表示。

表 1-1　几种常见的结构式

化合物	缩简式	键线式	缩简式-键线式
正戊烷	$CH_3CH_2CH_2CH_2CH_3$ 或 $CH_3(CH_2)_3CH_3$		
1-丁烯	$CH_3CH_2CH=CH_2$		
2-丁酮	$CH_3CH_2\overset{\displaystyle ‖}{\underset{O}{C}}CH_3$		
正丙醇	$CH_3CH_2CH_2OH$ 或 $CH_3(CH_2)_2OH$		
丁酸	$CH_3CH_2CH_2COOH$ 或 $CH_3(CH_2)_2COOH$		

续表

化合物	缩简式	键线式	缩简式-键线式
乙基环己烷	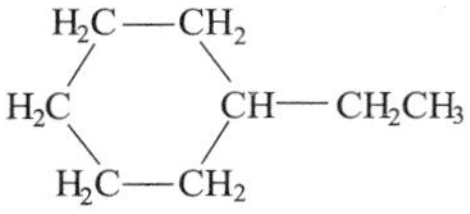	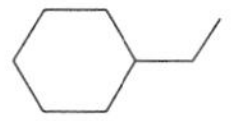	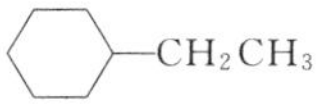
苯	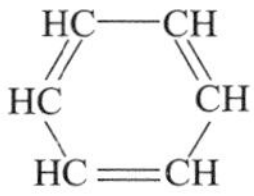		
苯甲醇	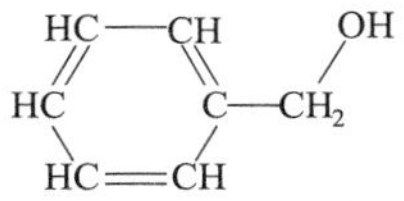	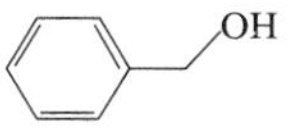	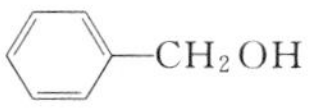

需要指出的是，上述书写的结构式并不能完全代表分子的真实结构。分子结构包括组成分子的原子彼此间的连接顺序（即分子的构造）以及各原子在空间的相对位置（即分子的构型和构象），因此上述书写的表示分子结构的化学式，严格意义上讲应称为构造式。

1.2 有机化合物中的共价键

碳元素在周期表中位于第二周期第ⅣA族，介于典型金属与典型非金属之间，是组成有机物的主要元素。由于碳元素所处的特殊位置，使得它具有不易失去电子形成正离子，也不易得到电子形成负离子的特性，故在形成化合物时更倾向于形成共价键。大多数有机物分子里的碳原子跟其他原子是以共价键相结合的，共价键是有机物分子中主要的、典型的化学键。

1.2.1 共价键的形成

共价键的概念是 Lewis G. N. 于 1916 年提出的。共价即电子对共用或电子配对。Lewis 指出，氢气分子的形成是由两个氢原子各提供一个电子，通过共用一对电子而结合成共价键，从而两个氢原子都具有类似于氦的二电子稳定电子构型。

$$H\cdot + \cdot H \longrightarrow H:H \ 或 \ H{-}H$$
$$(1) \qquad (2)$$

式（1）称为 Lewis 结构式，式（2）为短线式，其中的短线表示一对电子。二者都是常用的表示分子内原子成键的式子。

碳原子最外层具有四个价电子，可分别与四个氢原子形成四个共价键而构成甲烷分子。

$$\cdot\overset{\cdot}{\underset{\cdot}{C}}\cdot + 4H\cdot \longrightarrow H:\overset{H}{\underset{H}{\overset{\cdot\cdot}{C}}}:H \ 或 \ H{-}\overset{H}{\underset{H}{\overset{|}{C}}}{-}H$$

甲烷分子中的碳原子具有类似于氖的八电子稳定电子构型。上述共用一对电子形成的键称为单键，若共用两对或三对电子，则分别称为双键和三键。例如，乙烯最稳定的 Lewis 结构中包含一个碳碳双键，乙炔最稳定的 Lewis 结构中包含一个碳碳三键，其中每个碳原子均具有完整的八隅体。

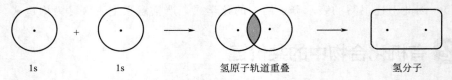

Lewis 的共用电子对形成共价键的概念，虽然可以表述分子结构，但是对共价键形成的本质并未予以说明，直到将量子力学引入化学中，建立和发展了量子化学，人们才对共价键的形成有了更多认识。根据量子力学对不同分子体系 Schrödinger 方程的近似处理，共价键形成的理论解释有多种方法，其中常用的有价键理论和分子轨道理论。

1.2.1.1 价键理论

价键理论认为，共价键的形成可以看作是原子轨道的重叠或电子配对的结果。但只有当两个原子各有一个未成对的电子、且自旋方向相反时，它们才能配对成键，形成一个共价单键。原子轨道重叠时，两个原子核间电子云密度最大，因而降低了两核之间的正电排斥，增加了两核对负电的吸引，成键电子定域在两个成键原子之间，使整个体系的能量降低，形成稳定的共价键。例如，两个氢原子的 1s 轨道互相重叠生成氢分子（图 1-2）。

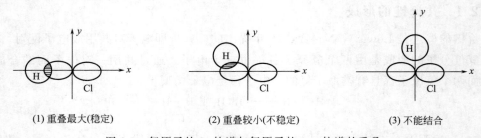

1s   1s   氢原子轨道重叠   氢分子

图 1-2   氢原子的 s 轨道重叠形成氢分子

共价键具有饱和性。在形成共价键时，一个原子有几个未成对电子，它就可以和几个自旋方向相反的电子配对成键，不再与多于它的未成对电子配对，即共价键的饱和性。例如，HCl 分子的形成中，氢原子的一个未成对电子与氯原子的一个未成对电子已经配对成键，就不可能再与其他原子的电子配对了。

<table>
<tr><td>(1) 重叠最大(稳定)</td><td>(2) 重叠较小(不稳定)</td><td>(3) 不能结合</td></tr>
</table>

图 1-3   氢原子的 1s 轨道与氯原子的 $3p_x$ 轨道的重叠

共价键具有方向性。在原子轨道重叠时，重叠的程度越大，所形成的共价键越牢固。因此原子轨道只能在一定方向上进行交盖才能达到最大程度的重叠，而形成稳定的共价键，即共价键的方向性。如在图 1-3 中，氢原子的 1s 轨道与氯原子的 $3p_x$ 轨道重叠形成 HCl 时，有三种可能重叠情况，但只有在（1）所示的 x 轴方向轨道才有最大的重叠。

碳原子在基态时，核外电子排布为 $1s^2 2s^2 2p_x{}^1 2p_y{}^1$，只有两个未成对电子。根据价键理论观点，碳原子应是两价的。但大量事实都证实，在有机物中碳原子都是四价的，而且在饱和化合物中，碳的四价都是等同的。为了解决这类矛盾，1931 年 Pauling L. 在价键理论的基础上提出了原子轨道杂化理论，Pauling L. 也因对有机物结构理论的贡献而获得诺贝尔化学奖。

　　杂化就是成键原子的几种能量相近的原子轨道相互影响和混合后重新组成复杂的原子轨道的过程。在杂化中所形成的等价新轨道叫杂化轨道。杂化轨道的数目等于参加杂化的原子轨道的数目。根据原子轨道杂化理论，碳原子在成键的过程中首先要吸收一定的能量，使 2s 轨道的一个电子跃迁到 2p 空轨道中，形成碳原子的激发态。激发态的碳原子具有四个单电子，因此碳原子为四价的。

$$\begin{array}{ccc} \boxed{\uparrow\ \uparrow\ \ } & & \boxed{\uparrow\ \uparrow\ \uparrow} \\ \boxed{\uparrow\downarrow} & \xrightarrow{\text{跃迁}} & \boxed{\uparrow} \\ 2p_x\,2p_y\,2p_z & & 2p_x\,2p_y\,2p_z \\ 2s & & 2s \\ \text{基态} & & \text{激发态} \end{array}$$

　　碳原子的轨道杂化一般有三种可能的类型：2s 轨道和全部三个 2p 轨道杂化，称为 sp^3 杂化。例如，甲烷分子中的碳原子经 sp^3 杂化后成键而具有空间正四面体结构。2s 轨道和两个 2p 轨道杂化，称为 sp^2 杂化。例如，乙烯分子中的碳原子经 sp^2 杂化后成键而具有平面结构。2s 轨道和一个 2p 轨道杂化，称为 sp 杂化。例如，乙炔分子中的碳原子经 sp 杂化后成键而具有直线形结构。具体将在后续章节中详细讨论。

　　碳原子的 sp^3、sp^2、sp 杂化轨道的形状相似，但其中 s 轨道的成分不同，能量及电负性均有差别，与其他原子形成 σ 键的稳定程度也有差别。s 成分多的轨道，核对轨道中的电子束缚力强。

1.2.1.2　分子轨道理论

　　分子轨道理论是 1932 年美国化学家 Mulliken　R. S. 提出的，他是从分子整体出发来研究分子中每一个电子的运动状态。分子轨道理论认为，分子中的成键电子不是定域在两个成键原子之间，而是围绕整个分子运动的。利用薛定谔方程求解分子轨道 ψ 很困难，一般采用近似解法。其中最常用的是原子轨道线性组合法，即将分子轨道看成是原子轨道函数的相加或相减。一个分子的分子轨道数目等于组成该分子的原子轨道数目的总和。

　　两个原子轨道可以线性组合成两个分子轨道：

$$\psi_1 = C_1\psi_A + C_2\psi_B \tag{1}$$

$$\psi_2 = C_1\psi_A - C_2\psi_B \tag{2}$$

ψ_1 和 ψ_2 为两个分子轨道的波函数，ψ_A 和 ψ_B 分别为原子 A 和 B 的原子轨道的波函数，C_1 和 C_2 为两个原子轨道的特定系数。在式（1）中，ψ_A 和 ψ_B 的符号相同，即两个波函数的位相相同。它们叠加的结果使两个波函数值增大，电子几率密度增大（图 1-4），两原子轨道重叠达到了最大程度，从而形成稳定的共价键。这样的分子轨道（ψ_1）能量低于原来的原子轨道，称为成键轨道。在式（2）中，ψ_A 和 ψ_B 的符号相反，即两个函数的位相不同。它们叠加的结果使两个波函数值减小（或抵消），电子几率密度减小或出现节点（图 1-5），两核之间产生斥力，原子轨道重叠很少或不能重叠，因而不能形成共价键。这样的分子轨道（ψ_2）能量高于原来的原子轨道，称为反键轨道。

　　与价键理论相似，每一个分子轨道最多只能容纳两个自旋方向相反的电子，从最低能级

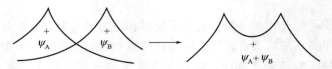

图 1-4　两个位相相同的波函数相互叠加结果示意图

的分子轨道开始，逐个填充电子。例如，两个氢原子形成氢分子时（图 1-6），一对自旋相反的电子进入能量低的成键轨道（ψ_1）中，电子云主要集中于两个原子核间，体系能量最低，从而使氢分子处于稳定的状态。反键轨道的电子云主要分布于原子核的外侧，不利于原子的结合而有利于核的分离。所以，当电子进入反键轨道时，反键轨道的能量高于原子轨道，体系不稳定，氢分子自动解离为两个氢原子。

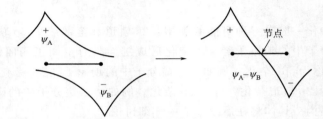

图 1-5　两个位相不同的波函数相互叠加结果示意图

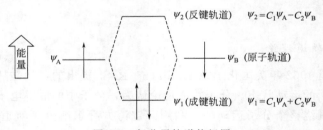

图 1-6　氢分子轨道能级图

分子轨道是由原子轨道线性组合而成的，但并不是任何原子轨道都可以构成分子轨道。原子轨道组合成稳定的分子轨道，必须具备成键的三个条件。

① 对称性匹配　组成分子轨道的原子轨道的位相必须相同，才能匹配组成分子轨道。

② 能量相近　成键的原子轨道的能量相近，能量差越小，才能最有效的组成分子轨道，形成的共价键才越稳定。

③ 最大重叠　原子轨道重叠程度越大，形成的共价键越稳定。

1.2.2　共价键的属性

在有机化学中，经常用到的键参数有键长、键能、键角和键的极性。这些物理量可用来表征共价键的性质，可利用近代物理方法测定。

（1）键长　两个成键原子的核间平均距离称为键长（键距），单位为 nm（$1\mathrm{nm}=1\times10^{-9}\mathrm{m}$）。不同原子形成的共价键的键长是不同的，而同一类型共价键的键长在不同的化合物中也不完全相同，这是由于构成共价键的原子在分子中不是孤立的，而是相互影响的。例如，C—C 键在丙烷中为 0.154nm，而在环己烷中为 0.153nm。一般来说，形成的共价键越短，表示键越强，越牢固。一些常见共价键的键长见表 1-2。

表 1-2　常见共价键的键长

共价键	键长/nm	共价键	键长/nm
C—H	0.109	C=C	0.134
C—C	0.154	C≡C	0.120
C—N	0.147	C=N	0.130
C—O	0.144	C≡N	0.115
C—S	0.181	C=O	0.123
C—F	0.142	N—H	0.104
C—Cl	0.177	O—H	0.096
C—Br	0.194	S—H	0.135
C—I	0.214		

（2）键能　形成共价键过程中体系释放出的能量，或共价键断裂过程中体系所吸收的能量，称为键能，单位通常用 $kJ \cdot mol^{-1}$ 表示。键能反映了共价键的强度，是决定一个反应能否进行的基本参数。通常键能越大，则键越牢固。不同分子中的同一种化学键或者同一分子内不同位置的化学键，其键能也不尽相同。一些常见分子中共价键的键能如表 1-3 所示。

表 1-3　一些常见分子中共价键的键能

共价键	键能/kJ·mol^{-1}	共价键	键能/kJ·mol^{-1}
H_3C—CH_3	377	H_3C—NH_2	360
H_3C—CH=CH_2	426	H_3C—F	460
H—CH_3	439	H_3C—Cl	350
H—CH_2CH_3	420	H_3C—Br	294
H—$CH(CH_3)_2$	410	H_3C—I	240
H—$C(CH_3)_3$	400	H_2C=CH_2	728
HO—CH_3	385	HC≡CH	954

（3）键角　两价以上的原子在与其他原子成键时，键与键的夹角称为键角。键角反映了分子的空间结构，键角的大小与成键的中心原子有关，也随着分子结构不同而改变。例如，甲烷分子中∠HCH 为 109°28′，而在丙烷分子中的∠C—CH_2—C 是 112°。

（4）键的极性、分子的极性和键的极化　由于成键的两个原子之间的电负性差异而引起的电子云分配的变化，称为键的极性。当两个相同的原子形成共价键时，由于两个原子的电负性相同，对键合电子的吸引力一样，电子云均匀地分布在两个原子核之间，键的正、负电荷中心恰好重合，这种键是没有极性的，叫做非极性共价键。例如，氢分子中的 H—H 键和乙烷分子中的 C—C 键；当两个不相同的原子形成共价键时，由于电负性的差异，电子云偏向电负性较大的原子一方，使正、负电荷重心不能重合，电负性较大的原子带有微弱的负电荷（用 δ^- 表示），电负性较小的原子带有微弱的正电荷（用 δ^+ 表示），即此键有一个正极和一个负极，这种键叫做极性共价键。例如，一氯甲烷中的 C—Cl 键，电子云偏向氯原子，使之带有微弱的负电荷，电负性较小的碳原子带有微弱的正电荷。

$$CH_3^{\delta+} \rightarrow Cl^{\delta-}$$

常见元素的电负性见表1-4。

表 1-4　常见元素的电负性

H						
2.20						
Li	Be	B	C	N	O	F
0.98	1.57	2.04	2.55	3.04	3.44	3.98
Na	Mg	Al	Si	P	S	Cl
0.93	1.31	1.61	1.90	2.19	2.58	3.16
						Br
						2.96
						I
						2.66

键的极性是用偶极矩（μ）来度量的，偶极矩是电荷量与正、负电荷中心之间距离的乘积（$\mu = qd$），单位为库仑·米（C·m）。偶极矩是矢量，具有方向性，一般用$+\rightarrow$表示，箭头表示由正端指向负端。表1-5列出了一些常见共价键的偶极矩。

表 1-5　一些常见共价键的偶极矩

共价键	偶极矩/C·m	共价键	偶极矩/C·m
C—H	1.33	C—Cl	4.78
N—H	4.37	C—Br	4.60
O—H	5.04	C—I	3.97
S—H	2.27	C—N	0.73
Cl—H	3.60	C≡N	11.67
Br—H	2.60	C—O	2.47
I—H	1.27	C=O	7.67
C—F	4.70	C—S	3.00

分子的极性是指在一个分子中，如果它的正电中心和负电中心不相重合，则它就具有极性，这样的分子称为极性分子，反之则称为非极性分子。在双原子分子中，键的偶极矩就是分子的偶极矩。例如，H_2为非极性分子，HCl为极性分子。但多原子分子的偶极矩，则是整个分子中各个共价键偶极矩的矢量和。例如，甲烷和四氯化碳是对称分子，各键偶极矩的矢量和等于零，故为非极性分子；三氯甲烷分子中，各个键的偶极矩的矢量和不等于零，为极性分子。

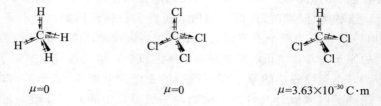

键的极性和分子的极性对物质的熔点、沸点和溶解度都有很大的影响，键的极性也能决定发生在这个键上的反应类型，甚至还能影响到附近键的反应活性。

键的极化是指极性键或非极性键的成键电子云，在外加电场（包括进攻试剂产生的电场）的影响下而发生分布状态的改变，其结果导致极性键的极性增强，而非极性键产生极性。键的极化是暂时的，当外电场存在时表现出来，而外电场消失时则恢复至原来的状态。键的极化是用极化度来度量的，它表示成键电子被成键原子核约束的相对强度。极化度越大的共价键，越容易受外界电场影响而发生极化。通常情况下，成键原子的体积越大，电负性越小，对成键电子的约束越小，则键的极化度就越大。例如，碳卤键的极化度为 C—I＞C—Br＞C—Cl＞C—F；π 键比 σ 键易极化。键的极化对键的化学反应活性常常起决定性作用。

1.2.3 共价键的断裂方式和有机反应的类型

化学反应是旧键断裂、新键生成的过程。根据共价键断裂方式可以把有机化学反应分为不同的类型。

（1）均裂　在共价键断裂时，成键的一对电子平均分给两个原子或原子团，这种断裂方式称为均裂。均裂反应一般要在光照、辐射或高温加热下进行，如果反应体系中有容易产生自由基的引发剂（如过氧化物）、低键能的共价键等均易引发均裂反应。均裂生成的带单电子的原子或原子团称为自由基。通过自由基活性中间体而进行的反应称为自由基反应。

$$C:Y \xrightarrow{\text{均裂}} C\cdot + Y\cdot$$

（2）异裂　在共价键断裂时，成键的一对电子完全为成键原子中的一个原子或原子团所占有，这种断裂方式称为异裂。异裂反应一般需要酸、碱催化或有极性物质存在下进行。共价键异裂产生正离子和负离子。当成键两原子之一是碳原子时，异裂既可生成碳正离子，也可生成碳负离子。通过正、负离子中间体而进行的反应称为离子型反应。离子型反应根据反应实际类型的不同，又可分为亲电反应和亲核反应。亲电反应又可再分为亲电加成反应和亲电取代反应；亲核反应也可再分为亲核加成反应和亲核取代反应。

$$C:Y \xrightarrow{\text{异裂}} :C^- + Y^+$$

另外，还有一类反应不同于以上两类反应，反应过程中旧键的断裂和新键的生成同时进行，经过环状过渡态且无活性中间体生成，这类反应称为周环反应。

在有机反应中，共价键断裂所产生的自由基、正离子和负离子，活性高、寿命短，不能稳定存在，往往在生成的一瞬间就参加化学反应，很难将它们分离出来。只有当带正电荷、负电荷或单电子的碳原子连接着能够稳定这些电荷或单电子的某种基团时，才能存在较长时间。用特殊的化学或物理手段，可以证明活性中间体的存在，这对于了解有机反应机理极其重要。

1.3 酸碱的概念

随着化学学科的发展，酸碱的含义和范围在不断扩大和发展。在有机化学中，有很多化合物是酸或碱，有许多反应是酸碱反应，而且还有不少反应是在酸催化或碱催化下进行的。因此，理解有机化学中的酸碱理论，对理解有机化合物性质与结构的关系、分析反应机理、选择反应条件具有重要意义。现将有机化学中常用的三种酸碱理论概括如下。

1.3.1 Brönsted 酸碱理论

1923 年丹麦化学家 Brönsted J. N. 提出了质子酸碱理论，定义凡是能给出质子的分子或离子都称为酸，如 HCl、NH_4^+、H_2O、CH_3COOH、HSO_4^- 等；凡是能与质子结合的分子或离子都称为碱，如 Cl^-、NH_3、OH^-、SO_4^{2-}、CH_3COO^- 等。酸碱反应都是质子由酸转移到碱的过程：酸失去质子，剩余的基团就是它的共轭碱；碱得到质子生成的物质就是它的共轭酸。

质子转移反应表示如下：

酸		碱		共轭酸		共轭碱
HA	+	B	$\rightleftharpoons$	HB^+	+	A^-
H_2O	+	CH_3COO^-	$\rightleftharpoons$	CH_3COOH	+	OH^-
CH_3COOH	+	H_2O	$\rightleftharpoons$	H_3O^+	+	CH_3COO^-
HCl	+	NH_3	$\rightleftharpoons$	NH_4^+	+	Cl^-

质子酸碱理论是以给出质子或接受质子确定酸或碱，所以酸碱的概念是相对的。同一种物质在不同的反应中，表现出不同的性质，在一个反应中是酸，而在另一反应中可以是碱。例如，H_2O 对 CH_3COO^- 来说是酸，而 H_2O 对 CH_3COOH 则是碱。一个酸碱反应是由两对互为共轭的酸碱组成的。在共轭酸碱中，给出质子能力强的酸为强酸，其共轭碱为弱碱；接受质子能力强的碱为强碱，其共轭酸为弱酸，反之亦然。

酸或碱的强度可用解离平衡常数 K_a 或 K_b 表示。例如，CH_3COOH 在水溶液中的解离平衡常数为：

$$CH_3COOH + H_2O \rightleftharpoons CH_3COO^- + H_3O^+$$

$$K_a = \frac{[CH_3COO^-][H_3O^+]}{[CH_3COOH]}$$

式中，$[CH_3COO^-]$、$[H_3O^+]$、$[CH_3COOH]$ 分别为 CH_3COO^-、H_3O^+、CH_3COOH 的平衡浓度。

K_a 值大，表示酸性越强。常将 K_a 转化成 pK_a（$pK_a = -\lg K_a$）；同样，碱的强度则用 K_b 或 pK_b 表示。在水溶液中，共轭酸/碱的 pK_a 与 pK_b 之和为 14，即 $pK_a + pK_b = 14$

有机化学中常遇到的共轭酸碱对的强度见表 1-6。

表 1-6　一些常见化合物的酸碱强度

酸	共轭碱	pK_a	酸	共轭碱	pK_a
H_2SO_4	HSO_4^-	-9	NH_3	NH_2^-	34
HI	I^-	-10	C_6H_5SH	$C_6H_5S^-$	7.8
HBr	Br^-	-9	HCOOH	$HCOO^-$	3.77
HCl	Cl^-	-7	CH_3COOH	CH_3COO^-	4.74
HF	F^-	3.18	ArCOOH	$ArCOO^-$	4.20
HNO_3	NO_3^-	-1.3	$ArNH_3^+$	$ArNH_2$	4.60
H_3PO_4	$H_2PO_4^-$	2.12	ArOH	ArO^-	10.0
HCN	CN^-	9.2			
HNO_2	NO_2^-	3.23	CH_3CH_2OH	$CH_3CH_2O^-$	16
H_2CO_3	HCO_3^-	6.35	CH_3OH	CH_3O^-	15.5
HCO_3^-	CO_3^{2-}	10.2	$HC \equiv CH$	$HC \equiv C^-$	26
H_2O	OH^-	15.7	$H_2C = CH_2$	$H_2C = CH^-$	36
NH_4^+	NH_3	9.24	CH_4	CH_3^-	39

1.3.2 Lewis酸碱理论

1923 年，美国物理化学家 Lewis G. N. 提出了电子酸碱理论，定义凡能接受电子对的物质都称为酸，如 BF_3、$AlCl_3$、H^+、Ag^+、RCH_2^+ 等；凡能给出电子对的物质都称为碱，如 NH_3、H_2O、RNH_2、ROR、$CH_2=CHR$ 等。

酸和碱的反应可用下式表示，其中 A 是 Lewis 酸，它一定是缺电子体，至少有一个原子具有空轨道，具有接受电子对的能力，在有机反应中常称为亲电试剂；B 是 Lewis 碱，它至少含有一对未共用电子对，具有给予电子对的能力，在有机反应中常称为亲核试剂。酸和碱反应生成的 AB 叫做酸碱加合物。

$$
\begin{array}{cccc}
\text{Lewis 酸} & & \text{Lewis 碱} & \text{酸碱加合物} \\
\text{通式} \quad A & + & :B & \longrightarrow \quad A:B \\
AlCl_3 & + & :Cl^- & \longrightarrow \quad [Cl:AlCl_3]^- \\
CH_3^+ & + & :Cl^- & \longrightarrow \quad Cl:CH_3 \\
H^+ & + & C_2H_5O^- & \longrightarrow \quad C_2H_5O:H
\end{array}
$$

常见的 Lewis 酸有以下几种类型：金属离子如 Li^+、Ag^+、Cu^{2+} 等；中性分子如 BF_3、$AlCl_3$、$SnCl_2$、$ZnCl_2$、$FeCl_3$ 及含有羰基、氰基等极性基团的有机化合物等；正离子如 R^+、RCO^+、Br^+、NO_2^+、H^+ 等。常见的 Lewis 碱有以下几种类型：具有未共用电子对的化合物如 H_2O、NH_3、RSH、ROH、RNH_2、ROR、烯或芳香化合物等；负离子如 X^-、OH^-、RO^-、SH^-、R^- 等。

Lewis 碱与 Brönsted 碱两者是一致的，但 Lewis 酸要比 Brönsted 酸概念广泛得多。例如从 Lewis 酸碱理论出发，所有的金属离子都是 Lewis 酸，而与金属离子结合的负离子或中性分子则都是 Lewis 碱。因此，无机物的酸、碱、盐都是酸碱加合物。而对于有机物而言，也可以看成是酸碱加合物。例如，甲烷 CH_4 可以看成酸 H^+ 和碱 CH_3^- 的加合物；乙醇 CH_3CH_2OH 可以看成酸 H^+ 和碱 $CH_3CH_2O^-$ 的加合物。大部分无机和有机反应，都可以设想为一种 Lewis 酸碱反应。在有机化学反应中，常用 H^+、BF_3、$ZnCl_2$、$FeBr_3$ 等 Lewis 酸作催化剂。

1.3.3 硬软酸碱原理

1963 年由 Pearson R. G. 提出了软硬酸碱原理，他根据酸碱接受电子的能力和可极化程度的大小，将 Lewis 酸碱分成硬、软以下两种类型。

硬酸：接受体的体积小，带正电荷多，价电子层没有未共用电子对，其可极化程度低，电负性大。软酸：接受体的体积大，带正电荷少，价电子层有未共用电子对（p 或 d），其可极化程度高，电负性小。

硬碱：给予体的原子电负性大，可极化程度低，不易被氧化，对价电子束缚得紧。软碱：给予体的原子电负性小，可极化程度高，易被氧化，对价电子束缚得松。

"硬"、"软"是用来描述酸碱束缚电子的松紧程度，束缚电子紧密的称为"硬"，反之称为"软"。但是这种性质的界限很难划分，因此将酸碱又分为三类：硬、软、交界。交界是指介于硬软之间的。一些硬软酸碱如表 1-7 所示：

表 1-7　一些硬软酸碱

	硬	交界	软
酸	H^+，Li^+，Na^+，K^+，Mg^{2+}，Ca^{2+}，Al^{3+}，Cr^{3+}，Fe^{3+}，BF_3，$AlCl_3$，SO_3，$RC\equiv O^+$，CO_2	Fe^{2+}，Cu^{2+}，Zn^{2+}，$B(CH_3)_3$，$Al(CH_3)_3$，SO_2，$R_2C=O$，$C_6H_5^+$	R^+，Cu^+，Ag^+，Hg^{2+}，B_2H_6，RS^+，Br^+，I^+，CH_2(单线态)
碱	RO^-，HO^-，F^-，Cl^-，AcO^-，PO_4^{3-}，SO_4^{2-}，ClO_4^-，NO_3^-，ROH，R_2O，H_2O，$RCOOH$	$PhNH_2$，C_5H_5N，NH_3，RNH_2，N_2H_4，N_3^-，Br^-，NO_2^-，SO_3^{2-}	RSH，R_2S，RS^-，HS^-，I^-，^-SCN，CN^-，R^-，H^-，R_3P，C_2H_4，C_6H_6

硬软酸碱原理指出，硬酸优先与硬碱结合，软酸优先与软碱结合，它们之间能够形成稳定的化合物，且反应速率大；而硬酸与软碱结合、软酸与硬碱结合，它们之间形成化合物不稳定，且反应速率小；交界酸碱不论是硬还是软均能反应，所形成的化合物差别不大，且反应速率适中。总之，即"硬亲硬，软亲软，软硬交界则不管"。

硬软酸碱原理是根据大量实验总结出的经验规律，它能够解释无机化学、有机化学中诸多存在的化学现象和问题（例如，对化合物和配合物稳定性的解释、对化合物反应活性的解释、溶解度规律、有关配体选择的规律、催化剂中毒等），从而受到了广泛的重视。

1.4 分子间相互作用力

分子间能够相互吸引甚至缔合，这种作用力称为分子间作用力。分子间作用力有多种且较弱，比键能小 1～2 个数量级，但却对有机化合物的物理性质、化学性质和生物学性质等具有重要影响。

1.4.1 范德华力

自然界的物质都是以三态形式存在，即气态、液态和固态。物质以任何聚集态存在时，分子间都存在一定的吸引力。由于这种力最早是范德华（van der Waals）发现的，所以通常把分子间的作用力叫做范德华力。

范德华力包括取向力、诱导力和色散力三种。

（1）取向力　极性分子与极性分子之间、偶极定向排列产生的作用力称为取向力。取向力的大小和性质与相互作用的偶极矩的大小和方向有关。偶极矩大，作用力就大；偶极矩方向不同，则可以是吸引力或排斥力。

（2）诱导力　极性分子的永久偶极矩同非极性分子被极化而产生的诱导偶极矩之间的作用力称为诱导力。诱导力的大小同极性分子的偶极矩和非极性分子的极化率有关。诱导力都是吸引力。

（3）色散力　非极性分子的瞬间偶极，诱导邻近分子产生诱导偶极，瞬间偶极和诱导偶极之间产生的相互作用力称为色散力。这是一种很弱但是普遍存在的分子间作用力。作用力的大小同相互作用分子的电离能和它们的极化率相关。色散力都是吸引力。色散力不仅存在于非极性分子中，也可存在于极性分子中。

总之，范德华力是永远存在于分子或原子间的一种较弱的作用力，其大小为每摩尔几千焦到几十千焦，没有方向性和饱和性。通常，分子的极化率越大，则范德华力作用力越大。

1.4.2 氢键

氢键是分子之间较强的偶极-偶极相互作用。当氢原子与电负性很大且原子半径很小的原子（如氟、氧、氮、氯）相连时，由于这些原子吸电子能力很强，使氢原子几乎成为裸露的质子而带正电荷，因而氢原子可以与另一分子的氟、氧、氮等原子的未共用电子对以静电引力相结合，使氢原子在两个电负性很强的原子之间形成桥梁，这样形成的键称为氢键。氢键以虚线表示，HF 分子和 ROH 分子中的氢键如下所示：

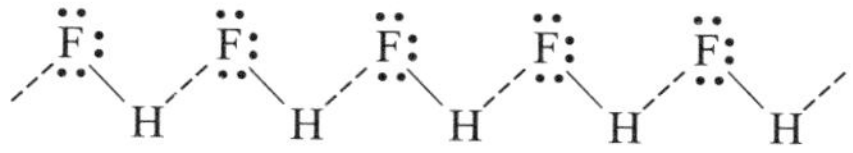

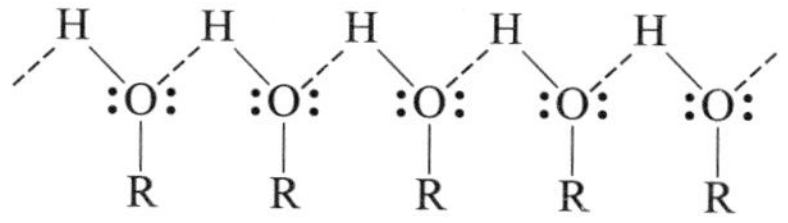

氢键有方向性和饱和性，其强度介于 van der Waals 力和一般共价键力之间，大约是 10～30kJ·mol^{-1}。与氢相连原子的电负性数值越大，形成的氢键则越强。氢键存在于气体、液体、晶体和溶液等各种状态中，氢键不仅对许多物质的物理和化学性质有很大的影响，而且对多糖、蛋白质、核酸等许多生物高分子化合物的立体结构和生理功能等都具有极为重要的作用。

1.5 有机化合物的分类

有机化合物数量庞大，而且新的有机物还在不断地被发现和合成，因此对有机物进行科学合理的分类是非常必要的。有机化合物按其分子结构，通常采取两种分类方法，一种是按碳架分类，一种是按官能团分类。

1.5.1 按碳架分类

（1）开链化合物 在开链化合物中，分子中的碳原子连接成链状。由于脂肪类化合物具有这种结构，因此开链化合物又称为脂肪族化合物。例如：

$CH_3CH_2CH_3$　　$CH_3CH=CH_2$　　　$CH_2=CH-CH=CH_2$　　CH_3CH_2OH　　$CH_3CH_2OCH_2CH_3$
丙烷　　　　　丙烯　　　　　　1,3-丁二烯　　　　　　乙醇　　　　　　乙醚

（2）脂环化合物 在脂环化合物中，分子中的碳原子连接成环状，其性质与脂肪族化合物类似。成环的两个相邻碳原子可以通过单键、双键或三键相连。例如：

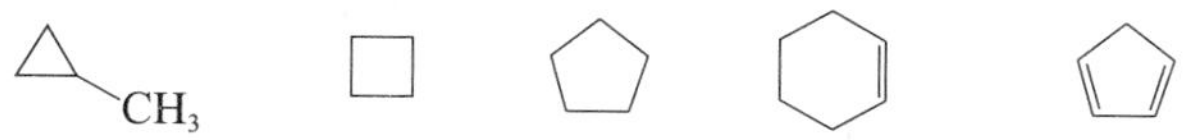

甲基环丙烷　　环丁烷　　环戊烷　　环己烯　　1,3-环戊二烯

（3）芳香族化合物 该类化合物分子中一般含有苯环结构，其性质不同于脂环化合物，具有特殊的"芳香性"。例如：

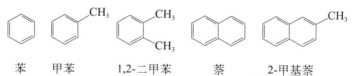

苯　　甲苯　　　1,2-二甲苯　　　萘　　　2-甲基萘

（4）杂环化合物　该类化合物分子中含有碳原子和其他非碳原子（也称杂原子，如 O，N，S 等）连接成环的一类化合物。例如：

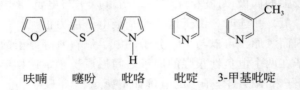

呋喃　　噻吩　　吡咯　　吡啶　　3-甲基吡啶

1.5.2　按官能团分类

官能团是分子中比较活泼而又易起化学反应的原子或基团，它常常决定着化合物的主要性质，反映着化合物的主要特征。含有相同官能团的化合物具有相类似的性质。因此只要研究该类化合物中的一个或几个化合物的性质后，即可了解该类其他化合物的性质。常见有机化合物的重要官能团如表 1-8 所示。

在有机化学教材中，通常将上述两种分类方法结合起来应用。本书主要采用按官能团分类为主线，结合按碳架分类混合编写的体系讨论各类有机化合物。

表 1-8　常见有机化合物的重要官能团及其代表性化合物

化合物类别	官能团结构	官能团名称	代表性化合物
烯烃	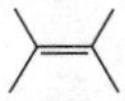 $\diagup\!\!=\!\!\diagdown$	双键	$CH_2\!=\!CH_2$
炔烃	$—\!\!\equiv\!\!—$	三键	$HC\!\equiv\!CH$
卤代烃	—X	卤素	$CH_3CH_2—X$
醇	—OH	羟基	CH_3CH_2OH
酚	—OH	羟基	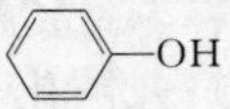 ⬡—OH
醚	—C—O—C—	醚键	$C_2H_5—O—C_2H_5$
醛	$—CH\!=\!O$	醛基	$CH_3—CH\!=\!O$
酮	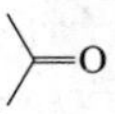 $\diagup\!\!\diagdown\!C\!=\!O$	酮基	CH_3COCH_3
羧酸	—COOH	羧基	CH_3COOH
羧酸酯	—COOR	酯基	CH_3COOCH_3
胺	$—NH_2$	氨基	$CH_3CH_2—NH_2$
硝基化合物	$—NO_2$	硝基	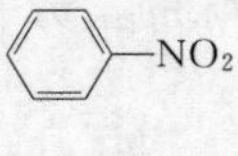 ⬡—NO_2
偶氮化合物	—N=N—	偶氮基	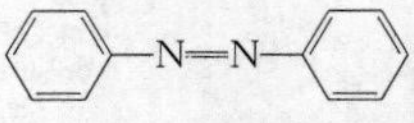 ⬡—N=N—⬡

化合物类别	官能团结构	官能团名称	代表性化合物
酰胺化合物	$\overset{O}{\underset{\parallel}{-C-NH_2}}$	酰氨基	$CH_3\overset{O}{\underset{\parallel}{-C-NH_2}}$
腈	—CN	氰基	CH_3CN
硫醇	—SH	巯基	CH_3CH_2-SH
硫酚	—SH	巯基	⬡—SH
磺酸	—SO₃H	磺酸基	⬡—SO₃H

1.6 有机化学与其他学科的关系

自从瑞典化学家 Berzelius J. 首先提出"有机化学"这个概念后，历经200多年的发展，有机化学现已由传统的实验性学科发展成为实验与理论并重的学科，且与农业科学、石油地质科学、医学、药学等学科，以及其他基础学科之间，始终保持着密切关系，相互交叉渗透。

长期以来，人们一直向自然界索取原料，并不断改进加工手段，使生活水平随之得到提高。自然界不但为人们提供了生活资源，而且给有机化学提出了许多研究的新课题和新领域。农业科学、石油地质科学、医学和药学等学科的发展促进了有机化学的发展，同样有机化学对这些学科的发展和飞跃也是至关重要的。以农业科学为例，农业科学实质上是探讨生命现象及其规律的科学，是生命科学的一个重要组成部分。生物的生命现象就涉及生物体内物质的合成、分解及转化过程。只有了解这些变化过程及其规律，才能掌握它、改造它，使它向着人们需要的方向发展。现代生命科学正在向分子水平上发展，也就是说，要从分子水平上认识生命过程并研究生命现象，化学的理论、观点和方法在整个生命科学中起着不可缺少的作用。当今，诸多有机化学工作者都在生物学方面进行工作，同样生物学工作者也需要具备较深厚的有机化学知识。毋庸置疑，不具备有机化学知识的人是根本不可能去研究现代生命科学的。

另外，大量天然的及合成的有机化合物正越来越广泛地应用于生产实际。各种农药，包括杀虫剂、杀菌剂、除草剂等，可以保护农作物的生长；各种医药，包括中药、中成药、西药等，可以消除疾病的困扰；各种激素、饲料添加剂、兽药等，可用于家畜、禽类的饲养、治病与防疫；各种防腐保鲜剂、色素、香精及食品添加剂等，可用于农、畜产品的贮藏与加工；各种特殊功能高分子材料可用于石油的开采和开发等，可使产品的质量和产量得到显著提高，并可促进工、农业的发展。此外，棉、毛、丝、麻、合成纤维、合成橡胶、油脂、淀粉、蛋白质、医药等又与人们的日常生活息息相关。因此，了解这些有机化合物的组成、结构、理化性质及生理功能，正确地、有效地使用和应用它们，对维护生态平衡，改善环境等都是十分必要的。

有机化学既是学习这些学科的基础，又是进行这些学科科学研究的工具。因此，只有掌握了有机化学的基本理论、基本知识和基本操作技能，才能更好地学习和从事相关科学的研究，在新的世纪为农业科学、石油地质学、医学和药学等学科的发展做出更大贡献。

天然杀虫剂——大自然并非总是绿色的

现代社会中，有人认为所有化学合成的物质都是可疑的、不好的，认为所有天然的化学物质都是无害的，于是人们开始追求天然的物质而排斥人工合成的物质。科学家指出，这是一个错误的观念。虽然人们知道一些化学合成品的确具有毒性，但天然的化学物质和人工合成的化学物质并没有任何不同。大自然有着自己高生产能力的实验室，生产出了数千万种的化合物，它们中的许多是高毒性的，如存在于植物中的许多生物碱。现实生活中就有许多由于摄入植物物质而发生的中毒的案例，如吃了青土豆和毒蘑菇，喝了草药茶等中毒的事件时有发生。亚伯拉罕·林肯的母亲就是因为喝了在生长有毒植物蛇根的牧场奶牛的奶而死亡的。

研究发现，因为植物没有自卫器官，这些对人、动物和昆虫等有毒的化合物，是植物在遇到觅食者和入侵者无法逃走时，启动的防御体系。现在人们已经知道数万种这样的化合物，它们要么已经存在于现有的植物中，要么对外界的伤害而产生原始的"免疫应答"。如在西红柿植物中，一种叫做系统毒的含十八个氨基酸的小肽是对外来进攻的警告信号，这种分子快速地在植物中移动，启动产生化学毒素的串联反应，这一作用或者完全挡开进攻者，或者使进攻者的动作变慢，以便其他觅食者有足够的时间把进攻者吃掉。另外，处于危难中的植物已经学会了使用化学物质作为报警信息素，它们通过由空气或水携带的分子信号使尚未受到伤害的同伴激活它们的化学武器系统。

普通食物中的一些有毒的或潜在的有毒杀虫剂举例：(1)咖啡酸，可致癌，存在于苹果、胡萝卜、芹菜、葡萄、生菜、土豆等中；(2)烯丙基异硫氰酸酯，可致癌，存在于卷心菜、花菜、辣根等中；(3)苧烯，可致癌，存在于橙汁、黑胡椒等中；(4)胡萝卜毒素，神经毒素，存在于胡萝卜中；(5)5-羟色胺，神经传递素，存在于香蕉中。

在美国，每人每天以蔬菜的形式消费 1.5g 天然杀虫剂，超过他们摄入残留的合成杀虫剂的 10000 倍。这些植物毒素中有少数已经确证了有致癌性。然而，为什么人类没有被这些毒素消灭呢？原因之一是人们所接触的任何一种天然杀虫剂的含量都是非常低的；另一个原因是人类也像植物一样已经进化到面对这种"化学炮弹"的攻击时能够保卫自己。作为人类防御第一线，口腔、食管、胃、肠、皮肤和肺的表面层每隔几天就排空一次"炮灰"。此外，人类有多重解毒机理，使得摄入的毒物变成无毒的；许多物质在造成伤害之前已经被排泄；人类的 DNA 有许多方法修复损伤；最后，人们闻出和尝出令人厌恶的物质（如"苦味"的生物碱、腐败的食物、馊掉的牛奶、臭蛋气味的硫化氢）的能力提供了预警信号。归根到底，每一个人都必须对要塞进肚子的东西进行鉴定，还要记住下面的一句老生常谈：任何东西都不要过量，要保持膳食的多样性。

 习 题

1-1 写出符合下列条件且分子式为 C_3H_6O 的化合物的结构式。

(1) 含有醛基　　(2) 含有酮基　　(3) 含有环和羟基　　(4) 醚　　(5) 环醚

(6) 含有双键和羟基（双键和羟基不在同一碳上）

1-2 指出下列化合物中带"＊"号碳原子的杂化类型。

$$CH_3\overset{*}{C}H_2CH_3 \qquad H\overset{*}{C}\equiv C\!-\!\overset{*}{C}H_3 \qquad H_2\overset{*}{C}\!=\!CH_2 \qquad \text{⬡}^*$$

1-3 下列化合物哪些是极性分子？哪些是非极性分子？

(1) CH_4　　(2) CH_2Cl_2　　(3) $CHCl_3$　　(4) CCl_4　　(5) H_2　　(6) CH_3CH_3　　(7) CH_3CHO

(8) HBr　　(9) H_2O　　(10) CH_3CH_2OH　　(11) CH_3OCH_3　　(12) CH_3COCH_3

1-4 根据碳链和官能团不同，指出下列化合物的类别。

(1) CH_3CH_2Cl　　(2) CH_3OCH_3　　(3) CH_3CH_2OH　　(4) CH_3CHO　　(5) $CH_3CH\!=\!CH_2$

(6) $CH_3CH_2NH_2$　　(7) CH_3CH_2SH　　(8) $CH_3COOCH_2CH_3$　　(9) CH_3CH_2COOH

(10) C_6H_5CHO　　(11) C_6H_5OH　　(12) $C_6H_5NH_2$

1-5 下列化合物哪些易溶于水？哪些易溶于有机溶剂？

(1) $CH_3CH_2CH_3$　　(2) CCl_4　　(3) $CH_3CH_2NH_2$　　(4) CH_3CHO　　(5) $HCOOH$

(6) $NaCl$　　(7) CH_3COONa　　(8) CH_3COOCH_3

1-6 指出下列分子或离子哪些是路易斯酸？哪些是路易斯碱？

(1) Br^+　　(2) ROH　　(3) CN^-　　(4) H_2O　　(5) OH^-　　(6) CH_3^+　　(7) CH_3O^-

(8) CH_3NH_2　　(9) H^+　　(10) Ag^+　　(11) $SnCl_2$　　(12) Cu^{2+}

1-7 比较下列各化合物酸性强弱（借助表 1-6）。

(1) H_2O　　(2) CH_3CH_2OH　　(3) CH_3COCH_3　　(4) CH_4　　(5) C_6H_5OH　　(6) H_2CO_3

(7) CH_3COOH　　(8) NH_3　　(9) $HC\equiv CH$　　(10) HCl

1-8 某化合物 3.26mg，燃烧分析得 4.74mg CO_2 和 1.92mg H_2O。化合物分子量为 60，求该化合物的分子式。

1-9 某化合物含碳 49.3%、氢 9.6%、氮 19.2%，测得化合物分子量为 146，求该化合物的分子式。

Chapter 02

有机化合物的波谱分析 ▶▶

　　有机化合物的结构测定，是有机化学的重要组成部分。过去，主要依靠化学方法来测定有机物的结构，试样用量大、费时、费力，且测试结构准确性不高。例如，鸦片中生物碱吗啡碱的结构测定，从 1805 年开始直至 1952 年才彻底完成。利用现代波谱分析手段，仅仅需要微量试样，就能够快速地测定一些化合物的结构，有时甚至能获得其聚集态及分子间相互作用信息。

　　有机化学中应用最广泛的波谱手段是红外光谱（IR）、紫外光谱（UV）、核磁共振谱（NMR）、和质谱（MS）。前三者为分子吸收光谱，而质谱是化合物分子经高能粒子轰击形成的正电荷离子（或采用软电离技术形成的离子），在电场和磁场的作用下按质荷比大小排列而形成的图谱，不是吸收光谱。限于篇幅，本章仅介绍红外光谱、紫外光谱和核磁共振谱，三者在有机化合物的结构鉴定中应用十分广泛。

2.1 电磁波和吸收光谱

　　电磁波的区域范围很广，包括了从波长极短的宇宙射线到波长较长的无线电波，所有这些电磁波在本质上完全相同，只是波长或频率有所差别。电磁波按波长可分为几个光谱区，见表 2-1。所有这些电磁波都具有相同的速度，频率与波长或波数的关系为：

$$\nu = \frac{c}{\lambda} \qquad \sigma = \frac{1}{\lambda}$$

　　式中，c 为光速，为 $3 \times 10^8 \, \text{m} \cdot \text{s}^{-1}$；$\lambda$ 为波长，m；ν 为频率，Hz；σ 为波数，cm^{-1}，表示 1cm 长度中波的数目。

表 2-1　电磁波类型与波谱分析方法

电磁波类型	波长[①]	跃迁类型	波谱类型
γ 射线	0.001～0.01nm	核跃迁	穆斯堡尔谱
X 射线	0.01～10nm	内层电子	X 射线光谱
远紫外	10～200nm	外层电子	紫外吸收光谱
紫外	200～400nm	外层电子	紫外吸收光谱
可见光	400～800nm	外层电子	可见吸收光谱
近红外	0.8～2.5μm	分子振动	红外吸收光谱；拉曼光谱

电磁波类型	波长①	跃迁类型	波谱类型
中红外	$2.5 \sim 25\mu m$	分子振动	红外吸收光谱;拉曼光谱
远红外	$25 \sim 1000\mu m$	分子振动	远红外吸收光谱
微波	$0.1 \sim 10cm$	分子转动;电子自旋	微波波谱;电子自旋共振谱
射频	$>10cm$	核自旋	核磁共振谱

① 波长范围的划分不很严格，不同文献资料可能会有所出入。

分子结构不同，由低能级向高能级跃迁所吸收电磁波的能量不同，因而可形成各自特征的分子吸收光谱，并以此来鉴别已知化合物或测定未知化合物的结构。其吸收能量与吸收电磁波频率的关系如下：

$$E = h\nu = h\frac{c}{\lambda}$$

式中，h 为 Planck 常量，其值为 $6.63 \times 10^{-34} J \cdot s$。由于分子能级是量子化的，因此只有电磁波的能量恰好等于分子两个能级之间的能量差时才能被吸收，所吸收能量的大小及强度都与物质分子的结构有关，用特定仪器记录下来就得到分子吸收光谱。

2.2 红外光谱

在波数为 $4000 \sim 400cm^{-1}$（波长为 $2.5 \sim 25\mu m$）的红外光照射下，试样分子吸收红外光发生振动能级跃迁，所测得的吸收光谱称为红外光谱（infrared spectrum，IR）。每种有机化合物都有其特定的红外光谱，就像人的指纹一样。根据红外光谱上吸收峰的位置和强度，可以判断待测化合物是否存在某些官能团。

2.2.1 基本原理

由原子组成的分子在不断地振动中，多原子分子具有复杂的振动形式，通常可分为两大类：一是伸缩振动，振动时键长发生变化，但不改变键角的大小。伸缩振动分为对称伸缩振动和不对称伸缩振动；二是弯曲振动，振动时键角发生变化，但键长通常不变。弯曲振动可分为面内弯曲振动和面外弯曲振动，如图 2-1 所示。此外，还存在多原子分子的骨架振动，如苯环的骨架振动。

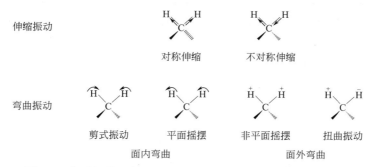

图 2-1 分子振动示意图（"＋"、"－"表示与纸面垂直方向）

可以把两个成键原子间的伸缩振动近似地看成用弹簧连接的两个小球（质量分别为 m_1 和 m_2）的简谐振动。根据 Hooke 定律可得其振动频率为：

$$\nu=\frac{1}{2\pi}\sqrt{\frac{K}{\mu}} \qquad \sigma=\frac{1}{2\pi c}\sqrt{\frac{K}{\mu}}$$

式中　μ——折合质量，$\mu=\dfrac{m_1 m_2}{m_1+m_2}$，kg；

　　　　K——化学键的力常数，单位为 N·m^{-1}。

一些化学键伸缩振动的力常数如表 2-2 所示。

表 2-2　某些化学键伸缩振动的力常数

键型	O—H	N—H	≡C—H	=C—H	—C—H	C≡N	C≡C	C=O	C=C	C—O	C—C
$K/N·m^{-1}$	7.7	6.4	5.9	5.1	4.8	17.7	15.6	12.1	9.6	5.4	4.5

力常数是衡量价键性质的一个重要参数，与化学键的键能成正比。力常数越大，化学键越强，成键原子质量越小，键的振动频率越高。同一类型的化学键，由于其在分子内部及外部所处环境（电子效应、氢键、空间效应、溶剂极性、聚集状态）不同，力常数并不完全相同，因此吸收峰的位置也不相同。此外，只有引起分子偶极矩发生变化的振动模式才会出现红外吸收峰。化学键极性越强，振动时偶极矩变化越大，吸收峰越强。

2.2.2　表示方法

红外光谱图通常以波数 ν 或波长 λ 为横坐标，表示吸收峰的位置；以吸光度 A 或透过率 T（％）为纵坐标，表示吸收强度。如用吸光度表示，则吸收带向上，如用透过率表示，则吸收带向下。后者使用更普遍一些。

红外光谱的吸收强度可用于定量分析，也是化合物定性分析的重要依据。用于定量分析时，吸收强度在一定浓度范围内符合朗伯-比尔（Lambert-Beer）定律；用于定性分析时，根据其摩尔消光系数可区分吸收强度级别，如表 2-3 所示。

表 2-3　红外吸收强度及其表示符号

摩尔消光系数/L·mol^{-1}·cm^{-1}	强度	符号
＞200	很强	vs
75～200	强	s
25～75	中等	m
5～25	弱	w
0～5	很弱	vw

红外光谱吸收的强度受狭缝宽度、温度和溶剂等因素的影响，强度不易精确测定。在实际的谱图分析中，往往以羰基等吸收作为最强吸收，其他峰与之比较，做出定性的划分。吸收峰的形状有：宽峰、尖锋、肩峰和双峰等类型，见图 2-2。

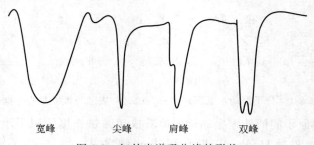

宽峰　　　　尖峰　　　　肩峰　　　　双峰

图 2-2　红外光谱吸收峰的形状

2.2.3 有机化合物基团的特征频率

同类化学键或官能团的吸收频率总是出现在特定波数范围内。这种代表某基团存在的吸收峰，称为该基团的特征吸收峰，其最大吸收所对应的频率称为该基团的特征频率。表 2-4 列举了各类有机化合物基团的特征频率。

表 2-4 常见有机化合物基团的特征频率

化学键类型	波数/cm^{-1}	波长/μm
Y—H 伸缩振动吸收峰		
O—H	3650～3100	2.74～3.23
N—H	3550～3100	2.82～3.23
≡C—H	3310～3200	3.01～3.02
=C—H	3100～3025	3.24～3.31
Ar—H	3020～3080	3.31～3.25
—C—H	2960～2870	3.38～3.49
X=Y 伸缩振动吸收峰		
C=O	1850～1650	5.40～6.05
C=NR	1690～1590	5.92～6.29
C=C	1680～1600	5.95～6.25
N=N	1630～1570	6.13～6.35
N=O	1600～1500	6.25～6.50
⬡	1600～1450	6.25～6.90
X≡Y 伸缩振动吸收峰		
C≡N	2260～2240	4.42～4.46
RC≡CR	2260～2190	4.43～4.57
RC≡CH	2150～2100	4.67～4.76

把 4000～1300cm^{-1} 称为特征频率区，因为该区域里的吸收峰主要是特征官能团的伸缩振动所产生的；把 1300～400cm^{-1} 称为指纹区，该区域里吸收峰通常很多，而且不同化合物差异很大。特征频率区用来判断化合物是否具有某种官能团，而指纹区用来区别或确定具体化合物。习惯上把同一官能团因振动方式不同而产生的不同位置的吸收峰称为相关峰，相关峰有助于确定特征官能团的存在。在进行结构鉴定时，通常将红外光谱分为八个重要区段分别进行解析，如表 2-5 所示。

表 2-5 红外光谱中的八个重要区段

八个区段/cm^{-1}	波长范围/μm	化学键的振动类型
3650～2500	2.74～3.64	O—H,N—H(伸缩振动)
3300～3000	3.03～3.33	C—H(≡C—H,=C—H,Ar—H)
3000～2700	3.33～3.70	C—H(—CH$_3$,—CH$_2$,—CH,—CHO,伸缩振动)
2270～2100	4.04～4.76	C≡C,C≡N(伸缩振动)
1870～1650	5.35～6.06	C=O(醛、酮、羧酸、酸酐、酯、酰胺,伸缩振动)
1690～1590	5.92～6.29	C=C(脂肪族及芳香族,伸缩振动),C=N(伸缩振动)
1475～1300	6.80～7.69	—C—H(面内弯曲振动)
1000～670	10.0～14.8	=C—H,Ar—H(面外弯曲振动)

2.2.4 红外光谱在有机化合物结构分析中的应用

（1）烷烃 烷烃没有官能团，其红外光谱较简单。区分饱和与不饱和 C—H 键伸缩振动的界限为 3000cm^{-1}。饱和烷烃甲基和亚甲基的 C—H 键伸缩振动出现在 3000～2800cm^{-1} 区域，可作烷基存在的依据；C—H 键弯曲振动在 1460cm^{-1} 和 1375cm^{-1} 处有特征吸收，1375cm^{-1} 处吸收峰对识别甲基很有用；异丙基在 1380～1370cm^{-1} 有两个强度相似的双峰；C—C 键伸缩振动在 1400～700cm^{-1} 区域有弱吸收，吸收峰不明显，对结构分析的价值不大；分子中具有—(CH$_2$)$_n$—链节且当 $n \geqslant 4$ 时，在 720cm^{-1} 有一弱吸收峰。

（2）烯烃　烯烃官能团 C=C 键伸缩振动在 1680～1620cm^{-1}，共轭使吸收向低频方向移动，当烯烃的结构对称时，不会出现此吸收峰；=C—H 键伸缩振动在 3100～3025cm^{-1} 区域，不同取代烯烃=C—H 键面外弯曲振动在 1000～650cm^{-1} 处有明显特征。

（3）炔烃　炔烃官能团 C≡C 键伸缩振动出现在 2200～2100cm^{-1} 处，对称炔烃无此吸收峰；≡C—H 键伸缩振动位于 3310～3200cm^{-1} 处，峰形尖锐，吸收强度中等。

（4）芳烃　芳烃官能团 C=C 键骨架振动在 1620～1450cm^{-1} 区域，一般有 1600、1585、1500、1450 四条谱带，这是判断苯环存在的主要依据；=C—H 键伸缩振动也在 3100～3000cm^{-1} 区域，与烯烃一样，特征性不强；=C—H 键面外弯曲振动出现在 900～650cm^{-1} 处，吸收较强，是识别苯环上取代基位置和数目的重要特征峰，如表 2-6 所示。

表 2-6　取代苯的=C—H 面外弯曲振动吸收峰

取代苯类型	=C—H 面外弯曲振动/cm^{-1}
苯	670
单取代苯	710～690 和 770～730
邻二取代	770～735
间二取代	710～690 和 810～750
对二取代	810～750 和 850～810

（5）卤代烃　卤代烃官能团 C—X 键的伸缩振动分别出现在 1400～1100cm^{-1}（C—F）、800～600cm^{-1}（C—Cl）、600～500cm^{-1}（C—Br）和大约 500cm^{-1}（C—I）处，为强到中强吸收峰；芳卤化合物 Ar—X 键的伸缩振动吸收峰频率变高，C—F 键在 1300～1150cm^{-1}，其余 Ar—X 键在 1175～1000cm^{-1} 处。

（6）醇、酚和醚　醇和酚的官能团 O—H 键，游离羟基的伸缩振动一般在 3640～3610cm^{-1} 区域，峰形尖锐，无干扰；缔合羟基，由于形成氢键，其伸缩振动在 3500～3200cm^{-1} 区域出现宽而强的吸收峰；C—O 键伸缩振动在 1200～1000cm^{-1} 处有强吸收，不同醇的 C—O 键伸缩振动频率略有差异，伯醇为 1050cm^{-1}，仲醇为 1100cm^{-1}，叔醇为 1150cm^{-1}，酚为 1230cm^{-1}，峰形一般较宽；醚的官能团 C—O—C 键的不对称伸缩振动出现在 1150～1060cm^{-1} 处，强度大。

（7）醛和酮　醛和酮官能团 C=O 键的伸缩振动出现在 1900～1650cm^{-1}，为强峰，特征明显；醛酮羰基的吸收位置差不多，但醛在 2820～2720cm^{-1} 处有两个中等强度的醛氢特征吸收峰，极易识别；而羧酸、酸酐、酯、醌类、酰卤、酰胺等有机化合物中的羰基，吸收峰位置基本上在 1850～1650cm^{-1} 区域内。

（8）酰胺　受氨基影响，酰胺 C=O 键伸缩振动吸收峰向低波数移动，伯酰胺羰基吸收峰位于 1690～1650cm^{-1} 处，仲酰胺位于 1680～1655cm^{-1} 处，叔酰胺位于 1670～1630cm^{-1} 处；对于 N—H 键而言，游离伯酰胺位于 3520cm^{-1} 和 3400cm^{-1}，缔合 N—H 键位于 3350cm^{-1} 和 3180cm^{-1} 处，呈双峰。仲酰胺 N—H 键伸缩振动位于 3440cm^{-1} 处，缔合 N—H 键位于 3100cm^{-1}，呈单峰；伯酰胺 N—H 键弯曲振动吸收峰位于 1640～

1600cm⁻¹处，仲酰胺位于 1500～1530cm⁻¹处，强度大，特征明显。

（9）胺 胺官能团 N—H 键的伸缩振动吸收峰位于 3300～3500cm⁻¹处。游离和缔合氨基吸收峰的位置不同，且峰的数目与氨基氮原子连接的氢原子数目有关，其规律如酰胺。

在应用红外光谱推断有机化合物结构时，通常首先要根据分子式计算该化合物的不饱和度（U）。不饱和度的计算公式为：

$$U = \frac{2n_4 + n_3 - n_1}{2}$$

式中，n_1、n_3、n_4 分别表示一价原子（如氢和卤素）、三价原子（如氮和磷）和四价原子（如碳和硅）的数目。开链饱和化合物的 U 值为 0，一个硝基、一个双键或一个环的 U 值为 1，一个三键的 U 值为 2，一个苯环的 U 值为 4，依次类推。

【例 2-1】 某化合物分子式为 C_7H_8，它的红外光谱图如图 2-3 所示，请确定这个化合物的结构。

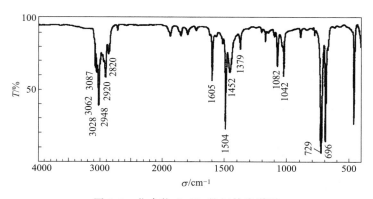

图 2-3 化合物 C_7H_8 的红外光谱图

根据分子式求得该化合物的不饱和度 $U = 4$，说明它可能是一个芳烃。

红外谱图中 3028cm⁻¹ 和 1605、1504、1452cm⁻¹ 处这些吸收峰说明苯环存在，其中 3028cm⁻¹ 处吸收峰为苯环上═C—H 伸缩振动，后三个峰为苯环骨架振动产生的吸收峰；2948～2820cm⁻¹ 处的吸收峰是烷基—C—H 伸缩振动，在 1379cm⁻¹ 处出现了甲基的特征峰，696、729cm⁻¹ 处吸收峰为苯环上═C—H 面外弯曲振动，说明苯环为单取代。因此，可以确证该化合物为甲苯。

〈苯环〉—CH₃

甲苯

【例 2-2】 某化合物分子式为 C_8H_7N，它的红外光谱图如图 2-4 所示，请确定这个化合物的结构。

根据分子式求得该化合物的不饱和度 $U = 6$，说明它可能含苯环和 2 个双键或一个三键。

红外谱图中可见 3068cm⁻¹ 处吸收峰为═C—H 伸缩振动吸收，1609、1509cm⁻¹ 处吸收峰为苯环骨架振动，可确定该分子中有苯环，817cm⁻¹ 处吸收峰为苯环═C—H 面外弯曲振动，说明苯环发生了对位二取代。2926、1450 和 1380cm⁻¹ 处的吸收峰说明分子中含有甲基或亚甲基，1380cm⁻¹ 处为甲基的对称弯曲振动吸收峰，说明分子中含有甲基。由于该分子中含有氮元素，结合 2229cm⁻¹ 处的强吸收，可推断该吸收为 C≡N 特征峰（因吸收的波数值较小，故应为共轭 C≡N）。

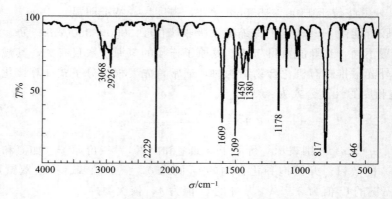

图 2-4　化合物 C_8H_7N 的红外光谱图

综上所述，可确证该化合物为对甲基苯甲腈。

$$CH_3\text{—}\boxed{}\text{—}CN$$
对甲基苯甲腈

2.3 紫外-可见光谱

通常所说的紫外光谱是指 200～400nm 的近紫外光谱，可见光谱的波长范围为 400～800nm。一般仪器可测出近紫外和可见光区域内（200～800nm）分子的吸收光谱，称为紫外-可见光谱(ultraviolet － visible spectrum，UV-Vis)。

2.3.1　基本原理

分子通常处于基态，当紫外-可见光通过物质分子且其能量（$E=h\nu$）恰好等于电子低能级（基态 E_0）与其高能级（激发态 E_1）能量的差值（$\Delta E = E_1 - E_0$）时，紫外-可见光的能量就会转移给分子，使分子中价电子从 E_0 跃迁到 E_1 而产生紫外-可见吸收光谱。由于电子能级（$\Delta E_电$）远大于分子的振动能量差（$\Delta E_振$）和转动能量差（$\Delta E_转$），因此在电子跃迁的同时，不可避免地伴随振动能级和转动能级的跃迁，故所产生的吸收因附加上振动能级和转动能级的跃迁而变成宽的吸收带。

有机化合物对紫外-可见光的吸收与分子的电子结构密切相关：只含 σ 键的化合物在紫外-可见光区内无吸收；含 π 键的化合物，特别是分子结构中含有共轭体系的化合物，具有特征吸收峰。所以紫外光谱提供的分子结构信息虽然比其他光谱少，但仍然是测定分子结构的一种非常重要的手段。

紫外吸收强度遵守 Lambert-Beer 定律。

$$A = \lg \frac{I_0}{I_1} = \lg \frac{1}{T} = \varepsilon c l$$

式中，A 代表吸光度，表示单色光通过试液时被吸收的程度，其值为入射光强度 I_0 与透过光强度 I_1 的比值的对数；T 代表透光率，也称透射率，其值为透过光强度 I_1 与入射光光强度 I_0 的比值；l 代表光在溶液中经过的距离，一般为吸收池的厚度；c 代表浓度；ε 代表摩尔吸光系数，表示物质对光能的吸收程度，是各种物质在一定波长下的特征常数，是鉴定化合物的重要数据，变化范围从 $1\sim 10^5$，其值是浓度为 $1mol \cdot L^{-1}$ 的溶液在 1cm 的吸收池中，在一定波长下测得的吸光度。

2.3.2 表示方法

紫外-可见光谱图通常是以波长（λ/nm）为横坐标，百分透光率（$T/\%$）或吸光度（A）为纵坐标作图。吸收光谱又称吸收曲线，通常把吸收带上最大值对应的波长称为该谱带的最大吸收波长（λ_{max}），对应的摩尔吸光系数作为该谱带的吸收强度（ε_{max}）。吸收曲线中，在吸收峰旁存在的小的曲折（或拐点）称为肩峰；在吸收曲线波长最短处，吸收相当大但不成峰形的部分称为末端吸收。整个吸收光谱的位置、强度和形状是鉴定化合物的标志。在文献资料中，紫外吸收最大波长位置及摩尔吸光系数表示为：

$$\lambda_{max}^{C_2H_5OH} 204 \ (\varepsilon 1120)$$

即样品在乙醇溶液中，最大吸收波长为204nm，摩尔吸光系数为1120L·mol^{-1}·cm^{-1}。图2-5为丙酮的紫外-可见光谱图。

2.3.3 电子跃迁类型及其特征吸收

根据在分子中成键电子的种类不同，有机化合物中的价电子可分为三种：成单键的 σ 电子、成不饱和键的 π 电子、杂原子上未成键的 n 电子。分子中电子的跃迁方式与化学键的性能有关，当电子状态发生变化即跃迁时，需要吸收不同的能量，即吸收不同波长的光。各种电子能级能量高低的顺序为 σ<π<n<π*<σ*，因此电子跃迁共有四种类型，即 σ ⟶ σ*、n ⟶ σ*、π ⟶ π*、n ⟶ π*，如图 2-6 所示。

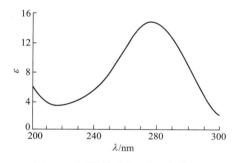

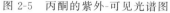

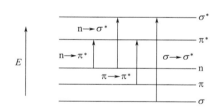

图 2-5　丙酮的紫外-可见光谱图　　　　图 2-6　各种电子跃迁示意图

（1）σ ⟶ σ* 跃迁　成键轨道上的 σ 电子吸收能量后被激发，跃迁到 σ* 反键轨道。由于能级差较大，故 σ 电子跃迁需要很高能量。一般情况下，仅在 200nm 以下才能观察到，即其吸收位于远紫外区，落在紫外-可见光谱仪工作范围以外，只能用真空紫外光谱仪才能观测。有机化合物分子中的烷烃，其成键电子都是 σ 电子，故饱和碳氢化合物（即饱和烃）在近紫外区是透明的，可作紫外测量的溶剂。例如，乙烷的 $\lambda_{max}=135nm$。

（2）n ⟶ σ* 跃迁　非键轨道上的 n 电子吸收能量后被激发，跃迁到 σ* 反键轨道。当有机化合物分子中含有下列基团（如—NH_2、—OH、—S、—X 等）时，杂原子上的 n 电子可以向 σ* 反键轨道跃迁。这种跃迁所需的能量小于 σ ⟶ σ* 跃迁，波长较 σ ⟶ σ* 长，故醇、醚、胺等有机化合物能在远紫外区和近紫外区产生吸收。例如，甲胺的 $\lambda_{max}=213nm$。

（3）n ⟶ π* 跃迁　含有杂原子的不饱和有机化合物中，杂原子上的 n 电子吸收能量后被激发，跃迁到 π* 反键轨道产生的吸收带，光谱学上称为 R 带。这种跃迁所需的能量比

n ——→σ* 跃迁小，一般在近紫外或可见光区有吸收，其特点是吸收强度弱，$\varepsilon_{max} < 100L \cdot mol^{-1} \cdot cm^{-1}$（或 $lg\varepsilon < 2$），大多数为 15～50，λ_{max} 为 270～350nm。例如，醛酮分子中羰基的 λ_{max} 为 275～295nm，甲基乙烯基酮 n ——→π* 跃迁的 $\lambda_{max} = 324$nm。

（4）π ——→π* 跃迁　不饱和键中的 π 电子吸收能量后被激发，跃迁到 π* 反键轨道产生的吸收带，光谱学上称为 K 带。由于能级差较小，故 π 电子跃迁不需要较高能量，其特点是吸收强度很强，$\varepsilon_{max} > 10000L \cdot mol^{-1} \cdot cm^{-1}$（或 $lg\varepsilon > 4$）。对于孤立双键来说，其吸收峰大都位于远紫外区末端或 200nm 附近，属于强吸收峰；若分子中有两个或两个以上双键共轭时，π ——→π* 跃迁能量降低，λ_{max} 向长波方向移动，ε_{max} 也随之增大。值得注意的是，共轭烯烃的 K 带不受溶剂极性的影响，而不饱和醛酮 K 带的 λ_{max} 随溶剂极性的增大而向长波递增。

芳香族化合物 π ——→π* 跃迁引起的特征吸收带，也称为 B 带，其特点是吸收强度较弱，$\varepsilon_{max} \approx 200L \cdot mol^{-1} \cdot cm^{-1}$，$\lambda_{max}$ 为 230～270nm，中心在 256nm 左右，在非极性溶剂中芳烃的 B 带为一具有精细结构的宽峰，但在极性溶剂中精细结构消失；E 带指在封闭的共轭体系（如苯环）中，因 π ——→π* 跃迁产生的强度较弱的特征吸收带。

总之，电子跃迁类型与分子结构密切相关。可以根据分子结构来预测电子跃迁类型，反之也可以根据紫外吸收波长及电子跃迁类型来判断有机化合物分子中可能存在的吸收基团，见表 2-7。

表 2-7　某些有机化合物的电子跃迁类型和吸收相关数据

化合物	电子跃迁类型	λ_{max}/nm	ε_{max}/L·mol^{-1}·cm^{-1}	吸收带
CH_3CH_3	σ ——→σ*	135	1000	
$C_6H_{11}SH$	n ——→σ*	224	12.6	
$CH_2=CH_2$	π ——→π*	170	1500	
$CH\equiv CH$	π ——→π*	173	600	
CH_3COCH_3	π ——→σ*	189	90	
	n ——→π*	280	1.5	R
$CH_2=CH-CH=CH_2$	π ——→π*	217	2100	K
$CH_2=CH-CHO$	π ——→π*	210	1150	K
	n ——→π*	315	1.4	R
C_6H_6	π ——→π*	184	600	E_1
		203	80	E_2
		256	21.5	B
$C_6H_5CH=CH_2$	π ——→π*	244	1200	K
		282	45	B
$C_6H_5COCH_3$	π ——→π*	240	1300	K
		278	110	B
	n ——→π*	319	5	R

2.3.4　紫外-可见光谱在有机化合物结构分析中的应用

根据电子跃迁类型及其吸收特点，以及紫外-可见光谱仪的测试范围，显而易见只有 π ——→π* 和 n ——→π* 的跃迁才有实际意义，也就是说紫外-可见光谱适用于分子中具有不饱和结构特别是共轭结构的化合物。但是有时分子中某一部分的结构变化较大，而紫外-可见光谱的变化却不大，导致其应用存在很大的局限性。即便如此，在推测有机化合物结构时，紫外-可见光谱也能提供一些重要的信息。

（1）判断分子中是否存在共轭体系或某些官能团　200～400nm 无吸收，可推测化合物是饱和烃；270～350nm 有弱吸收且 $\varepsilon_{max}<100$（R 带），200～260nm 内无任何吸收，可推测化合物有一个含未共用电子对的不饱和基团；若光谱中存在许多吸收峰，且有一些出现在可见光区，可推测化合物含有共轭链生色团或多环共轭体系；若化合物是有色的，可推测分子中含有 4～5 个共轭的生色团和助色团；若吸收峰的 ε_{max} 为 10000～20000L·mol^{-1}·cm^{-1}，表明分子中有 α,β-不饱和醛酮或共轭双烯的存在；若吸收峰的 ε_{max} 为 1000～10000L·mol^{-1}·cm^{-1}，表明分子中有芳环存在；若光谱中既存在 $\varepsilon_{max}>10000$L·mol^{-1}·cm^{-1} 的谱带，还伴随一些 $\varepsilon_{max}<$ 10000L·mol^{-1}·cm^{-1} 的谱带，表明芳环上连有生色基团。

（2）判断分子的基本骨架　先研究未知物的光谱特征，然后再寻找已知结构的、具有类似发色团的化合物作为模型，和未知物光谱进行对比。如果很相似，便可推知其基本骨架。例如维生素 K 的基本骨架就是这样推断的。

（3）判断某些官能团的位置　利用位移试剂对紫外光谱的影响，可确定有机化合物结构中某些官能团的位置。例如除虫菊醇酮侧链上两个双键的位置就是利用此技术确定的，此技术在黄酮类化合物的结构鉴定中也特别有用。

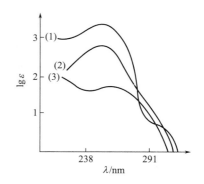

除虫菊醇酮

（4）判断某些化合物的异构体和互变异构　对于顺反异构体而言，一般情况下其反式异构体的 λ_{max} 和 ε_{max} 大于顺式异构体，如 1,2-二苯乙烯。对于互变异构体而言，以乙酰乙酸乙酯的酮-烯醇互变异构为例，在酮式结构中，两个双键未共轭，$\lambda_{max}=204$nm；在烯醇结构中，两个双键共轭，吸收波长较长，$\lambda_{max}=243$nm；通过吸收峰强度可知异构体的大致含量，且在不同极性溶剂中，酮式和烯醇式所占比例不同（图 2-7）。乙酰乙酸乙酯在己烷中烯醇式含量高，在水中烯醇式含量低。

（5）判断某些化合物的纯度或含量　紫外-可见光谱法灵敏度很高，容易检验出有机化合物中所含的微量杂质。如果在已知化合物的紫外-可见光谱中发现其他吸收峰，便可判定有杂质存在。例如，乙醇中微量醛的检测，可在 270～290nm 范围内测定其吸光度，如无醛存在，则没有吸收；紫外-可见光谱在有机化合物含量测试方面的应用，比其在化合物定性测试方面具有更大的优越性，该方法准确性高、重现性好。只要对近紫外光或可见光有吸收或可能有吸收的化合物，均可用紫外-可见分光光度法进行测定。

图 2-7　乙酰乙酸乙酯的紫外-可见吸收曲线（溶剂：(1)-己烷；(2)-乙醇；(3)-水）

【例 2-3】　某化合物分子式为 C_4H_6O，其构造式可能有 30 多种。经紫外-可见光谱测试，$\lambda_{max}=$ 230nm，具有较强吸收 $\varepsilon_{max}>5000$L·mol^{-1}·cm^{-1}。请推测该化合物结构。

经计算，该化合物的不饱和度 $U=2$。根据其紫外-可见吸收的 λ_{max} 和 ε_{max}，可推测分子中含有共轭体系，即分子可能是一个共轭醛或共轭酮，结构如下所示。

$$CH_3-HC=CH-\overset{\overset{\displaystyle O}{\parallel}}{C}-H \qquad CH_2=CH-\overset{\overset{\displaystyle O}{\parallel}}{C}-CH_3 \qquad CH_2=C-\overset{\overset{\displaystyle O}{\parallel}}{C}-CH_3$$

至于化合物究竟是这三种结构中的哪一种，还需要进一步用红外、核磁共振谱或化学方法来确定。

2.4 核磁共振谱

1946 年美国物理学家 Bloch F. 和 Purcell E. 首次发现核磁共振（nuclear magnetic resonance，NMR）现象。核磁共振是无线电波与处于磁场内的自旋核相互作用，引起核自旋能级的跃迁而产生的。核磁共振谱主要提供分子中原子数目、类型以及键合次序等信息，有的甚至可以直接确定分子的立体结构，是目前研究有机化合物分子结构的强有力的手段之一。

原子序数或原子质量为奇数的原子核，即核自旋量子数 $I \neq 0$ 的原子核（例如 ^1H，^{13}C，^{15}N，^{17}O，^{19}F，^{31}P，^{35}Cl，^{37}Cl 等），在磁场作用下均可发生核磁共振现象。其中最常用的是核磁共振氢谱（^1H-NMR）和核磁共振碳谱（^{13}C-NMR）。^1H 和 ^{13}C 原子核的核自旋量子数 $I=1/2$。本节重点讨论核磁共振氢谱，对核磁共振碳谱作初步简介。

2.4.1 基本原理

具有磁矩的原子核是核磁共振研究的主体。原子核是带正电荷的粒子，自旋量子数 $I \neq 0$ 的原子核自旋会产生磁场而形成磁矩，见图 2-8。$I=1/2$ 的 ^1H 原子核在外加磁场中，两种自旋的能级出现裂分，与外磁场方向相同的自旋核能量低，用 $+1/2$ 表示；与外磁场方向相反的自旋核能量高，用 $-1/2$ 表示。两者能级差为 ΔE，见图 2-9。ΔE 与外磁场强度 B_0 成正比，其关系式如下：

$$\Delta E = E_{-1/2} - E_{+1/2} = h\nu = \gamma \frac{h}{2\pi} B_0$$

式中，γ 为磁旋比，是核的特征常数，对于 ^1H 核而言，其值为 $2.675 \times 10^8\ T^{-1} \cdot s^{-1}$；$h$ 为 Plank 常数；ν 为无线电波的频率；B_0 为外加磁场强度。

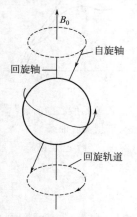

图 2-8 ^1H 核的自旋与回旋

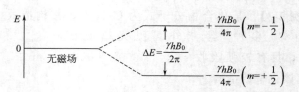

图 2-9 ^1H 核两种自旋的能级裂分与外加磁场强度的关系

用一定频率的电磁波照射外磁场中的 ^1H 核，当电磁波的能量正好等于两个能级之差时，^1H 核就吸收电磁波的能量，从低能级跃迁到高能级，发生核磁共振。因为只有吸收频率为 $\nu = \gamma B_0/2\pi$ 的电磁波才能产生核磁共振，故该式为产生核磁共振的条件。显而易见，实现核磁共振的方式有两种：一是保持外磁场强度 B_0 不变，改变电磁波辐射频率 ν，称为扫频；二是保持电磁波辐射频率 ν 不变，改变外磁场强度 B_0，称为扫场。这两种方式得到的核磁共振谱图均相同。目前绝大多数核磁共振仪采用扫场方式。

2.4.2 化学位移

化学位移是由核外电子的屏蔽效应所引起的，用 δ 表示。根据发生核磁共振的条件可知，质子共振的磁感应强度只与质子的旋磁比及电磁波照射频率有关。当符合共振条件时，试样中的全部质子都发生共振，只产生一个单峰，这对于测定有机化合物的结构是毫无意义的。但实验事实证明，在相同频率照射下，化学环境不同的质子，即质子周围电子云密度分布不同的质子，在不同的磁感应强度处出现吸收峰。这是因为质子在分子中并不是完全裸露的，而是被价电子所包围。在外加磁场作用下，核外电子在垂直于外加磁场的平面内绕核旋转，产生与外加磁场方向相反的感生磁场 B'，使质子实际感受到的磁感应强度 $B_{实}$ 变小，强度为：

$$B_{实} = B_0 - B' = B_0 - \sigma B_0 = B_0 \times (1 - \sigma)$$

式中，σ 为屏蔽常数。核外电子对质子产生的这种作用称为屏蔽效应。显而易见，质子周围电子云密度越大，屏蔽效应越大，只有增加磁感应强度才能使其发生共振吸收。反之，若感生磁场与外加磁场方向相同，则质子实际感受到的磁场为外加磁场与感生磁场之和，这种作用称为去屏蔽效应，只有减小外加磁场的强度，才能使质子发生共振吸收。因此，分子中的质子发生核磁共振的条件为：

$$\nu = \frac{\nu}{2\pi} \times B_{实} = \frac{\nu}{2\pi} \times B_0 \ (1 - \sigma)$$

综上所述，不同化学环境的质子，其核外电子云密度分布不同，受到不同程度的屏蔽或去屏蔽效应，因而在核磁共振谱的不同位置出现吸收峰，这种吸收峰位置上的差异称为化学位移。不同类型质子的化学位移值不同，可用于鉴别或测定有机化合物的结构。

2.4.3 表示方法

由于核外电子产生的感生磁场强度 B' 非常小，只有外加磁场的百万分之几，因此要测定质子发生核磁共振频率的精确值相当困难，而精确测定质子相对于标准物质的吸收频率却比较方便。标准物质通常是四甲基硅烷 $[Si(CH_3)_4，TMS]$，该分子吸收呈现为单峰，且屏蔽效应很大，不会与常见化合物的 NMR 信号产生重叠。

化学位移用 δ 表示，其定义为：

$$\delta = \frac{\nu_{样品} - \nu_{TMS}}{\nu_0} \times 10^6$$

式中，$\nu_{样品}$ 和 ν_{TMS} 分别为测试样品和 TMS 的共振频率；ν_0 为操作仪器选用的频率。

国际纯粹与应用化学联合会（IUPAC）建议，将 TMS 的 δ 值定义为零，一般有机化合物质子的吸收峰都在它的左边，即在低场一侧，$\delta > 0$。化学位移值的大小直接反映了分子的结构特征。质子核外的电子云密度大，屏蔽作用强，吸收峰从左向右移，即由低场区向高场区移动,具有较小的化学位移值;质子周围的电子云密度小,去屏蔽作用强,吸收峰从右向左移,即由高场区向低场区移动,具有较大的化学位移值。各种质子的化学位移(δ)值范围见表 2-8,绝大多数化合物的核磁共振吸收都在 0～15 范围。

表 2-8 不同类型质子的化学位移值

质子类型	化学位移 δ	质子类型	化学位移 δ
RCH_3	0.9	$RCH\!=\!CHR$	4.5～5.7
R_2CH_2	1.2	$RC\!\equiv\!CH$	2.0～3.0
R_3CH	1.5	ArH	6.5～8.5
RCH_2F	4.4	$ArOH$	4.5～16
RCH_2Cl	3.7	ROH	0.5～5.5
RCH_2Br	3.5	RNH_2	0.6～5.0
RCH_2I	3.2	$RCONH_2$	5.0～9.4
R_2NCH_3	2.2	$RCHO$	9.5～10.1
$RCOCH_3$	2.1	$RCOOH,RSO_3H$	10～13
$ROCH_3$	3.4	$RCOOCH_3$	3.7
RCH_2OH	3.6	$ArCH_3$	2.3

有机化合物对叔丁基甲苯的核磁共振氢谱如图 2-10 所示,图右侧为高场、低频区,图左侧为低场、高频区。横坐标表示吸收峰位置,用化学位移表示;纵坐标表示吸收峰强度,与氢原子的数目有关。吸收峰面积越大,表示所含氢原子数目越多,成正比关系。吸收峰面积用积分曲线高度表示,峰面积越大,积分线高度就越高。图中,对叔丁基甲苯分子中三组吸收峰的积分曲线高度之比为 3.8:2.9:8.8≈4:3:9,正好对应于分子中苯环、甲基和叔丁基上氢原子的数目之比。

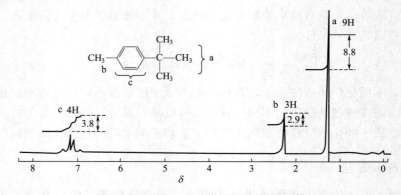

图 2-10 对叔丁基甲苯的核磁共振氢谱图

2.4.4 自旋偶合与自旋裂分

在核磁共振谱图中,质子的吸收峰并不都是单峰,而是常常出现二重峰、三重峰和多重峰。图 2-11 为 1-硝基丙烷的高分辨率 ^{1}H-NMR 谱,在 δ 为 4.35、2.04、1.12 处出现了三组峰,三者的峰面积之比为 2:2:3,从化学位移上看,不难判断出它们分别对应于 H_c、H_b 和 H_a 三种质子,其中 c 为三重峰,b 为六重峰,a 为三重峰。这些峰的出现是由于相邻碳原子上的氢核自旋产生的微小磁场对外加磁场的影响而产生的。这种使吸收峰发生分裂的现象叫做自旋-自旋裂分(简称为自旋裂分)。氢核的自旋受到相邻碳原子上氢核自旋所产生的磁场的相互作用,叫做自旋-自旋偶合(简称为自旋偶合)。

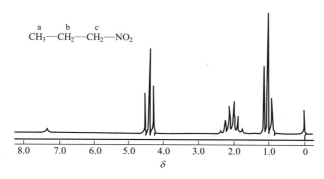

图 2-11　化合物 1-硝基丙烷的 ^{1}H-NMR 谱

以 H_a—C—C—H_b 为例来讨论自旋裂分。若 H_a 邻近无 H_b 存在，则 H_a 的共振频率为 $\nu = \gamma B_0 / 2\pi$，吸收信号为单峰；若 H_a 邻近有 H_b 存在，H_b 在磁场中的两种自旋取向通过化学键传递到 H_a 处，产生两种不同的感生磁场 $+\Delta B$ 和 $-\Delta B$，使 H_a 的共振频率由 ν 裂分为 ν_1 和 ν_2：

$$\nu_1 = \frac{\nu}{2\pi} \left[B_0 (1-\sigma) + \Delta B \right]$$

$$\nu_2 = \frac{\nu}{2\pi} \left[B_0 (1-\sigma) - \Delta B \right]$$

因此由于 H_b 的偶合作用，H_a 的吸收峰被裂分为双峰。若 H_a 分别相邻一个、两个和三个质子，则由于偶合 H_a 分别呈现双重（1∶1）、三重（1∶2∶1）和四重（1∶3∶3∶1），见图 2-12。

在一级谱图中，自旋裂分所产生谱线的间距称为偶合常数，用 J 表示，单位为 Hz。根据相互偶合质子间间隔化学键的数目，可将偶合作用分为同碳偶合（^2J）、邻碳偶合（^3J）和远程偶合。偶合常数的大小表示偶合作用的强弱，与两个偶合核之间的相对位置和所处的环境有关：对饱和体系而言，间隔化学键数目超过 3 个时，J 值趋近于零；对于电负性大的杂原子（如 N,O 等）上的质子，由于易发生电离和快速交换作用，通常不参与偶合且吸收峰变宽。

在 NMR 谱图中，化学环境相同的核具有相同的化学位移，称为化学等同核；分子中的一组核，若化学等同，且对组外任何一核的偶合常数也相同，称为磁等同核。磁等同核之间的偶合作用不产生峰的裂分，磁不等同核之间的偶合作用产生锋的裂分。例如，在 1-氯乙烷分子中，甲基上的三个质子是化学等同核，亚甲基上的两个质子亦是化学等同的；在 1,1-二

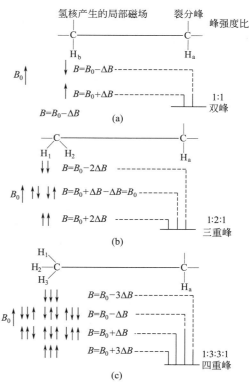

图 2-12　相邻质子吸收峰裂分简单原理

氟乙烯分子中，$^3J_{HaFa} \neq {}^3J_{HbFa}$，两个质子是化学等同核，但不是磁等同核。

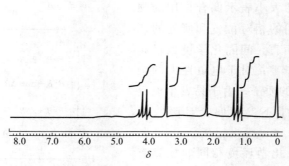

当两组或几组磁等同核的化学位移差 $\Delta\nu$ 与其偶合常数 J 之比大于 6，即 $\Delta\nu/J > 6$ 时，质子间的相互偶合作用比较简单，NMR 谱呈现为一级谱图。一级谱图具有以下特征：①磁等同质子间不产生偶合裂分；②磁不等同质子间产生偶合，偶合裂分峰数目符合 $n+1$ 规律，n 为相邻的磁等同质子的数目；③若相邻的磁等同质子有多种，则偶合裂分峰数目符合 $(n+1)(n'+1)$ 规律；④裂分峰各峰强度比符合二项式展开系数之比；⑤各裂分峰等距，裂距即为偶合常数 J。

例如，在 CH_3CHCl_2 分子中，—CH_3 的三个质子是磁等同的，与邻近基团—$CHCl_2$ 中的 1 个质子偶合，产生 $1+1=2$ 重吸收峰，强度比为 1∶1；同理—$CHCl_2$ 中的质子，与邻近基团—CH_3 中的 3 个磁等同质子偶合，产生 $3+1=4$ 重吸收峰，强度比为 1∶3∶3∶1；在 Cl_2CH—CH_2—$CHBr_2$ 分子中两端基团—Cl_2CH 和—$CHBr_2$ 中的质子为磁不等同核，因而中间基团—CH_2—中的质子偶合裂分为 $(1+1)(1+1)=4$ 重峰，强度比接近 1∶3∶3∶1；在 CH_3CH_2OH 分子中，—OH 质子由于质子间的快速交换，而呈现为一个尖锋。

2.4.5　核磁共振氢谱在有机化合物结构分析中的应用

^{1}H-NMR 谱图解析时，首先看谱图中有几组峰，由此确定化合物中有几种/几组质子，再由积分曲线面积确定各组峰中所含质子的数目，然后根据化学位移判断质子的化学环境（例如，烷基氢、烯氢、芳氢、羟基氢、氨基氢、醛基氢等），最后根据裂分情况和偶合常数确定各组质子之间的相互关系。

【例 2-4】　某化合物的分子式为 $C_6H_{10}O_3$，其核磁共振氢谱见图 2-13。请确定该化合物的结构式。

图 2-13　化合物 $C_6H_{10}O_3$ 的 ^{1}H-NMR 谱

根据分子式，求得化合物的不饱和度 $U=2$，说明分子中可能含 $C=O$、$C=C$、碳环或一个三键。谱图中除 TMS 吸收峰外，从低场到高场共有 4 组吸收峰，积分曲线高度之比依次为 2∶2∶3∶3。因分子中有 10 个氢原子，故各组吸收峰依次分别相当于—CH_2—、—CH_2—、—CH_3 和—CH_3。

化学位移 5 以上无吸收峰，表明分子中不存在烯氢，则分子中的不饱和键很有可能是 $C=O$；从峰的裂分数目来看，$\delta 4.1$（四重峰，CH_2）、$\delta 3.5$（单峰，CH_2）、$\delta 2.2$（单峰，

CH_3)、$\delta 1.2$（三重峰，CH_3），可推测，$\delta = 4.1$ 的质子与 $\delta = 1.2$ 的质子相互偶合，且与强吸电子基团相连，表明分子中存在乙氧基（—OCH_2CH_3）；$\delta = 3.5$ 的质子和 $\delta = 2.2$ 的质子呈现为单峰，表明它们均不与其他质子相邻，由化学位移判断 $\delta = 2.2$ 处的质子应与吸电子羰基相连，即为 CH_3CO—基团，$\delta = 3.5$ 处的质子应与两个吸电子羰基相连，即为 —CH_2—基团。

综上所述，分子中具有以下结构单元：CH_3CO—、—OCH_2CH_3 和 —CH_2—。所以该化合物的结构式为 $CH_3COCH_2COOCH_2CH_3$。

【例 2-5】 某化合物的分子式为 $C_7H_{16}O_3$，其核磁共振氢谱见图 2-14。请确定该化合物的结构式。

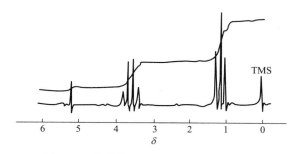

图 2-14 化合物 $C_7H_{16}O_3$ 的 ^{1}H-NMR 谱

根据分子式求得不饱和度 $U = 0$，说明这是一个饱和的化合物。谱图中除 TMS 吸收峰外，从低场到高场共有 3 组吸收峰，积分曲线高度之比依次为 1∶6∶9，因分子中有 16 个氢，故各组吸收峰依次分别相当于 1 个—CH、3 个等同的—CH_2、3 个等同的—CH_3。

从各组峰的化学位移和裂分来看，$\delta 5.2$（单峰，CH）、$\delta 3.6$（四重峰，$3CH_2$）、$\delta 1.2$（三重峰，$3CH_3$），可推测，$\delta = 3.6$ 的质子与 $\delta = 1.2$ 的质子相互偶合，且与强吸电子基团相连，表明分子中存在 3 个乙氧基（—OCH_2CH_3）；$\delta = 5.2$ 的质子呈现为单峰，表明它不与其他质子相邻，由化学位移判断—CH 应与多个强吸电子基相连。

综上所述，分子中具有以下结构单元：3 个—OCH_2CH_3 和 1 个—CH。所以该化合物的结构式为 $(CH_3CH_2O)_3CH$。

2.4.6 核磁共振碳谱简介

^{13}C 核与 ^{1}H 核类似，都是磁性核，自旋量子数 $I = 1/2$。但是 ^{13}C 核在自然界的丰度仅为 1.1%，且其磁矩也比 ^{1}H 核小，因此 ^{13}C 核信号的灵敏度仅为 ^{1}H 核的 1/5700 左右；再者 ^{1}H 与 ^{13}C 核之间的偶合作用，使得 ^{13}C-NMR 谱图信号更弱更复杂。随着脉冲傅里叶变换和噪声去偶技术的成功应用，^{13}C-NMR 谱测试中的许多技术难题已经克服，^{13}C-NMR 谱的应用也日趋普遍。在鉴定复杂有机化合物结构方面，^{13}C-NMR 谱比 ^{1}H-NMR 谱具有更加显著的优点。

脉冲傅里叶变换技术，是指采用脉冲射频场使分子中所有 ^{13}C 核同时被激发并把多次脉冲所得的结果进行叠加，从而使整个摄谱时间大大缩短。噪声去偶，是以一定频率范围的另一个射频场照射分子，使分子中所有的 ^{1}H 核都处于饱和状态，这样消除了所有 ^{1}H 核对 ^{13}C 核的偶合，使每种碳都表现为单峰，谱图和解析过程得以大大简化。图 2-15 为化合物 2,2,4-三甲基-1,3-戊二醇的去偶 ^{13}C-NMR 谱。如图所示，分子中四种不同甲基的信号在 ^{1}H 谱中虽然重叠在一起，但在^{13}C谱中则截然分开。

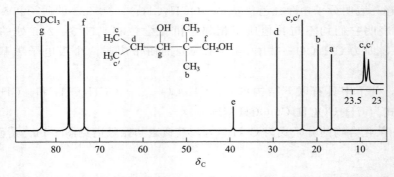

图 2-15 化合物 2,2,4-三甲基-1,3-戊二醇的^{13}C 噪声去偶 NMR 谱（CDCl$_3$，150.9MHz）

在碳核数目相同的情况下，^{13}C-NMR 谱的信号强弱一般为：伯碳＞仲碳＞叔碳＞季碳。^{13}C 信号通常出现在 $\delta=0\sim240$ppm 区域内（见表 2-9），很少出现谱峰重叠的现象。

表 2-9 常见碳原子的^{13}C-NMR 化学位移

碳原子类型	化学位移 δ	碳原子类型	化学位移 δ
RCH$_3$	0～35	RCH$_2$Br	20～40
R$_2$CH$_2$	15～40	RCH$_2$Cl	25～50
R$_3$CH	25～50	RCH$_2$NH$_2$	35～50
R$_4$C	30～40	RCH$_2$OH，RCH$_2$OR	50～65
RCCR	65～90	RCN	110～125
R$_2$C=CR$_2$	100～150	RCOOH，RCOOR	160～185
C$_6$H$_6$	110～175	RCHO，RCOR	190～220

 **阅读材料** ⋅────────────────────────

生物大分子质谱电离技术及核磁共振三维结构测定方法

2002 年诺贝尔化学奖授予了质谱和核磁共振领域的三位科学家，他们是美国科学家约翰·B·芬恩（John B. Fenn）、日本科学家田中耕一（Koichi Tanaka）和瑞士科学家库尔特·维特里希（Kurt Wüthrich），以表彰他们在生物大分子质谱电离技术的突破，以及核磁共振三维结构测定方法的建立方面所做的贡献。

John B. Fenn，1917 年出生于美国纽约市，1940 年获耶鲁大学化学博士学位，1967～1987 年间任该大学教授，1987 年被聘为该大学名誉教授，1994 年起任弗吉尼亚联邦大学教授。Koichi Tanaka，1959 年出生于日本富山县，1983 年获日本东北大学学士学位，现任职于京都市岛津制作所，为该公司研发工程师，分析测量事业部生命科学商务中心、生命科学研究所主任。他们由于发明了对生物大分子的质谱分析法而共享了 2002 年诺贝尔化学奖一半的奖金。

质谱分析法是化学领域中非常重要的一种分析方法，它通过测定分子质量和相应的离子电荷实现对样品中分子的分析。19 世纪末科学家已经奠定了这种方法的基础，1912 年科学家第一次利用它获得对分子的分析结果。在质谱分析领域，已经出现了几项诺贝尔奖成果，例如氘的发现（1934 年诺贝尔化学奖）和 C$_{60}$ 的发现（1996 年诺贝尔化学奖）。不过，最初科学家只能将它用于分析小分子和中型分子，由于生物大分子比水这样的小分子大成千上万倍，因而将这种方法应用于生物大分子难度很大。科学家在传统的质谱分析法基础上发明了一种新方法：首先将成团的生物大分子拆成单个的生物大分子，并将其电离，使之悬浮在真空中，然后让它们在电场的作用下运动。不同质量的分子通过指定距离的时间不同，质量小的分子速度快些，质量大的分子速度慢些，通过测量不同分子通过指定距离的时间，就可计算出分子的质量。这种方法的难点在于生物大分子比较脆弱，在拆分和电离成团的生物大分子过程中，它们的结构和成分很容易被破坏。为了解决这个难题，John B. Fenn 和 Koichi Tanaka 发明了殊途同归的两种方法：John B. Fenn 对成团的生物大分子施加强电场，Koichi Tanaka 则用激光轰击成团的生物大分子。这两种方法，电喷雾电离技术（electrospray ionization, ESI）和软激光解析（soft laser desorption, SLD），都成功地使生物大分子相互完整地分离，同时也被电离。它们的发明奠定了科学家对生物大分子进行进一步分析的基础。

Kurt Wü thrich，1938 年出生于瑞士阿尔贝格，1964 年获瑞士巴塞尔大学无机化学博士学位。1980 年起任瑞士苏黎世联邦高等理工学校分子生物物理学教授，兼任美国加利福尼亚州拉霍亚市斯克里普斯研究所客座教授。由于发明了核磁共振技术测定溶液中生物大分子三维结构的方法而获得了 2002 年诺贝尔化学奖另一半的奖金。

核磁共振技术和质谱技术一样，是物质分子结构鉴定的强有力工具，在有机化合物结构鉴定中发挥着巨大作用。当 NMR 用于生物大分子测定时，NMR 谱图上产生成百上千个吸收峰，无法确定哪个峰属于哪个原子。Kurt Wü thrich 发明了序贯分配（sequential assignment）法，即通过系统地分配蛋白分子中的某些固定点，可以确定这些固定点的距离，从而计算出蛋白质的三维结构，解决了这一难题。序贯分配法的原理可以用测绘房屋的结构来比喻：首先选定一座房屋的所有拐角作为测量对象，然后测量所有相邻拐角间的距离和方位，即以分子中的质子作为测量对象，连续测定所有相邻的两个质子之间的距离和方位，这些数据经计算机处理后就可形成生物大分子的三维结构图。这种方法的优点是可对溶液中的蛋白质进行分析，进而可对活细胞中的蛋白质进行分析，能获得"活"蛋白质的结构，其意义非常重大。1985 年，科学家利用这种方法第一次绘制出蛋白质的结构。到 2002 年，科学家已经利用这一方法绘制出 15% ～ 20% 的已知蛋白质的结构。

21 世纪初，人类基因组图谱、水稻基因组草图以及其他一些生物基因组图谱破译成功后，生命科学和生物技术进入后基因组时代。这一时代的重点课题是破译基因的功能，破译蛋白质的结构和功能，破译基因怎样控制合成蛋白质，蛋白质又是怎样发挥生理作用等。在这些课题中，判定生物大分子的身份，"看清"它们的结构非常重要。专家认为，在未来几十年内，生物技术将蓬勃发展，很可能成为继信息技术之后推动经济发展和社会进步的主要动力，由这三位诺贝尔化学奖得主发明的"对生物大分子进行确认和结构分析的方法"将在今后继续发挥重要作用。

本章小结

1. 电磁波类型与波谱分析法。
2. 基团的红外特征频率及其应用。

3. 电子跃迁类型、特征吸收及其应用。

4. 质子的化学位移、偶合裂分及其应用。

习　题

2-1 利用红外光谱鉴别下列各组化合物，并简要说明理由。

(1) $CH_3CH_2CH_2CH_3$ 和 $CH_3CH_2CH=CH_2$

(2) $CH_3C≡CCH_3$ 和 $CH_3CH_2C≡CH$

(3) CH_3CH_2CHO 和 CH_3COCH_3

(4) $CH_3CH_2CH_2OH$ 和 $CH_3CH_2CH_2NH_2$

(5) 苯和环己烷

2-2 指出下列两种化合物的红外光谱图中所显示的官能团。

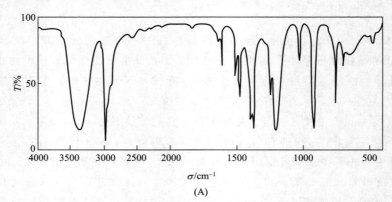

(A)

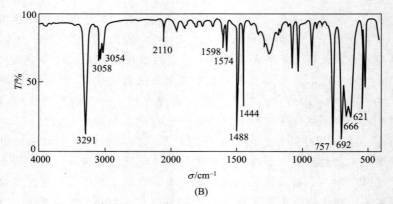

(B)

2-3 试预测下列哪种化合物能吸收较长波长的光，哪种化合物能吸收较短波长的光？为什么？（只考虑 $\pi \longrightarrow \pi^*$ 跃迁）

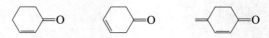

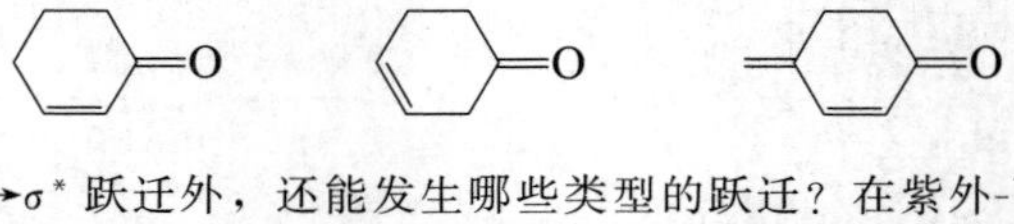

2-4 下列化合物除 $\sigma \longrightarrow \sigma^*$ 跃迁外，还能发生哪些类型的跃迁？在紫外-可见光谱中有哪些吸收带？

(1) CH_3CHO (2) $CH_3—CH=CH—OCH_3$

(3) $CH_2=CHN(CH_3)_2$ (4) $C_6H_5—CH=CHCHO$

2-5 下列化合物的分子式为 $C_4H_8Br_2$，其 ^1H-NMR 谱如下。试推断该化合物的结构。

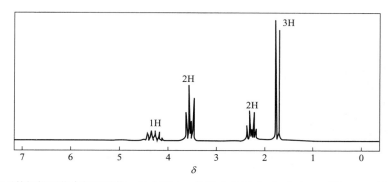

2-6 根据以下数据推测化合物的结构。化合物 A，化学式 C_3H_7I，$\delta4.1$（m，1H），1.9（d，6H）；化合物 B，化学式 $C_2H_4Br_2$，$\delta5.9$（q，1H），2.7（d，3H）；化合物 C，化学式 $C_3H_6Cl_2$，$\delta3.8$（t，4H），2.2（m，2H）；化合物 D，化学式 $C_8H_{12}O_4$，$\delta6.8$（s，1H），4.3（q，2H），1.3（t，3H）。

2-7 化合物 $C_7H_{12}O_3$ 的紫外光谱在 280nm 处有弱吸收峰，红外光谱在 $1715cm^{-1}$ 和 $1735cm^{-1}$ 有强吸收峰，^{1}H-NMR 谱有五组吸收峰，δ 值分别为 3.85（s，3H）、2.75（t，2H）、2.60（t，2H）、2.48（q，2H）、1.05（t，3H）。试推测该化合物的结构。

2-8 某化合物的分子式为 $C_{12}H_{14}O_4$，其 IR，^{1}H-NMR 和 ^{13}C-NMR 谱分别如下，试推断该化合物的结构。

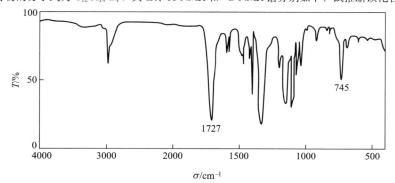

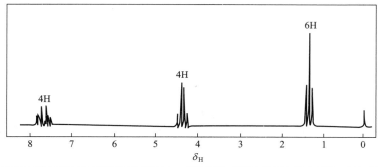

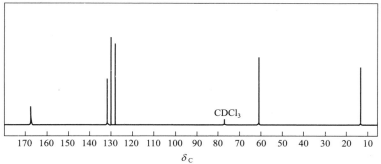

Chapter 03

烷烃和环烷烃

只含有碳、氢两种元素的有机化合物统称为烃类化合物，简称为烃。烃是组成最简单的一类有机化合物，烃分子中的氢原子被其他原子或基团取代后，可以生成一系列衍生物。因此，可以把烃看作有机化合物的母体。烷烃和环烷烃分子中碳原子的四个价键除了以碳-碳单键连接外，其余价键完全为氢原子所饱和，这种烃又称为饱和烃。"饱和"意味着分子中的碳原子只能以单键相互连接，而且与碳原子结合的氢原子达到最大限度。饱和烃中碳原子相互连接成开链状的叫做烷烃；碳原子相互连接成闭合环状的叫做环烷烃。

3.1 烷烃

3.1.1 烷烃的结构

3.1.1.1 杂化轨道理论

碳原子是构成有机化合物分子的主体原子，研究碳原子的电子结构、成键能力及形成的共价键的特性对阐明有机化合物分子的结构和反应性能是非常重要的。对杂化轨道理论的介绍，仅限于讨论碳原子的杂化。

碳原子基态时的电子构型是 $(1s)^2(2s)^2(2p)^2$，依照价键理论，只能和两个其他原子形成两个共价键。但在有机物中，碳原子总是四价。为了解释分子的空间构型，Pauling 于 1931 年在价键理论的基础上提出了杂化轨道理论，认为能量相近的原子轨道可进行杂化，组成能量相等的杂化轨道，这样可使成键能力更强，体系能量降低，成键后可达到最稳定的分子状态。根据杂化轨道理论，碳原子在与其他原子成键时，先经过电子的跃迁，即 $(2s)$ 中的一个电子跃迁到 $(2p_z)$ 轨道中，形成 4 个价电子，然后进行轨道杂化。

碳原子有 sp^3 杂化（即由 2s 轨道和 3 个 2p 轨道杂化而成）、sp^2 杂化（即由 2s 轨道和 2 个 2p 轨道杂化而成）和 sp 杂化（即由 2s 轨道和 1 个 2p 轨道杂化而成）三种方式。sp^3 杂化示意如下：

$$(2s)^2(2p_x)^1(2p_y)^1 \xrightarrow{跃迁} (2s)^1(2p_x)^1(2p_y)^1(2p_z)^1 \xrightarrow{杂化} (sp^3)^4$$

杂化后形成 4 个能量相等的杂化轨道，这种杂化轨道称为 sp^3 杂化轨道。sp^3 杂化轨道形状是呈一头大一头小的葫芦型［图 3-1（a）］。每个 sp^3 杂化轨道具有 1/4s 成分与 3/4p 成分。为了使碳原子的这 4 个 sp^3 杂化轨道达到彼此最大的距离及最小的干扰，在空间采取一定的排列方式：以碳原子为中心，4 个轨道分别指向正四面体的每一个顶点，有一定的方向性，轨道彼此间保持着一定的角度，按计算应该是 109.5°［图 3-1（b）］，这与范霍夫的计算值是一致的，具体化合物可能稍有出入。

(a) sp^3杂化轨道形状　　(b) 4个sp^3杂化轨道在空间的分布

图 3-1　碳原子的 sp^3 杂化轨道形状及其空间分布

除了 sp^3 杂化外，碳原子还有 sp^2 杂化及 sp 杂化。在 sp^2 杂化中，有 1 个 2s 电子激发到 2p 轨道，然后由 1 个 2s 轨道与 2 个 2p 轨道杂化，形成 3 个能量相等的 sp^2 杂化轨道（形状与 sp^3 杂化轨道相似），每个 sp^2 杂化轨道具有 1/3s 成分与 2/3p 成分。为了使 3 个轨道具有最大的距离和最小的干扰，3 个 sp^2 杂化轨道的对称轴分布在同一平面上，键角为 120°，呈平面三角形。未参与杂化的 p_z 轨道的对称轴垂直于此平面，如图 3-2 所示。

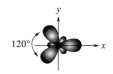

(a) 3个sp^2杂化轨道　　(b) 未杂化的p_z 轨道在空间的分布

图 3-2　碳原子的 3 个 sp^2 杂化轨道和未杂化的 p_z 轨道的空间分布

在 sp 杂化中，电子跃迁后由 1 个 2s 轨道与 1 个 2p 轨道杂化，形成 2 个能量相等的 sp 杂化轨道，每个轨道具有 1/2s 成分与 1/2p 成分。为了使 2 个轨道具有最大的距离和最小的干扰，2 个轨道处在同一条直线上，但方向相反，键角为 180°。未参与杂化的 p_x、p_z 轨道的对称轴互相垂直，且垂直于 sp 杂化轨道对称轴所在的直线，如图 3-3 所示。

(a) 2个sp杂化轨道　　(b) 未杂化的p_y、p_z 轨道在空间的分布

图 3-3　碳原子的 2 个 sp 杂化轨道和 2 个未杂化的 p 轨道在空间的分布

由于杂化后碳原子有 4 个可成键的轨道和 4 个价电子，它可以形成 4 个共价键，碳原子杂化轨道的类型和空间构型如表 3-1 所示。

表 3-1　碳原子的三种杂化类型与空间构型

杂化类型	电负性	每一杂化轨道含 s 和 p 成分	键角	形成分子的几何构型	实例
sp^3	小	$\frac{1}{4}s,\frac{3}{4}p$	109.5°	正四面体	CH_4
sp^2	中	$\frac{1}{3}s,\frac{2}{3}p$	120°	平面三角	C_2H_4
sp	大	$\frac{1}{2}s,\frac{1}{2}p$	180°	直线	C_2H_2

3.1.1.2　烷烃分子的结构

甲烷是最简单的烷烃，由实验测得，CH_4 分子是正四面体结构（见图 3-4），键角（∠HCH）都是 109.5°，4 个 C—H 键的键长都是 0.110nm。杂化轨道理论认为：在甲烷分子中，碳原子的 4 个 sp^3 杂化轨道分别与 4 个氢原子的 s 轨道以"头碰头"的方式重叠，形成 4 个完全等同的 C—Hσ 键。这 4 个 σ 键的键角为 109.5°，这样的排布可以使价电子尽可能彼此离得最远，相互间的排斥力最小。

(a) 甲烷分子的形成　　(b) 甲烷的正四面体结构　　(c) 球棍模型

图 3-4　甲烷分子的形状及结构

其他烷烃分子中，碳原子均以 sp^3 杂化轨道与碳原子或氢原子形成 σ 键，因而都具有四面体的结构。如在乙烷分子中，2 个碳原子相互以 1 个 sp^3 杂化轨道重叠形成 C—Cσ 键，其余 6 个 sp^3 杂化轨道分别与 6 个氢原子的 s 轨道重叠形成 6 个 C—Hσ 键，如图 3-5 所示。

 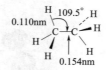 

(a) 杂化轨道成键　　　　(b) 键长和键角　　　　(c) 球棍模型

图 3-5　乙烷分子中的成键情况

经测定，乙烷分子中的 C—C 键的键长为 0.154nm，C—H 键的键长为 0.110nm，键角为 109.5°。乙烷分子的碳链排布在一条直线上，但含 3 个及 3 个以上碳原子的烷烃，其分子中的碳链并不是排布在一条直线上，而是呈折线式排列，这正是由于烷烃碳原子的四面体结构所决定的。为了书写方便，仍写成直线的形式。现在也常用折线式来书写分子结构，折线式只需写出锯齿形骨架，用锯齿形线的角（120°）及其端点代表碳原子，而不需要写出碳原子上所连的氢原子，但除了氢原子外的其他原子必须全部写出。例如：

3-甲基戊烷   3-甲基 -2-戊醇

3.1.2 烷烃的同分异构

3.1.2.1 烷烃的构造异构

在有机化合物中，具有相同的分子式、但具有不同结构式的化合物互称为同分异构体。异构体主要分为两大类：构造异构和立体异构。构造异构是由于分子中各原子相互连接的次序不同而引起的，烷烃的同分异构主要为构造异构。例如，正戊烷的五个碳原子相互连接成一条直碳链，而异戊烷则是四个碳原子连接成一条直碳链，在第二个碳原子上有一个支链，新戊烷则由三个碳原子连接成直链，在第二个碳原子上有两个支链。

$CH_3—CH_2—CH_2—CH_2—CH_3$ $CH_3—CH—CH_2—CH_3$ $CH_3—C—CH_3$

正戊烷   异戊烷   新戊烷

3.1.2.2 烷烃的构象异构

构象是有机化学中存在的最普遍的一类同分异构现象，它是分子中的原子或原子团围绕单键自由旋转而产生的不同空间排列形式，这种特定的排列形式称为构象。由单键旋转而产生的异构体，称为构象异构体。构象不但决定有机化合物分子存在的空间状态，而且常常决定它们的反应性能。所以对构象的研究在有机化学上是有一定实际意义的。

（1）乙烷的构象   乙烷是含有 C—C 单键的最简单的化合物。在乙烷分子中，两个甲基以 C—C 单键为轴自由旋转时，两个碳原子上的氢原子在空间的相对位置不断发生变化，可得到无数种构象。但其中典型的构象只有两种，一种是交叉式构象，一种是重叠式构象（分别见图 3-6 和图 3-7）。

简单分子的构象可以用透视式和纽曼（Newman）投影式来表示。透视式是表示从斜侧面看到的乙烷分子模型的形象，比较直观，但难以画好。纽曼投影式则是在 C—Cσ 键键轴的延长线上观察分子的模型形象：离观察者较远的碳原子用空心圆圈表示，圆圈边缘上向外伸展三条短线，每条短线边接一个氢原子；离观察者较近的碳原子，用圆心表示，从该点发出三条线段，末端各接一个氢原子。在同一碳原子上的三个 C—H 键，在投影图中互成 120°的夹角。

图 3-6 为乙烷的交叉式构象的透视式和纽曼投影式，两组氢原子处于交叉的位置，这种

构象叫做交叉式构象。

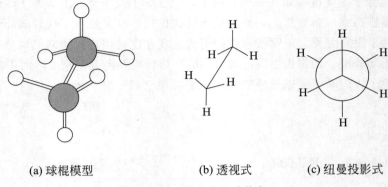

(a) 球棍模型　　　　　　(b) 透视式　　　　　　(c) 纽曼投影式

图 3-6　乙烷的交叉式构象

　　从乙烷的交叉式构象开始，沿碳碳键的键轴旋转 60°，则由交叉式构象变为重叠式构象。图 3-7 为乙烷的重叠式构象的透视式和纽曼投影式。

(a) 球棍模型　　　　　　(b) 透视式　　　　　　(c) 纽曼投影式

图 3-7　乙烷的重叠式构象

　　图 3-7 中两个碳原子上所连的氢原子两两相对重叠，这种构象叫重叠式构象。交叉式构象和重叠式构象是乙烷的两种极端构象，二者之间还存在着无数个中间构象。在室温时，乙烷分子是交叉式、重叠式以及介于它们两者之间的许多构象的平衡混合物。当然，此时有大多数乙烷分子以能量最低、最稳定的交叉式构象存在。在乙烷的交叉式构象中，两个碳原子上的氢原子交叉排列，氢原子之间的空间距离最远，相互排斥作用最小，因而内能最低，最稳定。重叠式构象中，两个碳原子上的氢原子距离最近，相互排斥作用最大，因而内能最高，最不稳定。

　　从能量上讲，重叠式的能量比交叉式的能量大约高 12.5kJ·mol^{-1}，这个能量差叫做能垒。即交叉式需要得到大约 12.5kJ·mol^{-1} 的能量才能转变成重叠式。也就是说，乙烷中两个甲基沿 C—C 键轴旋转从一个交叉式到另一个交叉式，必须经过重叠式，即必须越过这个能垒，如图 3-8 所示。不过，这个能量差很小，在室温时，分子热运动所提供的能量就足以使所有的构象之间迅速地互相转化。因此，不可能把某一种构象分离出来。实际上，可以认为 C—C 单键是可以"自由旋转"的。但是，当温度降低时，单键的"自由旋转"变慢，各种构象转化成最稳定构象的趋势加大，所以交叉式构象逐渐增多。当温度达到乙烷的凝固点（−172℃）时，乙烷分子基本上完全以交叉式构象存在。

　　重叠式构象或任何一个非交叉式构象的相对不稳定性可以认为是由于分子中的扭转张力所引起的。所谓扭转张力，就是将分子最稳定的构象转变成重叠式构象或任何非交叉式构象使单键旋转所需要的力。而各种构象之间克服扭转张力，发生相互转化所需要的能量叫做扭转能。

（2）正丁烷的构象　正丁烷有三个可旋转的 C—C 单键，因此，它的构象要比乙烷复杂得多。在此，主要讨论沿 C^2—C^3 间的 σ 键键轴旋转所形成的四种典型构象：全重叠式、邻位交叉式、部分重叠式和对位交叉式。它们的纽曼投影式如图 3-9 所示。

丁烷分子各种构象的能量曲线如图 3-10 所示。

在正丁烷的四种典型构象中，对位交叉式的两个甲基相距最远，相互排斥作用最弱，内能最低，是最稳定的现象；邻位交叉式的

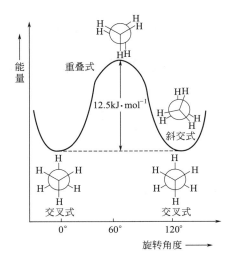

图 3-8　乙烷分子的能量曲线图

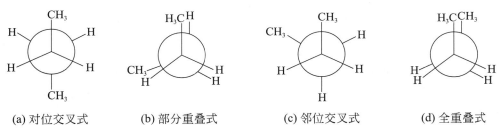

(a) 对位交叉式　　(b) 部分重叠式　　(c) 邻位交叉式　　(d) 全重叠式

图 3-9　丁烷的四种典型构象的纽曼投影式

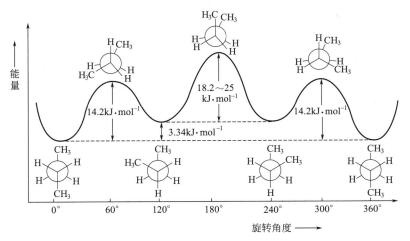

图 3-10　丁烷分子各种构象的能量关系图

两个甲基相距较近，所以稳定性稍差；部分重叠式的甲基和氢原子较为靠近，相互作用大，稳定性较邻位交叉式差；全重叠式中，由于两个甲基处于十分靠近的地位，相互排斥作用最大，稳定性最差。正丁烷的四种典型构象的内能高低次序为：全重叠式＞部分重叠式＞邻位交叉式＞对位交叉式。常温下，正丁烷的各种构象的平衡混合物中，最稳定的对位交叉式构象约占 72%，邻位交叉式约占 28%，其余各种构象含量极少。由于各构象之间内能差不大，

因此，在室温时它们仍能迅速相互转变，不能分离出各构象异构体。

脂肪族化合物的构象都类似于正丁烷，其相邻碳原子的各化学键都采取对位交叉式的优势构象排布。所以，四个碳以上烷烃的碳链可用"锯齿状"的形式表示。研究表明，某些化学反应的活性和方向性，常与构象密切相关；天然产物、农药和医药的生理活性也与构象密切相关。构象是立体化学的重要内容之一。

3.1.3 烷烃的命名

3.1.3.1 烷基和碳、氢原子的类型

烷烃分子从形式上去掉一个氢原子后剩下的基团称为烷基，其通式为 C_nH_{2n+1}，用 R—表示，烷基的名称由相应的烷烃而来。例如：

$$CH_3— \qquad CH_3—CH_2— \qquad CH_3—CH_2—CH_2— \qquad CH_3—\underset{\overset{|}{CH_3}}{CH}—$$

甲基 乙基 正丙基 异丙基

$$CH_3—CH_2—CH_2—CH_2— \qquad CH_3—CH_2—\underset{\overset{|}{CH_3}}{CH}—CH_3 \qquad CH_3—\underset{\overset{|}{CH_3}}{CH}—CH_2— \qquad CH_3—\underset{\overset{|}{CH_3}}{\overset{\overset{CH_3}{|}}{C}}—$$

正丁基 仲丁基 异丁基 叔丁基

烷烃分子中，各个碳原子按照它们所连的碳原子数目可分为四类：只与一个碳原子相连的碳称为伯碳原子（或称为一级碳原子），与两个、三个、四个碳原子相连的碳分别称为仲、叔、季碳原子（或称为二级、三级、四级碳原子），分别用符号 $1°$、$2°$、$3°$、$4°$ 表示。

$$\overset{1°}{CH_3}—\overset{2°}{CH_2}—\overset{2°}{CH_2}—\overset{2°}{CH_2}—\overset{1°}{CH_3} \qquad \overset{1°}{CH_3}—\overset{3°}{\underset{\overset{|}{\underset{1°}{CH_3}}}{CH}}—\overset{2°}{CH_2}—\overset{1°}{CH_3} \qquad \overset{1°}{CH_3}—\overset{4°}{\underset{\overset{|}{\underset{1°}{CH_3}}}{\overset{\overset{1°}{CH_3}}{\overset{|}{C}}}}—\overset{1°}{CH_3}$$

烷烃分子中的氢原子按照其所连接的碳原子类型分为三类：与伯、仲、叔碳原子相连的氢原子，分别称为伯氢或一级（$1°$）氢、仲氢或二级（$2°$）氢、叔氢或三级（$3°$）氢原子。这些氢原子所处的地位不同，在反应性能上存在较大差异。

3.1.3.2 烷烃的普通命名法

普通命名法的基本原则如下。

（1）根据分子中碳原子的总数目称为"某烷" 碳原子数目在十以内的分别用天干——甲、乙、丙、丁、戊、己、庚、辛、壬、癸表示；在十以上的则用中文数字十一、十二……表示。例如，C_8H_{18} 称为辛烷；$C_{12}H_{26}$ 称为十二烷。

（2）用正、异、新等字来区别异构体 直链的烷烃称为"正（$n-$）"某烷，但"正"字常可省略，在链端第二个碳原子上连有一个甲基支链的称为"异（iso）"某烷，在链端第二个碳原子上连有两个甲基支链的称为"新（neo）"某烷。例如：

$$CH_3—CH_2—CH_2—CH_2—CH_3 \qquad CH_3—\underset{\overset{|}{CH_3}}{CH}—CH_2—CH_3 \qquad CH_3—\underset{\overset{|}{CH_3}}{\overset{\overset{CH_3}{|}}{C}}—CH_3$$

正戊烷 异戊烷 新戊烷

普通命名法虽然简单，但只适用于含碳原子较少的烷烃。随着碳原子数目的增加，异构体的数目迅速增多，需要用系统命名法来命名。

3.1.3.3 烷烃的系统命名法

有机化合物的系统命名是以 1892 年日内瓦国际化学会议上拟定的有机化合物系统命名法（即日内瓦命名法）为基础，由国际纯粹与应用化学联合会（International Union of Pure and Applied Chemistry，简写为 IUPAC）几经修订而成，故又称为 IUPAC 命名法。现已普遍为各国所采用。我国的系统命名法就是根据这个命名原则和我国的文字特点制定的。

（1）直链烷烃的命名　直链烷烃的系统命名法与普通命名法相似，只是在名称的前面不加"正"字。例如：

$$CH_3—CH_2—CH_2—CH_2—CH_3 \qquad CH_3—CH_2—CH_2—CH_2—CH_2—CH_3$$
$$\text{戊烷} \qquad\qquad\qquad\qquad \text{庚烷}$$

（2）支链烷烃的命名　带有支链的烷烃按以下原则命名。

① 主链的选定和母体化合物的决定　选择含碳原子数最多的碳链作为主链。根据主链所含碳原子总数称为"某烷"，并以此为母体，主链以外的支链则作为取代基。分子中若有几条等长碳链，则应选择取代基最多的碳链作为主链。

② 主链碳原子的编号　从距离取代基最近的一端开始，用阿拉伯数字将主链碳原子依次编号。当主链上有几个取代基和编号有几种可能时，应采用"最低系列"编号法，即从小到大依次比较几种编号系列中取代基的位次，最先遇到位次小的编号为合理编号。

③ 取代基的标明　取代基的位次用它所连接的主链碳原子的编号来表示。位次数字和取代基名称之间用"-"连接起来，取代基的名称写在母体名称的前面。主链上有不同的取代基，把取代基按"次序规则"排列，较优基团后列出；相同的取代基，则将取代基的位次逐个标出，位次数字之间用逗号隔开，并在其名称前面用中文数字二、三、四……标明个数。

"次序规则"是用来决定不同原子或原子团相互排列顺序的规则，其主要内容如下。

① 将各种取代基与主链直接相连的原子按其原子序数大小排列，大者为"较优"基团。若为同位素，则质量高的定为"较优"基团，孤电子对排在最后。例如：

$$I>Br>Cl>S>F>O>N>C>D>H>\text{孤电子对}$$

② 若各取代基的第一个原子相同，则比较与它直接相连的其他几个原子，比较时，按原子序数排列。先比较最大的，若仍相同，再依次比较居中的、最小的；若仍相同，则沿取代链逐次比较，直到找出较优基团。例如，$CH_3(CH_2)_2C^1H_2—$ 和 $(CH_3)_2C^1H—$ 比较，前者 C^1 上连接两个氢原子和一个碳原子，后者 C^1 上连接一个氢原子和两个碳原子，故后者次序应在前。下列基团排列顺序为：

$$(CH_3)_3C—>(CH_3)_2CH—>CH_3CH_2CH_2—>\ CH_3—\quad ClCH_2—\ >\quad CH_3—$$
$$(C,C,C)\qquad (C,C,H)\qquad\quad (C,H,H)\qquad (H,H,H)(Cl,H,H)\quad (H,H,H)$$

③ 含有双键或三键的基团，可以认为连有两个或三个相同的原子。例如：

　　此外，如果烷烃结构比较复杂，支链也要编号时，则从与主链相连的碳原子开始给支链编号（可以用带撇数字标明），把支链上取代基的位置、个数及名称写在支链名称前，一并放在括号内。例如：

$$
\begin{array}{c}
\overset{6}{C}H_3\overset{5}{C}H\overset{4}{C}H_2\overset{3}{C}HCH_2CH_3 \\
\underset{\underset{\overset{1}{C}H_3}{\overset{2}{C}H-CH_3}}{CH_3}
\end{array}
$$

2,5-二甲基-3-乙基己烷

$$
\begin{array}{c}
\overset{3'}{C}H_3 \\
\overset{2'}{C}H-CH_3 \\
\overset{1'}{C}H-CH_3 \\
\overset{1}{C}H_3\overset{2}{C}H_2\overset{3}{C}H_2\overset{4}{C}HCH_2\overset{5}{C}HCH_2CH_2CH_2CH_3 \\
\underset{\overset{}{C}H_3}{CH-CH_3}
\end{array}
$$

3-甲基-4-异丙基-6-(1′,2′-二甲基丙基)癸烷

3.1.4　烷烃的物理性质

　　有机化合物的物理性质，一般是指化合物的存在状态、相对密度、熔点、沸点、溶解度、折射率、光谱性质和偶极矩等。一般单一的、纯净的有机物，其物理性质在一定的条件下是固定不变的，常把物理性质相对应的数值称为物理常数，它是特定的化合物在一定条件下所固有的标志。通过物理常数的测定，可以鉴定有机化合物及其纯度。已知有机物的物理常数有专门手册可以查阅。表 3-2 列出了正烷烃（直链烷烃）的物理常数，从表中可以看出，随着烷烃分子中碳原子的递增，物理性质呈现出规律性的变化。

表 3-2　直链烷烃的物理常数

名称	结构式	熔点/℃	沸点/℃	相对密度(d_4^{20})
甲烷	CH_4	−182.6	−161.7	
乙烷	CH_3CH_3	−172.0	−88.6	
丙烷	$CH_3CH_2CH_3$	−187.1	−42.2	0.5005
丁烷	$CH_3CH_2CH_2CH_3$	−135.0	−0.5	0.5788
戊烷	$CH_3(CH_2)_3CH_3$	−129.7	36.1	0.5572
己烷	$CH_3(CH_2)_4CH_3$	−94.0	68.7	0.6594
庚烷	$CH_3(CH_2)_5CH_3$	−90.5	98.4	0.6837
辛烷	$CH_3(CH_2)_6CH_3$	−56.8	125.6	0.7028
壬烷	$CH_3(CH_2)_7CH_3$	−53.7	150.7	0.7179
癸烷	$CH_3(CH_2)_8CH_3$	−29.7	174.0	0.7298
十一烷	$CH_3(CH_2)_9CH_3$	−25.6	195.8	0.7404
十二烷	$CH_3(CH_2)_{10}CH_3$	−9.6	216.3	0.7493
十三烷	$CH_3(CH_2)_{11}CH_3$	−6.0	230.0	0.7568
十四烷	$CH_3(CH_2)_{12}CH_3$	5.5	251.0	0.7636
十五烷	$CH_3(CH_2)_{13}CH_3$	10.0	268.0	0.7688
十六烷	$CH_3(CH_2)_{14}CH_3$	18.1	280.0	0.7749
十七烷	$CH_3(CH_2)_{15}CH_3$	22.0	303.0	0.7767
十八烷	$CH_3(CH_2)_{16}CH_3$	28.0	308.0	0.7767
十九烷	$CH_3(CH_2)_{17}CH_3$	32.0	330.0	0.7776
二十烷	$CH_3(CH_2)_{18}CH_3$	36.4	—	0.7777
三十烷	$CH_3(CH_2)_{28}CH_3$	66.0	—	—
四十烷	$CH_3(CH_2)_{38}CH_3$	81.0	—	—

3.1.4.1　物理状态

在室温和大气压力下（25℃、101.3kPa），$C_1 \sim C_4$ 的正烷烃是气体，$C_5 \sim C_{17}$ 的正烷烃是液体，C_{18} 以上的正烷烃是固体。

3.1.4.2　沸点

烷烃是非极性或极性很弱的物质，分子间的作用力主要是色散力。随着分子量的增加，色散力增加，沸点升高。直链烷烃的沸点随着分子量的增加而表现出规律性地升高，而沸点升高值，随着碳原子数目的增加，逐渐减小。

在碳原子数相同的烷烃异构体中，含支链越多的烷烃，相应沸点也越低。这是因为色散力只有在很近的距离内才能有效地作用，随着距离的增加而很快减弱。所以，烷烃支链增多时空间阻碍增大，分子间距较大，不紧密，色散力减弱，沸点必然相应降低。如正戊烷的沸点为 36.1℃，异戊烷的沸点为 27.9℃，而新戊烷的沸点只有 9.5℃。

3.1.4.3　熔点

烷烃熔点的变化基本上与沸点相似，直链烷烃的熔点变化也是随着分子量的增加而增加。但偶数碳原子的烷烃熔点增加的幅度比奇数碳原子的要大一些，形成一条锯齿形的曲线。若分别将偶数和奇数碳原子的熔点连接起来，则得到两条曲线，偶数碳原子的在上，奇数的在下，随着分子量的增加，两条曲线逐渐靠拢。烷烃的熔点曲线如图 3-11 所示。

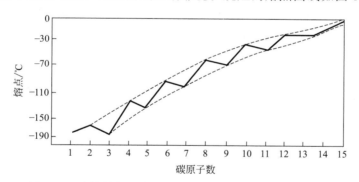

图 3-11　直链烷烃的熔点与分子中所含碳原子数目的关系

烷烃的熔点也是由分子间的色散力所决定的。固体分子间的色散力，不仅取决于分子中原子数目的多少，而且与晶体中晶格排列的对称性有关，对称性大的烷烃晶格排列比较紧密，熔点相对要高些。X 射线结构分析证明：固体直链烷烃的晶体中，碳链为锯齿形；由奇数碳原子组成的锯齿状链中，两端的甲基处在同一边，由偶数碳原子组成的锯齿状链中，两端的甲基处在相反的位置。偶数碳原子的烷烃有较大的对称性，因而使偶数碳原子链比奇数碳原子链更为紧密，链间的作用力增大，所以偶数碳原子的直链烷烃的熔点比相邻的奇数碳原子的直链烷烃的熔点要高一些。

对于含有相同碳原子数的烷烃来说，分子的对称性越好，其熔点也越高。因分子对称性好，它们在晶格中的排列紧密，分子间的色散力大，则熔点高。在戊烷的三种碳链异构体中，新戊烷的对称性最好，正戊烷次之，异戊烷最差，因此新戊烷的熔点最高（－16.6℃），异戊烷的熔点最低（－159.9℃）。

3.1.4.4 相对密度

烷烃比水轻，相对密度都小于 1。相对密度变化的规律也是随着分子量的增加逐渐增大，如表 3-2 所示。

3.1.4.5 溶解度

烷烃都是非极性或弱极性的分子，所以它们不能溶于水和极性溶剂，而易溶于极性小的或非极性的有机溶剂中，如可溶于苯、四氯化碳、氯仿等。

3.1.5 烷烃的化学性质

有机物的化学性质决定于化合物的结构。烷烃是饱和烃，分子中的 C—C σ 键和 C—H σ 键是非极性键或弱极性键，键能较高，键比较牢固，又不易极化，因此烷烃是很稳定的化合物，一般在常温下与强酸、强碱、强氧化剂、强还原剂都不起作用。烷烃的这种稳定性使其常用作有机溶剂（如石油醚）、润滑剂（如石蜡、凡士林）等。但反应的活泼性是相对的，在一定条件下，如光、热、催化剂和压力等作用下，烷烃也能发生一些化学反应。

3.1.5.1 烷烃的卤代反应

在一定的条件下，分子中的一个或几个氢原子（或原子团）被其他原子（或原子团）所取代的反应称为取代反应。若烷烃分子中的氢原子被卤素原子取代，称为卤代反应。烷烃与卤素在室温和黑暗中并不起反应，但在强光的照射下则发生剧烈反应，甚至引起爆炸。如甲烷与氯气在强光照射下剧烈反应生成氯化氢和碳。

$$CH_4 + 2Cl_2 \xrightarrow{\text{强烈阳光}} C + 4HCl$$

在漫射光、热或催化剂的作用下，烷烃分子中的氢原子被卤素取代，生成烃的卤素衍生物和卤化氢，同时放出热量。

烷烃有实用价值的卤代反应是氯代和溴代反应。因为氟代反应非常剧烈且大量放热，不易控制，碘代反应则较难发生。卤素反应的活性次序为：

$$F_2 > Cl_2 > Br_2 > I_2$$

（1）甲烷的氯代　将甲烷与氯气混合，在漫射光或适当加热条件下，甲烷分子中的氢原子能逐个被氯原子取代，得到四种氯代甲烷和氯化氢的混合物，工业上常利用这种混合物作为溶剂。

$$CH_4 + Cl_2 \xrightarrow{\text{光}} CH_3Cl + HCl$$

$$CH_3Cl + Cl_2 \xrightarrow{\text{光}} CH_2Cl_2 + HCl$$

$$CH_2Cl_2 + Cl_2 \xrightarrow{\text{光}} CHCl_3 + HCl$$

$$CHCl_3 + Cl_2 \xrightarrow{\text{光}} CCl_4 + HCl$$

上述反应很难控制在某一步，但通过控制反应条件、原料的用量比和反应时间，可使其中一种氯代烷成为主要产物。如工业上，在 $400 \sim 450^{\circ}C$ 采用热氯气的方法，调节甲烷与氯气的摩尔比为 10：1，此时主要产物为一氯甲烷；甲烷与氯气的摩尔比为 0.262：1，则主要产物为四氯化碳。

（2）烷烃氯代反应机理　　反应机理是化学反应所经历的途径或过程，又称反应历程。有机物的反应比较复杂，由反应物到产物常不只是简单的一步反应，也不只有一种途径。因此，只有了解了反应机理，才能认清反应的本质，掌握反应的规律，从而达到控制和利用反应的目的。反应机理的研究是有机化学理论的重要组成部分，但反应机理是根据大量的实验事实作出的理论推导，是一种假说，有些反应机理是肯定的、可靠的，有些机理则尚欠成熟，需根据新的实验结果进行改进和补充，而且并不是所有反应都能提出明确的机理。实验证明，烷烃的氯代反应是按自由基（也称游离基）反应机理进行的。自由基机理反应的特点是反应过程中形成一个活泼的原子或原子团自由基。自由基机理通常分链的引发、链的增长、链的终止三个阶段。甲烷的氯代反应过程如下：

① 链的引发　　在光照或高温条件下，氯气分子吸收约 $253kJ \cdot mol^{-1}$ 的能量而发生共价键的均裂，产生两个氯原子（或氯自由基）。

$$\overset{\frown}{Cl-Cl} \xrightarrow[\text{或加热}]{\text{光照}} 2 \cdot Cl \qquad (1)$$

氯原子或氯自由基，有一个未成对的单电子，这个未成对的单电子称做奇电子或自由基电子。具有未成对单电子的原子或原子团或分子叫做自由基。自由基有获取一个电子而达到八隅体稳定结构的趋向，是非常活泼的。

链引发阶段是反应分子吸收能量后产生活性质点（即自由基）的过程。此过程主要是由光照、辐射、加热或过氧化物等因素引起的。

② 链的增长　　链引发阶段产生的氯自由基反应性能活泼，它与体系中甲烷分子发生碰撞时，从甲烷分子中夺取一个氢原子，生成氯化氢和一个新的自由基——甲基自由基。

$$CH_3\overset{\frown}{-}H + \cdot Cl \longrightarrow \cdot CH_3 + HCl \qquad (2)$$

甲基自由基也非常活泼，它与体系中的氯分子碰撞，生成一氯甲烷和一个新的氯原子。

$$\overset{\frown}{Cl-Cl} + \cdot CH_3 \longrightarrow CH_3Cl + \cdot Cl \qquad (3)$$

反应反复地进行，进一步地传递下去，直到生成四氯化碳：

$$CH_3Cl + \cdot Cl \longrightarrow \cdot CH_2Cl + HCl$$
$$\cdot CH_2Cl + Cl_2 \longrightarrow CH_2Cl_2 + \cdot Cl$$
$$\cdots\cdots$$

链增长阶段有一步的和多步的。这个阶段的特点是，每一步都消耗一个自由基，同时又为下一步反应产生一个新的自由基。

③ 链的终止　　链反应并不是可以无限连续的，随着反应的进行，甲烷迅速消耗，自由基的浓度不断增加，自由基与自由基之间发生碰撞结合生成分子的机会就会增加，自由基的数量就会减少，反应逐渐停止。

$$Cl \cdot + \cdot Cl \longrightarrow Cl_2 \qquad (4)$$
$$CH_3 \cdot + \cdot CH_3 \longrightarrow CH_3CH_3 \qquad (5)$$
$$CH_3 \cdot + \cdot Cl \longrightarrow CH_3Cl \qquad (6)$$

链终止阶段的特点是自由基被逐渐消耗掉，并且不再产生新的自由基。研究表明，在甲烷氯代反应中，反应（1）生成的氯自由基大约可使反应（2）、反应（3）两步反复进行数千次。这种引发后能自动反复进行一连串的反应，叫做连锁反应或链反应。又由于有自由基参加而进行的反应，所以又叫自由基反应或自由基连锁反应。

链反应一般包括链的引发（1）、链的传递（2）、（3）、链的终止（4）、（5）、（6）三个阶段。链的传递阶段是生成产物的主要阶段，在此阶段中，反应（2）的活化能比反应（3）高得多，是整个氯代过程的慢反应（决速步骤）。

自由基反应机理是有机化学反应中的重要类型之一，在生物学中这类反应有重要的意义。近年来随着仪器分析方法的发展，证实了自由基机理的真实性，并确定了甲基自由基的结构，如图 3-12 所示，$CH_3\cdot$ 中所有原子在同一平面上，碳原子以 3 个 sp^2 杂化轨道分别与氢的 s 轨道重叠形成 3 个 σ 键，碳原子上未参与杂化的 p 轨道与 3 个 σ 键的平面垂直，此轨道上有一个未配对的单电子。

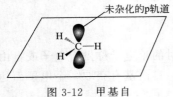

图 3-12　甲基自由基的结构

其他烷烃的卤代反应机理和甲烷氯代反应机理一样，都是自由基反应。只不过，对于高级、复杂的烷烃，其卤代反应更加复杂，最终的产物是由多种物质组成的混合物。

烷烃分子中可以有伯、仲和叔三种氢原子，由于分子中各部分之间的相互制约和影响，这三种氢原子在自由基取代反应中的活泼性并不一样。

如乙烷氯代不仅生成氯乙烷，还得到 1,1-二氯乙烷和 1,2-二氯乙烷。

$$CH_3CH_3 + Cl_2 \xrightarrow{光} CH_3CH_2Cl + HCl$$

$$CH_3CH_2Cl + Cl_2 \xrightarrow{光} CH_3CHCl_2 + ClCH_2CH_2Cl$$

丙烷氯代可以得到两种一氯丙烷：

$$CH_3CH_2CH_3 + \cdot Cl \begin{cases} \xrightarrow{夺取仲氢} CH_3\dot{C}HCH_3 \xrightarrow{Cl_2} CH_3\overset{Cl}{\underset{}{CH}}CH_3 \quad 57\% \\ \xrightarrow{夺取伯氢} CH_3CH_2CH_2\cdot \xrightarrow{Cl_2} CH_3CH_2CH_2Cl \quad 43\% \end{cases}$$

如果考察氢原子被取代的概率，丙烷中可被取代的伯氢有 6 个，而可被取代的仲氢只有 2 个。伯氢与仲氢被取代的概率应为 6 ∶ 2，实际却是 43 ∶ 57，这表明仲氢比伯氢活泼，容易被取代。仲氢与伯氢活性之比为：

$$\frac{仲氢}{伯氢} = \frac{57/2}{43/6} \approx \frac{4}{1}$$

即仲氢的活性为伯氢的 4 倍，所以仲氢比伯氢容易取代。

异丁烷的氯代得到 36％ 的 2-甲基-2-氯丙烷和 64％ 的 2-甲基-1-氯丙烷。

$$CH_3-\underset{\underset{CH_3}{|}}{\overset{\overset{CH_3}{|}}{CH}} + \cdot Cl \begin{cases} \xrightarrow{夺取叔氢} CH_3-\underset{\underset{CH_3}{|}}{\overset{\overset{CH_3}{|}}{C}}\cdot \xrightarrow{Cl_2} CH_3-\underset{\underset{CH_3}{|}}{\overset{\overset{CH_3}{|}}{C}}-Cl \quad 36\% \\ \xrightarrow{夺取伯氢} CH_3-\underset{\underset{CH_3}{|}}{CH}-CH_2\cdot \xrightarrow{Cl_2} CH_3-\underset{\underset{CH_3}{|}}{CH}-CH_2Cl \quad 64\% \end{cases}$$

如果考虑到伯氢与叔氢被取代的概率为 9：1，可以明显看出叔氢比伯氢被取代要容易得多。

$$\frac{叔氢}{伯氢}=\frac{36/1}{64/9}\approx\frac{5}{1}$$

由以上可以看出，在室温下光引发的氯代反应，叔、仲、伯氢的活性之比大致为：叔氢：仲氢：伯氢＝5：4：1。由此可知，氢原子被卤化的次序（由易到难）为：

$$叔氢＞仲氢＞伯氢$$

烷烃分子中氢原子的反应活性次序或者说氯代反应的选择性可用相应 C—H 键的解离能大小和自由基的稳定性来解释。

伯氢：$CH_3—H \longrightarrow CH_3· + H·$ $\Delta H=435kJ·mol^{-1}$

$\quad\quad CH_3—CH_2—H \longrightarrow CH_3—CH_2· + H·$ $\Delta H=410kJ·mol^{-1}$

$\quad\quad CH_3—CH_2—CH_3 \longrightarrow CH_3—CH_2—CH_2· + H·$ $\Delta H=410kJ·mol^{-1}$

仲氢：$CH_3—CH_2—CH_3 \longrightarrow CH_3—\overset{\cdot}{C}H—CH_3 + H·$ $\Delta H=397kJ·mol^{-1}$

叔氢：$CH_3—\overset{\overset{\displaystyle CH_3}{|}}{C}H—CH_3 \longrightarrow CH_3—\overset{\overset{\displaystyle CH_3}{|}}{\overset{\cdot}{C}}—CH_3 + H·$ $\Delta H=380kJ·mol^{-1}$

C—H 键解离能越小，C—H 键越容易断裂，所连氢原子的活性越高，自由基越容易形成，所形成的自由基也越稳定，即含单电子的碳上连接的烷基越多，自由基越稳定；经历最稳定自由基历程的反应，形成的产物越多。

几种常见的烷基自由基的稳定性次序为：

$$CH_3—\overset{\overset{\displaystyle CH_3}{|}}{\underset{\underset{\displaystyle CH_3}{|}}{C}}· \; > \; CH_3—\overset{\cdot}{C}H—CH_3 > CH_3—CH_2· > CH_3·$$

烷烃卤代反应的选择性除与 C—H 键的强度有关外，还与卤原子的种类有关。烷烃溴代比氯代选择性更强。例如：

$$CH_3CH_2CH_3 \xrightarrow{Br_2} CH_3\overset{\overset{\displaystyle Br}{|}}{C}HCH_3 + CH_3CH_2CH_2Br$$
$$\quad\quad\quad\quad\quad\quad\quad\quad 99\% \quad\quad\quad\quad 1\%$$

如果希望得到产率高、比较纯净的产物，常常选用溴代反应。

烷烃的氯代和溴代在有机合成方面具有重要意义，因为卤代后生成的碳卤键比相应的碳氢键的反应活性要高得多，可以在相对温和的条件下发生许多化学反应，如亲核取代反应、消除反应和生成格氏试剂等。烷烃的氯代反应比较剧烈，选择性稍差，但氯气比较便宜；烷烃的溴代反应比较温和，选择性好，但溴试剂较贵。

3.1.5.2 烷烃的氧化反应

烷烃的氧化反应分激烈氧化和缓慢氧化两类。燃烧是激烈氧化反应，被氧化剂所氧化属于缓慢氧化反应。

（1）燃烧 烷烃在高温和有足够的空气中很容易燃烧，燃烧时发出光并放出大量的热，生成二氧化碳和水。例如：

$$CH_4 + 2O_2 \longrightarrow CO_2 + 2H_2O \qquad \Delta H_c = -890kJ \cdot mol^{-1}$$

$$C_{10}H_{22} + 15\frac{1}{2}O_2 \longrightarrow 10CO_2 + 11H_2O \qquad \Delta H_c = -6770kJ \cdot mol^{-1}$$

这是汽油和柴油在内燃机中燃烧的基本反应。在燃烧时放出的热量叫燃烧热，燃烧热是热化学中的一项重要数据，通过燃烧热可计算其他有关反应热。

低级烷烃（$C_1 \sim C_6$）的蒸气与一定比例空气混合后，遇到火花就会发生爆炸，这是煤矿井中发生爆炸事故的主要原因之一。例如，甲烷在空气中的含量达到 $5.53\% \sim 14\%$（体积分数）时，遇到火花就会发生爆炸。

（2）氧化　烷烃在室温下，一般不与氧化剂或空气中的氧反应，如控制适当条件，在催化剂的作用下，可以使其发生部分氧化反应，得到醇、醛、酮、羧酸等各种含氧衍生物。但由于氧化过程复杂，氧化的位置各异，产物往往是复杂的混合物，难于得到纯净的产物。然而，在工业生产中，可以通过控制条件获得以某些产物为主的产品，或直接利用其氧化混合物。例如，高级烷烃（如石蜡，一般是 $C_{20} \sim C_{25}$ 烷烃的混合物）在 $120 \sim 150℃$ 并以锰盐作催化剂时，被空气氧化成高级脂肪酸。

$$R-CH_2-CH_2-R' + O_2 \xrightarrow[107\sim110℃]{MnO_2} RCOOH + R'COOH + 其他羧酸$$

生成的高级脂肪酸可代替油脂制造肥皂。低级烷烃（$C_1 \sim C_4$）氧化可以得到甲醇、甲醛、甲酸、乙酸、丙酮等。例如：

$$CH_4 + O_2 \xrightarrow[600℃]{NO} \underset{甲醛}{HCHO} + H_2O$$

一般烷烃的氧化反应较难控制，反应生成复杂的混合物，产物难分离、精制过程复杂。

3.1.5.3　烷烃的裂化反应

烷烃在高温、无氧条件下，碳碳键、碳氢键可以断裂，大分子化合物变为小分子化合物，这类反应称为裂化反应。石油加工后除得到汽油外，还有煤油、柴油等分子量较大的烷烃通过裂化反应，可以变成汽油、甲烷、乙烷、乙烯、丙烯等小分子的化合物，其过程很复杂，碳碳键、碳氢键均可断裂，断裂时可以在分子中间，也可以在分子旁边，分子越大，越易断裂，裂化后的分子还可以再进行裂化。例如：

$$CH_3CH_2CH_2CH_3 \xrightarrow{500℃} \begin{cases} CH_4 + CH_2=CHCH_3 \\ CH_3CH_3 + CH_2=CH_2 \\ CH_2=CHCH_2CH_3 + H_2 \end{cases}$$

裂化反应的反应机制是热作用下的自由基反应。裂化反应的结果，大分子烷烃裂化成分子更小的烷烃、烯烃。

如用催化剂进行裂化反应可以降低温度，但反应机制就不是自由基反应而是离子型反应。

裂化是一个复杂的反应，产物是多种烃类的混合物，烷烃分子中所含碳原子数越多，产物越复杂。条件不同，产物也不相同。在石油工业中，利用裂化反应可将廉价的重油成分裂化成价值高的轻油成分，如将十六烷裂化成辛烷和辛烯，从而提高了石油的利用率和汽油的质量。在裂化反应过程中，还同时有异构化、环化和芳构化等反应发生，可由此而获取多种化工原料。

3.1.6 烷烃的来源和用途

烷烃的天然来源主要是石油、天然气、油田气和煤矿的坑气。石油是古代的动植物体经细菌、地热、压力及其他无机物的催化作用而生成的物质。石油虽然因产地不同而成分各异，但其主要成分是各种烃类（开链烷烃、环烷烃和芳香烃等）的复杂混合物。通常将石油分馏成若干馏分来使用。天然气、油田气一般是甲烷等低沸点的烃类。由于石油资源的不断减少，利用蕴藏丰厚的煤资源来转化得到烃类复杂混合物也是一种发展趋势。

纯度比较高的烷烃一般是通过合成方法来制取的。如烯烃的催化加氢，卤代烷的还原，卤代烷与有机金属化合物的偶联等。

某些动植物体中也有少量烷烃存在，如在烟草叶上的蜡中含有二十七烷和三十一烷，白菜叶上的蜡含有二十九烷，苹果皮上的蜡含有二十七烷和二十九烷。此外，某些昆虫的外激素就是烷烃。昆虫外激素是指同种昆虫之间借以传递信息而分泌的化学物质。例如有一种蚁，它们通过分泌一种有气味的物质来传递警戒信息，经分析，这种物质含有正十一烷和正十三烷。如雌虎蛾引诱雄虎蛾的性外激素是 2-甲基十七烷，这样人们就可合成这种昆虫性外激素并利用它将雄虎蛾引诱至捕集器中将它们杀死。昆虫外激素的作用往往是专一的，所以可利用它只杀死某一种昆虫而不伤害其他昆虫，这便是近年来发展起来的第三代农药，即生物农药。

3.1.7 烷烃的重要化合物

（1）甲烷　甲烷大量存在于自然界中，是天然气、沼气、石油气的主要成分。甲烷无色、无嗅，易溶于酒精、乙醚等有机溶剂，微溶于水。甲烷极易燃烧，富含甲烷的天然气和沼气是优良的气体燃料。甲烷完全燃烧时产生淡蓝色的火焰，生成二氧化碳和水，放出大量的热。

除了用作燃料外，甲烷还用作化工原料。甲烷不完全燃烧时，会产生浓厚的炭黑。这是生产炭黑的一种方法。炭黑可作黑色颜料、油墨、橡胶的填料。

$$CH_4 + O_2 \xrightarrow{\text{不完全燃烧}} C + 2H_2O$$

甲烷高温裂解可制得乙炔，乙炔是有机合成的重要原料。

$$2CH_4 \xrightarrow{1600℃} CH \equiv CH + 3H_2$$

（2）石油醚　常温下石油醚为无色澄清的液体，有类似乙醚的气味，故称石油醚。石油醚是轻质石油产品中的一种，主要是戊烷和己烷等低分子量烃类的混合物。石油醚不溶于水，溶解于大多数有机溶剂，能溶解油和脂肪。其相对密度为 0.63～0.66，沸点范围为 30～90℃。石油醚由天然石油或人造石油经分馏而得到，主要用作有机溶剂。石油醚容易挥发和着火，使用时应注意安全。

（3）液化石油气　液化石油气主要来源于油田伴生气和石油炼厂气，主要成分是含有 3 个或 4 个碳原子的烃类如丙烷、丙烯、丁烷、丁烯的混合物。习惯上也叫碳三（C_3）、碳四（C_4）烃类混合物。通常 C_3 约 63%，C_4 约 36%，其余为含量甚少的甲烷、乙烷、乙烯和戊烷等。液化石油气为人们生活带来便利，但由于其易燃易爆，在使用时一定要注意安全。

（4）凡士林　凡士林的主要成分是 C_{18}～C_{22} 的液体烷烃和固体烷烃的混合物，呈软膏状半固体。不溶于水，溶于醚和石油醚，性质稳定。用作润滑剂、防锈涂料，在制药上常用作软膏的基质。

3.2 环烷烃

3.2.1 环烷烃的分类和异构现象

3.2.1.1 分类

将开链烷烃两头的两个碳原子各用一价相互结合，即形成一个环状结构，称为环烷烃。这类化合物又称为脂环化合物，因为从性质上看，它与链形化合物有许多相似之处。所有各类脂环化合物，都可看作是环烷烃的衍生物。环烷烃按环的大小可分为小环（三、四元环）、普通环（五至七元环）、中环（八至十一元环）和大环（十二元环以上）。根据分子中碳环的数目还可分为单环、二环或多环脂环烃。在二环化合物中，两个环共用一个碳原子的称为螺环烃；两个环共用两个或两个以上碳原子的称为桥环烃。例如：

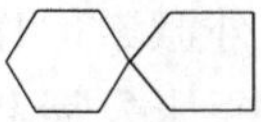

螺环烃 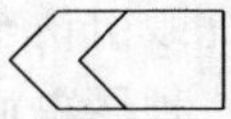   桥环烃

3.2.1.2 异构现象

单环烷烃通式为 C_nH_{2n}，与碳原子数目相同的单烯烃互为同分异构体，环状化合物之间也可互为异构体。例如，分子式为 C_4H_8 的环烷烃异构体为：

$$\square \quad CH_2=CH-CH_2-CH_3 \quad CH_2=\overset{\overset{\displaystyle CH_3}{|}}{C}-CH_3 \quad \triangle$$

环丁烷　　　　　1-丁烯　　　　　　2-甲基丙烯　　　　甲基环丙烷

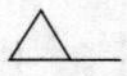

在环烷烃分子中，由于环限制了碳碳单键的自由旋转，所以当环上有两个或两个以上的取代基连在不同的碳原子上时，还会产生顺反异构体。较优基团在环平面同侧的为顺式构型，反之为反式构型。例如：

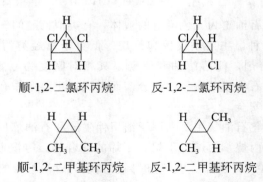

顺-1,2-二氯环丙烷　　　　　　反-1,2-二氯环丙烷

顺-1,2-二甲基环丙烷　　　　　反-1,2-二甲基环丙烷

如果增加环上的取代基，顺反异构体的数目也相应增加。例如，1,2,3,4-四甲基环丁烷有四个几何异构体：

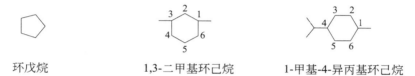

3.2.2 环烷烃的命名

3.2.2.1 单环烷烃的命名

单环烷烃的命名与烷烃相似。环烷烃是在相应的烷烃名称前加上"环"字，称为"环某烷"。将环上的支链作为取代基，其名称放在"环某烷"之前。对有多个取代基的环烷烃，按照次序规则从连有最小基团的环碳原子开始，用阿拉伯数字给碳环依次编号，并使取代基的位次尽可能小。例如：

环戊烷   1,3-二甲基环己烷   1-甲基-4-异丙基环己烷

如果分子内有大环与小环，命名时以大环作母体，小环作取代基；对于比较复杂的化合物，或环上带的支链不易命名时，则将环作为取代基来命名。例如：

3-甲基-4-环丁基庚烷

3.2.2.2 螺环烃的命名

螺环烷烃命名时，两个碳环共有的碳原子称为"螺原子"。以"螺"字作为词头，按成环碳原子总数称为"螺某烷"。用方括号中的阿拉伯数字分别标明两个碳环除螺原子以外所包含的碳原子数目，但顺序是小环到大环，数字用下角圆点分开。环上碳原子编号的顺序是由较小环中与螺原子相邻的碳原子开始，沿小环编号，然后通过螺原子到较大的环。当环上有支链时，支链的位次应尽可能小。例如：

螺[4.5]癸烷   1,5,7-三甲基螺[3.4]辛烷

3.2.2.3 桥环烃的命名

桥环烷烃命名时，以"二环"、"三环"、"四环"等作词头，按成环碳原子的总数称为

"某烷"。两环连接处的碳原子作为桥头碳原子，其他碳原子作为桥碳原子，从一个桥头到另一个桥头的碳链称为"桥"。各桥的碳原子数（不包含桥头碳原子）由大到小分别用数字表示，并用下角圆点分开，放在方括号中，然后将方括号放在"二环"等词头与"某烷"之间。环的编号是从一个桥头碳原子开始，沿最长的桥编到另一桥头碳原子，再沿次长的桥编回到开始的桥头碳原子，最短桥上的碳原子最后编号。例如：

二环[4.4.0]癸烷

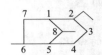

6,8-二甲基-2-乙基二环[3.2.1]辛烷

3.2.3 环烷烃的结构与环的稳定性

3.2.3.1 环烷烃的结构

环烷烃和开链烷烃一样，分子中成环碳原子也是 sp^3 杂化的。经 sp^3 杂化的碳原子有四个 sp^3 杂化轨道，相邻两个杂化轨道间的夹角为 109.5°。在开链烷烃中，两个成键碳原子的 sp^3 轨道是沿着轨道对称轴的方向重叠的。因此，重叠程度最大，形成的 σ键最稳定。同时，分子中的键角保持了 109.5°，每个碳原子所连接的两个碳原子彼此距离最远，分子能量保持在最低水平。

但在环丙烷分子中，三个碳原子处在同一平面上，构成了一个正三角形，三个碳原子核连线间的夹角为 60°，此角度要比正常的 sp^3 杂化轨道间的夹角相差 49°28′。显然，在环丙烷分子中，碳原子在形成 C—Cσ 键时，sp^3 杂化轨道不可能沿着轨道对称轴的方向实现最大程度的重叠而形成正常的 σ键，见图 3-13。为了能重叠得多一些，每个碳原子必须把形成 C—Cσ 键的两个杂化轨道间的角度缩小。见图 3-14。这样形成的 C—Cσ 键的杂化轨道仍然不是沿着两个原子之间的轨道对称轴重叠的。这种 σ键与一般的 σ键不一样，其杂化轨道稍偏转一定角度，以弯曲的方向重叠，所形成的 C—Cσ 键也是弯曲的，其外形似香蕉一样的"弯曲键"。这种重叠不是发生在电子云密度最大的方向，所形成的 C—C 键比一般的 σ键弱，键的稳定性较差，故环丙烷不稳定，容易发生开环加成反应。

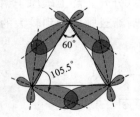

图 3-13 环丙烷中 sp^3 杂化轨道的重叠

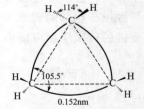

图 3-14 环丙烷分子中的弯曲键

环丁烷的情况与环丙烷相似，碳碳之间也是用"弯曲键"结合的。但是，环丁烷的四个碳原子不在同一平面上，而是曲折的，见图 3-15。所以，成键原子轨道的重叠程度比环丙烷大，角张力小，分子较稳定。因此，环丁烷在加氢、卤素和卤化氢时，开环要比环丙烷

困难。

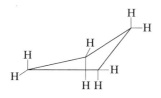

图 3-15　环丁烷的分子结构

图 3-16　环戊烷的分子结构

环戊烷的结构形状像一个开启的信封，如图 3-16 所示。在成键的五个碳原子中，四个处于同一平面上，第五个碳原子向上或向下微微翘起，其与四个碳原子所在的平面距离为 0.05nm。故环戊烷分子中成键的 sp^3 杂化轨道近乎在轨道对称轴的方向进行重叠，成环碳原子的键角为 $108°$，接近 $109.5°$，角张力很小，所以分子稳定，不易发生开环作用。在室温下，与卤素只发生取代反应。

在环己烷及大环化合物分子中，不存在"弯曲键"，成环碳原子间的键角为 $109.5°$，所以它们都是无张力环，分子比较稳定，它们的性质类似于开链烷烃，即使在比较苛刻的反应条件下，也难以发生开环作用。

3.2.3.2　环烷烃的环张力与稳定性

环烷烃中环的大小不同，其稳定性也各不相同，三元环、四元环的环烷烃不稳定，化学性质活泼，容易进行开环加成，从燃烧热的数值比较也可以得出相同的规律。所谓燃烧热，是指 1mol 的有机化合物在标准压力时完全燃烧，生成二氧化碳和水所放出的热量。其大小反映分子能量的高低，常常可以提供有关有机物相对稳定性的依据。环烷烃可以看作是数量不等的亚甲基单元连接起来的化合物，其燃烧热显然与分子中所含的亚甲基的数量有关，如果取亚甲基单元的平均燃烧热，不同的环烷烃是可以比较的。表 3-3 列出了几种环烷烃在标准状态时的燃烧热。

表 3-3　几种环烷烃在标准状态时的燃烧热（$\Delta_c H_m^{\ominus}/kJ \cdot mol^{-1}$，298K）

名称	分子燃烧热	每个 CH_2 燃烧热	名称	分子燃烧热	每个 CH_2 燃烧热
环丙烷	2091.2	697.1	环癸烷	6635.8	663.6
环丁烷	2744.3	686.1	环十一烷	7289.7	662.7
环戊烷	3320.0	664.0	环十二烷	7912.8	659.4
环己烷	3951.8	658.6	环十三烷	8582.6	660.2
环庚烷	4636.7	662.4	环十四烷	9220.4	658.6
环辛烷	5310.3	663.8	环十五烷	9884.7	659.0
环壬烷	5981.0	664.6	环十七烷	11180.9	657.7

从表 3-3 可见，从环丙烷到环戊烷，随着环的增大，每个亚甲基单元的燃烧热依次降低，环越小则每个亚甲基单元的燃烧热越大。这说明在小环化合物中，环越小能量越高，越不稳定。由环己烷开始，亚甲基单元的燃烧热趋于稳定。

为了解释各种环化学反应性能的不同，1885 年拜耳（Baeyer A）根据碳是正四面体的概念提出了张力学说。他假设构成环的所有碳原子都在同一平面上，于是得出如下结论：如果成环后所有碳原子间的正常键角是 $109.5°$（更准确地说是 $109°28'$），那么不但这种环很容易生成，而且生成的环状化合物很稳定。在形成三元环时，三个碳原子在一平面上成一正三角形，两键间的夹角是 $60°$，所以每键必须向内压缩（$109°28' - 60°$）$/2 = 24°44'$。四元环是正四边形，两键间的角度是 90°，因此每键要向内压缩 9°44′。五元环向内压缩 0°44′。六元环则向外扩张 5°16′。键的这种向内压缩或向外扩张，意味着化合物的内部发生了张力，这种张力是由于键角压缩或扩张所产生的，叫做角张力（又称为拜耳张力）。角张力示意图见图 3-17。从能量来讲，张力大的结构比较不稳定，所含的能量就高。

角张力的存在使环变得不稳定，其中环丙烷的角张力最大，最不稳定，环丁烷次之。根据这一学说，环戊烷应该最稳定，环己烷则不如它稳定，但是这与事实是不相符合的。近代测试结果表明，五元环及以上的环烷烃的成环碳原子不在同一个平面上，其键角接近于正常键角，基本上没有角张力，相应的环称为"无张力环"。

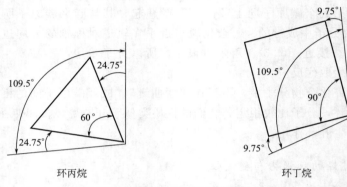

图 3-17　环丙烷和环丁烷的角张力示意图

3.2.4　环烷烃的物理性质

环烷烃的熔点、沸点和相对密度均比同碳数的烷烃高一些，但相对密度仍小于 1.0。在常温常压下，环丙烷、环丁烷为气体，环戊烷至环十一烷是液体，其他高级环烷烃为固体。环烷烃不溶于水，易溶于有机溶剂。表 3-4 列出了几种环烷烃的部分物理常数。

表 3-4　某些环烷烃的物理性质

中文名	熔点/℃	沸点/℃	相对密度（d_4^{20}）
环丙烷	−127.6	−32.7	0.680（−33℃）
环丁烷	−80.0	12.5	0.703（0℃）
环戊烷	−93.9	49.3	0.7457
环己烷	6.6	80.7	0.7786
环庚烷	−12.0	118.5	0.8098
环辛烷	14.3	150.0	0.8349

3.2.5　环烷烃的化学性质

3.2.5.1　取代反应

在高温或光照射下，环烷烃与烷烃一样能发生自由基取代反应。例如：

$$\text{◇} + Br_2 \xrightarrow{300℃} \text{◇}—Br + HBr$$

$$\text{⬡} + Cl_2 \xrightarrow{紫外光} \text{⬡}—Cl + HCl$$

3.2.5.2 氧化反应

环烷烃在常温下，用一般氧化剂（如高锰酸钾溶液、臭氧等）不起作用，然而在加热情况下用强氧化剂或在催化剂存在下用空气直接氧化，环烷烃也是可以被氧化的。例如：

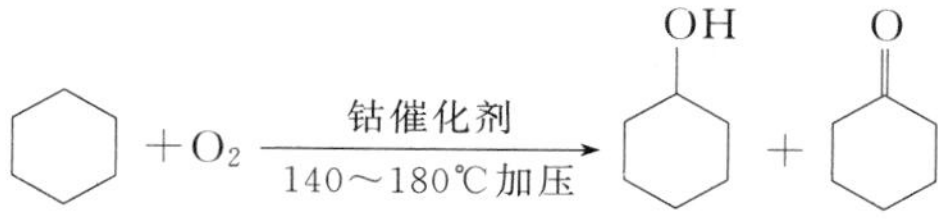

此反应是工业上生产环己醇的方法，环己醇则是生产己二酸的原料。

3.2.5.3 加成反应

环烷烃，主要是小环的环丙烷和环丁烷，虽然没有碳碳双键，但与烯烃相似，容易打开环而发生加成反应，故也称为开环加成反应。这是小环烷烃的特殊反应。

（1）加氢　在催化剂的作用下，小环如环丙烷、环丁烷，与氢可以进行加成反应，开环与两个氢原子结合生成烷烃。

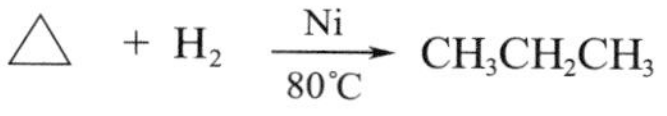

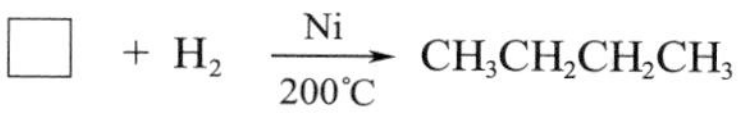

从反应条件不难看出，环丁烷比环丙烷要稳定，开环比较困难，而环戊烷则更稳定，需要更强烈的条件才能开环加成。

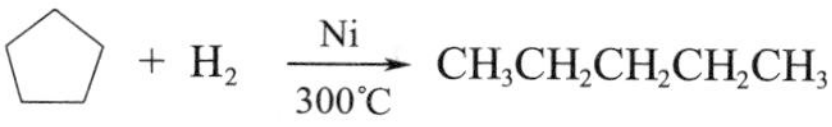

环己烷及更高级的环烷烃加氢则更为困难。

（2）加卤素　环丙烷及其烷基衍生物不仅容易加氢，且容易开环与卤素加成。如环丙烷与溴在常温下即可开环发生加成反应，生成 1,3-二溴丙烷。

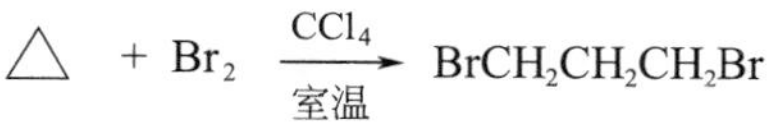

环丁烷与溴常温不反应，必须加热才能开环加成。

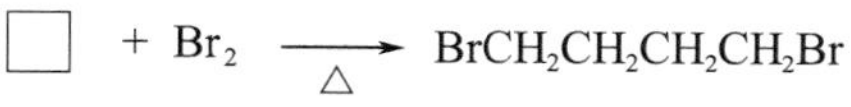

因此，一般不用溴褪色的方法来区别环烷烃和烯烃。

（3）加卤化氢　环丙烷及其烷基衍生物容易与卤化氢进行开环加成反应。

当烷基取代的环丙烷与卤化氢进行开环加成反应时，环的断裂发生在连接氢原子最多的碳与连接氢原子最少的碳之间。而且符合 Markovnikov 规则，氢加到含氢较多的成环碳原子上，而卤素加到含氢较少的碳原子上。

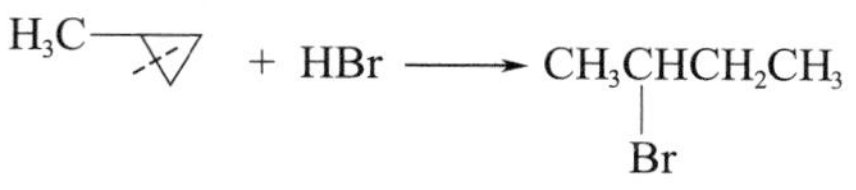

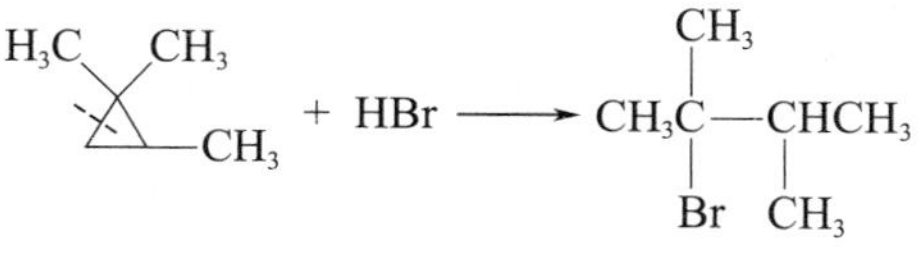

环丁烷及以上的环烷烃在常温下则难以与卤化氢发生开环加成反应。由环烷烃以上的化学性质可以看出，环烷烃的化学性质既像烷烃又像烯烃。环戊烷、环己烷等较大的环较稳定，像烷烃，主要进行氧化和取代反应；而环丙烷、环丁烷等小环容易破裂，与烯烃相似，容易进行开环加成反应。

3.2.6 环己烷及其衍生物的构象

3.2.6.1 环己烷的构象

环己烷的六个成环碳原子不共平面，C—C—C 键角为 109.5°，是无张力环。环己烷分子在保持键角 109.5°不变的情况下，可以通过 σ 键的旋转和键的扭动而产生构象异构，其中最典型的有两种极限构象：一种像椅子称椅式构象，另一种像船形称船式构象。通过键的扭动和 σ 键的旋转，椅式构象和船式构象可以相互转变。椅式构象是稳定构象，船式构象比椅式构象能量高 $30kJ \cdot mol^{-1}$，常温下两种构象处于相互转变的动态平衡体系中，达到动态平衡时，椅式构象占绝对优势，约为 99.9%，故环己烷及其多数衍生物主要以稳定的椅式构象存在，如图 3-18 所示。

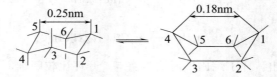

图 3-18 环己烷的椅式构象和船式构象

椅式构象和船式构象虽然都保持了正常键角，不存在角张力，但从 Newman 投影式（见图 3-19）可看出，椅式构象中所有相邻的两个碳原子上 C—H 键都处于交叉式的位置，这种构象内能低。在船式构象中，C_2 和 C_3 上的 C—H 键及 C_5 和 C_6 上的 C—H 键却处于全重叠式的位置，它们之间存在着较大的扭转张力；另外，在船式构象中，C_1 和 C_4 两个向上向内侧伸展的碳氢键相距较近（0.18nm，见图 3-18），两个氢原子的相互距离小于该两个氢原子的 van der Waals 半径之和（0.24nm），因此产生排斥力。由于这两种张力的存在，船式构象能量较高，不如椅式构象稳定。

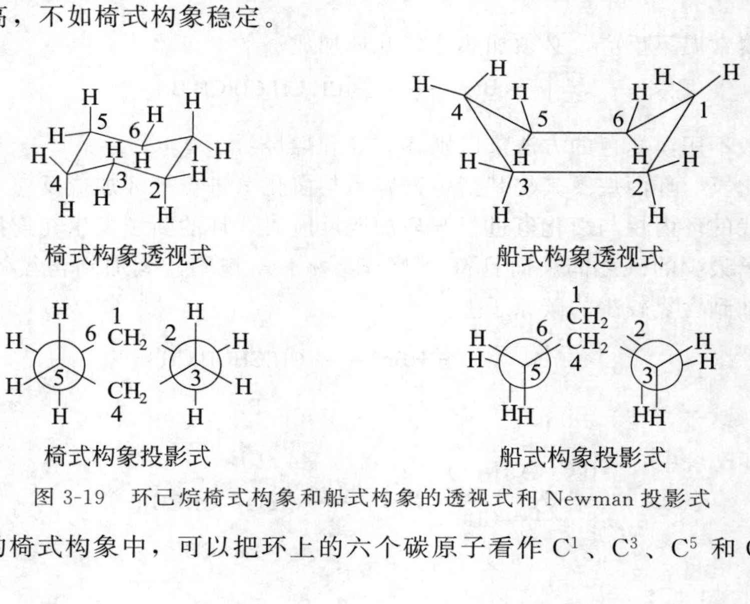

椅式构象透视式

船式构象透视式

椅式构象投影式

船式构象投影式

图 3-19 环己烷椅式构象和船式构象的透视式和 Newman 投影式

在环己烷的椅式构象中，可以把环上的六个碳原子看作 C^1、C^3、C^5 和 C^2、C^4、C^6 两个相互平行的平面，这样，环己烷中的十二个 C—H 键可以分为两种类型。其中六个是垂直于平面而与两个平行平面的对称轴平行的，称为直立键或 a 键（axial bond），三个向上另三个向下，交替排列。另外的六个 C—H 键则向外伸出，与对称轴约成 109.5°夹角，称为平伏键或 e 键（equatorial bond），也是三个向上斜伸，三个向下斜伸。每个碳原子上的两个 C—H 键，一个是 a 键，另一个是 e 键，如 a 键向上则 e 键向下，在环中上下交替排列，如图 3-20 所示。

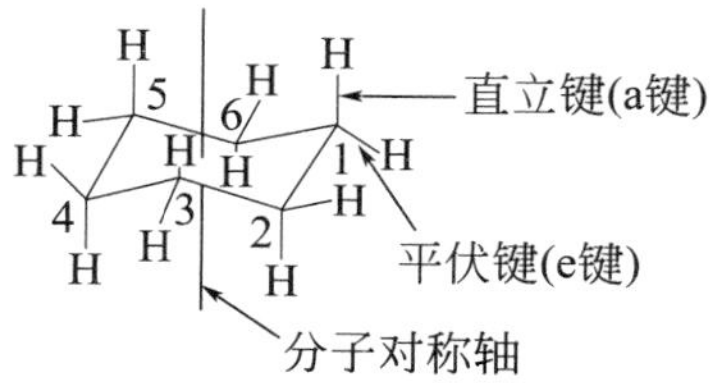

图 3-20　环己烷椅式构象中的直立键和平伏键

在常温下，环己烷由一种椅式构象可以通过 C—C 键的协同扭动而变成另一种椅式构象，这种构象的互变称为转环作用。转环作用可由分子热运动而产生，不需要经过 C—C 键的破裂来进行。转环后，原来的 a 键都变成 e 键，原来的 e 键都变成了 a 键。椅式环己烷处于这两种构象的平衡中，如图 3-21 所示。

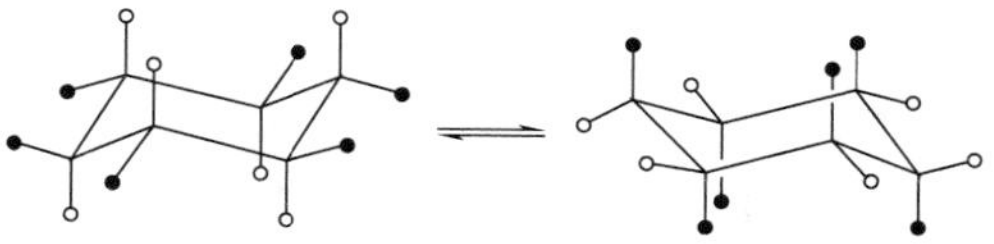

图 3-21　环己烷两种椅式构象间的转换

此平衡中，只发生直立键氢和平伏键氢的互相转换，分子的骨架、能量和氢原子间的几何关系都保持不变，所以这两种构象是不能区分开的。

3.2.6.2　取代环己烷的构象

环己烷的一元取代衍生物，取代基可以在 e 键上，也可以在 a 键上，从而出现两种可能的构象。一般情况下，以 e 键相连的构象占优势。以甲基环己烷为例，由于 a 键上较大的甲基与 3 和 5 位上直立键氢距离较近，存在强烈的空间排斥力（称为 1，3-二竖键相互作用），故不稳定；而甲基若以 e 键相连，则没有上面的斥力，故后者比前者的能量低，是优势构象，如图 3-22 所示。

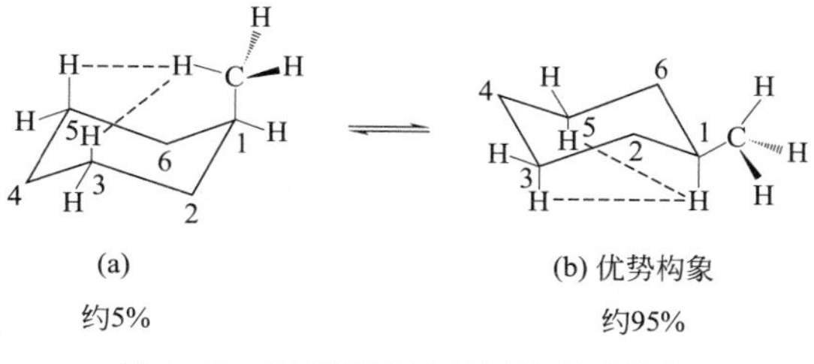

(a)	(b) 优势构象
约5%	约95%

图 3-22　甲基环己烷的两种椅式构象

在叔丁基环己烷中，叔丁基以 e 键相连的构象几乎接近 100%。

根据许多实验事实，对环己烷的稳定构象总结出如下规律：

① 环己烷及其衍生物的椅式构象比船式构象稳定。在常温下，主要以椅式构象存在。

② 在环己烷的多元取代物中，最稳定的构象是 e 键上取代基最多的构象。

③ 环上有不同的取代基时，大取代基处于 e 键的构象更稳定。

3.2.6.3 十氢化萘的构象

十氢化萘是由两个环己烷分子稠合而成的，它具有顺、反两种异构体，当两个桥头碳原子上的氢原子处于环的同侧时，为顺式异构体；当两个桥头碳原子上的氢原子处于环的异侧时，为反式异构体，如图 3-23 所示。

顺式十氢化萘(cis-decalin)　　　　　反式十氢化萘(trans-decalin)

图 3-23　十氢化萘顺式和反式异构体

十氢化萘的构象是由两个椅式环己烷共用一条边稠合而成的。两个环己烷分子可以采用两种不同的方式稠合而产生两种构象（图 3-24）。

顺式(ae型)　　　　　反式(ee型)

图 3-24　十氢化萘的顺式和反式构象

石油及其加工产品

烷烃和环烷烃的天然来源主要是石油。石油是现代社会最重要的能源之一，也是有机合成工业的基本原料之一。石油的主要成分是烷烃，另外含有少量的芳烃和环烷烃、微量的含氧、含硫、含氮化合物。石油因产地不同而成分各异，我国及美国的原油主要成分是烷烃，俄罗斯产的原油中含有大量的环烷烃，罗马尼亚的原油成分介于两者之间，大洋洲产的原油中含有大量的芳香烃。

从油田开采出来的原油是棕褐色或暗绿色的黏稠液体，有臭味。原油须经过炼制才能作为燃料或化工原料使用。 最简单的炼制方法一般是对原油进行分馏，根据产品的用途和组成不同而收集不同的馏分。

石油经过加工提炼，可得到下列四大类产品：石油燃料，润滑油和润滑脂，蜡、沥青和石油焦，溶剂和石油化工产品。

石油燃料是用量最大的油品。按其用途和使用范围可以分为如下五种：

① 点燃式发动机燃料，有航空汽油，车用汽油等；

② 喷气式发动机燃料，有喷气燃料；

③ 压燃式发动机燃料(柴油机燃料)，有高速、中速、低速柴油；

④ 液化石油气燃料，即液态烃；

⑤ 锅炉燃料，有炉用燃料油和船舶用燃料油。

润滑油和润滑脂被用来减少机件之间的摩擦，保护机件以延长它们的使用寿命并节省动力。它们的数量只占全部石油产品的 5% 左右，但其品种繁多。蜡、沥青和石油焦是从生产燃料和润滑油时进一步加工得来的，其产率较少。溶剂和石油化工产品是有机合成工业的重要基本原料和中间体。

石油初步分馏（炼油）的主要馏分及其用途见表 3-5。

表 3-5　石油产品的组分及用途

名称	含碳原子数目	沸点范围/℃	用途
石油气	$C_1 \sim C_4$	<40	燃料、化工原料
石油醚	$C_5 \sim C_7$	30～100	溶剂、化工原料
汽油	$C_6 \sim C_{12}$	70～200	燃料、溶剂
溶剂汽油	$C_7 \sim C_9$	120～150	溶剂
航空煤油	$C_9 \sim C_{15}$	150～250	喷气式飞机燃料油
煤油	$C_{12} \sim C_{16}$	200～275	点灯、燃料
柴油	$C_{15} \sim C_{20}$	260～340	柴油机燃料
润滑油	$C_{18} \sim C_{22}$	>350	机械润滑
凡士林	$C_{20} \sim C_{24}$	>350	制药、防锈涂料
石蜡	$C_{20} \sim C_{30}$	>350	制蜡烛、蜡纸等
燃料油		>350	船用燃料、锅炉燃料
沥青		>350	铺路、建筑材料

但是，仅仅通过石油分馏是无法满足市场需要的，市场上需要大量的低分子汽油、煤油和其他相对低分子量烃类。目前，通过高温加热方法把石油的长链组分切断，使之变成小分子的烷烃，即裂化。通过裂化和铂重整工艺，可以从石油中获得更多的高辛烷值汽油。还可得到重要的化工原料，如乙烯、丙烯、丁烯等。

辛烷值较低的汽油馏分，在高温下经过贵金属催化剂(如铂、铼、铱)将其中所含的环烷烃及烷烃经过六元环烷脱氢反应、五元环烷或直链烷烃的异构化反应、烷烃的脱氢环化反应，以及芳烃脱烷基等反应，转化为苯、甲苯、二甲苯类、乙苯类等芳烃，以提供芳烃等化工原料或生产高辛烷值汽油。这种在重整反应过程中生成的汽油就叫重整汽油，由于其中芳烃含量高，可以作为高辛烷值汽油的调和组分。

辛烷值是汽油抗爆性的表示单位。将抗爆震能力很差的直链烷烃正庚烷的辛烷值规定为 0.0，将基本无爆震的多支链烷烃异辛烷（2,2,4-三甲基戊烷）的辛烷值规定为 100。在规定条件下，将汽油样品与标准燃料（异辛烷与正庚烷）相比较，若两者抗爆性相同，则标准燃料中异辛烷的体积分数即是汽油的辛烷值。

一般，带支链的烷烃其辛烷值较大，抗爆震能力较好，即汽油的质量较优。烷烃通过裂化、异构化、铂重整后提高了产物的支链程度，从而提高了汽油质量。表 3-6 列出了一些常见烃的辛烷值。

表 3-6　一些常见烷烃的辛烷值

烃的名称	辛烷值	烃的名称	辛烷值
庚烷	0	苯	101
2-甲基庚烷	24	甲苯	110
2-甲基戊烷	71	2,2,3-三甲基戊烷	116
辛烷	−20	环戊烷	122
2-甲基丁烷	90	对二甲苯	128
2,2,4-三甲基戊烷	100		

　　为了提高汽油的辛烷值，过去常采用在汽油中添加四乙基铅 [$Pb(C_2H_5)_4$] 的方法。 由于铅有毒性，现在常采用甲基叔丁基醚 [$CH_3OC(CH_3)_3$] 来提高辛烷值。

本章小结

一、烷烃的主要化学反应

1. 卤代反应

$$—\overset{|}{\underset{|}{C}}—H + X_2 \xrightarrow[\text{或光照}]{\text{高温}} —\overset{|}{\underset{|}{C}}—X + HX$$

通常为混合物

反应活性：$F_2 > Cl_2 > Br_2$；$3°H > 2°H > 1°H > CH_3—H$

2. 氧化反应和燃烧

$$R^1—CH_2—CH_2—R^2 \xrightarrow{O_2} R^1CH_2OH + R^2CH_2OH + R^1COOH + R^2COOH + \cdots$$

$$C_nH_{2n+2} \xrightarrow{\text{燃烧}} nCO_2 + (n+1)H_2O + 热量$$

二、环烷烃的主要化学反应

1. 开环反应

（1）氢解

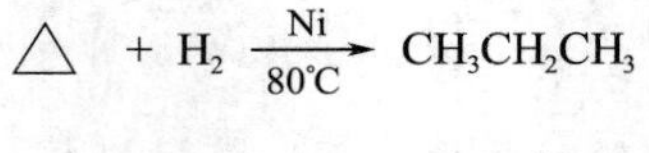

$$\triangle + H_2 \xrightarrow[80℃]{Ni} CH_3CH_2CH_3$$

（2）卤解

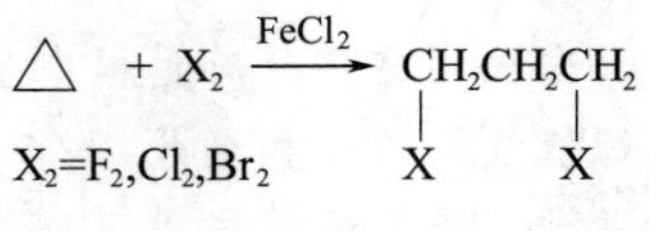

$$\triangle + X_2 \xrightarrow{FeCl_2} \underset{X}{CH_2}CH_2\underset{X}{CH_2}$$

$X_2 = F_2, Cl_2, Br_2$

（3）酸解

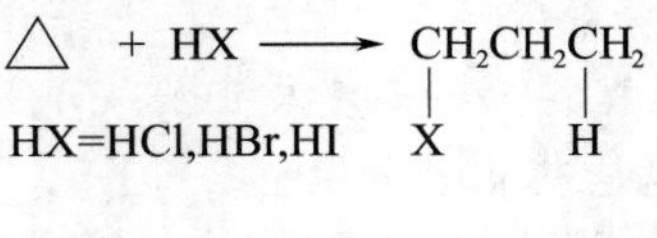

$$\triangle + HX \longrightarrow \underset{X}{CH_2}CH_2\underset{H}{CH_2}$$

$HX = HCl, HBr, HI$

2. 取代反应

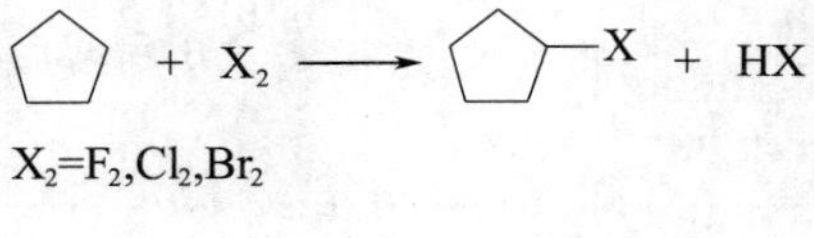

$$\pentagon + X_2 \longrightarrow \pentagon\text{-}X + HX$$

$X_2 = F_2, Cl_2, Br_2$

习　题

3-1　用系统命名法命名下列化合物。

(1) $(C_2H_5)_2CHCH(C_2H_5)CH_2CH(CH_3)_2$　　　　(2) $(CH_3)_3CCH(CH_3)_2$

(3)

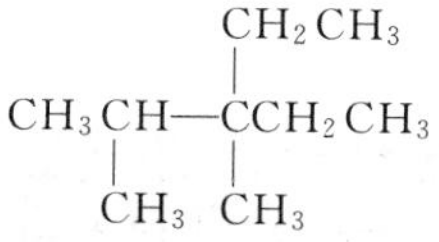

(4) 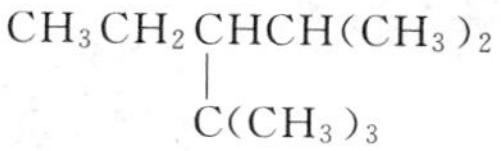 $CH_3CH_2CHCH(CH_3)_2$ 下有 $C(CH_3)_3$

(5) 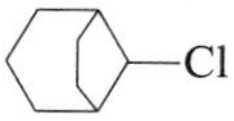 带Cl的双环结构

(6)  CH_3 螺环结构

(7) 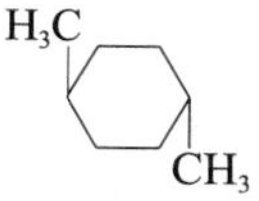 带 H_3C 和 CH_3 的环己烷

(8) 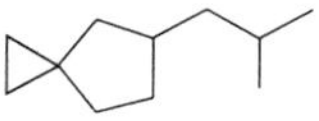 螺环结构

3-2　试写出下列化合物的构造式。

(1) 3-甲基-4-乙基壬烷　　　　(2) 2,3,4-三甲基-3-乙基戊烷

(3) 异己烷　　　　(4) 5-甲基二环 [2.2.2] -2-辛烯

(5) 螺 [4.5] -6-癸烯

3-3　写出 C_5H_{12} 烷烃的所有一氯代衍生物。

3-4　写出下列化合物的纽曼投影式。

(1) 1,2-二氯乙烷的全交叉构象　　　　(2) 1,1,2,2-四溴乙烷的全重叠构象

3-5　写出下列化合物最稳定的构象式。

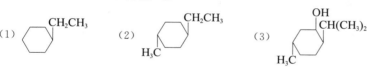

3-6　比较 1,2-二甲基环己烷的顺式异构体和反式异构体的稳定性，并说明理由；如果是 1-甲基-3-异丙基环己烷，是顺式异构体稳定还是反式异构体稳定，画出稳定的构象式。

3-7　试写出下列化合物氯代反应的活泼性顺序。指出反应中哪一种 C—H 键首先断裂，为什么？

(1) $CH_3CH_2CH(CH_3)_2$　　　　(2) $C(CH_3)_4$　　　　(3) $CH_3CH_2CH_3$

3-8　试将下列烷基自由基按稳定性大小排列。

(1) $\cdot CH_3$　　　　(2) $CH_3\dot{C}HCH_2CH_3$

(3) $\cdot CH_2CH_2CH_2CH_3$　　　　(4) $\cdot C(CH_3)_3$

3-9　写出下列烷基的名称及常用符号。

(1) $CH_3CH_2CH_2-$　　　　(2) $(CH_3)_2CH-$　　　　(3) $(CH_3)_2CHCH_2-$

(4) $(CH_3)_3C-$　　　　(5) CH_3-　　　　(6) CH_3CH_2-

烯烃、炔烃和二烯烃

分子中含有碳碳重键（碳碳双键或碳碳三键）的烃类化合物，称为不饱和烃。含有碳碳双键的烃称为烯烃，含有碳碳三键的烃称为炔烃。根据含双键的数目不同，烯烃可分为单烯烃、二烯烃，多烯烃。而通常所讲的烯烃指的是单烯烃。

4.1 烯烃

烯烃是指分子中含有一个碳碳双键的烃，其通式为 C_nH_{2n}，与含相同碳原子数的单环环烷烃互为构造异构体，其官能团为 C＝C。例如：

$$CH_2＝CH_2 \qquad CH_2＝CHCH_3 \qquad CH_2＝CHCH_2CH_3 \qquad CH_3CH＝CHCH_3$$

乙烯　　　　　　　丙烯　　　　　　　　1-丁烯　　　　　　　2-丁烯

4.1.1 烯烃的结构

乙烯（$CH_2＝CH_2$）是最简单的烯烃。分子中的 2 个碳原子均为 sp^2 杂化，每个碳原子形成 3 个能量完全等同的 sp^2 杂化轨道。在乙烯分子中，2 个碳原子各以 1 个 sp^2 杂化轨道沿着键轴方向"头碰头"重叠，形成 1 个 C—C σ 键，并用其余 2 个 sp^2 轨道分别与氢原子的 s 轨道重叠形成 4 个 C—H σ 键，分子中 6 个原子都处于同一个平面上。另外，2 个碳原子中未参与杂化的 p 轨道彼此"肩并肩"重叠形成 π 键，π 键电子云对称分布在分子平面的上方和下方，如图 4-1 所示。

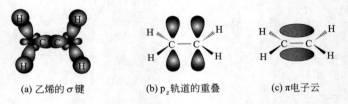

(a) 乙烯的 σ 键　　　　　(b) p_z 轨道的重叠　　　　(c) π电子云

图 4-1　乙烯分子中的 σ 键和 π 键

由于 π 键是由 2 个 p 轨道侧面重叠而成，重叠程度较小，因此 π 键不如 σ 键牢固，也不稳定，容易断裂。这还可以从键能数据得到证明：碳碳双键的键能为 $610kJ \cdot mol^{-1}$，并不是单键键能 $345kJ \cdot mol^{-1}$ 的两倍，而是 1.76 倍左右，可见 π 键的键能比 σ 键的键能小。

为了书写方便，双键一般用两条短线表示。但是必须理解这两条短线的含义不同，一条代表 σ 键，另一条代表 π 键。

4.1.2 烯烃的同分异构

由于烯烃分子中存在碳碳双键，所以烯烃的异构现象比较复杂，其异构体的数目比相应的烷烃多，主要有碳链异构、官能团位置异构及顺反异构。

（1）碳链异构 与烷烃相似，由于碳链的骨架不同而引起的异构现象。例如：

$$CH_2=CHCH_2CH_3$$
1-丁烯

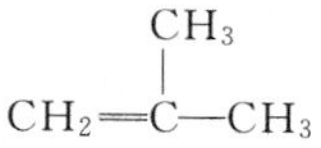

$$CH_2=C-CH_3$$ (带 CH_3 取代)
2-甲基丙烯

（2）官能团位置异构 由于双键在碳链上位置不同而引起的异构现象。例如：

$$CH_2=CHCH_2CH_3$$
1-丁烯

$$CH_3CH=CHCH_3$$
2-丁烯

（3）顺反异构 在烯烃分子中由于碳碳双键不能自由旋转，致使与双键碳原子直接相连的原子或基团在空间的相对位置被固定下来。例如，2-丁烯有下列两种异构体：

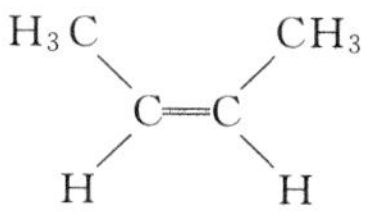

顺-2-丁烯 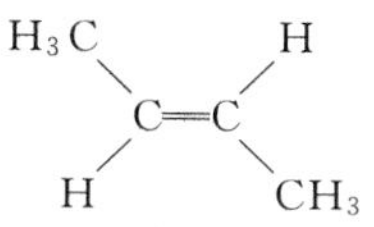　　　　　反-2-丁烯

这种异构体称为顺反异构体（*cis*-trans isomerism），又称几何异构体。

分子中产生几何异构现象，在结构上分子必须满足两个条件：其一，分子中必须有限制 σ 键旋转的因素，如双键、环等。其二，对于烯烃来说每个双键碳原子都必须和两个不同的原子或基团相连。例如，具有下列结构形式的物质都具有几何异构现象。

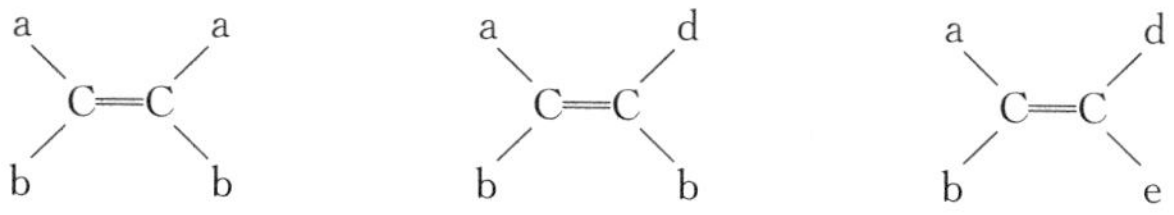

如果组成双键的碳原子之一所连的两个原子（或基团）是相同的，就没有这个异构现象。例如：

4.1.3 烯烃的命名

4.1.3.1 烯基

烯烃分子从形式上去掉一个氢原子后剩下的一价基团称为烯基，最常见的烯基有：

$$CH_2{=}CH{-} \qquad CH_3CH{=}CH{-} \qquad CH_2{=}CHCH_2{-}$$

乙烯基 　　　　1-丙烯基（丙烯基）　　　　烯丙基

4.1.3.2 烯烃的系统命名法

烯烃的命名多采用系统命名法，个别简单的单烯烃可以按普通命名法命名。例如：

$$CH_2{=}CH_2 \qquad CH_3{-}CH{=}CH_2 \qquad$$

$$CH_3{-}\overset{\overset{\displaystyle CH_3}{|}}{C}{=}CH_2$$

乙烯　　　　　　丙烯　　　　　　　异丁烯

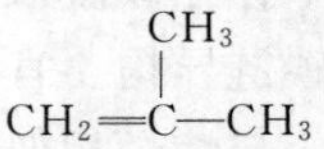

烯烃的系统命名法基本上与烷烃相似，其要点如下。

（1）选主链　选择含有双键的最长碳链作为主链，支链作为取代基，按主链中所含碳原子的数目命名为"某烯"。

（2）编号　从距离双键最近的一端开始依次用阿拉伯数字1，2，3，…给主链编号，双键的位次用两个双键碳原子编号较小的碳原子的号数表示，写在"某烯"之前，并用半字线相连。

（3）命名　取代基的位次、数目、名称写在"某烯"名称之前，其原则和书写格式同烷烃。例如：

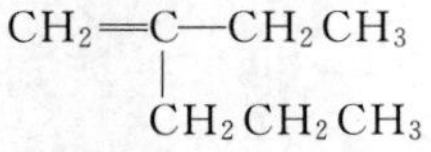

2-乙基-1-戊烯 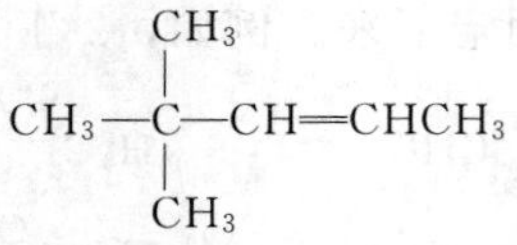　　　　4,4-二甲基-2-戊烯 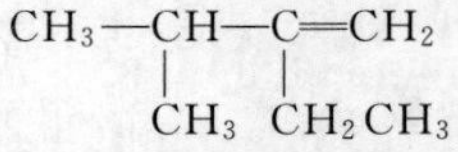　　　　3-甲基-2-乙基-1-丁烯

与烷烃不同的是，当烯烃主链碳原子数多于十个时，命名时汉字数字与烯字之间应加一个"碳"字（烷烃不加碳），称为"某碳烯"，例如：

$$CH_3(CH_2)_4CH{=}CH(CH_2)_4CH_3$$

6-十二碳烯

环烯烃的命名是以环为母体，编号时从双键碳原子开始，但命名时位次号"1"通常省略。取代基放在母体名称之前。

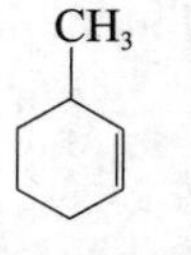

3-甲基环己烯 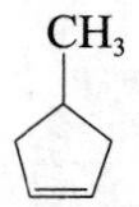　　　　4-甲基环戊烯

4.1.3.3 烯烃顺反异构体的命名

烯烃顺反异构体的命名可采用两种方法——顺、反标记法和 Z/E-标记法。

（1）顺、反标记法　当两个双键碳原子上连接的两个相同原子或基团处于同侧的，称为顺式，反之称为反式，书写时分别冠以顺、反，并用半字线与烯烃名称相连。如 2-戊烯，可采用顺反命名法。

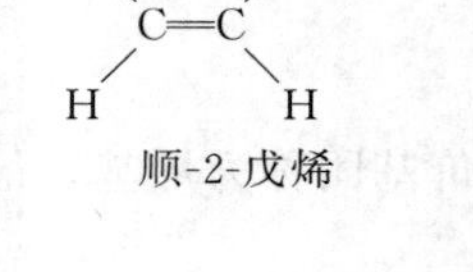

顺-2-戊烯 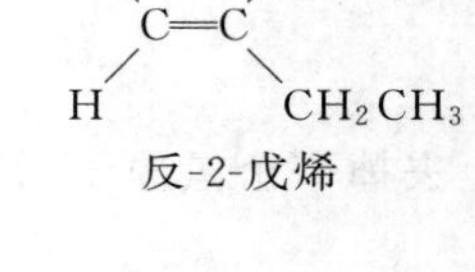　　　　反-2-戊烯

但当两个双键碳上连接的四个原子或基团都不同时，则很难用顺、反标记法命名。例如：

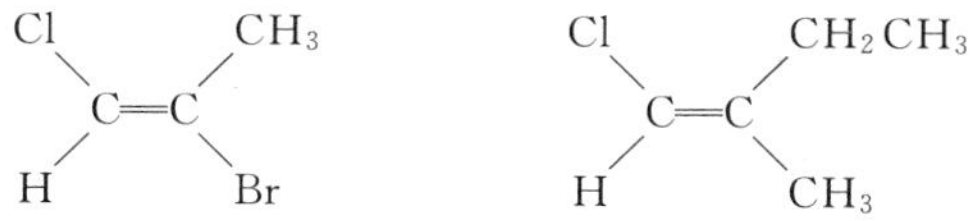

由此可见，并不是所有具备顺反异构体的烯烃都可采用顺反标记法进行命名。

（2）Z/E-标记法　结构简单的几何异构体采用顺、反标记法，对于结构复杂的几何异构体（双键碳上连接的四个原子或基团完全不同）的记法，国际上做了统一规定。其原则是：分别将与双键碳原子相连的两个原子或基团按次序规则排序，定出较优基团，该两个碳原子上的较优基团在双键的同侧时，以字母 Z 表示，反之，则以字母 E 表示。Z 和 E 分别是德文 Zusammen 和 Entgegen 的第一个字母，前者的意思是"在一起"，后者的意思是"相反、相对"。例如，在 C═C 上分别连有 a，b 及 d，e 四个完全不同的基团时，其几何异构可以表示如下：

假设 a＞b，d＞e，即 a 及 d 分别为较优基团，则前者为 Z 式，后者为 E 式。

次序规则主要有三点：

① 单原子取代基，按原子序数大小排列。原子序数大后列出（较优）；原子次序小先列出；同位素中质量高的后列出（较优）。例如：

$$I＞Br＞Cl＞S＞P＞F＞O＞N＞C＞D＞H$$

② 多原子基团第一个原子相同，则要依次比较第二、第三顺序原子的原子序数，来决定基团的大小顺序。

例如：CH_3CH_2—＞CH_3—（因第一顺序原子均为 C，故必须比较与碳相连基团的大小）CH_3—中与碳相连的是 C（H、H、H）；CH_3CH_2—中与碳相连的是 C（C、H、H），所以 CH_3CH_2—优先。

③ 当取代基为不饱和基团时，则把双键、三键原子看成是它与多个某原子相连。

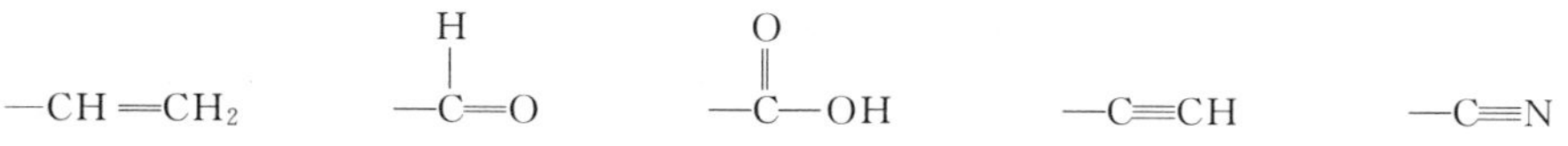

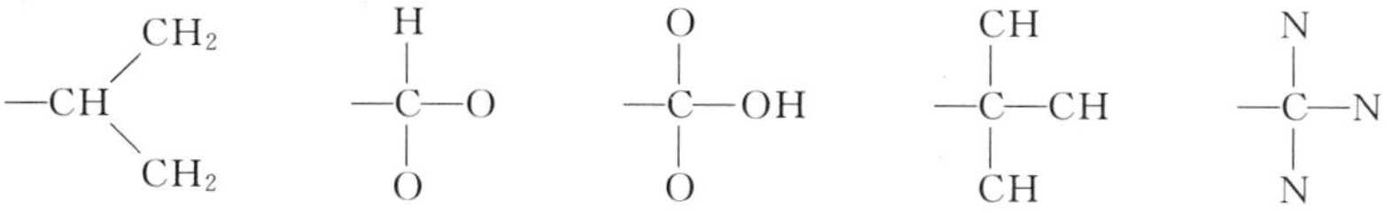

例如，3-乙基-1,3-戊二烯中双键碳上所连的四个原子或基团都不相同，命名时就只能采用 Z/E-标记法，而不能采用顺、反标记法。

(E)-3-乙基-1,3-戊二烯　　　　　　(Z)-3-乙基-1,3-戊二烯

书写时将 Z 或 E 加括号放在烯烃名称之前，并用半字线与烯烃名称相连。有时为了清楚和方便，也可用箭头表示双键碳原子上的两个原子或基团按优先次序从编号大的到编号小

的方向，当两个箭头方向一致时为 Z 式，反之为 E 式。

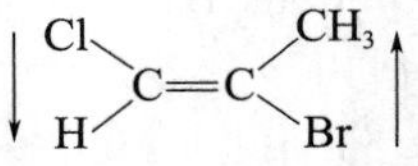

$$(E)\text{-1-氯-2-溴丙烯} \qquad (Z)\text{-2-甲基-1-氯-1-丁烯}$$

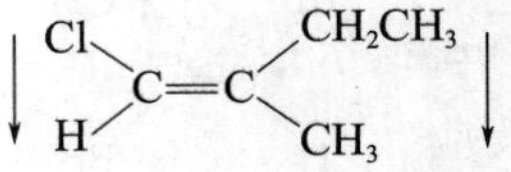

但必须指出，顺、反标记法和 Z/E 标记法是表示烯烃构型的两种不同标记方法，顺和 Z、反和 E 不是对应关系，顺可以是 Z，也可以是 E，反之亦然。例如：

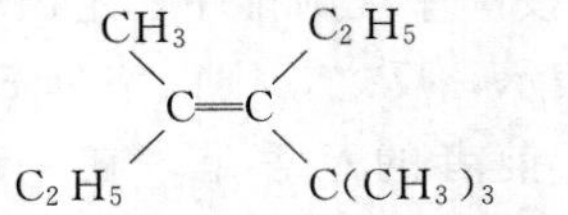

$$反\text{-2,2,4-三甲基-3-乙基-3-己烯} \qquad 顺\text{-3-甲基-2-溴-2-戊烯}$$
$$(Z)\text{-2,2,4-三甲基-3乙基-3-己烯} \qquad (Z)\text{-3-甲基-2-溴-2-戊烯}$$

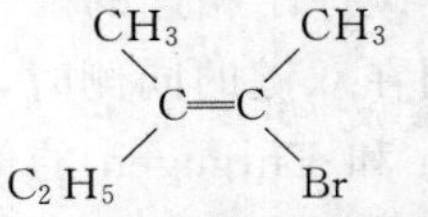

如果是含有多个双键的化合物，命名时将每一个双键的构型标记连同双键的位置编号一起写在名称的前面，构型标记之间用逗号隔开。例如：

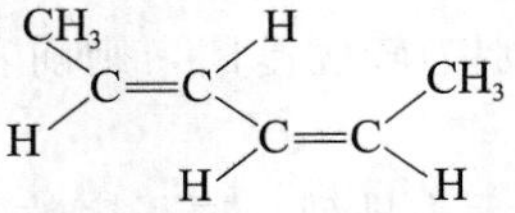

$$(2E,4Z)\text{-2,4-己二烯}$$

4.1.4 烯烃的物理性质

烯烃和烷烃具有基本相似的物理性质，它们一般是无色，其沸点和相对密度等也随着分子量的增加而增加，含相同碳原子数目的直链烯烃的沸点比支链的高。顺式异构体的沸点比反式的高，熔点比反式的低。在常温下，含 $C_2 \sim C_4$ 的烯烃为气体，$C_5 \sim C_{18}$ 的烯烃为液体，C_{19} 以上的烯烃为固体。烯烃的相对密度都小于 1。难溶于水，而易溶于非极性和弱极性的有机溶剂，如石油醚、乙醚、四氯化碳和苯等。一些烯烃的物理常数见表 4-1。

表 4-1　一些烯烃的物理常数

名称	熔点/℃	沸点/℃	相对密度(d_4^{20})
乙烯	−169.5	−103.7	0.3840
丙烯	−185.2	−47.4	0.5193
1-丁烯	−185.4	−6.3	0.5951
顺-2-丁烯	−138.9	3.7	0.6213
反-2-丁烯	−105.6	0.88	0.6042
异丁烯	−140.4	−6.9	0.5902
1-戊烯	−165.2	30.0	0.6405
1-己烯	−139.8	63.4	0.6731
1-庚烯	−119.0	93.6	0.6970

4.1.5 烯烃的化学性质

烯烃的化学性质与烷烃不同，在烯烃分子中，碳碳双键容易断裂，分别与其他原子或基团结合，形成两个较强的 σ 键，生成加成产物。

$$>C=C< \ + \ X\text{-}Y \longrightarrow \ >\underset{X}{C}-\underset{Y}{C}<$$

这类反应称为加成反应，它是烯烃的典型反应。

受碳碳双键的影响，与双键碳相邻的碳原子上的氢亦表现出一定的活泼性。像这种与官能团直接相连的碳原子称为 α-碳原子，与 α-碳原子直接相连的氢原子称为 α-氢原子。烯烃的 α-氢原子比较活泼而容易发生取代反应。

综上所述，烯烃可发生 π 键断裂的加成反应、α-氢原子的取代反应和双键的氧化反应。

4.1.5.1 加成反应

（1）催化加氢　常温常压下，烯烃很难同氢气发生反应，但是在催化剂存在下，烯烃与氢发生加成反应，生成相应的烷烃，常用的催化剂包括 Ni、Pd、Pt 等。例如：

$$R-CH=CH_2+H_2 \xrightarrow{\text{催化剂}} R-CH_2CH_3$$

催化加氢也称催化氢化，它是反应的一种形式。Ni、Pd、Pt 等催化剂在催化反应过程中可以降低反应的活化能，从而加速反应进行（图 4-2）。

催化加氢是放热反应，1mol 烯烃催化加氢时放出的热量称为氢化热。例如，顺-2-丁烯和反-2-丁烯氢化的产物都是丁烷，反式比顺式少放出 $4.2kJ \cdot mol^{-1}$ 的热量，意味着反式的内能比顺式少 $4.2kJ \cdot mol^{-1}$，所以反-2-丁烯更稳定。通过测定不同烯烃的氢化热，可以比较烯烃的相对稳定性。氢化热越小的烯烃越稳定。

催化加氢一般不用于从乙烯、丙烯等低级烯烃制取相应的烷烃，但此反应在工业生产上和科学研究中都具有重要意义，如油脂氢化制硬化油、人造奶油等；为除去粗汽油中的少量烯烃杂质，可进行催化氢化反应，将少量烯烃还原为烷烃，从而提高油品的质量。

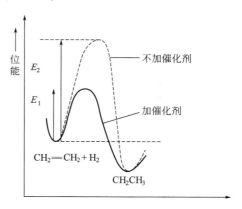

图 4-2　催化剂对烯烃氢化中活化能的影响

（2）亲电加成　由于烯烃分子中含有 π 键，π 电子受原子核的束缚较小，结合较松散，容易失去电子，可作为电子源与需要电子的试剂发生加成反应。这种需要电子的试剂称为亲电试剂，常见的亲电试剂有：卤素（Br_2，Cl_2）、卤化氢、硫酸及水等。烯烃与亲电试剂发生的反应称为亲电加成反应。

① 加卤素

a. 加溴和氯　烯烃容易与卤素发生加成反应生成邻二卤化物，此反应在常温下就可以迅速、定量进行。例如，将烯烃气体通入溴或溴的四氯化碳溶液中，溴的红棕色立即消失，表明发生了加成反应。在实验室中，常利用这个反应来检验烯烃的存在。

$$CH_2=CH_2 \xrightarrow[CCl_4]{Br_2} \underset{Br}{CH_2}-\underset{Br}{CH_2}$$

除溴外，常用的卤素还有氯。相同的烯烃和不同的卤素进行加成时，卤素的活性顺序为：氟＞氯＞溴＞碘。氟与烯烃的反应太剧烈而难于控制，碘与烯烃的加成反应比较困难。不同的烯烃与相同的卤素进行加成时，双键碳原子上连接的烷基多者，反应速率快。

b. 亲电加成反应机理　实验表明，卤素与烯烃加成反应形成二卤代物，是通过共价键异裂的离子型亲电加成。这两个卤原子是同时加上去的还是分两步加上去的呢？现以乙烯和溴的加成反应为例说明其反应机理。

将乙烯通入含有氯化钠的溴水溶液中，如果加成是一步进行的，即生成物只有1,2-二溴乙烷，而所得的产物除了预期生成的1,2-二溴乙烷外，还生成1-氯-2-溴乙烷和2-溴乙醇，说明反应是分步进行的。

$$CH_2{=}CH_2 + Br_2 \xrightarrow{NaCl,\ H_2O} BrCH_2CH_2Br + BrCH_2CH_2Cl + BrCH_2CH_2OH$$

第一步，当溴分子接近烯烃时，受烯烃 π 电子的影响，溴分子发会生极化（$\overset{\delta^+}{Br}{-}\overset{\delta^-}{Br}$），被极化的溴分子中带微正电荷的溴原子（$Br^{\delta^+}$）首先进攻乙烯中的 π 键，形成环状溴镓正离子中间体。由于 π 键的断裂和溴分子中 σ 键的断裂都需要一定的能量，故反应速率较慢，是决定加成反应速率的一步。

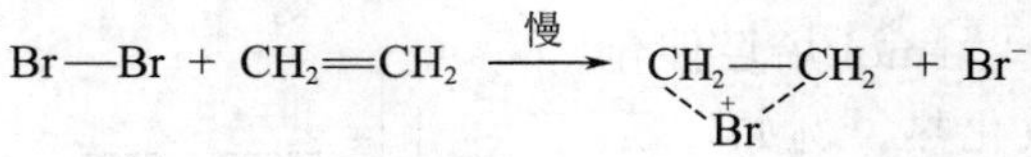

$$Br{-}Br + CH_2{=}CH_2 \xrightarrow{慢} \underset{Br}{CH_2{-}CH_2} + Br^-$$

溴镓离子

第二步，溴负离子或氯负离子、水分子从背面进攻溴镓正离子的两个碳原子之一，生成反式邻二溴的产物，这一步反应是离子之间的反应，反应速率较快。如下式所示：

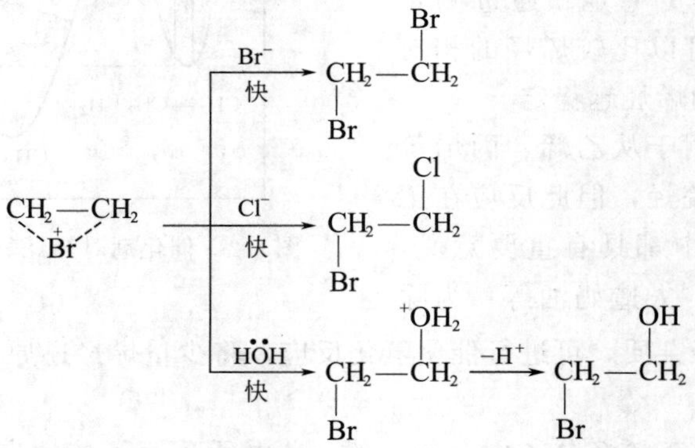

上面的加成反应实质上是亲电试剂 Br^+ 对 π 键的进攻引起的，所以叫做亲电加成反应。由于加成是由溴分子发生异裂后生成的离子进行的，故这类加成又称为离子型亲电加成反应。

② 加卤化氢。

a. 加卤化氢　烯烃与卤化氢加成，生成一卤代物。

$$CH_2{=}CH_2 + HX \longrightarrow CH_3CH_2X$$

烯烃与卤化氢的加成，不同的烯烃与相同的卤化氢进行加成时，双键碳原子上连接供电子的烷基越多，加成反应速率越快；连接吸电子基越多，加成反应速率越慢。不同卤化氢与相同的烯烃进行加成时，反应活性顺序为：HI＞HBr＞HCl，HF 一般不与烯烃加成。

烯烃与卤化氢的加成反应机理和烯烃与卤素的加成相似，也是分两步进行。不同的是第一步由亲电试剂 H^+ 进攻 π 键，且不生成卤鎓离子，而是生成碳正离子中间体；第二步 X^- 进攻碳正离子，也不一定生成反式加成的产物。其反应机理如下：

$$\begin{array}{c} \diagup C=C \diagdown + H-X \xrightarrow{\text{慢}} -\overset{|}{\underset{H}{C}}-\overset{|}{\overset{+}{C}}- + X^- \\[3mm] -\overset{|}{\underset{H}{C}}-\overset{+}{\overset{|}{C}}- + X^- \xrightarrow{\text{快}} -\overset{|}{\underset{H}{C}}-\overset{|}{\underset{X}{C}}- \end{array}$$

烯烃与卤化氢的亲电加成反应在工业上已得到广泛的应用。例如，乙烯与氯化氢加成生成氯乙烷的反应，是工业上生产氯乙烷的方法之一。

$$H_2C =\!\!=CH_2 + HCl \xrightarrow[130\sim250℃]{AlCl_3} CH_3CH_2Cl$$

b. Markovnikov 规则　乙烯是对称分子，不论氢原子或卤原子加到哪一个碳原子上，得到的产物都是一样的。但是丙烯等不对称的烯烃与卤化氢加成时，可能得到两种不同的产物。

$$CH_3-CH=CH_2 + HX \begin{cases} CH_3-\overset{\underset{\textstyle X}{|}}{CH}-CH_3 & \text{2-卤代丙烷} \\[3mm] CH_3-CH_2-\overset{\underset{\textstyle X}{|}}{CH_2} & \text{1-卤代丙烷} \end{cases}$$

实验证明，丙烯与卤化氢加成的主要产物是 2-卤代丙烷。1868 年俄国化学家马尔科夫尼科夫（Markovnikov）在总结大量实验事实的基础上，提出了一条重要的经验规则：不对称烯烃与不对称的亲电试剂进行加成反应时，氢原子总是加到含氢较多的双键碳原子上。这个经验规则叫做马尔科夫尼科夫规则，简称马氏规则。利用此规则可以预测很多不对称烯烃与不对称亲电试剂加成反应时的主要产物。

c. Markovnikov 规则的理论解释　首先，马氏规则可以由反应过程中生成的活性中间体即碳正离子的稳定性来解释。碳正离子越稳定，生成相应的碳正离子所需的能量越低，则越容易生成。而加成反应的速率和方向往往取决于碳正离子生成的难易程度。例如，丙烯和 HBr 加成，第一步反应生成的碳正离子中间体有两种可能：

$$CH_3-CH=CH_2 + HBr \xrightarrow{-Br^-} \begin{cases} [CH_3-\overset{+}{CH}-CH_3] & \text{(I)} \\[3mm] [CH_3-CH_2-\overset{+}{CH_2}] & \text{(II)} \end{cases}$$

究竟生成哪一种碳正离子，这取决于碳正离子的相对稳定性。一个带电体系的稳定性取决于所带电荷的分散程度，电荷越分散，体系越稳定。丙烯分子中的甲基与带正电荷的碳原子（碳正离子也称中心碳原子）相连时，由于甲基碳原子是 sp^3 杂化，中心碳原子是 sp^2 杂化，前者的电负性比后者小，二者之间形成 σ 键的电子云密度偏向中心碳原子，而使得中心碳原子上的正电荷得到分散，体系趋于稳定。因此，带正电荷的碳原子上连接的烷基越多，正电荷被分散的程度越大，碳正离子的稳定性越高。

　　碳正离子的稳定性与其结构有关，一般烷基碳正离子的稳定性次序为：叔＞仲＞伯＞甲基正离子，即 $3°＞2°＞1°＞CH_3^+$。例如：

$$(CH_3)_3C^+ ＞ (CH_3)_2CH^+ ＞ CH_3CH_2^+ ＞ CH_3^+$$

　　因此，在上述丙烯和 HBr 加成过程中，根据碳正离子的稳定性次序，由于 $2°$ 碳正离子（Ⅰ）比 $1°$ 碳正离子（Ⅱ）稳定，所以加成反应主要按生成（Ⅰ）的方式进行，即生成 2-溴丙烷。

　　其次马氏规则也可以利用诱导效应进行解释。在多原子分子中，当两个直接相连的原子的电负性不同时，由于电负性较大的原子吸引电子的能力较强，两个原子间的共用电子对偏向于电负性较大的原子，使之带有部分负电荷（用 δ^- 表示），另一原子则带有部分正电荷（用 δ^+ 表示）。在静电引力作用下，这种影响能沿着分子链诱导传递，使分子中成键电子云向某一方向偏移。例如，在氯丙烷分子中：

$$\overset{\delta\delta\delta^+}{\underset{3}{CH_3}} \longrightarrow \overset{\delta\delta^+}{\underset{2}{CH_2}} \longrightarrow \overset{\delta^+}{\underset{1}{CH_2}} \longrightarrow \overset{\delta^-}{Cl}$$

　　由于氯的电负性比碳大，因此 C—Cl 键的共用电子对向氯原子偏移，使氯原子带部分负电荷（δ^-），碳原子带部分正电荷（δ^+）。在静电引力作用下，相邻 C—C 键中共用的电子对也向氯原子方向偏移，使得 C^2 上也带有很少的正电荷，同样依次影响的结果，C^3 上也多少带有部分正电荷。图中箭头所指的方向是电子偏移的方向。

　　像氯丙烷这样，当不同原子间形成共价键时，由于成键原子的电负性不同，共用电子对会偏向于电负性大的原子使共价键产生极性，而且这个键的极性可以通过静电作用力沿着碳链在分子内传递，使分子中成键电子云向某一方向发生偏移，这种效应称为诱导效应，用符号 I 表示。

　　诱导效应是一种静电诱导作用，其影响随距离的增加而迅速减弱或消失，诱导效应在一个 σ 体系传递时，一般认为每经过一个原子，即降低为原来的三分之一，经过三个原子以后，影响就极弱了，超过五个原子后便可忽略不计了。诱导效应具有叠加性，当几个基团或原子同时对某一键产生诱导效应时，方向相同，效应相加；方向相反，效应相减。此外，诱导效应沿单键传递时，只涉及电子云密度分布的改变，共用电子对并不完全转移到另一原子上。

　　诱导效应的强度由原子或基团的电负性决定，一般以氢原子作为比较基准。比氢原子电负性大的原子或基团表现出吸电性，称为吸电子基，具有吸电诱导效应，一般用 $-I$ 表示；比氢原子电负性小的原子或基团表现出供电性，称为供电子基，具有供电诱导效应，一般用 $+I$ 表示。常见原子或基团的诱导效应强弱次序为：

吸电诱导效应　$-NO_2＞-COOH＞-F＞-Cl＞-Br＞-I＞-OH＞RC\equiv C-＞C_6H_5-＞R'CH=CR-$。

供电诱导效应　$(CH_3)_3C-＞(CH_3)_2CH-＞CH_3CH_2-＞CH_3-$。

　　上面所讲的是在静态分子中所表现出来的诱导效应，称为静态诱导效应，它是分子在静止状态的固有性质，没有外界电场影响时也存在。在化学反应中，分子受外电场的影响或在反应时受极性试剂进攻的影响而引起的电子云分布的改变，称为动态诱导效应。

　　根据诱导效应就不难理解马氏规则，如当丙烯与 HCl 加成时，丙烯分子中的甲基是一个供电子基，使双键上的 π 电子云密度发生偏移，其偏移方向与甲基供电子方向一致，这样，含氢原子较少的双键碳原子带部分正电荷（δ^+）即电子云密度降低，含氢原子较多的双键碳原子则带部分负电荷（δ^-）即电子云密度升高。加成时，亲电试剂 HBr 分子中带正电荷的 H^+ 首先进攻电子云密度较高的带负电荷的（即含氢较多的）双键碳原子，然后，Br^- 才加到另一个双键碳上，即生成 2-溴丙烷。

$$CH_3 \rightarrow \overset{\delta^+}{CH} = \overset{\delta^-}{CH_2} + \overset{\delta^+}{H} - \overset{\delta^-}{Br} \longrightarrow \left[CH_3 - \overset{+}{CH} - CH_3 \right] Br^- \longrightarrow CH_3\underset{\underset{Br}{|}}{CH}CH_3$$

在上述解释的基础上，马氏规则还可以采用另外一种方式表述：当不对称烯烃与不对称亲电试剂加成时，亲电试剂中的正离子或正电部分首先进攻电子云密度较高的双键碳原子，然后亲电试剂中的负离子或负电荷部分加到电子云密度较低的双键碳原子上。此表述，不仅适用于不含氢原子的亲电试剂，也适用于分子中含有吸电子基团的烯烃衍生物。例如：

$$(CH_3)_2C = CH_2 + ICl \longrightarrow (CH_3)_2\underset{\underset{Cl}{|}}{C} - \underset{\underset{I}{|}}{CH_2}$$

$$F_3CCH = CH_2 + HCl \longrightarrow F_3C\underset{\underset{H}{|}}{CH} - \underset{\underset{Cl}{|}}{CH_2}$$

　　d. 反 Markovnikov 规则（过氧化物效应）　　卤化氢与不对称烯烃加成时一般服从马氏规则，但在过氧化物存在下，溴化氢与不对称烯烃的加成是反马氏规则的。例如，在过氧化物存在下丙烯与溴化氢的加成，生成的主要产物是 1-溴丙烷，而不是 2-溴丙烷。

$$CH_3 - CH = CH_2 + HBr \xrightarrow{\text{过氧化物}} CH_3CH_2CH_2Br$$

这种由于过氧化物的存在而引起烯烃加成取向的改变，称为过氧化物效应。该反应是自由基加成反应，不是亲电加成反应。过氧化物容易解离，产生烷氧基自由基，这是链的引发阶段；烷氧基自由基和 HBr 反应，生成溴自由基，继而与烯烃作用，使其 π 键均裂产生烷基自由基，最后与溴自由基结合生成 C—Br 键，反应周而复始，这是链的增长阶段；自由基相互结合，链反应终止。具体反应历程如下：

$$R - \overset{..}{O} : \overset{..}{O} - R \longrightarrow R - O\cdot$$

$$R - O\cdot + H - Br \longrightarrow R - OH + Br\cdot$$

　　值得注意的是，过氧化物效应只限于 HBr 与不对称烯烃的加成，HCl 和 HI 与不对称烯烃的加成反应没有过氧化物效应。这是因为 H—Cl 键的键能较高，较难发生键的均裂，生成氯自由基；H—I 键虽容易发生键的均裂，但形成的碘自由基比较稳定，不与烯烃发生加成反应。

　　③加硫酸　　烯烃与冷的浓硫酸混合，反应生成硫酸氢酯，硫酸氢酯水解生成相应的醇。

例如：

$$CH_2\!=\!CH_2 + HOSO_3H \longrightarrow CH_3CH_2OSO_3H \xrightarrow[\triangle]{H_2O} CH_3CH_2OH + H_2SO_4$$

硫酸氢乙酯

不对称烯烃与硫酸的加成反应，遵守马氏规则。

$$CH_3\!-\!CH\!=\!CH_2 + HOSO_3H \longrightarrow \underset{\underset{\textstyle OSO_3H}{\textstyle |}}{CH_3CHCH_3} \xrightarrow[\triangle]{H_2O} \underset{\underset{\textstyle OH}{\textstyle |}}{CH_3CHCH_3} + H_2SO_4$$

硫酸氢异丙酯   异丙醇

这是工业上制备醇的方法之一，其优点是对烯烃的原料纯度要求不高，技术成熟，转化率高，但由于反应需使用大量的酸，易腐蚀设备，且后处理困难。由于硫酸氢酯能溶于浓硫酸，因此可用来提纯某些化合物。例如，烷烃一般不与浓硫酸反应，也不溶于硫酸，用冷的浓硫酸洗涤烷烃和烯烃的混合物，可以除去烷烃中的烯烃。

④加水　在酸（常用硫酸或磷酸）催化下，烯烃与水直接加成生成醇。不对称烯烃与水的加成反应也遵从马氏规则。例如：

$$CH_2\!=\!CH_2 + HOH \xrightarrow[300℃，7MPa]{H_3PO_4/硅藻土} CH_3CH_2OH$$

$$CH_3\!-\!CH\!=\!CH_2 + HOH \xrightarrow[200℃，2MPa]{H_3PO_4/硅藻土} \underset{\underset{\textstyle OH}{\textstyle |}}{CH_3CHCH_3}$$

异丙醇

上述反应也是醇的工业制法之一，称为烯烃的水合反应（直接水合法）。此法简单、价格低廉，但对设备要求较高，尤其是需要选择合适的催化剂。

⑤ 加次卤酸　烯烃与次卤酸（常用次氯酸和次溴酸）加成生成 β-卤代醇。例如：

$$CH_3CH\!=\!CH_2 + HO\!-\!X \longrightarrow \underset{\underset{\textstyle OH\ \ X}{\textstyle |\ \ \ |}}{CH_3CH\!-\!CH_2}$$

在实际生产中，由于次卤酸不稳定，通常用氯或溴与水混合代替次卤酸与乙烯反应生成 β-氯乙醇。例如：

$$CH_2\!=\!CH_2 + Cl_2 \xrightarrow{H_2O} \underset{\underset{\textstyle OH\ Cl}{\textstyle |\ \ |}}{H_2C\!-\!CH_2}$$

不对称烯烃与次卤酸的加成反应，也遵循马氏规则，亲电试剂中的卤元素加到含氢较多的双键碳原子上，羟基加到含氢较少的双键碳原子上。

4.1.5.2　氧化反应

碳碳双键的活泼性也表现为容易被氧化。烯烃的氧化除与其结构有关外随氧化剂和氧化条件的不同而产物各异。

（1）高锰酸钾氧化　用等量稀的碱性或中性高锰酸钾水溶液，在较低温度下氧化烯烃及其衍生物时，则双键中的 π 键被断开，引入两个羟基，生成邻二醇或其衍生物。此反应具有非常明显的现象——高锰酸钾溶液的紫色逐步褪去，同时生成棕褐色的二氧化锰沉淀，故可以用来鉴定含有碳碳双键的不饱和烃。例如：

$$3R{-}CH{=}CH_2 + 2KMnO_4 + 4H_2O \xrightarrow[\text{或中性}]{\text{稀 } OH^-} 3R{-}\underset{\underset{OH}{|}}{CH}{-}\underset{\underset{OH}{|}}{CH_2} + 2MnO_2\downarrow + 2KOH$$

在加热或酸性高锰酸钾溶液等条件下氧化烯烃，碳碳双键完全断裂，同时双键碳原子上的 C—H 也被氧化而生成含氧化合物。例如：

$$R{-}CH{=}CH_2 \xrightarrow[H^+]{KMnO_4} R{-}COOH + CO_2\uparrow + H_2O$$

$$R{-}CH{=}CHR' \xrightarrow[H^+]{KMnO_4} R{-}COOH + R'{-}COOH$$

$$R{-}CH{=}\underset{\underset{R''}{|}}{\overset{\overset{R'}{|}}{C}} \xrightarrow[H^+]{KMnO_4} R{-}COOH + R'{-}\underset{\underset{O}{\|}}{C}{-}R''$$

由于烯烃结构不同，氧化产物也不同，因此通过分析氧化产物，可推测原烯烃的结构。

（2）臭氧氧化　将含有 6%～8% 臭氧的氧气在低温下通入烯烃的非水溶液中，烯烃迅速被氧化成臭氧化物，这个反应称为臭氧化反应。由于臭氧化合物不稳定易爆炸，因此反应产物不需分离，可直接水解生成醛或酮，同时伴随有过氧化氢生成。为防止反应产物被过氧化氢氧化，在水解时通常加入少量的还原剂（如锌粉），或在铂、钯等催化剂存在下直接通入 H_2 分解。

$$\underset{R'}{\overset{R}{>}}C{=}CH{-}R'' \xrightarrow{O_3} \underset{\text{臭氧化物}}{\underset{R'}{\overset{R}{>}}C{\underset{\underset{O-O}{}}{\overset{\overset{O-O}{}}{<}}\overset{R''}{\underset{H}{>}}} \xrightarrow{Zn/H_2O} \underset{\text{酮}}{\underset{R'}{\overset{R}{>}}C{=}O} + \underset{\text{醛}}{O{=}\underset{R''}{\overset{H}{C}}}$$

$$\underset{\underset{CH_3}{|}}{CH_3{-}C}{=}CHCH_3 \xrightarrow[\text{(2) } Zn/H_2O]{\text{(1) } O_3} \underset{\underset{CH_3}{|}}{CH_3C}{=}O + CH_3CHO$$

根据烯烃臭氧化所得到的产物，也可以推测原来烯烃的结构。例如，一未知烯烃臭氧化后还原水解，得到等物质的量的丁醛和甲醛，说明双键在链端为 1-戊烯。

$$CH_3CH_2CH_2CHO + HCHO \xleftarrow[\text{(2) } Zn/H_2O]{\text{(1) } O_3} CH_2{=}CHCH_2CH_2CH_3$$

（3）催化氧化　在活性银催化条件下，乙烯可被空气或氧气氧化，碳碳双键中的 π 键被断裂生成环氧乙烷，这是工业上生产环氧乙烷的主要方法。

$$2CH_2{=}CH_2 + O_2 \xrightarrow[250℃]{Ag} 2\underset{O}{\overset{CH_2{-}CH_2}{\diagdown\diagup}}$$

环氧乙烷是重要的有机合成中间体，用它可以制造乙二醇、合成洗涤剂、乳化剂、抗冻剂、合成树脂等。

在氯化钯-氯化铜催化作用下，乙烯也可被空气或氧气氧化成醛或酮。工业上已利用此方法由乙烯生产乙醛。例如：

$$2CH_2{=}CH_2 + O_2 \xrightarrow[125\sim130℃\ 0.4MPa]{PdCl_2\text{-}CuCl_2,\ H_2O} 2CH_3CHO$$

4.1.5.3 α-氢原子的卤代反应

在烯烃中，α-氢原子由于受到相邻 C═C 双键的影响，表现得比较活泼，在一定条件下，能与卤素发生卤代反应。例如，丙烯与氯气在约 500℃ 主要发生取代反应，生成 3-氯-1-丙烯。这是工业上生产 3-氯-1-丙烯的方法。

$$CH_3CH═CH_2+Cl_2 \xrightarrow{500℃} CH_2CH═CH_2$$
$$\qquad\qquad\qquad\qquad\qquad | $$
$$\qquad\qquad\qquad\qquad\quad Cl$$

α-氢原子的卤代反应属于自由基取代反应，需要在光照、高温或过氧化物（如过氧化苯甲酸）等条件下引发产生自由基。例如，α-氢原子与特殊的卤化剂（N-溴代丁二酰亚胺，简称 NBS），在光或过氧化物作用下进行的卤代反应。

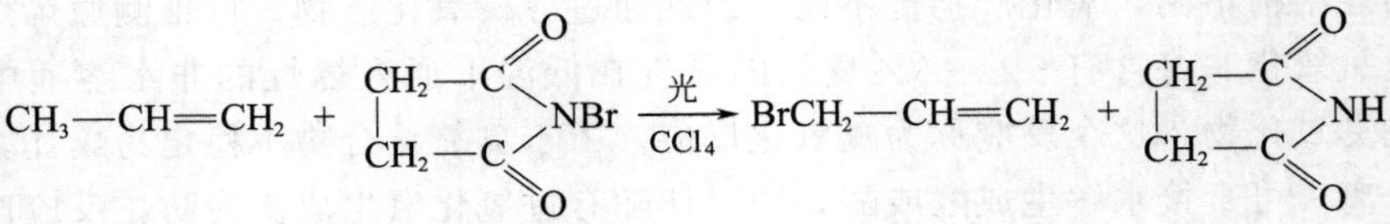

4.1.5.4 聚合反应

在催化剂的存在下，烯烃分子中的 π 键被断开，通过加成的方式相互结合，生成高分子化合物，这种反应叫聚合反应。反应中的烯烃分子称为单体，生成的产物叫聚合物。聚合反应是烯烃的重要化学反应，现代有机合成工业中，常用的重要烯烃单体有乙烯、丙烯、异丁烯、氯乙烯、苯乙烯等。例如，在齐格勒-纳塔（Ziegler-Natta）催化剂〔$TiCl_4$-$Al(C_2H_5)_3$〕等的作用下，乙烯、丙烯可以聚合为聚乙烯、聚丙烯。

$$nCH_2═CH_2 \xrightarrow{TiCl_4-Al(C_2H_5)_3} +CH_2—CH_2\xrightarrow{}_n$$
$$聚乙烯$$

$$nCH_3—CH═CH_2 \xrightarrow{TiCl_4-Al(C_2H_5)_3} +CH—CH_2\xrightarrow{}_n$$
$$\qquad\qquad\qquad\qquad\qquad\qquad\qquad\qquad | $$
$$\qquad\qquad\qquad\qquad\qquad\qquad\qquad\; CH_3$$
$$聚丙烯$$

很多高分子聚合物均有广泛的用途，如聚乙烯是一种电绝缘性能好、用途广泛的塑料；聚氯乙烯用作管材、板材等；聚 1-丁烯用作工程塑料；聚四氟乙烯称为塑料王，广泛用于电绝缘材料、耐腐蚀材料和耐高温材料等。

4.1.6 烯烃的重要化合物

4.1.6.1 乙烯

乙烯是一种稍带甜味的无色气体，沸点 −103.7℃，微溶于水，与空气能形成爆炸性混合物，其爆炸极限是 2.7%～36%。

乙烯是重要的有机合成原料，可以用来大规模生产许多化工产品和中间体，如塑料、橡胶、涂料、溶剂等，所以乙烯的产量被认为是衡量一个国家石油化学工业发展水平的标志。

乙烯是植物的内源激素之一，许多植物器官中都含有微量的乙烯，它能抑制细胞的生长，促进果实成熟和促进叶片、花瓣、果实等器官脱落，所以乙烯可用作水果的催熟剂，当需要的时候，可以用乙烯人工加速果实成熟。另一方面，在运输和贮存期间，则希望果实减缓成熟，可以使用一些能够吸收或氧化乙烯的药剂来控制乙烯的含量以延长贮存期，保持果实的鲜度。

4.1.6.2 丙烯

常温下，丙烯是一种无色、无臭、稍带有甜味的气体。分子量 42.08，密度 0.5139g·cm^{-3}（20/4℃），熔点 −185.3℃，沸点 −47.4℃。易燃，爆炸极限为 2%～11%。不溶于水，溶于有机溶剂，是一种属低毒类物质。

丙烯是三大合成材料的基本原料，主要用于生产丙烯腈、异丙烯、丙酮和环氧丙烷等。丙烯在特定的催化剂作用下可以聚合丙烯。聚丙烯是一种白色无臭无毒的固体，其透明度比聚乙烯好，具有良好的机械性能、耐热性和耐化学腐蚀性等优点，广泛用于国防、工业、农业和日常生活用品中。丙烯在氨存在下氧化得到丙烯腈，丙烯腈是制造腈纶（人造羊毛）的单体。人造羊毛的问世及其产品的工业化，不仅基本解决了有史以来人类为穿衣发愁的困扰，而且节约了大量的耕地去用于粮食生产，从而间接地缓解了粮食的供求矛盾。

4.2 炔烃

分子中含有碳碳三键（—C≡C—）的烃称为炔烃，通式分别为 C_nH_{2n-2}，碳碳三键（—C≡C—）是炔烃的官能团。分子中同时含有碳碳三键和碳碳双键的烃称为烯炔。例如：

$$HC≡CH \qquad CH_3C≡CH \qquad CH_3CH_2C≡CH \qquad CH_3C≡CCH_3 \qquad CH_2=CHC≡CH$$

乙炔　　　　丙炔　　　　　1-丁炔　　　　　　2-丁炔　　　　　　1-丁烯-3-炔

4.2.1 炔烃的结构

乙炔（H—C≡C—H）是最简单的炔烃。乙炔分子中，2 个碳原子均为 sp 杂化，每个碳原子形成 2 个能量完全相等的 sp 杂化轨道，每个 sp 杂化轨道含有 1/2s 成分和 1/2p 成分，这 2 个 sp 杂化轨道的对称轴在一条直线上，彼此间夹角为 180°。

在乙炔分子中，两个碳原子各以 1 个 sp 杂化轨道"头碰头"互相重叠，形成 1 个 C—C σ键，又各用余下的另 1 个 sp 杂化轨道和氢原子的 s 轨道重叠，形成两个 C—H σ键，如图 4-3 所示。

图 4-3　乙炔分子中的 σ键

同时，每一个碳原子的 2 个未参与杂化而又互相垂直的 p 轨道两两"肩并肩"重叠，形成两个彼此相垂直的 π键，从而构成了碳碳三键 ［图 4-4（a）］。两个 π键电子云围绕 C—C σ键旋转形成一个圆筒形 ［图 4-4（b）］。所以炔烃中的三键是由一个 σ键和两个 π键组成的。

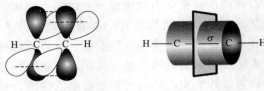

(a) p_y、p_z 轨道的重叠   (b) 圆筒形 π 电子云

图 4-4　乙炔分子中 π 键的形成及电子云分布

碳碳三键的键能为 $835kJ \cdot mol^{-1}$，比碳碳双键的键能要高。乙炔碳碳三键键长为 120pm，比乙烯的碳碳双键键长（135pm）和乙烷的碳碳单键键长（154pm）短。这是因为三键相连接的两个碳原子之间共享电子增加，电子云密度较大，增加了对两个碳原子核的吸引力，从而使两个碳原子更加靠近。这也说明乙炔分子中两个碳原子的 p 轨道重叠程度比乙烯分子中两个碳原子的 p 轨道重叠程度大，故乙炔分子中的 π 键比乙烯分子中的 π 键稳定，乙炔分子中的 π 电子与电负性较大的 sp 杂化碳原子结合得更紧密，不易受外界亲电试剂的接近而极化。这种电子云密度分布情况既表现炔烃具有与烯烃相类似的不饱和性，同时又具有它自己独有的特性。

4.2.2　炔烃的构造异构

四个碳以上的炔烃，存在碳链异构和官能团位置异构。由于三键的几何形状为直线形，三键碳上只可能连有一个取代基，因此炔烃不存在顺反异构现象，炔烃异构体的数目比含相同碳原子数目的烯烃少。

4.2.3　炔烃的命名

4.2.3.1　炔基

HC≡C—　　　　　　CH₃C≡C—　　　　　　HC≡CCH₂—
乙炔基　　　　　　1-丙炔基（丙炔基）　　　　　炔丙基

4.2.3.2　炔烃的系统命名法

炔烃的系统命名法，其规则与烯烃相同，即选择包含三键的最长碳链为主链，编号由距三键最近的一端开始，取代基位置放在母体名称之前，三键的位置放在炔名之前。但结尾用"炔"字代替"烯"字。例如：

CH₃CH₂C≡CH　　　　　(CH₃)₂CHC≡CCH₃　　　　　(CH₃)₂CHC≡CH
1-丁炔　　　　　　　4-甲基-2-戊炔　　　　　　3-甲基-1-丁炔

4.2.3.3　烯炔的命名

分子中同时含有双键和三键的烯炔类化合物。命名时，选择包括双键和三键均在内的碳链为主链，编号时从靠近不饱和键（双键或三键）的一端开始，使不饱和键的编号尽可能小，书写时烯在前炔在后。

CH₃—CH=CH—C≡CH　　　　　　CH₃—C≡C—CH=CH₂
3-戊烯-1-炔　　　　　　　　1-戊烯-3-炔

双键和三键处在相同的位次时，应使双键的编号最小。

$$CH_2=CH_2-CH_2-C\equiv CH$$

1-戊烯-4-炔（不叫 4-戊烯-1-炔）

4.2.4 炔烃的物理性质

炔烃是低极性的化合物，它的物理性质与烷、烯烃相似，即沸点随着分子量的增大而有规律的变化。简单炔烃的沸点、熔点以及相对密度，比碳原子数相同的烷烃和烯烃高一些（表 4-2）。这是由于炔烃分子较短小、细长，在液态和固态中，分子可以彼此靠得很近，分子间的范德华作用力很强。炔烃在水中的溶解度很小，但易溶于石油醚、乙醚、苯和四氯化碳等有机溶剂。

表 4-2 一些炔烃的物理常数

名称	熔点/℃	沸点/℃	相对密度(d_4^{20})
乙炔	−80.8	−84.0	0.6208
丙炔	−101.5	−23.2	0.7062
1-丁炔	−125.7	8.1	0.6784^0
2-丁炔	−32.3	27.0	0.6910
1-戊炔	−90.0	40.2	0.6901
2-戊炔	−101	56.1	0.7107
3-甲基-1-丁炔	−89.7	29.4	0.6660
1-己炔	−131.9	71.3	0.7155
1-庚炔	−81.0	99.7	0.7328

4.2.5 炔烃的化学性质

炔烃含有碳碳三键，化学性质和烯烃相似，可以与氢气、卤素、卤化氢、水、氢氰酸等发生加成反应，碳碳三键可以被氧化生成羧酸和自身发生聚合等反应。炔烃含有两个 π 键，加成可逐步进行，通过控制反应条件，可以得到与一分子加成的产物，也可得到与两分子加成的产物。炔烃与卤素、卤化氢、水等的加成，都属于亲电加成，但与氢氰酸的加成，属于亲核加成。由于炔烃中的 π 键和烯烃中的 π 键在强度上有差异，造成两者在化学性质上有差别，即炔烃的亲电加成反应活泼性不如烯烃，且炔烃三键碳上的氢显示一定的酸性。炔烃的主要化学反应如下：

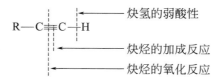

4.2.5.1 加成反应

（1）催化加氢 一般的炔烃在铂、钯等催化剂的催化下，与氢气反应生成烷烃，而很难停留在烯烃阶段。

$$R-C\equiv C-R' \xrightarrow{H_2}{Pd} R-CH=CH-R' \xrightarrow{H_2}{Pd} R-CH_2CH_2-R'$$

但在特殊的催化剂如林德拉（Lindlar）催化剂作用下，能够得到烯烃。林德拉催化剂是把钯沉积于碳酸钙上，加少量醋酸铅和喹啉使之部分毒化，从而降低催化剂的活性。值得一提的是，林德拉催化剂不仅可以使炔烃的还原停留在烯烃阶段，更重要的是由此可以得到顺式构型的烯烃，若要生成反式烯烃，需用金属钠/液氨还原等方法。

$$C_2H_5C{\equiv}CC_2H_5 + H_2 \xrightarrow[\text{喹啉}]{\text{Pd/CaCO}_3} \begin{array}{c} C_2H_5 \quad C_2H_5 \\ \diagdown \; C{=}C \; \diagup \\ H \qquad H \end{array}$$

$$C_2H_5C{\equiv}CC_2H_5 + H_2 \xrightarrow[-33℃]{\text{Na/NH}_3} \begin{array}{c} C_2H_5 \qquad H \\ \diagdown \; C{=}C \; \diagup \\ H \qquad C_2H_5 \end{array}$$

（2）亲电加成　炔烃与卤素、卤化氢、水等试剂加成时，同样遵守马氏规则。

① 加卤素　炔烃和卤素（主要是氯和溴）发生亲电加成反应，反应是分步进行的，先加一分子卤素生成二卤代烯，然后继续加成得到四卤代烷烃。

$$HC{\equiv}CH \xrightarrow{Br_2} \begin{array}{c} HC{=}CH \\ | \quad \; | \\ Br \; Br \end{array} \xrightarrow{Br_2} \begin{array}{c} Br \; Br \\ | \quad \; | \\ HC{-}CH \\ | \quad \; | \\ Br \; Br \end{array}$$

$$\qquad\qquad\qquad\qquad\quad \text{1,2-二溴乙烯} \qquad\qquad \text{1,1,2,2-四溴乙烷}$$

与烯烃一样，炔烃与红棕色的溴溶液反应生成无色的溴代烃，所以此反应可用于炔烃的鉴别。

从 1,2-二溴乙烯的结构可以看出，在烯烃双键的两侧各连有一个吸电子基卤素，使得双键上电子云密度降低，从而亲电加成活性降低，因此加成反应可以停留在第一步。

实验表明：烯烃可使溴的四氯化碳溶液立刻褪色，炔烃却需要几分钟才能使之褪色，乙炔甚至需在光或三氯化铁催化下才能加溴。这是因为乙炔的 π 键比乙烯的 π 键强些，不易受亲电试剂的接近而极化，所以乙炔较乙烯的亲电加成反应活性小，难发生亲电加成反应，因此当分子中同时存在双键和三键时，首先进行的是双键加成。例如，在低温、缓慢地加入溴的条件下，三键不参与反应。

$$CH_2{=}CH{-}CH_2{-}C{\equiv}CH + Br_2 \longrightarrow \begin{array}{c} CH_2{-}CH{-}CH_2{-}C{\equiv}CH \\ | \qquad\; | \\ Br \qquad Br \end{array}$$

$$\qquad\qquad\qquad\qquad\qquad\qquad\qquad\qquad\qquad \text{4,5-二溴-1-戊炔}$$

但是当双键、三键处于共轭时，优先往生成共轭体系的方向加成。

$$\begin{array}{c} CH_2{=}C{-}C{\equiv}CCH_3 \\ | \\ H \end{array} \xrightarrow{Br_2} \begin{array}{c} Br \; Br \\ | \quad | \\ CH_2{=}C{-}C{=}CCH_3 \\ | \\ H \end{array}$$

$$\qquad\qquad\qquad\qquad\qquad\qquad\qquad \text{3,4-二溴-1,3-戊二烯}$$

② 加卤化氢　炔烃与卤化氢加成的速率比烯烃慢，反应是分两步进行的，先加一分子卤化氢，生成卤代烯烃，后者继续与卤化氢加成，生成二卤代烷烃，产物符合马氏规则。加成反应可以停留在第一步。

例如，乙炔与碘化氢反应，首先生成碘乙烯。碘乙烯不活泼，反应可以停留在第一步。在较强烈的条件下，碘乙烯进一步加成生成 1,1-二碘乙烷。

$$CH\equiv CH \xrightarrow{HI} CH_2=CHI \xrightarrow{HI} CH_3-CHI_2$$
碘乙烯　　　1,1-二碘乙烷

不对称的炔烃与卤化氢加成符合马氏规则，氢加在含氢较多的双键碳上。

$$CH_3CH_2C\equiv CH \xrightarrow{HBr} CH_3CH_2\underset{Br}{C}=CH_2 \xrightarrow{HBr} CH_3CH_2\underset{Br}{\overset{Br}{C}}CH_3$$
2-溴-1-丁烯　　　　　　　2,2-二溴丁烷

乙炔和氯化氢的加成要在氯化汞催化下才能顺利进行。例如：

$$CH\equiv CH \xrightarrow[HgCl_2]{HCl} CH_2=CHCl \xrightarrow[HgCl_2]{HCl} CH_3-CHCl_2$$
氯乙烯　　　1,1-二氯乙烷

氯乙烯是合成聚氯乙烯塑料的单体。

③ 加水　在稀硫酸水溶液中，用汞盐作催化剂，炔烃可以和水发生加成反应。炔烃与水的加成遵从马氏规则，生成羟基与双键碳原子直接相连的加成产物，称为烯醇。具有这种结构的化合物很不稳定，容易发生分子重排，形成稳定的羰基化合物。

$$RC\equiv CH + HOH \xrightarrow[H_2SO_4]{HgSO_4} \left[RC\underset{OH}{=}CH_2 \right] \xrightarrow{重排} R-\overset{O}{\overset{\|}{C}}-CH_3$$

例如，乙炔在10％硫酸和5％硫酸汞水溶液中发生加成反应，生成乙醛，这是工业上生产乙醛的方法之一。

$$CH\equiv CH + HOH \xrightarrow[H_2SO_4]{HgSO_4} [CH_2=CH-OH] \xrightarrow{重排} CH_3-CHO$$
乙烯醇　　　　　乙醛

除乙炔得到乙醛外，其他炔烃与水加成均得到酮。

$$CH_2=CH-C\equiv CH \xrightarrow[H_2SO_4]{H_2O,\ HgSO_4} CH_2=CH-\overset{O}{\overset{\|}{C}}-CH_3$$

④ 氢氰酸　在氯化亚铜及氯化铵的催化下，乙炔可与 HCN、RCOOH 等含有活泼氢的化合物发生加成反应，反应的结果可以看作是这些试剂的氢原子被乙烯基（$CH_2=CH-$）所取代，因此这类反应通称为乙烯基化反应。其反应机理不是亲电加成，而是亲核加成。烯烃一般不能与这些化合物发生加成反应。

$$HC\equiv CH + HCN \xrightarrow{Cu_2Cl_2} CH_2=CHCN$$
丙烯腈

含有—CN（氰基）化合物称为腈，丙烯腈是工业上合成腈纶和丁腈橡胶的重要单体。

4.2.5.2 氧化反应

炔烃在强氧化剂（如高锰酸钾或重铬酸钾的酸性溶液）的作用下，分子中的三键发生断裂，生成羧酸或二氧化碳等氧化产物。一般"$RC\equiv$"部分氧化成羧酸；"$\equiv CH$"氧化为二氧化碳。

$$RC \equiv CH \xrightarrow[H^+]{KMnO_4} R-\overset{\overset{\displaystyle O}{\|}}{C}-OH + CO_2 + H_2O$$

$$RC \equiv CR' \xrightarrow[H^+]{KMnO_4} R-\overset{\overset{\displaystyle O}{\|}}{C}-OH + R'-\overset{\overset{\displaystyle O}{\|}}{C}-OH$$

由于反应中高锰酸钾溶液的紫色消失，故此反应可用做炔烃的定性鉴定。根据所得氧化产物的结构，也可推知原炔烃的结构。

4.2.5.3 金属炔化物的生成

三键碳原子、双键碳原子和烷烃中的碳原子由于杂化类型不同，杂化轨道中的 s 轨道成分不同，电负性大小也不同。杂化碳原子的电负性随 s 成分的增加而增大，由于 sp 杂化轨道中 s 成分所占比例最高，sp 杂化碳原子的电负性最大，与之相连的氢原子显弱酸性。如乙炔的酸性比乙烯和乙烷强，但比水的酸性弱，而比氨的酸性强。

	H_2O	$HC \equiv CH$	NH_3	$CH_2 \equiv CH_2$	CH_3CH_3
pK_a	15.7	25	34	36.5	42

由于炔氢的弱酸性，因此乙炔和端基炔烃与烯烃和烷烃不同，能与活泼金属（如 Na、K）或强碱（如氨基钠）等反应生成金属炔化物，并产生氢气。例如：

$$HC \equiv CH \xrightarrow[110℃]{Na} NaC \equiv CH \xrightarrow[190℃]{Na} NaC \equiv CNa$$
$$\text{乙炔钠} \qquad\qquad \text{乙炔二钠}$$

金属炔化物既是强碱，也是很强的亲核试剂，它能与伯卤代烃发生亲核取代反应，使乙炔和端基炔进行烷基化，将低级炔烃转化为高级炔烃。

乙炔和端基炔烃分子中的炔氢，还可以被某些金属离子（Ag^+ 或 Cu^+）取代。例如，将乙炔通入银氨溶液或亚铜氨溶液中，则分别析出白色和红棕色的炔化物沉淀。

$$CH \equiv CH + 2Ag(NH_3)_2NO_3 \longrightarrow AgC \equiv CAg \downarrow + 2NH_4NO_3 + 2NH_3$$
$$\text{乙炔银（白色）}$$
$$CH \equiv CH + 2Cu(NH_3)_2Cl \longrightarrow CuC \equiv CCu \downarrow + 2NH_4Cl + 2NH_3$$
$$\text{乙炔亚铜（红棕色）}$$

上述反应非常灵敏，现象也很明显，可被用来鉴别乙炔和端基炔烃。烷烃、烯烃和 R—C≡C—R′ 类型的炔烃均无此反应。

金属炔化物潮湿时比较稳定，干燥时受热或撞击容易发生爆炸。所以实验结束后应立即加硝酸处理，避免发生危险。

4.2.6 炔烃的重要化合物

乙炔是最重要的炔烃，它不仅是重要的有机合成原料，而且又大量地用作高温氧炔焰的燃料。工业上可用煤、石油或天然气作为原料生产乙炔。

纯的乙炔是具有麻醉作用，并带有乙醚气味的无色气体。与乙烯、乙烷不同，乙炔在水中具有一定的溶解度，易溶于丙酮。乙炔是一种不稳定的化合物，液化乙炔经碰撞、加热可发生剧烈爆炸，乙炔与空气混合，当它的含量达到 3%～70% 时，会剧烈爆炸。为避免爆炸危险，一般可用浸有丙酮的多孔物质（如石棉、活性炭）吸收乙炔后一起贮存在钢瓶中，这样可便于运输和使用。乙炔和氧气混合燃烧，可产生 2800℃ 的高温，用以焊接或切割钢铁及其他金属。

乙炔在催化剂作用下，也可以发生聚合反应。与烯烃不同，它一般不聚合成高聚物。例如，在氯化亚铜和氯化铵的作用下，可以发生二聚或三聚作用。这种聚合反应可以看作是乙炔的自身加成反应：

$$CH \equiv CH + CH \equiv CH \xrightarrow[NH_4Cl]{Cu_2Cl_2} CH_2 = CH - C \equiv CH \xrightarrow[NH_4Cl]{Cu_2Cl_2} CH_2 = CH - C \equiv C - CH = CH_2$$

乙烯基乙炔　　　　　　　　　　　　　二乙烯基乙炔

4.3 二烯烃

分子中含有两个碳碳双键的不饱和烃称为二烯烃。它既包括开链二烯烃，也包括环状二烯烃。如：

$$CH_2 = C = CH_2 \qquad CH_2 = CH - CH = CH_2 \qquad CH_2 = CH - CH = CH_2CH_3$$

丙二烯　　　　　　　　1,3-丁二烯　　　　　　　　1,3-戊二烯 　　　　　　1,3-环己二烯

最常见的开链二烯烃，分子中至少包含三个碳原子，通式为 C_nH_{2n-2}，与碳原子数相同的炔烃是同分异构体。

4.3.1 二烯烃的分类和命名

4.3.1.1 二烯烃的分类

根据二烯烃分子中两个双键相对位置的不同，可将二烯烃分为累积二烯烃、隔离二烯烃和共轭二烯烃。

（1）累积二烯烃　两个双键连在同一个碳原子上的二烯烃称为累积二烯烃。例如：

$$CH_2 = C = CH_2$$
丙二烯

（2）隔离二烯烃　两个双键被两个或两个以上的单键隔开的二烯烃称为隔离二烯烃，它们的性质与一般烯烃相似。例如：

$$CH_2 = CH - CH_2 - CH = CH_2$$
1,4-戊二烯

（3）共轭二烯烃　两个双键被一个单键隔开的二烯烃称为共轭二烯烃。例如：

$$CH_2 = CH - CH = CH_2$$
1,3-丁二烯

三类二烯烃中，累积二烯烃不稳定，存在和应用均不普遍；隔离二烯烃中两个双键位次相隔较远，相互影响较小，其性质与一般单烯烃相似；共轭二烯烃由于两个双键相互影响，表现出一些特殊的性质，具有重要的理论和实际应用价值。因此主要介绍共轭二烯烃。

4.3.1.2 二烯烃的命名

二烯烃的命名与烯烃相同，只是在"烯"前加一个"二"字。选取含双键在内的最长碳链为主链，编号从距离双键最近的一端开始，称为某二烯。

$$CH_2=CH-C=CH_2$$
$$CH_3$$

$$CH_2=C-CH_2-CH=CH_2$$
$$CH_3$$

2-甲基-1,3-丁二烯（异戊二烯）　　　　　　2-甲基-1,4-戊二烯

与单烯烃相同，当二烯烃的双键两端连接的原子或基团各不相同时，也存在顺反异构现象。由于分子中存在两个双键，故异构现象比单烯烃更加复杂。命名时要逐个标明其构型。例如，3-甲基-2,4-庚二烯有四种构型式。

顺,顺-3-甲基-2,4-庚二烯
(2E,4Z)-3-甲基-2,4-庚二烯

反,反-3-甲基-2,4-庚二烯
(2Z,4E)-3-甲基-2,4-庚二烯

顺,反-3-甲基-2,4-庚二烯
(2E,4E)-3-甲基-2,4-庚二烯

反,顺-3-甲基-2,4-庚二烯
(2Z,4Z)-3-甲基-2,4-庚二烯

4.3.2　共轭二烯烃的结构和共轭效应

4.3.2.1　1,3-丁二烯的结构

1,3-丁二烯是最简单的共轭二烯烃，在其分子中，四个碳原子都是 sp^2 杂化，相邻碳原子之间以 sp^2 杂化轨道相互重叠形成三个 C—C σ 键，其余的 sp^2 杂化轨道分别与氢原子的 s 轨道重叠形成六个 C—H σ 键。由于每个碳原子的三个 sp^2 杂化轨道都处在同一平面上，所以三个 C—C σ 键和六个 C—H σ 键都处在同一个平面上，键角都接近 120°。每个碳原子还有一个未参与杂化的 p 轨道垂直于该分子所在的平面且彼此间相互平行。因此，不仅 C^1 与 C^2、C^3 与 C^4 的 p 轨道发生了"肩并肩"重叠，而且 C^2 与 C^3 的 p 轨道也发生了一定程度的重叠（但比 C^1—C^2 或 C^3—C^4 之间的重叠要弱一些）。重叠的结果不仅在 C^1 与 C^2、C^3 与 C^4 之间形成了双键，而且使得 C^2 与 C^3 之间的键也具有部分双键的性质，最终形成了包含四个碳原子的离域大 π 键。如图 4-5 所示。

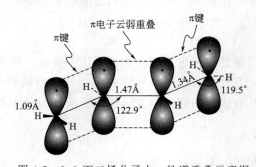

图 4-5　1,3-丁二烯分子中 p 轨道重叠示意图

由于 π 电子的离域，不但使 C^1 与 C^2、C^3 与 C^4 之间的电子云密度增大，也部分地增大了 C^2 与 C^3 之间的电子云密度；而且使得共轭分子中单、双键的键长趋于平均化。例如，1，3-丁二烯分子中 C^1—C^2、C^3—C^4 的键长为 0.1337nm，与乙烯的双键键长 0.134nm 相近；而 C^2—C^3 的键长为 0.147nm，比乙烷分子中的 C—C 单键键长 0.154nm 短。

同样由于电子离域的结果，使共轭体系的能量显著降低，稳定性明显增加。例 1,3-戊二烯的氢化热 $-226kJ \cdot mol^{-1}$，1,4-戊二烯的氢化热 $-254kJ \cdot mol^{-1}$，共轭体系的氢化热比非共轭体系的氢化热低 28kJ·mol^{-1}。共轭体系越长，体系的能量越低，化合物越稳定。

4.3.2.2　共轭体系的类型和共轭效应

共轭体系的类型有多种，除了最常见且最重要的 π-π 共轭体系（1,3-丁二烯）外，还有 p-π 共轭体系，σ-π 和 σ-p 超共轭体系。p-π 共轭体系的结构特征是单键的一侧的 p 轨道与另一侧平行的 π 键共轭。例如，氯乙烯分子（图 4-6）和烯丙基正离子（图 4-7）。

图 4-6　氯乙烯分子中的 p-π 共轭

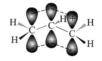

图 4-7　烯丙基正离子的 p-π 共轭

电子的离域不仅存在于 π-π 共轭体系和 p-π 共轭体系，在其他共轭体系中同样存在。分子中的 C—H σ 键也能与处于共轭位置的 π 键、p 轨道发生侧面部分重叠，产生类似的电子离域现象。例如，CH_3—CH=CH_2 中 CH_3—的 C—H σ 键与—CH=CH_2 中的 π 键发生 σ-π 共轭（图 4-8）和（CH_3）$_3C^+$ 中 CH_3—的 C—H σ 键与碳正离子的 p 轨道都能发生 σ-p 共轭（图 4-9），统称为超共轭效应。超共轭效应比 π-π 和 p-π 共轭效应弱得多。

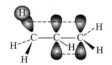

图 4-8　丙烯分子中的超共轭

图 4-9　碳正离子的超共轭

共轭效应和诱导效应都是分子内原子间相互影响的电子效应。它们常同时存在，利用它们可以解释有机化学中的许多问题。

4.3.3　共轭二烯烃的化学性质

共轭二烯烃除具有单烯烃的性质外，由于两个双键彼此之间的相互影响，还表现出一些特殊的化学性质。

4.3.3.1　1,4-加成反应

和烯烃一样，共轭二烯烃可与卤素、卤化氢等亲电试剂进行亲电加成反应，也可发生催化氢化反应。但又有烯烃不一样，共轭二烯烃与一分子的亲电试剂加成时有两种可能，生成两种加成产物：

$$CH_2=CH-CH=CH_2 + Br_2 \longrightarrow CH_2=CH-\underset{\underset{Br}{|}}{C}H-\underset{\underset{Br}{|}}{C}H_2 \quad + \quad CH_2-CH=CH-CH_2$$
$$\underset{\underset{Br}{|}}{} \qquad\qquad\qquad\qquad\qquad\qquad\qquad\qquad \underset{Br}{|} \qquad\qquad\qquad\qquad \underset{Br}{|}$$

1,2-加成产物　　　　　　　　　1,4-加成产物

$$CH_2=CH-CH=CH_2 + HBr \longrightarrow CH_2=CH-\underset{\underset{Br}{|}}{CH}-CH_3 + CH_2-CH=CH-CH_3$$

1,2-加成产物   1,4-加成产物

这两种不同的加成产物是由于不同的加成方式造成的。一种是普通的加成，即断开其中一个 π 键，亲电试剂的两部分加到双键的两端，这称为 1,2-加成；另一种是两个 π 键都断开，亲电试剂加在共轭双键两端的碳原子上（C¹ 和 C⁴），同时在 C²—C³ 原子之间形成一个新的 π 键，称为 1,4-加成。共轭二烯烃与亲电试剂的加成往往以 1，4-加成的产物为主。

例如，1,3-丁二烯与溴化氢的加成，第一步是亲电试剂 H⁺ 的进攻，加成可能进攻 C¹ 或 C² 上，将生成两种碳正离子（Ⅰ）或（Ⅱ）。

$$CH_2=CH-CH=CH_2 + H^+Br^- \longrightarrow \begin{array}{l} CH_2=CH-\overset{+}{C}H-CH_3 + Br^- \\ \quad\quad\quad\quad (\text{I}) \\ CH_2=CH-CH-\overset{+}{C}H_2 + Br^- \\ \quad\quad\quad\quad (\text{II}) \end{array}$$

在碳正离子（Ⅰ）中，带正电荷的碳原子为 sp² 杂化，它的空 p 轨道可以和相邻 π 键的 p 轨道发生重叠，形成包含三个碳原子的缺电子大 π 键，由于 π 电子的离域，使得正电荷分散到三个碳原子上，体系能量降低。

$$CH_2{=}{=}{=}CH{=}{=}{=}\overset{+}{CH}-CH_3$$

而在碳正离子（Ⅱ）中，带正电荷的碳原子的空 p 轨道不能和 π 键的 p 轨道发生重叠，正电荷得不到分散，体系能量较高，因此碳正离子（Ⅰ）比碳正离子（Ⅱ）稳定，所以加成反应的第一步主要是通过形成碳正离子（Ⅰ）进行的。

在第二步反应时，溴负离子既可进攻 C²，发生 1,2 加成，也可进攻 C⁴，发生 1,4 加成，其反应机理如下：

$$\underset{\underset{4\quad3\quad2\quad1}{\delta^+\quad\quad\delta^+}}{CH_2{=}{=}{=}\overset{+}{CH}{=}{=}{=}CH-CH_3} + Br^- \longrightarrow \begin{array}{l} \xrightarrow{1,2\text{-加成}} CH_2=CH-\underset{\underset{Br}{|}}{CH}-CH_3 \\ \xrightarrow{1,4\text{-加成}} \underset{\underset{Br}{|}}{CH_2}-CH=CH-CH_3 \end{array}$$

共轭二烯烃的 1,2-加成和 1,4-加成是同时发生的，产物的比例与反应物的结构、反应温度等有关，一般随反应温度的升高和溶剂极性的增加，1,4-加成产物的比例增加。环状共轭二烯由于空间因素的影响，与亲电试剂发生加成时，主要产物为 1,4-加成产物。

4.3.3.2 Diels-Alder 反应

Diels-Alder 反应又称为双烯合成反应，通常是指共轭二烯烃及其衍生物与含有双键或三键的化合物发生 1,4-加成反应，生成六元环状化合物的反应。这是共轭二烯烃的又一特征反应。例如：

⟋⟍ + ‖ <u>200℃</u>→ ⬡

在 Diels-Alder 反应中，通常将共轭二烯烃及其衍生物称为双烯体，与之反应的含有双键或三键的化合物称为亲双烯体。

在这类反应中，两种反应物分子彼此靠近，互相作用，旧键的断裂与新键的形成是同时进行的，经过一个环状过渡态，最后逐渐转化为产物分子。反应是一步完成的，没有活泼中间体如碳正离子、碳负离子、自由基等生成。

1,3-丁二烯与乙烯进行的 Diels-Alder 反应对反应条件要求较高，在 200℃、9MPa 反应 17h，产率仅为 18%。然而，当亲双烯体上连有吸电子取代基（如硝基、羧基、羰基等）和双烯体上连有给电子取代基时，反应更容易发生。例如：

阅读材料

烯烃复分解反应

烯烃复分解反应是指烯烃在某些过渡金属（如钨、钼、铼、钌等）配合物的催化下，发生双键断裂，重新组合成新烯烃的反应。此反应主要用于研发药物和先进聚合物材料。

关于烯烃复分解反应的研究可以追溯到 20 世纪 50 年代中期，在随后 20 多年里，所发展的催化剂均为多组分催化剂，如 $MoO_3/SiO_2,Re_2O_7/Al_2O_3,WC_{16}/Bu_4Sn$ 等，但由于这些催化体系通常需要苛刻的反应条件和很强的路易斯酸性条件，使得反应对底物允许的功能基团有很大限制。20 世纪 70 年代初期，伊夫·肖万（Yves Chauvin）提出了烯烃与金属卡宾通过 [2+2] 环加成形成金属杂环丁烷中间体的相互转化过程。在 20 世纪 70 年代末、80 年代初，烯烃复分解反应单组分均相催化剂被发现，如钨和钼的卡宾配合物，特别是 Schrock 催化剂，具有比以往烯烃复分解反应催化剂更易引发、更高反应活性和更温和反应条件的特点。经过近半个世纪的努力，金属卡宾催化的烯烃复分解反应已经发展成为标准的合成方法并得到广泛应用，Grubbs 催化剂的反应活性以及对反应底物的适用性已经和传统的碳-碳键形成方法（如 Diels-Alder 反应、Wittig 反应，曾分别获得诺贝尔化学奖）相媲美。

2005 年法国科学家伊夫·肖万（Yves Chauvin）和美国科学家罗伯特·格拉布（Robert H. Grubbs）、理查德·施罗克（Richard R. Schrock）3 人因为发展了烯烃复分解反应在有机合成中的应用而共享了 2005 年度的诺贝尔化学奖。

本章小结

一、烯烃的主要化学反应

1. 烯烃的加成反应

（1）催化加氢

$$RCH=CH_2 + H_2 \xrightarrow{\text{催化剂（Ni，Pd，Pt 等）}} RCH_2CH_3$$

（2）亲电加成反应

① 加卤素

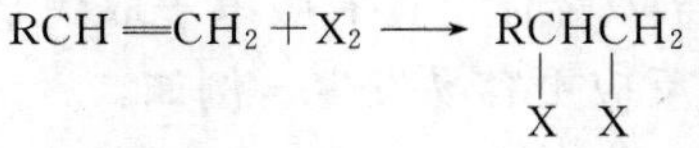

$$RCH=CH_2 + X_2 \longrightarrow \underset{\underset{X}{|}\ \underset{X}{|}}{RCHCH_2}$$

② 加卤化氢、硫酸、HOX（Markovnikov 规则）

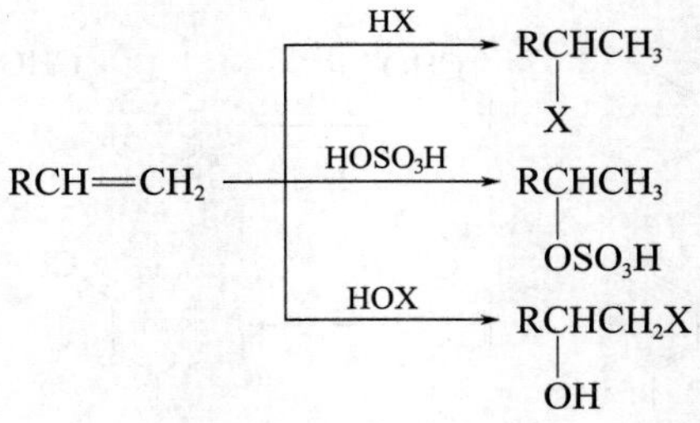

$$RCH=CH_2 \begin{cases} \xrightarrow{HX} \underset{\underset{X}{|}}{RCHCH_3} \\ \xrightarrow{HOSO_3H} \underset{\underset{OSO_3H}{|}}{RCHCH_3} \\ \xrightarrow{HOX} \underset{\underset{OH}{|}}{RCHCH_2X} \end{cases}$$

（3）自由基加成反应（反 Markovnikov 规则）（仅 HBr）

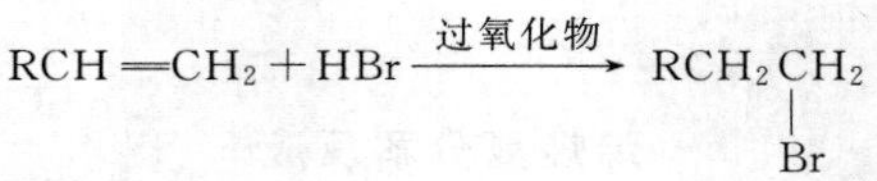

$$RCH=CH_2 + HBr \xrightarrow{\text{过氧化物}} \underset{\underset{Br}{|}}{RCH_2CH_2}$$

2. 烯烃的氧化反应

（1）高锰酸钾氧化

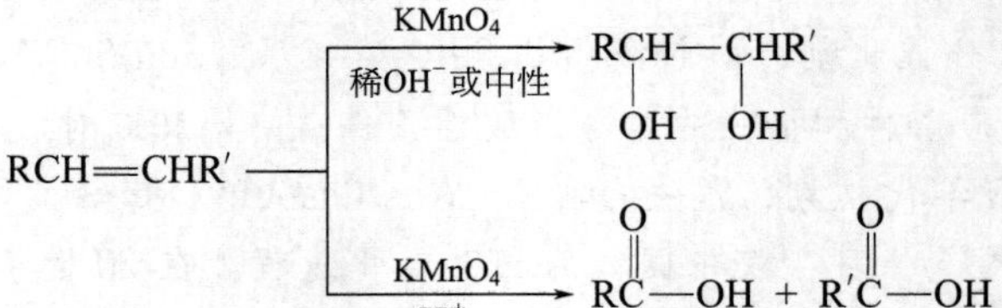

$$RCH=CHR' \begin{cases} \xrightarrow[\text{稀OH}^-\text{或中性}]{KMnO_4} \underset{\underset{OH}{|}\ \ \underset{OH}{|}}{RCH-CHR'} \\ \xrightarrow[H^+]{KMnO_4} \underset{O}{\overset{\parallel}{R}C}-OH + \underset{O}{\overset{\parallel}{R'}C}-OH \end{cases}$$

（2）臭氧氧化

臭氧化物 —— 酮 —— 醛

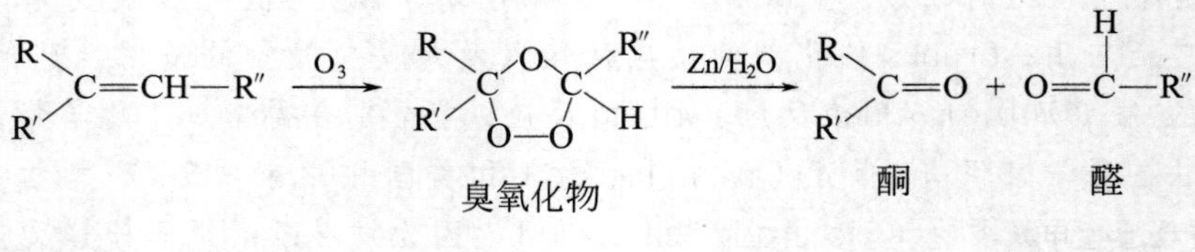

3. α-H 的卤化反应

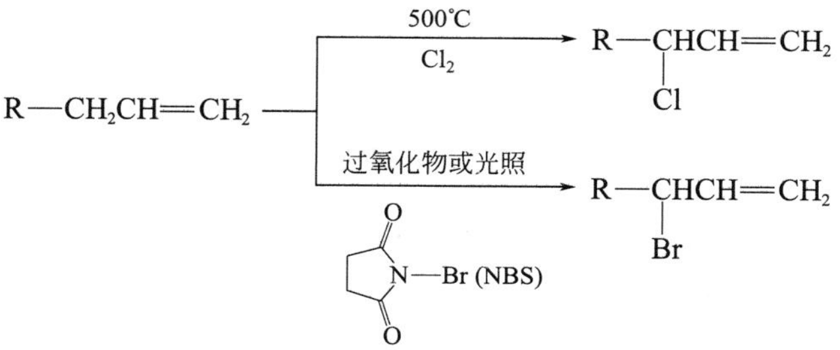

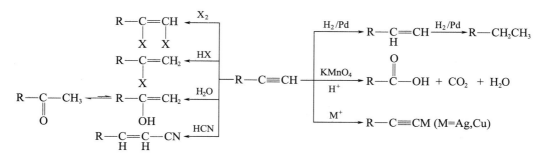

二、炔烃的主要化学反应

三、共轭二烯烃的主要化学反应

1. 1,4-加成反应

$$CH_2=CH-CH=CH_2 \xrightarrow{HX} H_2C-CH-CH-CH_3 + CH_2CH=CHCH_3$$

1,2-加成（次要产物）   1,4-加成（主要产物）

2. Diels-Alder 反应

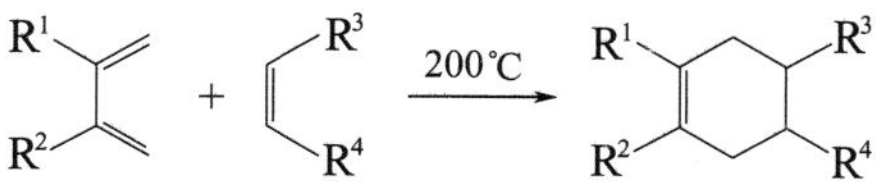

$$\underset{R^2}{\overset{R^1}{}} + \underset{R^4}{\overset{R^3}{}} \xrightarrow{200℃} \underset{R^2}{\overset{R^1}{}}\underset{R^4}{\overset{R^3}{}}$$

习　题

4-1　写出下列化合物的名称和结构简式。

(1)　$(CH_3CH_2)_2C=CH_2$

(2)　$(CH_3)_2CHCH_2CH=C(CH_3)_2$

(3)　$CH_3CH_2CH_2CCH_2CH_2CH_3$
　　　　　　　　　　$\underset{\parallel}{}$
　　　　　　　　　　CH_2

(4)　$CH_3C=CHCHCH_2CH_3$
　　　　$\underset{|}{}$　　$\underset{|}{}$
　　　　C_2H_5　CH_3

(5)　$CH_3CHCH_2C≡CH$
　　　　$\underset{|}{}$
　　　　C_2H_5

(6)　$(CH_3)_2C=CCH=CH_2$
　　　　　　　　　$\underset{|}{}$
　　　　　　　　　CH_3

(7)　$H_2C=CHCH_2CHC≡CH$
　　　　　　　　　$\underset{|}{}$
　　　　　　　　　CH_3

(8)　$CH_3C=CHCHC≡CH$
　　　　　　　　$\underset{|}{}$
　　　　　　　　CH_3

(9)　反-3,4-二甲基-3-己烯

(10)　1,4-己二炔

(11)　3,3-二甲基-1-己炔

(12)　2,3-二甲基-1-戊烯

(13)　3-乙基-1-戊烯-4-炔

(14)　顺-2-己烯

4-2　写出下列化合物的结构式或构型式，如命名有误，予以更正。

(1) 2,4-二甲基-2-戊烯　　　(2) 3-丁烯　　　(3) 3,3,5-三甲基-1-庚烯

(4) 2-乙基-1-戊烯　　　　　(5) 异丁烯　　　(6) 3,4-二甲基-4-戊烯

(7) 反-3,4-二甲基-3-己烯　　(8) 2-甲基-3-丙基-2-戊烯

4-3　完成下列反应式。

(1) $CH_3CH\!=\!CH_2 + H_2SO_4 \longrightarrow ? \xrightarrow{H_2O} ?$

(2) $CH_3CH_2\underset{\underset{CH_3}{|}}{C}\!=\!CH_2 + HBr \longrightarrow ?$

(3) $CH_3CH_2CH_2C\!\equiv\!CH + （过量）HCl \longrightarrow ?$

(4) $CH_3CH_2\underset{\underset{CH_3}{|}}{C}\!=\!CH_2 \xrightarrow[H^+]{KMnO_4} ?$

(5) $CH_3CH_2C\!\equiv\!CCH_3 \xrightarrow[H^+]{KMnO_4} ?$

(6) $CH_3CH_2C\!\equiv\!CCH_3 + H_2O \xrightarrow[HgSO_4]{H_2SO_4} ?$

(7) $CH_2\!=\!CHCH\!=\!CH_2 + CH_2\!=\!CHCHO \longrightarrow ?$

(8) $CH_2\!=\!CHCH\!=\!CH_2 + CH_2\!=\!CH\!-\!CN \longrightarrow ?$

(9) $CH_2\!=\!\underset{\underset{CH_3}{|}}{C}CH\!=\!CH_2 + HBr \longrightarrow ?$

(10) $CH_3CH_2C\!\equiv\!CH + HCN \longrightarrow ?$

(11) $CH_3CH_2C\!\equiv\!CH + \left[Ag(NH_3)_2\right]NO_3 \longrightarrow ?$

(12) $CH_3CH\!=\!CHCH_3 + H_2 \xrightarrow{Ni} ?$

4-4　用简单并有明显现象的化学方法鉴别下列各组化合物。

(1) 乙烷、乙烯、乙炔　　　　(2) 正庚烷、1,4-庚二烯、1-庚炔

(3) 1-己炔、2-己炔、2-甲基戊烷

4-5　分子式为 C_5H_{10} 的化合物 A，与 1 分子氢作用得到 C_5H_{12} 的化合物。A 在酸性溶液中与高锰酸钾作用得到一个含有 4 个碳原子的羧酸。A 经臭氧化并还原水解，得到两种不同的醛。推测 A 的可能结构，用反应式加简要说明表示推断过程。

4-6　分子式为 C_6H_{10} 的化合物 A，经催化氢化得 2-甲基戊烷。A 与硝酸银的氨溶液作用能生成灰白色沉淀。A 在汞盐催化下与水作用得到 $CH_3\underset{\underset{CH_3}{|}}{C}HCH_2\overset{\overset{O}{\|}}{C}CH_3$ 。推测 A 的结构式，并用反应式加简要说明表示推断过程。

4-7　分子式为 C_6H_{10} 的 A 及 B，均能使溴的四氯化碳溶液褪色，并且经催化氢化得到相同的产物正己烷。A 可与氯化亚铜的氨溶液作用产生红棕色沉淀，而 B 不发生这种反应。B 经臭氧化后再还原水解，得到 CH_3CHO 及 $HCOCOH$（乙二醛）。推断 A 及 B 的结构，并用反应式加简要说明表示推断过程。

4-8　化合物 A 的分子量为 82，1mol A 可吸收 2mol 的 H_2，当与 Cu_2Cl_2 氨溶液作用时，没有沉淀生成。A 吸收一分子 H_2 后所得烯烃 B 的破裂氧化产物，只有一种羧酸，试推断出 A 的结构式。

芳香烃

芳香族烃类化合物简称芳香烃或芳烃。早期的芳香族化合物是指分子结构中含苯环的具有芳香气味的一类化合物，来源于从天然的树脂、香精油中提取得到的有芳香气味的物质。随着有机化学的发展，人们发现许多具有芳香气味的化合物，其分子结构中不一定含有苯环，而结构中含苯环的化合物，也不一定具有芳香气味。因此，"芳香"一词虽仍沿用至今，但已经失去了原来的涵义。与脂肪烃相比，芳香烃具有特定环状结构和特殊化学性质。在一般情况下，芳环比较容易发生取代反应，不易发生加成反应和氧化反应，这是芳香烃的化学特性——芳香性。所以，芳香烃是指具有芳香性的一类烃类化合物。

5.1 芳香烃的分类和构造异构

根据是否有苯环及所含苯环数目的多少，芳烃可分为单环芳烃、多环芳烃和非苯芳烃三种。

```
        ┌─ 单环芳烃 ─── 联苯和联多苯
芳香烃 ─┼─ 多环芳烃 ─── 多苯代脂肪烃
        └─ 非苯芳烃 ─── 稠环芳烃
```

（1）单环芳烃　单环芳烃指分子中只含有一个苯环的芳烃，包括苯及其同系物。例如：

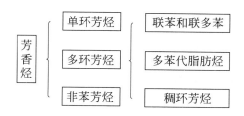

苯　　　　　　甲苯　　　　　　　苯乙烯

（2）多环芳烃　多环芳烃指分子中含有两个或两个以上苯环的芳烃，按苯环连接的方式不同，多环芳烃又可分为联苯烃，多苯代脂肪烃及稠环芳烃。例如：

联苯烃

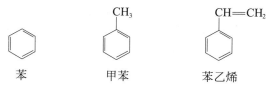

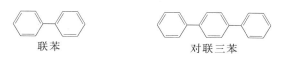

联苯　　　　　　　　　　　　　对联三苯

多苯代脂肪烃

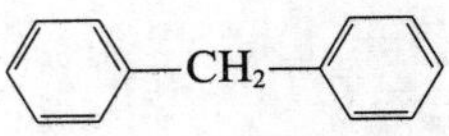

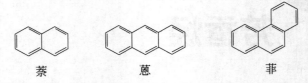

二苯甲烷 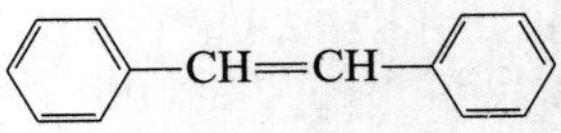   1,2-二苯乙烯

稠环芳烃

萘   蒽   菲

（3）非苯芳烃　非苯芳烃指分子中不含苯环，但其性质与苯环相似的环状烃。

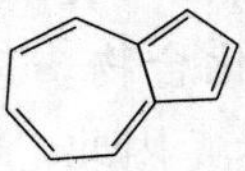

薁 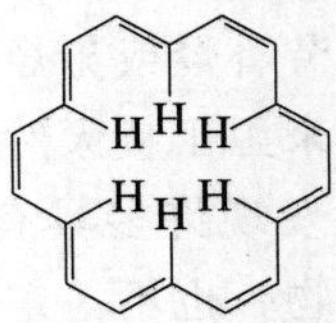   [18]轮烯

5.2 苯的结构

5.2.1 凯库勒结构式

1865 年，凯库勒根据苯的分子式（C_6H_6）以及苯的一元取代物只有一种的实验事实，提出了苯的环状结构式，即凯库勒式。

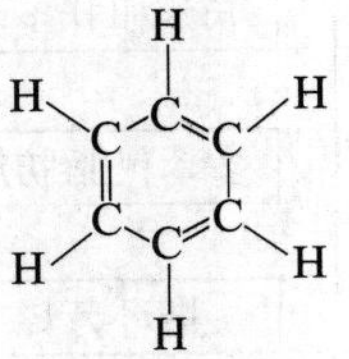

简写为

苯的凯库勒式虽然可以说明苯的分子组成以及原子的连接次序和键合情况，满足了碳为四价、氢为一价以及六个氢原子具有同等地位的实验事实，但这个式子仍存在缺点：它不能解释苯在一般条件下不能发生类似烯烃的加成反应、氧化反应的实验事实；另外，苯的邻位二元取代物应当有如下两种，然而实际上却只有一种。

凯库勒曾用两个式子来表示苯的结构，并且设想这两个式子之间的振动代表着苯的真实结构：

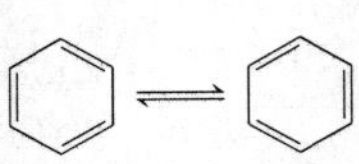

由此可见，凯库勒式并不能确切地反映苯的真实结构。

5.2.2 苯分子结构的价键观点

根据 X 射线和光谱实验证明，苯分子中 6 个碳原子和 6 个氢原子均在同一平面上，每个键角都是 120°，碳碳键键长完全相同，都是 0.140nm，介于单键与双键之间。根据原子轨道杂化理论，苯分子中 6 个碳原子都以 sp^2 杂化轨道相互沿对称轴的方向重叠形成 6 个 C—C σ 键，组成 1 个正六边形。每个碳原子各以 1 个 sp^2 杂化轨道分别与氢原子 1s 轨道沿对称轴方向重叠形成 6 个 C—H σ 键［图 5-1（a）］。由于是 sp^2 杂化，所以键角都是 120°，所有碳原子和氢原子都在同一平面上。每个碳原子上还有 1 个未参与杂化且垂直于 σ 键所在平面的 p 轨道，每个 p 轨道上有 1 个 p 电子，p 轨道都能从侧面与相邻的 p 轨道按"肩并肩"的方式重叠，形成 1 个环状的共轭大 π 键［图 5-1（b）］。大 π 键电子云分布见图［5-1（c）］。

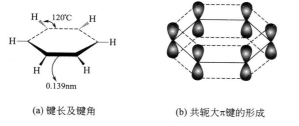
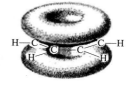

| (a) 键长及键角 | (b) 共轭大π键的形成 | (c) 大π键电子云 |

图 5-1　苯分子的结构

正是由于苯环这种特殊的环状闭合的共轭体系，π 电子高度离域，电子云密度完全平均化，使得苯环具有特殊的稳定性和反应性能。

由此可见，苯环中并没有一般的 C—C 单键和 C═C 双键，苯的凯库勒式虽然不能确切地反映苯的真实结构，但沿用已久，所以至今仍然在使用。此外，现代还常采用正六边形中加一个圆圈表示苯的结构，直线代表 σ 键，圆圈代表大 π 键。

5.3 单环芳香烃的命名

5.3.1 单环芳烃的命名

苯是最简单的单环芳烃，当苯环上的氢原子被烃基取代后，生成苯的取代物。对于简单的烷基苯，常采用习惯命名法，即以苯作为母体，烷基作为取代基，称为"某基苯"，"基"字可省略。例如：

甲苯　　乙苯　　异丙苯　　叔丁苯

当苯环上有两个烷基时，由于其位置不同，命名时将两个烷基的位置用数字表示，也可用"邻"（o）、"间"（m）、"对"（p）来表示。用数字表示时，若烷基不同，一般较简单的烷基所在位置编号为1。例如：

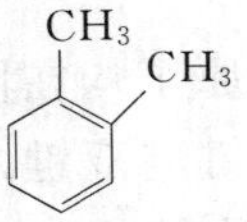

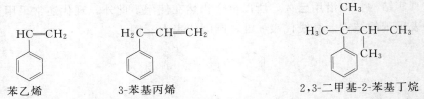

1,2-二甲苯

邻二甲苯（o-二甲苯）

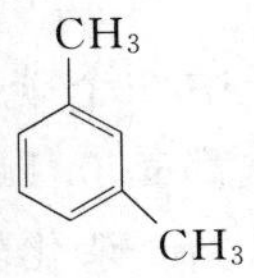

1,3-二甲苯

间二甲苯（m-二甲苯）

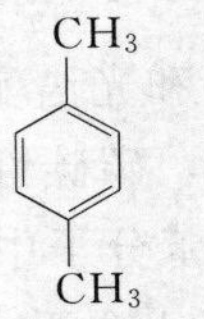

1,4-二甲苯

对二甲苯（p-二甲苯）

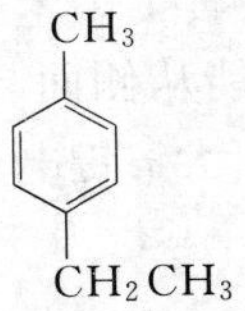

1-甲基-4-乙基苯

（4-乙基甲苯）

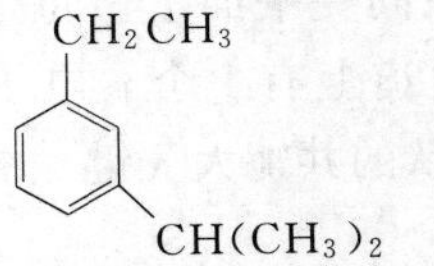

1-乙基-3-异丙基苯

（3-异丙基乙苯）

当苯环上有多个烷基时，烷基的相对位置也可用"连、均、偏"来表示。例如：

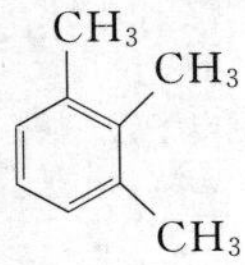

连三甲苯（1,2,3-三甲苯）

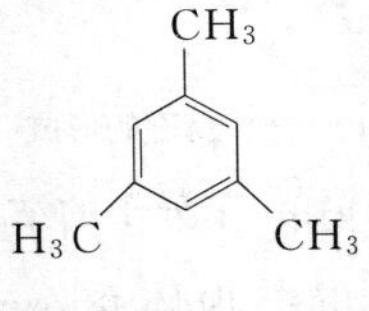

均三甲苯（1,3,5-三甲苯）

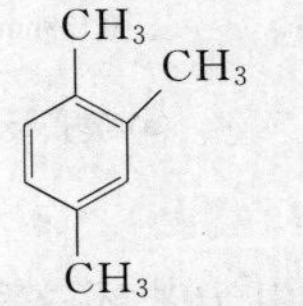

偏三甲苯（1,2,4-三甲苯）

对于复杂的烷基苯及不饱和烃基苯，可采用系统命名法命名，把苯作为取代基。例如：

苯乙烯

3-苯基丙烯

2,3-二甲基-2-苯基丁烷

芳烃分子中去掉一个氢原子后剩余的基团叫做芳基，以 Ar—表示。常见的芳基有：苯基，以 ⟨ ⟩—、C_6H_5—或 Ph-表示；苯甲基或苄基，以 ⟨ ⟩—CH_2— 或 $C_6H_5CH_2$—表示。

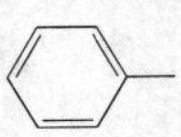

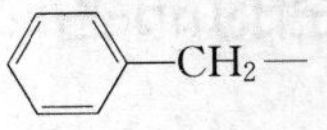

5.3.2 单环芳烃衍生物的命名

当苯环上连有烷基以外的官能团时，根据官能团的不同，苯环有时作为母体，有时作为取代基。

如果取代基是—NO_2、—NO、—X 或较小的烷基等，命名时通常以苯为母体，称为某基苯。例如：

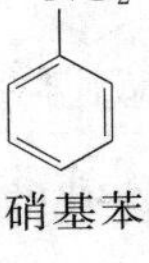

硝基苯

亚硝基苯

溴苯

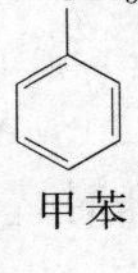

甲苯

如果取代基是—SO_3H、—COOH、—CHO、—OH、—NH_2 等，命名时通常把苯环作为取代基，而将这些官能团作为母体。例如：

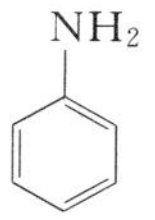

NH_2 — 苯胺　　OH — 苯酚　　SO_3H — 苯磺酸　　CHO — 苯甲醛　　COOH — 苯甲酸

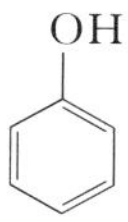

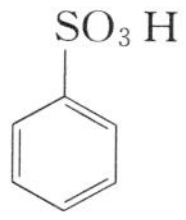

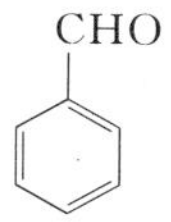

当苯环上有两个或多个不同取代基时，首先确定母体官能团，然后将其他基团作为取代基依次编号。常见母体官能团的优先顺序如下。在这个顺序表中，排在前面的作为取代基，排在后面的作为母体。

—NO_2、—NO、—X、—R、—NH_2、—OH、—COR、—CHO、—SO_3H、—COOH

例如：

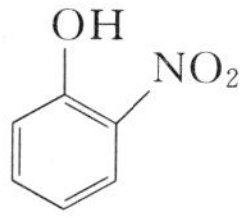

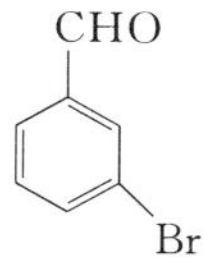

邻硝基苯酚　　　　间溴苯甲醛　　　　间硝基苯磺酸　　　　间硝基对氯苯甲酸
（2-硝基苯酚）　　（3-溴苯甲醛）　　（3-硝基苯磺酸）　　（3-硝基-4-氯苯甲酸）

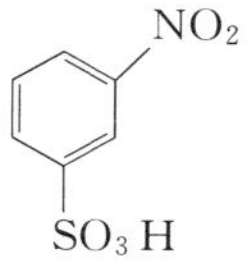

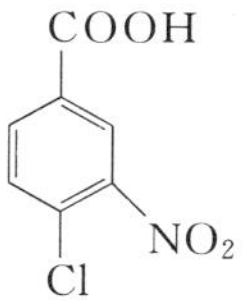

5.4 单环芳香烃的物理性质

苯及其同系物一般为无色有芳香气味的液体，不溶于水，可溶于乙醇、乙醚、四氯化碳、石油醚等有机溶剂中，相对密度都比水小，易燃烧，火焰带有黑烟。沸点随分子量的增大而升高，每增加一个碳原子，沸点通常升高 25～30℃。含同数碳原子的各种异构体，其沸点相差不大，而结构对称的异构体具有更高的熔点。单环芳烃具有一定的毒性，长期吸入它们的蒸气，能损坏造血器官及神经系统。常见单环芳香烃的物理常数见表 5-1。

表 5-1　常见单环芳烃的物理常数

名称	熔点/℃	沸点/℃	相对密度(d_4^{20})
苯	5.5	80	0.879
甲苯	−95	111	0.866
乙苯	−95	136	0.867
正丙苯	−99	159	0.862
异丙苯	−96	152	0.862
苯乙烯	−31	145	0.906
邻二甲苯	−25	144	0.880
间二甲苯	−48	139	0.864
对二甲苯	13	138	0.861

5.5 单环芳香烃的化学性质

由于苯环是一个闭合的环状共轭体系，因此苯环相当稳定，其化学性质与其他不饱和烃有显著差异，通常难发生氧化反应和加成反应，而易发生环上氢原子被取代的反应。苯环的这种特殊性质称为芳香性，它是芳香族化合物共有的特性。

5.5.1 芳环上的亲电取代反应

亲电取代反应是芳烃最典型的反应。由于苯环特殊的环状闭合共轭结构，大 π 键的电子云分布在苯环平面的上方和下方，容易接受亲电试剂的进攻而发生亲电取代反应。

5.5.1.1 卤代反应

在铁粉或卤化铁等催化剂的作用下，苯与卤素作用生成卤代苯的反应称为卤代反应。例如：

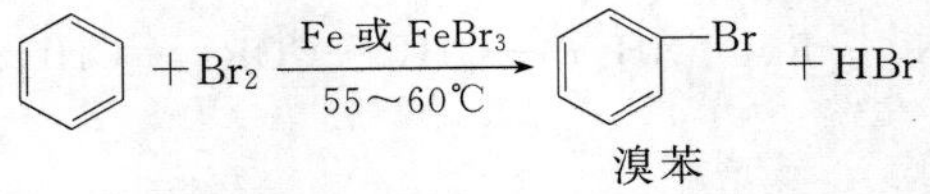

卤素与苯发生取代反应的活泼次序是：氟＞氯＞溴＞碘。由于氟代反应很剧烈，而碘代反应又难以进行，因此苯的卤代反应通常是指氯代反应和溴代反应。

若在较高的温度条件下，卤代苯可继续与卤素反应，生成二卤代苯，但主要是得到邻位以及对位产物。

苯与卤素的取代反应属于亲电取代反应，苯的亲电取代反应历程可用以下通式表示：

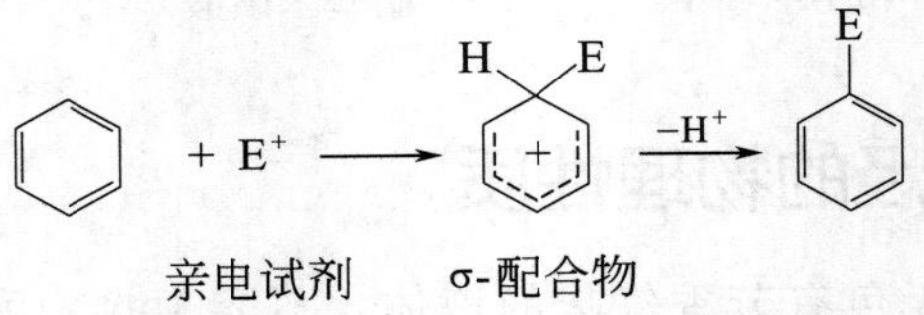

亲电取代反应分两步进行。第一步，亲电试剂（E^+）进攻苯环，获取一对 π 电子，与环上一个碳原子以 σ 键连接，形成碳正离子中间体（σ-配合物）。此时，与亲电试剂结合的碳原子由原来的 sp^2 杂化变为 sp^3 杂化，苯环上剩下的 4 个 π 电子离域在由 5 个碳原子组成的共轭体系中。

反应的第一步是从一个稳定的芳环结构变成不稳定的碳正离子中间体，需要的活化能大，因此反应慢，是决定整个亲电取代反应速率的一步；第二步是从不稳定的碳正离子中间体重新恢复到稳定的芳环结构，反应的活化能小，因此反应快。

下面以苯的溴代反应为例，具体介绍苯的亲电取代反应历程。

首先，溴在催化剂（$FeBr_3$）的作用下，产生溴正离子（亲电试剂）。

$$Fe + Br_2 \longrightarrow FeBr_3$$

$$Br—Br + FeBr_3 \rightleftharpoons Br^+ + [FeBr_4]^-$$

然后，溴正离子进攻苯环，生成芳基正离子中间体（或 σ-配合物），这步反应慢，是取代反应的定速步骤。

接下来，芳基正离子中间体脱去一个质子生成溴苯，恢复到稳定的芳环结构。

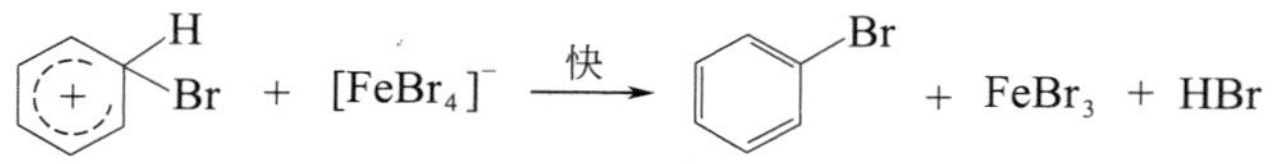

$$\underset{+}{\underset{}{\bigotimes}}\overset{H}{\underset{Br}{}} + [FeBr_4]^- \xrightarrow{\text{快}} \bigcirc-Br + FeBr_3 + HBr$$

5.5.1.2　硝化反应

苯与浓硝酸和浓硫酸的混合物（俗称混酸）共热，苯环上的氢原子被硝基（—NO₂）取代生成硝基苯。

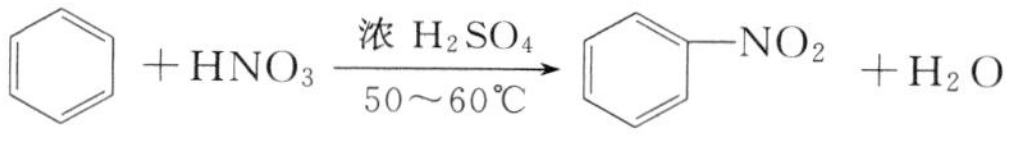

$$\bigcirc + HNO_3 \xrightarrow[50\sim60℃]{\text{浓 } H_2SO_4} \bigcirc-NO_2 + H_2O$$
$$\text{硝基苯}$$

硝基苯继续硝化比苯要困难，如果用硝化能力更强的发烟硝酸和浓硫酸的混合物，并提高反应温度，能进一步硝化得到二硝基苯，但主要是生成间位产物（间二硝基苯）。

在硝化反应中，HNO₃ 在浓硫酸的作用下生成硝酰正离子（$^+NO_2$），硝酰正离子进攻苯环，发生亲电取代反应。

5.5.1.3　磺化反应

苯与浓硫酸共热，则苯环上的氢原子被磺酸基（—SO₃H）取代生成苯磺酸。

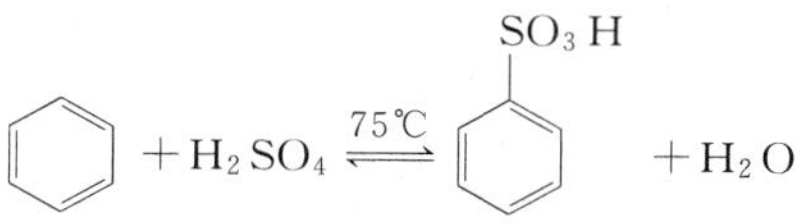

$$\bigcirc + H_2SO_4 \underset{}{\overset{75℃}{\rightleftharpoons}} \overset{SO_3H}{\bigcirc} + H_2O$$
$$\text{苯磺酸}$$

磺化反应是一个可逆反应，将磺化产物与稀硫酸共热或在磺化产物中通入过热的水蒸气，可以水解脱去磺酸基。

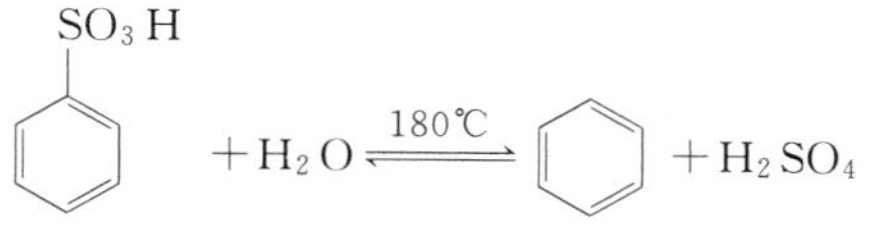

$$\overset{SO_3H}{\bigcirc} + H_2O \underset{}{\overset{180℃}{\rightleftharpoons}} \bigcirc + H_2SO_4$$

磺化反应的可逆性在有机合成中得到广泛的应用：先通过磺化反应把磺酸基引入芳环上的某个位置，即先用磺酸基占位，再进行其他反应，最后通过加热水解脱去磺酸基。

苯磺酸若要继续磺化非常困难，需用磺化能力更强的发烟硫酸，并提高反应温度，主要生成间位产物（间苯二磺酸）。

在磺化反应中，亲电试剂是 SO₃ 分子，这是因为 SO₃ 分子中硫原子是一个缺电子的原子。SO₃ 进攻苯环，发生亲电取代反应。

苯磺酸是一种强有机酸（$pK_a=1.5$），易溶于水。在有机化合物分子中引入磺酸基后可以增加其水溶性，因此，通常把磺酸基作为助溶基团引入到有机化合物中。

5.5.1.4　傅瑞德尔-克拉夫茨反应

芳环上的氢原子被烷基或酰基取代的反应称为傅瑞德尔-克拉夫茨反应。此反应是 1877

年由法国化学家傅瑞德尔（C. Friedel）和美国化学家克拉夫茨（J. M. Crafts）发现的，所以称为傅瑞德尔-克拉夫茨反应（Friedel-Crafts），简称傅-克反应。

（1）傅-克烷基化反应　在芳环上引入烷基的反应称为烷基化反应。在傅-克烷基化反应中，常用的烷基化试剂为卤代烷，有时也用烯烃、醇等。例如，在无水 AlCl₃ 等 Lewis 酸的催化作用下，芳烃与卤代烷反应，芳环上的氢原子被烷基取代生成烷基苯。

$$\text{苯} + CH_3CH_2Cl \xrightarrow[25℃]{AlCl_3} \text{苯}-CH_2CH_3 + HCl$$

乙苯

在傅-克烷基化反应中，卤代烷在无水 AlCl₃ 的催化作用下生成烷基正离子（亲电试剂），烷基正离子进攻苯环发生亲电取代反应。

由于不同类型碳正离子的稳定性不同，因此，当参与反应的卤代烷超过二个碳时，常伴有异构化现象发生，且异构化的产物往往成为主要产物。例如：

$$\text{苯} + CH_3CH_2CH_2Cl \xrightarrow{AlCl_3} \text{异丙苯（65％）} + \text{丙苯（35％）}$$

异丙苯（65％）　　丙苯（35％）

由于烷基是致活基，烷基化反应的产物烷基苯比苯更容易发生亲电取代反应，因此烷基化反应往往得到多元取代的烷基苯。为了得到一元取代物，必须使用过量的芳烃。

（2）傅-克酰基化反应　在芳环上引入酰基的反应称为酰基化反应。在傅-克酰基化反应中，常用的酰基化试剂为酰卤、酸酐等。例如，在无水 AlCl₃ 等 Lewis 酸的催化作用下，芳烃与酰卤、酸酐反应，芳环上的氢原子被酰基取代生成芳酮。

$$\text{苯} + CH_3-\overset{O}{\overset{\|}{C}}-Cl \xrightarrow{AlCl_3} \text{苯}-\overset{O}{\overset{\|}{C}}-CH_3 + HCl$$

苯乙酮

$$\text{苯} + (CH_3CO)_2O \xrightarrow{AlCl_3} \text{苯}-\overset{O}{\overset{\|}{C}}-CH_3 + CH_3COOH$$

酰基化反应的历程与烷基化反应类似，酰基正离子是亲电试剂，进攻苯环发生亲电取代反应。

由于酰基是致钝基，因此，酰基化反应不生成多取代产物。另外，酰基化反应与烷基化反应不同，不发生异构化。

需要强调的是，当苯环上连有硝基、羰基、磺酸基、氰基等强吸电子基团时，苯环活性大大降低，傅-克烷基化反应和酰基化反应通常都难以发生。

5.5.1.5　氯甲基化反应

苯与甲醛、氯化氢在无水氯化锌的作用下反应生成氯化苄，此反应称为氯甲基化反应。在反应中生成亲电的中间体（⁺CH₂OH），它与苯发生亲电取代生成苯甲醇，苯甲醇再与氯化氢作用得到氯化苄。

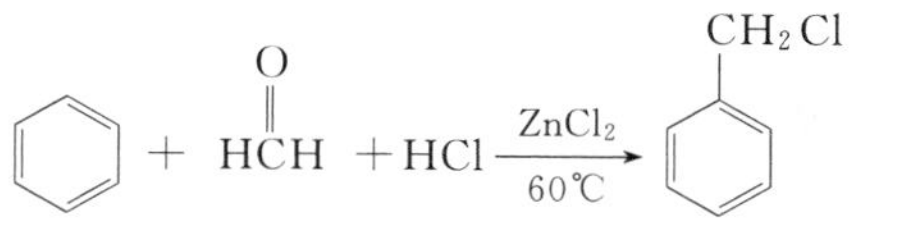

$$\text{苯} + \underset{\text{HCH}}{\overset{O}{\|}} + \text{HCl} \xrightarrow[60℃]{ZnCl_2} \text{氯化苄}$$

取代苯也可以进行氯甲基化反应。同样，当苯环上有第一类取代基时，反应容易进行；有第二类取代基和卤素时反应难以进行。

5.5.2 芳环的加成反应

与普通的不饱和烃不同，芳烃是特殊的闭合共轭体系，通常难以发生加成反应。只有在特定条件下才能发生加成反应，表现出一定的不饱和性。

5.5.2.1 催化加氢

在高温、高压和催化剂（金属镍、钯等）存在下，苯可以和氢气发生加成反应生成环己烷。

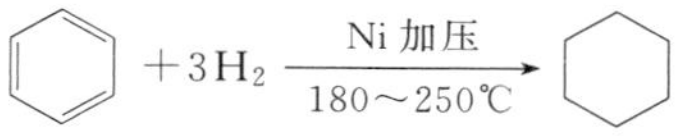

$$\text{苯} + 3H_2 \xrightarrow[180\sim250℃]{Ni\ 加压} \text{环己烷}$$

这是工业生产环己烷的方法，产品纯度高。

5.5.2.2 加卤素

在日光或紫外线照射下，苯也可以和卤素发生加成反应，生成六卤代环己烷。例如：

$$\text{苯} + 3Cl_2 \xrightarrow[\text{或紫外线}]{光} \text{六氯环己烷}$$

六氯环己烷俗称六六六，它是 20 世纪 70 年代以前应用最广泛的一种杀虫剂，但因毒性大，在自然环境下不易分解，残留期很长，施用后污染环境，已经被禁止使用。

与不饱和烃的亲电加成反应历程不同，苯环上加氢、加卤素的加成反应属于自由基型的加成反应。

5.5.3 芳环的氧化反应

由于苯环特殊的稳定结构，所以在一般条件下苯环不能被氧化，但在特殊的条件下，比如以 V_2O_5 作为催化剂，在高温下苯环能被氧化成顺丁烯二酸酐。

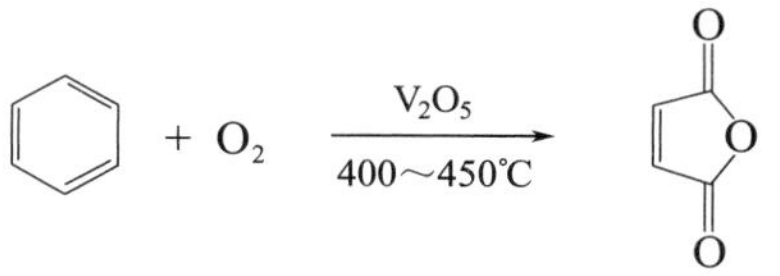

$$\text{苯} + O_2 \xrightarrow[400\sim450℃]{V_2O_5} \text{顺丁烯二酸酐}$$

5.5.4　芳环侧链上的反应

5.5.4.1　侧链 α-氢的卤代反应

在光照或加热的条件下，烷基苯可与卤素作用，但反应不是发生在苯环上，而是侧链烷基上的氢原子被卤素取代，类似于烷烃的卤代。例如：

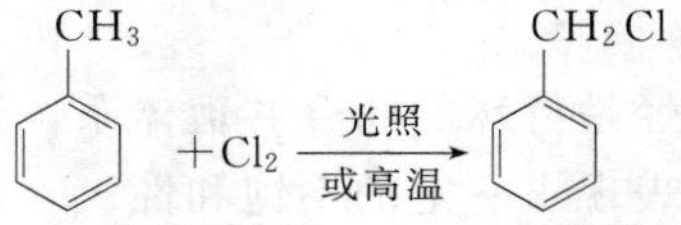

$$\text{甲苯} + Cl_2 \xrightarrow[\text{或高温}]{\text{光照}} \text{氯化苄} + \text{氯化苄}$$

当苯环上连有比甲基大的烷基时，卤代反应主要发生 α-碳原子上，即 α-氢原子优先被卤代，这是因为 α-氢原子受苯环的影响而变得比较活泼。例如：

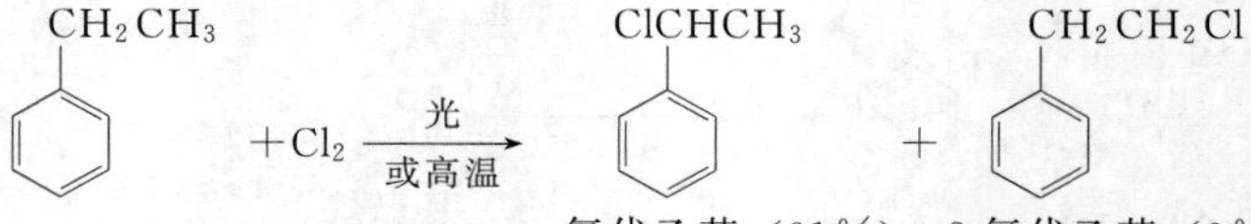

$$\text{乙苯} + Cl_2 \xrightarrow[\text{或高温}]{\text{光}} \text{α-氯代乙苯（91\%）} + \text{β-氯代乙苯（9\%）}$$

与烷烃的卤代反应一样，芳烃侧链的卤代反应也属于自由基取代反应。

5.5.4.2　侧链 α-氢的氧化反应

苯环很稳定，在一般条件下不易被氧化，而苯环上的侧链却容易被氧化，氧化反应总是发生在 α-碳原子上，而且不论侧链长短，α-碳原子都是被氧化成羧基。但是，如果侧链的 α-碳原子上没有氢原子，侧链则不能被氧化。常用的氧化剂有高锰酸钾、重铬酸钾、稀硝酸等。例如：

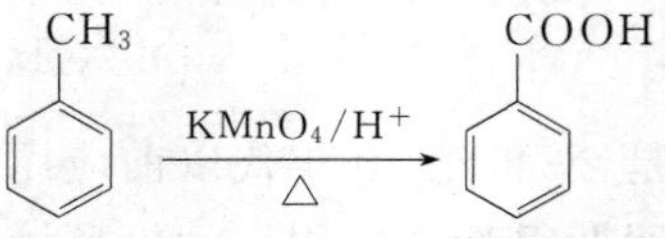

$$\text{甲苯} \xrightarrow[\triangle]{KMnO_4/H^+} \text{苯甲酸}$$

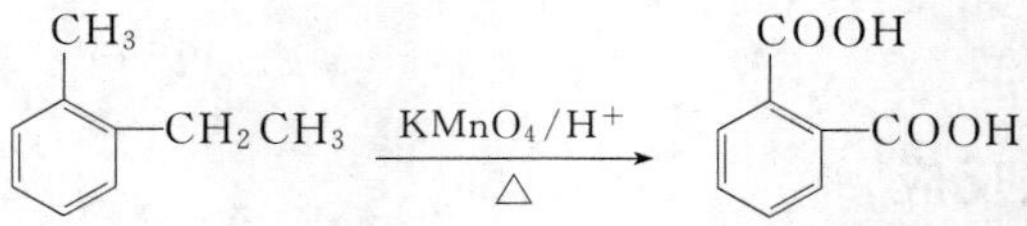

$$\text{邻甲乙苯} \xrightarrow[\triangle]{KMnO_4/H^+} \text{邻苯二甲酸}$$

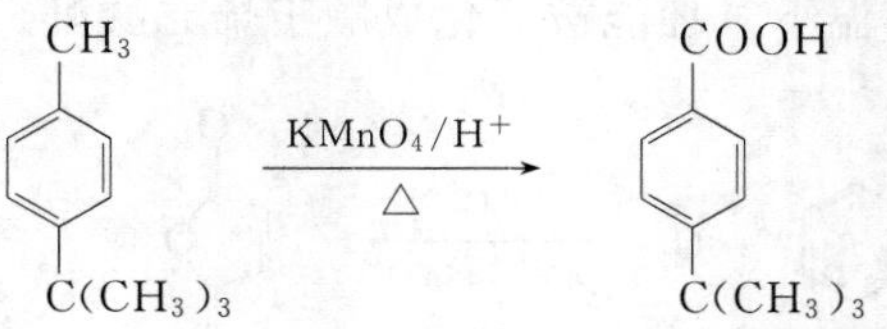

$$\text{对叔丁基甲苯} \xrightarrow[\triangle]{KMnO_4/H^+} \text{对叔丁基苯甲酸}$$

5.6 芳环上亲电取代反应的定位规律

5.6.1 两类定位基

当一元取代苯再进行取代反应时，新引入的取代基可以进入原取代基的邻位、间位和对位，得到二元取代苯的邻位产物、间位产物以及对位产物三种不同的异构体。那么，哪一种产物是主产物？其取代反应比苯容易些还是困难些？实验结果表明，这与苯环上原有的取代基有关。例如，烷基苯比苯更容易发生亲电取代反应，而且新引入的取代基主要进入烷基的邻位以及对位；硝基苯比苯更难发生亲电取代反应，而新引入的取代基主要进入硝基的间位。不难看出，第二个取代基进入苯环的位置以及难易程度受到苯环上原有取代基的影响，这种现象称为苯环取代基的定位作用或定位效应。苯环上原有的取代基被称为定位基。根据大量的实验事实，可将苯环上的取代基分为两类。

第一类为邻、对位定位基　这类定位基能使第二个取代基主要进入其邻位以及对位，一般都能使苯环活化（卤素除外），故又称为致活基。常见的邻、对位定位基（定位作用由强到弱排列）有：$-O^-$、$-N(CH_3)_2$、$-NH_2$、$-OH$、$-OCH_3$、$-NHCOCH_3$、$-OCOCH_3$、$-CH_3$、$-X$等。

此类定位基的结构特征是定位基中与苯环相连的原子一般只具有单键，通常具有孤对电子或带有负电荷，是供电子基，因此具有使苯环电子云密度增加的作用。

第二类为间位定位基　这类定位基能使第二个取代基主要进入其间位，一般都能使苯环钝化，故又称为致钝基。常见的间位定位基（定位作用由强到弱排列）有：$-N^+(CH_3)_3$、$-NO_2$、$-CN$、$-SO_3H$、$-CHO$、$-COCH_3$、$-COOH$、$-COOCH_3$、$-CONH_2$等。

此类定位基与苯环相连的原子一般具有不饱和键或带有正电荷，是吸电子基，因此具有使苯环电子云密度降低的作用。

5.6.2 芳环上亲电取代定位规律的理论解释

取代苯的定位作用是定位基和苯环相互影响的结果。苯环是一个特殊的环状闭合共轭体系，π电子高度离域，环上电子云密度完全平均化。但当苯环上有了取代基以后，取代基通过苯环产生的诱导效应或共轭效应使苯环上电子云密度有所增加或者降低，并且由完全平均化变为不均匀分布。因此，苯环上原有的取代基会影响苯环发生亲电取代反应的难易以及新引入基团进入苯环的位置。下面分别讨论两类定位基对苯环的影响及其定位效应。

（1）邻、对位定位基的定位作用　这类定位基能够通过诱导效应或 p-π 共轭效应向苯环供电子，使苯环上电子云密度增大，使苯环活化，被称为致活基。因此，有利于亲电取代反应的发生。下面以$-CH_3$，$-OH$和$-X$为例进行简要的分析。

① 甲基　甲苯分子中的甲基在苯环上具有供电子的诱导效应（$+I$），向苯环提供电子。同时，甲基的 C—H σ键与苯环的 π键形成 σ-π 超共轭体系，这种超共轭效应也使苯环活化。诱导效应和超共轭效应都使苯环上电子云密度增加，而且在甲基的邻位和对位上增加更为显著（如图 5-2 所示）。因此，甲苯比苯更容易发生亲电取代反应，而且反应的产物主要是邻、对位产物。

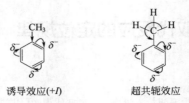

诱导效应(+I)   超共轭效应

图 5-2   诱导效应（+I）和超共轭效应

② 羟基   羟基是一个较强的邻、对位定位基。羟基对苯环的影响表现在两个方面：一方面，羟基中氧的电负性较大，产生吸电子的诱导效应（-I），使苯环上电子云密度降低；另一方面，羟基氧上的未共用电子对与苯环的大 π 键形成 p-π 共轭体系，对苯环产生供电子的共轭效应（+C），使苯环上电子云密度增加。在这两种方向相反的电子效应中，供电子的共轭效应占主导地位，总的结果是羟基使苯环上电子云密度增加，并且在羟基的邻位和对位上增加更为显著（如图 5-3 所示）。因此，苯酚比苯更容易发生亲电取代反应，而且反应的产物主要是邻位以及对位产物。

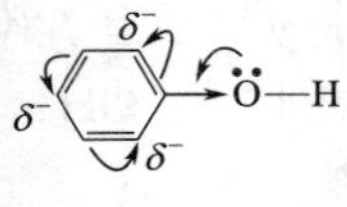

图 5-3   共轭效应（+C）与诱导效应（-I）

③ 卤素   卤素的情况比较特殊，它是钝化苯环的邻、对位定位基。卤素对苯环也具有吸电子的诱导效应（-I）和供电子的 p-π 共轭效应（+C），但由于卤素的电负性大，吸电子的诱导效应（-I）占主导地位，总的结果是卤素使苯环上电子云密度降低，但卤素的邻位和对位上电子云密度相对而言高于间位，故卤代苯比苯更难发生亲电取代反应，而且反应的产物主要是邻位以及对位产物。

（2）间位定位基   这类定位基能够通过诱导效应或 π-π 共轭效应从苯环吸电子，使苯环上电子云密度降低，使苯环钝化，被称为致钝基。因此，不利于亲电取代反应的发生。下面以—NO₂ 为例进行简要的分析。

硝基中氮的电负性比碳大，因此硝基对苯环具有吸电子的诱导效应（-I）；同时硝基与苯环存在吸电子的 π-π 共轭效应（-C）。两种作用的方向一致，均使苯环上电子云密度降低（图 5-4），尤其是硝基的邻位和对位降低更多，而间位降低相对较少。因此，硝基苯比苯更难发生亲电取代反应，而且反应的产物主要是间位产物。

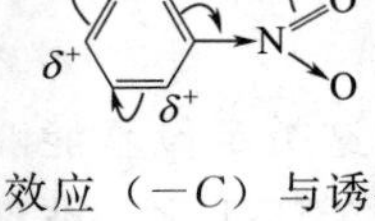

图 5-4   共轭效应（-C）与诱导效应（-I）

5.6.3   二元取代苯的亲电取代定位规则

当二元取代苯再进行取代反应时，第三个取代基进入苯环的位置，则由苯环上原有的两个取代基的定位效应来决定。遵循的规律是：活化基团的定位作用超过钝化基团；强定位基团的影响大于弱定位基团；取代基的定位作用具有加合性。因此，二元取代苯的亲电取代定位规则可以分为以下几种情况。

当两个取代基属于同一类时，第三个取代基进入苯环的位置，主要由其中较强的定位基决定。例如：

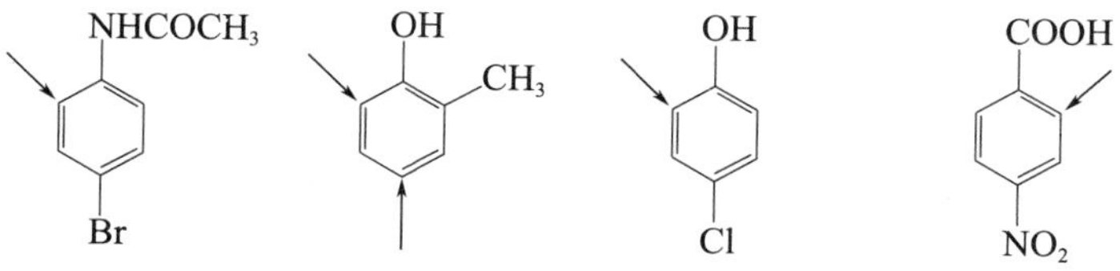

当两个取代基不同类时，第三个取代基进入苯环的位置，主要由其中的邻、对位定位基决定。例如：

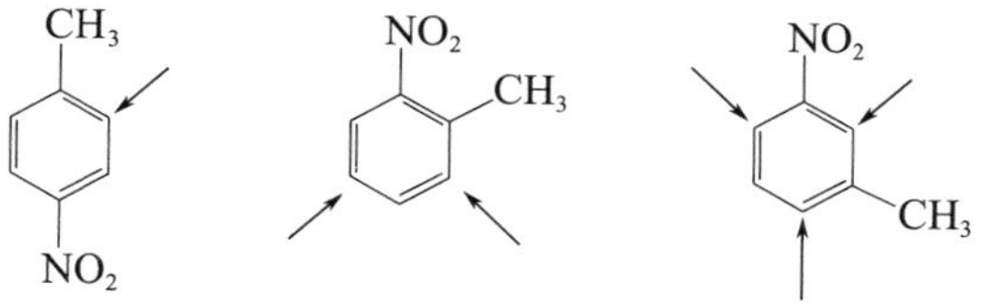

若两个取代基的定位效应一致，则其作用相互加强。

5.6.4 亲电取代定位规律在有机合成上的应用

（1）预测反应的主要产物　应用亲电取代定位规律，可以判断化合物进行亲电取代反应时的取代位置，预测反应的主要产物。但需要说明的是，芳烃亲电取代反应的定位效应是很复杂的，受很多因素的影响。因此，在预测反应的主要产物时，还要考虑到空间位阻、反应条件、亲电试剂的性质、催化剂的特性等因素。

（2）选择适当的合成路线　在有机合成中，亲电取代定位规律可以帮助我们选择适当的合成路线。

例如，以苯为原料合成间氯苯磺酸，由于氯是邻、对位定位基，而磺酸基是间位定位基，因此，合成路线应该是先磺化，然后氯代。

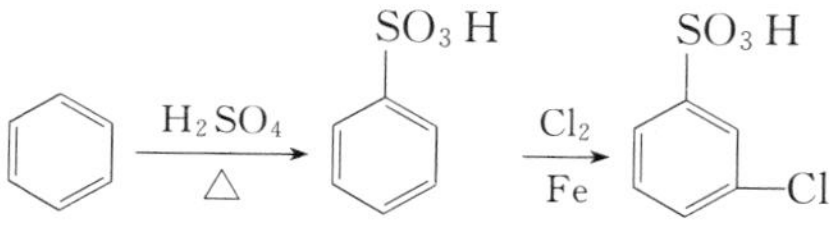

又如，以甲苯为原料：若要合成间硝基苯甲酸，合成路线应该是先氧化再硝化；若要合成对硝基苯甲酸，合成路线应该是先硝化再氧化。

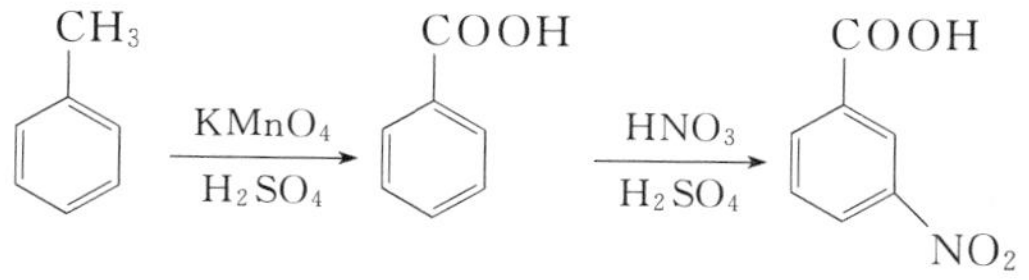

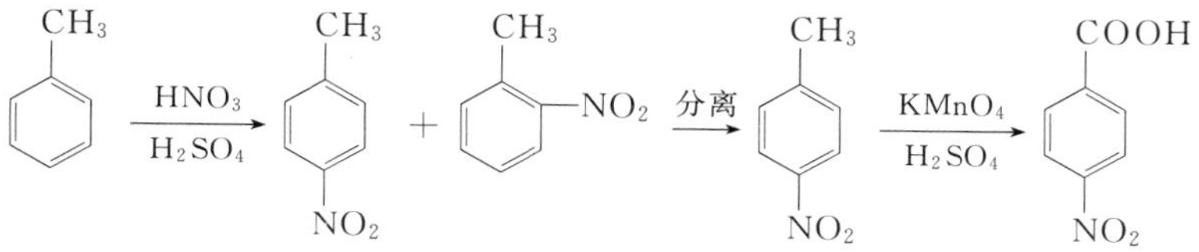

5.7 单环芳香烃的重要化合物

（1）苯　苯是无色透明、有特殊芳香气味的液体，易挥发，易燃烧，不溶于水，易溶于有机溶剂中，比水轻。苯是一种很好的溶剂，但毒性较大。苯的蒸气可以通过呼吸道对人体产生损害，高浓度的苯蒸气主要作用于中枢神经，引起急性中毒，低浓度的苯蒸气长期接触损害造血器官。

苯最初是从煤焦油中分离出来的。随着石油化工的发展，现在苯的工业来源主要是石油的高温裂解或重整。苯的用途早期作为发动机的燃料，后来才主要作为化工原料。以苯为原料，常用于制备农药、染料、涂料、塑料、橡胶等。

（2）甲苯　甲苯是无色透明、有芳香气味的液体，不溶于水，可混溶于苯、醇、醚等有机溶剂。甲苯一部分来自煤焦油，大部分是通过烷烃和环烷烃的芳构化而生成的。

甲苯大量用作溶剂和汽油添加剂，也是有机化工的重要原料。甲苯主要用来制造 TNT 炸药（2,4,6-三硝基甲苯）、苯甲醛、苯甲酸等重要有机产品。

在一定条件（反应温度为 350～530℃，压力为 1～1.5MPa，以铂、钼等为催化剂）下，甲苯发生歧化反应生成苯和二甲苯。通过这个反应不仅可以得到高质量的苯，同时得到二甲苯。随着苯和二甲苯用途的扩大，这一反应已成为甲苯的主要工业用途。

（3）二甲苯　二甲苯为无色透明、有特殊气味的液体，不溶于水，可混溶于苯、醇、醚等有机溶剂。二甲苯有三个同分异构体，它们都存在于煤焦油中，大部分是从石油产品歧化而得。其工业品为三种异构体的混合物，三种异构体各有其工业用途，如邻二甲苯是合成邻苯二甲酸酐的原料；间二甲苯用于染料等工业；对二甲苯是合成涤纶的原料。

5.8 稠环芳烃

稠环芳烃是指由两个或两个以上苯环彼此共用两个相邻碳原子稠合而形成的多环芳香烃。重要的稠环芳烃有萘、蒽、菲等。

5.8.1　萘

萘是白色片状晶体，不溶于水，易溶于乙醇、乙醚、苯等有机溶剂。熔点 80℃，沸点 218℃，有特殊气味，易升华，常用作防蛀剂。萘主要来源于煤焦油和石油，它是重要的化工原料，可用来合成染料、农药等。

5.8.1.1　萘的结构和命名

萘是最简单的稠环芳烃，由两个苯环稠合而成，分子式为 $C_{10}H_8$。萘的结构与苯相似，也是平面型的分子，萘环上的碳原子都是 sp^2 杂化，未参加杂化的 p 轨道相互平行且垂直于环平面，彼此从侧面重叠形成一个闭合的共轭大 π 键。但在萘的分子中，p 轨道的重叠情况不完全相同，电子云的密度不像苯环那样完全平均化，分子中各碳碳键的键长也不完全相等。萘的结构式如下：

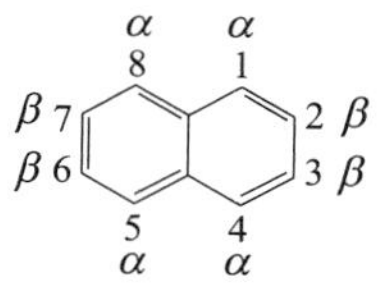

在萘的结构式中，环上碳原子的编号是统一的。其中 1、4、5、8 四个碳原子的位置是等同的，称为 α-位；2、3、6、7 四个碳原子的位置也是等同的，称为 β-位。萘的一元取代物有 α、β 两种异构体。例如：

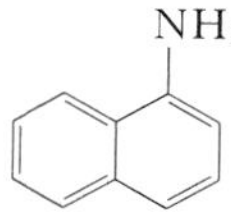

α-萘胺

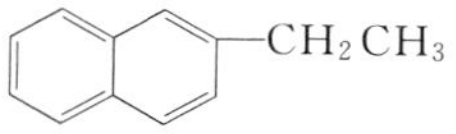

β-乙萘

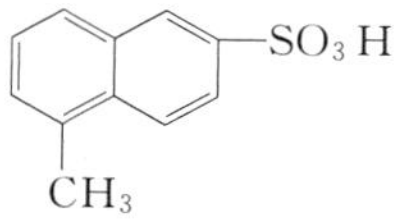

5-甲基-2-萘磺酸

5.8.1.2　萘的化学性质

萘环具有和苯环相似的闭合共轭体系，也具有芳香性，但芳香性比苯差。萘的化学性质比苯活泼，比苯容易发生亲电取代反应、氧化反应、还原反应。

（1）亲电取代反应　由于萘环的 α-位电子云密度高于 β-位，因此亲电取代主要发生在 α-位。

① 卤代反应　在 Fe 或 $FeCl_3$ 的催化作用下，萘和氯气发生氯代反应，主产物为 α-氯萘。

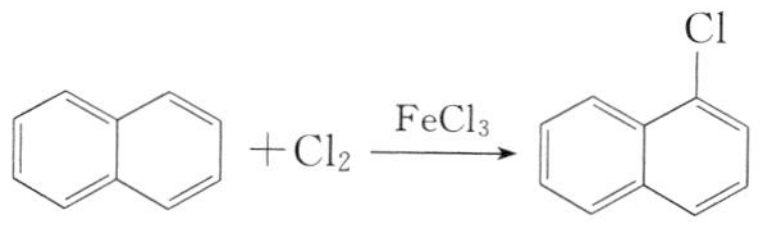

α-氯萘

② 硝化反应　萘与混酸的硝化反应在常温下就可以进行，主产物为 α-硝基萘。

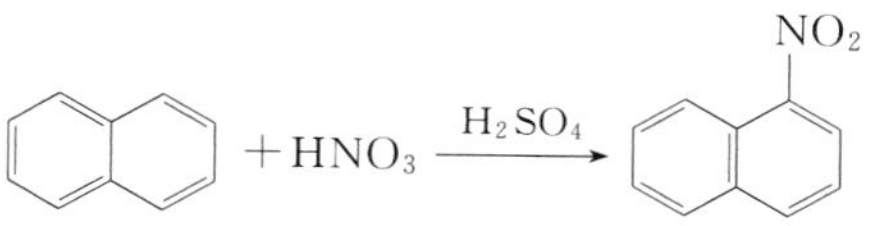

α-硝基萘

③ 磺化反应　萘与浓硫酸在较低温度下反应，主要产物为 α-萘磺酸（动力学控制产物）；在较高温度下反应，主要产物为 β-萘磺酸（热力学控制产物）。升高温度可使 α-萘磺酸转化为 β-萘磺酸。

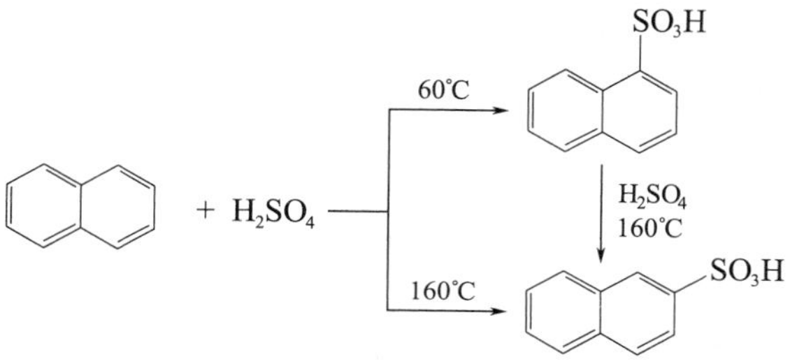

（2）氧化反应　萘的芳香性比苯差，因此萘比苯容易被氧化。在低温下，用氧化铬为氧化剂进行氧化，产物为1,4-萘醌；在高温下，以 V_2O_5 作为催化剂，用空气进行氧化，产物为邻苯二甲酸酐。

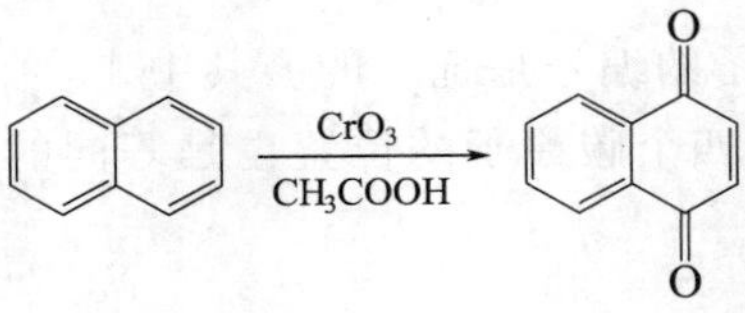

1,4-萘醌

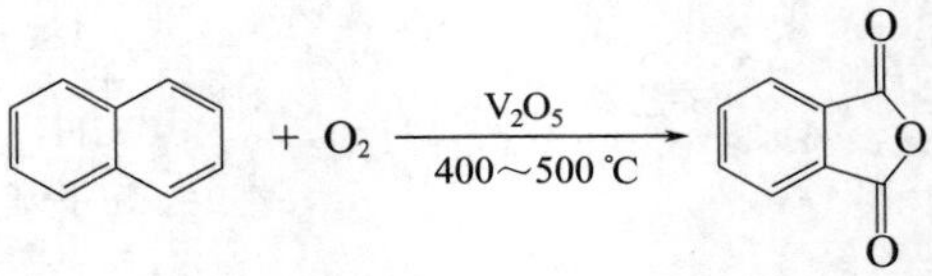

邻苯二甲酸酐

（3）还原反应　萘比苯容易发生加氢还原反应。用金属钠和乙醇就可以将萘还原成1,4-二氢萘、四氢萘，用催化加氢的方法还可将萘还原成十氢萘。

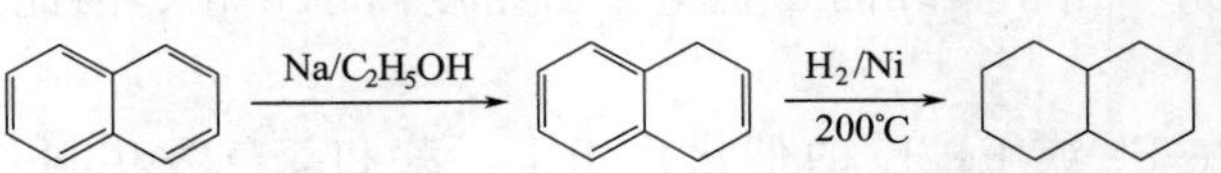

1,4-二氢萘　　　　十氢萘

5.8.2　蒽和菲

蒽和菲均存在于煤焦油中，都是白色片状晶体，不溶于水，易溶于苯等有机溶剂。蒽的熔点217℃，沸点340℃；菲的熔点101℃，沸点340℃。蒽和菲均由三个苯环稠合而成，两者互为同分异构体，分子式是 $C_{14}H_{10}$。在结构上它们都有闭合的共轭体系，都具有一定的芳香性，但其芳香性比苯更差。蒽和菲分子结构式及碳原子的编号如图5-5所示。

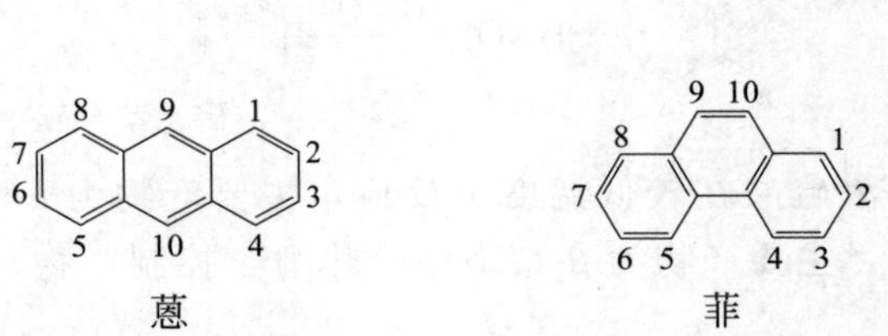

图5-5　蒽和菲分子结构式及碳原子的编号

在蒽的结构式中，1、4、5、8四个碳原子的位置是等同的，称为 α-位；2、3、6、7四个碳原子的位置是等同的，称为 β-位。9、10两个碳原子的位置是等同的，称为 γ-位。因此蒽的一元取代物有 α、β、γ 三种异构体。

在菲的结构式中，有五对相对应的位置，即1与8，2与7，3与6，4与5，9与10，因此菲的一元取代物有五种异构体。

蒽和菲都具有一定的芳香性，但其芳香性比苯更差，化学性质比较活泼，其中9、10位的电子云密度最高，容易在 9、10 位发生氧化反应和还原反应。例如：

氧化反应

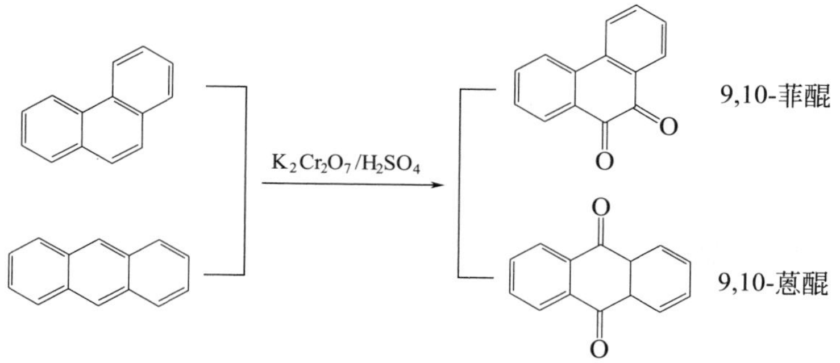

$$\text{K}_2\text{Cr}_2\text{O}_7/\text{H}_2\text{SO}_4$$

9,10-菲醌

9,10-蒽醌

还原反应

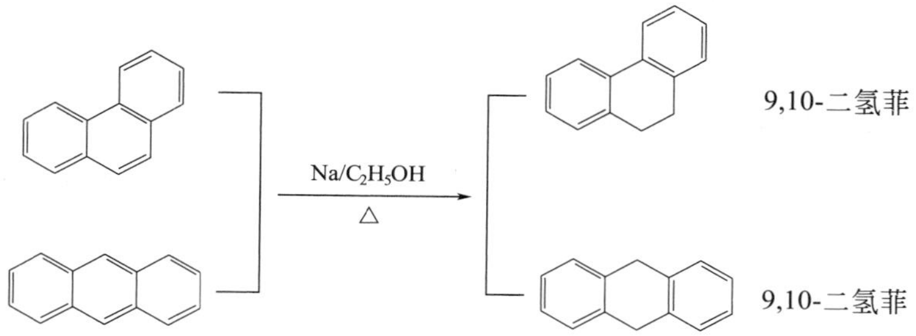

$$\text{Na/C}_2\text{H}_5\text{OH} \quad \triangle$$

9,10-二氢菲

9,10-二氢菲

由于蒽的芳香性差，且在 9、10 位比较活泼，因此蒽可作为双烯体与马来酸酐发生 Diels—Alder 反应。例如：

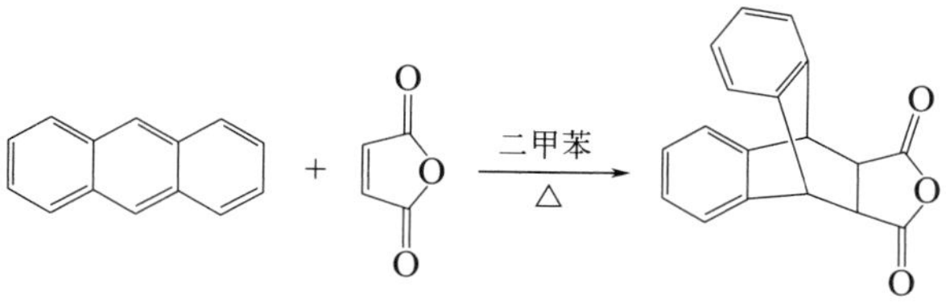

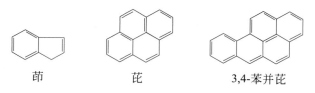

马来酸酐

5.8.3 其他稠环芳烃

除萘、蒽、菲外，还有一些其他稠环芳烃。例如：

茚   芘   3,4-苯并芘

煤、石油、烟草、木材等不完全燃烧会产生许多稠环芳烃，有些稠环芳烃具有致癌作用，如 3,4-苯并芘有很强的致癌性。值得注意的是，机动车排放的废气、烟熏食品以及香烟烟雾中均含有少量的致癌芳烃。

5.9 芳香性和非苯芳烃

前面讨论的芳香烃都含有苯环结构，具有较高的稳定性，在化学性质上表现为容易发生亲电取代反应，难发生氧化反应和加成反应，即它们都具有不同程度的芳香性。但是，有些不具有苯环结构的环状共轭烯烃，却有着与苯类似的稳定结构和化学性质，也具有一定的芳香性，这类化合物称为非苯芳烃。

5.9.1 Hückel 规则

如何判断某个环状化合物是否具有芳香性呢？通过对大量环状化合物的芳香性进行研究后，休克尔（E. Hückel）提出了芳香性的判别规则：①具有环状平面型的闭合离域大 π 键；②π 电子数符合 $4n+2$（其中 $n=0$，1，2，3…等正整数）。此规则称为休克尔规则。显然，前面讨论过的苯系芳烃诸如苯、萘、蒽、菲都符合休克尔规则，它们都具有芳香性。

5.9.2 非苯芳烃和芳香性的判断

对于那些不具有苯环结构的环状共轭体系，应用休克尔规则，也能成功地判断其是否具有芳香性。例如：

环丙烯　　　　环丙烯正离子　　　环戊二烯　　　环戊二烯负离子
非共轭体系　　平面型共轭环　　　共轭体系未闭合　平面型共轭环
2个π电子　　　2个π电子　　　　4个π电子　　　6个π电子
无芳香性　　　有芳香性　　　　　无芳香性　　　有芳香性

环庚三烯　　　环庚三烯正离子　　环辛四烯　　　环辛四烯二价负离子
共轭体系未闭合　平面型共轭环　　非平面型分子　平面型共轭环
6个π电子　　　6个π电子　　　　8个π电子　　　10个π电子
无芳香性　　　有芳香性　　　　　无芳香性　　　有芳香性

环丁二烯　　　　薁　　　　　　　[10]轮烯　　　[18]轮烯
平面型共轭环　　平面型共轭环　　非平面型分子　平面型共轭环
4个π电子　　　10个π电子　　　10个π电子　　18个π电子
无芳香性　　　有芳香性　　　　　无芳香性　　　有芳香性

富勒烯

富勒烯（Fullerene）是单质碳的又一种新的同素异形体，它是由英国科学家克罗托（H. W. Kroto）、美国科学家斯莫利（R. E. Smally）和科尔（R. F. Curl, Jr）等人于 1985 年在研究激光蒸发石墨的过程中首先发现的，是 20 世纪 90 年代科学界重大成果之一。为此，克罗托等获得 1996 年度诺贝尔化学奖。

与金刚石和石墨不同，富勒烯有固定的分子式（C_{60}）。它是一个由 12 个五元环和 20 个六元环组成的 32 面体，具有中空的笼状结构，分子呈高度对称的球形（图 5-6）。C_{60} 分子中含有的 30 个碳碳双键构成球壳上的三维共轭体系。因其稳定性可用美国著名的建筑学家巴克明斯特·富勒（Buckminster Fuller）发明的球形多面体结构加以解释，故给 C_{60} 取名为 Fullerene 即富勒烯。由于它形似足球，因此又名足球烯。

富勒烯独特的三维结构使其具有特殊的物理和化学性质。研究表明，富勒烯及其衍生物在清除自由基、抗艾滋病、抑制酶活性、疾病诊疗以及超导、光、电、磁等方面具有广阔的应用前景。

图 5-6 C_{60} 分子结构示意图

本章小结

单环芳烃的化学反应主要有以下三点：

1. 亲电取代反应（卤代、硝化、磺化、傅-克烷基化、傅-克酰基化、氯甲基化反应）

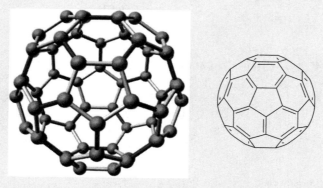

2. 加成反应（催化加氢、加卤素）

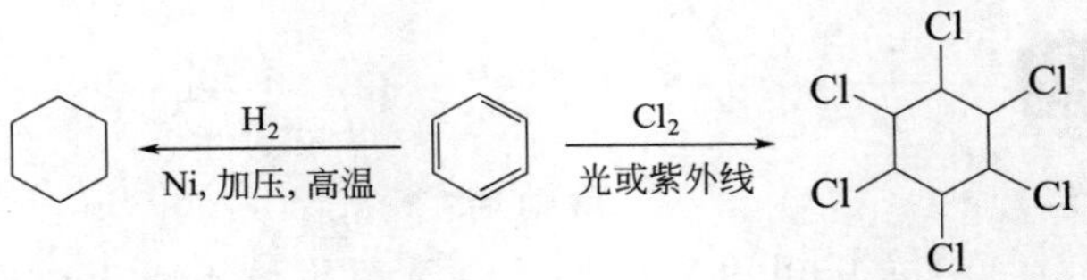

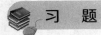

H_2
Ni, 加压, 高温
Cl_2
光或紫外线
Cl

3. 芳环侧链的反应（卤化、氧化反应）

COOH
$KMnO_4$
H^+
CH_3
Cl_2
$h\nu$ 或 Δ
CH_2Cl

习　题

5-1　命名下列化合物。

(1)

CH_3
$CH—C═CH_2$
CH_3

(2)

$CH═CH_2$
CH_2CH_3

(3)

CH_3
CHO

(4)

CHO

(5)

(6)

(7)

NO_2
SO_3H

(8)

COOH
Cl
NO_2

(9)

CH_3
CH_2
NO_2

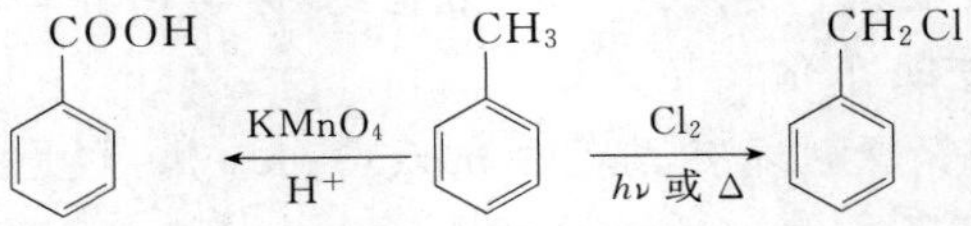

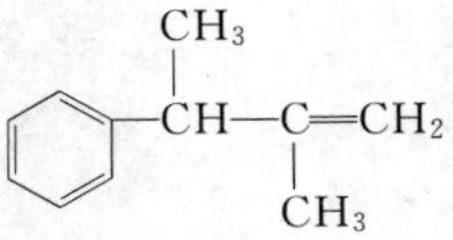

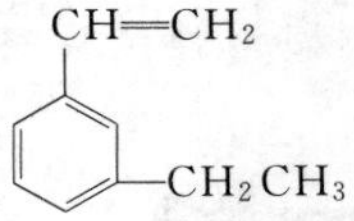

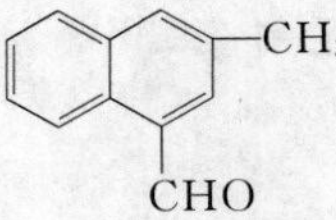

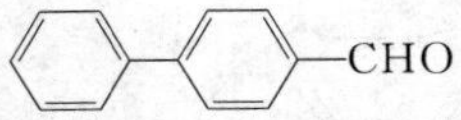

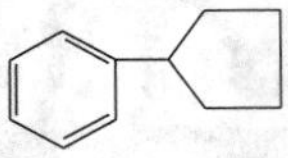

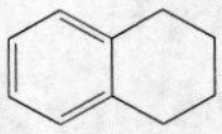

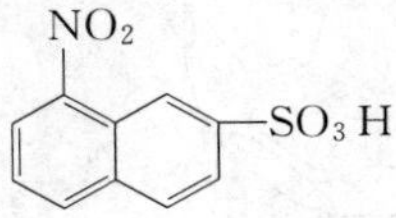

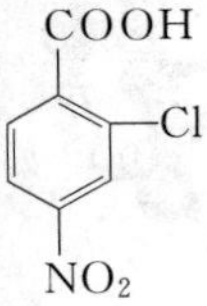

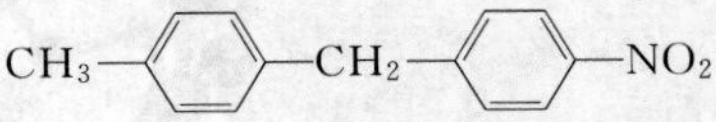

5-2　写出下列化合物的结构式。

(1) 邻苯二甲酸　(2) 对苄基甲苯　(3) 2-甲基-5-乙基萘

(4) 间硝基苯磺酸　(5) 苄氯　(6) α-萘胺

(7) 2,3-二甲基-4-苯基戊烷　(8) 邻羟基苯甲酸　(9) 邻硝基苯酚

5-3　完成下列反应式（只写主要产物）。

(1)

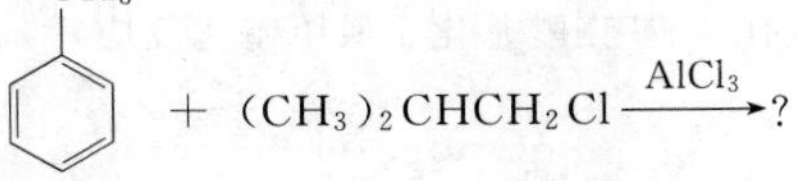

CH_3
+ $(CH_3)_2CHCH_2Cl$
$AlCl_3$
?

(2)

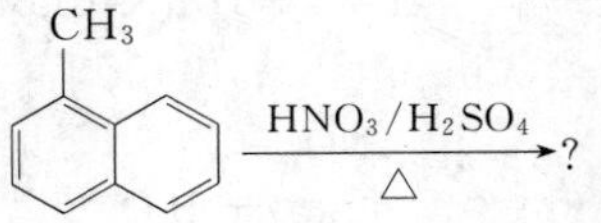

CH_3
HNO_3/H_2SO_4
△
?

(3)

$CH═CH_2$
CH_2CH_3
$KMnO_4/H^+$
△
?

(4)

$CH_2—CH═CH_2$
Br_2
CCl_4
?
Cl_2
光
?

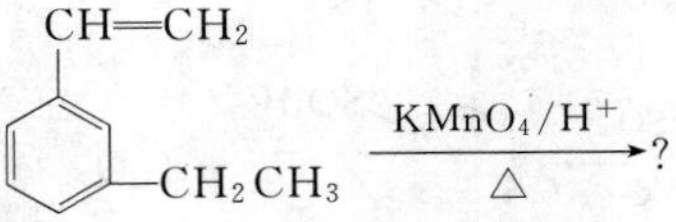

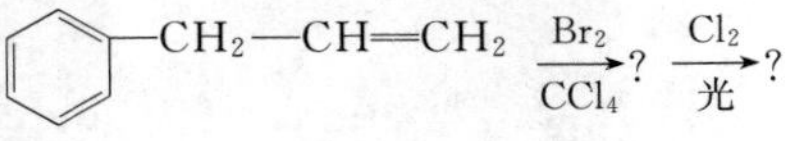

(5) 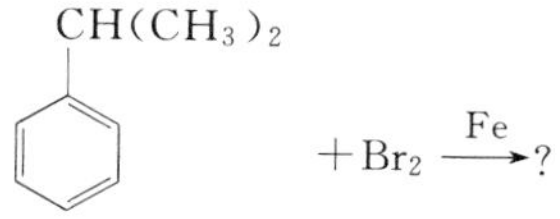
CH(CH3)2
+Br2
Fe
?

(6) 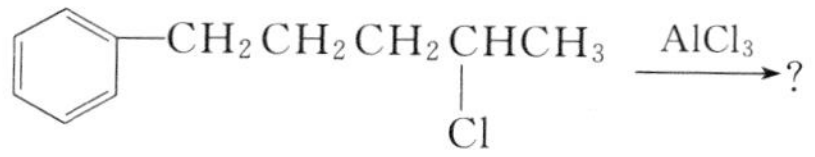
CH2CH2CH2CHCH3
Cl
AlCl3
?

(7) 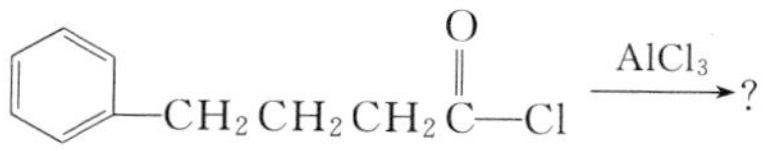
O
CH2CH2CH2C—Cl
AlCl3
?

(8) 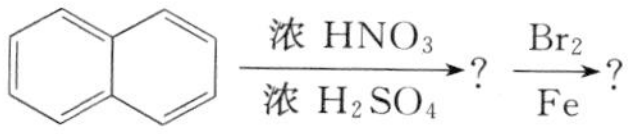
浓 HNO3
浓 H2SO4
?
Br2
Fe
?

(9) 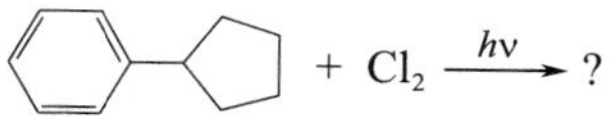
+ Cl2
hν
?

(10) 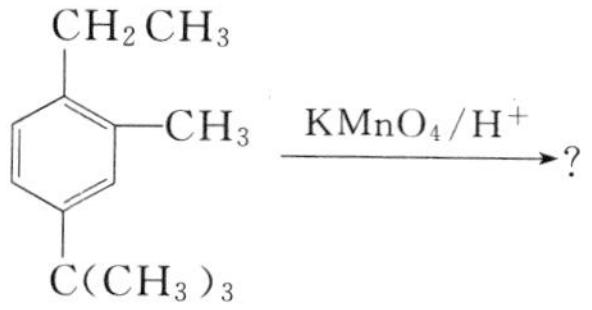
CH2CH3
CH3
KMnO4/H+
?
C(CH3)3

5-4 下列化合物哪些可发生 Friedel-Crafts 反应？哪些不能？

(1) $C_6H_5CH_3$ (2) $C_6H_5NO_2$ (3) $C_6H_5OCH_3$ (4) $C_6H_5COCH_3$

(5) C_6H_5OH (6) C_6H_5CHO (7) $C_6H_5CCl_3$ (8) $C_6H_5NHCOCH_3$

5-5 将下列各组化合物按亲电取代反应的活性由强到弱次序排列。

(1) 苯、甲苯、硝基苯、氯苯

(2) 甲苯、苯酚、苯甲酸、硝基苯

(3) 甲苯、对二甲苯、对甲苯甲酸、苯甲酸

(4) 苯甲醚、苯乙酮、苯、溴苯

5-6 指出下列化合物在发生亲电取代反应时，亲电试剂进入芳环的主要位置。

(1) 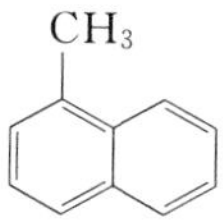
CH3

(2) 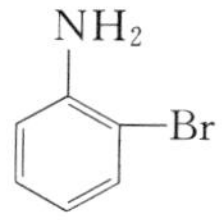
NH2
Br

(3) 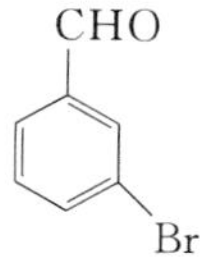
CHO
Br

(4) 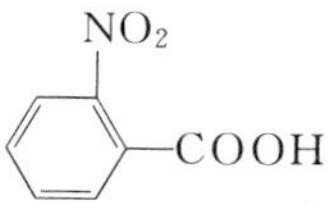
NO2
COOH

(5) 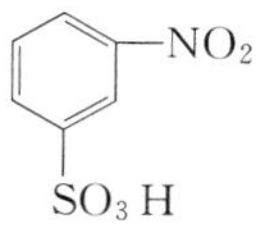
NO2
SO3H

(6) 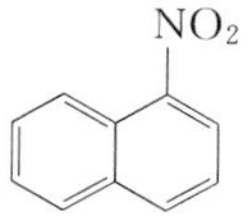
NO2

(7) 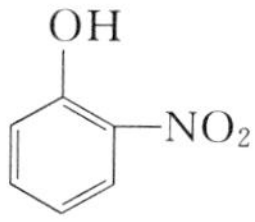
OH
NO2

(8) 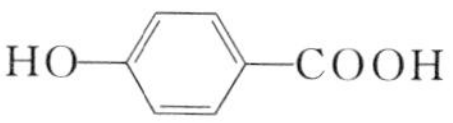
HO
COOH

5-7 用简便化学方法鉴别下列各组化合物。

(1) 乙苯、苯乙烯、苯乙炔、乙基环己烷

(2) 苯、1，3-环己二烯、甲苯、苯乙炔

(3) 苯、环己基苯、环己烯

5-8 用指定的原料合成下列化合物（无机试剂可任选）。

(1) 以甲苯为原料合成间氯苯甲酸

(2) 以甲苯为原料合成对溴苯甲酸

（3）以苯为原料合成间硝基氯苯

（4）以苯为原料合成对氯苯磺酸

（5）以甲苯为原料合成对硝基邻氯苯甲酸

（6）以甲苯为原料合成间硝基对溴苯甲酸

（7）以甲苯为原料合成 4-硝基-4′-甲基二苯甲烷

5-9　根据休克尔规则判断下列各化合物是否具有芳香性。

5-10　某烃 A 的分子式为 $C_{16}H_{16}$，能使溴的四氯化碳溶液褪色，用高锰酸钾酸性溶液氧化可得到苯甲酸，而经臭氧氧化后再还原水解只得到苯乙醛。试推测 A 的构造式。

5-11　某烃 A 的分子式为 C_9H_8，能与 $AgNO_3$ 的氨溶液反应生成白色沉淀。A 与 $2mol\ H_2$ 加成生成 B，B 被高锰酸钾酸性溶液氧化生成 C（$C_8H_6O_4$）。在铁粉存在下 C 与 $1mol\ Cl_2$ 反应，得到的一氯代产物只有一种。试推测 A、B、C 的构造式。

5-12　分子式均为 C_9H_{12} 的三种芳烃 A、B、C，氧化时 A 得到一元酸，B 得到二元酸，C 得到三元酸；进行硝化反应时，A 主要得到两种一硝基化合物，B 只得到两种一硝基化合物，而 C 只得到一种一硝基化合物。试推测 A、B、C 的构造式。

旋光异构

有机化学中的同分异构现象可分为构造异构和立体异构两大类。构造异构是指分子中原子的排列次序不同而产生的同分异构现象，如碳链异构、位置异构、官能团异构以及互变异构等。立体异构是指分子中原子的连接次序虽然相同，但由于在空间相互位置不同而产生的同分异构现象，如构象异构、顺反异构和旋光异构。

什么是旋光异构呢？两种立体异构体互为镜像、具有相同的理化性质，但二者对平面偏振光的作用不同，这种现象称为旋光异构现象。这些具有不同旋光性的异构体称为旋光异构体。

6.1 物质的旋光性

6.1.1 偏振光与旋光性

光是一种电磁波，其振动方向垂直于光波前进的方向，普通的光是由不同波长的光波所构成。当其通过尼科尔（Nicol）棱镜后，光强明显减弱，这是因为只有在与棱镜晶轴平行的平面上振动的光波才能通过棱镜，而其他方向上振动的光不能通过，如图 6-1 所示。这种只在一个平面上振动的光称为平面偏振光，简称偏振光。

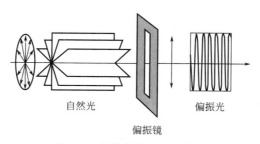

自然光　　　　　　　偏振光

偏振镜

图 6-1　偏振光的产生示意图

实验发现，当偏振光通过空气、水、乙醇等物质时，仍然维持其原来的振动方向。但当偏振光通过某些天然有机物（如糖、酒石酸等）的溶液时会发生了一定角度的偏转。这种能使偏振光的振动平面发生旋转的性质称为旋光性或光学活性。具有旋光性的物质称为旋光性物质或光活性物质。能使偏振光的振动方向向右旋转的（顺时针方向），称为右旋，用"＋"

(d) 表示；向左旋转的（逆时针方向）称为左旋，用"－"（l）表示。例如，从自然界得到的葡萄糖为右旋，或（＋）-葡萄糖；从自然界得到的果糖为左旋，或（－）-果糖；从肌肉中得到的乳酸为右旋，或（＋）-乳酸；葡萄糖发酵得到的乳酸为左旋，或（－）-乳酸。

6.1.2　旋光度

当偏振光通过旋光物质时，偏振光的振动平面被转动的角度，称为旋光度，通常用 α 表示。旋光物质的旋光度随样品管的长度、溶液的浓度、光源的波长、测定时的温度以及所用的溶剂等不同而变化。

6.1.3　比旋光度

在一定温度下用一定波长的光，通过 1dm 长盛满浓度为 $1g \cdot mL^{-1}$ 旋光性物质的盛液管时所测定的旋光度，称为比旋光度，用 $[\alpha]_\lambda^t$ 表示。公式如下：

$$[\alpha]_\lambda^t = \frac{\alpha}{\rho_B l}$$

式中，$[\alpha]_\lambda^t$ 为比旋光度；t 是测定时的温度；λ 是所用光源的波长；α 是旋光仪中测出的旋光度；ρ_B 是溶液的质量浓度（单位为 $g \cdot mL^{-1}$）；l 是盛液管的长度（单位为 dm）。光源一般是钠光，波长为 589.3nm，用 D 表示；实验温度常为 20℃ 或 25℃。所以 $[\alpha]_\lambda^t$ 通常表示成 $[\alpha]_D^{20}$ 或 $[\alpha]_D^{25}$。为了消除盛液管的长度、溶液的浓度、光源的波长、测定时的温度等因素的影响，物质的旋光性能通常用比旋光度进行表示。

值得注意的是，当被测物质为纯液体，可直接测定。但在计算比旋光度时，需将公式中的 ρ_B 改换成该物质的相对密度 d。当被测物质为液体时，需要将其配成溶液，溶剂的名称和溶液的浓度必须标明。

根据比旋光度的值可鉴定某未知的旋光性物质。例如某物质的水溶液浓度为 $0.05g \cdot mL^{-1}$，在 1dm 长的盛液管内，温度为 20℃，光源为钠光，用旋光仪测出其旋光度为 $-4.64°$。依据上述公式可计算出比旋光度为 -92.8；根据比旋光度手册查知，果糖的比旋光度为 $-93°$，因此该物质可能为果糖。也可根据测定已知物质的旋光度和从手册查知的比旋光度，也可计算出该物质溶液的浓度或鉴定其纯度。如一葡萄糖溶液在 1dm 长的盛液管中测出其旋光度 $+3.4°$，而它的比旋光度查知为 $+52.5°$，按以上比旋光度公式即可计算出此葡萄糖溶液的浓度为 $0.0647g \cdot mL^{-1}$。制糖工业经常利用旋光度控制糖的浓度。

6.2 旋光性与分子结构的关系

6.2.1　手性、手性碳原子和手性分子

把任何一个物体放在镜子前都会得到一个镜像，有些物体可以与其在镜子中的镜像完全重合，有些物体则不能。例如，球同它在镜子中的镜像完全重合；而我们的手在镜子中的镜像却不能完全重合。这种实物与其镜像不能完全重合的性质称为手性。任何不能与其镜像重合的分子称为手性分子。反之为非手性分子，即没有手性。例如：

$$CH_3 - \overset{\overset{\displaystyle H}{|}}{\underset{\underset{\displaystyle OH}{|}}{\overset{*}{C}}} - COOH$$

乳酸分子与其镜像不能完全重合，而二氯甲烷分子与其镜像能完全重合。因此乳酸分子是手性分子，而二氯甲烷分子是非手性分子。

有机物分子中与四个不相同的原子或基团相连的碳原子称为手性碳原子（chiral carbon），并用"＊"号标出。例如，下列分子中用"＊"号标记的碳原子都是与四个不同的原子或基团相连的，这些碳原子都是手性碳原子。手性碳原子是使有机物分子具有手性的最普遍的因素。

$$CH_3 - \overset{*}{\underset{\underset{\displaystyle Cl}{|}}{CH}} - CH_2CH_3 \qquad CH_3 - \overset{*}{\underset{\underset{\displaystyle OH}{|}}{CH}} - COOH \qquad CH_3 - \overset{*}{\underset{\underset{\displaystyle NH_2}{|}}{CH}} - COOH$$

6.2.2　手性与对称因素的关系

分子的手性与分子的对称因素有关。如果一个分子是不对称的，它就是手性分子；反之，则是非手性分子。这里所说的对称因素主要是指对称面和对称中心。

对称面就是把一个分子剖开成互为实物和镜像的平面，如 2-溴丙烷分子中有对称面，是对称性分子，不属于手性分子，不具有旋光性；而 2-溴丁烷分子中没有对称面，属于手性分子，具有旋光性（图 6-2）。

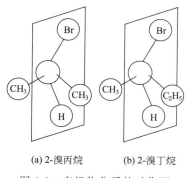

(a) 2-溴丙烷　　(b) 2-溴丁烷

图 6-2　有机物分子的对称面

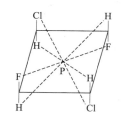

图 6-3　1,3-二氟-2,4-二氯环丁烷分子的对称中心

对称中心就是指分子内的一个中心点，通过此中心点作直线，距中心点等距离的两端有相同的原子或基团。如 1,3-二氟-2,4-二氯环丁烷 P 点是分子的对称中心，该分子必然能与它的镜像重叠，这个分子就不是手性分子，不具旋光性（图 6-3）。

大量实验证明分子的手性是引起旋光性的根本原因，凡是具有手性的分子都有旋光性，非手性的分子都没有旋光性。分子的手性是引起旋光性的根本原因。

6.3　含一个手性碳原子的化合物的旋光异构

6.3.1　对映异构体

含有一个手性碳原子的化合物必定是手性的。例如，乳酸就是含一个手性碳原子的化合物。含一个手性碳原子的化合物在空间有两种排列方式，即两种构型，如乳酸分子的两种构型见图 6-4。

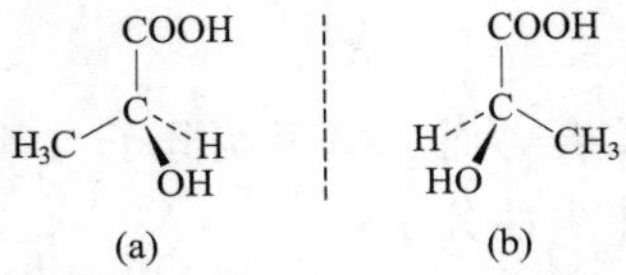

$$
\begin{array}{cc}
\text{COOH} & \text{COOH} \\
\text{H}_3\text{C}-\overset{|}{\text{C}}-\text{H} & \text{H}-\overset{|}{\text{C}}-\text{CH}_3 \\
\text{OH} & \text{HO}
\end{array}
$$

(a)   (b)

图 6-4　乳酸分子的两种构型

假如使—COOH 向上，把 H 放在远离观察者的位置，然后从—OH 经—COOH 到—CH₃ 的排列顺序可以有两种方式，在（a）中是逆时针方向排列的，而在（b）中是顺时针方向排列的。这两种不同的构型代表着两种不同的分子，它们彼此是实物与镜像的对映关系，这样的立体异构体称为对映异构体，简称对映体。这一对对映体都是手性分子，都具有旋光性。

6.3.2　外消旋体

对映体的旋光度相同，旋光方向相反，如从肌肉中获得的乳酸是右旋（+3.8°）的，由蔗糖发酵得到的乳酸是左旋（-3.8°）。如果将右旋体的乳酸和左旋体的乳酸等量混合，它们的旋光活性相互抵消，旋光性消失，这种对映体的等量混合物称为外消旋体，用符号（±）表示。与其他任意两种物质混合不同，外消旋体有固定的物理常数，如，（±）-乳酸的熔点为 16.8℃。外消旋体可以采用机械或化学的方法拆分为右旋和左旋两个旋光活性的异构体，但不能用一般的物理方法进行分离，如分馏、重结晶等。

6.4 旋光异构体的构型表示式及构型标记

6.4.1　Fischer 投影式

对映异构体是一类仅在于基团在空间的排列方式不同的异构体，所以一般的平面结构式无法表示出基团在空间的相对位置，需要采用透视式来表示。这种表示方式比较直观，但书写很麻烦。所以一般采用费歇尔（Fischer E）投影式，即用一个"＋"的交点代表手性碳原子，四端与四个不同原子或基团相连。其投影规则如下：将被投影化合物的主链放在竖直方向，并把命名时编号最小的碳原子放在上端。手性碳原子置于纸面上，竖直方向与手性碳原子相连的原子或基团指向纸面的后面，即远离读者方向；水平方向与手性碳原子相连的原子或基团指向纸面的前面，即伸向读者方向。以此定位下来的立体模型投影到纸面上，便得到此化合物的投影式。例如，乳酸两种构型的透视式及对应投影式的关系表示如下：

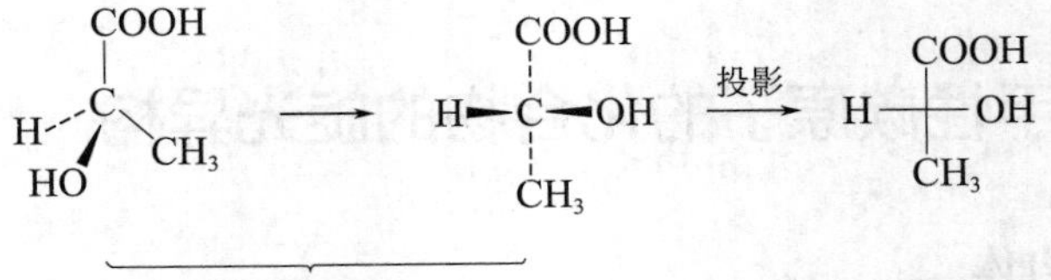

$$
\begin{array}{ccc}
\text{COOH} & \text{COOH} & \text{COOH} \\
\text{H}-\overset{|}{\text{C}}-\text{CH}_3 \xrightarrow{} & \text{H}-\overset{|}{\text{C}}-\text{OH} \xrightarrow{\text{投影}} & \text{H}-\overset{|}{}-\text{OH} \\
\text{HO} & \text{CH}_3 & \text{CH}_3
\end{array}
$$

(R)-乳酸透视式   (R)-乳酸投影式

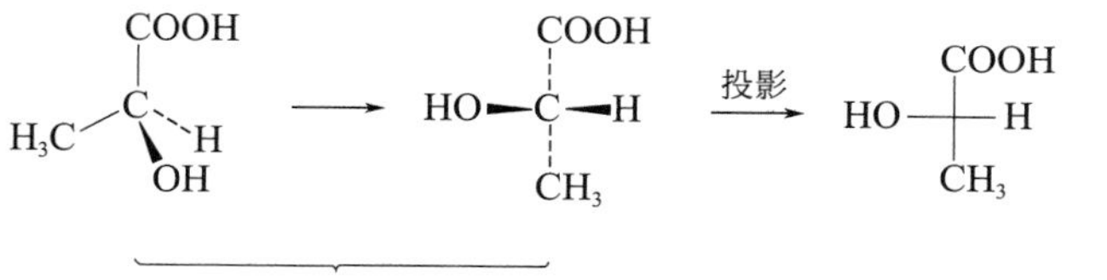

$$(S)\text{-乳酸透视式} \qquad (S)\text{-乳酸投影式}$$

（S）-乳酸透视式　　　　　　　　（S）-乳酸投影式

必须注意的是，投影式是以平面形式来表示分子立体结构的。在使用投影式时，只能在纸面上转动 $n \times 180°$（$n = 1, 2, 3, 4 \cdots$），而不能在纸面转动 90° 或 270°，也不能离开纸面翻转。

6.4.2　D/L 标记法

在 1951 年以前，研究人员无法测定对映体中与手性碳原子相连的原子或基团在空间的真实排列状况，为了方便研究，人为规定以甘油醛为标准。甘油醛有如下两种构型：

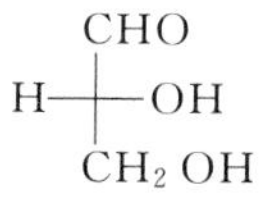

（a）D-（＋）-甘油醛 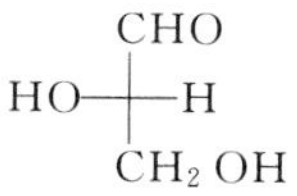　　　　　（b）L-（－）-甘油醛

规定用（a）的形式表示右旋甘油醛的构型，称为 D-型，即羟基在手性碳原子的右边；用（b）的形式表示左旋甘油醛的构型，称为 L-型，即羟基在手性碳原子的左边。由于甘油醛的构型是人为规定而不是实际测出的，所以叫相对构型；由甘油醛衍生出来的化合物也是相对构型，如乳酸的构型。其他分子的 D/L 构型是通过与标准甘油醛进行各种直接或间接的方式相联系而确定。直到 1951 年，Bijvoet J. M. 利用特殊 X 射线分析技术测出右旋酒石酸铷钠的绝对构型，并由此推出人为规定的甘油醛的构型与实际构型正好相符。另外，由于 Bijvoet J. M. 的工作，不仅证明（＋）-甘油醛的相对构型就是其绝对构型，而且与其已经关联起来的化合物的相对构型也是绝对构型。

D/L 构型标记法有一定的局限性，它只能标记能与甘油醛构型相关联的化合物，而对于采用其他方式转化得到的与甘油醛构型不相关联的化合物就无能为力了。为了克服 D/L 构型标记法的不足，现通常采用 R/S 标记法代替 D/L 标记法。但由于长期习惯，现在糖类和氨基酸类化合物尚沿用 D/L 构型标记法。

6.4.3　R/S 标记法

R/S 标记法可以标记化合物中任何一个手性碳原子的构型。其主要内容如下。

① 次序规则　将手性碳原子上连接的四个不同原子或基团 a、b、c、d，按优先次序进行排列，并假设它们的优先次序为 a＞b＞c＞d（"＞"表示优先于）。

② 手性碳原子构型的判断规则　在 d 与手性碳原子连线的延长线方向（远离 d 的方向）来观察其余三个原子或基团的排列情况，即以 a→b→c 的顺序，如果为顺时针，则该手性碳原子为 R 构型；如果为逆时针，则该手性碳原子为 S 构型，如图 6-5 所示。

对于一个给定的费舍尔投影式，可以按下述方法标记其构型。如果按次序规则排列在最后的原子或基团 d 位于投影式的竖线上，而其余三个原子或基团 a→b→c 为顺时针，则该投影式代表的构型为 R 构型；反之，a→b→c 为逆时针方向，则为 S 构型。如果 d 在横线上，

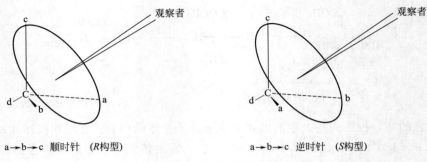

a→b→c 顺时针 (*R*构型)　　　　　　　　a→b→c 逆时针 (*S*构型)

图 6-5　*R*/*S* 标记法

其余三个原子或基团 a→b→c 为顺时针，则该投影式代表的构型为 *S* 构型；反之，a→b→c 为逆时针方向，则为 *R* 构型，如图 6-6 所示。

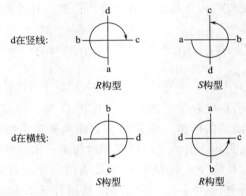

图 6-6　投影式的标记（a＞b＞c＞d）

例如：

COOH　　　　　　　　　COOH

H—C—OH　　　　　　HO—C—H

CH₃　　　　　　　　　　CH₃

（*R*)-乳酸　　　　　　　　（*S*)-乳酸

R/*S* 标记法是基于手性碳原子的实际构型的，因此所标示的是绝对构型。

值得注意的是，D/L 构型、*R*/*S* 构型以及旋光方向之间并没有必然的相应关系。旋光化合物的完整系统命名，应该标出构型和旋光方向。例如，右旋乳酸应写作（*S*)-(＋)-2-羟基丙酸；左旋乳酸应写作（*R*)-(－)-2-羟基丙酸；外消旋体应写作(±)-2-羟基丙酸。

6.5 含两个手性碳原子的化合物的旋光异构

随着分子中手性碳原子的增多，旋光异构体的数目也会增多，且立体异构会变得更复杂。

6.5.1　含两个不相同手性碳原子化合物的对映异构

这类化合物中具有两个手性碳原子，而这两个手性碳原子所连接的四个原子或基团不完全相同。例如，2，3，4-三羟基丁醛，其分子中含两个不同的手性碳原子（C^2、C^3）。由于每个手性碳原子有两种构型，因此该化合物共有四种构型，如下所示：

$$\overset{4}{HOHC_2} - \overset{*\,3}{CH} - \overset{*\,2}{CH} - \overset{1}{CHO}$$
$$\qquad\qquad |\qquad |$$
$$\qquad\qquad OH\quad OH$$

2,3,4-三羟基丁醛

Ⅰ   Ⅱ   Ⅲ   Ⅳ

(2*S*,3*S*)-2,3,4-三羟基丁醛   (2*R*,3*R*)-2,3,4-三羟基丁醛   (2*S*,3*R*)-2,3,4-三羟基丁醛   (2*R*,3*S*)-2,3,4-三羟基丁醛

　　由投影式可见，含 2 个不同手性碳原子的分子存在着 2 对对映体，其中Ⅰ与Ⅱ呈一对对映体，Ⅲ与Ⅳ是另一对对映体。但Ⅰ与Ⅲ、Ⅰ与Ⅳ或Ⅱ与Ⅲ、Ⅱ与Ⅳ尽管呈立体异构，但并不是对映体，这种不呈镜像对映关系的立体异构体，称为非对映异构体，简称非对映体。非对映体之间除了旋光性不同外，理化性质也有一定的差异。

　　有机化合物中，随着手性碳原子数目的增多，其立体异构体的数目也增多。当分子中含有 n 个不同的手性碳原子时，就可以有 2^n 个对映异构体，组成 2^{n-1} 对对映体。

6.5.2　含两个相同手性碳原子的化合物的对映异构

　　这类化合物中具有两个手性碳原子，而这两个手性碳原子连接完全相同的四个不同基团。例 2，3-二羟基丁二酸（酒石酸），分子中具有两个手性碳原子，C^2 与 C^3 连接的四个基团都是—OH、—COOH、—CH(OH)COOH 和—H，所以酒石酸是含有两个相同手性碳原子的化合物，其只有三种构型，费舍尔投影式如下：

$$\overset{1}{HOOC} - \overset{*\,2}{CH} - \overset{*\,3}{CH} - \overset{4}{COOH}$$
$$\qquad\qquad |\qquad |$$
$$\qquad\qquad OH\quad OH$$

2,3-二羟基丁二酸

Ⅰ   Ⅱ   Ⅲ   Ⅳ

(2*R*,3*R*)-2,3-二羟基丁二酸   (2*S*,3*S*)-2,3-二羟基丁二酸   (2*R*,3*S*)-2,3-二羟基丁二酸   (2*S*,3*R*)-2,3-二羟基丁二酸

　　Ⅰ和Ⅱ均具有旋光性，互为对映体。而Ⅲ和Ⅳ是同一种化合物（Ⅲ在纸平面上旋转 $180°$ 就变成了Ⅳ），在这两个构型中，由于分子中两个手性碳原子所决定的构型的旋光能力相同、方向相反，使得它们的旋光作用正好抵消，导致整个分子没有旋光性，称为内消旋体，以"*meso*"或"i"表示。从结构上看，Ⅲ和Ⅳ构型存在对称平面，是非手性分子，不具有旋光性。内消旋体和左旋体或右旋体互为非对映体，所以内消旋体和左旋体或右旋体，

除旋光性不同外，其他的理化性质都不同。

内消旋体和外消旋体是两个不同的概念。外消旋体是指一对对映体的等量混合物，不表现旋光性。虽然两者都不显旋光性，但前者是纯净化合物，而后者是等量对映体的混合物，外消旋体可以拆分成纯净的左旋体和右旋体，而内消旋体是不能拆分的。

6.6 不含手性碳原子的化合物的旋光异构

判断分子有无旋光性的绝对依据不是分子是否含有手性碳原子，而是分子是否具有手性。有些化合物分子虽然不含有手性碳原子，但由于它们的特殊结构使分子具有手性，也存在旋光异构现象。

6.6.1 丙二烯型化合物

丙二烯分子中，C^1 和 C^3 为 sp^2 杂化，C^2 为 sp 杂化。C^2 以它两个相互垂直的 p 轨道分别与 C^1 和 C^3 的 P 轨道形成两个相互垂直的 π 键，C^1 上的两个 C—H 所处的平面和 C^3 上的两个 C—H 所处的平面相互垂直，如图 6-7 所示。此时的丙二烯分子是不具有手性，因而也不存在旋光异构体。

图 6-7　丙二烯分子的空间构型

如果丙二烯分子中的 C^1 和 C^3 上的氢原子分别被不同的原子或基团取代，生成丙二烯型化合物分子时，此分子就具有手性，因而也存在旋光异构体。如图 6-8 所示的丙二烯型化合物的对映异构体。

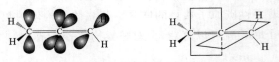

图 6-8　丙二烯型化合物的对映异构体

6.6.2 联苯型化合物

联苯是非手性分子，本身不具有旋光异构体。而当联苯分子中的 2 和 2′ 及 6 和 6′ 碳上的氢被体积较大的不同取代基取代后，由于空间位阻作用，连接两个苯环的 σ 键的旋转受到阻碍，导致两个苯环不能处在同一个平面内，因而分子具有手性，产生旋光异构体。如图 6-9 所示的联苯型化合物 2,2′-二氯-6,6′-二溴联苯的对映异构体。

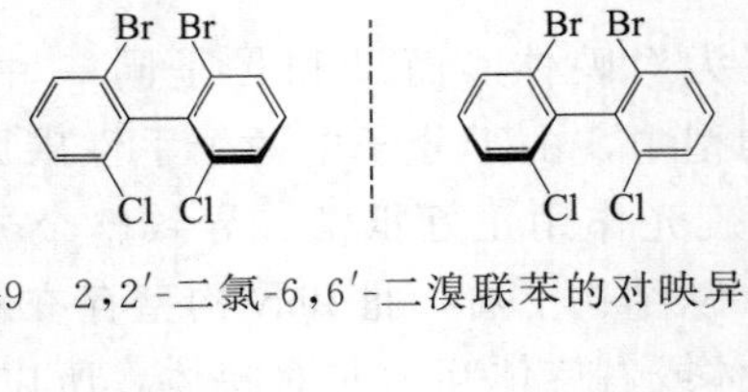

图 6-9　2,2′-二氯-6,6′-二溴联苯的对映异构体

6.7 亲电加成反应的立体化学

第 4 章已介绍烯烃与卤素的反应就属于亲电加成反应。例如，2-丁烯加溴生成 2,3-二溴丁烷，由于在 2,3-二溴丁烷分子中有两个相同的手性碳原子，所以 2,3-二溴丁烷分子只可能有三种构型，即一个内消旋体和一对对映体。2-丁烯加溴到底生成何种构型的产物，这取决于 2-丁烯的构型。由实验可知，顺-2-丁烯与溴反应只能生成外消旋体的 2,3-二溴丁烷；而反-2-丁烯与溴反应只能生成内消旋体的 2,3-二溴丁烷。这种现象可以运用立体化学的原理予以解释。

亲电加成反应分为两步：第一步，溴正离子进攻 π 键，生成溴鎓正离子中间体；第二步，溴负离子从背面进攻溴鎓正离子中间体中两个碳原子的任何一个，生成两种产物。顺-2-丁烯与溴反应生成产物（A）和产物（B），反-2-丁烯与溴反应生成产物（D）和产物（E）。显然，产物（A）和产物（B）是一对对映体，且二者在混合物中的比例相同，所以顺-2-丁烯与溴反应生成的产物为外消旋体。而产物（D）和产物（E）是同一种化合物，为内消旋体（如图 6-10 所示）。

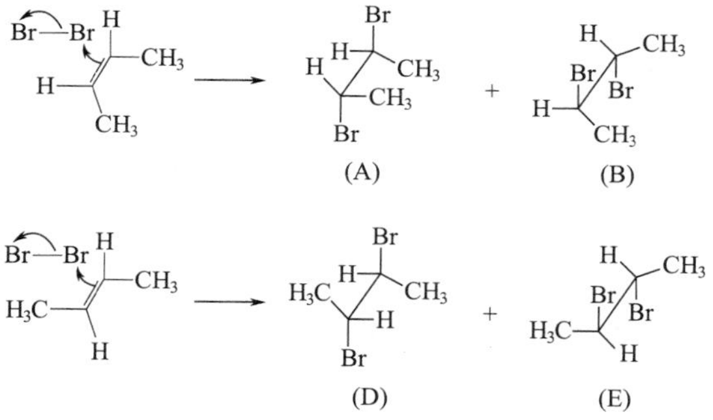

图 6-10　2-丁烯加溴的立体化学

凡互为立体异构体的反应物，在相同条件下同相同试剂反应，分别生成不同的立体异构体的产物，这种反应称为立体专一性反应。例如，顺-2-丁烯和反-2-丁烯互为立体异构体，在相同条件下分别与溴反应，前者生成的产物是外消旋体，而后者生成的产物是内消旋体。又如在生物体内，由于酶催化的专一性，使得许多生物化学反应都是立体专一反应。在有机化学反应中，如果有产生几种非对映异构体的可能性时，但只产生其中一种为主的立体异构体，这种反应称为立体选择性反应。例如，5-癸炔在液氨中用 Na 还原，产物以反式烯烃为主（占到 80%～90%）

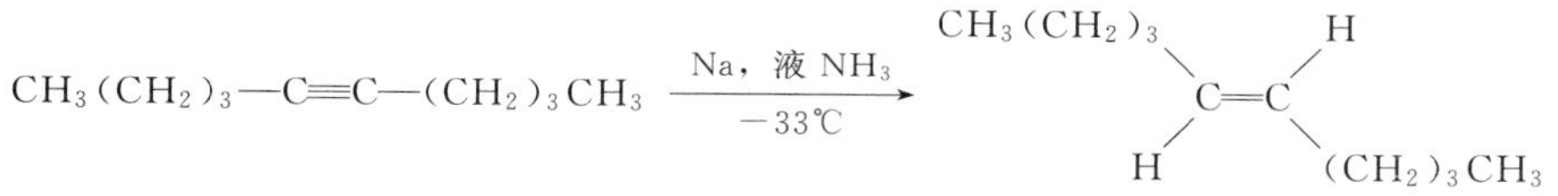

立体专一性反应都是立体选择性反应，但立体选择性反应不一定是立体专一性反应。

阅读材料

手性药物

　　手性药物是指由具有药理活性的手性化合物组成的药物。路易斯·巴斯德（1822—1895）——法国微生物学家和化学家，在1851年说过"不对称性是生物化学和非生物化学唯一清晰的分界线"。生命活动是由一系列复杂的生化反应过程进行控制的，而大部分的生化反应则是按照不对称选择规律来完成，包括药物与其受体的结合反应。因此，作为药理活性物质，其分子的三维结构必须满足生物受体对底物的不对称选择要求。这就决定了很多药物分子必须具备一定的手性，同时也决定了不同的立体异构体可能具有的药理活性或活性强度。一般来说，底物与受体的手性匹配度越高，其药理活性就越强。具体情况如下。

　　（1）只有一种对映体有活性，而另一种无显著的药理作用。如沙丁胺醇和特布他林是两个支气管扩张药，其R构型分别比S构型强80～200倍，说明S构型对映体无显著作用。

　　（2）两个对映体具有等同或相近的药理活性。如果二者的毒副作用差异不大，则可直接使用其外消旋体作为药物，如加替沙星。若对映体的两个异构体有相近活性，但其外消旋体的活性降低，则宜选用单一对映体，如奥美拉唑的两个对映体对治疗胃溃疡的活性相差不大，但其外消旋体的活性却较低。因此临床一般选用治疗指数高的S构型对映体作为药物。

　　（3）两个对映体具有完全不同的药理活性。例如，甲状腺素钠的S构型是甲状腺激素，R构型具有降血脂活性；右丙氧芬的（2R,3S）构型具有镇咳作用，而（2S,3R）构型具有镇痛活性。

　　（4）两个对映体中一个有活性，而另一个没有活性但具有毒副作用。在20世纪60年代，反应停（肽胺哌啶酮）当时以消旋体用作缓解妊娠反应药物，但后来发现该药具有严重的胎儿致畸作用，成为震惊世界的医药悲剧事件。现已证明，该药的两个对映体中只有R构型对映体具有镇静作用，而S构型对映体则是一种强致畸剂。

　　（5）两个对映体中一个有活性，而另一个可发生拮抗作用。哌西那朵的右旋体是阿片受体激动剂，左旋体为阿片受体拮抗剂。在钙通道拮抗剂二氢吡啶类药物的研究中发现，许多二氢吡啶内药物的一个对映体为钙通道拮抗剂，而另一个则是钙通道活化剂。

本章小结

1. 物质的旋光性。
2. 旋光性与分子结构的关系。
3. 旋光异构体的构型表示式及构型标记。
4. 含手性碳原子以及不含手性碳原子的旋光异构。
5. 亲电加成反应的立体化学。

![习题]

习 题

6-1 单项选择题

(1) 属于对映异构体的是 （　　）。

A. 构型异构　　　　B. 构造异构　　　　C. 旋光异构　　　　D. 顺反异构

(2) 在手性分子中，必然有 （　　）。

A. 手性碳原子　　B. 对称轴　　　　C. 对称面　　　　D. 镜像，并且实物与镜像不能完全重合

(3) 用绝对构型标记对映体的方法是 （　　）。

A. 楔形式　　　　　B. 费舍尔投影式　　C. D/L　　　　　　D. R/S

(4) 属于费舍尔投影式构型特点的是 （　　）。

A. 楔形线表示伸向纸面前方　　　　B. 横后竖前碳纸面

C. 立体式　　　　　　　　　　　　D. 最小编号的碳原子在上端

(5) 3-羟基-3-羧基戊二酸无旋光性的原因是 （　　）。

A. 没有手性碳原子　　　B. 没有对称面　　　C. 没有对称中心　　　D. 无对称轴

6-2 问答题

(1) 什么叫手性碳原子？下列化合物中有无手性碳原子？如果有手性碳原子，试用"＊"标出。

$$C_2H_5CH=CHCHCH=CHC_2H_5 \qquad CH_3CH_2CH_2CHCH_2CH_3$$
$$\qquad\qquad\quad\ CH_3 \qquad\qquad\qquad\qquad\qquad\quad CH_3$$

(2) 如何判断分子有无对称因素？下列化合物中哪些具有对称因素？哪些是手性分子？

A. CH_2Cl_2 　　　　　　　　　　　B. $CHBr=CHBr$

C. $CH_3CHBrCOOH$ 　　　　　　　D. $CH_3CHBrCH_2CH_3$

6-3 标记命名下列化合物（R/S 标记）

(1)
$$\begin{array}{c} Cl \\ H-\!\!\!\mid\!\!\!-Br \\ CH_3 \end{array}$$

(2)
$$\begin{array}{c} H \\ CH_2=CH-\!\!\!\mid\!\!\!-C_2H_5 \\ Br \end{array}$$

(3)
$$\begin{array}{c} CH_3 \\ H-\!\!\!\mid\!\!\!-Cl \\ H-\!\!\!\mid\!\!\!-Cl \\ CH_2CH_3 \end{array}$$

(4)
$$\begin{array}{c} CH_3 \\ Br-\!\!\!\mid\!\!\!-H \\ H-\!\!\!\mid\!\!\!-Cl \\ CH_2CH_3 \end{array}$$

6-4 将麦芽糖的溶液转入 10cm 长的盛液管中，用钠光作为光源，测得其旋光度为 +42.3°，求这种溶液的浓度（麦芽糖的比旋光度为 +130.8°）。

6-5 旋光化合物 A（C_6H_{10}），能与硝酸银氨溶液生成白色沉淀 B（C_6H_9Ag）。将 A 催化加氢生成 C（C_6H_{14}），C 没有旋光性。写出 A、B、C 的构造式。

6-6 化合物的 A 分子式均为 C_6H_{12}，能使溴水褪色，没有旋光性。A 在酸性条件下加 1mol H_2O 可得到一个有旋光性的醇 B，B 的分子式 $C_6H_{14}O$；若 A 在碱性条件被 $KMnO_4$ 氧化，得到一个内消旋的二元醇 C，分子式为 $C_6H_{14}O_2$。推测 A、B、C 的结构式。

Chapter 07

卤代烃

烃分子中的氢原子被卤原子（F、Cl、Br、I）取代的化合物称为卤代烃（alkyl halides），其结构可表示为：(Ar)R—X，X 可看作是卤代烃的官能团。氟代烃的性质和制法比较特殊，故一般单独讨论。

由于 C—X 键是极性共价键，容易发生断裂，使得卤代烃的性质比烃活泼得多，能发生多种化学反应而转变成其他各类化合物。所以，卤代烃在有机合成上是一类重要的中间体。自然界中极少含有卤素的卤代衍生物，绝大多数是人工合成的。

7.1 卤代烷烃的结构

卤代烃中 C—X 键是由一个 C 的 sp^3 杂化轨道和一个 X 的 p 轨道重叠而成的。在元素周期表中从 F 到 I，X 的 p 轨道的半径增大，它与 C 的 sp^3 杂化轨道的重叠以及 C—X 键的键能也都降低。例如，卤代甲烷 CH_3X 的 C—X 键的解离按这个顺序而降低，同时 C—X 键的键长增大（表 7-1）。

表 7-1　CH_3X 的 C—X 键的键长和键能

卤甲烷	键长/Å	键能/kJ·mol^{-1}
CH_3Cl	1.784	339
CH_3Br	1.929	285
CH_3I	2.319	218

7.2 卤代烃的分类和命名

卤代烃分类方法较多。其中，按照卤代烃分子中烃基的种类不同，可将卤代烃分为饱和卤代烃、不饱和卤代烃和芳香族卤代烃。在饱和卤代烃中，按照和卤原子直接相连的碳原子的类型，可分为一级（伯）、二级（仲）、三级（叔）卤代烃。在不饱和卤代烃中，按照卤原子与不饱和键的相对位置，可分为乙烯基卤代烃、烯丙基卤代烃、孤立式卤代烃。

卤代烃分类如表 7-2 所示。

表 7-2　卤代烃的类型

类型	基团	小类型	实例
饱和卤代烃	伯烃基	伯卤代烃（一级卤代烃）	RCH_2-X
	仲烃基	仲卤代烃（二级卤代烃）	R_2CH-X
	叔烃基	叔卤代烃（三级卤代烃）	R_3C-X
	环烃基	卤代环烷烃	▷—X
不饱和卤代烃	乙烯基	乙烯基卤代烃	$CH_2=CH-X$
	烯丙基	烯丙基卤代烃	$CH_2=CHCH_2-X$
	孤立烯基	孤立型卤代烯烃	$CH_2=CHCH_2CH_2-X$
芳香卤代烃	苄基	苄基卤代烃	$PhCH_2-X$
	芳基	卤代芳烃	$Ph-X$
	孤立芳基	孤立型卤代芳烃	$Ph(CH_2)_n-X$ $n>1$

卤代烃的命名常采用习惯命名法和系统命名法。

（1）习惯命名法　习惯命名法是以烃为母体，卤素为取代基而命名的，称为"某基卤"或"卤（代）某烷"。此法适用于简单卤代烃。例如：

$$CH_3Br \qquad CH(CH_3)_2Cl$$

甲基溴　　　　异丙基氯

（溴甲烷）　　（氯代异丙烷）

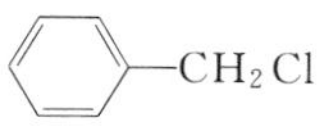

苄基氯

（氯化苄）

（2）系统命名法　卤代烃的系统命名法基本要点与烃类的命名相似。

对于卤代烷烃，首先选择含有卤原子的最长碳链作为主链，称为"某烷"。然后从靠近支链（烃基或卤原子）最近的一端给主链编号。主链以外的侧链和卤原子都作为取代基，书写名称时，把取代基的位次和名称写在母体名称前，取代基的先后次序按次序规则排列。例如：

$$CH_3CH_2CHCHCH_3$$
$$\quad\quad\quad H_3C\ \ Br$$

3-甲基-2-溴戊烷

Cl—⬡—Br

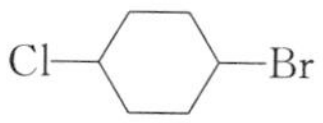

1-氯-4-溴环己烷

对于不饱和卤代烃，应选择含有重键的最长碳链作为主链，编号时使双键或三键的位次最小，卤原子作为取代基命名。例如：

$$HC\equiv CCH_2Cl$$

3-氯丙炔

$$CH_3CHCH=CCH_3$$
$$\quad\ Br\quad\quad CH_3$$

2-甲基-4-溴-2-戊烯

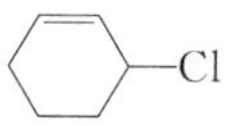

3-氯环己烯

芳香族卤代烃的命名有两种方法。一是卤原子连在芳环上时，把芳环当作母体，卤原子作为取代基；二是卤原子连在侧链上时，把侧链当作母体，卤原子和芳环均作为取代基。例如：

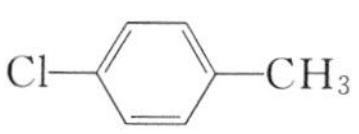

Cl—⬡—CH_3

4-氯甲苯

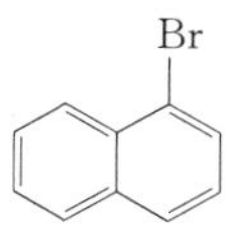

1-溴萘（α-溴萘）

⬡—CH_2CHCH_3
$\quad\quad\quad\ Br$

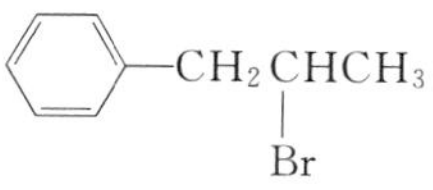

1-苯基-2-溴丙烷

7.3 卤代烷烃的物理性质

在室温下，除氯甲烷、氯乙烷、氯乙烯和溴甲烷等是气体外，一般卤代烃是具有不愉快气味的无色液体，15 个碳以上的卤代烷为固体。许多卤代烃都有毒性，特别是含偶数碳原子的氟代烃有剧毒。

卤代烃的沸点，卤素相同时，随碳原子数的增加而升高；烃基相同时，其沸点随卤素从氯到碘而升高。卤代烷的沸点高于与其有相同烃基的烷烃。在同一卤代烷的各种异构体中，与烷烃的情况类似，即直链异构体的沸点最高，支链越多，沸点越低。

卤代烷均不溶于水，但能溶于醇、醚、烃等多种有机溶剂。某些卤代烷（二氯甲烷、三氯甲烷和四氯化碳）本身就是优良的有机溶剂。一氯代烷（除氯甲烷外）的相对密度小于1，比水轻，其他卤代烃的相对密度均大于 1。同系列中，卤代烷相对密度随分子量的增加而降低。这主要是卤原子在分子中质量分数逐渐减小的缘故。表 7-3 列出了常见卤代烷的主要物理参数。

表 7-3　一些卤代烷的主要物理常数

卤代烷	氯代烷		溴代烷		碘代烷	
	沸点/℃	相对密度(d_4^{20})	沸点/℃	相对密度(d_4^{20})	沸点/℃	相对密度(d_4^{20})
CH_3X	−24.2	—	3.5	—	42.4	2.279
CH_3CH_2X	12.3	—	38.4	1.440	72.3	1.933
$CH_3CH_2CH_2X$	46.6	0.890	71.0	1.335	102.5	1.747
$(CH_3)_2CHX$	34.8	0.859	59.4	1.310	89.5	1.705
$CH_3CH_2CH_2CH_2X$	78.4	0.884	101.6	1.276	130.5	1.617
$CH_3CH_2CHXCH_3$	68.3	0.871	91.2	1.258	120	1.595
$(CH_3)_2CHCH_2X$	68.8	0.875	91.4	1.261	121	1.605
$(CH_3)_3CX$	50.7	0.840	73.1	1.222	100(分解)	1.545
$CH_3(CH_2)_3CH_2X$	108	0.833	130	1.223	157	1.517
CH_2X_2	40	1.336	99	2.49	180(分解)	3.325
CHX_3	61	1.489	151	2.89	升华	4.008
CX_4	77	1.595	189.5	3.42	升华	4.320

7.4 卤代烷烃的化学性质

卤代烃分子中 C—X 键为极性共价键，碳原子带部分正电荷，易受带负电荷或孤电子对的试剂的进攻。因此，C—X 键容易异裂而发生各种化学反应。卤代烃的化学性质活泼，主要发生在 C—X 键上。

7.4.1　亲核取代反应

反应中被取代的卤原子以 X⁻ 形式离去，称为离去基团（leaving group，常用 L 表示）。由亲核试剂（nucleophile，常用 Nu 表示）的进攻而引起的取代反应称为亲核取代反应（nucleophilic substitution，常用 S_N 表示）。卤代烷在一定条件下，可被许多亲核试剂取代。其通式为：

$$R—L + :Nu \longrightarrow R—Nu + L^-$$

$$RCH_2X + OH^- \longrightarrow RCH_2—OH + X^-$$

反应物　亲核试剂　　产物　　　　离去基团

（底物）进攻基团

（1）被羟基取代　卤代烷与氢氧化钠或氢氧化钾的水溶液共热，卤原子被羟基取代生成醇。此反应也称为卤代烷的水解。

$$R—X + NaOH \xrightarrow[\triangle]{H_2O} R—OH + NaX$$

（2）被烷氧基取代　卤代烷与醇钠作用，卤原子被烷氧基取代生成醚。此反应也称为卤代烷的醇解。

$$R—X + NaOR' \xrightarrow{ROH} R—OR' + NaX$$

卤代烷的醇解是制备混合醚的重要方法，称为 Williamson 合成法。

（3）被氨基取代　卤代烷与氨（胺）的水溶液或醇溶液作用，卤原子被氨基取代生成胺。此反应也称为卤代烷的氨（胺）解。

$$R—X + NH_3 \xrightarrow{ROH} R—NH_2 + HX$$

由于产物具有亲核性，除非使用过量的氨（胺），否则反应很难停留在一取代阶段。如果卤代烷过量，产物是各种取代的胺以及季铵盐。

$$RNH_2 \xrightarrow[ROH]{RX} R_2NH \xrightarrow[ROH]{RX} R_3N \xrightarrow[ROH]{RX} R_4N^+X^-$$

（4）被氰基取代　卤代烷与氰化钠或氰化钾的醇溶液共热，卤原子被氰基取代生成腈。腈在酸性介质下可发生水解反应生成羧酸。

$$R—X + NaCN \xrightarrow[\triangle]{ROH} R—CN + NaX$$

$$R—CN + H_2O \xrightarrow[\triangle]{H^+} R—COOH$$

由于产物比反应物多一个碳原子，因此该反应是有机合成中增长碳链的方法之一。

（5）被硝酸根取代　卤代烷与硝酸银的醇溶液作用，卤原子被硝酸根取代生成硝酸酯，同时产生卤化银沉淀。

$$R—X + AgNO_3 \xrightarrow{ROH} R—ONO_2 + AgX\downarrow$$

除了乙烯型和芳香型卤代烃外，其他卤代烃均可与硝酸银的醇溶液反应产生卤化银沉淀，所以此反应是鉴定卤代烷的常用方法之一。此外，由于结构不同的卤代烃分子中卤原子的活泼性不同，可根据反应生成卤化银的速率不同来推测卤代烃的类型。

7.4.2　消除反应

卤代烷在 KOH 或 NaOH 等强碱的醇溶液中加热，分子中脱去一分子卤化氢生成烯烃。这种由分子中脱去一个简单分子（如 H_2O、HX、NH_3 等）的反应叫做消除反应（Elimination，常用 E 表示）。

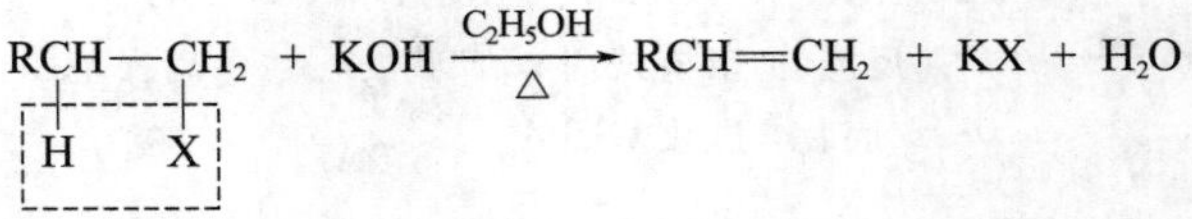

$$RCH-CH_2 + KOH \xrightarrow[\triangle]{C_2H_5OH} RCH=CH_2 + KX + H_2O$$

$$\underset{H\quad X}{|\quad|}$$

卤代烷与氢氧化钠（或 KOH）的醇溶液作用时，卤素常与 β-C 上的氢原子脱去一分子卤化氢而生成烯烃。这种形式的消除反应称 β-消除或 1,2-消除。

消除反应的活性次序：叔卤代烷＞仲卤代烷＞伯卤代烷。当含有两个以上 β-C 的卤代烷发生消除反应时，将按不同方式脱去卤化氢，生成不同产物。大量实验事实证明，其主要产物是脱去含氢较少的 β-C 上的氢，生成双键碳原子上连有最多烃基的烯烃。这个规律称为扎依采夫（A. M. Saytzeff）规律。例如：

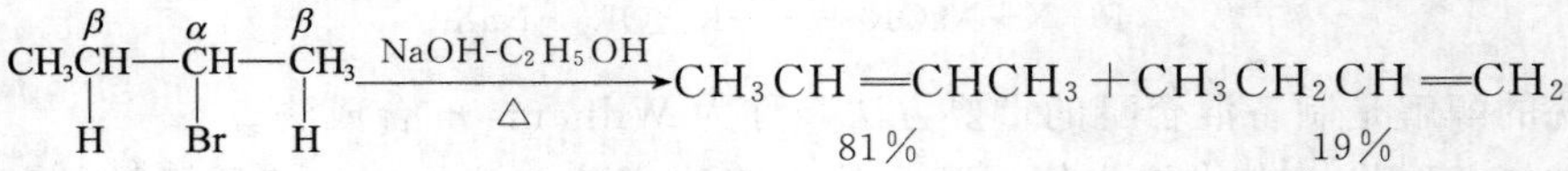

$$\underset{H\quad Br\quad H}{CH_3\overset{\beta}{C}H-\overset{\alpha}{C}H-\overset{\beta}{C}H_3} \xrightarrow[\triangle]{NaOH-C_2H_5OH} \underset{81\%}{CH_3CH=CHCH_3} + \underset{19\%}{CH_3CH_2CH=CH_2}$$

7.4.3　与金属的反应

卤代烷能与多种金属如 Mg、Li、Al 等反应生成金属有机化合物，金属有机化合物是重要的有机合成试剂，使用较多的是格林纳（Grignard）试剂，简称格氏试剂。格氏试剂可通过一卤代烷在无水乙醚中与金属镁作用制得。

$$R-X+Mg \xrightarrow{无水乙醚} R-Mg-X$$

格氏试剂中的 C—Mg 键极性很强，格氏试剂的性质非常活泼，能与多种含活泼氢的化合物，如水、醇、酸以及端基炔烃分解为烃，还能与 CO_2 作用生成羧酸。

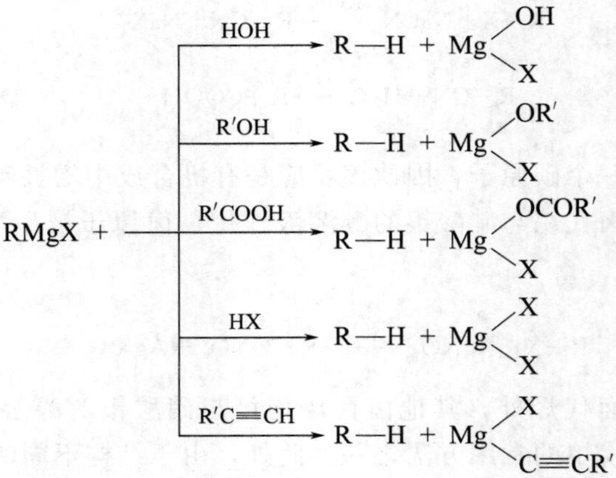

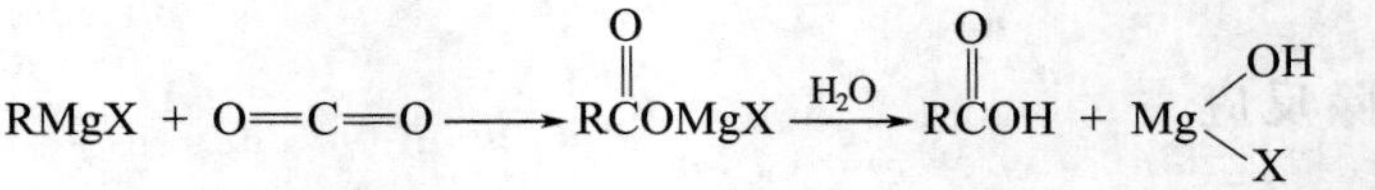

因此，在制备格氏试剂时，必须用无水试剂和干燥的反应器，必须防止水气、酸、醇、二氧化碳等物质。

格式试剂可以与许多物质反应，生成其他有机化合物或其他金属有机化合物，是有机合成中非常有用的试剂。Grignard 由于发现了格式试剂而获得了 1912 年诺贝尔化学奖。

7.5 亲核取代反应和消除反应机理

7.5.1 亲核取代反应机理

对于卤代烃的亲核取代反应：$RX + Nu^- \longrightarrow RNu + X^-$

RX 如何变为产物 RNu 的，从亲核试剂 Nu^- 进攻与离去基团 X^- 离去的先后顺序看，反应可能通过两种途径之一进行：离去基团 X^- 先离去，形成 R^+，然后 R^+ 与 Nu^- 结合形成 RNu，这个过程叫单分子历程，用 S_N1 表示；Nu^- 进攻 RX，X^- 的离去与 Nu^- 同带正电性的碳原子结合同时进行，这个过程叫双分子历程，用 S_N2 表示。

事实证明，卤代烃的亲核取代反应确有这两种历程。一个反应到底经过哪种历程，与化合物结构、进攻试剂性质、溶剂性质等因素有关，其中最基本的是结构因素。

7.5.1.1 单分子亲核取代（S_N1）反应历程

实验证明，溴代叔丁烷在碱性溶液中的水解反应速率仅与叔丁基溴的浓度成正比，与亲核试剂 OH^- 的浓度无关，在动力学上属于一级反应，称为 S_N1 反应。

$$v = k\left[(CH_3)_3CBr\right]$$

（1）S_N1 历程　S_N1 反应分两步完成。第一步是碳溴键断裂生成碳正离子，此步较慢，为决速步骤；第二步是由碳正离子与试剂 OH^- 或水结合生成水解产物。

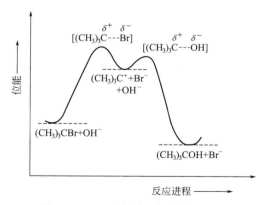

反应的能量变化如图 7-1 所示。

图 7-1　S_N1 反应历程中的能量变化

既然 S_N1 反应速率由第一步决定，因此在这步中生成的碳正离子中间体越稳定，反应越容易进行，反应速率越快。所以不同类型卤代烷按 S_N1 历程反应的活性次序为：

$$R_3C - X > R_2CH - X > RCH_2 - X > CH_3 - X$$

反应按 S_N1 机理反应进行时，有如下特点：

① 反应速率仅与 RX 浓度有关，与亲核试剂的浓度无关；

② 反应分两步进行；

③ 存在碳正离子中间体过程；

④ 碳正离子可以发生重排。

（2）S_N1 中的立体化学　在 S_N1 反应历程中，第一步，中心 C 解离为 C^+，C 由 sp^3 转变为 sp^2 杂化态。第二步，中心 C 又由 sp^2 转变为 sp^3 杂化态。形成的 C^+ 呈 sp^2 态，具有平面构型，如图 7-2 所示。

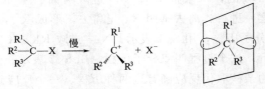

图 7-2　碳正离子的结构

亲核试剂向平面的正反两面进攻的几率是相等的，因此生成的产物按理是外消旋化产物，是非光学活性的。这个反应进程称为外消旋化（图 7-3）。

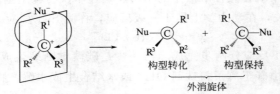

图 7-3　外消旋化

在有些 S_N1 反应情况下，实验结果的确如此，但在多数情况下，结果并不那么简单。在外消旋化的同时，还再现了一部分构型的转化，从而使产物具有不同程度的旋光性。

例如，2-卤代辛烷，按 S_N1 反应水解时，得到 34% 外消旋物质和 66% 构型转化的旋光物质。

7.5.1.2　双分子亲核取代（S_N2）反应历程

溴甲烷在氢氧化钠水溶液中的水解反应是按 S_N2 历程进行的，反应速率既与溴甲烷的浓度成正比，也与亲核试剂 OH^- 的浓度成正比，在动力学上属于二级反应，称为 S_N2 反应。

$$v = k[CH_3Br][OH^-]$$

（1）S_N2 历程　S_N2 反应是通过形成过渡态一步完成的（图 7-4）。

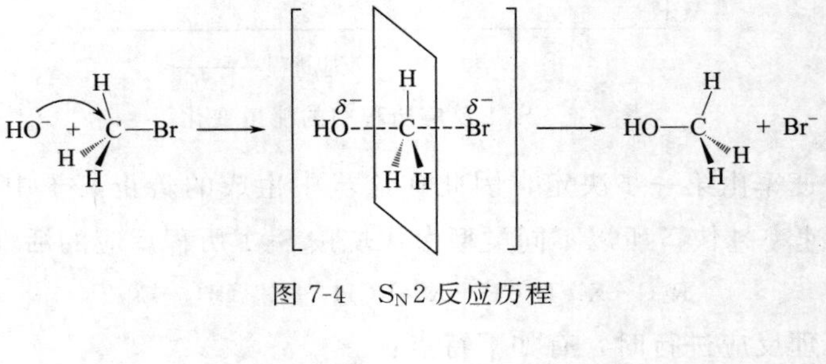

$$HO^- + \underset{\underset{H}{|}}{\overset{\overset{H}{|}}{C}} - Br \longrightarrow \left[HO \cdots \overset{\delta^-}{\underset{H\ H}{\overset{H}{C}}} \cdots \overset{\delta^-}{Br} \right] \longrightarrow HO - \underset{\underset{H}{|}}{\overset{\overset{H}{|}}{C}} + Br^-$$

图 7-4　S_N2 反应历程

反应的能量变化如图 7-5 所示。

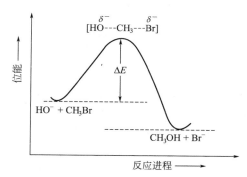

图 7-5 S_N2 反应历程中的能量变化

在 S_N2 反应中，亲核试剂从卤原子的背面进攻 α-C，α-C 周围的空间阻碍将影响亲核试剂的进攻。所以 α-C 上的烃基越多，进攻的空间阻碍越大，反应速率越慢。另一方面，烷基具有斥电子性，α-C 上的烷基越多，该碳原子上的电子云密度也越大，越不利于亲核试剂的进攻。所以不同类型卤代烷按 S_N2 历程反应的活性次序为：

$$CH_3—X>RCH_2—X>R_2CH—X>R_3C—X$$

反应按 S_N2 机理进行时的特点如下：

① 反应速率不仅与 RX 浓度有关，与亲核试剂浓度也有关。

② 反应中新键的形成和旧键的断裂同时进行。

③ 产物构型翻转，发生瓦尔登转化。

另外，卤原子对亲核取代反应速率也有影响。当卤代烷分子中的烷基相同而卤原子不同时，其反应活性次序为：

$$R—I>R—Br>R—Cl$$

（2）S_N2 中的立体化学 杂化轨道理论认为，在 S_N2 反应的过渡态中，中心 C 从原来的 sp^3 转变为 sp^2 杂化态，所以 C—H 键的键角为 120°，三个 C—H 键同在一个平面上。未参与杂化的一个 p 轨道则与 OH^- 和 Br^- 结合。过渡态时 sp^2 杂化状态如图 7-6 所示。旧键断裂后，中心 C 原子又从过渡态的 sp^2 转变为 sp^3 杂化态产物。反应前后，中心 C 原子构型发生翻转，发生瓦尔登转化。

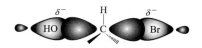

图 7-6 过渡态时 sp^2 杂化状态

7.5.1.3 S_N1 与 S_N2 反应的竞争

S_N1 和 S_N2 是卤代烷发生亲核取代反应的两种典型历程，往往同时存在，只是在不同的反应物和不同的反应条件下哪种历程占优势。如果单从卤代烷分子中的烷基结构的影响考虑，当中心 C 所连的烷基数目增多，空间位阻就会增大，亲核试剂向卤代烷中心 C 靠近就较困难，因而不利过渡态形成，较难按 S_N2 进行。相反，由于烷基的斥电性作用使中心 C 上的电子云密度增大，有利于卤原子以负离子形式离去而形成 C^+，易于按 S_N1 历程进行。同理，如果中心 C 上的烷基越少，则有利于按 S_N2 而不利于按 S_N1 历程进行。

综上所述，一般来说，叔卤代烷是以 S_N1 反应为主，而伯卤代烷、卤甲烷是以 S_N2 反应为主，仲卤代烷则可以同时按 S_N1 和 S_N2 历程进行。即：

$$\begin{array}{ccccc}
& & & & \xrightarrow{\hspace{3cm}} S_N1 \\
CH_3X & RCH_2X & R_2CHX & R_3CX \\
S_N2 \xleftarrow{\hspace{3cm}}
\end{array}$$

此外，亲核试剂的性质、不同的卤原子、溶剂等因素对亲核取代反应也是有影响的。如增加溶剂的极性，有利于按 S_N1 历程进行。例如，$C_6H_5CH_2$—Cl 的水解反应，在水中按 S_N1 历程进行，而在极性较小的丙酮中则按 S_N2 历程进行。

$$C_6H_5CH_2Cl \longrightarrow \begin{cases} \xrightarrow[S_N1]{H_2O} C_6H_5CH_2OH \\ \xrightarrow[S_N2]{CH_3COCH_3} C_6H_5CH_2OH \end{cases}$$

7.5.2　消除反应机理

所谓消除反应，除非特别说明，一般是指 β-消除反应。在一个分子中，被消除的两个原子（原子团），就离开的先后顺序来讲，可以两个同时离开，也可以不同时离开。在不同时离开的情况下，可以是其中的任何一个先离开。因此卤代烷的消除反应和亲核取代反应类似，存在单分子和双分子两个反应历程。消除反应用 E 表示，E1 和 E2 分别代表单分子消除反应和双分子消除反应。

7.5.2.1　单分子消除（E1）反应历程

在 E1 消除反应中，第一步是卤代烷在溶剂中先解离为 C^+，然后这个 C^+ 在碱性试剂作用下失去一个 β-H 而成烯烃，反应是分两步完成的。

$$(CH_3)_3CBr \xrightarrow{\text{慢}} (CH_3)_3C^+ + Br^-$$

$$\begin{array}{c}
CH_3 \\
| \\
CH_3-C^+ \\
| \\
CH_2-H
\end{array} + OH^- \xrightarrow{\text{快}} CH_2=C\begin{array}{c} CH_3 \\ \\ CH_3 \end{array} + H_2O$$

$$v = k[(CH_3)_3CBr]$$

整个反应的速率取决于第一步中叔丁基溴的浓度，与试剂 OH^- 的浓度无关，故称为单分子消除反应历程，用 E1 表示。

与 S_N1 反应历程不同，E1 历程的第二步中 OH^- 不是进攻碳正离子生成醇，而是夺取碳正离子的 β-H 生成烯烃。显然，E1 和 S_N1 这两种反应历程是相互竞争、相互伴随发生的。例如，在 25℃ 时，叔丁基溴在乙醇溶液中反应得到 81% 的取代产物和 19% 的消除产物。

$$(CH_3)_3CBr + C_2H_5OH \xrightarrow{25℃} \underset{81\%}{(CH_3)_3COC_2H_5} + \underset{19\%}{(CH_3)_2C=CH_2}$$

从 E1 反应历程可以看出，不同卤代烷的反应活性次序和 S_N1 相同，与 C^+ 稳定性有关，即活性次序为：

$$R_3C-X > R_2CH-X > RCH_2-X$$

7.5.2.2 双分子消除（E2） 反应历程

E2 和 S_N2 也很相似，旧键的断裂和新键的形成同时进行，整个反应经过一个过渡态。

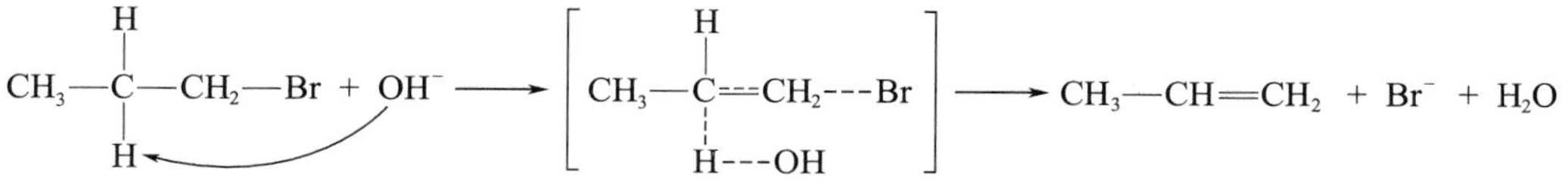

$$v = k[CH_3CH_2CH_2Br][OH^-]$$

整个反应速率既与卤代烷的浓度成正比，也与碱的浓度成正比，故称为双分子消除反应历程，用 E2 表示。

与 S_N2 反应历程不同，E2 历程中 OH^- 不是进攻 α-C 生成醇，而是夺取 β-H 生成烯烃。显然，E2 与 S_N2 这两种反应历程也是相互竞争、相互伴随发生的。例如：

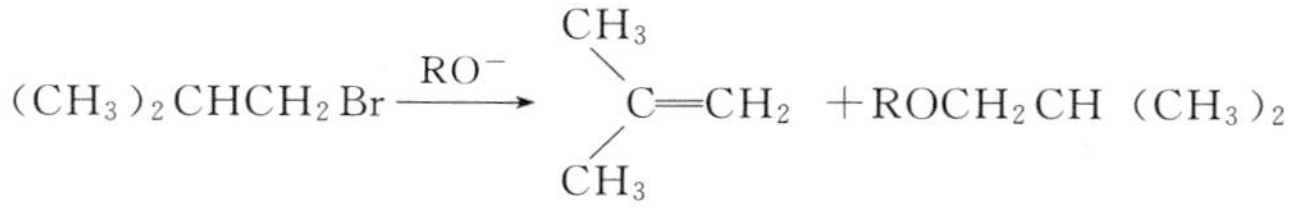

$$60\% \qquad 40\%$$

E2 反应的过渡态类似烯烃，而双键碳上连接的烷基越多，则烯烃越稳定。因此，叔卤代烷所形成的类似烯烃的过渡态更稳定，更容易生成。此外，叔卤代烷的 β-H 数目更多，更有利于碱的进攻。故卤代烷进行消除反应时，无论是按 E1 还是按 E2 机理进行，卤代烷的活性次序是：

$$R_3C-X > R_2CH-X > RCH_2-X$$

7.5.2.3 消除反应中的立体化学

从立体化学角度考虑，β-H 消除可能有两种不同的方式。将离去基团 X 与被脱去的 β-H 放在同一平面上，若 X 与 β-H 在 σ 键同侧被消除，称为顺式消除；若 X 与 β-H 在 σ 键两侧（异侧）被消除，称为反式消除。

实验表明，按 E2 机理进行的消除反应，反式消除活化能较低。例如，蓋基氯（氯蓋烷）与强碱作用，生成唯一产物 2-蓋烯。利用蓋基氯的构象式可以看出，蓋基氯脱 HCl 按照反式消除反应进行。

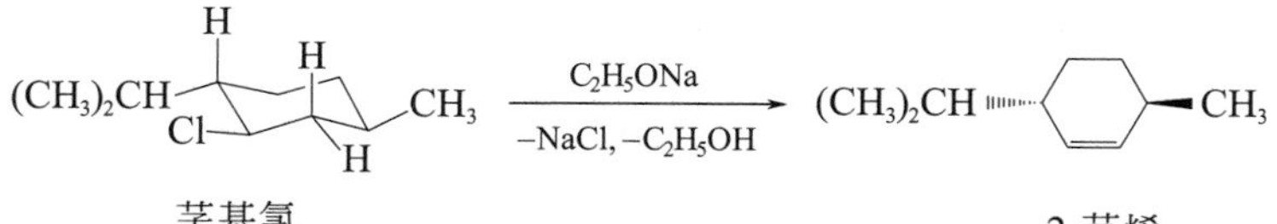

蓋基氯   2-蓋烯

再例如，1,2-二苯基-1-溴丙烷有如下四种旋光异构体：

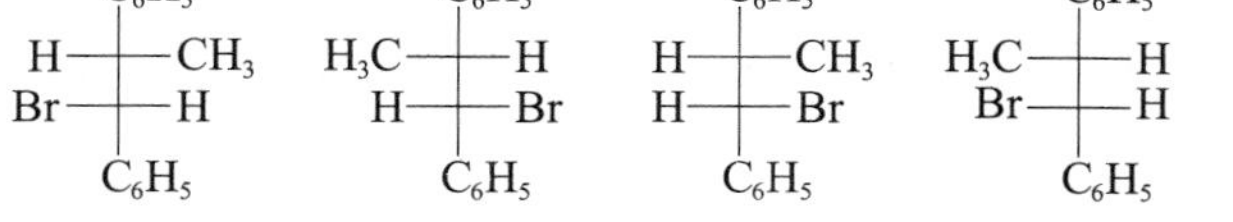

(Ⅰ)   (Ⅱ)   (Ⅲ)   (Ⅳ)

它们在进行 E2 反应时，（Ⅰ）和（Ⅱ）只能生成反式烯烃，（Ⅲ）和（Ⅳ）则只能生成顺式烯烃。其反应的立体化学过程如下：

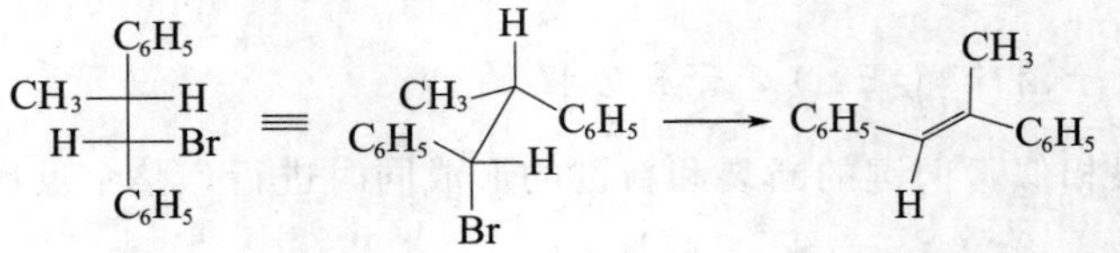

（Ⅱ）　　　　　　　　　　　　　　　　　　　(*E*)-1,2-二苯丙烯

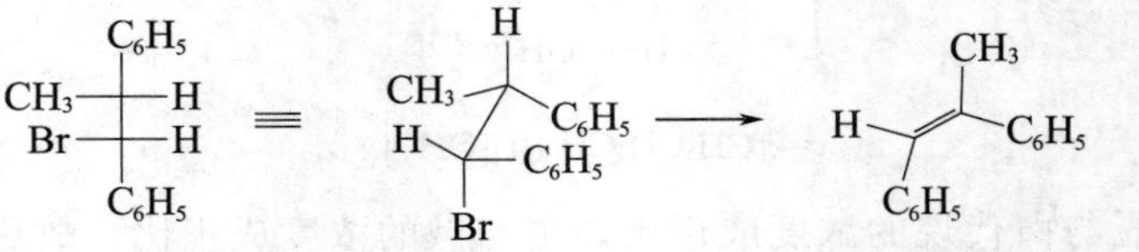

（Ⅳ）　　　　　　　　　　　　　　　　　　　(*Z*)-1,2-二苯丙烯

7.5.3　亲核取代反应和消除反应的竞争

卤代烷在 NaOH 作用下，可以发生 S_N 反应和 E 反应，其历程相似，有单分子历程和双分子历程。E 和 S_N 同时存在于一个反应体系中。在这两历程中，反应物和进攻试剂相同，彼此互相竞争。如果进攻试剂有利进攻反应物 α-C 则发生取代反应，而有利进攻 β-H 发生消除反应。

因此，卤代烷水解时，不可避免的会有脱 HX 的副反应发生；同样脱 HX 时有时也会有卤代烷的取代产物生成。那么，对于一个特定条件下的反应，竞争的结果将会主要得到是取代产物还是消除产物？大量的研究发现，消除产物和取代产物的比例常受到反应物结构，试剂的碱性及亲核性，溶剂极性及反应温度的影响。

（1）卤代烷的结构　一般说来，一级卤代烷的 S_N2 反应快，E2 反应较慢，但随着 α-C 上的支链增多，S_N2 反应速率减慢，E2 反应速率加快。

$$\text{双分子历程}\quad \underset{\text{亲核取代反应速率降低}}{\overset{\text{消除反应速率增加}}{1^\circ RX \quad 2^\circ RX \quad 3^\circ RX}}\quad \text{单分子历程}$$

因为 β-C 上支链增多，进攻试剂进攻 α-C 时的空间位阻增大，故有利于 E，不利于亲核取代反应。如叔卤代烷是单分子历程，有利于消除反应。

下面是三种伯溴代烃在 $NaOC_2H_5$ 作用下进行 S_N2 和 E2 竞争反应的情况，见表 7-4。

表 7-4　几种溴代烃进行 S_N2 和 E2 竞争反应产率

溴代烷	反应条件	S_N2 产物/%	E2 产物/%
$CH_3CH_2CH_2CH_2CH_2Br$	$\xrightarrow{\quad C_2H_5ONa \quad}$ C_2H_5OH	90.2	9.8
$(CH_3)_2CHCH_2Br$		40.5	59.5
$PhCH_2CH_2Br$		4.4	94.6

（2）试剂的碱性　进攻试剂的碱性越强，浓度越大，将有利于 E2 反应；试剂的亲核性越强，则有利于 S_N2 反应。以下负离子都是亲核试剂，其碱性由强至弱的次序为：

$$NH_2^- > RO^- > OH^- > CHCOO^- > I^-$$

例如，当伯、仲卤代烷用 NaOH 进行水解时，除了发生取代外还伴随消除反应的产物——烯烃产生，因 OH^- 既是亲核试剂又是强碱。但当 CH_3COO^- 或 I^- 作为进攻试剂时，则往往只发生 S_N2 反应没有消除反应，因为 CH_3COO^- 和 I^- 的碱性比 OH^- 弱，能进攻 α-C 而不进攻 β-H。另外，进攻试剂的体积越大，越不易于接近 α-C，而容易进攻 β-H，有利于 E2 反应的进行。

（3）溶剂的极性　一般来说，增加溶剂的极性有利于亲核取代反应，不利于消除反应。所以常用 KOH 加 H_2O 从卤代烷制醇，而用 KOH 加 EtOH 制烯烃。溶剂对反应的影响可以从 S_N2 和 E2 的过渡态电荷分散情况得到解释。

由于 S_N2 的过渡态电荷比较集中（仅分散在三个原子上），溶剂化作用能较大幅度地分散电荷，E2 过渡态电荷比较分散（电荷分散在五个原子上），使反应的活化能降低程度较大，因此溶剂极性的增加对 S_N2 有利。极性溶剂有利于电荷集中而不是分散，所以增加溶剂极性对 E2 过渡态不利。溶剂对单分子历程也有类似的影响。即溶剂极性的增加，对 S_N1 有利。

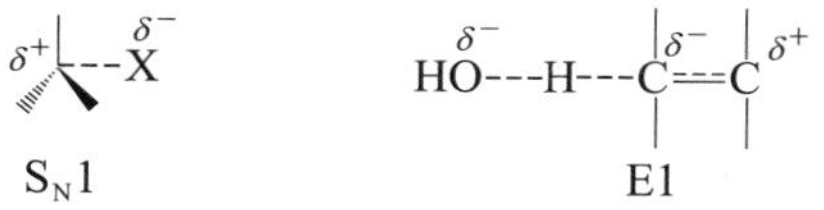

（4）温度　由于消除反应在活化过程中，需要拉长 C—H 键，而在亲核取代反应中，则没有这种情况，故消除反应的活化能比取代反应大。因此，增加温度可提高消除反应产物的比例。

综上所述，要促进消除反应：宜采用高浓度的强碱性试剂；使用极性小的溶剂；选择较高的温度进行反应。

7.6 卤代烯烃和卤代芳烃的化学性质

三种类型的卤代烯烃和卤代芳烃分子中都具有两个官能团，除具有烯烃或芳烃的通性外，由于卤原子对双键或芳环的影响及影响程度不同，又表现出各自的反应活性。

7.6.1 乙烯型和苯基型卤代烃的化学性质

这类卤代烃的结构特点是卤原子直接与不饱和碳原子相连，分子中存在 p-π 共轭体系。例如氯乙烯和氯苯分子中存在如图 7-7 所示的 p-π 共轭体系。

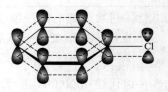

(a) 氯乙烯的p-π共轭体系　　　　　　　(b) 氯苯的p-π共轭体系

图 7-7　乙烯基型和芳基型卤代烃的 p-π 共轭体系

共轭效应使 C—Cl 键的键长缩短，键能增大，C—Cl 键难以断裂，卤原子的反应活性显著降低。因此卤原子的活性比相应的卤代烷弱，在通常情况下不与 NaOH、C_2H_5ONa、NaCN 等亲核试剂发生取代反应，甚至与硝酸银的醇溶液共热也不生成卤化银沉淀。

另外在乙烯基型卤代烃分子中，由于卤原子的诱导效应较强，C＝C 双键上的电子云密度有所下降，所以在进行亲电加成反应时速率较乙烯慢。

7.6.2 烯丙型和苄基型卤代烃的化学性质

这类卤代烃的结构特点是卤原子与不饱和碳原子之间相隔一个饱和碳原子，无论是按 S_N1 还是按 S_N2 历程进行取代反应，由于共轭效应使 S_N1 的碳正离子中间体或 S_N2 的过渡态（图 7-8）势能降低而稳定，使反应易于进行。所以烯丙基型和苄基型卤代烃的卤原子反应活性比相应的卤代烷要高，室温下能与硝酸银的醇溶液作用生成卤化银沉淀。

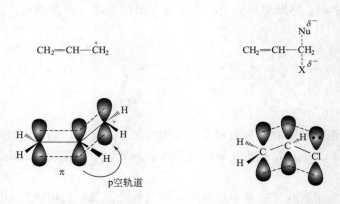

(a) 烯丙基碳正离子的p-π共轭体系　　　　　(b) 烯丙基卤代烃的S_N2反应过渡态

图 7-8　烯丙基型卤代烃的碳正离子和 S_N2 反应过渡态

7.6.3 孤立型卤代烃的化学性质

隔离型卤代烯烃和卤代芳烃分子中的卤原子与碳碳双键或芳环相隔较远，彼此相互影响很小，化学性质与相应的烯烃或卤代烷相似。加热条件下可与硝酸银的醇溶液作用产生卤化银沉淀。

综上所述，三类不饱和卤代烃的亲核取代反应活性次序可归纳如下：

烯丙基型卤代烃　　隔离型卤代烯烃　　乙烯基型卤代烃
苄基型卤代烃　　>　隔离型卤代芳烃　　>　芳基型卤代烃

7.7 卤代烃的重要化合物

7.7.1 三氯甲烷

三氯甲烷俗名氯仿，为无色具有甜味的液体，沸点 61℃，不能燃烧，也不溶于水。工业上用作溶剂，在医药上也曾用作全身麻醉剂，因毒性较大，现已很少使用。三氯甲烷在光的作用下，易被空气中的氧分解，生成剧毒的光气。

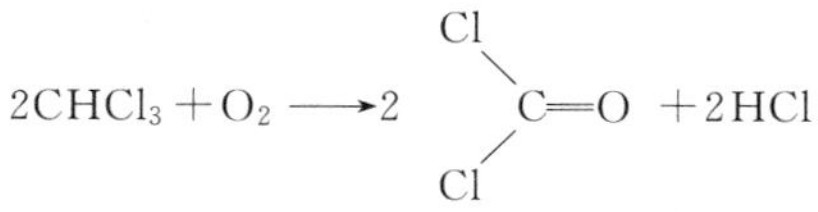

$$2CHCl_3 + O_2 \longrightarrow 2\ Cl_2C{=}O + 2HCl$$
光气

所以三氯甲烷通常应保存在棕色瓶中，加满后封闭起来以隔绝空气。医药用三氯甲烷需加入 1% 乙醇，使可能生成的光气转化为无毒的碳酸二乙酯。

7.7.2 有机氟化物

一氟代烷在常温时很不稳定，容易失去 HF 而变成烯烃。

$$CH_3{-}CHF{-}CH_3 \longrightarrow CH_3{-}CH{=}CH_2 + HF$$

当同一碳原子上有两个氟原子时，性质就很稳定，不易起化学反应。如 CH_3CHF_2，$CH_3CF_2CH_3$。全氟化烃的性质极其稳定，它们有很高的耐热性和耐腐蚀性。

氟代烃的用途较多，如 $ClBrCHCF_3$ 可作麻醉药，不易燃烧，比环丙烷，乙醚安全。CCl_2F_2，CCl_3F，$F_2ClC{-}CClF_2$ 是很多喷雾剂（杀虫剂，清洁剂）的推进剂。CCl_2F_2（F-12）、$HCClF_2$（F-22）俗名氟利昂，是电冰箱和空调的制冷剂。作喷雾剂、推进剂或制冷剂的氯氟烃对地球周围的臭氧有破坏作用。有些国家已开始禁止使用含氯氟烃作为推进剂的喷雾剂。（F-XXX 代号表示，F 表示它是一个氟代烃。F 右边的数字，个位为氟原子个数，十位为氢原子个数加一，百位为碳原子个数减一）。

7.7.3 血防 846

血防 846（$Cl_3C{-}\bigcirc{-}CCl_3$），即六氯对二甲苯，是白色有光泽的结晶性粉末，熔点 107～112℃，无异味，不溶于水，易溶于氯仿，可溶于乙醇和植物油。它是一种广谱性抗寄生虫药，对血吸虫、阿米巴原虫、绦虫、钩虫、蛔虫等都有杀灭作用。

阅读材料

卤代烷灭火剂

卤代烷灭火剂又称氟溴烷烃灭火剂，是由一种或多种卤族元素取代烃类化合物中氢元素的高效快速气化液体灭火剂。卤代烷灭火剂型号按照碳、氟、氯、溴四个原子的顺序和个数排列而成，多为甲烷和乙烷的卤化物。例如，二氟一氯一溴甲烷（1211）、三氟一溴甲烷（1301）、二氟一溴甲烷（1201）和四氟二溴乙烷（2402）等。

卤代烷灭火剂灭火机理是卤代烷接触高温表面或火焰时，分解产生活性自由基，通过溴和氟等卤素氢化物的负化学催化作用和化学净化作用，大量消耗燃烧链式反应中产生的自由基，破坏和抑制燃烧的链式反应，靠化学抑制作用而迅速将火焰扑灭。卤代烷灭火剂还有部分稀释氧和冷却作用，适用于扑救各种易燃、可燃气体火灾，甲、乙、丙类液体火灾，可燃固体的表面火灾和电器设备火灾（例如银行账库、电教室、计算机中心等）等。与 CO_2 灭火剂相比，其灭火效率更高、毒性更小（为 CO_2 灭火剂效率的五倍，且 CO_2 易产生窒息）。但是卤代烷灭火剂生产成本高、价格贵，且对臭氧大气层造成破坏，应尽量少用。

卤代烷灭火剂不能扑救锂、镁、钾、铝、锑、钛、镉等金属的火灾，不能扑灭惰性介质中自身供氧燃烧的硝化纤维、火药的火灾，不能扑灭金属氢化物（KH 和 NaH）及自行分解化学物质（例如过氧化物、联氨等）的火灾。

国内使用量最大的卤代烷灭火剂是 1211 和 1301。1211 灭火剂是一种低沸点的液化气体，具有灭火效力高、毒性低、腐蚀性小、久储不变质、灭火后不留痕迹、不污染被保护物以及电绝缘性能好等优点，但其化学稳定性较好，对大气中臭氧层破坏较严重，我国已于 2005 年停止生产。1301 灭火剂的毒性较低，是卤代烷灭火剂中毒性较低的一种，可在有人状态下使用，但 1301 的稳定性比 1211 更好，对大气中臭氧层的破坏更大，我国已于 2010 年停止生产。

溴甲烷(CH_3Br)是一种多用途的物质。其制备简单，可用作大型贮藏空间如仓库和火车货棚车的昆虫熏蒸剂。它能有效地扑灭土壤和其他一些主要的庄稼包括土豆和马铃薯的虫灾。无疑，它的价值部分归功于其很高的毒性，这主要是因为它的 S_N2 反应活性。生命化学在很大程度上依赖于含有亲核基团的各类分子和胺(—NH_2 及相关基团)和硫醇(—SH)。这些取代基的生物化学的作用是多种多样的，且对生物有机体的生存十分关键。活性很高的亲电试剂溴甲烷将这些亲核原子烷基化——通过 S_N2 反应机理将烷基(这里是甲基)接在它们上面带来生物化学方面的大灾难(如使用了熏蒸剂的土地生长的草莓因为一种真菌——黄萎病而枯萎)。有些过程可以生成副产物 HBr，更扩大了这种物质对生命系统引起的危害。

$$R\!-\!\ddot{S}\!-\!H + CH_3\!-\!\ddot{B}r\!: \longrightarrow R\!-\!\overset{CH_3}{\underset{|}{S^+}}\!-\!H + :\ddot{B}r:^- \longrightarrow R\!-\!\ddot{S}\!-\!CH_3 + H\ddot{B}r:$$

溴甲烷的毒性不仅限于昆虫。已知人体暴露于它也会引起很多健康问题：直接接触会烧坏皮肤；长期暴露会引起肾、肝脏和中枢神经系统的损坏；吸入高浓度的溴甲烷会带来肺组织的毁坏，引起肺水肿，甚至死亡。工作环境中的溴甲烷浓度的限制为：周围空气中溴甲烷的浓度不超过百分之二十。正如许多被发现的对人类社会用处广泛的大规模使用的物质一样，溴甲烷的毒性引起的困境要求对它的使用进行及其负责的控制。在安全和效用问题上的决断并不总是很容易的，必须非常小心地估量人类的、环境的和经济上的代价。

本章小结

卤代烃的化学反应主要有以下。

1. 亲核取代反应（被羟基、烷氧基、氨基、氰基、硝酸根取代）

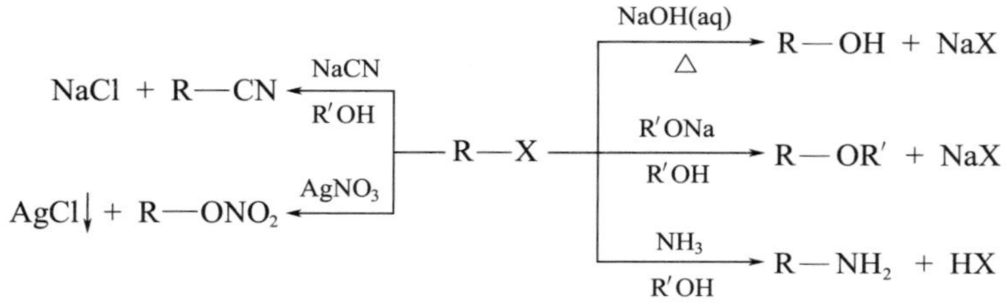

$$NaCl + R\text{—}CN \xleftarrow[R'OH]{NaCN} R\text{—}X \xrightarrow[\triangle]{NaOH(aq)} R\text{—}OH + NaX$$

$$R\text{—}X \xrightarrow[R'OH]{R'ONa} R\text{—}OR' + NaX$$

$$AgCl\downarrow + R\text{—}ONO_2 \xleftarrow{AgNO_3} R\text{—}X \xrightarrow[R'OH]{NH_3} R\text{—}NH_2 + HX$$

2. 消除反应：遵循 Saytzeff 规律

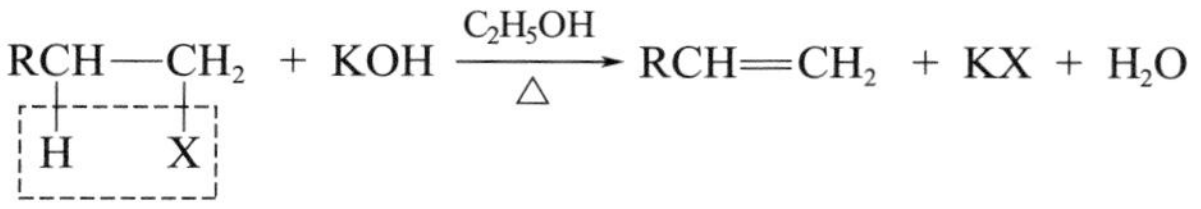

$$\underset{\substack{|\quad\ |\\ \boxed{H\quad X}}}{RCH\text{—}CH_2} + KOH \xrightarrow[\triangle]{C_2H_5OH} RCH\text{=}CH_2 + KX + H_2O$$

3. 与金属反应：生成 Grignard 试剂

$$R\text{—}X + Mg \xrightarrow{无水乙醚} R\text{—}Mg\text{—}X$$

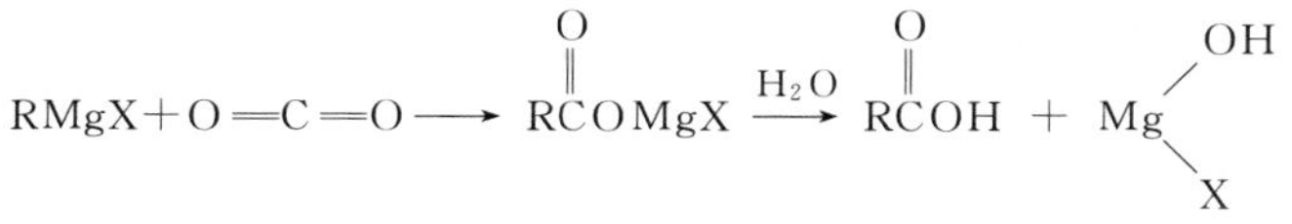

$$RMgX + O\text{=}C\text{=}O \longrightarrow RCOMgX \xrightarrow{H_2O} RCOH + Mg\Big\langle{}^{OH}_{X}$$

习　题

7-1　用系统命名法命名下列各化合物。

(1) 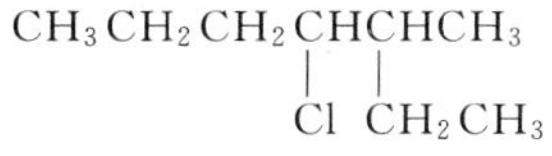　$CH_3CH_2CH_2\underset{\underset{Cl}{|}}{CH}\underset{\underset{CH_2CH_3}{|}}{CH}CH_3$

(2)

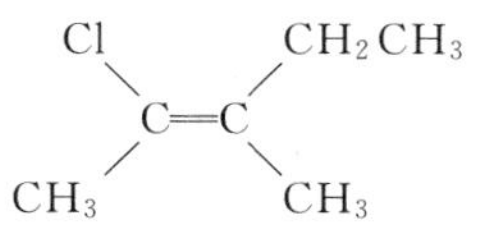

(3)

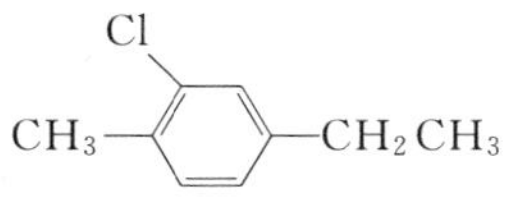

(4)

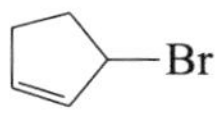

(5)

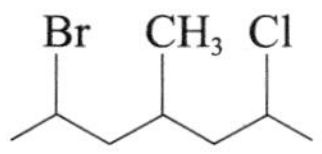

(6) 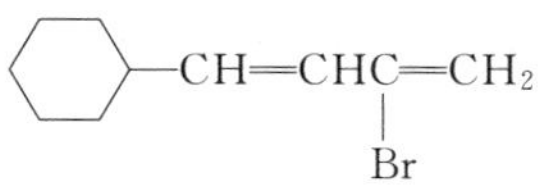　$\bigcirc\text{—}CH\text{=}CHC\underset{\underset{Br}{|}}{}\text{=}CH_2$

(7) Cl

(8) Br / Br

(9) Cl

(10) Br

7-2 写出下列化合物的构造式。

(1) 烯丙基氯　　　　(2) 苄基溴　　　　(3) 碘仿

(4) 异丙基溴化镁　　(5) 间溴甲苯　　　(6) (*E*)-3-苯基-1-溴-2-丁烯

7-3 完成下列反应式。

(1) $C_2H_5CH=CH_2$ $\xrightarrow{Br_2}$? $\xrightarrow[\triangle]{KOH/醇}$? $\xrightarrow[HgSO_4,H_2SO_4]{H_2O}$?

(2) ⬡—$CH_2CHCH_2CH_3$ $\xrightarrow[\triangle]{KOH/醇}$?
　　　　　　　　｜
　　　　　　　　Br

(3) ⬡—CH_2Cl + ⬡—$C(CH_3)_3$ $\xrightarrow{AlCl_3}$?

(4) $C_6H_5CH=CH_2$ $\xrightarrow{HBr}$? $\xrightarrow{Mg}{无水乙醚}$? $\xrightarrow[(2)\ H_3O^+]{(1)\ CO_2}$?

(5) $CH_2=CHCH_3$ $\xrightarrow{NBS}$? $\xrightarrow{NaCN}$? $\xrightarrow[H^+]{H_2O}$?

(6) $ClCH=CHCH_2Cl$ $\xrightarrow[ROH]{AgNO_3}$?

(7) ⬡—CH_3 $\xrightarrow[h\nu]{Cl_2}$? $\xrightarrow[H_2O]{NaOH}$?

7-4 判断下列各反应的活性次序。

(1) 氯化苄、对氯甲苯、1-苯基-2-氯乙烷与 $AgNO_3$ 乙醇溶液反应

(2) 1-溴环戊烯、3-溴环戊烯、4-溴环戊烯与 $AgNO_3$ 乙醇溶液反应

7-5 比较下列各组化合物按 S_N1 机理水解时的反应速率。

(1) ①1-苯基-1-氯丙烷　　②1-苯基-2-氯丙烷　　③1-苯基-3-氯丙烷

(2) ① $CH_3CH_2C(CH_3)_2$　　② $CH_3CH_2CHCH_3$　　③ $CH_3CH_2CH_2CH_2Br$
　　　　　　　｜　　　　　　　　　　｜
　　　　　　　Br　　　　　　　　　　Br

7-6 试判断在下列各种情况下卤代烷水解是属于 S_N2 机理还是 S_N1 机理。

(1) 产物的构型完全转化　　　　(2) 反应分两步进行

(3) 碱的浓度增大，反应速率加快　(4) 叔卤代烷水解

7-7 某烃 A 的分子式为 C_5H_{10}，不能使 Br_2-CCl_4 溶液褪色，在紫外光照射下与溴作用只得到一种一溴取代物 B（C_5H_9Br）。将化合物 B 与 KOH 的醇溶液作用得到 C（C_5H_8），化合物 C 经臭氧化并在 Zn 粉存在下水解得到戊二醛（$OCHCH_2CH_2CH_2CHO$）。请推测 A、B、C 的结构式。

7-8 化合物 A 和 B，分子式为 $C_6H_{11}Cl$，A 脱氯化氢生成 C，C 经酸性高锰酸钾氧化生成 HOOC$(CH_2)_4$COOH；B 脱氯化氢生成 D，D 用酸性高锰酸钾氧化生成 $CH_3COCH_2CH_2CH_2COOH$，写出 A、B、C、D 的构造式。

7-9 某烃 A（C_3H_6）在低温时与氯作用生成 B（$C_3H_6Cl_2$），在高温时则生成 C（C_3H_5Cl）。使 C 与乙基碘化镁反应得 D（C_5H_{10}），后者与 NBS 作用生成 E（C_5H_9Br）。使 E 与氢氧化钾的乙醇溶液共热，主要生成 F（C_5H_8），后者又可与顺丁烯二酸酐反应得 G。写出 A 至 G 的结构式。

chapter 08

醇、酚和醚

醇、酚和醚都是重要的烃的含氧衍生物。醇和酚都是含有羟基（—OH）官能团的化合物，羟基直接与脂肪烃基相连的是醇类化合物，直接与芳基相连的是酚类化合物。例如：

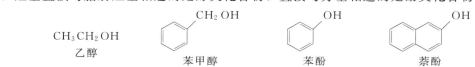

$$CH_3CH_2OH$$
乙醇

苯甲醇   苯酚   萘酚

醚的官能团是醚键（—O—），醚是醚键直接与两个烃基相连的化合物。例如：

$$CH_3—O—CH_3$$
二甲醚   苯甲醚   二苯醚

8.1 醇

8.1.1 醇的结构

醇可以看成是脂肪烃基、脂环烃基以及芳环侧链与羟基（—OH）相连的化合物。—OH是醇的官能团，称为醇羟基。

甲醇分子中，氧原子是以 sp^3 形式杂化的。羟基氧原子以一个 sp^3 杂化轨道与甲基上碳原子的 sp^3 杂化轨道重叠形成一个 C—Oσ 键，以另一个 sp^3 杂化轨道与一个氢原子的 1s 轨道重叠形成一个 O—Hσ 键。其余两个 sp^3 杂化轨道分别被一对未共用电子对占据。甲醇结构如图 8-1 所示。

图 8-1 甲醇结构示意图

8.1.2 醇的分类和命名

8.1.2.1 醇的分类

醇可根据分子中烃基的结构不同分为脂肪醇、脂环醇和芳香醇，也可根据烃基结构中是否含有重键分为饱和醇和不饱和醇。例如：

脂肪醇

$$CH_3OH \qquad CH_3CH_2OH \qquad CH_2{=}CHCH_2OH$$
饱和醇   不饱和醇

脂环醇

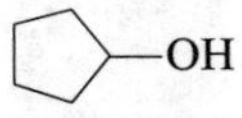

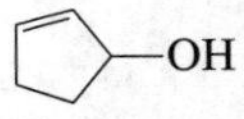

饱和醇   不饱和醇

芳香醇

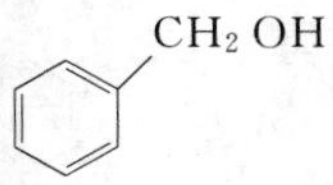

醇还可根据与羟基直接相连的烃基碳的类型不同分为伯、仲和叔醇（1°、2°和3°醇）。例如：

$$RCH_2{-}OH \qquad R_2CH{-}OH \qquad R_3C{-}OH$$
伯（1°）醇   仲醇（2°）   叔醇（3°）

根据醇分子中所含羟基数目的多少可分为一元醇、二元醇和多元醇等。例如：

$$CH_3{-}OH \qquad HO{-}CH_2CH_2{-}OH \qquad HO{-}CH_2{-}CH(OH){-}CH_2{-}OH$$
一元醇   二元醇   三元醇

8.1.2.2 醇的命名

（1）普通命名法 普通命名法适用于结构简单的醇。在"醇"字前加上烃基的名称，"基"字一般可以省去。例如：

异丙醇   环戊醇   烯丙醇   苄醇

（2）系统命名法 系统命名法适用于结构复杂的醇。首先选择连有羟基的最长碳链为主链，从离羟基最近的一端给主链编号，按主链所含碳原子的数目称为"某醇"，将取代基的位次、数目、名称以及羟基的位次分别标明于母体名称前。例如：

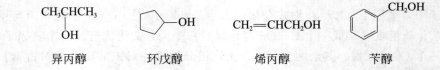

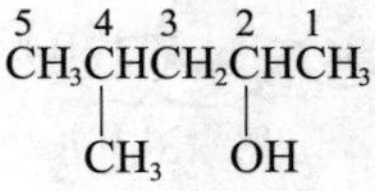

4-甲基-2-戊醇 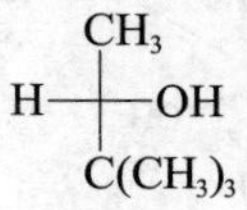   (S)-3,3-二甲基-2-丁醇

不饱和醇的命名，应选择同时连有羟基和不饱和键的最长碳链为主链，按主链所含碳原子的数目称为"某烯醇"或"某炔醇"，其他原则与饱和醇相同。例如：

$$\overset{4}{C}H_2=\overset{3}{C}H\overset{2}{C}H\overset{1}{C}H_2OH$$
$$\underset{\underset{CH_3}{|}}{}$$

2-甲基-3-丁烯-1-醇

(Z)-3,4-二甲基-3-己烯-2-醇

芳香醇的命名，将芳环作为取代基，然后按脂肪醇来命名。例如：

$$\overset{3}{C}H_3-\overset{2}{C}H\overset{1}{C}H_2OH$$

2-苯基-1-丙醇

3-苯基-2-丙烯醇(肉桂醇)

多元醇的命名，主链应连有尽可能多的羟基，按主链所含碳原子和羟基的数目称为"某二醇"、"某三醇"等。例如：

$(CH_3)_2C-C(CH_3)_2$
OHOH

2,3-二甲基-2,3-丁二醇

$CH_2CHCH_2CH_2$
OH OH OH

1,2,4-丁三醇

8.1.3 醇的物理性质

直链饱和一元醇中，$C_1 \sim C_4$ 的醇为具有酒味的流动液体，$C_5 \sim C_{11}$ 为具有不愉快气味的油状液体，C_{12} 以上的醇为无臭无味的蜡状固体。二元醇和多元醇都具有甜味，故乙二醇有时称为甘醇。

醇含有羟基，分子间可以形成氢键，所以醇的沸点比分子量相近的烃或卤代烃都要高。随着分子量的增加，醇的沸点有规律地升高，每增加一个 CH_2，沸点升高约 $18 \sim 20 ℃$。碳原子数相同的醇，支链越多沸点越低。醇分子中羟基数目增多，分子间能形成更多的氢键，沸点也就更高。

醇中的羟基能与水形成氢键，是亲水基团，而烃基是疏水基团，所以在分子中引入羟基能增加化合物的水溶性。$C_1 \sim C_3$ 的一元醇，由于羟基在分子中所占的比例较大，可与水任意混溶；$C_4 \sim C_9$ 的一元醇，由于疏水基团所占比例越来越大，在水中的溶解度迅速降低；C_{10} 以上的一元醇则难溶于水。一些常见醇的物理常数见表 8-1。

表 8-1 一些醇的物理常数

名称	结构式	熔点/℃	沸点/℃	相对密度(d_4^{20})	溶解度(100g 水中)/g	折射率(n)
甲醇	CH_3OH	−97.8	65	0.7914	∞	1.3288
乙醇	CH_3CH_2OH	−117.3	78.5	0.7893	∞	1.3611
正丙醇	$CH_3CH_2CH_2OH$	−126.5	97.4	0.8035	∞	1.3850
异丙醇	$CH_3CH(OH)CH_3$	−89.5	82.4	0.7855	∞	1.3776
正丁醇	$CH_3(CH_2)_3OH$	−89.5	117.2	0.8098	7.9	1.3993
异丁醇	$(CH_3)_2CHCH_2OH$	−108	108	0.8018	8.5	1.3968

名称	结构式	熔点/℃	沸点/℃	相对密度(d_4^{20})	溶解度 (100g 水中)/g	折射率(n)
仲丁醇	$CH_3CH(OH)CH_2CH_3$	−115	99.5	0.8063	12.5	1.3978
叔丁醇	$(CH_3)_3COH$	25.5	82.3	0.7887	∞	1.3878
正戊醇	$CH_3(CH_2)_4OH$	−79	137.3	0.8144	2.7	1.4101
正己醇	$CH_3(CH_2)_5OH$	−52	158	0.8136	0.59	1.4641
环己醇	⬡—OH	25.1	161.1	0.9624	3.6	1.4650
烯丙醇	$CH_2=CHCH_2OH$	−129	97.1	0.8540	∞	1.4135
苄醇	⬡—CH_2OH	−15.3	205.3	1.0419(24)	~4	1.5396
乙二醇	$HOCH_2CH_2OH$	−11.5	198	1.1088	∞	1.4318

醇也能溶于强酸（如 H_2SO_4、HCl），这是由于醇能和酸中质子结合成𬬭盐 $\left[\begin{smallmatrix} R-\overset{+}{O}-H \\ | \\ H \end{smallmatrix}\right] X^-$ 的缘故。正因为醇能和质子形成𬬭盐，故醇在强酸水溶液中溶解度要比在纯水中大，如正丁醇在水中溶解度只有 8%，但能和浓盐酸混溶。醇还能溶于浓硫酸，这个性质在有机分析中很重要，常被用来区别醇和烷烃，因为烷烃不溶于强酸。

低级醇能和一些无机盐类（如 $MgCl_2$、$CaCl_2$、$CuSO_4$ 等）形成结晶状的分子化合物，称为结晶醇，如 $MgCl_2·6CH_3OH$、$CaCl_2·4C_2H_5OH$、$CaCl_2·4CH_3OH$ 等。结晶醇不溶于有机溶剂而溶于水。利用这一性质可使醇与其他有机物分离或从反应物中除去醇类，如乙醚中的少量乙醇，加入 $CaCl_2$ 便可将其除去。

8.1.4 醇的化学性质

醇的化学性质由羟基决定，醇的大部分反应都涉及 O—H 键和 C—O 键的断裂。此外，由于羟基的吸电子诱导效应，α-H 和 β-H 有一定的活泼性，醇还能发生氧化及消除等反应。

$$\underset{\underset{\beta}{H}}{\overset{|}{-C}}-\underset{\underset{\alpha}{H}}{\overset{|}{C}}\overset{\delta^+}{-}\overset{\delta^-}{O}-H$$

8.1.4.1 与金属钠的反应

与水一样，醇羟基中的 H 可与活泼金属作用，生成醇的金属化合物，同时放出氢气。但由于醇分子中，烷基的供电子诱导效应降低了氧氢键的极性，使得醇羟基的氢原子的活性要比水分子的氢弱，因此乙醇与金属钠的反应比水与金属钠的反应缓和得多。生成的醇钠遇水迅速水解。

$$2CH_3CH_2OH + Na \longrightarrow 2CH_3CH_2ONa + H_2\uparrow$$

$$CH_3CH_2ONa + H_2O \longrightarrow CH_3CH_2OH + NaOH$$

乙醇钠是一种化学性质活泼的白色固体，其碱性非常强，不稳定，遇水迅速水解成醇和氢氧化钠，在有机合成中常作为强碱和乙氧基化剂使用。

受烷基诱导效应的影响，不同类型的醇与金属钠反应时，他们的反应活性次序是：

甲醇＞伯醇＞仲醇＞叔醇

与活泼金属发生置换反应的难易可以反映出物质的酸性强弱，因此醇的酸性比水要弱；而其共轭碱的碱性比 NaOH 还要强。

$$酸性：ROH < H_2O \qquad 碱性：RONa > NaOH$$

其他活泼金属如钾、镁、铝等也可与醇反应。例如：

$$6(CH_3)_2CHOH + 2Al \xrightarrow{HgCl_2} 2[(CH_3)_2CHO]_3Al + 3H_2\uparrow$$
$$\quad 异丙醇 \qquad\qquad\qquad\qquad 异丙醇铝$$

8.1.4.2 与氢卤酸的反应

醇与氢卤酸反应，生成卤代烃和水。这是制备卤代烃的重要方法。

$$ROH + HX \rightleftharpoons RX + H_2O \qquad X=Cl, Br, I$$

反应速率取决于醇的结构和酸的性质。不同的醇与相同的卤代酸反应，其活性顺序为：

$$烯丙醇、苄醇 > 叔醇 > 仲醇 > 伯醇$$

不同的卤代酸与相同的醇反应，其活性顺序为：

$$HI > HBr > HCl$$

其中一般醇与盐酸的反应须用无水氯化锌做催化剂才能进行。由浓盐酸与无水氯化锌配成的溶液称为卢卡斯（Lucas）试剂。含 6 个碳以下的低级醇可溶于卢卡斯试剂，反应后生成的氯代烃不溶于该试剂而出现浑浊或产生分层现象。在室温下，叔醇反应很快，立即浑浊；仲醇则需放置片刻才会出现浑浊或产生分层现象；伯醇在室温下数小时无浑浊或分层现象产生，只有在加热时才会发生相应反应。例如：

$$(CH_3)_3COH + HCl \xrightarrow[Lucas 试剂]{ZnCl_2} (CH_3)_3CCl + H_2O$$

$$CH_3CH_2CH_2CH_2OH + HCl \xrightarrow[Lucas 试剂]{ZnCl_2} CH_3CH_2CH_2CH_2Cl + H_2O$$
$$数小时不出现浑浊$$

因此，可用卢卡斯试剂来区别含 6 个碳以下的伯、仲、叔醇。另外，烯丙醇和苄醇可以直接和浓盐酸在室温下反应。

$$\text{⬡}-CH_2OH + HCl \longrightarrow \text{⬡}-CH_2Cl + H_2O$$

8.1.4.3 生成酯的反应

醇与羧酸或无机含氧酸生成酯的反应，称为酯化反应。

（1）与羧酸的酯化反应　醇和有机酸在酸性条件下，分子间脱去水生成酯。

$$RCOOH + R'OH \underset{}{\overset{H^+}{\rightleftharpoons}} RCOOR' + H_2O$$

该反应是可逆的，为提高酯的产率，可以减少产物的浓度或增加反应物的浓度，以促使平衡向生成酯的方向移动。

（2）与无机含氧酸的酯化反应　常见的无机含氧酸有硫酸、硝酸、磷酸，反应生成无机酸酯。例如：

$$CH_3OH + HOSO_2OH \rightleftharpoons CH_3OSO_2OH + H_2O$$
$$硫酸氢甲酯$$

$$2CH_3OSO_2OH \longrightarrow CH_3OSO_2OCH_3 + H_2O$$
硫酸二甲酯

$$\begin{array}{c} H_2C-OH \\ | \\ HC-OH \\ | \\ H_2C-OH \end{array} + 3HNO_3 \longrightarrow \begin{array}{c} H_2C-ONO_2 \\ | \\ HC-ONO_2 \\ | \\ H_2C-ONO_2 \end{array} + 3H_2O$$
三硝酸甘油酯（硝化甘油）

磷酸的酸性较硫酸、硝酸弱，一般不易直接与醇酯化。

低级醇的硫酸酯是常用的烷基化试剂，如硫酸二甲酯和硫酸二乙酯，在合成中经常使用，但毒性较大，使用时要注意安全。硝酸酯受热易爆炸，亚硝酸酯也易分解，它们中的一些化合物可作为扩张心血管、缓解心绞痛的药物使用。某些磷酸酯，如葡萄糖、果糖等的磷酸酯是生物体内代谢过程中的重要中间产物，有的磷酸酯则是优良的杀虫剂、除草剂。

8.1.4.4 脱水反应

醇在脱水剂如浓硫酸、氧化铝等存在下加热可发生脱水反应。脱水反应有两种方式，即分子内脱水生成烯烃和分子间脱水生成醚。以哪种脱水方式为主，与醇的结构及反应的条件有关。

（1）分子内脱水　将乙醇和浓硫酸加热到170℃或将乙醇的蒸气在360℃下通过氧化铝，乙醇可经分子内脱水（消除）生成乙烯。

$$CH_3CH_2OH \xrightarrow[\triangle]{H_2SO_4} H_2C=CH_2 + H_2O$$

仲醇和叔醇分子内脱水时，遵循扎依采夫规则，即脱去含氢较少 β-C 上的氢，生成双键上带有较多烃基的烯烃。例如：

$$\begin{array}{c} CH_3CHCH_2CH_3 \\ | \\ OH \end{array} \xrightarrow[\triangle]{H_2SO_4} \underset{\text{主要产物}}{CH_3CH=CHCH_3} + \underset{\text{次要产物}}{CH_2=CHCH_2CH_3}$$

不同结构的醇，发生分子内脱水反应的难易程度是不同的，其反应活性顺序为：

叔醇＞仲醇＞伯醇

（2）分子间脱水　乙醇在硫酸存在下加热到140℃或将乙醇的蒸气在260℃下通过氧化铝，分子间脱水形成乙醚。

$$2CH_3CH_2OH \xrightarrow[\triangle]{H_2SO_4} CH_3CH_2OCH_2CH_3 + H_2O$$

从上面反应可以看出：相同的反应物、相同的催化剂和较高的温度有利于分子内脱水，发生消除反应生成烯烃；而相对较低的温度则有利于分子间脱水而生成醚。

8.1.4.5 氧化反应

由于羟基的影响，醇分子中 α-H 的 C—H 键极性增强，容易发生断裂，可以被氧化或在催化剂存在条件下脱氢。

伯醇首先被氧化成醛，醛被继续氧化成羧酸（醛比醇更容易被氧化）；仲醇则被氧化成相应的酮。叔醇没有 α-H，难以被氧化。

$$RCH_2OH \xrightarrow{[O]} RCHO \xrightarrow{[O]} RCOOH$$
伯醇　　　　醛　　　　羧酸

$$\underset{OH}{RCHR'} \xrightarrow{[O]} \underset{O}{RCR'}$$

$$\underset{OH}{R-\overset{R}{\underset{|}{C}}-R} \xrightarrow{[O]} \times$$
叔醇

常用的氧化剂是重铬酸钾的硫酸溶液。例如：

$$CH_3CH_2OH + K_2Cr_2O_7 + H_2SO_4 \longrightarrow CH_3COOH + Cr_2(SO_4)_3 + K_2SO_4 + H_2O$$

$$\underset{OH}{CH_3CH_2CHCH_3} + K_2Cr_2O_7 + H_2SO_4 \longrightarrow \underset{O}{CH_3CH_2CCH_3} + Cr_2(SO_4)_3 + K_2SO_4 + H_2O$$

伯醇、仲醇分别被氧化，而 $Cr_2O_7^{2-}$（橙红色）被还原为 Cr^{3+}（绿色）。叔醇则无此反应。因此利用该反应可将叔醇与伯醇、仲醇区别开来。

检查司机是否酒后驾车的"呼吸分析仪"就是根据酒中所含乙醇被 $K_2Cr_2O_7$ 氧化后，溶液变色的原理设计的。

叔醇一般条件下不易被氧化，但在强氧化剂的作用下能发生 C—C 键断裂，生成较小分子的产物。

此外，伯醇或仲醇的蒸气在高温下通过活性铜或银等催化剂，可直接发生脱氢反应分别生成醛和酮，这是醇的催化脱氢反应。叔醇分子中没有 α-H，不发生脱氢反应。

$$\underset{OH}{RCH_2} \xrightarrow[\triangle]{Cu} \underset{O}{RC-H} + H_2 \uparrow$$
伯醇　　　　　醛

$$\underset{OH}{RCHR'} \xrightarrow[\triangle]{Cu} \underset{O}{RC-R'} + H_2 \uparrow$$
仲醇　　　　　酮

8.1.5 醇的重要化合物

（1）甲醇（CH_3OH）　俗称木精或木醇，为具有酒味的无色透明液体，沸点 64.7℃。甲醇最初是从木材的干馏液里分离提纯获得。现在工业上可用 CO 和 H_2 在高压下经催化反应制得。甲醇能与水和大多数有机溶剂混溶，是实验室常用的溶剂，也是一种重要的化工原料。甲醇有毒，服用少量（约 10mL）可使人失明，稍多量（约 30mL）可致死。工业酒精因含有较多甲醇，绝不可用来勾兑成饮用酒。甲醇还用做无公害燃料，如 20% 的甲醇和汽油的混合液是一种优良的发动机燃料。

（2）乙醇（CH_3CH_2OH）　是酒的主要成分，因而俗称酒精，为无色透明液体，沸点78.3℃，可以与水任意混溶。普通酒精的浓度为0.955，其中含有0.045的水，为共沸溶液（沸点78.2℃），故不能用普通蒸馏法制得纯乙醇。实验室制备无水乙醇，是在普通酒精中加入生石灰进行加热回流，水与生石灰作用生成氢氧化钙，再经蒸馏得到含有微量水（浓度约0.002）的乙醇，最后用钠干燥可得浓度为0.9995～1的无水乙醇。工业上制备无水乙醇是将普通酒精蒸气通过生石灰吸收塔，经过精馏后制得无水乙醇；还可以在普通酒精中加入苯或正己烷，再通过分馏获得无水乙醇。此外，将普通酒精通过干燥的阳离子交换树脂也可以得到无水乙醇。

酒精可通过淀粉或糖类物质的发酵而制得。发酵法酿酒起源于我国古代，后传到欧洲，至今仍是制取酒类饮料的主要方法。

乙醇用途广泛。实验室常用乙醇作溶剂。75%乙醇溶液为消毒酒精，具有杀菌作用，用于皮肤和器械的消毒。

（3）丙三醇（$CH_2OH—CHOH—CH_2OH$）　俗称甘油，是一种黏稠且略带甜味的高沸点液体，沸点290℃，能以任意比例与水混溶。甘油吸湿性很强，对皮肤有刺激性，不得直接供药用。稀释的甘油溶液能润滑皮肤，在化妆品中作为润湿剂。临床上用50%甘油溶液灌肠，以治疗便秘。

（4）苯甲醇（$C_6H_5CH_2OH$）　又名苄醇，为具有芳香气味的无色液体，沸点205℃，难溶于水，可溶于乙醇和乙醚中。由于苯甲醇具有防腐作用和弱的局部麻醉作用；医疗上制备针剂时，常加入少量苯甲醇至注射用水中制成无痛水，可减轻注射时肌肉的疼痛感。

8.2 酚

8.2.1 酚的结构

酚是羟基直接与苯环相连的芳香族化合物。羟基是酚的官能团，该羟基也称为酚羟基。

苯酚分子中，羟基氧原子以 sp^2 形式杂化。羟基上氧原子以两个 sp^2 杂化轨道分别与1个碳原子的 sp^2 杂化轨道和1个氢原子的 s 轨道形成1个 C—Oσ 键和1个 O—Hσ 键，余下的1个 sp^2 杂化轨道和1个 p 轨道则分别被一对未共用电子对占据。羟基中未杂化的 p 轨道与苯环上的大 π 键平行重叠，形成 p-π 共轭体系。如图8-2所示。

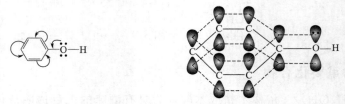

图 8-2　苯酚结构示意图

由于 p-π 共轭效应，导致羟基氧原子上的电子云密度降低，从而使得 O—H 键的极性大大增强。与醇比较，酚羟基上的氢原子更易以质子的形式解离，所以酚具有一定的酸性；同时由于 p-π 共轭效应的影响，苯环上的电子云密度增加，使苯环上的亲电取代反应比苯更容易进行。

8.2.2　酚的分类和命名

8.2.2.1　酚的分类

根据分子中含有酚羟基的数目，酚可以分为一元酚、二元酚和三元酚等。分子中只含有一个酚羟基的酚为一元酚，含有两个或两个以上酚羟基的酚为多元酚。按芳香烃基的不同，酚又可以分为苯酚、萘酚等。

8.2.2.2　酚的命名

酚的命名一般是在酚字前面加上芳环的名称作为母体名称。母体前再冠以取代基的位次、数目和名称。例如：

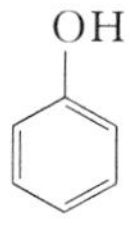

苯酚	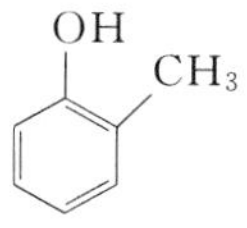 邻甲苯酚	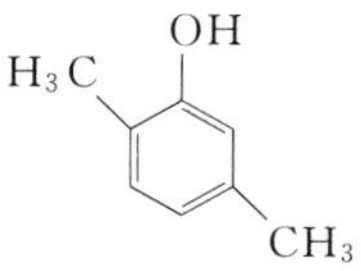 2，5-二甲基苯酚	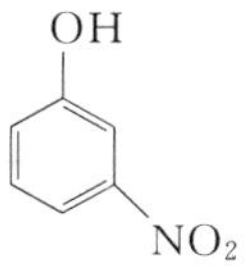 间硝基苯酚

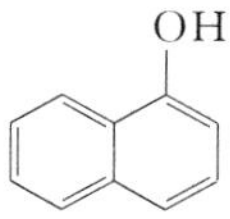

α-萘酚 （1-萘酚）	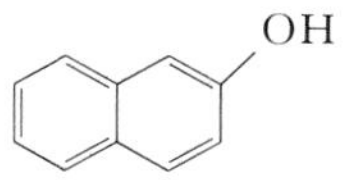 β-萘酚 （2-萘酚）

命名多元酚时，要标明羟基的数目和相对位置，称为某二酚、某三酚等。例如：

1,4-苯二酚 （对苯二酚）	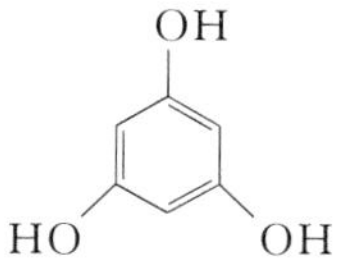 1,3,5-苯三酚 （均苯三酚）	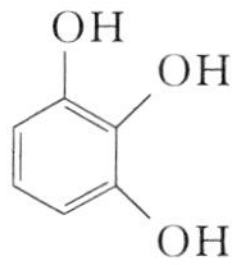 1,2,3-苯三酚 （连苯三酚）	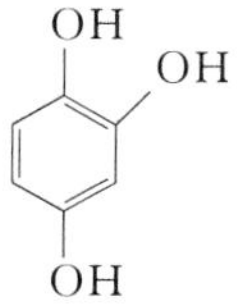 1,2,4-苯三酚 （偏苯三酚）

对于苯环上连有其他官能团的酚类也可把羟基作为取代基来命名。例如：

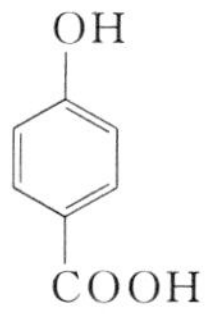

对羟基苯甲酸	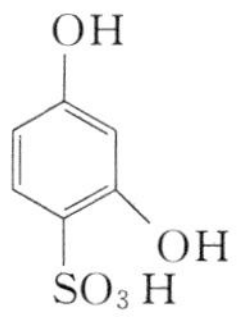 2,4-二羟基苯磺酸

8.2.3　酚的物理性质

常温下，大多数酚一般多为结晶固体，只有少数烷基酚（如：间甲基酚等）为液体。纯的酚是无色的，由于易氧化往往带有红色或褐色。由于酚分子间能形成氢键，所以酚的沸点和熔点比相应的芳烃高。酚与水分子间也能形成氢键，所以酚在水中也有一定的溶解度。一般酚类物质能溶于乙醇、乙醚、苯等有机溶剂。

常见酚的物理常数见表 8-2。

表 8-2　一些常见酚的物理常数

名称	熔点/℃	沸点/℃	溶解度（100g 水中）/g	pK_a
苯酚	43	181	9.3	9.98
邻甲苯酚	30	191	2.5	10.2
间甲苯酚	11	201	2.6	10.8
对甲苯酚	35.5	202	2.3	10.14
邻硝基苯酚	45	217	0.2	7.23
间硝基苯酚	96	分解(194)	1.4	8.40
对硝基苯酚	114	分解(279)	1.7	7.15
邻苯二酚	105	245	45.1	9.48
间苯二酚	110	281	111	9.44
对苯二酚	170	286	8	9.96
α-萘酚	94	279	难	9.31
β-萘酚	123	286	0.1	9.55

8.2.4　酚的化学性质

8.2.4.1　酸性与成盐反应

酚类具有弱酸性。例如，苯酚可以溶于氢氧化钠水溶液中，生成酚钠盐。

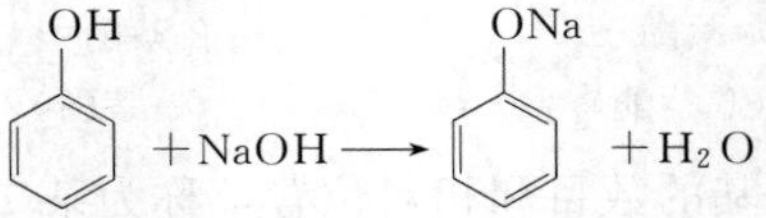

从 pK_a 值可以知道，苯酚的酸性比水和醇强，但比碳酸弱。

	H_2CO_3	C_6H_5OH	H_2O	ROH
pK_a	6.35	10.0	15.7	16～19

其他一元酚的酸性与苯酚接近，因此有下列酸性顺序：碳酸＞酚＞水＞醇

当苯环上连有吸电子基时，可使酸性增强。例如，2，4，6-三硝基苯酚的酸性（$pK_a＝0.38$）接近于无机强酸。而当苯环上连有供电子基时，可使酸性减弱，烷基酚的酸性一般比苯酚弱。

由于酚的酸性较碳酸弱，因此向酚钠的水溶液通入二氧化碳，苯酚可重新游离出来。

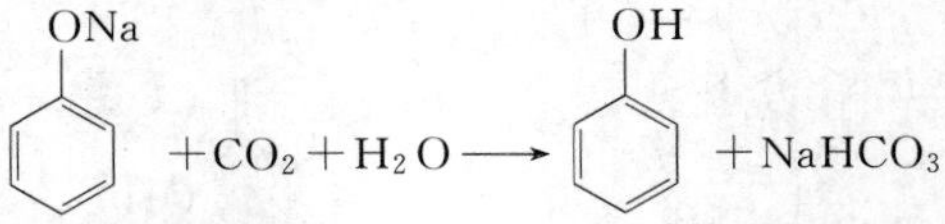

显然，难溶于水的酚同样不溶于碳酸氢钠溶液。利用这一性质，可以区分酚和比碳酸酸性强的其他有机化合物。

大多数酚类化合物不溶或微溶于水，但能溶于碱溶液，又能被酸从他们的碱溶液中分离出来。可以利用这一性质分离和提纯酚类化合物。例如：

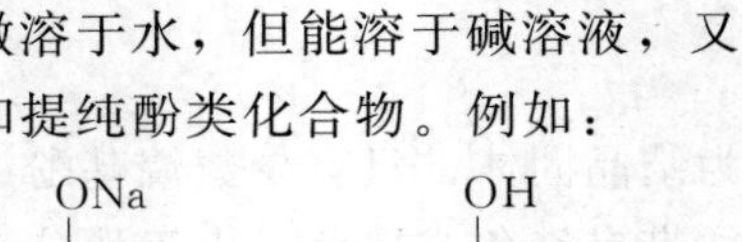

8.2.4.2 酚醚的生成

因为 p-π 共轭，酚羟基的 C—O 键很牢固，一般不能通过酚分子间脱水成醚，通常采用酚钠与卤代烷或硫酸酯等烷基化试剂制备酚醚。例如：

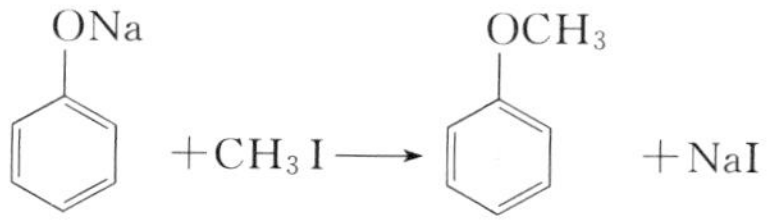

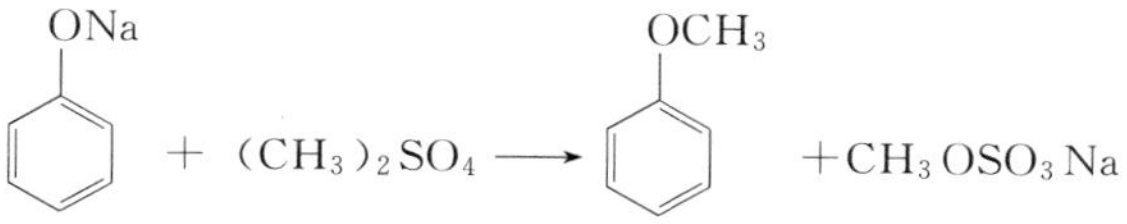

酚在碱性条件下与卤代烃、硫酸酯反应生成醚，这个方法称为 Williamson 合成法。

8.2.4.3 酚酯的生成

酚与醇不同，酚不能与酸直接酯化成酯，而是用酸酐或酰氯等酰基化试剂与酚作用制备酚酯。例如：

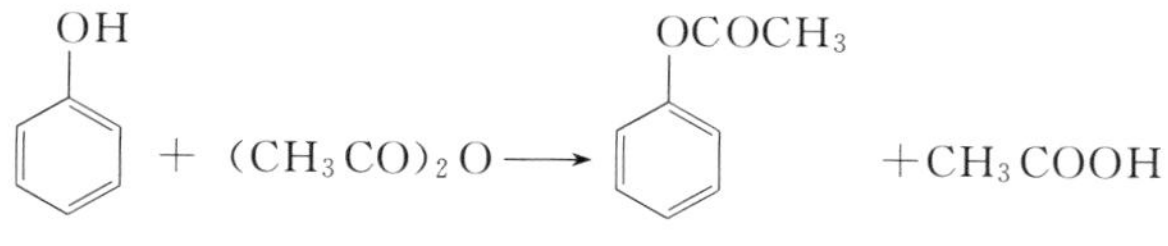

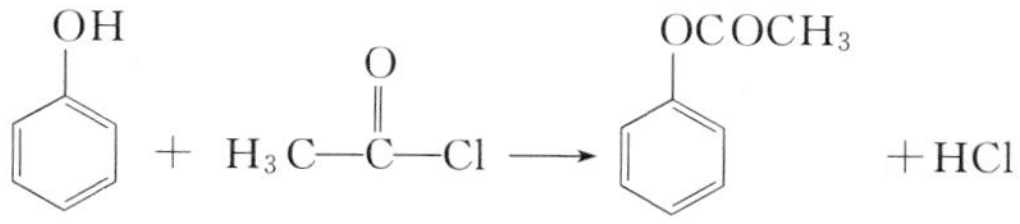

8.2.4.4 与三氯化铁的显色反应

大多数酚类都能和三氯化铁溶液发生显色反应。例如，苯酚、间苯二酚、1,3,5-苯三酚显紫色；甲苯酚显蓝色；邻苯二酚、对苯二酚显绿色；1,2,3-苯三酚显红色。显色作用的机理尚不十分清楚，一般认为是生成了有色的配合物。可用下列反应式表示。

$$6ArOH + Fe^{3+} \rightleftharpoons Fe(ArO)_6^{3-} + 6H^+$$

这类显色反应可用于酚的定性鉴别。需要指出的是，具有烯醇式结构的化合物一般都能和三氯化铁显色，实际上酚也具有烯醇式结构。

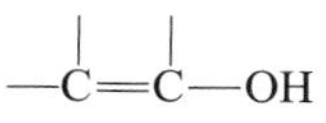

烯醇式结构 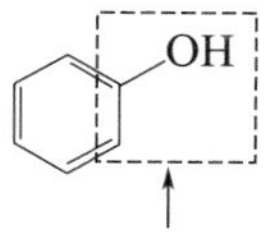   苯酚的烯醇式结构

8.2.4.5 苯环上的亲电取代反应

酚羟基对苯环既产生吸电子的诱导效应（−I），又产生给电子的共轭效应（+C），两

者综合作用的结果使苯环上的电子云密度增加，使苯环上羟基的邻、对位活化，更容易发生苯环上的亲电取代反应。

（1）卤化　酚类容易卤化，苯酚与溴水在常温下即可作用，生成白色的三溴苯酚沉淀。

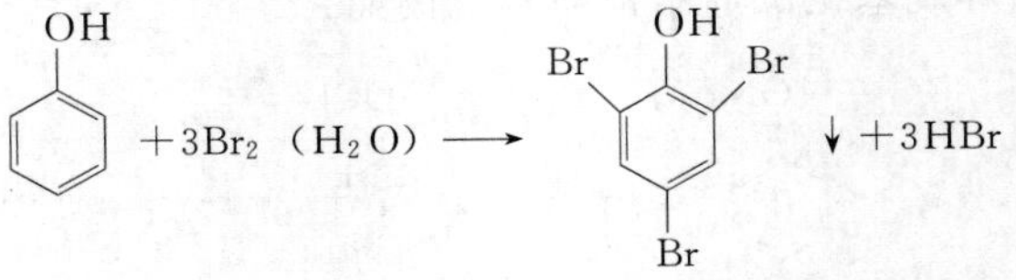

2,4,6-三溴苯酚（白色）

苯酚与溴水的反应灵敏度高，一般溶液中苯酚含量达 10mg·(kg)$^{-1}$ 即可检出，且反应是定量的，所以常用于苯酚的定性和定量分析及饮用水的监测。

（2）硝化　在低温下，稀硝酸与苯酚作用可得到邻、对硝基苯酚。

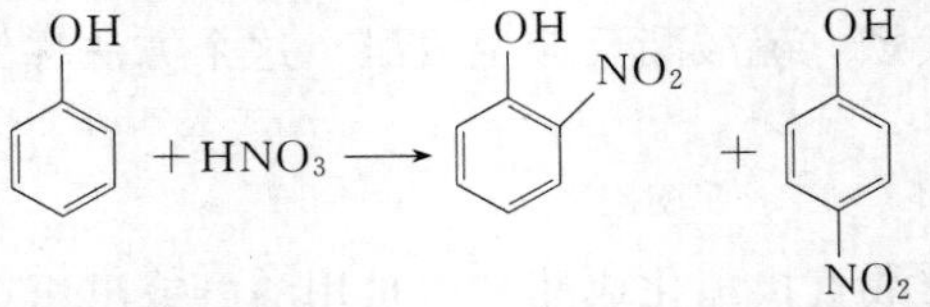

苯酚与浓硝酸作用，可生成 2,4,6-三硝基苯酚，俗名苦味酸，是一种烈性炸药。

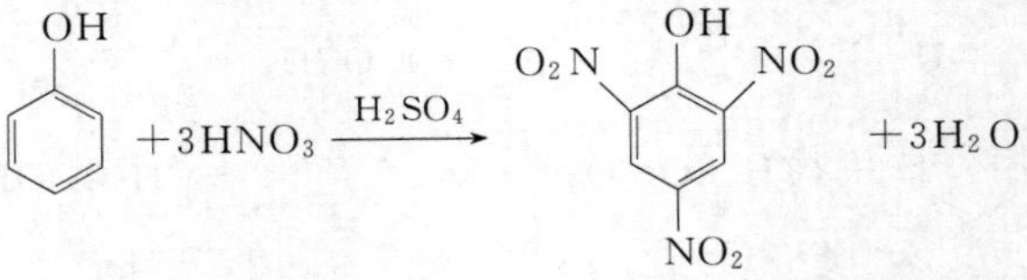

2,4,6-三硝基苯酚（苦味酸）

（3）磺化　在常温下，苯酚与浓硫酸发生磺化反应，生成邻羟基苯磺酸；在 100℃ 进行磺化，则主要产物是对羟基苯磺酸。这是由于磺基位阻大，温度升高时，邻位的位阻效应显著，所以取代反应主要在对位上进行。

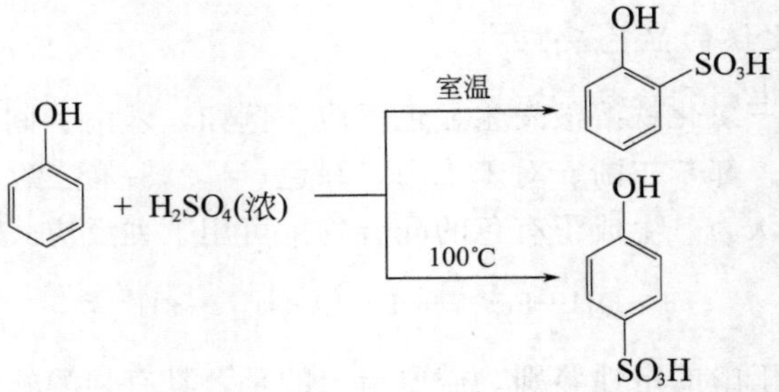

8.2.4.6　氧化反应

酚类化合物很容易被氧化。无色的苯酚在空气中能逐渐被氧化而显粉红色、红色或暗红色，产物很复杂。苯酚若用重铬酸钾的硫酸溶液或高锰酸钾溶液氧化，则生成对苯醌。

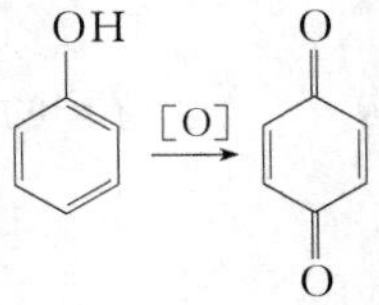

多元酚更容易被氧化，产物也是醌类。例如：

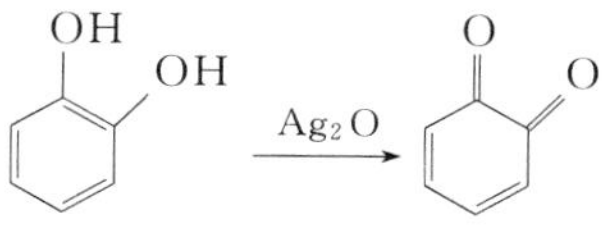

邻苯醌

对苯二酚作为显影剂，就是因为它可以将曝光活化了的溴化银还原成金属银的性质。利用酚类化合物易被氧化的特性，人们常将许多酚作为抗氧剂使用。

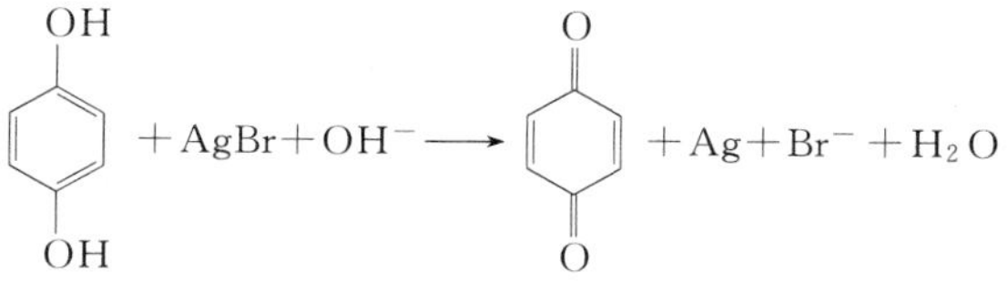

8.2.5 酚的重要化合物

（1）苯酚（C_6H_5OH） 俗称石炭酸，是一种有特殊气味的无色晶体，熔点 43℃，沸点 181℃。苯酚存在于煤焦油中，具有弱酸性。苯酚常温下稍溶于水，易溶于乙醇、乙醚、苯和氯仿等有机溶剂。

苯酚能凝固蛋白质，在医药上用作消毒剂。在苯酚固体中加入 10% 的水，即是临床所用的液化苯酚（又称液体酚）。3%～5% 的苯酚水溶液可以消毒外科手术器械。苯酚易氧化，平时应贮藏于棕色瓶内，密闭避光保存。苯酚对皮肤有强烈腐蚀性，使用时应特别注意。有研究结果表明，在酚的苯环上引入烷基、苯基、氯等取代基，能增加其杀菌能力。

（2）苯甲酚 简称甲酚，因来源于煤焦油，所以俗称煤酚。从煤焦油中提炼出的甲酚含有邻、间、对甲苯酚三种异构体。它们的沸点接近（分别为 191℃、202.2℃、201.8℃），难以分离，实际上直接使用它们的混合物。煤酚的杀菌力比苯酚强，因难溶于水，故利用酚类化合物的弱酸性，配成 47%～53% 的肥皂溶液，称为煤酚皂溶液，俗称"来苏儿"，临用时加水稀释，用于消毒皮肤、器具及病人的排泄物。

（3）苯二酚 有邻、间、对三种异构体。三种异构体均有俗名：邻苯二酚俗名儿茶酚、间苯二酚俗名雷琐辛、对苯二酚俗名氢醌。其中邻苯二酚和对苯二酚易被氧化，故常用作还原剂和抗氧剂。

邻苯二酚的衍生物存在于生物体内。例如，人体代谢中间体 3，4-二羟基苯丙氨酸［又称多巴（DOPA）］和医学上常用的具有升压和平喘作用的肾上腺素均含有儿茶酚的结构。

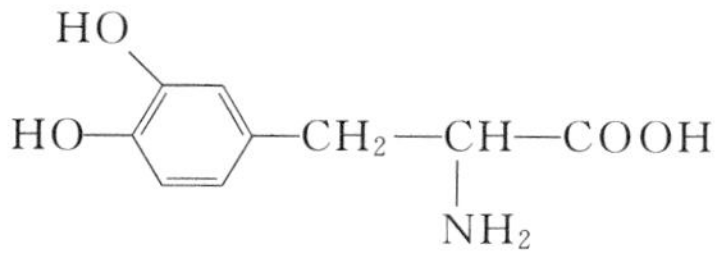

DOPA 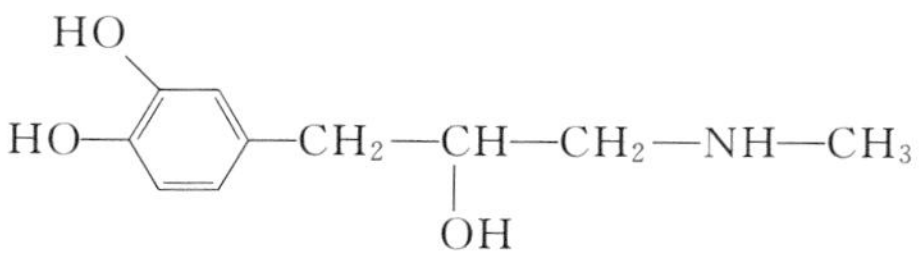   肾上腺素

苯二酚具有杀灭细菌和真菌的能力，在医药上曾用于治疗皮肤病如湿疹和癣症等。

8.3 醚

8.3.1 醚的结构

醚可以看成水分子中的两个氢原子被烃基取代生成的化合物，也可看成醇或酚分子中羟

基上的氢被烃基取代的产物，通式表示为：R—O—R′、R—O—Ar、Ar—O—Ar′，其中
—O—称为醚键，是醚的官能团。

醚分子中的氧原子为 sp^3 杂化，醚键的键角接近 109.5°。例如，甲醚分子中醚键的键角
约为 112°。

图 8-3　醚的结构示意图

8.3.2　醚的分类和命名

8.3.2.1　醚的分类

根据分子中烃基的结构，醚可分为脂肪醚和芳香醚。两个烃基相同的醚叫做简单醚，不
相同的叫做混合醚。具有环状结构的醚，称为环醚。例如：

$$CH_3OCH_2CH_3 \qquad CH_3CH_2OCH_2CH_3 \qquad \begin{matrix} CH_2 —\!\!\!—\, CH_2 \\ \diagdown\;O\;\diagup \end{matrix}$$

混合醚　　　　　　　　简单醚　　　　　　　　　环醚

8.3.2.2　醚的命名

结构简单的醚一般采用普通命名法命名，即在烃基的名称后面加上"醚"字，烃基的
"基"字可省略。两个烃基相同时，"二"字也可省略，例如：

$$CH_3OCH_3 \qquad \underset{\substack{|\;\;\;\;\;|\\ CH_3\;\;CH_3}}{CH_3CHOCHCH_3} \qquad$$

（二）甲（基）醚　　　（二）异丙（基）醚　　　（二）苯（基）醚

两个烃基不相同时，脂肪醚命名时将小的烃基放在前面，芳香醚命名时则把芳基放在前
面，例如：

$$CH_3OCH_2CH_3 \qquad \underset{\substack{|\\ CH_3}}{CH_3CH_2OCH_2CHCH_3} \qquad CH_3CH_2OCH_2\!=\!\!CH_2$$

甲乙醚　　　　　　　乙基异丁基醚　　　　　　　　乙基乙烯基醚

$$\underset{}{\diagup\!\!\!\diagdown}O—CH_3 \qquad\qquad \overset{OCH_2CH_3}{}$$

苯甲醚　　　　　　　　　　　　β-萘乙醚

结构复杂的醚可采用系统命名法命名，即选择较长的烃基为母体，有不饱和烃基时，选
择不饱和度较大的烃基为母体，将较小的烃基与氧原子一起看作取代基，叫做烷氧基
（RO—）。例如：

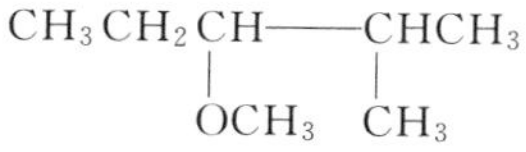

2-甲基-3-甲氧基戊烷 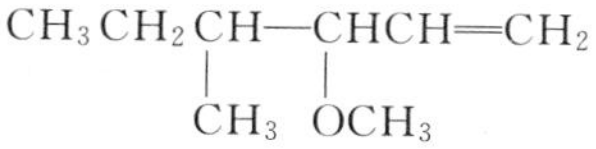　　　　4-甲基-3-甲氧基-1-己烯

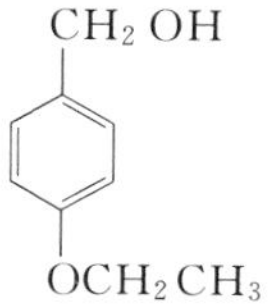

对乙氧基苯甲醇　　　　1，2-二甲氧基乙烷

命名三、四元环的环醚时，标出氧原子所在母体的序号，以"环氧某烷"来命名。例如：

1,2-环氧丙烷　　　　1,3-环氧丙烷

2,3-环氧丁烷　　　　2-甲基-1,3-环氧丁烷

更大的环醚一般按杂环化合物来命名。

1,4-环氧丁烷（四氢呋喃）　　　　1,4-二氧六环

8.3.3　醚的物理性质

常温下，除甲醚、甲乙醚为气体外，大多数醚为无色、有香味、易挥发、易燃烧的液体。

醚的沸点比相应分子量的醇低得多（正丁醇沸点117.3℃，乙醚沸点34.5℃），与分子量相近的烷烃相当。其原因是由于醚分子中氧原子的两边均为烃基，没有活泼氢原子，醚分子之间不能形成氢键。乙醚蒸气与空气混合达到一定比例遇火即爆炸，爆炸极限为1.85%～36.5%。

醚也是一类良好的溶剂，乙醚就是常用的有机溶剂和萃取剂，在医药上还是常用的麻醉剂。

醚分子与水分子间能形成氢键，故醚在水中的溶解度与相同碳原子的醇相近。

一些常见醚的物理常数见表8-3。

表 8-3　常见醚的物理常数

名称	熔点/℃	沸点/℃	溶解度(100g 水中)/g	相对密度(20℃)
甲醚	−138.5	−24	∞	0.661
乙醚	−116.2	34.5	7.5	0.714
正丙醚	−112	90.5	微溶	0.752
正丁醚	−97.9	142	<0.05	0.769

名称	熔点/℃	沸点/℃	溶解度(100g 水中)/g	相对密度(20℃)
苯甲醚	−37.5	155	不溶	0.994
二苯醚	26.9	258.3	微溶	1.074
环氧乙烷	−111.3	10.7	∞	0.897
四氢呋喃	−65	67	∞	0.889
1,4-二氧六环	11	101	∞	1.034

8.3.4 醚的化学性质

8.3.4.1 锌盐的生成

醚都能溶解于冷的强酸中。由于醚键上的氧原子具有未共用电子对，能接受强酸中的 H^+ 而生成锌盐，一旦生成即溶于冷的浓酸溶液中。而烷烃不与冷的浓酸反应也不溶于其中。所以用此反应可区别烷烃和醚。

$$R\overset{\cdot\cdot}{\underset{\cdot\cdot}{O}}R + HCl \longrightarrow R\overset{+}{\underset{H}{O}}R + Cl^-$$

$$R\overset{\cdot\cdot}{\underset{\cdot\cdot}{O}}R + H_2SO_4 \longrightarrow R\overset{+}{\underset{H}{O}}R + HSO_4^-$$

锌盐在浓酸中稳定，但在水中水解。故锌盐加水稀释时醚可重新分出。利用此性质可将醚从烷烃或卤代烃中分离出来。如正戊烷和乙醚几乎具有相同沸点，醚溶于冷浓硫酸中，正戊烷不溶于浓硫酸。把正戊烷和乙醚的混合液与冷浓硫酸混合，可得到两个明显的液层。

醚的氧原子带有未共用电子对，所以醚是一种 Lewis 碱，能与三氟化硼等 Lewis 酸配位生成配合物。Lewis 酸是一个电子接受体，如 BF_3 分子中 B 有空轨道，可与多电子的碱性物质结合形成配合物。

$$\overset{Et}{\underset{Et}{}}O + BF_3 \longrightarrow \overset{Et}{\underset{Et}{}}O:\overset{F}{\underset{F}{B}}-F$$

BF_3 是一种常用的催化剂。虽然起催化作用的是 BF_3，但由于它是气体（b.p. −101℃），直接使用有困难，故常将它配成乙醚溶液使用。

8.3.4.2 醚键的断裂

在较高温度下，强酸能使醚键断裂，使醚键断裂最有效的试剂是浓 HI 或 HBr。烷基醚断裂后生成卤代烷和醇，而醇又可以进一步与过量的 HX 作用形成卤代烷。

$$R-O-R' + HX \longrightarrow RX + R'OH$$
$$\downarrow HX$$
$$R'X + H_2O$$

混醚与 HI 反应时，一般是较小的烷基生成卤代烷，较大的烷基生成醇。

$$CH_3-O-CH_2CH_3 + HI \longrightarrow CH_3I + CH_3CH_2OH$$

芳基醚与 HI 反应时，通常生成卤代烷和酚。

$$\text{C}_6\text{H}_5\text{—O—CH}_3 + \text{HI} \longrightarrow \text{CH}_3\text{I} + \text{C}_6\text{H}_5\text{—OH}$$

8.3.4.3 过氧化物的生成

低级醚在长期放置过程中，因为与空气接触，会慢慢地被氧化成过氧化物。

$$\text{CH}_3\text{CH}_2\text{—O—CH}_2\text{CH}_3 + \text{O}_2 \longrightarrow \underset{\overset{|}{\text{O—OH}}}{\text{CH}_3\text{CH}_2\text{—O—CHCH}_3}$$

过氧化物极不稳定，遇热容易分解，发生强烈爆炸，故在实验室蒸馏醚时注意不要蒸干，以免发生爆炸事故。除去过氧化物的方法是在蒸馏以前，加入适量还原剂如 5% 的 FeSO_4 于醚中，使过氧化物分解。为了防止过氧化物的形成，市售绝对乙醚中常加有 0.05ppm（1ppm＝mg·L^{-1}）二乙基氨基二硫代甲酸钠作抗氧化剂。

检验醚中是否有过氧化物的方法，是将碘化钾的醋酸溶液（或水溶液）加入少量醚中，震荡，若有碘游离出来（I$^-$ 与过氧化物反应生成 I$_2$），溶液显紫色或棕红色，就表明有过氧化物存在。或用硫酸亚铁和硫氰化钾（KSCN）混合物与醚振荡，如有过氧化物存在，会显红色。

$$\text{过氧化物} + \text{Fe}^{2+} \longrightarrow \text{Fe}^{3+} \xrightarrow{\text{SCN}^-} \underset{\text{红色}}{\text{Fe(SCN)}_6^{3-}}$$

8.3.5 醚的重要化合物

（1）乙醚　乙醚是最常见和常用的醚。乙醚是具有特殊气味的无色透明液体，沸点 34.5℃，微溶于水，极易挥发和着火，空气中乙醚的量达到一定限度时，遇火即会引起爆炸，故使用时要格外小心，避免接近火种。乙醚化学性质稳定，能够溶解很多有机物，是常用的有机溶剂和萃取剂。在提取中草药中的有效成分时，常用乙醚作溶剂。乙醚有麻醉作用，临床上曾用作麻醉剂。由于乙醚可引起恶心和呕吐等副作用，目前临床上已逐渐用性质更稳定的药物如安氟醚和异氟醚等代替。

（2）冠醚　冠醚是近三十年来新发展起来一类化合物，是分子中具有多个（OCH$_2$CH$_2$）结构单位的环状多醚，因分子的形状像王冠而称为冠醚。

冠醚的合成一般用 Williamson 成醚反应。例如，18-冠-6 就是用二缩三乙二醇（三甘醇）和相应的二氯代物，在氢氧化钾的正丁醇溶液中回流反应制备。

18-冠-6(熔点39～40℃)

冠醚分子中由于有多个醚键而有特殊的配位能力。因为分子中空穴的大小随冠醚结构的差异而不同，所以它的配位作用有较高的选择性。例如，12-冠-4、15-冠-5、18-冠-6 中的空穴直径分别与 Li^+、Na^+、K^+ 的直径相近，故可分别形成稳定的配合物。利用这一性质，可以分离某些金属离子，也可以用作相转移催化剂。

冠醚易溶于有机溶剂如苯、氯仿等中，在水中的溶解度较小。当它和金属离子配合后，在水中的溶解度增大，同时又可将与金属离子结合的负离子部分一起带进有机相。因此，一些在有机相中不溶的无机盐，在冠醚的作用下，溶入了有机相中，从而使某些非均相反应变成了均相反应，而冠醚又可从有机相进入水相，继续"搬运"反应物，起到"相转移"作用。例如，用高锰酸钾氧化环己烯，因为高锰酸钾不溶于环己烯，反应难进行，收率低。加入冠醚后，冠醚与 K^+ 结合形成配合物，并将 MnO_4^- 带进有机相，反应顺利进行，收率明显提高。

阅读材料

植物多酚简介

植物多酚又名植物单宁，是植物体内种类最多的一种次生代谢产物，普遍存在于蔬菜、水果、中草药及植物种子中，尤其在茶叶、咖啡、红葡萄、芸豆、红酒中含量丰富。植物多酚是以苯酚为基本骨架，以苯环的多羟基取代为特征，包括低分子量的简单酚类和分子量大至数千道尔顿的聚合单宁类。因此，植物多酚是一类种类繁多的化学物质，有多种不同的分类原则，其中常见的分类方法是根据其基本结构上碳原子的多少，分为简单酚、香豆素类、萘醌类、夹氧杂蒽醌类、异黄酮类、黄酮类、木脂素类、单宁(包括水解单宁和缩合单宁)和酚酸类(苯甲酸类和肉桂酸类)衍生物等类。

近年来，不断有研究者从苹果、茶叶、葡萄、蓝莓等大量植物中提取得到了多酚物质。多酚具有抗氧化、抗菌和抗病毒等活性。在实际应用中，具有抗褐变、降血糖、降血压、预防心血管疾病等功效。在食品工业中，植物多酚作为抗氧化和清除自由基的活性物质，可以阻止油脂的自动氧化，对油脂和含油脂食品具有良好的抗氧化作用。植物多酚也有很好的抑菌效果。番石榴多酚能够有效地抑制虾肉糜中细菌的繁殖，延缓虾肉糜的腐败变质，延长虾肉糜在冷藏条件下的保质期；茶多酚对金黄色葡萄球菌、大肠杆菌、枯草杆菌等都有很好的抑制作用，并对肉类及其腌制品也具有良好的保质抗损效果，尤其对罐头类食品中耐热芽孢杆菌等具有显著的抑制和杀灭作用，因此可作为保鲜剂广泛应用于含有丰富动植物油脂食品等的防腐保鲜中。此外，植物多酚对胰脂肪酶的具有抑制作用，食物中 50% ～70% 的甘油三酯在胰脂肪酶的作用下被水解和吸收，胰脂肪酶是脂肪水解过程中的关键酶，而通过与胰脂肪酶活性部分相结合，抑制胰脂肪酶的活性，减少食物中甘油三酯的消化和吸收，可达到控制和治疗肥胖的目的。

目前，植物多酚在动物饲料中的应用较少。随着科学技术的进步，人们发现规模化畜禽养殖中，滥用抗生素不仅造成畜禽体内残留和蓄积毒素、致病菌产生耐药性、动物免疫力下降，甚至严重威胁人类健康。迄今实践证明植物多酚不易出现有害残留和毒副作用。由此可见，植物多酚作为饲料添加剂，不仅能改善动物生产性能和预防疾病，还是一类纯天然、无污染、无残留、无耐药性的抗生素替代物，是未来饲料行业发展的必然趋势。

本章小结

一、醇的主要化学反应

1. 与活泼金属的反应

$$R-OH + Na \longrightarrow R-ONa + H_2 \uparrow$$

2. 与氢卤酸的反应

$$ROH + HX \Longleftrightarrow RX + H_2O$$

3. 生成酯的反应

$$H_2O + RONO_2 \xleftarrow{HNO_3} ROH \xrightarrow[\text{H}^+]{\text{R}'\text{COOH}} R'COOR + H_2O$$
$$\xrightarrow{H_2SO_4} ROSO_2OH + H_2O$$

4. 脱水反应

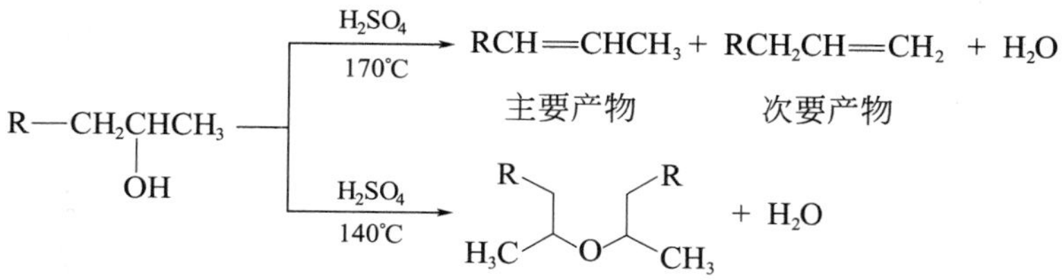

$$R-CH_2CH_3 \xrightarrow[170\degree C]{H_2SO_4} RCH=CHCH_3 + RCH_2CH=CH_2 + H_2O$$

主要产物　　　　次要产物

$$R-CH_2CHCH_3 \xrightarrow[140\degree C]{H_2SO_4} \text{（醚）} + H_2O$$

5. 氧化反应

$$\underset{OH}{RCHR'} \xrightarrow{[O]} R-\underset{O}{C}-R'$$

二、酚的主要化学反应

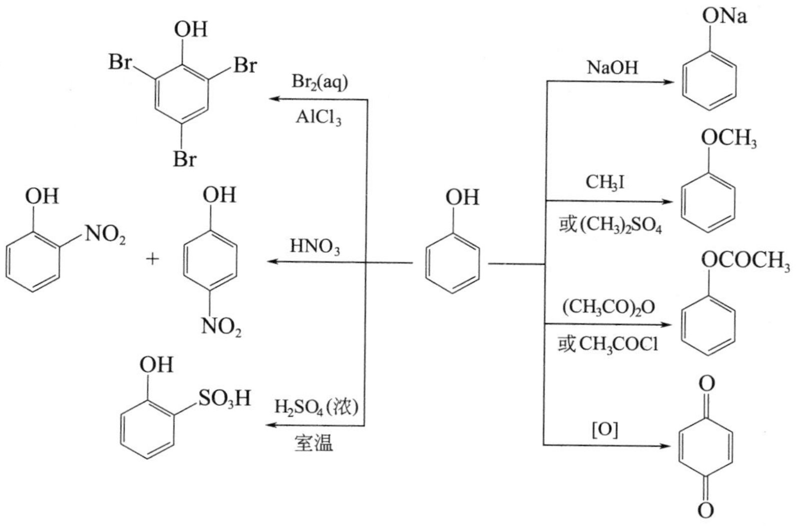

三、醚的主要化学反应

1. 与 HX 反应

$$\text{\Large〇}-O-CH_3 \ +HX \longrightarrow \text{\Large〇}-OH \ +CH_3X$$

2. 自动氧化反应

$$CH_3CH_2-O-CH_2CH_3+O_2 \longrightarrow CH_3CH_2-O-\underset{\underset{O-OH}{|}}{\overset{}{C}}HCH_3$$

习 题

8-1 写出下列化合物的名称。

(1) $(CH_3)_3CCH_2CH_2OH$　　(2) $HC\equiv CCH_2\underset{\underset{CH_3}{|}}{C}HOH$　　(3) $CH_3CH_2CH_2-\underset{\underset{CHCH_3}{\|}}{C}-CH_2OH$

(4) $\underset{\underset{CH_2CH_3}{|}}{\overset{\overset{CH_3}{|}}{\underset{}{H}}}\!\!\begin{array}{c}-OH\\-OH\end{array}$　　(5) 〔间位 OH 和 OCH₃ 苯〕　　(6) 〔2-Cl-3-NO₂ 苯酚〕

(7) 〔环戊烯-OH〕　　(8) 〔Ph-C(OH)(CH₃)CH₂CH₂CH₃〕　　(9) 〔2,6-二Br-4-C(CH₃)₃ 苯酚〕

(10) 〔萘-OH，CH₃〕　　(11) $CH_2=CH-O-CH_2CH_3$　　(12) $H_3C-\text{〇}-O-CH_3$

8-2 写出下列化合物的结构式。

(1) (Z)-3-甲基-3-戊烯-2-醇　　(2) 邻硝基苯乙醚　　(3) 环氧乙烷

(4) 2-甲基环己醇　　(5) 2,4-二甲基苯酚　　(6) 间甲氧基苯甲醇

8-3 将下列化合物按酸性由大到小的次序排列。

(1) A. CH_3OH　　B. CH_3CH_2OH　　C. $ClCH_2CH_2OH$　　D. F_3CCH_2OH

(2) A. 〔苯酚 OH〕　　B. 〔对甲基苯酚 OH，CH₃〕　　C. 〔对硝基苯酚 OH，NO₂〕　　D. 〔苄醇 CH₂OH〕　　E. 〔环己醇 OH〕

8-4 写出下列反应的主要产物。

(1) $H_3C-\underset{\underset{OH}{|}}{C}H-CH_3 \ +HBr \longrightarrow ? \ \xrightarrow[\text{乙醚}]{Mg} ?$

(2) 〔苄基 CH₂OH〕 $+PBr_3 \longrightarrow ?$

(3) $H_3C-\underset{\underset{CH_2CH_3}{|}}{C}H-CH_2OH \ +SOCl_2 \longrightarrow ?$

（4）

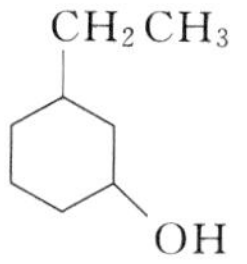

$\xrightarrow[\triangle]{H_2SO_4}$?

（5） $H_3C—CH—CH_2CH_2CH_3$ （OH在CH下方） $\xrightarrow[H^+]{KMnO_4}$?

（6）

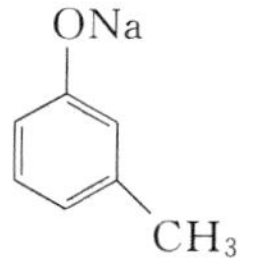

$+ \ H_3C—CH—CH_3$ （Br在CH下方） $\longrightarrow$?

（7）

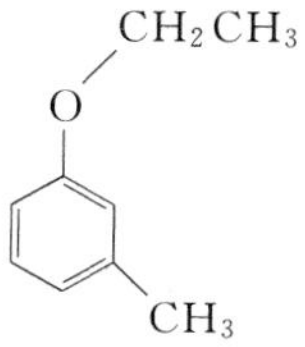

$+ HI \longrightarrow$? $+$?

（8）

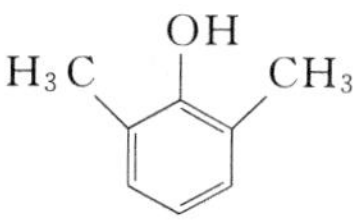

$+ HNO_3$（稀）$\longrightarrow$?

8-5 用简单的化学方法鉴别下列各组化合物。

（1）环己烷、环己烯、环己醇

（2）3-丁烯-2-醇、3-丁烯-1-醇、正丁醇、2-丁醇

（3）苯甲醚、苯酚、甲苯、1-苯基乙醇

8-6 如何除去环己烷中含有的少量乙醚杂质？如何分离苯、苯甲醚和苯酚的混合物？

8-7 完成下列转化。

（1）$CH_3CH_2CH=CH_2 \longrightarrow CH_3CH_2CH_2CH_2OH$

（2）$CH_3CH_2CH_2OH \longrightarrow CH_3COCH_3$

（3）$CH_3CH_2CH_2CH_2OH \longrightarrow CH_3COOCHCH_2CH_3$ （CH下方有CH_3）

8-8 某芳香族化合物 A 的分子式为 C_7H_8O，A 与金属钠不发生反应，与浓的氢碘酸反应后生成两个化合物 B 和 C。B 能溶于氢氧化钠溶液中，并与三氯化铁显色。C 与硝酸银的醇溶液作用，生成黄色的碘化银。试写出 A、B、C 的结构式，并写出各步反应方程式。

8-9 有一化合物（A）$C_5H_{11}Br$ 和 NaOH 水溶液共热后生成 $C_5H_{12}O$（B）。B 具有旋光性，能和金属钠反应放出氢气，和浓 H_2SO_4 共热生成 C_5H_{10}（C）。C 经臭氧氧化并在还原剂存在下水解，生成丙酮和乙醛，试推测 A、B、C 的结构。

醛、酮和醌 ▶▶

醛、酮、醌的分子结构中都含有羰基（ >C=O ）官能团，它们都是羰基化合物。羰基碳上连有一个烃基和一个氢原子的化合物叫做醛，其通式为 RCHO（甲醛 HCHO 除外），—CHO 叫做醛基；羰基碳上连有两个烃基时称为酮，其通式为 RCOR′，酮中的羰基称为酮基；而醌是一类特殊的不饱和环状二酮。

9.1 醛和酮的结构

醛、酮分子中的羰基是由碳和氧以双键结合形成的官能团。羰基中的碳原子和氧原子均为 sp² 杂化状态。成键时，碳原子的一个 sp² 杂化轨道与氧原子的一个 sp² 杂化轨道交盖形成一个 σ 键，另外两个 sp² 杂化轨道分别与氢原子的 1s 轨道（或碳原子的 sp³ 化轨道）形成 σ 键，这三个 σ 键在同一平面上，键角接近 120°。羰基碳原子未参与杂化的 2p 轨道和氧原子的一个 2p 轨道从侧面交盖形成一个 π 键（图 9-1）。氧原子上余下的两对未共用电子对则处于另外两个 sp² 杂化轨道中。

图 9-1　羰基中碳氧双键的成键情况

由于氧原子的电负性大，吸引电子的能力强，碳氧双键是极化的。氧原子上带有部分负电荷，碳原子上带有部分正电荷。

9.2 醛和酮的分类和命名

9.2.1 醛和酮的分类

根据羰基所连烃基的结构，可把醛、酮分为脂肪族、脂环族和芳香族醛、酮等几类。例如：

CH_3CHO	$CH_3\overset{O}{\overset{\|}{C}}CH_3$			
脂肪醛	脂肪酮	脂环酮	芳香醛	芳香酮

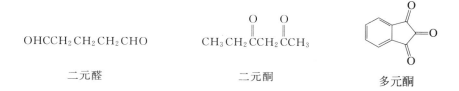

根据羰基所连烃基是否有不饱和键，可把醛、酮分为饱和与不饱和醛、酮。例如：

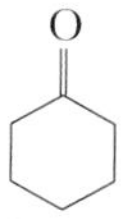

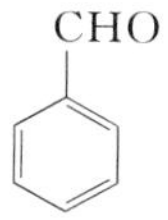

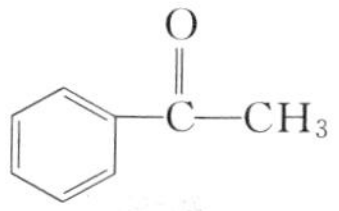

$CH_3CH_2CH_2CHO$	$CH_3CH{=}CHCH_2CHO$	$CH_3CH{=}CHCH_2\overset{O}{\overset{\|}{C}}CH_3$	
饱和醛	不饱和醛	不饱和酮	不饱和酮

根据分子中羰基的数目，可把醛、酮分为一元、二元和多元醛、酮等。例如：

$OHCCH_2CH_2CH_2CHO$	$CH_3CH_2\overset{O}{\overset{\|}{C}}CH_2\overset{O}{\overset{\|}{C}}CH_3$	
二元醛	二元酮	多元酮

9.2.2 醛和酮的命名

（1）习惯命名法　醛类按分子中碳原子数称某醛（与醇相似）。例如：

CH_3CHO	$CH_2{=}CHCHO$	$CH_3{-}\underset{}{\overset{Cl}{\overset{\|}{C}}}H{-}CHO$
乙醛	丙烯醛	α-氯丙醛

酮类按羰基所连的两个烃基来命名。例如：

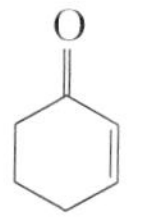

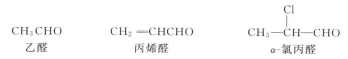

$CH_3\overset{O}{\overset{\|}{C}}CH_2CH_3$	$CH_2{=}CH\overset{O}{\overset{\|}{C}}CH_3$	
甲基乙基酮	甲基乙烯基酮	二苯基甲酮

（2）系统命名法　选含羰基的最长碳链为主链，从靠近羰基一端给主链编号。醛基因处在链端，不用标明它的位置。酮羰基的位置要标出（个别例外）。

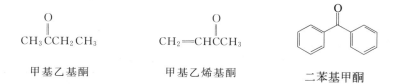

$H{-}\underset{1}{\overset{O}{\overset{\|}{C}}}{-}\underset{2}{\overset{CH_3}{\overset{\|}{C}H}}{-}\underset{3}{CH_3}$	$\underset{4}{CH_3}{-}\underset{3}{CH_2}{-}\underset{2}{\overset{O}{\overset{\|}{C}}}{-}\underset{1}{CH_3}$	$\underset{5}{CH_3}{-}\underset{4}{CH_2}{-}\underset{3}{\overset{O}{\overset{\|}{C}}}{-}\underset{2}{\overset{CH_3}{\overset{\|}{C}H}}{-}\underset{1}{CH_3}$
2-甲基丙醛	丁酮	2-甲基-3-戊酮

不饱和醛酮的命名是从靠近羰基一端给主链编号。例如：

$$\underset{7}{CH_3}{-}\underset{6}{\overset{CH_3}{\overset{\|}{C}}}{=}\underset{5}{CH}{-}\underset{4}{CH_2}{-}\underset{3}{CH_2}{-}\underset{2}{\overset{O}{\overset{\|}{C}}}{-}\underset{1}{CH_3}$$

6-甲基-5-庚烯-2-酮

羰基在环内的脂环酮，称为环某酮；若羰基在环外，则将环作为取代基。例如：

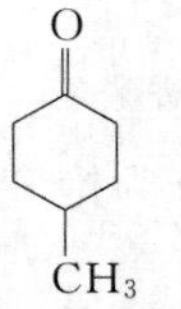

4-甲基环己酮

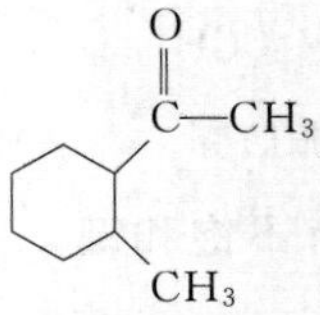

2-甲基环己基乙酮

芳香族醛、酮命名时，总是把芳基看成取代基。例如：

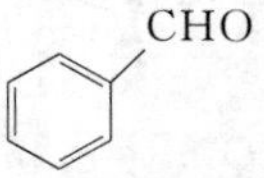

苯甲醛

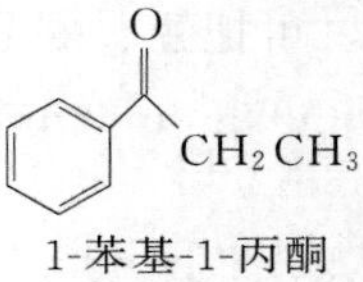

1-苯基-1-丙酮

此外，某些醛常用俗名。例如：

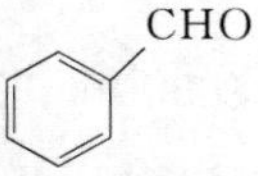

苦杏仁油（苯甲醛）

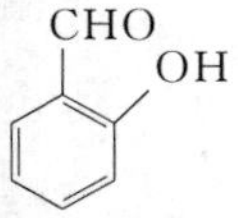

水杨醛（2-羟基苯甲醛）

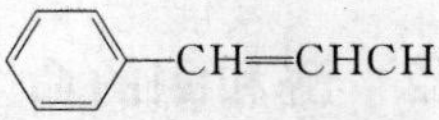

肉桂醛（3-苯基丙烯醛）

9.3 醛和酮的物理性质

室温下除甲醛是气体外，十二个碳原子以下的醛、酮都是液体，高级醛、酮是固体。低级的醛有强烈刺激气味，含有 C_9、C_{10} 的醛具有果香味。由于羰基具有极性，因此醛、酮的沸点比和它分子量相当的烃及醚高。但由于羰基本身不能形成氢键，因此沸点比相应的醇低。

常见一元醛、酮的物理常数见表 9-1。

表 9-1　常见一元醛、酮的物理常数

名称	构造式	熔点/℃	沸点/℃	相对密度(d_4^{20})	折射率(n)
甲醛	HCHO	−92	−21	0.815(−20℃)	—
乙醛	CH_3CHO	−121	20.8	0.7834(18℃)	1.3316
丙醛	CH_3CH_2CHO	−81	48.8	0.8058	1.3636
丙烯醛	$CH_2\!=\!CHCHO$	−87	52	0.8410	1.4017
丁醛	$CH_3CH_2CH_2CHO$	−99	75.7	0.8170	1.3843
2-丁烯醛	$CH_3CH\!=\!CHCHO$	−74	104	0.8495	1.4366
苯甲醛	C_6H_5CHO	−26	178.1	1.0415(10℃)	1.5463
丙酮	CH_3COCH_3	−95	56	0.7899	1.3588
丁酮	$CH_3COCH_2CH_3$	−86	80	0.8054	1.3788
2-戊酮	$CH_3COCH_2CH_2CH_3$	−77.8	102	0.8089	1.3922
环己酮	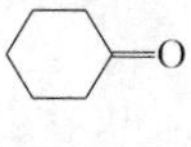	−45	155.7	0.9478	1.4507
苯乙酮	$C_6H_5COCH_3$	20.5	202	1.026	—

低级的醛、酮在水中有一定的溶解度，因为它们与水能形成氢键。随着醛、酮碳原子数

的增加，大多数化合物微溶或不溶于水，但易溶于有机溶剂。

9.4 醛和酮的化学性质

醛、酮分子中的羰基是极性的，碳原子带部分正电荷，氧原子带部分负电荷。由于氧容纳负电荷能力较强，所以带部分正电荷的碳原子容易受到亲核试剂的进攻，发生亲核加成反应。

9.4.1 加成反应

9.4.1.1 与氢氰酸加成

醛、酮能与氢氰酸发生加成反应，生成 α-羟基腈（即 α-氰醇）。

$$\underset{}{>}C{=}O + HCN \Longleftrightarrow \underset{}{>}C\overset{OH}{\underset{CN}{}}$$

反应可以被碱催化，加酸则对反应不利。这是因为 HCN 是一个弱酸，它不易解离成 H^+ 和 CN^-，加碱可使平衡向右移动，CN^- 的浓度增加。与羰基加成的亲核试剂是 CN^-。

$$HCN \underset{}{\overset{OH^-}{\Longleftrightarrow}} CN^- + H^+$$

醛、脂肪族甲基酮（CH_3COR）和含 8 个碳原子以下的环酮都可以与氢氰酸发生加成反应，芳香酮（ArCOR）反应产率低，二芳香酮（ArCOAr）则很难反应。

用无水的液体氢氰酸制备氰醇能得到满意的结果，但是它的挥发性大，有剧毒，使用不便。在实验室中，常将醛、酮与氰化钠或氰化钾的溶液混合，再加入无机酸。

醛、酮和氢氰酸加成所得的羟基腈是一类活泼的化合物，便于转化为其他化合物，在有机合成上很有用处，是增长碳链的一种方法。如 α-羟基腈在酸性水溶液中水解，即可得到羟基酸。

$$RCHO \xrightarrow{HCN} R{-}\overset{OH}{\underset{|}{CH}}{-}CN \xrightarrow{H_2O,\ H^+} R{-}\overset{OH}{\underset{|}{CH}}{-}COOH$$

9.4.1.2 与亚硫酸氢钠加成

醛、脂肪族甲基酮和低级环酮（C_8 以下）都能与过量的亚硫酸氢钠饱和溶液（40%）发生加成反应，生成结晶的亚硫酸氢钠加成物：α-羟基磺酸钠。其他的酮（包括芳香族甲基酮）很难发生反应。

$$R{-}\overset{O}{\overset{\|}{C}}{-}H(CH_3) + NaHSO_3 \longrightarrow R{-}\overset{OH}{\underset{H(CH_3)}{\overset{|}{\underset{|}{C}}}}{-}SO_3Na$$

α-羟基磺酸钠为白色结晶，易溶于水，但不溶于饱和的亚硫酸氢钠溶液，呈结晶析出，容易分离出来。如果把加成产物与稀酸或稀碱共热，加成产物会分解为原来的醛或酮。因此，可以利用这些性质来鉴别、分离和提纯醛、脂族甲基酮和 C_8 以下的环酮。

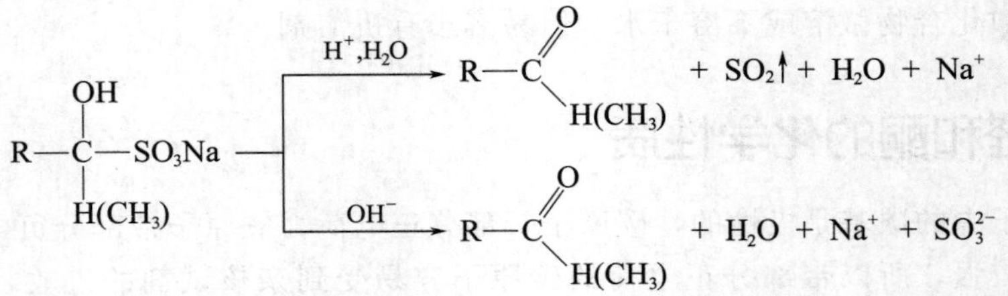

将 α-羟基磺酸钠与氰化钠或氰化钾水溶液反应，也可生成 α-羟基腈，这样可避免使用易挥发的氢氰酸。例如：

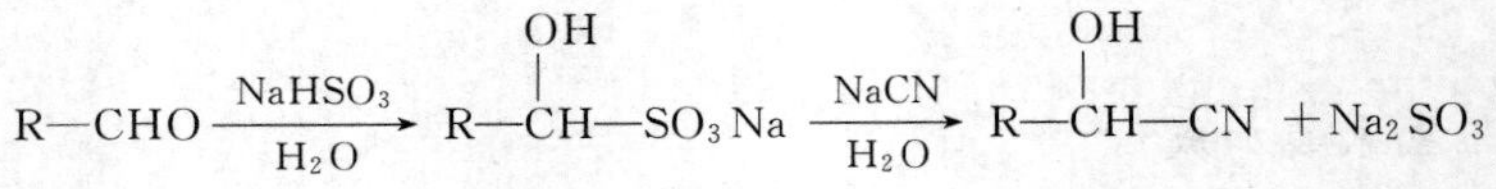

9.4.1.3 与醇加成

在干燥氯化氢气体或其他无水强酸催化下，醛能与一分子醇发生加成反应生成半缩醛，半缩醛一般不稳定，可以进一步与一分子醇作用，得到较稳定的缩醛产物。

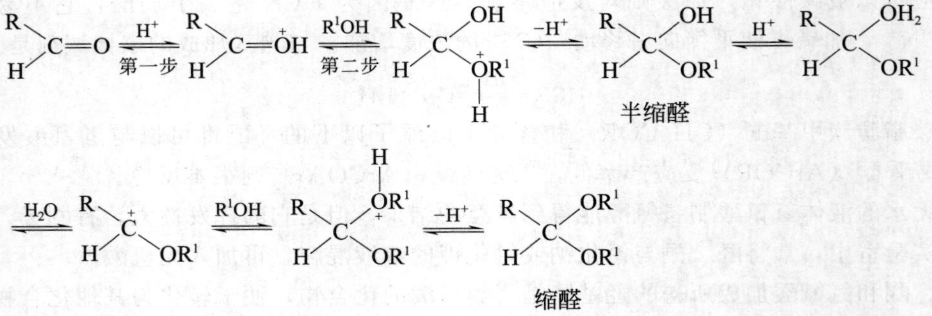

反应第一步质子化非常重要，它使羰基碳原子的正电性增强，有利于较弱的醇亲核进攻。整个反应的决速步骤是第二步亲核加成。

酮和一元醇的反应比醛难得多，通常用二元醇（如乙二醇）在无水酸催化下与酮反应生成环状缩酮。

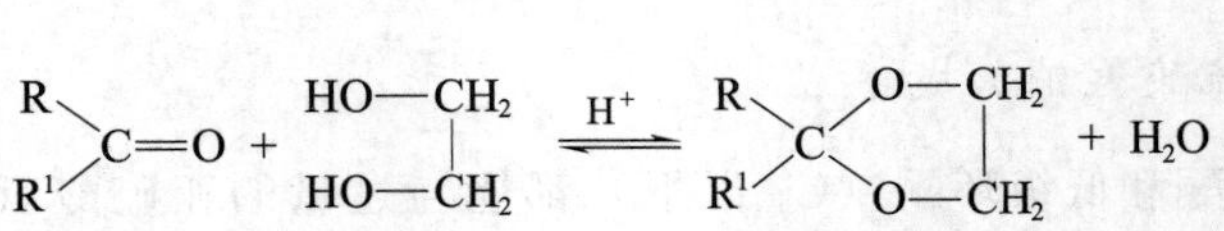

缩醛和缩酮的结构与醚相似，对碱、氧化剂、还原剂是稳定的，但在酸催化下可以分解得到原来的醛或酮。利用这一特性，在有机合成反应中，常用醇与醛、酮的反应来保护羰基。例如：

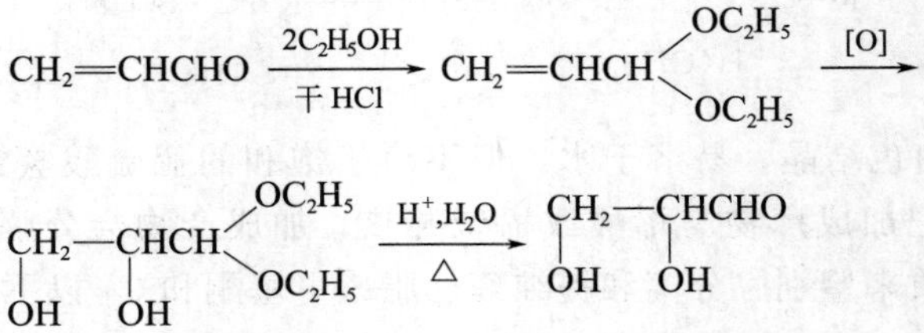

9.4.1.4 与格氏试剂加成

格氏试剂是较强的亲核试剂，很容易与醛、酮进行亲核加成，加成的产物经酸水解得到碳原子比原料多的醇，是制备1°、2°、3°醇和增碳合成常用的反应。例如：

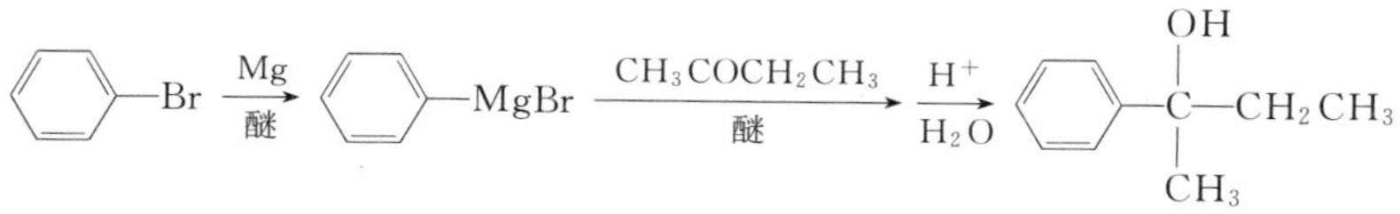

9.4.1.5 与氨衍生物的加成-缩合反应

氨的某些衍生物如伯胺、羟胺、肼、苯肼、2,4-二硝基苯肼以及氨基脲等都是含氮的亲核试剂，可以与醛、酮的羰基发生加成，反应并不停留于加成一步，而是相继发生分子内失水反应形成碳氮双键，分别得到席夫碱、肟、腙、苯腙、缩氨脲等。

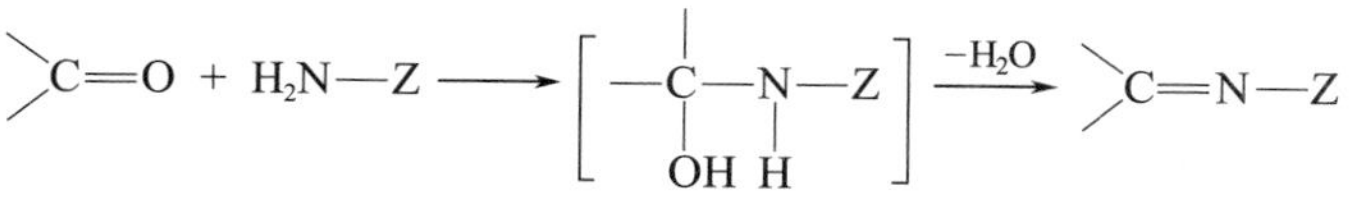

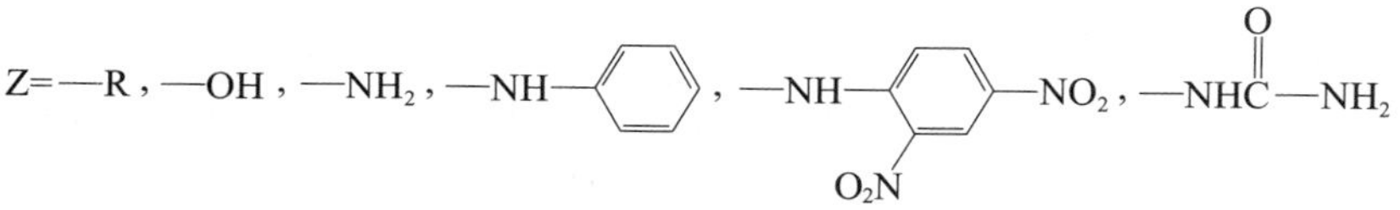

醛、酮与氨衍生物反应的产物列于表9-2。

表 9-2 醛、酮与氨衍生物反应的产物

氨的衍生物	产物	氨的衍生物	产物
H_2N—OH 羟胺	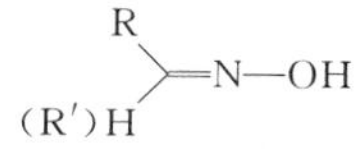 $\begin{array}{c}R\\(R')\end{array}$C=N—OH 肟	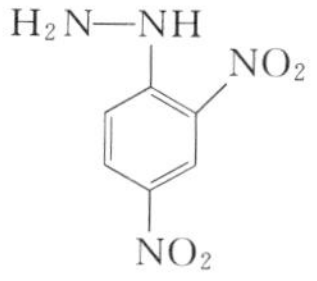 H_2N—NH 2,4-二硝基苯肼	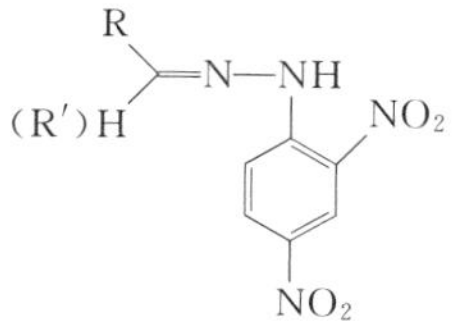 $\begin{array}{c}R\\(R')\end{array}$C=N—NH 2,4-二硝基苯腙
H_2N—NH_2 肼	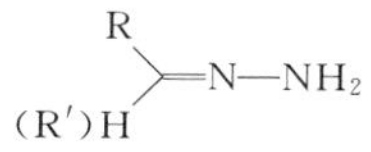 $\begin{array}{c}R\\(R')\end{array}$C=N—$NH_2$ 腙	H_2N—NH—C_6H_5 苯肼	$\begin{array}{c}R\\(R')\end{array}$C=N—NH$C_6H_5$ 苯腙
H_2N—NH—C_6H_5 苯肼	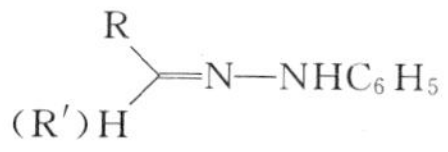	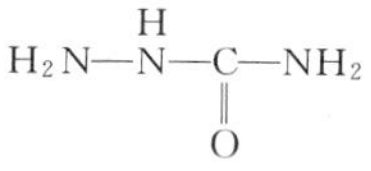 H_2N—NH—C—NH_2 氨基脲	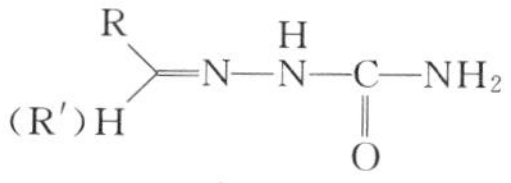 $\begin{array}{c}R\\(R')\end{array}$C=N—N—C—$NH_2$ 缩氨脲

羰基化合物与羟胺、2,4-二硝基苯肼以及氨基脲的加成缩合产物，都是具有一定熔点的固体结晶，利用此性质，可用来鉴别醛、酮的结构。反应产物又能在稀酸条件下分解，得到原来的醛、酮化合物，此反应又可用来分离和提纯醛、酮类化合物。

醛、酮与伯胺（RNH_2）作用，得到不稳定的亚胺，这类化合物称为席夫碱（Schiff base）。

$$R_2C{=\!\!=}O + R^1NH_2 \Longleftrightarrow R_2C{=\!\!=}N{-}R^1 + H_2O$$

若 R 或 R¹ 有一个为芳基，则所得亚胺较为稳定。例如：

$$C_6H_5CHO + C_6H_5NH_2 \longrightarrow C_6H_5{-}CH{=\!\!=}NC_6H_5$$
$$84\%\sim87\%$$

9.4.2　α-氢原子的反应

9.4.2.1　α-氢原子的酸性

醛、酮分子中 α-C 上的氢原子由于受羰基的影响而表现出一定程度的酸性。从 pK_a 值可以判断醛、酮 α-H 的相对酸性强度。例如：

化合物	$CH_3CH{=\!\!=}CH_2$	乙炔	丙酮
pK_a	~38	25	20

由于 α-H 的弱酸性，α-H 解离时 α-C 上带有一定的负电荷。因此，有 α-H 的醛、酮是良好的亲核试剂，易于发生羟醛缩合等反应。

9.4.2.2　羟醛缩合反应

在稀碱催化下，含 α-H 的醛发生分子间的加成反应，即一分子醛以其 α-C 与另一分子醛的羰基发生亲核加成，生成 β-羟基醛。这个反应叫做羟醛缩合（aldol condensation）反应。通过羟醛缩合，在分子中形成了新的碳碳键，增长了碳链。例如：

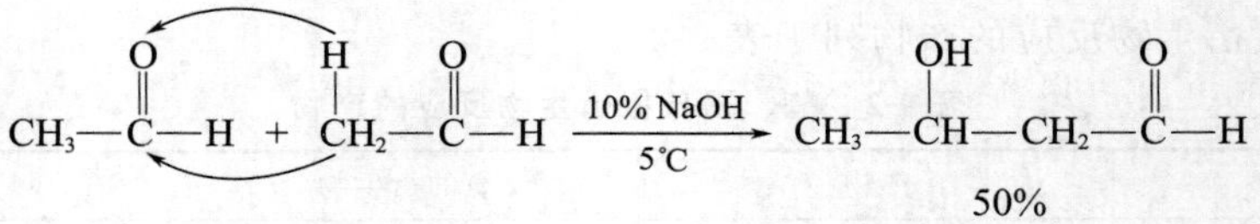

羟醛缩合反应的历程如下：

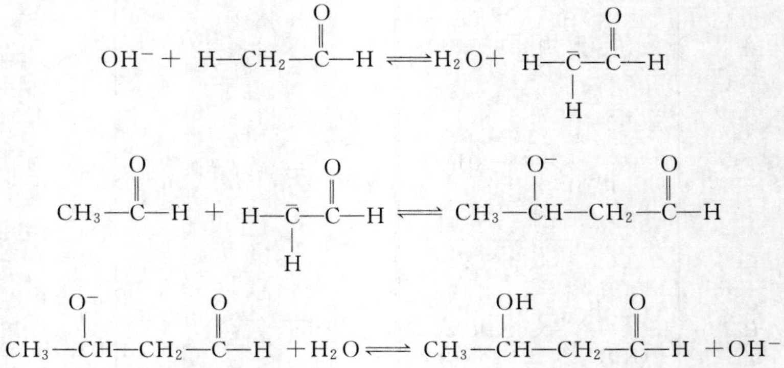

凡 α-C 上有氢原子的 β-羟基醛一般不稳定，在酸或碱溶液中加热，容易发生分子内脱水而生成 α,β-不饱和醛。这是因为 α-H 比较活泼，并且失水后的生成物具有共轭双键，因而比较稳定。

含有 α-H 的酮进行缩合时，由于电子效应和空间效应的影响，在同样的条件下，得到的缩合产物产率较低。如果使产物在生成后，立即脱离平衡体系，则可使酮大部分转化为 β-羟基酮。例如：

$$\underset{CH_3}{\overset{CH_3}{C}}{=}O + H{-}CH_2{-}\overset{O}{\overset{\|}{C}}CH_3 \rightleftharpoons CH_3{-}\underset{CH_3}{\overset{OH}{\overset{|}{C}}}{-}\overset{H}{\overset{|}{C}}H{-}\overset{O}{\overset{\|}{C}}CH_3 \xrightarrow{\text{蒸馏}} CH_3{-}\underset{CH_3}{\overset{}{C}}{=}CH{-}\overset{O}{\overset{\|}{C}}{-}CH_3$$
$$70\%\sim80\%$$

采用两种不同的含 α-H 的羰基化合物进行羟醛缩合反应（称为交叉羟醛缩合），将得到四种不同结构化合物的混合物，这种交叉羟醛缩合在合成上没有太大意义。如果参与反应的羰基化合物之一不含有 α-H（如甲醛、2,2-二甲基丙醛），则产物种类减少，可以得到有合成价值的产物。例如：

$$CH_3{-}\underset{}{\overset{CH_3}{\overset{|}{C}}H}CHO + HCHO \xrightarrow{OH^-} CH_3{-}\underset{CHO}{\overset{CH_3}{\overset{|}{\underset{|}{C}}}}{-}CH_2OH$$
$$90\%$$

$$C_6H_5CHO + CH_3CHO \xrightarrow[50℃]{NaOH,\ H_2O} C_6H_5CH{=}CHCHO$$
$$(E)\ 90\%$$

9.4.2.3 卤代及卤仿反应

醛、酮分子中的 α-H 在酸性或碱性条件下容易被卤素取代，生成 α-卤代醛、酮。例如：

$$R{-}CH_2{-}CHO + Cl_2 \longrightarrow R{-}\underset{}{\overset{Cl}{\overset{|}{C}}H}{-}CHO + HCl$$

$$R{-}\overset{O}{\overset{\|}{C}}{-}CH_3 + Cl_2 \longrightarrow R{-}\overset{O}{\overset{\|}{C}}{-}CH_2Cl + HCl$$

醛、酮在酸催化下反应，往往只能得到一取代产物。

$$CH_3\overset{O}{\overset{\|}{C}}CH_3 \underset{快}{\overset{H^+}{\rightleftharpoons}} CH_3\overset{\overset{+}{O}H}{\overset{\|}{C}}CH_3 \underset{慢}{\overset{-H^+}{\rightleftharpoons}} CH_3\overset{OH}{\overset{|}{C}}{=}CH_2 \underset{快}{\overset{Br{-}Br}{\rightleftharpoons}} CH_3\overset{\overset{+}{O}H}{\overset{|}{C}}{-}CH_2Br + Br^-$$
$$\Big\updownarrow 快$$
$$CH_3\overset{O}{\overset{\|}{C}}{-}CH_2Br$$

醛、酮在碱催化下反应，可以得到多取代产物。这是由于 α-H 被卤原子取代后，卤原子的吸电子诱导效应使得同一碳上其他 α-H 更活泼，更容易被取代。如果 α-C 为甲基，如乙醛或甲基酮，则三个氢原子都可被卤原子取代，得到三卤代羰基化合物。三卤代的醛、酮在碱性溶液中很易分解成三卤甲烷和羧酸盐，这一反应称为卤仿反应。例如：

$$(CH_3)_3CCOCH_3 + Cl_2 + NaOH \longrightarrow (CH_3)_3CCOONa + CHCl_3$$

具有 $CH_3CHOH{-}$ 结构的醇类化合物，遇卤素的碱溶液（亦即次卤酸盐溶液）都能首先被氧化成含 $CH_3CO{-}$ 结构的化合物，然后发生卤代和裂解，最后生成卤仿和羧酸盐。

例如：

$$CH_3CH_2OH \xrightarrow{NaOX} CH_3CHO \xrightarrow{NaOX} HCOONa + HCX_3$$

碘仿为黄色晶体，难溶于水，并有特殊气味。可利用生成碘仿的反应来鉴别乙醛、甲基酮以及含有 $CH_3CH(OH)$—结构的醇。

9.4.3 氧化和还原反应

9.4.3.1 氧化反应

醛羰基上连有氢原子，因此很容易被氧化为相应的羧酸。酮则不易氧化，只有在剧烈条件下氧化，才发生碳链的断裂。因此，可以选择较弱的氧化剂来区别醛和酮，如吐伦（Tollens）试剂（硝酸银的氨溶液）和斐林（Fehling）试剂（酒石酸钾钠的碱性硫酸铜溶液）。

$$RCHO + 2Cu(OH)_2 + NaOH \xrightarrow{\triangle} RCOONa + Cu_2O\downarrow + 3H_2O$$
蓝绿色　　　　　　　　　　　　　　　红色

$$RCHO + 2Ag(NH_3)_2OH \xrightarrow{\triangle} RCOONH_4 + 2Ag\downarrow + 3NH_3 + H_2O$$
无色　　　　　　　　　　　　银镜

Fehling 试剂和 Tollens 试剂都只氧化醛基不氧化双键，在有机合成中可用于选择性氧化。例如：

$$R-CH=CH-CHO \xrightarrow{Ag(NH_3)_2OH} R-CH=CH-COOH$$

但是，Fehling 试剂不能氧化芳香醛，利用这一性质可以区别脂肪醛和芳香醛。

9.4.3.2 还原反应

（1）催化加氢　醛、酮在金属催化剂 Pt、Pd、Ni 等作用下与氢气反应，可以在羰基上加氢，生成醇。例如：

$$CH_3(CH_2)_4CHO + H_2 \xrightarrow{Ni} CH_3(CH_2)_4CH_2OH$$
100%

$$(CH_3)_2CHCH_2\overset{\overset{\displaystyle O}{\|}}{C}CH_3 + H_2 \xrightarrow{Ni} (CH_3)_2CHCH_2\overset{\overset{\displaystyle OH}{|}}{C}HCH_3$$
95%

催化氢化法的优点是操作比较简单，产量高，副反应少，几乎能得到定量的还原产物。缺点是一般情况下进行催化氢化，往往无选择性，在还原羰基的同时也将影响碳碳重键、硝基、氰基等。例如：

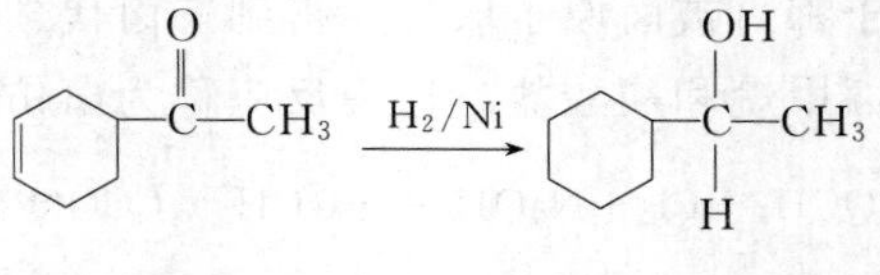

（2）用化学还原剂还原　醛、酮也可用化学还原剂还原成相应的醇。在化学还原剂中，选择性高和还原效果好的有氢化铝锂（$LiAlH_4$）、硼氢化钠（$NaBH_4$）、异丙醇铝

{Al［OCH（CH₃）₂］₃} 等，硼氢化钠和异丙醇铝只对羰基起还原作用，而不影响分子中的其他不饱和基团，例如：

$$(CH_3)_2C = CHCCH_3 \xrightarrow{NaBH_4} (CH_3)_2C = CHCHCH_3$$

$$C_6H_5CH = CHCHO \xrightarrow{NaBH_4} C_6H_5CH = CHCH_2OH$$

氢化铝锂对碳碳双键和碳碳三键也没有还原作用，但它的还原性较异丙醇铝、硼氢化钠强，除能还原醛酮外，还能还原—COOH、—COOR、—NO₂、—CN 等不饱和基团，且产率很高。

（3）克莱门森反应　将醛、酮和锌汞齐-浓盐酸一起加热回流，可将羰基还原成亚甲基，这个反应叫克莱门森（Clemmensen）反应。

$$\text{苯}-C-CH_2CH_2CH_3 \xrightarrow[\text{浓 HCl}]{Zn(Hg)} \text{苯}-CH_2CH_2CH_2CH_3$$

克莱门森反应适用于在酸性条件下稳定的有机物。

（4）沃尔夫-凯惜纳-黄鸣龙反应　醛、酮与肼反应生成腙，腙在碱性条件下受热发生分解，放出氮气，并生成烃。这种方法称为沃尔夫-凯惜纳（Wolff-Kishner）还原法。

$$\begin{array}{c} R^1 \\ \diagdown \\ C=O \\ \diagup \\ (H)R \end{array} \xrightarrow{H_2N-NH_2} \begin{array}{c} R^1 \\ \diagdown \\ C=N-NH_2 \\ \diagup \\ (H)R \end{array} \xrightarrow{KOH \text{ 或 } C_2H_5ONa} \begin{array}{c} R^1 \\ \diagdown \\ CH_2 \quad +N_2\uparrow \\ \diagup \\ (H)R \end{array}$$

我国有机化学家黄鸣龙改进了这个方法。黄鸣龙将酮或醛、氢氧化钠、肼的水溶液和高沸点的二甘醇溶剂于常压下加热回流。当腙生成后，蒸出水和过量的肼，然后继续加热回流，使腙完全分解而得到烃。改进后的方法称为沃尔夫-凯惜纳-黄鸣龙反应。通过这种改进方法，该反应可在常压下进行，不需要使用昂贵的无水肼和高压设备，反应时间由原来的几十小时缩短为几小时，适合工业生产，而且副反应少，收率也好。例如：

$$\text{苯}-COCH_2CH_3 \xrightarrow[(HOCH_2CH_2)_2O, \triangle]{H_2N-NH_2, NaOH} \text{苯}-CH_2CH_2CH_3$$
$$82\%$$

这种还原方法是在碱性条件下进行的，可用来还原对酸敏感的醛或酮，因此可以和 Clemmensen 还原法互相补充。

9.4.3.3　康尼查罗歧化反应

在浓碱存在下，不含 α-H 的醛发生歧化作用，一分子醛被氧化为羧酸，另一分子醛被还原成醇，这种反应叫康尼查罗（Cannizzaro）反应。例如：

$$2HCHO+NaOH \xrightarrow{\triangle} HCOONa+CH_3OH$$

$$2\,\text{苯}-CHO + NaOH \xrightarrow{\triangle} \text{苯}-COONa + \text{苯}-CH_2OH$$

两种不同的不含 α-H 的醛进行交叉的康尼查罗反应，产物复杂。但是，如果其中一种是甲醛，由于甲醛的还原性强，反应结果总是另一种醛被还原成醇而甲醛被氧化成酸。这样，有甲醛参与的交叉康尼查罗反应在合成上是有意义的。例如，工业上用甲醛和乙醛制备季戊四醇就是应用了交叉羟醛缩合和交叉康尼查罗反应。

$$3\ HCHO\ +\ CH_3CHO\ \xrightarrow{Ca(OH)_2}\ HOCH_2-\underset{\underset{CH_2OH}{|}}{\overset{\overset{CH_2OH}{|}}{C}}-CHO$$

$$HOCH_2-\underset{\underset{CH_2OH}{|}}{\overset{\overset{CH_2OH}{|}}{C}}-CHO\ +\ H-\overset{\overset{O}{\|}}{C}-H\ \xrightarrow{Ca(OH)_2}\ HOCH_2-\underset{\underset{CH_2OH}{|}}{\overset{\overset{CH_2OH}{|}}{C}}-CH_2OH$$

季戊四醇的熔点是 261～262℃，它是生产涂料、炸药和表面活性剂的原料。

9.5 醛和酮的重要化合物

（1）甲醛　甲醛（HCHO）俗称蚁醛，在常温下是无色的有特殊刺激性气味的气体，沸点 −21℃，易溶于水。含 8% 甲醇的 40% 的甲醛水溶液俗称"福尔马林"（formalin），常用作消毒剂和防腐剂。甲醛性质活泼，容易氧化，极易聚合。在常温下，甲醛气体能自动聚合为三聚甲醛。

$$3\ HCHO\ \rightleftharpoons\ \underset{H_2C}{\overset{CH_2}{\underset{O}{\diagdown}\overset{}{\diagup}}}\ ...$$

三聚甲醛为白色晶体，熔点 62℃，沸点 112℃。在中性或碱性条件下相当稳定，但在酸性环境中加热，容易解聚重新生成甲醛。

甲醛是重要的有机合成的原料，大量用于制备酚醛树脂、脲醛树脂、合成纤维（维尼纶）及季戊四醇等。在有催化剂存在时，高纯度的甲醛可以聚合成聚合度很大的高聚物——聚甲醛。聚甲醛是具有一定的优异性能的工程塑料。

（2）乙醛　乙醛为无色具有刺激性气味的液体，沸点为 20.8℃，可溶于水、乙醇及乙醚，易氧化、易聚合。在少量硫酸存在下，室温时能聚合成环状三聚乙醛。三聚乙醛是液体，是贮存乙醛的最好形态，在硫酸存在下加热，即发生解聚。

乙醛也是重要的有机合成原料，可用于合成乙酸、乙酸酐、乙酸乙酯、丁醇和季戊四醇等化工产品。

（3）丙酮　丙酮（CH_3COCH_3）是无色易挥发的具有清香气味的液体，沸点 56℃，易溶于水及乙醇、乙醚、氯仿等有机溶剂，并能溶解多种有机物。

丙酮具有典型的酮的化学性质，是重要的有机化工原料，可用来制造环氧树脂、有机玻璃、氯仿等。

9.6 醌的结构和命名

醌是一类特殊的 α,β-不饱和环状共轭二酮。醌型结构只有邻位和对位两种。醌环不是芳环，醌没有芳香性。其化学性质与 α,β-不饱和酮相似。在醌分子中，由于两个羰基共同存在于一个不饱和的共轭环上，使得醌类化合物的热稳定性很差。醌主要可分为苯醌、萘醌、蒽醌和菲醌四大类。醌一般由芳香烃衍生物转变而来，命名时在"醌"字前加上芳基的名称，并标出羰基的位置。例如：

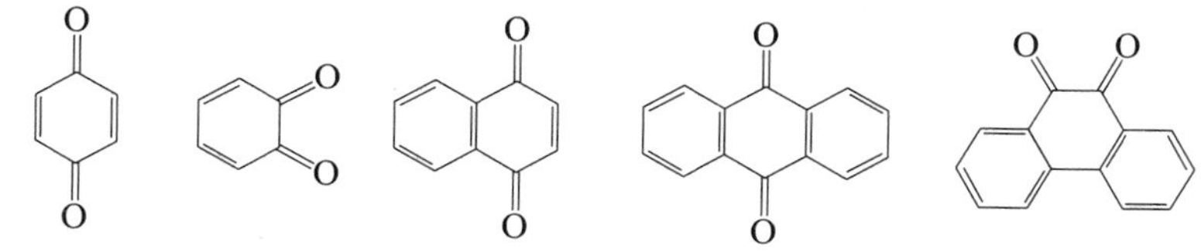

| 对苯醌 | 邻苯醌 | 1,4-萘醌 | 9,10-蒽醌 | 9,10-菲醌 |

9.7 醌的化学性质

9.7.1 加成反应

苯醌分子中具有两个羰基和两个碳碳双键，既可发生碳碳双键加成，也可发生羰基加成反应。

9.7.1.1 碳碳双键加成

苯醌可和溴发生加成反应，生成二溴化物和四溴化物。

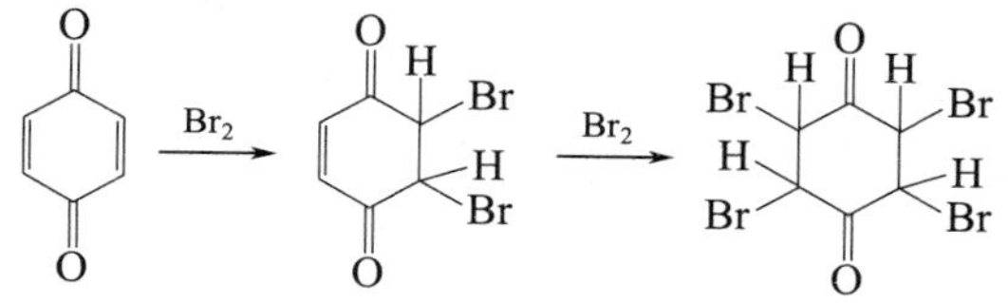

9.7.1.2 羰基加成

对苯醌能与一分子羟胺或二分子羟胺生成单肟或双肟，这是羰基化合物醛、酮的典型反应。

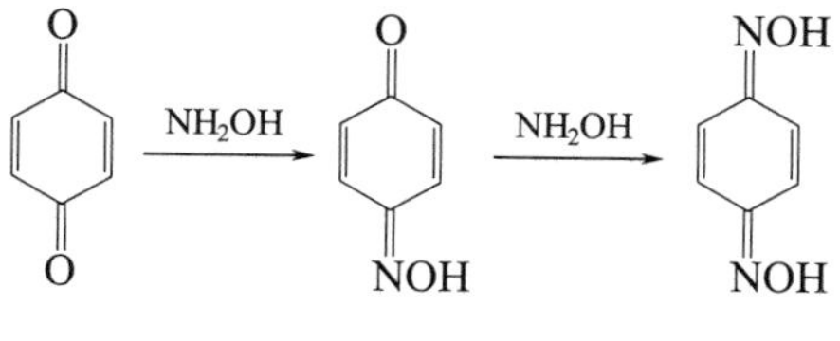

9.7.1.3 狄尔斯-阿尔德反应

醌与1,3-丁二烯可发生狄尔斯-阿尔德反应，如1,4-苯醌与1,3-丁二烯通过双烯合成可以得到二羟基二氢萘。

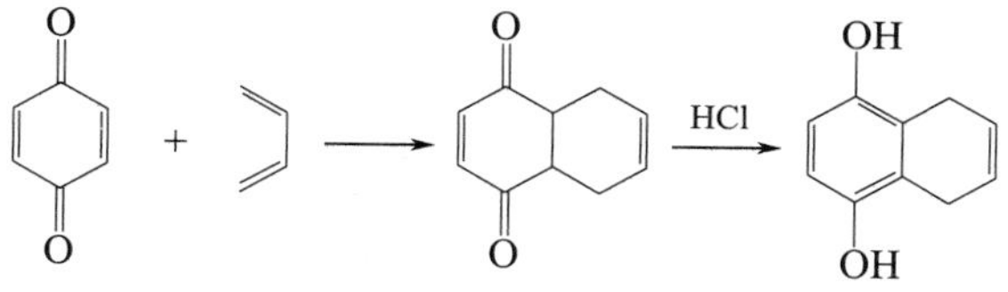

二羟基二氢萘氧化可得1,4-萘醌。1,4-萘醌是挥发性黄色固体，熔点125℃，有特殊

气味。

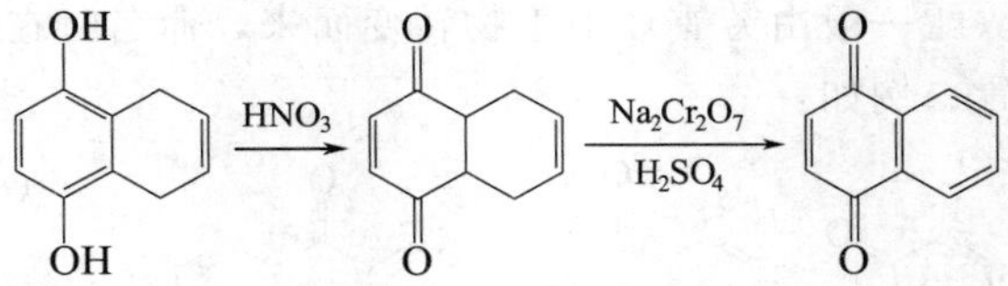

9.7.2 氧化还原平衡

对苯醌容易被还原为对苯二酚（或称氢醌），这是对苯二酚氧化的逆反应。在电化学上，利用两者之间的氧化还原反应可以制成醌-氢醌电极，用来测定 H^+ 的浓度。

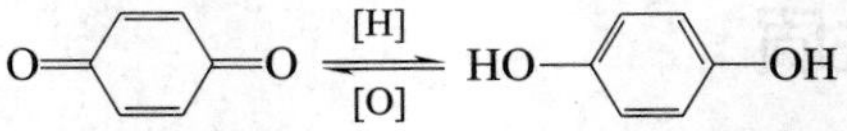

这一反应在生物化学过程中有重要的意义。生物体内进行的氧化还原作用常是以脱氢或加氢的方式进行的，在这一过程中，某些物质在酶的控制下所进行的氢的传递工作可通过酚醌氧化还原体系来实现。

阅读材料

二氯二氰基苯醌的合成及其在合成中的应用

2,3-二氯-5,6-二氰基苯醌，简称 DDQ，在 1906 年就已合成，但当时没有引起人们的注意。直到 1954 年，人们才发现它可用于部分氢化芳香化合物脱氢。1960 年后，DDQ 广泛地用于甾族化合物的脱氢，并扩展到整个有机合成，是一个非常有用的氧化脱氢试剂。

DDQ 是鲜黄色固体，熔点 213～215℃，可在干燥的空气中保存，遇水即分解。可用大体积的二氯甲烷重结晶提纯。也可把 DDQ 粗品还原成 2,3-二氯-5,6-二氰基氢醌，溶于碱性水溶液，用酸中和即沉淀得到纯净的氢醌，后者可方便地转化为 DDQ。

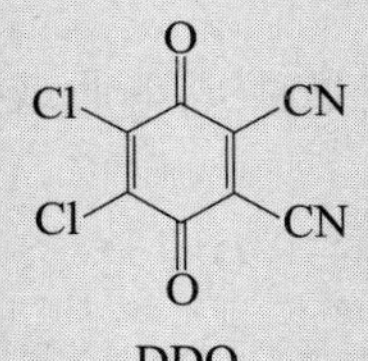

DDQ

除了 DDQ，还有其他一些醌类化合物，如苯醌、四氯邻苯醌、四氯对苯醌等，也可作为氧化脱氢试剂。但由于其取代基不同，因而其脱氢能力有所差别。吸电子基团增强其还原电位，因而反应性增强；而给电子基团减少其还原电位，反应性减弱。DDQ 的两个—CN、两个—Cl 都是吸电子基团，因而其还原电位高，反应性也就高。

1,2-二氢化萘的脱氢反应相对速率如下：

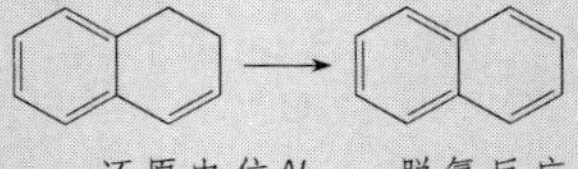

所用试剂	还原电位/V	脱氢反应相对速率
四氯对苯醌	0.70	1
四氯邻苯醌	0.87	4200
DDQ	1.0	5500

DDQ 可以方便地由对苯二酚来合成：

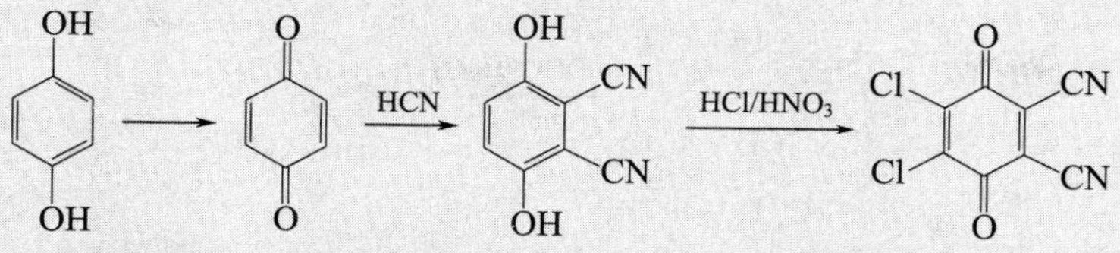

DDQ 在有机合成上的一些应用介绍如下。

(1)部分氢化芳香化合物的脱氢

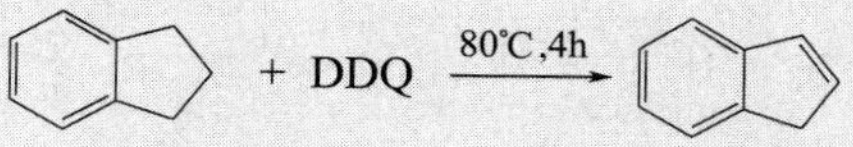

76%

(2)用于甾族化合物的脱氢　DDQ 用于甾族化合物的脱氢，其产物往往具有生理活性，因而被广泛应用。例如：

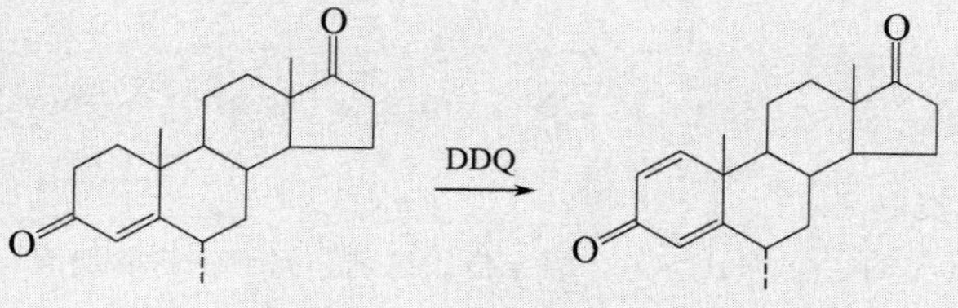

Δ⁴-3-甾酮　　　　　　　　　Δ¹,⁴-3-甾酮

(3)醇的脱氢　一般来讲，饱和醇不能用 DDQ 脱氢，而也有少数例外。而烯丙醇、苯甲醇等可顺利地脱氢生成相应的醛和酮。例如：

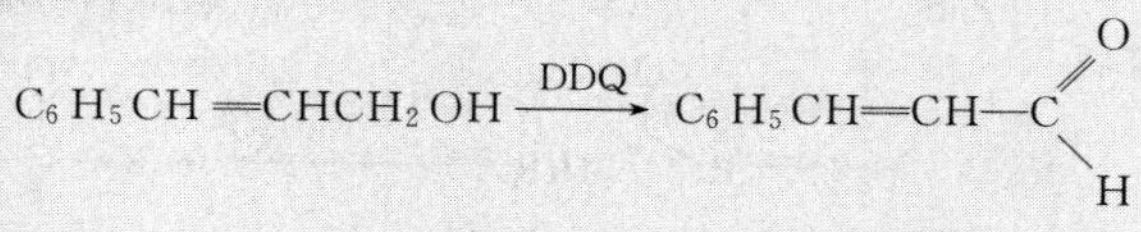

$$C_6H_5CH = CHCH_2OH \xrightarrow{DDQ} C_6H_5CH = CH - CHO$$

40%

$$C_6H_5CH_2OH \xrightarrow{DDQ} C_6H_5 - CHO$$

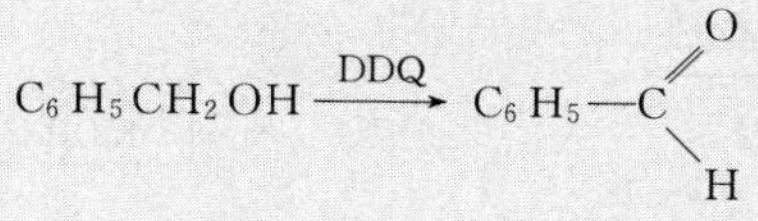

40%

(4)用于酚的氧化脱氢　DDQ 广泛地应用于空阻较大的酚的氧化中，其反应在室温及甲醇中进行。例如：

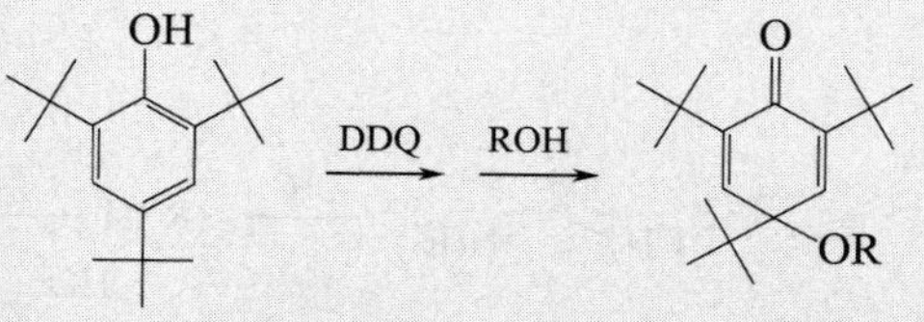

(5)氧化苯甲位　苯环上的羟基或烷氧基对位的甲基、亚甲基可被 DDQ 氧化成羰基。例如：

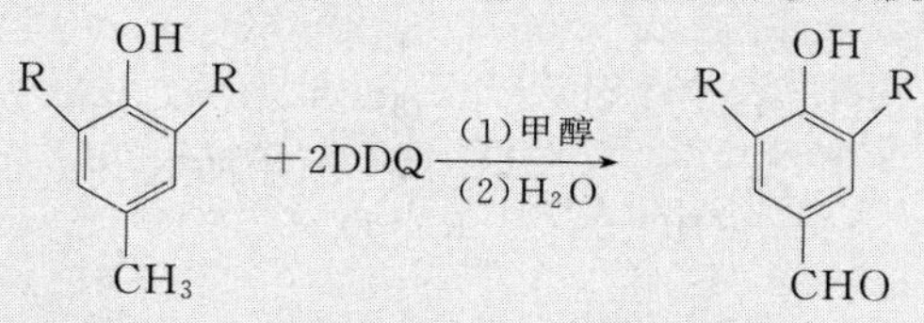

$R=CH_3, 83\%$
$R=C(CH_3)_3, 86\%$

(6)用于成环和偶联 用 DDQ 可以合成一些不平常的环状化合物。例如：

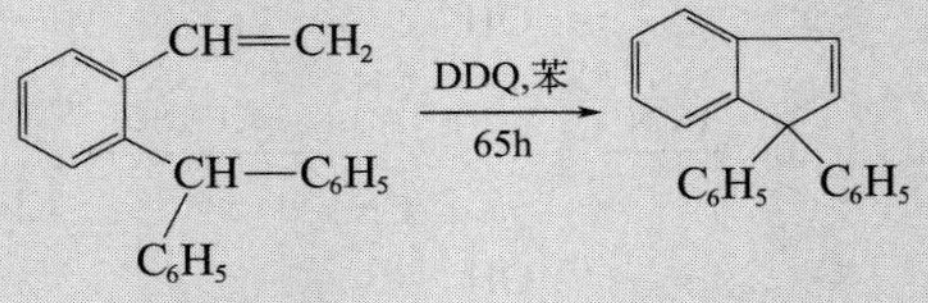

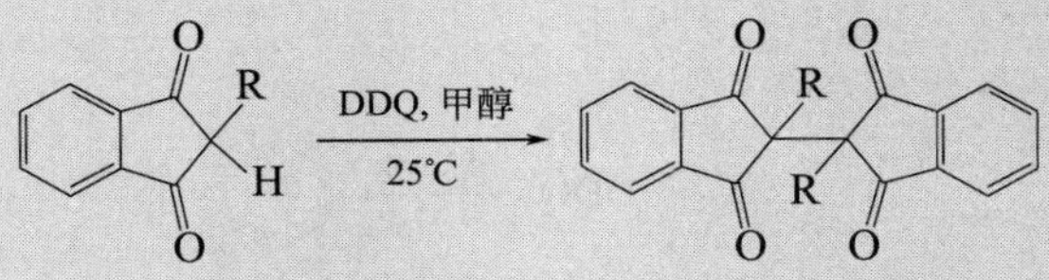

$$R=C_6H_5 \text{,} 62\%$$
$$R=p\text{-}CH_3O\text{—}C_6H_4 \text{,} 92\%$$

本章小结

一、醛酮的主要化学反应

1. 羰基的加成反应（与 HCN、NaHSO$_3$、醇、格氏试剂、氨衍生物的加成）

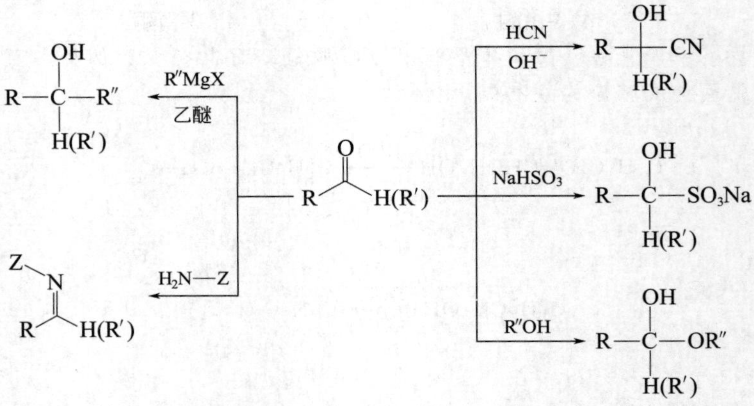

2. α-H 的反应

（1）羟醛缩合反应

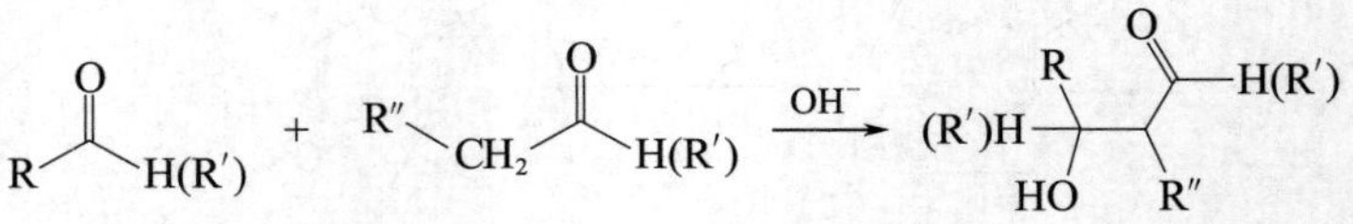

（2）卤仿反应

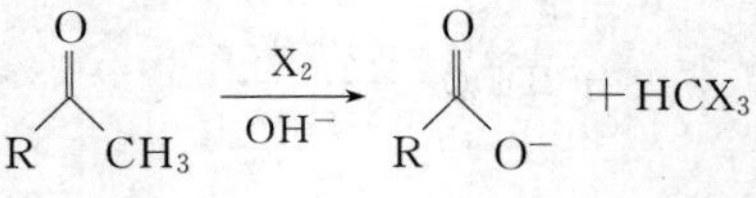

3. 氧化和还原反应

（1）氧化反应

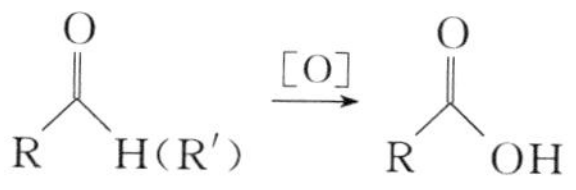

（2）还原反应

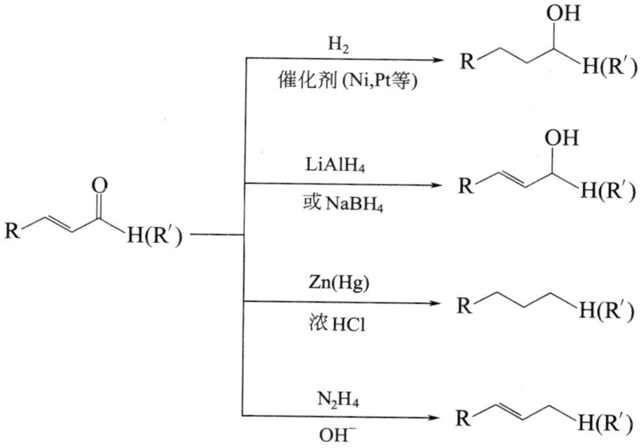

4. 康尼查罗（Cannizzaro）歧化反应

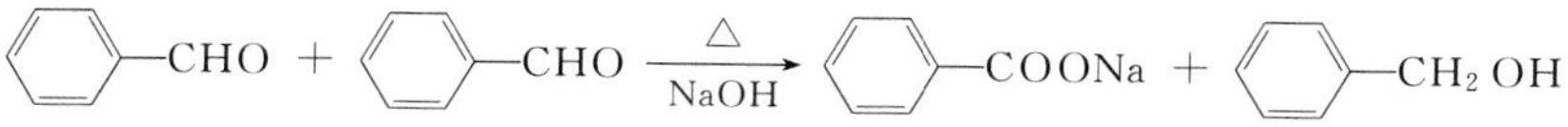

二、醌的主要化学反应

1. 碳碳双键加成

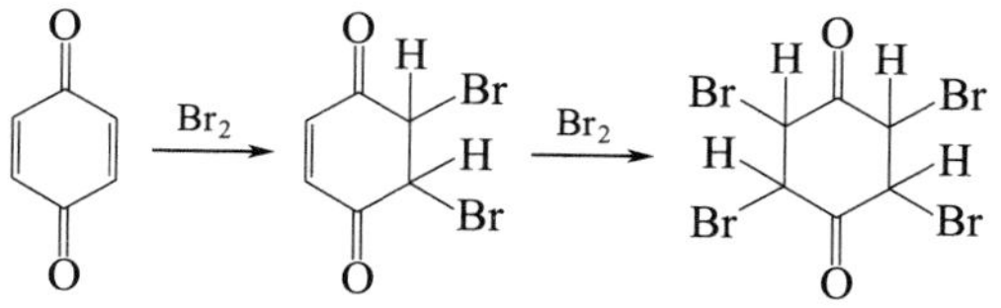

2. 狄尔斯-阿尔德反应

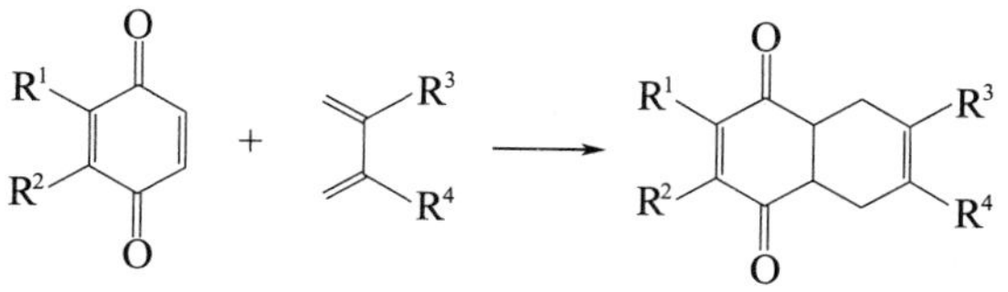

习　题

9-1　命名下列各化合物。

（1）$(CH_3)_2CHCH(CH_3)CHO$　　（2）$CH_3COCH_2CH(CH_3)_2$

（3）$CH_3COCH_2COCH_3$　　（4）$(CH_3)_2C{=}CHCHO$

（5）$CH_3CH_2-\overset{\overset{\displaystyle O}{\|}}{C}-CH{=}CH_2$　　（6）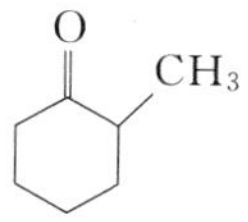

(7)
$$\underset{\displaystyle\mathrm{C_6H_5}}{\mathrm{C}}\overset{\displaystyle\mathrm{O}}{\|}\mathrm{-CH_2CH_3}$$

(8)
$$\mathrm{C_6H_5-\overset{O}{\overset{\|}{C}}-C_6H_5}$$

(9)
邻-CHO，OCH₃ 苯

9-2 写出下列化合物的构造式。

(1) 异戊醛　　(2) 3-甲基-2-戊酮　　(3) 环己基乙酮　　(4) 5-苯基-3-庚酮

(5) 丁二醛　　(6) 乙醛缩乙二醇　　(7) α-溴代丙醛

9-3 写出下列各反应的主要产物。

(1) $\mathrm{H_3C-\underset{\underset{\displaystyle CH_3}{|}}{CH}-CHO}$ ＋HCN $\longrightarrow$?

(2) 环己酮 ＋ $\begin{array}{l}\mathrm{H_2C-OH}\\\mathrm{H_2C-OH}\end{array}$ $\xrightarrow{\mathrm{HCl}}$?

(3) 邻-CHO, CH₃ 苯 $\xrightarrow[\mathrm{(2)\ H_3O^+}]{\mathrm{(1)\ CH_3CH_2MgBr}}$?

(4) $\mathrm{CH_3-\underset{\underset{\displaystyle CH_3}{|}}{CH}-\overset{\overset{\displaystyle O}{\|}}{C}-CH_3}$ ＋NaHSO₃ $\longrightarrow$?

(5) 间-CHO, NO₂ 苯 ＋H₂NOH $\longrightarrow$?

(6) $\mathrm{CH_3-CH_2-CHO}$ $\xrightarrow{\mathrm{NaOH（稀）}}$?

(7) $\mathrm{CH_3-\overset{\overset{\displaystyle CH_3}{|}}{\underset{\underset{\displaystyle CH_3}{|}}{C}}-CHO}$ $\xrightarrow{\mathrm{NaOH（浓）}}$? ＋?

(8) $\mathrm{CH_3-\underset{\underset{\displaystyle C_6H_5}{|}}{CH}-\overset{\overset{\displaystyle O}{\|}}{C}-CH_3}$ $\xrightarrow[\mathrm{HCl}]{\mathrm{Zn（Hg）}}$?

(9) $\mathrm{CH_3CH_2-\overset{\overset{\displaystyle O}{\|}}{C}-CH=CH_2}$ $\xrightarrow[\mathrm{(2)\ H_3O^+}]{\mathrm{(1)\ NaBH_4}}$?

(10) 间-CHO, NO₂ 苯 $\xrightarrow[\mathrm{H^+}]{\mathrm{KMnO_4}}$?

(11)
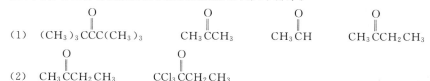

(12) $HO\!-\!CH_2CH_2CH_2CH_2CHO \xrightarrow[\text{}]{HCl（干）} ? \xrightarrow[CH_3OH]{HCl（干）} ?$

9-4 把下列各组化合物按羰基亲核加成反应的活性大小排序。

(1) $(CH_3)_3CCC(CH_3)_3$ 　CH_3CCH_3 　CH_3CH 　$CH_3CCH_2CH_3$
（各含羰基 O）

(2) $CH_3CCH_2CH_3$ 　$CCl_3CCH_2CH_3$
（各含羰基 O）

9-5 用化学方法区别下列各组化合物。
(1) 甲醛、乙醛和丙酮
(2) 戊醛、2-戊酮、环戊酮和苯甲醛
(3) 丙醛、丙酮、丙醇、异丙醇
(4) 苯甲醇、苯甲醛、苯酚、苯乙酮

9-6 比较下列化合物中羰基对氢氰酸加成反应的活性大小。
(1) 二苯甲酮、乙醛、一氯乙醛、三氯乙醛、苯乙酮
(2) 乙醛、三氯乙醛、丙酮、甲醛

9-7 下列化合物哪些能发生碘仿反应？写出其反应产物。
(1) 丁酮　　　　(2) 2-丁醇　　　(3) 1-丁醇
(4) 3-戊酮　　　(5) 2-甲基环戊酮　(6) 环戊基乙酮

9-8 请设计一个分离 1-戊醇、戊醛和 3-戊酮的化学方法，并写出有关的反应式。

9-9 完成下列转化，并写出反应式。
(1) $CH_3CH_2CHO \longrightarrow CH_3CH_2\underset{\underset{OH}{|}}{C}HCH_3$

(2) $BrCH_2CH_2CHO \longrightarrow CH_3\underset{\underset{OH}{|}}{C}HCH_2CH_2CHO$

(3) $CH_3\!-\!\overset{O}{\overset{||}{C}}\!-\!CH_3 \longrightarrow CH_3\underset{\underset{CH_3}{|}}{C}\!=\!CHCOOH$

(4) $CH_3CH_2CHO \longrightarrow CH_3CH_2COOCH_2CH_2CH_3$

(5) $CH_3CH_2OH \longrightarrow CH_3\overset{O}{\overset{||}{C}}CH_2CH_3$

9-10 用给定的原料合成下列化合物（其他无机及有机试剂可任选）。

(1)　$C_6H_5CH_2CH_2OH \longrightarrow C_6H_5\underset{\underset{CH_3}{|}}{\overset{\overset{OH}{|}}{C}}CH_3$

(2) $CH_2\!=\!CH_2 \longrightarrow CH_3CH_2CH_2CH_2OH$

9-11 用反应机理解释下面的反应。

$C_6H_5\overset{O}{\overset{||}{C}}\!-\!CH_3 + ClCH_2CO_2C_2H_5 \xrightarrow{B:} $（产物：苯基环氧乙烷衍生物）

9-12　试解释亲核加成反应中，$ArCH_2COR$ 的反应活性为何优于 $ArCOR$?

9-13　某化合物分子式为 $C_5H_{12}O$（A），氧化后得分子式为 $C_5H_{10}O$ 的化合物（B）。B 能和 2,4-二硝基苯肼反应得黄色结晶，并能发生碘仿反应。（A）和浓硫酸共热后经酸性高锰酸钾氧化得到丙酮和乙酸。试推出 A 的构造式，并用反应式表明推导过程。

9-14　有一化合物 A 分子式是 $C_8H_{14}O$，可以使溴水很快褪色，也可与苯肼反应。A 氧化后生成 1 分子丙酮及另一化合物 B。B 具有酸性，与 NaOCl 溶液作用生成 1 分子氯仿及 1 分子丁二酸。试推出 A 的可能构造式，并写出有关反应式。

9-15　某化合物 A 分子式为 $C_{10}H_{12}O_2$，不溶于氢氧化钠溶液，能与羟氨作用生成白色沉淀，但不与吐伦试剂反应。A 经 $LiAlH_4$ 还原得到 B，分子式为 $C_{10}H_{14}O_2$。A 与 B 都能发生碘仿反应。A 与浓 HI 酸共热生成 C，分子式为 $C_9H_{10}O_2$。C 能溶于氢氧化钠，经克莱门森还原生成化合物 D，分子式为 $C_9H_{12}O$。A 经高锰酸钾氧化生成对甲氧基苯甲酸。试写出 A、B、C、D 的构造式和有关反应式。

羧酸、羧酸衍生物和取代酸 ▶▶

羧酸也称"有机酸"，官能团是羧基（—COOH）。从结构上看，除甲酸和乙二酸外，羧酸都可以看作是烃分子中的氢原子被羧基取代后的衍生物，羧酸也可以看作水分子中的一个氢原子被酰基取代后得到的物质。羧酸分子中羧基上的羟基被某些原子或原子团取代后的产物称为羧酸衍生物。取代酸是羧酸分子中烃基上的氢原子被其他原子或原子团取代后的产物。

羧酸、某些羧酸衍生物和取代酸广泛存在于自然界，其中许多是生物体内代谢的重要物质，也是有些农药、医药以及合成化工产品的重要原料。

10.1 羧酸

10.1.1 羧酸的结构

羧酸的结构由烃基和羧基两部分组成。羧酸中的羧基碳是 sp^2 轨道杂化，它的三个 sp^2 杂化轨道分别同碳原子和两个氧原子形成三个共平面的 σ 键，三个键之间的夹角约为 $120°$。羧基碳上未参与杂化的 p 轨道和氧原子 p 轨道上的电子组成一个 π 键。

从形式上看，羧基是由羰基和羟基相连而成，似乎羧酸应具有醛、酮和醇的典型性质（如图 10-1 所示）。但是，有机化合物的基团之间是会产生相互影响和相互制约的。正是由于羰基和羟基的相互影响和制约，所以羧酸的性质并不是羰基和羟基性质的简单加合。

那么，羰基和羟基之间会产生怎样的影响和制约呢？根据 X 射线晶体衍射，甲酸分子所有的原子均在一个平面内，$\angle HCO$ 为 $124°$，$\angle HCO$（H）为 $111°$。$C=O$ 键长 $0.123nm$，$C-O$ 键长 $0.136nm$，两类碳氧键明显不同。但是当羧基上的氢解离后，氧上带有一个负电荷，它很容易和羰基上的 π 电子发生共轭交盖作用，$O-C-O$ 三个原子上的三个 p 轨道具有相互交盖的四个 p 电子，在这样的体系中，氧上的负电荷并不集中在某一个氧原子上而是分散到两个氧原子上，即所谓 p-π 共轭。甲酸钠中两个 $C-O$ 键长完全相等，均为 $0.127nm$，并无差别。

图 10-1　羧基的结构

10.1.2 羧酸的分类和命名

10.1.2.1 羧酸的分类

根据羧基所相连的烃基不同，可以将羧酸分为脂肪酸、芳香酸、饱和酸、不饱和酸和各种取代酸。根据羧基数目的多少可以分为一元酸、二元酸和多元酸。例如：

$$CH_3COOH \qquad\qquad CH_2=CHCOOH$$
脂肪酸（饱和酸）　　　　　　脂肪酸（不饱和酸）

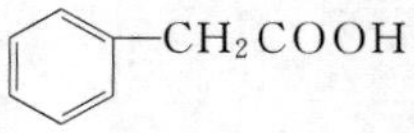

$$\text{⬡}-CH_2COOH \qquad\qquad HOOCCOOH$$
　　芳香酸　　　　　　　　　　二元酸

10.1.2.2 羧酸的命名

羧酸常用的命名法有两种：系统命名法和俗名。

羧酸的系统命名法是选取含有羧基的最长碳链为主链，根据主链的碳原子数目称其为某酸，编号自羧基开始，用阿拉伯数字来表示链上取代基所在的位次，位次也可用希腊字母 α、β、γ、δ、ω 来表示，但此时编号须从羧基的邻位碳开始。

$$\overset{\overset{\delta}{5}}{CH_3}-\overset{\overset{\gamma}{4}}{CH_2}-\underset{\underset{CH_3}{|}}{\overset{\overset{\beta}{3}}{CH}}-\overset{\overset{\alpha}{2}}{CH_2}-\overset{1}{COOH}$$

　　3-甲基戊酸　或 β-甲基戊酸

不饱和脂肪酸的命名，要选取含有不饱和键和羧基的最长碳链作主链，称为某烯酸或某炔酸。例如：

$$\overset{4}{CH_2}=\underset{\underset{CH_2-CH_3}{|}}{\overset{3}{C}}-\overset{2}{CH_2}-\overset{1}{COOH}$$

　　3-乙基-3-丁烯酸

在官能团次序中，羧基是最大的，它总是作为母体来对待的。

脂肪族二元酸的命名，要选取含有两个羧基的最长碳链为主链，按主链上碳原子的数目称为某二酸。例如：

$$HOOC-\underset{\underset{CH_3}{|}}{CH}-COOH \qquad\qquad \text{甲基丙二酸}$$

$$HOOC-\underset{\underset{CH_3}{|}}{CH_2}-CH_2-COOH \qquad\qquad \text{2-甲基丁二酸}$$

脂环族、芳香族酸的命名，常把脂环或芳香环看作相应脂肪酸的取代基。例如：

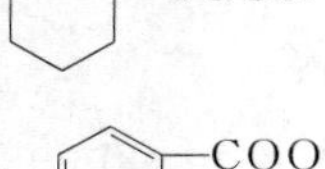

$$\text{⬡}-COOH \qquad\qquad \text{环己基甲酸}$$

$$\text{⬡}-COOH \qquad\qquad \text{苯甲酸}$$

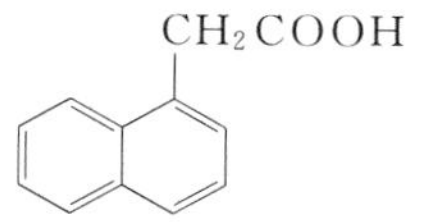

$$CH_2COOH$$

α-萘乙酸

许多羧酸最初是从天然产物中得到的，因此常根据其最初来源给予相应的俗名，如甲酸又称蚁酸，因为甲酸最初是蒸馏蚂蚁得到的；乙酸最初发现于食醋，因此，乙酸又称醋酸；丁酸俗称酪酸，奶酪的特殊臭味就有丁酸味。苹果酸、柠檬酸、酒石酸各来自于苹果、柠檬和酿制葡萄酒时所形成的酒石。软脂酸、硬脂酸和油酸则是从油脂水解得到并根据它们的性状而分别加以命名。

10.1.3 羧酸的物理性质

常温下，十个碳原子以下的饱和一元羧酸是具有刺激性或腥臭味的液体。十个碳以上的饱和一元羧酸为蜡状固体，二元羧酸和芳香族羧酸都是结晶固体。

从羧酸的结构可以看出，羧酸分子具有极性，而且和醇一样能够形成氢键，在两个羧酸分子之间可以形成两对氢键，这种由两对氢键形成的双分子缔合还具有较高的稳定性，故在固态、液态和中等压力的气态下，羧酸主要以二缔合体的形式存在，O—H---O 键长约0.27nm。二缔合体还使羧酸的极性降低，如乙酸还可以溶于非极性的苯就与此有关。因为羧酸分子通过氢键形成二聚体，其沸点比分子量相近的醇高。

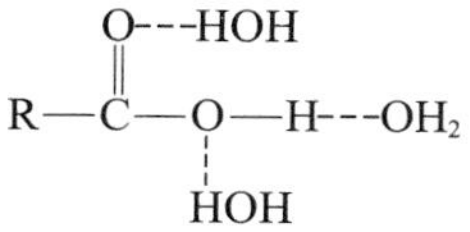

羧酸与水形成的氢键 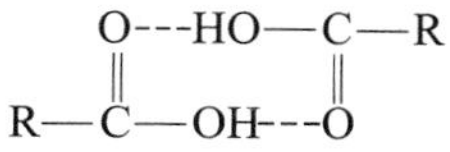　　　　羧酸分子之间的缔合

直链饱和一元酸和二元酸的熔点随分子中碳原子数的增加呈锯齿形变化，即具有偶数碳原子羧酸的熔点明显比它相邻的前后两个同系物熔点高。这是由于在含偶数碳原子的羧酸中，链端甲基和羧基（在二元酸中是两个羧基）分布在碳链异侧，而含奇数碳原子的羧酸链端甲基和羧基分布在碳链的同侧，前者的分子在晶体中排列比较紧密，分子间的作用力比较大，需要较高温度才能使它们彼此分开，故熔点较高。

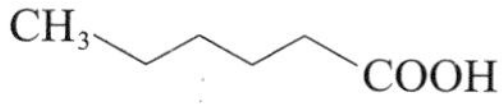

己酸(熔点-4℃)　　　　　　庚酸(熔点-7.5℃)
链端甲基和羧基分布在碳链异侧　　链端甲基和羧基分布在碳链同侧

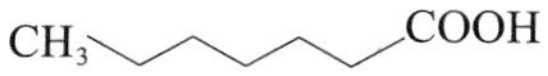

此外还有一个现象，即其熔点随分子量增加先降低后升高，五个碳原子的羧酸熔点最低，这也可能与分子间缔合程度有关，羧基间的缔合受到一定的阻碍，二聚体的稳定性降低导致熔点下降。乙酸的熔点只有 16.6℃，故秋冬季节实验室里的乙酸凝固为冰状物结晶。因此，乙酸又称为冰乙酸、冰醋酸。

对长链羧酸 X 射线衍射的工作研究证明，两个羧酸分子间的羧基以氢键缔合。缔合的双分子有规则地一层层排列，层中间是相互缔合的羧基，层之间相接触的是烃基。烃基之间的分子间作用力较小，故层间容易滑动，因此高级脂肪酸也具有一定的润滑性。

羧酸的水溶性比相应的醇要大。$C_5 \sim C_{11}$部分溶解，C_{12}及以上的高级羧酸几乎不溶于水而溶于醚、醇、苯等有机溶剂；芳香族羧酸在水中的溶解度也不大，有许多还可以从水中进行重结晶。

表 10-1 列出了一些常见羧酸的物理常数。

表 10-1　常见羧酸的主要物理性质

名称	俗名	熔点/℃	沸点/℃	溶解度/g·(100g 水)$^{-1}$	pK_a(25℃)
甲酸	蚁酸	8.4	100.7	混溶	3.77
乙酸	醋酸	16.6	117.9	混溶	4.75
丙酸	初油酸	−20.8	141	混溶	4.87
丁酸	酪酸	−4.3	163.5	混溶	4.61
戊酸	缬草酸	−33.8	186	5	4.82
己酸	羊油酸	−2	205	0.96	4.83
庚酸	毒水芹酸	−7.5	223.0	0.25$^{15℃}$	4.89
辛酸	羊脂酸	16	239	0.25$^{15℃}$	4.89
壬酸	天竺葵酸	12.5	255.6	微溶	4.95
癸酸	羊蜡酸	31.4	268.7	不溶	—
十六碳酸	软脂酸	62.8	271.5$^{13.3kPa}$	不溶	—
十八碳酸	硬脂酸	69.6	291$^{14.6kPa}$	不溶	—
乙二酸	草酸	189	—	8.6	1.27
苯甲酸	安息香酸	122.4	249	0.34	4.20

10.1.4　羧酸的化学性质

羧酸的化学性质与其分子结构紧密相关。从羧酸的结构可以看出：羧基中羰基与羟基中氧原子相连，因此羟基中的 O 原子与 C=O 之间存在 p-π 共轭效应，使得 COO 成为一个整体可脱去；由于 p-π 共轭作用，导致 O—H 键极性增大，而呈现酸性；C—O 键为极性键，故—OH 可被其他基团取代而生成羧酸衍生物；由于羧基为吸电子基，故导致烃基上 α-H 可被其他基团取代而生成取代酸。

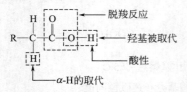

图 10-2　羧酸的构性关系示意图

从羧酸的结构看，其化学性质可归纳为如下几种反应。如图 10-2 所示。

10.1.4.1　酸性和成盐反应

（1）酸性　羧酸在水溶液中能解离成氢离子和羧酸根离子，所以其水溶液呈酸性。羧酸的酸性大于酚，但比无机酸的酸性弱。

$$\underset{\text{R—C—OH}}{\overset{O}{\parallel}} \rightleftharpoons \underset{\text{R—C—O}^-}{\overset{O}{\parallel}} + H^+$$

大多数饱和一元羧酸 pK_a 值为 4～5，比碳酸稍强。

$$2RCOOH + Na_2CO_3 \longrightarrow 2RCOONa + CO_2\uparrow + H_2O$$

羧酸酸性强弱与烃基结构有关。虽然影响因素较为复杂，但一般来说也有下列一些规律可循：

① 当羧酸 α 位是供电子基或连有供电子基时，其酸性减弱。基团供电子能力越强，酸性越弱。例如：

$$\begin{array}{cccc} \text{HCOOH} & \text{CH}_3\text{COOH} & (\text{CH}_3)_2\text{CHCOOH} & (\text{CH}_3)_3\text{CCOOH} \\ \text{p}K_a \quad 3.75 & 4.76 & 4.85 & 5.03 \end{array}$$

② 当羧酸 α 位是吸电子基或连有吸电子基时，其酸性增强。基团吸电子能力越强，酸性越强。例如：

$$\begin{array}{cccc} \text{CH}_3\text{COOH} & \text{ClCH}_2\text{COOH} & \text{Cl}_2\text{CHCOOH} & \text{Cl}_3\text{CCOOH} \\ \text{p}K_a \quad 4.75 & 2.86 & 1.26 & 0.64 \end{array}$$

芳香环上的取代基对芳香酸的酸性影响与脂肪酸相似。例如：

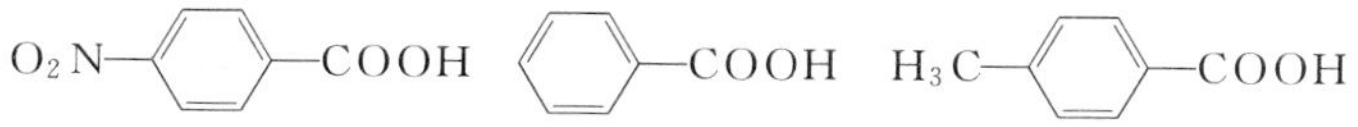

$$\begin{array}{ccc} \text{O}_2\text{N}-\!\!\!\bigcirc\!\!\!-\text{COOH} & \bigcirc\!\!\!-\text{COOH} & \text{H}_3\text{C}-\!\!\!\bigcirc\!\!\!-\text{COOH} \\ \text{p}K_a \quad 3.43 & 4.17 & 4.39 \end{array}$$

③ 当供电子基或吸电子基离羧基越远时，其影响越小。例如：

$$\begin{array}{ccc} \text{CH}_3\text{CH}_2\text{CHCl}-\text{COOH} & \text{CH}_3\text{CHCl}-\text{CH}_2\text{COOH} & \text{CH}_2\text{Cl}-\text{CH}_2\text{CH}_2\text{COOH} \\ \text{p}K_a \quad 2.86 & 4.41 & 4.70 \end{array}$$

④ 一般情况下，二元羧酸的酸性大于相应的一元羧酸。例如，乙酸的 $\text{p}K_a$ 为 4.75，乙二酸的 $\text{p}K_{a1}$ 为 1.27。丙酸的 $\text{p}K_a$ 为 4.87，丙二酸的 $\text{p}K_{a1}$ 为 2.83。

（2）成盐反应 羧酸具有酸的一般性质，能与强碱、碳酸盐（或碳酸氢盐）、金属氧化物反应。生成羧酸盐和水。例如：

$$\text{CH}_3\text{COOH} + \text{NaOH} \longrightarrow \text{CH}_3\text{COONa} + \text{H}_2\text{O}$$

$$\text{CH}_3\text{COOH} + \text{NaHCO}_3 \longrightarrow \text{CH}_3\text{COONa} + \text{H}_2\text{O} + \text{CO}_2\uparrow$$

$$2\text{CH}_3\text{COOH} + \text{CaO} \longrightarrow (\text{CH}_3\text{COO})_2\text{Ca} + \text{H}_2\text{O}$$

羧酸的钾、钠盐溶于水，与无机酸相遇时又得到羧酸。因此，科研和生产上常利用这一性质来分离、提纯或鉴别羧酸。例如，在苯甲酸和苯酚的混合物中加入碳酸氢钠的饱和溶液，振荡后分离，不溶性固体为苯酚；苯甲酸转变成苯甲酸钠而进入水层，酸化水层得到苯甲酸。这种性质也常用于农药的配制上，例如，植物生长调节剂 α-萘乙酸不溶于水，为便于使用，可加入适量的碳酸钠使其变成钠盐而溶解。再如，土壤中施入有机质肥料后，常产生一些低级有机酸（如甲酸、乙酸、丙酸等）对作物有害，生产上施用石灰使之成盐。

10.1.4.2 羧酸衍生物的生成

在一定条件下，羧酸分子里羧基中的羟基被卤素（—X）、酰氧基、烃氧基（—OR′）、氨基（—NH$_2$）取代，分别得到酰卤、酸酐、酯、酰胺等羧酸衍生物。由于它们都含有酰基，所以又被称为酰基化合物。

（1）酰卤的生成 最常见的酰卤是酰氯，它是由羧酸与三氯化磷、五氯化磷或亚硫酰氯等氯化剂作用而得。

$$3RC\overset{O}{\underset{}{\|}}\!-\!OH + PCl_3 \xrightarrow{\triangle} 3RC\overset{O}{\underset{}{\|}}\!-\!Cl + H_3PO_3$$

$$RC\overset{O}{\underset{}{\|}}\!-\!OH + PCl_5 \xrightarrow{\triangle} RC\overset{O}{\underset{}{\|}}\!-\!Cl + POCl_3 + HCl\uparrow$$

$$RC\overset{O}{\underset{}{\|}}\!-\!OH + SOCl_2 \xrightarrow{\triangle} RC\overset{O}{\underset{}{\|}}\!-\!Cl + SO_2\uparrow + HCl\uparrow$$

亚硫酰氯是较理想的氯化剂，因为反应副产物都是气体，得到的酰氯容易提纯。

（2）酸酐的生成　羧酸在脱水剂（如五氧化二磷）的作用下加热失水，生成酸酐。例如：

$$2CH_3C\overset{O}{\underset{}{\|}}\!-\!OH \xrightarrow{P_2O_5} CH_3C\overset{O}{\underset{}{\|}}\!-\!O\!-\!CCH_3\overset{O}{\underset{}{\|}} + H_2O$$

（3）酯的生成　在无机酸催化下，羧酸与醇作用生成酯，这种反应叫酯化反应。

$$RC\overset{O}{\underset{}{\|}}\!-\!OH + HO\!-\!R' \underset{\triangle}{\overset{H_2SO_4}{\rightleftharpoons}} RC\overset{O}{\underset{}{\|}}\!-\!OR' + H_2O$$

酯化反应是一个可逆反应，其逆反应称为水解反应，酯化反应速率极为缓慢，须在催化剂和加热条件下才能进行。通常使用的催化剂是浓硫酸、氯化氢或三氟化硼等。由于酯化反应是可逆的，为了提高酯的产率，一般采用增加反应物（酸或醇）的浓度或不断除去生成的酯或水，使平衡向右移动。

酯化反应时，有如下两种可能的脱水方式：

$$R\!-\!C\overset{O}{\underset{}{\|}}\!-\!\boxed{OH + H}\!-\!O\!-\!R' \qquad R\!-\!C\overset{O}{\underset{}{\|}}\!-\!O\!-\!\boxed{H + H\!-\!O}\!-\!R'$$

羧酸的酰氧健断裂　　　　　　醇的烷氧健断裂

研究表明，大多数酯化反应为酰氧键断裂，酸催化酯化反应的历程可表示如下：

$$RC\overset{O}{\underset{}{\|}}\!-\!OH \xrightarrow{H^+} RC\overset{+OH}{\underset{}{\|}}\!-\!OH \xrightarrow{R'-O-H} \underset{H-OR'}{\overset{+}{RC\overset{OH}{\underset{}{\|}}\!-\!OH}} \rightleftharpoons RC\overset{OH}{\underset{}{\|}}\!-\!O^+H_2\atop OR'$$

$$\rightleftharpoons \overset{-H_2O}{} RC^+\!\!-\!OR'\overset{OH}{} \xrightarrow{-H^+} RC\overset{O}{\underset{}{\|}}\!-\!OR'$$

（4）酰胺的生成　羧酸与氨或碳酸铵作用得到羧酸的铵盐，将铵盐加强热失水，生成酰胺。

$$RC\overset{O}{\underset{}{\|}}\!-\!OH + NH_3 \longrightarrow RC\overset{O}{\underset{}{\|}}\!-\!ONH_4 \xrightarrow[-H_2O]{\triangle} RC\overset{O}{\underset{}{\|}}\!-\!NH_2$$

10.1.4.3 羧酸的还原反应

羧酸比较稳定，不被一般的还原剂所还原，但可被强还原剂氢化铝锂（LiAlH$_4$）还原生成伯醇。

$$RCOOH \xrightarrow{LiAlH_4} RCH_2OH$$

氢化铝锂是一种强还原剂，能还原具有羰基的化合物，且产率很高，但一般不能还原碳碳双键。

10.1.4.4 脱羧反应

羧酸分子脱去—COOH，放出 CO_2 的反应称为脱羧反应。羧酸的羧基通常比较稳定，只有在特殊条件下才发生脱羧反应，而且不同的羧酸脱羧生成不同的产物。

饱和一元羧酸的碱金属盐与碱石灰共熔，发生脱羧，生成少一个碳原子的烷烃。

$$CH_3COOH \xrightarrow[\triangle]{NaOH，Ca(OH)_2} CH_4$$

当羧酸 α-C 连有吸电子基时，脱羧反应更易进行。例如：

$$\underset{CH_3\overset{\overset{\displaystyle O}{\|}}{C}CH_2COOH}{} \xrightarrow{\triangle} \underset{CH_3\overset{\overset{\displaystyle O}{\|}}{C}CH_3}{} +CO_2 \uparrow$$

$$CCl_3-COOH \xrightarrow{\triangle} CHCl_3 + CO_2 \uparrow$$

由于羧基是强吸电子的基团，所以某些二元羧酸在加热情况下较易发生脱羧。例如：

$$HOOCCOOH \xrightarrow{\triangle} HCOOH + CO_2 \uparrow$$

$$HOOCCH_2COOH \xrightarrow{\triangle} CH_3COOH + CO_2 \uparrow$$

脱羧反应在动植物体内普遍存在，是物质代谢的重要反应之一。不过，脱羧反应是在酶的催化下进行的。植物体内存在的烃多数是奇数碳原子的直链烃，研究认为就是植物体中含偶数碳原子的直链羧酸脱羧后生成的。例如：

$$CH_3COOH \xrightarrow{酶} CH_4 \uparrow + CO_2 \uparrow$$

此反应也是沼气（甲烷）的生成反应。

10.1.4.5 α-氢的卤代反应

羧酸分子中的 α-H 在羧基的影响下，比烃基中其他氢原子活泼，在 P、S、或 I$_2$ 的催化下可被 Cl 或 Br 逐步取代。由于一元取代产物的 α-H 更加活泼，因此取代反应可继续发生下去，生成二元、三元取代产物。

$$CH_3COOH + Cl_2 \xrightarrow{P} ClCH_2COOH + HCl$$

α-卤代酸中的卤原子与卤代烃中的卤原子具有相似的性质。卤代酸是合成农药、药物等重要的工业原料。某些卤代酸如 2,2-二氯丙酸（又称达拉明）是一种有效的除草剂，能杀死多年生杂草。

10.1.5　羧酸的重要化合物

（1）甲酸　甲酸俗名蚁酸，为无色、有刺激性气味的液体，沸点 100.5℃，熔点 8.4℃，能与水、乙醇、乙醚混溶。甲酸的结构比较特殊，甲酸分子中的羧基和氢原子相连。因此，它既有羧基的结构，又有醛基的结构。甲酸的特殊结构决定了它具有一些特殊的性质，如甲酸具有还原性，能和吐伦试剂和斐林试剂发生反应，能使高锰酸钾溶液褪色，它本身被氧化成二氧化碳和水。

$$\underset{\text{H}}{}\text{H}-\overset{\displaystyle\text{O}}{\overset{\|}{\text{C}}}-\text{OH} \longrightarrow \text{HO}-\overset{\displaystyle\text{O}}{\overset{\|}{\text{C}}}-\text{OH} \longrightarrow \text{CO}_2\uparrow + \text{H}_2\text{O}$$

甲酸的酸性是饱和一元羧酸中最强的。它的腐蚀性较小，有挥发性，常用作防腐剂、酸性还原剂、橡胶凝聚剂及基本化工原料，能替代无机酸使用。它与浓硫酸等脱水剂反应，分解生成纯度很高的一氧化碳。

甲酸与浓硫酸共热，即分解为一氧化碳和水。

$$\text{HCOOH} \xrightarrow[60\sim80℃]{\text{浓 H}_2\text{SO}_4} \text{CO}\uparrow + \text{H}_2\text{O}$$

（2）乙酸　乙酸又称醋酸。发酵法制得的食醋含 2% 左右的乙酸，许多微生物具有将有机物转变为乙酸的能力，这也是人类最早使用的有机酸。乙酸是一个很重要的基本有机化工原料，可用来合成乙酸酐、乙酸乙酯、乙酸乙烯酯和乙酸纤维素酯等化合物，并可以进一步转化为许多精细化工产品，用途非常广泛。乙酸不易被氧化，故还常用作一些氧化反应的溶剂。

（3）乙二酸　乙二酸又称草酸，它常以钙盐和钾盐的形式存在于植物的细胞膜中。纯净的乙二酸为无色晶体，常含两分子结晶水，加热至 100℃ 即可失水得到无水乙二酸，熔点为 187℃（分解），易溶于水，难溶于乙醚等非极性溶剂。

乙二酸是酸性最强的二元羧酸，其钙盐溶解度极小，故常用这一性质检验 Ca^{2+} 或乙二酸。草酸容易被氧化，产物为二氧化碳和水，在定量分析中常用它来标定高锰酸钾溶液。乙二酸本身在酸和受热的条件下也易分解出甲酸和二氧化碳。

$$5\text{HO}-\overset{\displaystyle\text{O}}{\overset{\|}{\text{C}}}-\overset{\displaystyle\text{O}}{\overset{\|}{\text{C}}}-\text{OH} + 2\text{KMnO}_4 + 3\text{H}_2\text{SO}_4 \longrightarrow 2\text{MnSO}_4 + \text{K}_2\text{SO}_4 + 10\text{CO}_2\uparrow + 8\text{H}_2\text{O}$$

草酸还有很强的配位能力，能同许多金属离子形成可溶性配离子配合物，因此草酸可以作为清洗剂除去铁锈和墨水等污迹，同时也常用来抽提稀有元素。在工业上，草酸用作媒染剂和漂白剂。

$$\text{Fe}^{3+} + 3\text{H}_2\text{C}_2\text{O}_4 \rightleftharpoons [\text{Fe}(\text{C}_2\text{O}_4)_3]^{3-} + 6\text{H}^+$$

（4）丁烯二酸　丁烯二酸有顺式和反式两种立体异构体，二者均为无色晶体，化学性质基本相同，但物理性质和生理生化作用差别很大。顺式异构体又称马来酸，熔点低、酸性强，水溶性和偶极矩都较大，容易失水成酐，在生物体内不能转化为糖，且具有一定的毒性。反式异构体又称富马酸，广泛存在于动植物体内，是糖类代谢的一种中间产物，热稳定性高，难以失水成酐。顺式异构体燃烧热比反式异构体要高 25kJ·mol^{-1}，故反式是相对稳定的异构体。在高温、酸、碱、硫脲催化或光照下两种丁烯二酸可以相互转化，而顺式更易变成反式。

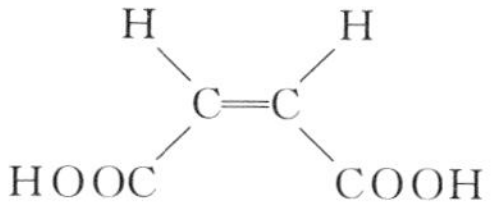

顺丁烯二酸（马来酸） 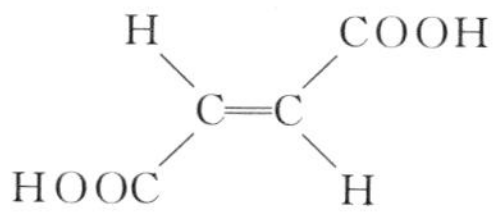　　　　　　反丁烯二酸（富马酸）

顺式丁烯二酸易形成顺式丁烯二酸酐，后者在工业上是由苯催化氧化制得的，这是一种合成不饱和聚酯的重要原料。

（5）苯甲酸　苯甲酸又称安息香酸，因为它最初是从安息香树胶中制得，安息香树胶中含有苯甲酸苄酯。苯甲酸是白色晶体，熔点122.4℃，难溶于冷水，易溶于沸水、乙醇、氯仿和乙醚。苯甲酸易升华，在水中的溶解度随温度的不同而有很大的差异，故可以用来结晶纯化，也能用水蒸气蒸馏纯化。苯甲酸有抑制霉菌的作用，故苯甲酸及其钠盐常用作食物和某些药物制剂的防腐剂，但现在逐渐被山梨酸钾替代。

苯甲酸的某些衍生物在农业上用作除草剂及植物生长调节剂。如 2,3,5-三碘代苯甲酸能刺激番茄生长和结实，也能使马铃薯增产。

（6）邻苯二甲酸　邻苯二甲酸为白色晶体，易溶于乙醇，微溶于水和乙醚。加热至200～300℃失水，生成邻苯二甲酸酐。邻苯二甲酸及其酸酐是制造染料、合成树脂和增塑剂的原料，其二甲酯和二丁酯还可用作避蚊油。

（7）α-萘乙酸　简称 NAA，白色晶体，熔点133℃，难溶于水，但其钠盐和钾盐易溶于水，它是一种常用的植物生长调节剂。低浓度时可以刺激植物生长，防止落花落果；高浓度时，能抑制植物生长，并杀除杂草，防止马铃薯贮藏时发芽等。

10.2 羧酸衍生物

羧酸分子中羧基上的羟基被其他原子或原子团取代后的生成物称为羧酸衍生物。重要的羧酸衍生物有酰卤、酸酐、酯和酰胺四大类。

10.2.1 羧酸衍生物的命名

酰卤、酸酐一般由相应的羧酸来命名，通常将羧酸分子中去掉羟基后所剩下的部分称为酰基。

酰卤的命名是把酰基和卤原子的名称合起来叫"某酰卤"。例如：

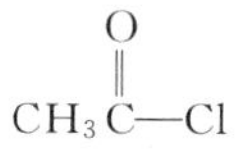

乙酰氯 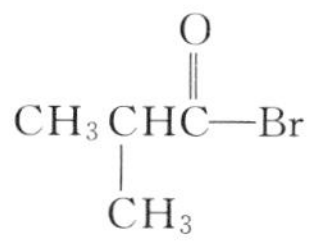　　　　2-甲基丙酰溴 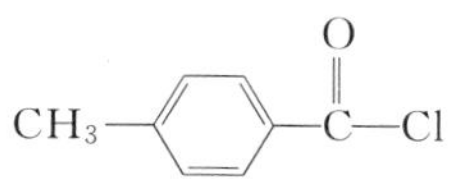　　　　　　对甲基苯甲酰氯

酸酐的命名是根据相应的酸叫"某酸酐"或"某酐"。例如：

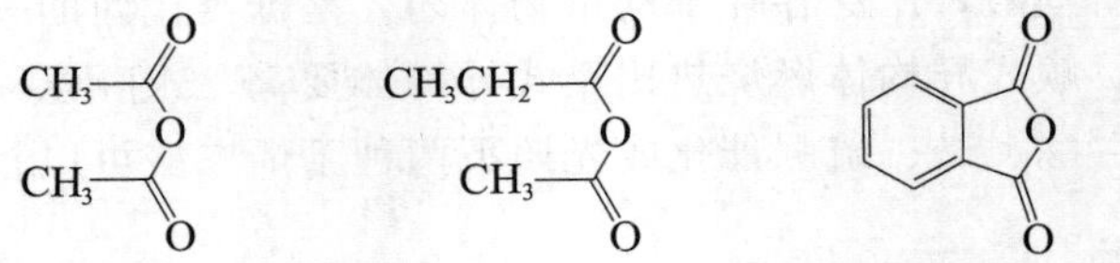

乙酸酐　　　　　　　乙酸丙酸酐　　　　　　邻苯二甲酸酐

酯的命名是根据形成它的酸和醇叫"某酸某酯"。例如：

CH_3COOCH_3

乙酸甲酯　　　　　　　　　　　　　　对甲基苯甲酸甲酯

酰胺的命名与酰卤相似，也是根据它们所含的酰基命名。例如：

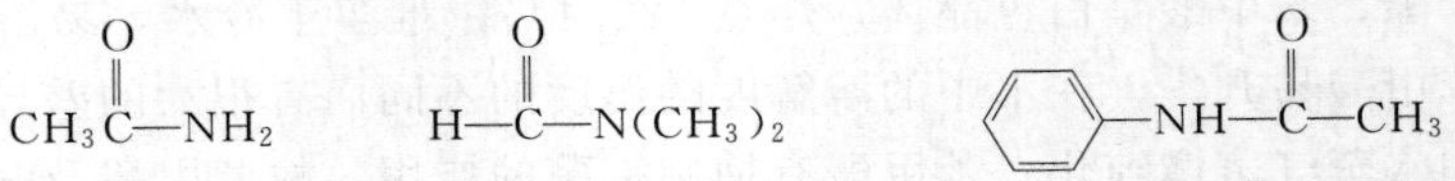

乙酰胺　　　　N,N-二甲基甲酰胺　　　　　乙酰苯胺

10.2.2　羧酸衍生物的物理性质

　　酰氯和酸酐一般都是对黏膜有刺激性的无色液体或固体。低级羧酸酯是具有花果香味的无色液体，如乙酸异戊酯有香蕉香味（俗称香蕉水），正戊酸异戊酯有苹果香味，甲酸苯乙酯有野玫瑰香味，丁酸甲酯有菠萝香味等，因此酯多用于香料工业。高级羧酸酯是液体或固体。

　　酰卤、酸酐和酯由于分子间不能通过氢键缔合，所以它们的沸点比分子量相近的羧酸低得多。酰胺分子间能形成氢键，且缔合程度较大，故酰胺的沸点比相应的羧酸要高。大多数酯的相对密度小于1，而酰氯、酸酐和酰胺的密度几乎都大于1。羧酸衍生物一般都难溶于水而易溶于乙醚、氯仿、丙酮、苯等有机溶剂。一些常见羧酸衍生物的物理常数见表10-2。

表 10-2　羧酸衍生物的物理常数

名称	熔点/℃	沸点/℃	相对密度(d_4^{20})
乙酰氯	−112	51	1.105
苯甲酰氯	−1	197	1.212
乙酸酐	−73	140.0	1.081
丙酸酐	−45	169	1.012
丁二酸酐	119.6	261	1.104
顺丁烯二酸酐	53	202	0.934
邻苯二甲酸酐	132	284.5	1.527$^{4℃}$
甲酸乙酯	−80	54	0.923
乙酸甲酯	−98.7	57.3	0.933
乙酸乙酯	−83.6	77.2	0.901
苯甲酸乙酯	−34.7	212.4	1.051
N,N-二甲基甲酰胺	−61	153	0.9445
乙酰胺	81	221.2	1.159
乙酰苯胺	113～114	305	1.21$^{4℃}$
苯甲酰胺	130	290	1.341
邻苯二甲酰亚胺	238	升华	—

10.2.3 羧酸衍生物的化学性质

10.2.3.1 酰基上的亲核取代反应

羧酸衍生物分别与水、醇、氨等发生水解、醇解、氨解等反应。反应的结果是在水、醇、氨分子中引入酰基，故称为酰基化反应。它们的反应活性顺序为：酰卤＞酸酐＞酯＞酰胺。

（1）水解反应　酰卤、酸酐、酯和酰胺水解反应的主要产物是相应的羧酸。例如：

$$\underset{\substack{\| \\ O}}{RC}-Cl + H-OH \longrightarrow \underset{\substack{\| \\ O}}{RC}-OH + HCl$$

$$\underset{\substack{\| \\ O}}{RC}-O-\underset{\substack{\| \\ O}}{CR'} + H-OH \longrightarrow \underset{\substack{\| \\ O}}{RC}-OH + \underset{\substack{\| \\ O}}{R'C}-OH$$

$$\underset{\substack{\| \\ O}}{RC}-OR' + H-OH \xrightarrow[\triangle]{H^+ \text{或} OH^-} \underset{\substack{\| \\ O}}{RC}-OH + R'OH$$

$$\underset{\substack{\| \\ O}}{RC}-NH_2 + H-OH \xrightarrow[\triangle]{H^+ \text{或} OH^-} \underset{\substack{\| \\ O}}{RC}-OH + NH_3$$

酰卤、酸酐、酯和酰胺的结构不同，所以它们水解的难易程度不同。酰氯极易水解，且反应剧烈；酸酐一般需要加热才能水解；酯和酰胺水解需要长时间加热回流且需加入无机酸（或碱）作催化剂。

（2）醇解反应　酰卤、酸酐、酯都可发生醇解反应生成酯，酰胺难以发生醇解，它们发生醇解的速率与水解相同。

$$\underset{\substack{\| \\ O}}{RC}-Cl + H-OR' \longrightarrow \underset{\substack{\| \\ O}}{RC}-OR' + HCl$$

$$\underset{\substack{\| \\ O}}{RC}-O-\underset{\substack{\| \\ O}}{CR'} + H-OR'' \xrightarrow{\triangle} \underset{\substack{\| \\ O}}{RC}-OR'' + \underset{\substack{\| \\ O}}{R'C}-OH$$

$$\underset{\substack{\| \\ O}}{RC}-OR' + H-OR'' \xrightarrow[\text{加热回流}]{H_2SO_4} \underset{\substack{\| \\ O}}{RC}-OR'' + R'OH$$

酯的醇解又称为酯交换反应，即酯分子中的烷氧基被另一种醇的烷氧基所取代，结果生成了新的酯和新的醇。酯交换反应不但需要催化剂，而且反应是可逆的。工业上生产涤纶的原料对苯二甲酸二乙二醇酯就是通过酯交换合成的。

$$CH_3O-\underset{\substack{\| \\ O}}{C}-\underset{}{\bigcirc}-\underset{\substack{\| \\ O}}{C}-OCH_3 + 2HOCH_2CH_2OH \xrightarrow[190℃]{\text{催化剂}}$$

$$HOCH_2CH_2O-\underset{\substack{\| \\ O}}{C}-\underset{}{\bigcirc}-\underset{\substack{\| \\ O}}{C}-OCH_2CH_2OH + 2CH_3OH$$

（3）氨解反应　酰卤、酸酐和酯可发生氨解反应，生成酰胺。例如：

$$
\underset{RC}{\overset{O}{\parallel}}—Cl + 2NH_3 \longrightarrow \underset{RC}{\overset{O}{\parallel}}—NH_2 + NH_4Cl
$$

$$
\underset{RC}{\overset{O}{\parallel}}—O—\underset{CR'}{\overset{O}{\parallel}} + 2NH_3 \longrightarrow \underset{RC}{\overset{O}{\parallel}}—NH_2 + \underset{R'C}{\overset{O}{\parallel}}—ONH_4
$$

$$
\underset{RC}{\overset{O}{\parallel}}—OR' + NH_3 \longrightarrow \underset{RC}{\overset{O}{\parallel}}—NH_2 + R'OH
$$

10.2.3.2　还原反应

酰基化合物的羰基比羧酸易还原，酰基化合物可用催化加氢方法将酰基还原成醛或醇。

（1）酰氯的还原　酰氯在一定条件下可被还原成醛或醇。

$$
\underset{RC}{\overset{O}{\parallel}}—Cl \xrightarrow[Ni]{H_2} \underset{RC}{\overset{O}{\parallel}}—H \xrightarrow[Ni]{H_2} RCH_2OH
$$

（2）酯的还原　酯比羧酸易还原，通常用 $Na + CH_3CH_2OH$、$LiAlH_4$ 即可将酯还原成醇。

$$
\underset{RC}{\overset{O}{\parallel}}—OR' \xrightarrow[\triangle]{Na+C_2H_5OH} RCH_2OH + R'OH
$$

10.2.3.3　Hofmann 降解反应

酰胺同次溴酸钠或次氯酸钠的碱性溶液反应，失去羰基，生成比原料酰胺少一个碳原子的伯胺，此反应称为 Hofmann 降解反应。例如：

$$
\underset{RC}{\overset{O}{\parallel}}—NH_2 + NaOBr \xrightarrow{NaOH} RNH_2 + NaBr + Na_2CO_3 + H_2O
$$

酰胺　　　　　　　　　　　伯胺

10.2.4　羧酸衍生物的代表化合物

10.2.4.1　乙酰乙酸乙酯

乙酰乙酸乙酯是乙酸乙酯在乙醇钠的作用下发生克莱森（Claisen L.）酯缩合反应制得的：

$$
CH_3—\overset{O}{\overset{\parallel}{C}}—OC_2H_5 + H—CH_2—\overset{O}{\overset{\parallel}{C}}—OC_2H_5 \xrightarrow{C_2H_5ONa}
$$

$$
CH_3—\overset{O}{\overset{\parallel}{C}}—CH_2—\overset{O}{\overset{\parallel}{C}}—OC_2H_5 + C_2H_5OH
$$

乙酰乙酸乙酯比乙酰乙酸稳定得多。在常温下是无色液体，有愉快的香味，微溶于水，易溶于乙醇、乙醚等有机溶剂。乙酰乙酸乙酯具有特殊的化学性质，能发生多种反应，是一种十分重要的有机合成原料。

（1）互变异构现象　乙酰乙酸乙酯是 β-酮酸酯，它除了具有酮和酯的典型反应外，还具有酮和酯所没有的特殊性质。例如，能使溴的四氯化碳溶液褪色，说明分子中含有不饱和的碳碳键；能同金属钠反应放出氢气，说明分子中含有活泼氢；能与三氯化铁发生颜色反应，说明分子中含有烯醇式结构。乙酰乙酸乙酯的上述性质是由它的特殊结构所决定的。通过物理和化学方法证明，乙酰乙酸乙酯是由酮式和烯醇式两种异构体组成的平衡混合物。

$$CH_3-\overset{\overset{O}{\|}}{C}-CH_2-\overset{\overset{O}{\|}}{C}-OC_2H_5 \underset{}{\overset{室温}{\rightleftharpoons}} CH_3-\overset{\overset{OH}{|}}{C}=CH-\overset{\overset{O}{\|}}{C}-OC_2H_5$$

酮式（92.5%）　　　　　　烯醇式（7.5%）

乙酰乙酸乙酯的酮式与烯醇式是一种互变异构关系，它们是两个化合物，均是实际存在的，互为构造异构体。由于室温下两种异构体互变速率极快，所以不能将它们分开。在溶液中，两种同分异构体能相互转化，并以动态平衡状态存在的现象叫互变异构现象。两种能相互转变的同分异构体叫互变异构体。上述由酮式和烯醇式异构体组成的互变异构叫酮-烯醇互变异构。

酮式和烯醇式两种异构体在室温下的相互转化，可以用实验加以证明。在乙酰乙酸乙酯溶液中加入几滴三氯化铁溶液，即出现紫红色，这说明其烯醇式与三氯化铁生成了配合物；如再向紫红色溶液中加入溴，紫红色消失，说明溴与烯醇式中的双键发生了加成，烯醇式异构体被消耗掉了。但过一段时间后，又会慢慢出现紫红色，这是由于酮-烯醇平衡向生成烯醇式的方向发生了移动，重新建立了新的平衡体系。

一般的烯醇式是不稳定的，而乙酰乙酸乙酯的烯醇式结构之所以比较稳定，原因有三：一是在酮式中，羰基和酯基的共同影响，亚甲基上的氢变得很活泼，从而容易生成烯醇式异构体；二是在烯醇式异构体中，碳碳双键与酯基的大 π 键形成了 π-π 共轭体系，降低了体系的能量；三是烯醇式羟基上的氢与酯基上的氧形成了分子内氢键，使体系的能量进一步降低。

（2）乙酰乙酸乙酯的分解反应

① 酮式分解（成酮分解）在稀碱或稀酸作用下，乙酰乙酸乙酯发生水解，生成 β-丁酮酸，后者继续发生脱羧反应生成酮，此分解过程称酮式分解。

$$CH_3COCH_2COOC_2H_5 \xrightarrow[-C_2H_5OH]{稀酸或稀碱} CH_3COCH_2-\overset{\overset{O}{\|}}{C}-OH \xrightarrow[脱羧]{\triangle} CH_3-\overset{\overset{O}{\|}}{C}-CH_3 + CO_2\uparrow$$

② 酸式分解（成酸分解）在浓碱的作用下，乙酰乙酸乙酯的 α-碳原子与 β-碳原子间的碳-碳键断裂，生成两分子羧酸，此分解过程称酸式分解。

$$CH_3COCH_2COOC_2H_5 \xrightarrow[\triangle]{浓碱} 2CH_3COOH + C_2H_5OH$$

除乙酰乙酸乙酯外，其他 β-酮酸酯也能发生类似的反应。油脂代谢或酸败中产生的小分子酮和羧就是由 β-酮酸酯产生的。

③ 乙酰乙酸乙酯在合成上的应用　乙酰乙酸乙酯可用来合成甲基酮、一元羧酸。例如：

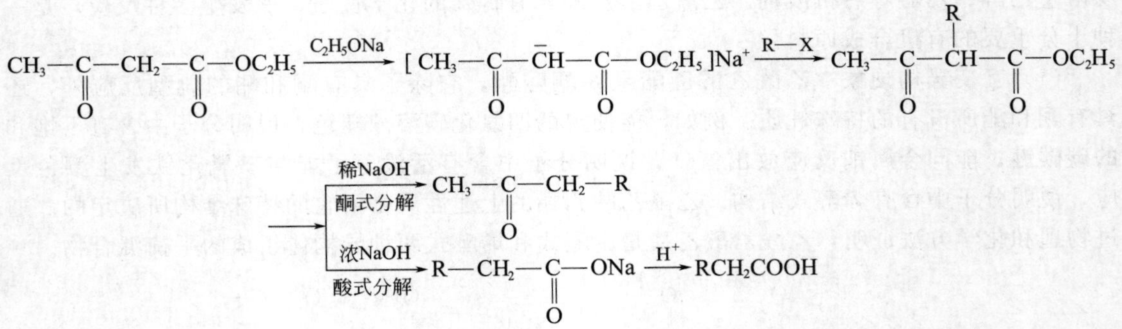

在上面的反应中，如果卤代烃过量，亚甲基上的两个氢原子都可以被烃基取代生成二取代物。这些取代的乙酰乙酸乙酯都可以发生相应的酮式分解和酸式分解，以制取不同结构的酮、羧酸等。

10.2.4.2　丙二酸二乙酯

丙二酸二乙酯［$CH_2(COOC_2H_5)_2$］为无色液体，有芳香气味，沸点 199.3℃，不溶于水，易溶于乙醇、乙醚等有机溶剂。丙二酸二乙酯是以氯乙酸为原料，经过氰解、酯化后得到的二元羧酸酯。

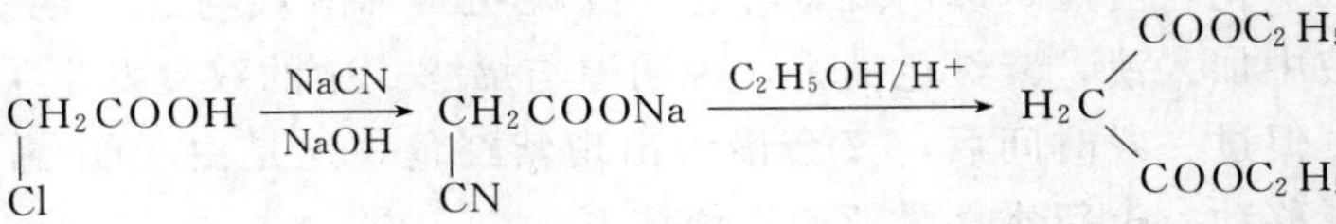

丙二酸二乙酯由于分子中含有一个活泼亚甲基，因此在理论和合成上都有重要意义。丙二酸二乙酯在醇钠等强碱催化下，能产生一个碳负离子，它可以和卤代烃发生亲核取代反应，产物经水解和脱羧后生成羧酸。用这种方法可合成 RCH_2COOH 和 $RR'CHCOOH$ 型的羧酸，如用适当的二卤代烷作为烃化试剂，也可以合成脂环族羧酸。例如：

$$CH_2(COOC_2H_5)_2 + R{-}X \xrightarrow[C_2H_5OH]{C_2H_5ONa} RCH(COOC_2H_5)_2 \xrightarrow[(2)\ \triangle,H^+]{(1)\ NaOH} RCH_2COOH$$

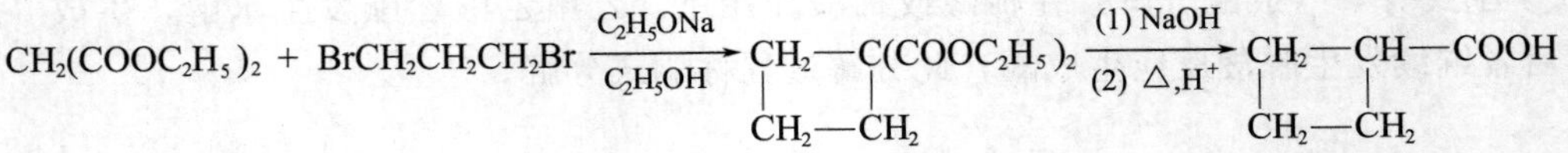

环丁基甲酸

10.2.4.3　氨基甲酸酯类化合物

氨基甲酸酯类化合物可以看作是碳酸分子中两个羟基分别被氨基（或取代的氨基）和烃氧基取代后生成的化合物。

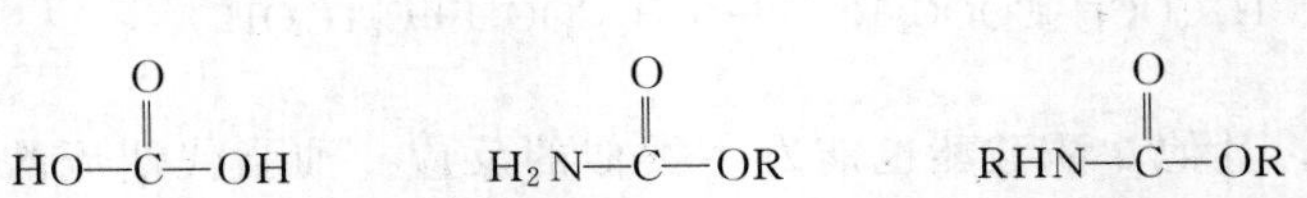

碳酸　　　　氨基甲酸酯　　　　*N*-烃基氨基甲酸酯

氨基甲酸酯类化合物是一类高效低毒的农药，可用作杀虫剂、杀菌剂和除草剂，被称为有机氮农药。例如：

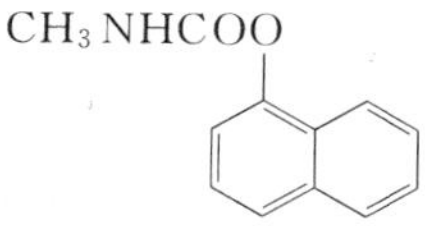

西维因（N-甲基氨基甲酸萘酯） 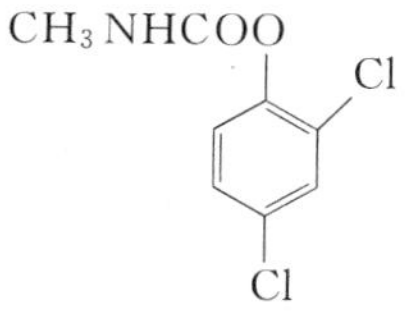　　　　灭草灵（N-甲基氨基甲酸-2，4-二氯苯酯）

西维因是应用较早的氨基甲酸酯杀虫剂，白色晶体，熔点 142℃，难溶于水和乙醇，对光、热、酸稳定，在碱性条件下易水解。

10.3 取代酸

羧酸分子烃基上的氢原子被其他原子或原子团取代后的生成物称为取代酸。常见的取代酸有卤代酸、羟基酸、醛酸、酮酸和氨基酸。卤代酸的性质与卤代烃及羧酸相似，不再讨论，氨基酸将在第十五章讨论。本节主要学习羟基酸、醛酸和酮酸。

10.3.1　取代酸的命名

羟基酸、醛酸和酮酸的系统命名法与羧酸相同，以羧酸为母体，选择含—OH（C=O）和—COOH 的最长碳链为主链。

α-羟基丙酸　　　　　　β-羟基丙酸　　　　　　γ-羟基丁酸

许多羟基酸来自于动植物，常用俗名来表示。例如，α-羟基丙酸又称乳酸，2-羟基丁二酸又称苹果酸。

乳酸　　　　　　　　　　2-羟基丁二酸（苹果酸）

丙醛酸　　　　　　　　　3-丁酮酸

2-羰基琥珀酸　　　　　　α-酮戊二酸

10.3.2　取代酸的化学性质

10.3.2.1　羟基酸的化学性质

从结构上看，羟基酸分子中既有羟基又有羧基，因此，羟基酸具有醇和羧酸的一切化学性质。但由于羟基和羧基共存于一个分子中，故它又有一些特殊性质，这些性质常因羟基和羧基的相对位置不同而有差异。

(1) 酸性　因为羟基是吸电子基团，具有吸电子的诱导效应（$-I$ 效应），故醇酸的酸性大于相应的羧酸。对于结构不同的羟基酸，其酸性随—OH 与—COOH 距离的增大而减弱。例如，丁酸的 pK_a 为 4.83，α-羟基丁酸的 pK_a 为 3.65，β-羟基丁酸的 pK_a 为 4.41。

(2) 醇酸的脱水反应　醇酸受热容易发生脱水反应，其脱水产物随—OH 与—COOH 的相对位置不同而异。α-羟基酸脱水形成交酯，β-羟基酸脱水生成 α,β-不饱和酸，γ（δ）-羟基酸脱水生成内酯。

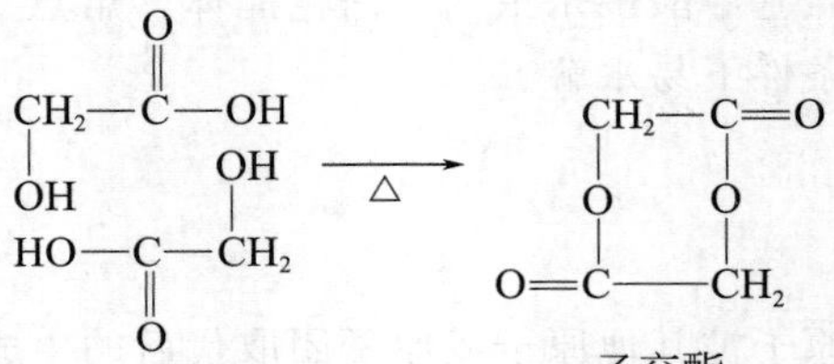

乙交酯

$$CH_3—\underset{}{\overset{OH}{\overset{|}{CH}}}—CH_2—COOH \xrightarrow{\triangle} CH_3—CH=CH_2—COOH$$

2-丁烯酸

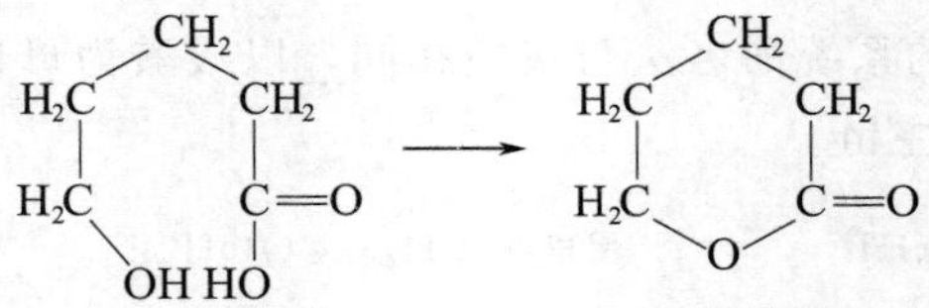

δ-戊内酯

许多天然产物中也含有五元或六元内酯环结构，如维生素 C 和山道年的分子结构中都含有五元内酯环。交酯、内酯和其他酯类一样，在中性溶液中稳定，在酸性或碱性溶液中则水解生成原来的羟基酸或盐。

(3) 醇酸的氧化反应　由于 α-羟基酸中的羟基受羧基的影响，故 α-羟基酸中的羟基比醇中的羟基容易氧化，它甚至可以被弱氧化剂如吐伦试剂氧化，产物为酮酸。

$$CH_3—\underset{OH}{\underset{|}{CH}}—COOH \xrightarrow{[O]} CH_3—\underset{O}{\underset{\|}{C}}—COOH$$

(4) α-醇酸的分解反应　α-醇酸与稀硫酸共热，羧基和 α-碳原子之间的键断裂，分解生成醛或酮和甲酸。这是 α-醇酸特有的反应。例如：

$$R—\underset{OH}{\underset{|}{CH}}—COOH \xrightarrow[\triangle]{稀\ H_2SO_4} RCHO+HCOOH$$

(5) 酚酸的脱羧反应　酚酸具有酚的特征反应，可与三氯化铁呈紫色，邻羟基苯甲酸（水杨酸）也可与溴水反应生成白色沉淀，可作为水杨酸的定性鉴定方法，酚酸也可发生脱羧反应生成酚，例如邻羟基苯甲酸脱羧后生成苯酚。

$$\underset{\text{（邻羟基苯甲酸）}}{\overset{\displaystyle COOH}{\underset{OH}{\bigcirc}}} \xrightarrow{200\sim300\,^\circ C} \underset{OH}{\bigcirc} + CO_2\uparrow$$

10.3.2.2 醛酸和酮酸的化学性质

醛酸和酮酸除了具有羰基化合物和羧酸的典型性质外，还具有一些特殊的性质，因为醛酸较少见，下面主要讨论酮酸的某些特殊性质。

（1）酸性　因为羰基为吸电子基团，故酮酸的酸性大于同碳羧酸；又由于羰基吸电子能力大于羟基，故其酸性大于相应的羟基酸；结构不同的羰基酸，其分子中羰基距羧基越近，酸性越强。例如，下列酮酸的酸性强弱次序为：

$$CH_3-\overset{O}{\overset{\|}{C}}-COOH > CH_3-\overset{O}{\overset{\|}{C}}-CH_2COOH > CH_3-\overset{O}{\overset{\|}{C}}-CH_2CH_2COOH$$

（2）脱羧反应　在稀酸或稀碱作用下，α-酮酸可发生脱羧反应生成醛。

$$CH_3-\overset{O}{\overset{\|}{C}}-COOH \xrightarrow[\triangle]{稀硫酸} CH_3-\overset{O}{\overset{\|}{C}}-H + CO_2\uparrow$$

β-酮酸比 α-酮酸更易脱羧，如乙酰乙酸室温下就能发生脱羧反应，生成丙酮。

$$CH_3-\overset{O}{\overset{\|}{C}}-CH_2COOH \longrightarrow CH_3-\overset{O}{\overset{\|}{C}}-CH_3 + CO_2\uparrow$$

（3）氧化和还原反应　酮和羧酸都不易被氧化，但丙酮酸却极易被氧化，弱氧化剂如吐伦试剂、斐林试剂就能把它氧化，生成乙酸。α-酮酸加氢还原生成羟基酸。

$$CH_3-\overset{O}{\overset{\|}{C}}-COOH \xrightarrow{Tollens} CH_3-\overset{O}{\overset{\|}{C}}-OH + CO_2\uparrow$$

$$CH_3-\overset{O}{\overset{\|}{C}}-COOH \underset{[O]}{\overset{[H]}{\rightleftharpoons}} CH_3-\overset{OH}{\overset{\|}{CH}}-COOH$$

10.3.3 取代酸的重要化合物

10.3.3.1 乳酸（α-羟基丙酸）

α-羟基丙酸最初是从酸牛奶中得到的，故称为乳酸。乳酸广泛存在于自然界，许多水果中都含有乳酸。存在于人的血液和肌肉中的乳酸，是葡萄糖经缺氧代谢得到的氧化产物。牛奶中的乳糖受微生物的作用，发酵产生乳酸。

乳酸分子中有一个手性碳原子，所以它存在旋光异构现象。葡萄糖（或蔗糖）发酵得到的乳酸是左旋体（熔点 52.8℃）；肌肉中得到的乳酸是右旋体（熔点 52.8℃）；酸牛奶中的乳酸是外消旋体，为无色液体。

乳酸的吸湿性很强，通常为无色或微黄色的糖浆状液体，溶于乙醇、乙醚及甘油，不溶于氯仿等极性小的有机溶剂。乳酸的钙盐不溶于水，故工业上常用乳酸作除钙剂，乳酸在印染上常用作媒染剂，医药上乳酸钙用以治疗佝偻病等缺钙症。

10.3.3.2 酒石酸（2,3-二羟基丁二酸）

$$\underset{\underset{OH}{|}}{HOOCCH}-\underset{\underset{OH}{|}}{CHCOOH}$$

酒石酸常以酸性钾盐的形式存在于植物中，尤以葡萄中居多。酒石酸的这种酸性钾盐难溶于水和乙醇，所以在葡萄发酵酿酒过程中，由于乙醇浓度的增高而析出的沉淀"酒石"即为酒石酸氢钾。

酒石酸分子中有两个手性碳原子，有一对对映体和一个内消旋体，天然产生的酒石酸为右旋体。酒石酸是无色透明结晶或粉末，无臭，味酸，易溶于水，难溶于有机溶剂。酒石酸钾钠用于配制斐林试剂，酒石酸锑钾俗称"吐酒石"，可用作催吐剂和治疗血吸虫病的药物。

10.3.3.3 苹果酸（羟基丁二酸）

苹果酸因最初从苹果中得到而得名。它多存在于未成熟的果实中，也存在于一些植物的叶子中，是糖代谢的中间产物。苹果酸也是植物中最重要的有机酸之一。

苹果酸有两种旋光异构体，二者都是无色晶体，易溶于水和乙醇。天然苹果酸是左旋体，为无色晶体，工业上常用于制药和作调味品。

10.3.3.4 柠檬酸（3-羟基-3-羧基戊二酸）

柠檬酸又称枸橼酸，无色晶体，无水柠檬酸熔点为135℃，易溶于水和乙醇。柠檬酸广泛存在于各种果实中，以柠檬和柑橘类的果实中含量较多。如未成熟的柠檬中含量可达6%。另外，烟草中也含有大量的柠檬酸，是提取柠檬酸的重要原料。

将柠檬酸加热到150℃，可发生分子内脱水生成顺乌头酸，顺乌头酸加水又可生成柠檬酸或异柠檬酸两种异构体：

$$\underset{\text{柠檬酸}}{\underset{\underset{CH_2-COOH}{|}}{\overset{CH_2-COOH}{\overset{|}{HO-C-COOH}}}} \quad \underset{-H_2O}{\overset{+H_2O}{\rightleftharpoons}} \quad \underset{\text{顺乌头酸}}{\underset{\underset{CH-COOH}{\|}}{\overset{CH_2-COOH}{\overset{|}{C-COOH}}}} \quad \underset{-H_2O}{\overset{+H_2O}{\rightleftharpoons}} \quad \underset{\text{异柠檬酸}}{\underset{\underset{HO-CH-COOH}{|}}{\overset{CH_2-COOH}{\overset{|}{CH-COOH}}}}$$

上述相互转化过程是生物体内糖、脂肪及蛋白质代谢过程中的重要生化反应，而柠檬酸、异柠檬酸和顺乌头酸是生物体内进行三羧酸循环的中间产物。

柠檬酸具有强酸性，在食品工业中用作糖果及清凉饮料的调味剂。在医药上也有多种用处，如钠盐用作抗凝剂，镁盐用作缓泻剂，钾盐用作祛痰剂和利尿剂，柠檬酸铁铵用作补血剂。在化学实验中常用柠檬酸及其盐作为缓冲溶液。

10.3.3.5 水杨酸（邻羟基苯甲酸）

水杨酸又名柳酸，以柳树皮中含量最丰。纯品是无色针状晶体，易升华，熔点为159℃，易溶于沸水、乙醇、乙醚、氯仿中，微溶于冷水。水杨酸具有酚和酸的特性，如与三氯化铁溶液显紫红色。

水杨酸及其衍生物具有杀菌、防腐、镇痛解热和抗风湿作用，乙酰水杨酸就是熟知的解热镇痛药阿司匹林。水杨酸的酒精溶液可以治疗由霉菌引起的皮肤病，其钠盐可用作食品的防腐剂。水杨酸甲酯是冬青油的主要成分，有特殊的香味，工业中用于配制牙膏、糖果等的香精，同时可用作扭伤时的外敷药。

10.3.3.6　丙酮酸

丙酮酸是无色、有刺激性气味的液体，沸点 165℃，易溶于水。丙酮酸是动植物体内糖代谢的中间产物之一，能转变成氨基酸，在生理生化上有重要的意义。

有机酸的来源及用途

有机酸是指一些具有酸性的有机化合物，最常见的有机酸是羧酸，其酸性源于羧基（—COOH）。磺酸（—SO_3H）、亚磺酸（RSOOH）、硫羧酸（RCOSH）等也属于有机酸。羧酸在自然界中常以游离状态或以盐、酯的形式广泛存在。羧酸分子中烃基上的氢原子被其他原子或原子团取代的衍生物叫取代羧酸。重要的取代羧酸有卤代酸、羟基酸、酮酸和氨基酸等。这些化合物中的一部分参与动植物代谢的生命过程，有些是代谢的中间产物，有些具有显著的生物活性，能防病、治病，有些是有机合成、工农业生产和医药工业的原料。

有机酸在中草药的叶、根，特别是果实中广泛分布，如乌梅、五味子、覆盆子等。常见的植物中的有机酸有脂肪族的一元、二元、多元羧酸，如酒石酸，草酸、苹果酸、枸橼酸、抗坏血酸（即维生素 C）等，也有芳香族有机酸如苯甲酸、水杨酸、咖啡酸等。除少数以游离状态存在外，一般都与钾、钠、钙等结合成盐，有些与生物碱类结合成盐。脂肪酸多与甘油结合成酯或与高级醇结合成蜡。有的有机酸是挥发油与树脂的组成成分。

有机酸多溶于水或乙醇，呈显著的酸性反应，难溶于其他有机溶剂。在有机酸的水溶液中加入氯化钙或醋酸铅或氢氧化钡溶液时，能生成与水不溶的钙盐、铅盐或钡盐的沉淀，从中草药提取液中除去有机酸常可用这些方法。

一般认为脂肪族有机酸无特殊生物活性，但有些有机酸如酒石酸、枸橼酸可作药用。有些特殊的酸是某些中草药的有效成分，如土槿皮中的土槿皮酸有抗真菌作用。咖啡酸的衍生物有一定的生物活性，如绿原酸为许多中草药的有效成分，有抗菌、利胆、升高白血球等作用。有机酸在动物饲料、酿酒、分析科学等领域也有广泛的用处。

本章小结

一、羧酸的主要化学性质

1. 酸性和成盐反应

$$R—COOH \Longrightarrow RCOO^- + H^+$$

$$R—COOH + NaOH \longrightarrow RCOONa + H_2O$$

2. 生成羧酸衍生物的反应

$$R-\overset{\overset{\displaystyle O}{\|}}{C}-OH \ + ZY \longrightarrow R-\overset{\overset{\displaystyle O}{\|}}{C}-Y + ZOH$$

$$ZY = SOCl_2,\ PCl_3,\ PBr_3,\ NH_3,\ ROH,\ RCOOH\ 等$$

$$Y = Cl,\ Br,\ NH_2,\ RO,\ RCOO\ 等$$

3. 还原反应

$$R-\overset{\overset{\displaystyle O}{\|}}{C}-OH \xrightarrow{\ LiAlH_4\ } RCH_2OH$$

4. 脱羧反应

当羧基的 α 位连有吸电子基时,羧基容易发生脱羧反应。

二、羧酸衍生物的主要化学性质

羧酸的衍生物包括酰卤、酸酐、酯和酰胺。它们的主要化学性质是水解、醇解和氨解。化学反应的活性顺序是:酰卤＞酸酐＞酯＞酰胺。

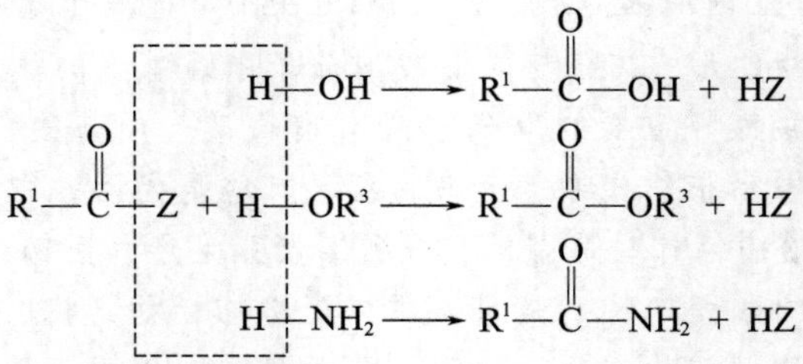

$$R^1-\overset{\overset{\displaystyle O}{\|}}{C}-Z + \begin{cases} H-OH \longrightarrow R^1-\overset{\overset{\displaystyle O}{\|}}{C}-OH + HZ \\ H-OR^3 \longrightarrow R^1-\overset{\overset{\displaystyle O}{\|}}{C}-OR^3 + HZ \\ H-NH_2 \longrightarrow R^1-\overset{\overset{\displaystyle O}{\|}}{C}-NH_2 + HZ \end{cases}$$

$$Z = -X \text{、} R^2-\overset{\overset{\displaystyle O}{\|}}{C}-O- \text{、} OR^2$$

三、取代酸的主要化学性质

羟基酸的化学性质主要有酸性、脱水反应及氧化反应;醛酸和酮酸的化学性质主要有酸性、脱羧反应、氧化反应和还原反应。

习　题

10-1　用系统命名法命名下列化合物。

(1)  ~~COOH (结构式)~~

(2) 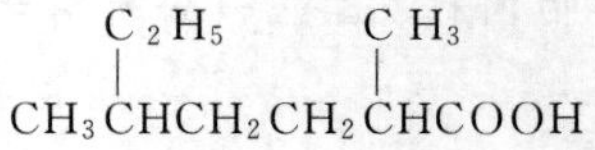 $CH_3CHCH_2CH_2CHCOOH$ （含 C_2H_5 和 CH_3 取代基）

(3) HO—〇—COOH

(4) Cl—〇—OCH_2COOH （含 Cl 取代基）

(5) 〇—COOH, O—C—CH_3

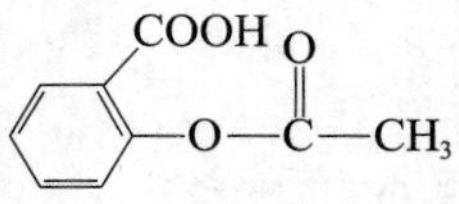

(6) 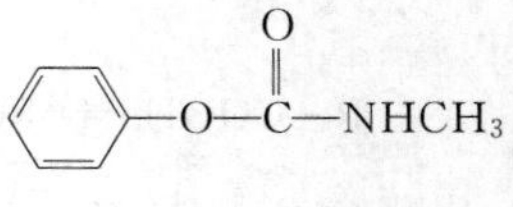 〇—O—C—NHCH_3

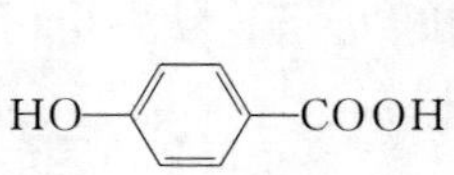

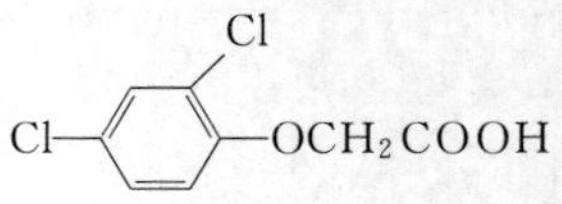

$$CH_2COOH$$

(7)

（8） CH_2CHCH_2COOH （with CH_3 and cyclohexyl）

10-2 写出下列化合物的结构式。

（1）对甲氧基苯甲酸苄酯 （2）对溴苯甲酰氯 （3）2,3-二甲基戊酸 （4）水杨酸

（5）己二酸单酰胺 （6）异丁酸丙酯 （7）邻苯二甲酸酐 （8）（S）-α-羟基丙酸

10-3 将下列各组化合物按酸性由弱至强次序排列。

（1）乙酸、苯酚、氯乙酸、二氯乙酸

（2）2-氯丙酸、3-氯丙酸、丙酸、2,2-二氯丙酸

（3）甲酸、苯甲酸、环己醇、水

10-4 用化学方法区别下列各组化合物。

（1）甲酸、乙酸、乙二酸、乙醛

（2）苯酚、苯甲酸、水杨酸、苯甲酰胺

（3）乙酰氯、乙酸酐、乙酸乙酯

10-5 写出下列反应的主要产物。

（1） $CH_3COOC_2H_5 + CH_3COOC_2H_5 \xrightarrow{C_2H_5ONa}$?

（2） $CH_3\overset{\overset{O}{\|}}{C}-COOH \xrightarrow[\triangle]{稀\ H_2SO_4}$?

（3） $CH_3CH(OH)COOH \xrightarrow{\triangle}$?

（4） $CH_3CH(OH)CH_2COOH \xrightarrow{\triangle}$?

（5） $CH_3CH_2-\overset{\overset{O}{\|}}{C}-Cl \xrightarrow{NH_3}$?

（6） $+ \ H_3C-\overset{\overset{O}{\|}}{C}-O-\overset{\overset{O}{\|}}{C}-CH_3 \xrightarrow{\triangle}$?

10-6 用化学方法分离苯酚、苯甲酸、苯甲醇的混合物。

10-7 完成下列转化。

（1） $CH_2{=\!=}CH_2 \longrightarrow CH_3-\overset{\overset{}{}}{C}-COOH$ （with O below C）

（2）

10-8 化合物 A 的分子式为 $C_5H_{12}O$，氧化后得到 B，分子式为 $C_5H_{10}O$，B 能与 2,4-二硝基苯肼反应，B 也能发生碘仿反应，A 与浓硫酸共热后得到 C，分子式为 C_5H_{10}，C 经氧化后得到丙酮和乙酸，试推出 A、B、C 的结构式。

10-9 一个有机酸 A，分子式为 $C_5H_6O_4$，无旋光性，当加 1mol H_2 时，被还原为具有旋光性的 B，分子式为 $C_5H_8O_4$。A 加热容易失去 1mol H_2O 变为分子式为 $C_5H_4O_3$ 的 C，而 C 与乙醇作用得到两个互为异构体的化合物。试写出 A、B、C 的结构。

10-10 化合物 A 的分子式为 $C_7H_{12}O_3$，能与苯肼反应生成苯腙，能与金属钠作用放出氢气，与三氯

化铁溶液发生呈色反应，能使溴的四氯化碳溶液褪色。将 A 与氢氧化钠溶液共热并酸化后得到 B 和异丙醇。B 的分子式为 $C_4H_6O_3$，B 容易发生脱羧反应，脱羧的产物 C 能发生碘仿反应。试写出 A、B、C 的结构式。

10-11 有一含碳、氢、氧三种元素的有机化合物 A，经试验有以下性质：A 呈中性，且在酸性溶液中水解得到化合物 B 和 C；将 B 在稀硫酸中加热得到丁酮；化合物 C 是甲乙醚的同分异构体，并且能发生碘仿反应。试推导化合物 A 的结构。

Chapter 11

含氮有机化合物

含氮有机化合物通常是指分子中含有氮元素或含有 C—N 键的有机化合物，它们可以看作是烃分子中的氢原子被含氮官能团所取代的衍生物。含氮有机化合物广泛存在于自然界，且许多含氮有机化合物均具有生物活性，是生命活动中不可或缺的重要物质。常见的含氮有机化合物如表 11-1 所示。本章主要讨论硝基化合物、胺、季铵盐和季铵碱这几类含氮有机化合物。

表 11-1　常见的含氮有机化合物

化合物	结构	官能团及名称	
硝基化合物	$R—NO_2$	$—NO_2$	硝基
亚硝基化合物	$R—NO$	$—NO$	亚硝基
硝酸酯	$R—ONO_2$	$—ONO_2$	硝酸基
亚硝酸酯	$R—ONO$	$—ONO$	亚硝酸基
胺	$R—NH_2$	$—NH_2$	氨基
	R—NH—R（亚氨基结构）	亚氨基	亚氨基
	叔氨基结构		叔氨基
	季铵基结构		季铵基
酰胺	酰胺结构		酰胺基
肼	$R—NH—NH_2$	$—NH—NH_2$	肼基
肟	$R—CH{=}N—OH$	$—CH{=}N—OH$	肟基
腈	$R—C{\equiv}N$	$—C{\equiv}N$	氰基
异腈	$R—N{\equiv}C$	$—N{\equiv}C$	异氰基
偶氮化合物	$R—N{=}N—R$	$—N{=}N—$	偶氮基
重氮化合物	$R—N{\equiv}N^+X^-$	$—N{\equiv}N^+$	重氮基

11.1 硝基化合物

硝酸和亚硝酸可以衍生出四类含氮有机化合物，即硝酸酯、亚硝酸酯、硝基化合物和亚硝基化合物。在酯分子中，与碳原子相连的是氧原子，而在硝基或亚硝基化合物中，与碳原子相连的是氮原子。

$$H-O-NO_2 \qquad R-O-NO_2 \qquad R-NO_2$$

硝酸　　　　　　　硝酸酯　　　　　　硝基化合物

$$H-O-NO \qquad R-O-NO \qquad R-NO$$

亚硝酸　　　　　　亚硝酸酯　　　　　亚硝基化合物

硝酸酯或亚硝酸酯的命名与有机酸酯的命名相同。例如：

$$CH_3CH_2OOCCH_3 \qquad CH_3ONO_2 \qquad CH_3CH_2ONO$$

乙酸乙酯　　　　　　　硝酸甲酯　　　　　亚硝酸乙酯

硝酸酯和芳香族多硝基化合物具有爆炸性，常被用作炸药。例如：

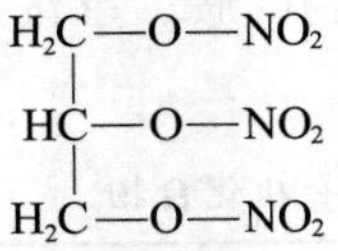

$$H_2C-O-NO_2$$
$$HC-O-NO_2$$
$$H_2C-O-NO_2$$

三硝酸甘油酯 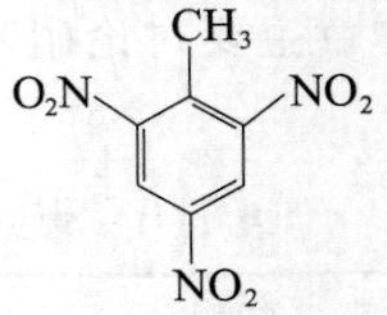　　　　　　　　　TNT

亚硝酸酯容易水解而放出亚硝酸，可用亚硝酸酯作为亚硝化试剂。亚硝酸酯与相应的硝基化合物互为同分异构体。

11.1.1 硝基化合物的结构

实验证实，硝基化合物分子中的氧、氮、氧三个原子处于同一平面，形成 p-π 共轭体系，其中两个 N—O 键的键长完全相等，氮原子带一个正电荷，而两个氧原子各带 1/2 负电荷，因而分子具有较大的极性。

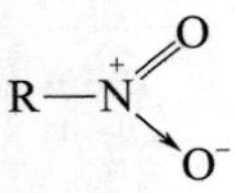

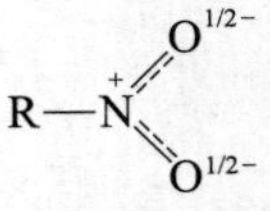

11.1.2 硝基化合物的分类和命名

按照分子中烃基结构的不同，硝基化合物可分为脂肪族硝基化合物和芳香族硝基化合物。其命名与卤代烃相似，一般将硝基看成取代基，再在相应物质名称前面加上"硝基"。例如：

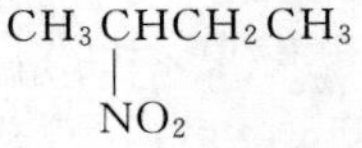

$$CH_3CHCH_2CH_3$$
$$\quad\quad |$$
$$\quad NO_2$$

2-硝基丁烷 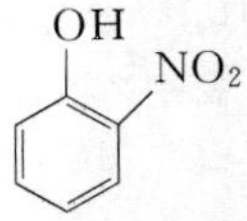　　　　　邻硝基苯酚 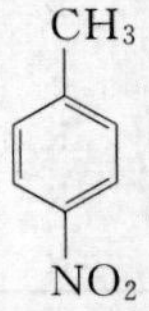　　　　　对硝基甲苯

11.1.3 硝基化合物的物理性质

由于硝基结构上具有正负电荷分离的特点，硝基化合物分子具有较大的极性，分子间相互作用力强，因此硝基化合物的沸点比相应的卤代烃高。通常情况下，脂肪族硝基化合物是接近无色的高沸点液体，芳香族硝基化合物一般为结晶的无色或黄色固体，不溶于水，易溶于有机溶剂。有的硝基化合物具有强烈气味。例如，硝基苯有浓厚的杏仁味，叔丁基苯的多硝基化合物有类似天然麝香的气味。

在使用硝基化合物时应注意安全，因为许多芳香族硝基化合物具有一定毒性，它们能使血红蛋白变性而引起中毒，较多地吸入它们的蒸气或粉尘，或者长期与皮肤接触都能引起人体中毒。例如，二甲苯麝香、酮麝香等已被限制使用。

11.1.4 硝基化合物的化学性质

11.1.4.1 还原反应

硝基可以被还原，特别是芳香族硝基化合物的还原具有很大的实用价值。在不同介质中使用不同的还原剂还原芳香族硝基化合物，可以得到一系列不同的还原产物。使用强还原剂还原的最终产物是伯胺。例如，工业上生产苯胺的方法之一，即在酸性介质中以铁粉还原硝基苯而得到苯胺。

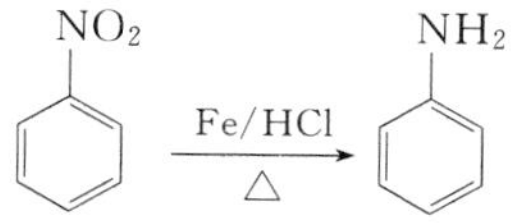

11.1.4.2 互变异构与酸性

由于硝基强烈的吸电子诱导效应，使得脂肪族硝基化合物中的 $\alpha\text{-H}$ 显弱酸性，这与羰基化合物中的 $\alpha\text{-H}$ 显弱酸性类似，因而具有如下硝基式和假酸式的互变异构平衡：

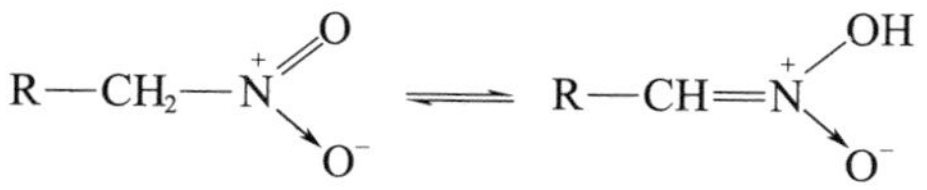

所以，$\alpha\text{-C}$ 上有氢原子的硝基化合物如 RCH_2NO_2、R_2CHNO_2 等可以与碱作用生成碳负离子，并溶于碱中。

$$R\text{—}CH_2\text{—}NO_2 + NaOH \longrightarrow [R\text{—}CH\text{—}NO_2]^- Na^+ + H_2O$$

11.2 胺

胺是一类重要的含氮有机化合物，广泛存在于自然界中。胺类化合物可以看作是氨分子（NH_3）中的氢被烃基取代后的衍生物，季铵盐或季铵碱则可看作是铵根离子（NH_4^+）中的四个氢都被烃基取代后的衍生物。

11.2.1 胺的结构

在脂肪族胺分子中，中心氮原子以不等性 sp^3 杂化方式成键。其中三个未成对电子各占据一个 sp^3 杂化轨道，并与氢原子的 1s 轨道或者碳原子的 sp^3 杂化轨道重叠形成 σ 键，第

四个 sp^3 杂化轨道则为孤对电子所占据，因而胺分子呈三角锥形结构。由于孤对电子的静电斥力，使得氮原子形成的三个 σ 键的键角略小于 $109.5°$。如图 11-1 所示，三甲胺分子中 C—N—C的键角为 $108°$。

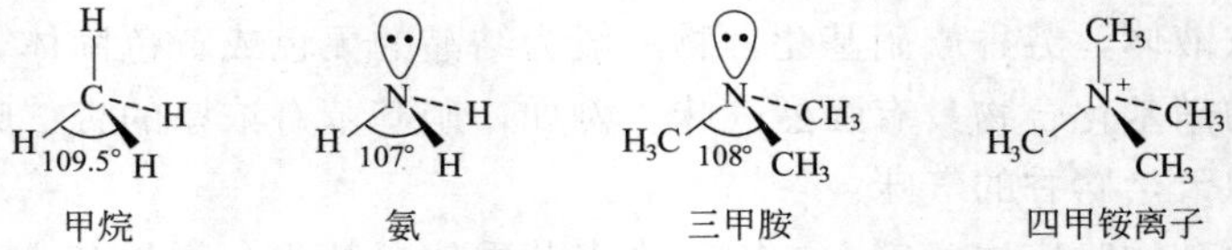

甲烷　　　　　氨　　　　　三甲胺　　　　四甲铵离子

图 11-1　甲烷、氨、三甲胺分子和四甲铵离子的空间结构

脂肪族胺与氨的结构相似，如果胺中的氮原子上连接有三个不相同的基团，理论上应该存在一对对映异构体（Ⅰ）和（Ⅱ），但是实际上从未分离得到过这样的异构体。这是由于氮原子的 sp^3 杂化轨道中有一对未共用电子对，它不能像一个基团那样使得分子的构型固定下来，导致（Ⅰ）和（Ⅱ）在室温下即可迅速翻转而无法分离（$\Delta E = 25 \text{kJ} \cdot \text{mol}^{-1}$）；对于季铵类化合物而言，氮原子的四个 sp^3 杂化轨道都被烃基占据，如果四个烃基不同，则确实存在对映异构体。

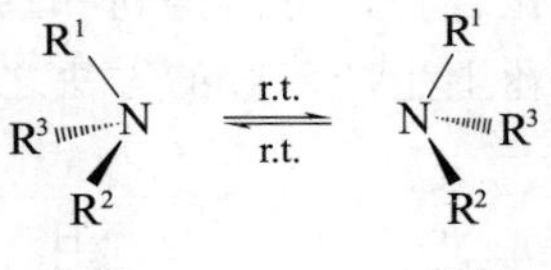

(Ⅰ)　　　　　　(Ⅱ)

在芳香族胺分子中，氮原子上孤对电子和苯环上的 π 电子存在一定程度的 p-π 共轭效应，氮原子的杂化状态介于 sp^2 与 sp^3 杂化之间，孤对电子所处的轨道比氨有更多的 p 成分。如图 11-2 所示，在苯胺分子中，H—N—H 的键角为 $113.9°$，H—N—H 平面与苯环平面的夹角为 $39.4°$。

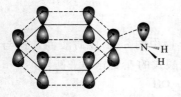

图 11-2　苯胺分子的空间结构

11.2.2　胺的分类和命名

根据氨分子中氢被烃基取代数目的多少，可将胺类化合物分为伯胺、仲胺、叔胺和季铵。

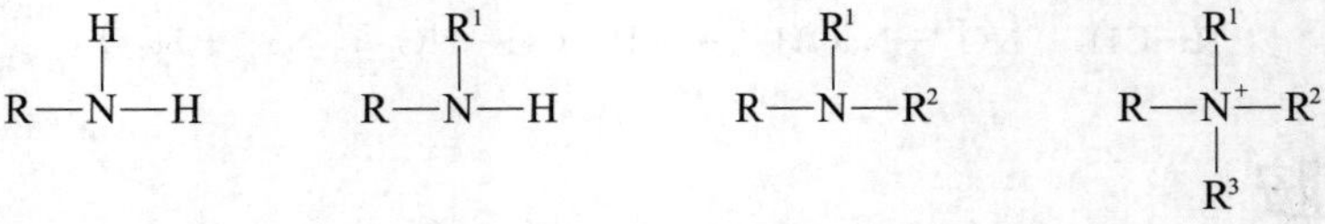

1°胺　　　　　2°胺　　　　　3°胺　　　　　4°胺

式中，R、R^1、R^2 和 R^3 可以是相同的基团，也可以是不同的基团。若氮原子与脂肪烃基相连，称为脂肪族胺；若氮原子与芳基相连，则称为芳香族胺。

$(CH_3)_3C—NH_2$　　　　　　　　　　　　　　　　　

叔丁基胺　　　　　　　　　　　二苯基胺

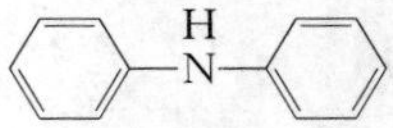

根据分子中所含氨基数目不同,可将胺类化合物分为一元胺、二元胺和多元胺。

$CH_3CH_2NH_2$ $H_2NCH_2CH_2NH_2$ $H_2NCH_2CH_2NHCH_2CH_2NH_2$

乙胺   乙二胺   二乙烯三胺或二亚乙基三胺

需要注意的是:伯、仲、叔胺的区别与伯、仲、叔醇(或卤代烃)的区别是不同的。醇或卤代烃是根据与官能团相连的碳原子的级数决定的,而对于胺,则是按照氮原子上所连接碳原子的数目决定的。例如,叔丁醇为三级醇,叔丁胺为一级胺:

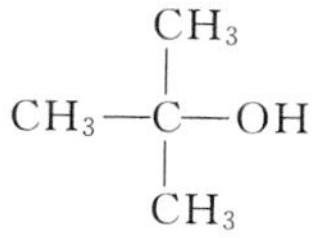

$$CH_3-\underset{\underset{CH_3}{|}}{\overset{\overset{CH_3}{|}}{C}}-OH \qquad\qquad CH_3-\underset{\underset{CH_3}{|}}{\overset{\overset{CH_3}{|}}{C}}-NH_2$$

3°醇 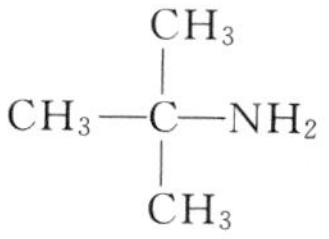   1°胺

简单的脂肪族胺是用烃基名称后面加上"胺"字来命名;相同的烃基用"二"或"三"表明其数目;不同的烃基则按次序规则,"较优"的基团后列出;"基"字一般可以省略。

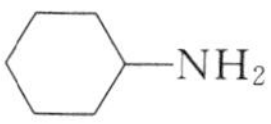

⬡—NH_2 ⬡—CH_2NH_2

环己胺 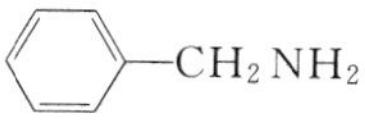   苄胺

$(CH_3)_2NCH_2CH_3$ $H_2NCH_2CH_2CH_2CH_2CH_2CH_2NH_2$
   $|$
   CH_3

二甲(基)仲丁(基)胺   1,6-己二胺

较复杂的脂肪族胺通常是以烃基为母体,氨基作为取代基来命名。例如:

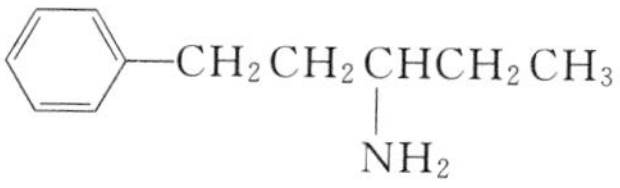

⬡—$CH_2CH_2\underset{\underset{NH_2}{|}}{CH}CH_2CH_3$ $CH_3CH_2NH\underset{\underset{CH_2CH_3}{|}}{CH}CH_2CH_2CH_2CH_3$

1-苯基-3-氨基戊烷 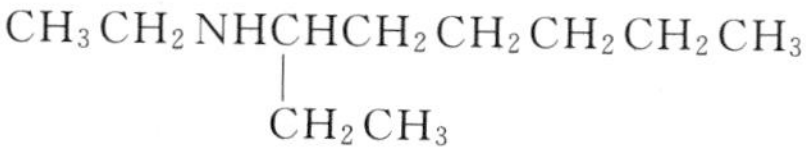   3-乙氨基辛烷

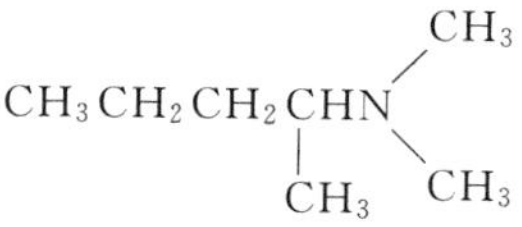

$$CH_3CH_2CH_2\underset{\underset{CH_3}{|}}{CH}N\overset{\overset{CH_3}{}}{\underset{\underset{CH_3}{}}{}}$$

2-二甲氨基戊烷

芳香族胺的命名与脂肪族胺类似,当芳环上连接有其他取代基时,需指明取代基与氨基的相对位次,同时应遵守多官能团化合物的命名规则;当氮原子上同时连接有芳基和烃基时,通常以芳胺为母体,烃基为取代基,并用字母"N"表明烃基的位置。例如:

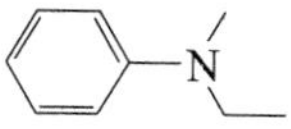

⬡—N⟨   ON—⬡—N⟨ O_2N—⬡—$\overset{H}{N}$—⬡—NO_2

N-甲基-N-乙基苯胺 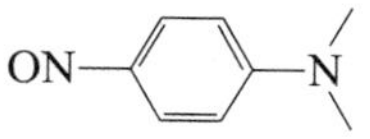 N,N-二甲基-4-亚硝基苯胺 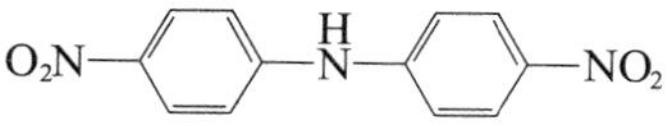   4,4′-二硝基二苯胺

季铵类化合物的命名与无机铵类化合物($H_4N^+X^-$、$H_4N^+OH^-$)相似,并在前面加上

负离子名称。例如：

$$\langle\!\!\!\!\!\bigcirc\!\!\!\!\!\rangle\!-\!\overset{+}{N}H_3Cl^- \qquad (CH_3)_3\overset{+}{N}CH_2C_6H_5Br^- \qquad (CH_3)_3\overset{+}{N}CH_2CH_3OH^-$$

氯化苯铵　　　　　　　　　溴化三甲基苄铵　　　　　　　氢氧化三甲乙铵

11.2.3　胺的物理性质

在常温下，低级和中级脂肪胺为无色气体或液体，高级脂肪胺为固体。低级脂肪胺通常有难闻的臭味，如二甲胺和三甲胺有鱼腥味，肉和尸体腐烂后产生的 1,4-丁二胺（腐肉胺）和 1,5-戊二胺（尸胺）有恶臭；芳香胺一般为高沸点的液体或低熔点的固体，具有特殊气味，且毒性较大，与皮肤接触或吸入其蒸气都会引起人体中毒，如食入 0.25mL 苯胺就可能引起严重中毒，联苯胺和 β-萘胺具有强致癌作用等。

胺是极性分子，伯胺和仲胺能形成分子间氢键，其沸点比分子量相近的非极性化合物要高，但比相应的醇或羧酸的沸点低，这是由氨基形成氢键的能力所决定的。伯、仲、叔胺都能与水形成氢键，所以低级脂肪胺可溶于水。随着烃基在分子中的比例增大，形成氢键的能力减弱，故中、高级脂肪胺以及芳香胺微溶或难溶于水，而易溶于有机溶剂。表 11-2 列出了一些常见胺的物理常数。

表 11-2　某些胺的物理常数

名　称	结构式	熔点/℃	沸点/℃	pK_b
甲胺	CH_3NH_2	−92.5	−6.7	3.38
二甲胺	CH_3NHCH_3	−92.2	6.9	3.23
三甲胺	$(CH_3)_3N$	−117.1	9.9	4.22
乙胺	$CH_3CH_2NH_2$	−80.6	16.6	3.37
二乙胺	$CH_3CH_2NHCH_2CH_3$	−50.0	55.5	3.05
三乙胺	$(CH_3CH_2)_3N$	−114.7	89.4	3.28
正丙胺	$CH_3CH_2CH_2NH_2$	−83.0	49.5	3.29
正丁胺	$CH_3CH_2CH_2CH_2NH_2$	−49.5	77.8	3.23
正戊胺	$CH_3CH_2CH_2CH_2CH_2NH_2$	−55.1	104.0	
乙二胺	$H_2NCH_2CH_2NH_2$	8.5	116.5	4.07
丁二胺	$H_2N(CH_2)_4NH_2$	27.2	158.0	
己二胺	$H_2N(CH_2)_6NH_2$	41.5	196	
苯胺	$\langle\!\!\bigcirc\!\!\rangle\!-\!NH_2$	−6.2	184	9.28
N-甲基苯胺	$\langle\!\!\bigcirc\!\!\rangle\!-\!NH\!-\!CH_3$	−57.0	196	9.15
N,N-二甲苯胺	$\langle\!\!\bigcirc\!\!\rangle\!-\!N(CH_3)_2$	3.1	194	8.94
二苯胺	$\langle\!\!\bigcirc\!\!\rangle\!-\!NH\!-\!\langle\!\!\bigcirc\!\!\rangle$	54	302	13.2

11.2.4　胺的化学性质

11.2.4.1　碱性与成盐反应

与氨相似，胺类化合物氮原子上存在一对未共用电子对，能接受质子而显碱性，是典型的有机碱。

$$NH_3 + H^+ \rightleftharpoons NH_4^+ \qquad R\text{—}\ddot{N}H_2 + H^+ \rightleftharpoons \left[\begin{array}{c} H \\ | \\ R\text{—}N\text{—}H \\ | \\ H \end{array} \right]^+$$

胺的碱性以碱性解离平衡常数 K_b 或其负对数 pK_b 表示，K_b 越大或 pK_b 越小，碱性越强。氨中的氢原子被一个烷基取代衍生得到伯胺，由于烷基给电子的诱导效应，使氮原子上电子云密度增高，故 RNH_2 接受质子能力比 NH_3 强。例如，NH_3 的 $pK_b = 4.75$，而甲胺的 $pK_b = 3.38$。若氨中的两个氢原子被两个烷基取代，则衍生得到仲胺 R_2NH，其碱性应比伯胺强，如二甲胺的 $pK_b = 3.23$。但是不能由此推断叔胺 R_3N 的碱性比仲胺更强，如表 11-2 所列前六个脂肪胺中，叔胺的碱性反而比仲胺弱。原因之一是由于烷基数目的增加，虽然增加了氮原子上的电子云密度，但同时也占据了氮原子外围更多的空间，即空间位阻增大使得质子难于接近氮原子，故碱性反而降低。

一般情况下，脂肪族的伯、仲、叔胺在气态和非极性溶剂中的碱性强弱顺序是：

叔胺＞仲胺＞伯胺

而在水溶液中碱性强弱的顺序是：

仲胺＞伯胺＞叔胺

芳香胺的碱性比氨弱，这是因为氮原子上的未共用电子对与苯环形成 p-π 共轭体系，而使得氮原子上电子密度降低；另一方面，苯基是吸电子基，不利于分散 $Ar\text{-}NH_3^+$ 中的正电荷，使它没有 NH_4^+ 稳定。芳香胺不能使红色石蕊试纸变蓝，而脂肪胺能使红色石蕊试纸变蓝。芳香胺的碱性强弱顺序是：

伯胺＞仲胺＞叔胺

$$\text{（苯环）}\text{—}\ddot{N}H_2 + H^+ \rightleftharpoons \text{（苯环）}\text{—}\overset{\overset{H}{|}}{\underset{\underset{H}{|}}{N^+}}\text{—}H$$

胺类物质能和酸反应形成铵盐。铵盐都是结晶固体，易溶于水和乙醇，遇强碱分解出游离胺。利用此性质可以将胺与其他不溶于酸的有机物分离和提纯。

季铵碱的碱性与苛性碱相当，某些性质也与苛性碱相似。例如，有强的吸湿性，能吸收空气中的水分和二氧化碳，其浓溶液对玻璃有腐蚀性。

季铵碱与酸中和生成季铵盐，季铵盐与氢氧化银作用可得到季铵碱。

$$R_4N^+OH^- + HCl \longrightarrow R_4N^+Cl^- + H_2O$$
$$\xrightarrow{\quad AgOH \quad} R_4N^+OH^- + AgCl\downarrow$$

11.2.4.2 烃基化反应

在卤代烃章节中已经介绍伯卤代烷可以与氨作用生成伯胺盐，伯胺盐在过量 NH_3 作用下可以得到部分伯胺。

$$CH_3CH_2I + NH_3 \longrightarrow CH_3CH_2NH_3^+ I^- \underset{}{\overset{NH_3}{\rightleftharpoons}} CH_3CH_2NH_2 + NH_4I$$

伯胺是与 NH_3 一样的亲核试剂，因此在反应体系中，可以继续与卤代烷作用，伯胺氮原子上的氢被烷基取代得到仲胺，生成的仲胺仍可与卤代烷反应生成叔胺，叔胺再与卤代烷作用得到季铵盐。

$$CH_3CH_2NH_2 \xrightarrow{CH_3CH_2I} (CH_3CH_2)_2NH \xrightarrow{CH_3CH_2I} (CH_3CH_2)_3N \xrightarrow{CH_3CH_2I} (CH_3CH_2)_4N^+ I^-$$

由此可见，卤代烷与氨作用得到的是伯、仲、叔胺和季铵盐的混合物，所以这不是制备胺类化合物的好方法。

11.2.4.3 酰基化反应

脂肪族或芳香族伯胺和仲胺，能与酰卤或酸酐等酰基化试剂反应，生成 N-取代或 N，N-二取代酰胺。叔胺氮上没有氢原子，不发生酰基化反应。绝大部分酰胺是具有一定熔点的固体，因此可通过酰基化反应分离和鉴定伯、仲、叔胺。例如：

$$RNH_2 + \underset{\substack{\| \\ O}}{Cl-C}-R' \longrightarrow RNH-\underset{\substack{\| \\ O}}{C}-R'$$

$$R_2NH + \underset{\substack{\| \\ O}}{Cl-C}-R' \longrightarrow R_2N-\underset{\substack{\| \\ O}}{C}-R'$$

$$R_3N + \underset{\substack{\| \\ O}}{Cl-C}-R' \longrightarrow \times$$

酰基化反应也是合成中常用来保护氨基的方法。例如，制备对硝基苯胺时，为防止硝酸将苯胺氧化，往往先将氨基乙酰化进行保护，然后进行硝化，最后再脱乙酰基得产物，合成路线如下所示。

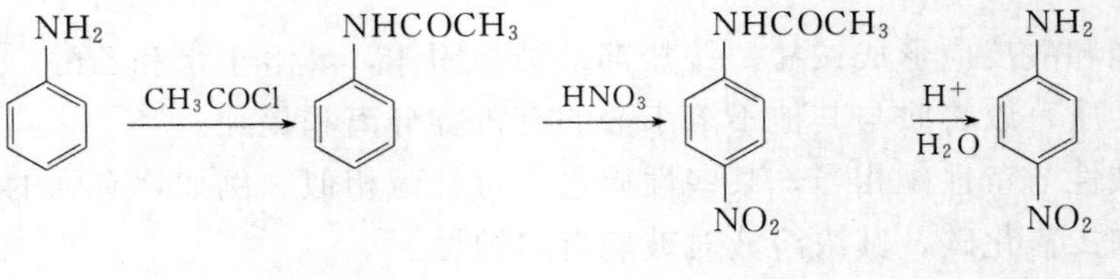

11.2.4.4 磺酰化反应

与酰基化反应类似，伯胺或仲胺氮原子上的氢在碱液中可以被磺酰基取代，生成相应的磺酰胺（多为黄色油状物或固体）。常用的磺酰化试剂是苯磺酰氯或对甲苯磺酰氯，可用来分离和鉴定伯、仲、叔胺，该反应称为 Hinsberg 反应。

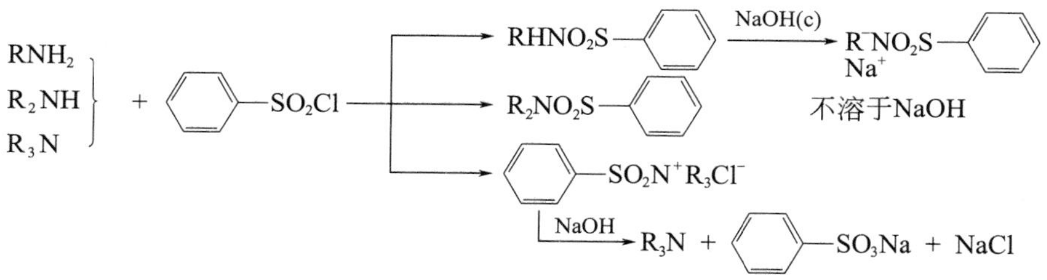

伯胺衍生得到的苯磺酰胺，由于磺酰基较强的吸电子效应，其磺酰胺氮上的氢原子具有一定的酸性，能溶解于浓氢氧化钠生成钠盐。仲胺衍生得到的苯磺酰胺，其磺酰胺氮上没有氢原子，不能与碱作用成盐，因而不溶于碱的水溶液。叔胺氮上没有氢原子，与磺酰氯作用生成的产物不稳定，在碱性条件下很快水解又重新回到叔胺。

11.2.4.5 与亚硝酸反应

亚硝酸不稳定，通常由无机酸如盐酸、硫酸与亚硝酸钠作用产生。胺与亚硝酸的反应产物取决于胺的结构。

伯胺与亚硝酸反应生成重氮盐。脂肪族重氮盐极不稳定，即使在低温下也会自动分解，放出氮气而生成碳正离子。产生的碳正离子可以发生多种反应得到醇、烯和卤代烃等混合物，在合成上没有实用价值，但放出的氮气是定量的，因此可用于—NH$_2$ 的定量测定。芳香族重氮盐在低温下比脂肪族重氮盐稳定，可以发生许多反应，在合成上用途广泛（如重氮基可被多种原子或原子团取代得到各种芳香族化合物）。

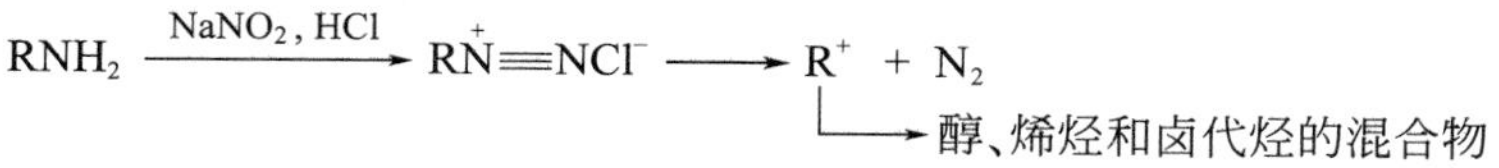

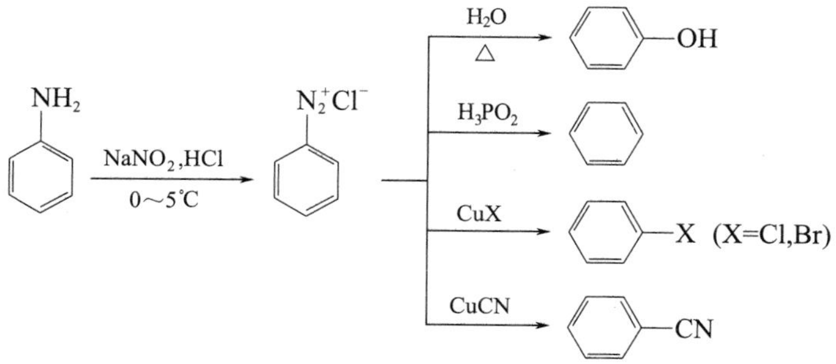

仲胺与亚硝酸作用，得到 N-亚硝基胺。N-亚硝基胺为黄色物质，具有致癌作用，与稀酸共热后分解为原来的胺，可利用此反应分离和提纯仲胺。

$$R_2NH + HNO_2 \longrightarrow R_2N-N=O + H_2O$$

脂肪族叔胺与亚硝酸作用只能形成不稳定的盐。芳香族叔胺与亚硝酸反应，可在芳环上引入亚硝基。

$$R_3N + HNO_2 \longrightarrow R_3N^+ HNO_2^-$$

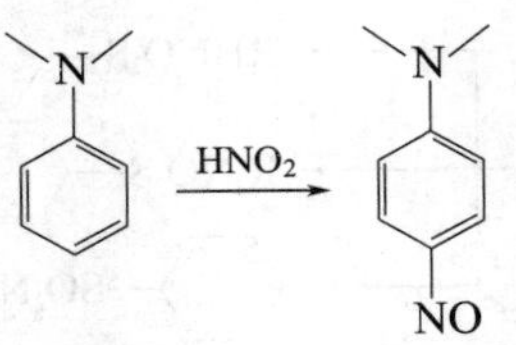

由于三种胺与亚硝酸的反应各不相同，所以也可以通过与亚硝酸的反应区别三种胺，但不如 Hinsberg 反应明显。

11.2.5 芳胺的特性

11.2.5.1 苯胺的亲电取代反应

氨基是活化苯环的邻对位定位基，所以苯胺很容易进行亲电取代反应。例如，苯胺与溴水作用，立即产生 2,4,6-三溴苯胺的白色沉淀，反应很难停留在一元取代阶段。此反应可用于苯胺的定性和定量分析。

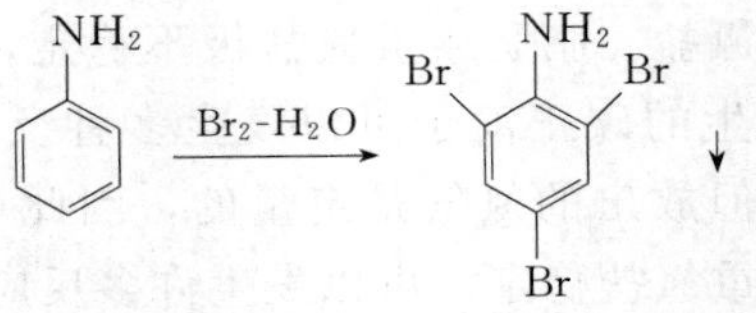

若要制取一溴苯胺，需先将苯胺转化为乙酰苯胺，以降低氨基的致活作用，且乙酰氨基体积较大，溴化时主要得到对位取代产物，然后再水解除去酰基。

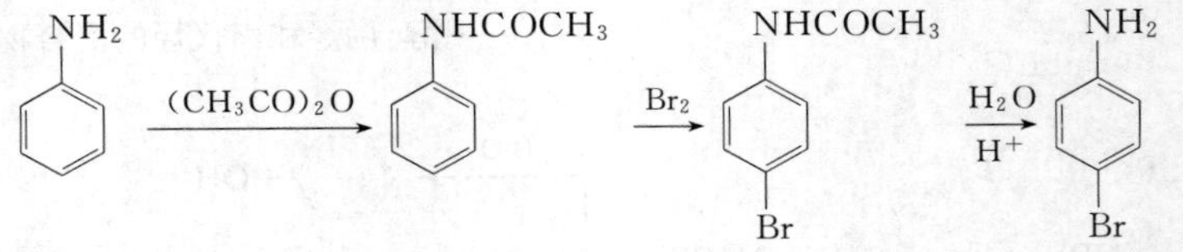

芳胺也可以进行硝化反应，如前所述，硝化时必须先保护氨基。

芳胺发生磺化反应时，首先生成盐，在加热下失水并重排为对氨基苯磺酸。由于对氨基苯磺酸分子中既有碱性的氨基，又有酸性的磺酸基，所以分子以内盐形式存在。

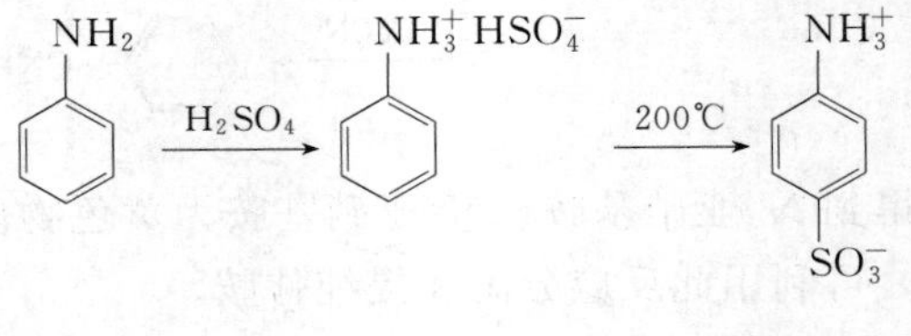

11.2.5.2 氧化反应

苯胺很容易被氧化，在贮藏中就逐渐被空气中的氧气所氧化，颜色变深。例如新的纯的苯胺是无颜色的，但暴露在空气中很快就变成黄色至红棕色。用氧化剂处理苯胺，会生成复杂的混合物。例如，用二氧化锰/硫酸或重铬酸钾/硫酸氧化苯胺，主要产物是对苯醌。

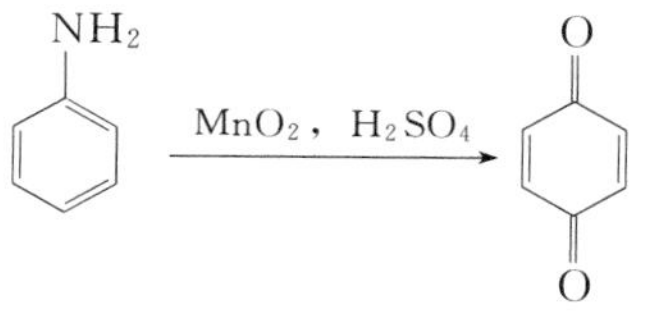

芳胺的盐较难氧化，因此在实际中常常将芳胺变成盐（一般转化为盐酸盐）后贮存。

11.2.5.3 重氮盐的反应及其在有机合成中的应用

芳香族重氮盐性质活泼，能发生许多反应，在合成上用途十分广泛。其反应一般可分为两类：失去 N_2 基团的反应和保留 N_2 基团的反应。

（1）失去 N_2 基团的反应　重氮盐在一定条件下分解，重氮基可以被—OH、—H、—X、—CN 等基团取代得到各种芳香族化合物（如前所述）。该反应适用于用其他方法不易或不能得到的化合物。例如，1,3,5-三溴苯的制备。

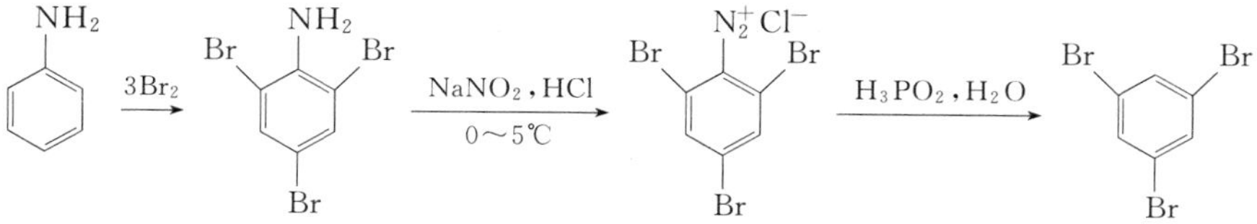

（2）保留 N_2 基团的反应

① 重氮基被还原　芳基重氮盐与 $SnCl_2/HCl$、$NaHSO_3$、Na_2SO_3、SO_2 等还原剂作用，被还原成芳肼。

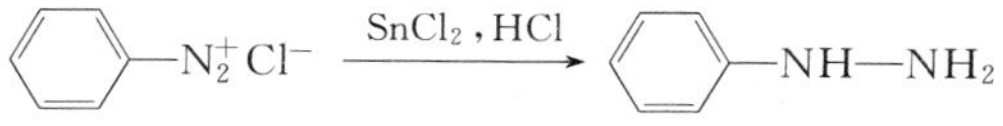

② 偶合反应　芳基重氮盐与某些芳环上连有强给电子基团的芳香族化合物（如酚、芳胺等）发生亲电取代反应，生成分子中含有偶氮基（—N＝N—）的偶氮化合物。由于重氮盐的亲电能力较弱，所以它只能与芳环上电子云密度较大的酚或芳胺反应，且反应一般发生在电子云密度较高的对位和邻位上。如果对位已被其他取代基占据，则发生在其邻位。

重氮盐与酚的偶合，通常在弱碱性（pH＝8～10）溶液中进行。因为碱能将—OH变成—O⁻，后者是更强的第一类定位基，利于反应进行。但碱性不能太强，否则强碱会使重氮盐转变为重氮酸或重氮酸盐，而后两者不能发生偶合反应。

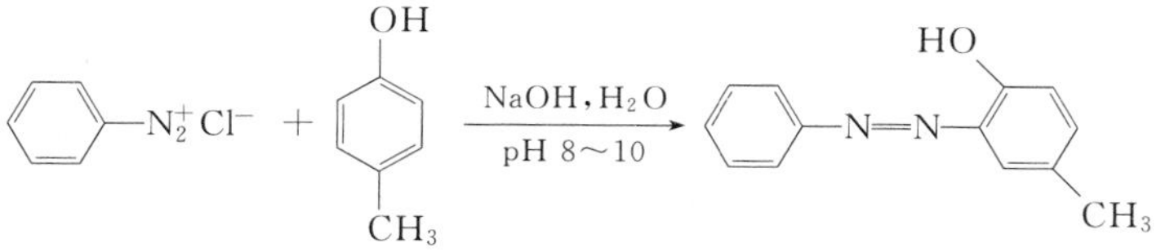

$$Ar-N_2^+Cl^- \xrightarrow[pH>10]{NaOH} Ar-N=N-OH \xrightarrow[pH>10]{NaOH} Ar-N=N-O^-Na^+$$

重氮盐与芳胺的偶合，通常在弱酸性（pH＝5～7）溶液中进行，因此时重氮正离子浓度较大，有利于偶合反应；其次，弱酸性条件下，一部分胺转变为铵盐，也增加了胺的溶解度，随着反应的进行，铵盐又逐渐转变回胺进行反应；但是酸性不能太强，否则芳胺全部都转变为铵盐，而铵基是吸电子基，使偶联反应不能进行。

$$\text{C}_6\text{H}_5-\text{N}_2^+\text{Cl}^- + \text{C}_6\text{H}_5-\text{N(CH}_3)_2 \xrightarrow[\text{CH}_3\text{COOH}]{\text{CH}_3\text{COONa},\text{H}_2\text{O}} \text{C}_6\text{H}_5-\text{N}=\text{N}-\text{C}_6\text{H}_4-\text{N(CH}_3)_2$$

$$\text{Ar}-\underset{\underset{\text{R}}{|}}{\overset{\overset{\text{R}}{|}}{\text{N}}} + \text{H}^+ \longrightarrow \text{Ar}-\underset{\underset{\text{R}}{|}}{\overset{\overset{\text{R}}{|}}{\text{N}}}\text{H}^+ \xrightarrow{\text{C}_6\text{H}_5-\text{N}_2^+\text{Cl}^-} \times$$

许多芳胺的重氮盐与酚类或芳胺偶合后的化合物，通常都有颜色，可用作染料或指示剂。因为分子中含有偶氮基，故称为偶氮染料。据统计，世界偶氮染料的用量占所有合成染料的 60% 左右，所以偶合反应最主要的用途是合成偶氮染料。

11.3 季铵盐和季铵碱

季铵盐是氨彻底烃基化的产物。季铵盐的结构和性质与胺有很大差别，大多数季铵盐是白色晶体，熔点较高，具有盐的性质，能溶于水，烃基较大的季铵盐也溶于非极性或弱极性溶剂。

（1）季铵盐与强碱作用　得到含有季铵碱的平衡混合物。

$$\text{R}_4\text{N}^+\text{X}^- + \text{KOH} \rightleftharpoons \text{R}_4\text{N}^+\text{OH}^- + \text{KX}$$

若用湿的 Ag_2O 代替 KOH，则由于生成的 AgX 难溶于水，反应得以顺利进行。滤除卤化银沉淀，减压蒸发滤液，可得到结晶的季铵碱。例如：

$$2(\text{CH}_3)_4\text{N}^+\text{I}^- + \text{Ag}_2\text{O} \longrightarrow 2(\text{CH}_3)_4\text{N}^+\text{OH}^- + 2\text{AgI}\downarrow$$

季铵碱是强碱，强度与 NaOH 或 KOH 相当，具有强碱的一般性质，能吸收空气中的 CO_2，易潮解，易溶于水等。

（2）季铵碱受热发生分解反应

① 对于不含有 β-H 的季铵碱分解时，发生 $\text{S}_\text{N}2$ 反应，生成叔胺和醇。

$$(\text{CH}_3)_3\overset{+}{\text{N}}-\text{CH}_3 \quad \text{OH}^- \longrightarrow (\text{CH}_3)_3\text{N} + \text{CH}_3\text{OH}$$

② 对于含有 β-H 的季铵碱分解时，发生消除反应，生成烯烃和叔胺。

$$(\text{CH}_3)_3\overset{+}{\text{N}}-\text{CH}_2\overset{\overset{\text{H}}{|}}{-}\text{CH}_2 \quad \text{OH}^- \longrightarrow (\text{CH}_3)_3\text{N} + \text{CH}_2=\text{CH}_2 + \text{H}_2\text{O}$$

当季铵碱分子中有两种或两种以上不同的 β-H 可被消除时，反应主要从含氢较多的 β-C 上消除氢原子，即主要生成双键碳上烷基取代较少的烯烃，这称为 Hofmann 规则。例如：

$$\underset{\underset{\overset{+}{\text{N}}(\text{CH}_3)_3}{|}}{\text{CH}_3\overset{\text{H}_a}{\text{CH}}-\overset{\text{H}_b}{\text{CH}}-\text{CH}}\text{OH}^- \xrightarrow{\triangle} \underset{95\%}{\text{CH}_3\text{CH}_2\text{CH}=\text{CH}_2} + \underset{5\%}{\text{CH}_3\text{CH}=\text{CHCH}_3} + \text{N(CH}_3)_3 + \text{H}_2\text{O}$$

由于季铵碱受热消除转变成烯烃的反应具有一定的取向，通过测定生成烯烃的结构，可推测原来胺的结构。具体操作如下：用足够量的碘甲烷与胺作用，使胺彻底甲基化转化为甲基季铵盐，继而用湿的氧化银处理得到相应的季铵碱，然后热分解得到叔胺和烯烃。根据所得产品的结构及有关实验结果，可推测该含氮杂环的分子结构。例如：

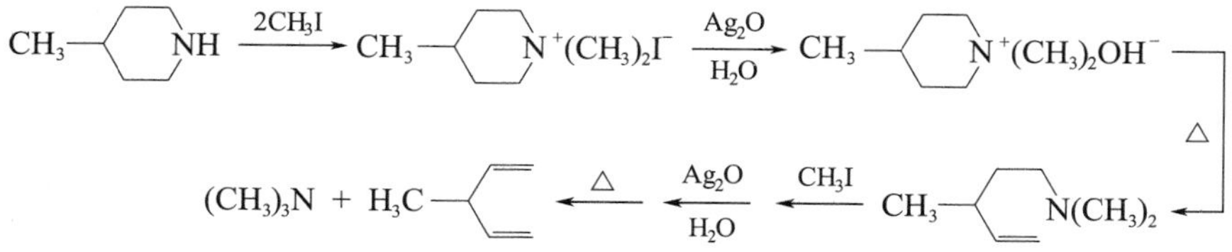

11.4 有机含氮的重要化合物

11.4.1 甲胺、二甲胺、三甲胺

这三种脂肪胺在常温下都是气体，易溶于水，它们都是重要的有机合成原料，广泛应用于农药、医药、染料和离子交换树脂等方面，一般都用它们的水溶液或盐酸盐固体。例如，以三甲胺为原料制备的植物生长调节剂矮壮素，可以防止高秆作物的疯长与倒伏，使枝叶粗壮、肥厚。

$$[(CH_3)_3N^+CH_2CH_2Cl]Cl^-$$

矮壮素

11.4.2 苯胺

苯胺存在于煤焦油中，又称阿尼林，为油状液体，熔点 $-6.2℃$，沸点 $184℃$，微溶于水，易溶于乙醇、乙醚等有机溶剂，有毒。新蒸馏的苯胺为无色透明液体，放置后因氧化而变为黄、红或棕色。苯胺是染料工业中最重要的中间体之一，可用于制造酸性墨水蓝 G、酸性媒介 BS、酸性嫩黄、直接橙 S、直接桃红、靛蓝、分散黄棕、阳离子桃红 FG 和活性艳红 X-SB 等；在有机颜料方面可用于制造金光红、大红粉、酚菁红、油溶黑等；在印染工业中用于染料苯胺黑；在农药工业中用于生产杀虫剂、杀菌剂如 DDV、除草醚、毒草胺等；苯胺还是橡胶助剂的重要原料，用于制造防老剂、硫化促进剂等；也可作为医药磺胺药的原料，同时也是生产香料、塑料、清漆、胶片等的中间体，并可作为炸药中的稳定剂、汽油中的防爆剂以及用作溶剂等。

11.4.3 己二胺

己二胺是比较重要的二元胺，片状结晶，熔点 $42℃$，沸点 $204℃$，易溶于水，毒性较大，可引起神经系统、血管张力和造血功能的改变。己二胺主要用于生产聚酰胺，如尼龙-66 等，也用于合成二异氰酸酯，以及用作脲醛树脂、环氧树脂等的固化剂、有机交联剂等。

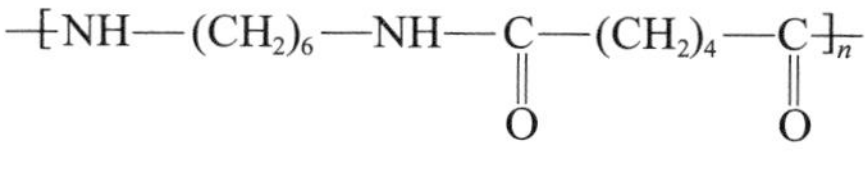

尼龙-66

11.4.4 胆碱

胆碱（choline）是一种季铵碱，广泛分布于动植物体内，在动物的卵和脑髓中含量较高。因为最初是在胆汁中发现的，所以称为胆碱。胆碱为无色、吸湿性强的结晶，易溶于水和乙醇，不溶于乙醚和氯仿。胆碱是 B 族维生素之一，能调节肝脏中脂肪的代谢，具有抗脂肪肝的作用，如具有药用价值的氯化胆碱，可用于治疗脂肪肝和肝硬化，也作为禽畜饲料添加剂，能刺激卵巢多产蛋、产仔及禽畜、鱼类等增重。胆碱衍生物，如乙酰胆碱是相邻神经细胞间通过神经节传导神经刺激的重要物质。

$$[(CH_3)_3N^+CH_2CH_2OH]Cl^-$$

氯化胆碱

$$[(CH_3)_3N^+CH_2CH_2O-\overset{O}{\overset{\|}{C}}-CH_3]OH^-$$

乙酰胆碱

11.4.5 多巴胺

多巴胺（dopamine）是重要的中枢神经传导介质，也是肾上腺素及去甲肾上腺素的前身，经由二羟基苯丙氨酸（多巴，dopa）在多巴脱羧酶的作用下产生。一些中老年人患有帕金森症，其原因之一就是由于中枢神经系统中缺少多巴胺。

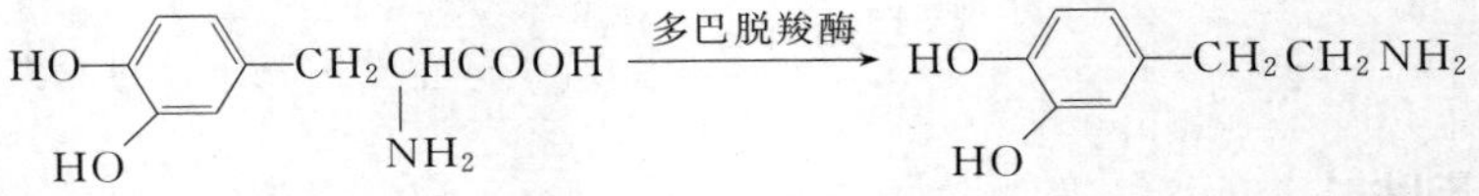

$$HO-\bigcirc-CH_2CHCOOH \xrightarrow{多巴脱羧酶} HO-\bigcirc-CH_2CH_2NH_2$$

肾上腺素（adrenaline）是肾上腺髓质的主要激素，以（R）-（—）异构体存在于动物及人体中，为无色结晶，熔点 211℃，味苦，微溶于水及乙醇，不溶于乙醚和氯仿，在中性或碱性溶液中不稳定，遇光即分解。肾上腺素对交感神经有兴奋作用，有加速心脏跳动、收缩血管、增高血压、血糖升高等功能，一般用于支气管哮喘、过敏性休克的急救。肾上腺素、去甲肾上腺素（noradrenaline）以及多巴胺等胺类化合物都是维持正常生命活动的重要物质。

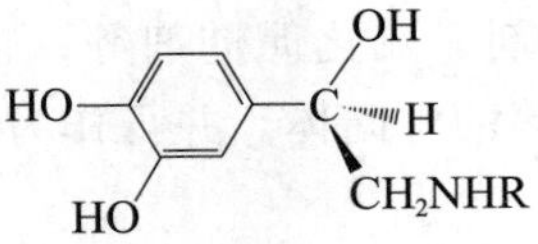

R=CH₃,肾上腺素
R=H,去甲肾上腺素

阅读材料

生物固氮

生物固氮是指固氮微生物将大气中的氮气还原成氨的过程。固氮生物都属于个体微小的原核生物。根据固氮微生物的固氮特点以及与植物的关系，可以将它们分为自生固氮、共生固氮和联合固氮微生物三类。

自生固氮微生物可以自行固定空气中的分子态氮，对植物没有依存关系。常见的有以圆褐固氮菌为代表的好氧性自生固氮菌，以梭菌为代表的厌氧性自生固氮菌以及以鱼腥藻为代表的具有异形胞的固氮蓝藻。共生固氮微生物只有和植物互利共生时，才能固定空气中的分子态氮，常见的有与豆科植物互利共生的根瘤菌、与桤木属等非豆科植物共生的弗兰克氏放线菌、与红萍等水生蕨类植物或罗汉松等裸子植物共生的蓝藻等。有些固氮微生物如固氮螺菌、雀稗固氮菌等，能够生活在玉米、雀稗、水稻和甘蔗等植物根内的皮层细胞之间，这些固氮微生物和共生的植物之间具有一定的专一性，但是不形成根瘤那样的特殊结构，它们的固氮特点介于自生固氮和共生固氮之间，称为联合固氮。

氮素在自然界中有多种存在形式，其中数量最多的是大气中的氮气，总量约 $3.9×10^{15}$ t。除了少数原核生物以外，其他所有的生物都不能直接利用氮气。目前陆地上生物体内贮存的有机氮的总量达 $1.1～1.4×10^{10}$ t，数量尽管不多，但它能够迅速地再循环，可以反复地供植物吸收利用。土壤中的有机氮总量约为 $3.0×10^{11}$ t，它可逐年被分解成无机态氮以供植物吸收利用。海洋中的有机氮约为 $5.0×10^{11}$ t，这部分氮素可以被海洋生物循环利用。

构成氮循环的主要环节是生物体内有机氮的合成、氨化作用、硝化作用、反硝化作用和固氮作用。植物吸收土壤中的铵盐和硝酸盐，进而将这些无机氮同化成植物体内的蛋白质等有机氮。动物直接或间接以植物为食，将植物体内的有机氮同化成动物体内的有机氮，该过程称为生物体内有机氮的合成。氨化作用是指动植物的遗体、排出物和残落物中的有机氮被微生物分解后形成氨。在有氧条件下土壤中的氨或铵盐在硝化细菌的作用下，最终氧化成硝酸盐的过程叫做硝化作用。在氧气不足的条件下，土壤中的硝酸盐被反硝化细菌等微生物还原成亚硝酸盐，并且进一步还原成分子态氮返回到大气中的过程称为反硝化作用。大气中的分子态氮被还原成氨的过程叫做固氮作用。若没有固氮作用，大气中的分子态氮就不能被植物吸收利用。地球上的固氮作用有三种途径：生物固氮、工业固氮和高能固氮。据估算，每年生物固氮的总量占地球上固氮总量的 90% 左右，可见生物固氮在地球的氮循环中具有十分重要的作用。

现今，生物固氮研究已引起越来越多科学家的关注，主要包括基础理论和应用基础两个方面。在基础理论研究中主要围绕着诱发非豆科作物结瘤的最佳条件和提高共生固氮效能展开（包括诱导根瘤菌侵入主要农作物共生结瘤的有效方法、提高非豆科农作物共生结瘤固氮的效能、根瘤菌导入非豆科宿主细胞的途径共生部位和共生机理、采用适当的技术措施诱导 Frankia 菌与主要农作物结瘤固氮、Frankia 菌共生结瘤固氮的机理等）；在应用基础研究中主要围绕着培育新的固氮植物展开（包括通过生物技术改造固氮微生物和现有的农作物，使新的固氮菌与新的农作物更易形成共生固氮关系等）。可以肯定的是，生物固氮工程的研究已经进入一个崭新的历史阶段，扩大生物间共生固氮范围和将豆科植物的固氮能力转移到非豆科植物中的研究已呈现出希望之光。随着生物固氮研究的不断深入，将逐步实现禾本科农作物与固氮微生物共生结瘤固氮的美好愿望。

✍ 本章小结

一、硝基化合物的主要化学反应

1. 还原反应

2. 硝基化合物的酸性（Henry 反应）

$$\text{R}^1\text{—C}_6\text{H}_4\text{—CHO} + \text{R}^2\text{CH}_2\text{NO}_2 \xrightarrow[\text{EtOH}]{\text{NaOH}} \text{R}^1\text{—C}_6\text{H}_4\text{—CH=C(R}^2\text{)NO}_2$$

二、胺的主要化学反应

1.（烃基化、酰基化、Hinsberg 反应、重氮化反应、缩合反应）

$$\begin{array}{c}
\text{R}\overset{+}{\text{N}}\text{≡N}\text{Cl}^{-} \xleftarrow[\text{HCl}]{\text{NaNO}_2} \\
\\
\text{R—N=C(R')R''} \xleftarrow{\text{R'—CO—R''}}
\end{array} \quad \text{R—NH}_2 \quad
\begin{array}{l}
\xrightarrow{\text{R'—X}} \text{R—NH—R'} \\
\\
\xrightarrow{\text{Cl—CO—R'}} \text{R—NH—CO—R'} \\
\\
\xrightarrow{\text{R'—SO}_2\text{Cl}} \text{R—NH—O}_2\text{SR'}
\end{array}$$

2. 芳胺的特征反应（芳环上的亲电取代、氧化反应）

苯胺 $\xrightarrow[\text{H}_2\text{SO}_4]{\text{MnO}_2}$ 对苯醌

苯胺 $\xrightarrow{\text{Br}_2-\text{H}_2\text{O}}$ 2,4,6-三溴苯胺

三、季铵碱

Hofmann 消除反应（生成双键碳上烷基取代较少的烯烃）

$$\text{R}^1\text{—CH(R}^2\text{)—C(R}^3\text{)(R}^4\text{)—}\overset{+}{\text{N}}\text{R}_3\text{OH}^{-} \longrightarrow \text{R}^1\text{R}^2\text{C=CR}^3\text{R}^4 + \text{NR}_3 + \text{H}_2\text{O}$$

习　题

11-1　命名下列化合物。

(1) $CH_3CH_2NO_2$

(2) $H_2NCH_2(CH_2)_5CH_2NH_2$

(3) $(CH_3CH_2)_2N\text{—NO}$

(4) $C_6H_5\overset{+}{N}H_3Cl^{-}$

(5) 2-溴-N-乙酰基苯胺（邻溴苯基-NHCOCH₃）

(6) $O_2N\text{—}C_6H_4\text{—NHNH}_2$

(7) N-甲基哌啶

(8) 丁二酰亚胺（NH）

(9) $\left[C_6H_5H_2C\text{—}\underset{CH_2CH_3}{\overset{CH_3}{\underset{|}{\overset{|}{N}}}}\text{—}C_{12}H_{25} \right]^{+} Br^{-}$

(10) $Cl\text{—}C_6H_4\text{—}\underset{CH_2CH_3}{\overset{CH_3}{\underset{|}{\overset{|}{N}}}}$

(11)

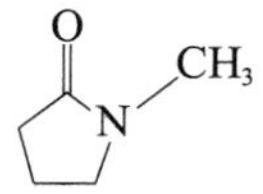

11-2 将下列各组化合物按碱性由强至弱顺序排列。

(1) 甲胺、氨、二甲胺、乙酰胺

(2) 苯胺、对甲氧基苯胺、环己胺

(3) 苯胺、乙酰苯胺、戊胺、甲乙胺

(4) 甲酰胺、甲胺、氢氧化四甲铵、邻苯二甲酰亚胺、尿素

11-3 完成下列反应式。

(1) $(CH_3)_3N + CH_3\overset{|}{\underset{Br}{C}}HCH_3 \longrightarrow ?$

(2) 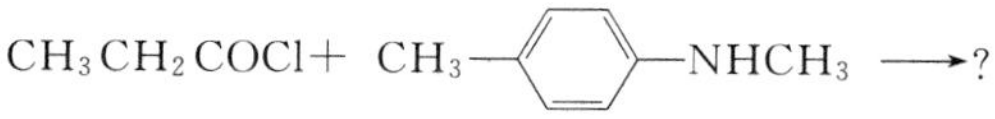 $CH_3CH_2COCl + CH_3-\!\!\!\left\langle\!\!\!\bigcirc\!\!\!\right\rangle\!\!\!-NHCH_3 \longrightarrow ?$

(3) $+ HNO_2 \longrightarrow ?$

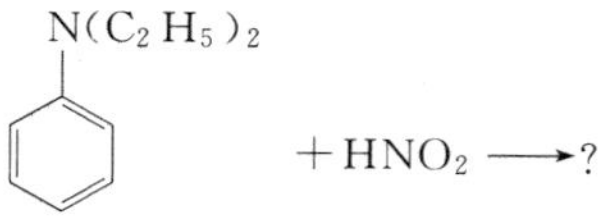

(4)

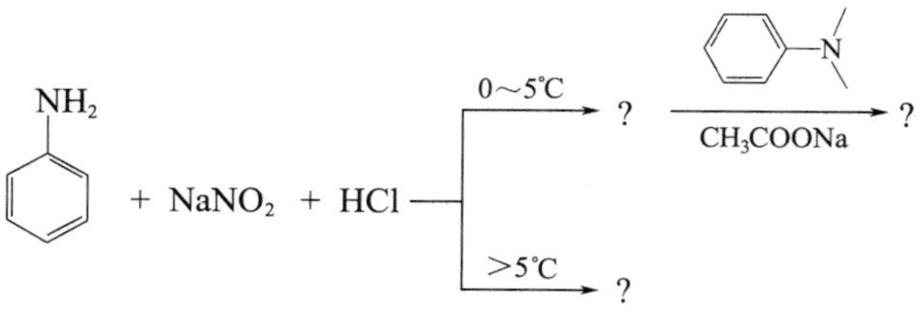

(5)

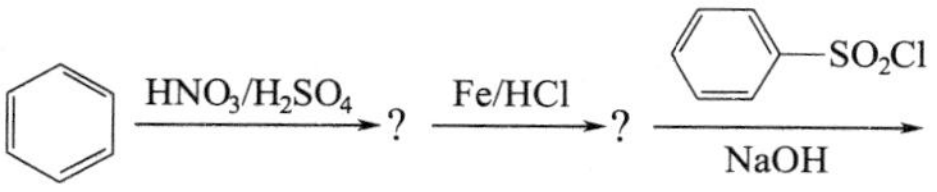

(6)

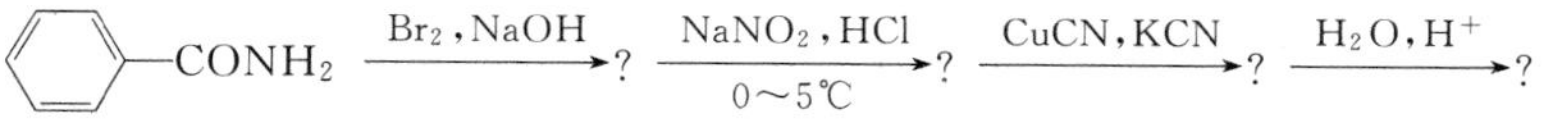

(7) $(CH_3)_2NCH_2CH_3 + CH_3CH_2I \longrightarrow ? \xrightarrow{AgOH} ? \xrightarrow{\triangle} ?$

11-4 用化学方法鉴别下列各组化合物。

(1) 正丁胺、二乙胺、二甲乙胺

(2) 邻甲基苯胺、N-甲基苯胺、N,N-二甲基苯胺

(3) 乙醇、乙醛、乙酸、乙胺

11-5 由指定的原料合成目标产物，其他无机试剂任选。

(1) $CH_3CH_2CH_2CH_2Br \longrightarrow CH_3CH_2\overset{|}{\underset{NH_2}{C}}HCH_3$

(2)

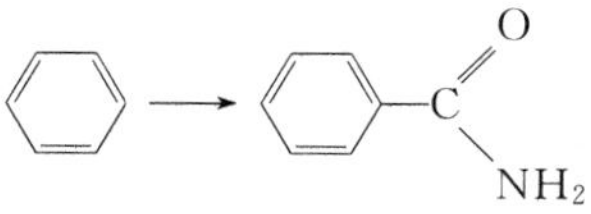

(3)

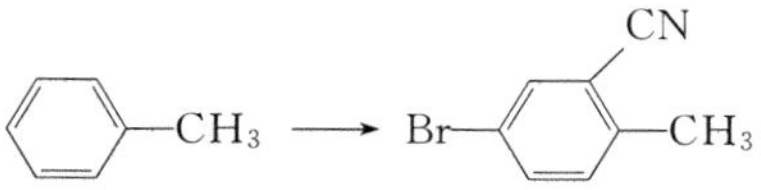

11-6 化合物 A 的分子式为 $C_6H_{15}N$，能溶于稀盐酸溶液，在室温下与 HNO_2 反应放出 N_2，得到化合物 B。B 能发生碘仿反应，与浓硫酸共热得到化合物 C，C 的分子式为 C_6H_{12}。C 经臭氧化并经锌粉还原水解得到乙醛和异丁醛。请推测 A、B、C 的结构式。

Chapter 12

含硫和含磷有机物

    硫和磷是组成生物体内有机化合物的常见元素，很多生物化学反应都与含硫和含磷的有机物密切相关。有些含硫和含磷的有机物是蛋白质、核酸或磷脂等物质的重要组成成分，它们在生理上起着重要作用。另外，含硫和含磷的有机化合物在农药和医药方面也有着重要意义。

    在元素周期表中，氧和硫、氮和磷分别是同一主族元素，价电子层结构类似，所以含硫有机化合物和含氧有机化合物、含磷有机化合物和含氮有机化合物在结构和性质方面都有很多相似之处。它们不仅能形成相似的无机化合物（如 H_2O 与 H_2S、NH_3 与 PH_3 等），还能形成一系列结构相似的有机化合物（如 R—OH 与 R—SH，C_6H_5OH 与 C_6H_5SH，R—O—R 与 R—S—R，R—NH$_2$ 与 R—PH$_2$ 等）。但由于它们在元素周期表中所处的周期不同，故各类化合物的结构和性质又存在着明显的差异，如硫有高价态的有机化合物，而氧没有；磷有磷酸酯类化合物，而氮则没有。

12.1 含硫有机物

12.1.1 含硫有机物的分类和命名

硫和氧是同族元素，它们的原子核外电子排布式分别为

氧：$1s^2 2s^2 2p^4$ 硫：$1s^2 2s^2 2p^6 3s^2 3p^4 3d^0$

硫和磷的最外层价电子构型相同，均为 $s^2 p^4$，故它们都能形成两价的化合物；如果将含氧有机化合物看作是水的烃基衍生物，则两价含硫有机化合物可看作是硫化氢的衍生物。

HOH	水	HSH	硫化氢
ROH	醇	RSH	硫醇
ArOH	酚	ArSH	硫酚
ROR′	醚	RSR′	硫醚
ROOR′	过氧化物	RSSR′	二硫化物

$\begin{matrix} R^1 \\ R^2 \\ (H) \end{matrix}$ C=O $\begin{matrix} R^1 \\ R^2 \\ (H) \end{matrix}$ C=S

酮或醛   硫酮或硫醛

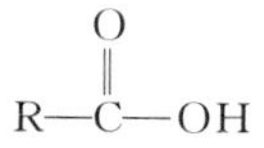
羧酸

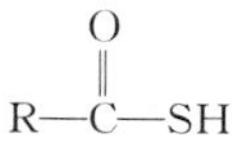
硫代羧酸

由于硫位于第三周期，最外电子层还有 3d 空轨道。3s，3p，3d 轨道的能量差较小，故 3s 或 3p 轨道的电子受激后可以进入 3d 轨道，因而硫原子还可以形成四价或六价的高价化合物。

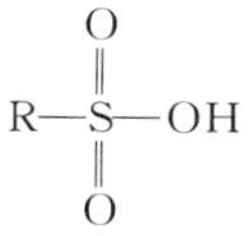
磺酸

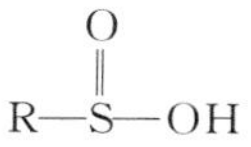
亚磺酸

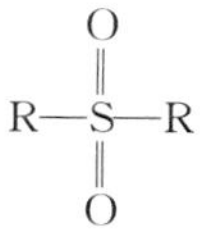
砜

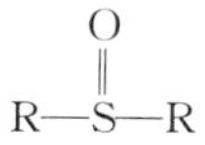
亚砜

含硫化合物中，二硫化物、亚磺酸和磺酸是硫醇的氧化产物，而亚砜和砜是硫醚的氧化产物。

硫化物的命名只需在相应的含氧有机化合物的名称前加“硫”字。例如：

CH_3CH_2SH
乙硫醇

$CH_3CH_2CH_2SH$
1-丙硫醇

$CH_3CH_2CH_2CH_2SH$
1-丁硫醇

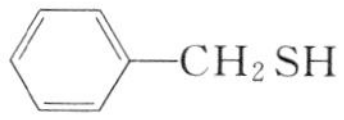
苄硫醇

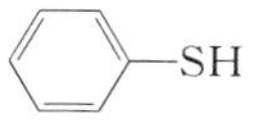
苯硫醇

环硫乙烷

$CH_3CH_2SCH_2CH_3$
乙硫醚

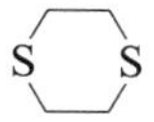
1,4-二硫杂环己烷

在复杂的硫化物中—SH（巯基），—SR（烃硫基）可作为取代基。例如：

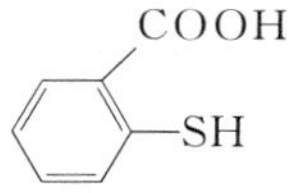
2-巯基苯甲酸

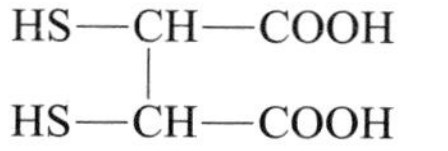
2,3-二巯基丁二酸

$CH_3SCH_2CH_2SCH_3$
1,2-二甲硫基乙烷

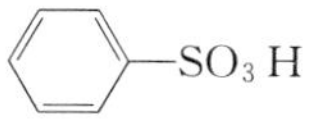
苯磺酸

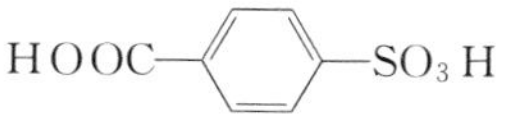
对磺酸基苯甲酸

$CH_3CH_2SO_2CH_2CH_3$
乙砜

12.1.2 硫醇和硫酚

硫醇、硫酚的官能团是巯基（—SH），—SH 在结构上类似于—OH，所以硫醇和硫酚能发生一些类似于醇和酚的反应。例如，它们能与酰氯或酸酐反应，生成相应的硫代羧酸酯类等化合物。但由于巯基和羟基是两类不同的官能团，故它们同醇和酚在化学性质上又存在着显著的区别。

12.1.2.1 物理性质

硫醇是具有特殊臭味的化合物，如正丙硫醇的气味类似新切碎的葱头发出的气味，烯丙硫醇的气味和大蒜相近，空气中有 10^{-11} g·L^{-1}的乙硫醇时即能为人所察觉。因此硫醇是一种臭味剂，将它加入煤气中以便检查管道是否漏气。美洲臭鼬用作防御武器的分泌液中含有多种硫醇，其主要成分为(*E*)-2-丁烯-1-硫醇。硫醇的臭味随着分子量的增加而逐渐减弱。

硫酚与硫醇近似，气味也很难闻。

硫醇和硫酚的分子量比含同碳数的醇或酚高，但沸点却比相应的醇或酚低。例如，乙硫醇的沸点 35.1℃，乙醇的沸点 78℃；苯硫酚的沸点 168℃，苯酚的沸点 181℃。这是因为硫的电负性比氧小，又由于外层电子距核较远，所以硫醇和硫酚的巯基之间相互作用弱，难形成氢键。同时也难与水分子形成氢键。并且在水中的溶解度也低，如乙醇能与水以任何比例混溶，而乙硫醇在 100g 水中的溶解度仅为 1.5g。

12.1.2.2　化学性质

（1）酸性和成盐反应　硫醇和硫酚都显酸性，硫醇的酸性比相应的醇强。例如，乙醇的 pK_a 为 17，乙硫醇的 pK_a 为 9.5。故硫醇只能与强碱反应。

$$RSH + NaOH \longrightarrow RSNa + H_2O$$

苯酚的 pK_a 为 9.96，苯硫酚的 pK_a 为 7.8，苯硫酚的酸性比苯酚强，可以溶于碳酸氢钠溶液中。

$$ArSH + NaHCO_3 \longrightarrow ArSNa + H_2O + CO_2 \uparrow$$

在水中硫醇钠比醇钠稳定，石油工业上就利用此性质，用碱水来洗去石油中的硫醇，以达到除硫的目的。

硫醇和硫酚都能同铅、汞、铜、银等重金属的氧化物作用，生成难溶化合物。

$$2RSH + HgO \longrightarrow (RS)_2Hg \downarrow + H_2O$$

$$2CH_3CH_2SH + (CH_3COO)_2Pb \longrightarrow Pb(SCH_2CH_3)_2 \downarrow + 2CH_3COOH$$

许多重金属盐能引起人畜中毒，其原因是重金属离子与体内蛋白质和某些酶中的巯基结合，使蛋白质的结构发生破坏，使酶失去活性而显示中毒症状。临床上常用的一种汞、铅中毒的解毒剂通常为含巯基的有机物，如二巯基丙醇（俗称 BAL），它可以与重金属离子形成稳定的配合物，从尿中排出，从而解除重金属对体内蛋白质和酶的破坏作用。

$$\begin{array}{l} CH_2-OH \\ | \\ CH-SH \\ | \\ CH_2-SH \end{array} + Hg^{2+} \longrightarrow \begin{array}{l} CH_2-OH \\ | \\ CH-S \\ \qquad \searrow Hg \downarrow \\ CH_2-S \end{array} + 2H^+$$

汞离子因而由尿中排出体外，故能解毒。

（2）氧化反应　硫氢键易断裂，因此硫醇远比醇易被氧化，氧化反应发生在硫原子上。在低温下空气即可将其氧化成二硫化合物（含二硫键：—S—S—）。例如：

$$2RSH + \frac{1}{2}O_2 \longrightarrow RSSR + H_2O$$

实验室中常用碘作氧化剂，将硫醇氧化成二硫化合物。

$$2RSH + I_2 \xrightarrow[25℃]{C_2H_5OH/H_2O} RSSR + 2HI$$

这种在温和条件下把硫醇氧化成二硫化物的反应在蛋白质化学中很重要，一些多肽本身含有巯基，它可以通过体内氧化形成含二硫键的蛋白质。

硫醇和硫酚在高锰酸钾或硝酸等强氧化剂作用下生成磺酸，例如：

$$R-SH \xrightarrow{浓 HNO_3} R-SO_3H$$

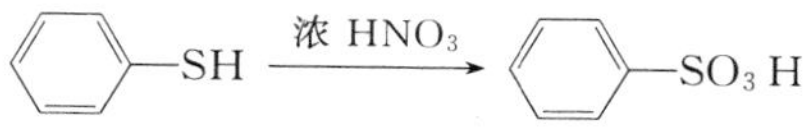

$$\text{Ph—SH} \xrightarrow{\text{浓 HNO}_3} \text{Ph—SO}_3\text{H}$$

12.1.3 硫醚

硫醚为不溶于水具有不愉快臭味的液体，其沸点比相应的醚高，如甲硫醚的沸点为37.6℃，而甲醚的沸点是－23.6℃。硫醚可溶于醇和醚中。硫醚具有不同于醚的化学性质。

12.1.3.1 亲核反应

由于硫的原子半径比氧原子的大，价电子层离核较远，受核的束缚力小，极化度较大，因此硫醚中硫原子给电子的能力比醚中的氧原子强，也就是说，硫醚有较强的亲核性。例如，硫醚可与卤代烷形成相当稳定的锍盐，而醚的锌盐则不够稳定。

$$\text{RSR+RX} \longrightarrow \left[\begin{array}{c} R \\ | \\ R—S—R \end{array}\right]^{+} X^{-}$$

12.1.3.2 氧化反应

硫醚能被氧化剂氧化，生成亚砜或砜。如在室温下，硫醚可以被硝酸、三氧化铬或过氧化氢等氧化剂氧化成亚砜。

$$\text{RSR} \xrightarrow{[O]} \text{R—S—R} \quad (\overset{O}{\|})$$

在高温下，用发烟硝酸或高锰酸钾等强氧化剂，则硫醚被氧化成砜。

$$\text{RSR} \xrightarrow{[O]} \text{R—S—R} \quad (\overset{O}{\underset{O}{\|}})$$

亚砜与砜多为无色固体，本身都较稳定。但二甲亚砜（简称 DMSO）是一种无色的液体，沸点189℃（分解）。亚砜与砜是一种极有用的溶剂，既能溶解有机物，又能溶解无机物，而且还具有较强的穿透能力。当药物溶于 DMSO 中，可促进药物渗入皮肤，因此在透皮吸收药物中，常被用作促渗剂。

12.1.4 磺酸

磺酸可以看作是硫酸分子中的一个羟基被烃基取代后的产物，硫原子直接与烃基的碳原子相连。

12.1.4.1 物理性质

磺酸是强酸性固体，吸湿性很强，易溶于水，难溶于极性小的有机溶剂。磺酸的钠盐和钙盐在饱和食盐水中的溶解度较低，通常它们都以钠盐和钙盐的形式分离纯化。烷基化的苯磺酸钠是常用合成洗涤剂的主要成分，如十二烷基苯磺酸钠。各种磺胺类药物也是磺酸的衍生物。

12.1.4.2 化学性质

（1）羟基的取代反应　磺酸中的羟基可以被卤素、氨基、烷氧基等取代，生成磺酰卤、磺酰胺及磺酸酯类化合物。例如：

$$C_6H_5SO_2OH + PCl_5 \xrightarrow{170\sim180℃} C_6H_5SO_2Cl + POCl_3 + HCl$$
苯磺酰氯

$$C_6H_5SO_2Cl + 2NH_3 \longrightarrow C_6H_5SO_2NH_2 + NH_4Cl$$
苯磺酰胺

$$C_6H_5SO_2Cl + HOC_2H_5 \longrightarrow C_6H_5SO_2OC_2H_5 + NaCl$$
苯磺酸乙酯

（2）磺酸基的取代反应　磺酸基是较好的离去基团，可以被—H，—OH，—CN，—SH，—NH₂ 等多种基团取代。工业上利用苯磺酸与氢氧化钠熔融制造苯酚的反应就是用羟基取代磺酸基。

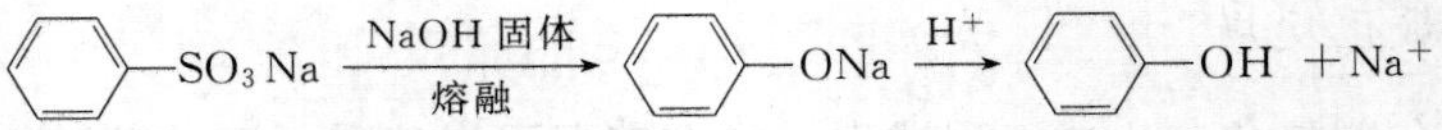

12.1.5　磺胺类药物

磺胺类药物是指对氨基苯磺酰胺（又称磺胺）及其衍生物，磺胺类药物对链球菌和葡萄球菌具有强烈的抑制作用。

磺胺为白色晶体，难溶于水。其分子中有两个性质各异的氨基：磺酰氨基和苯环上的氨基。磺酰氨基由于受苯磺酰基的影响，氨基上的氢呈酸性，可与碱反应生成盐。

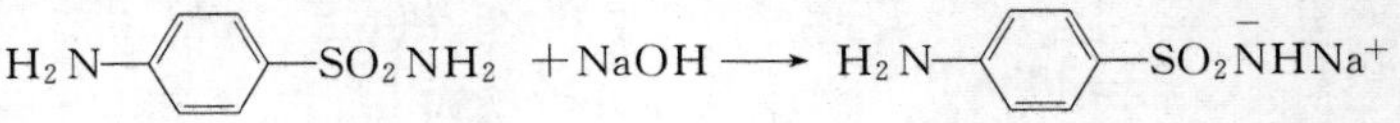

苯环上的氨基仍呈碱性，可与酸反应生成相应的盐。

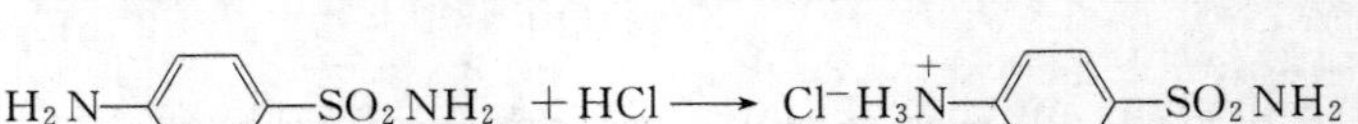

从以上性质可以看出，磺胺是两性化合物。

磺胺类药物虽然种类繁多，但疗效好、副作用较小的只有少数几个品种。随着抗生素类药物的问世，磺胺类药物的产量逐渐减少，目前常用的磺胺类药物有以下几种。

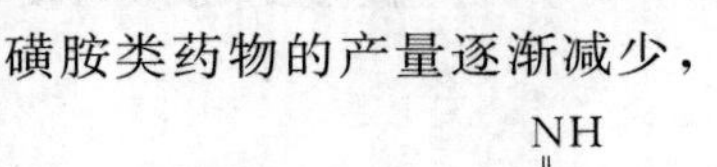

磺胺脒（SG），治疗肠炎、细菌性痢疾 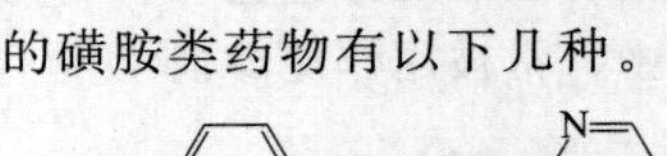　　　　磺胺嘧啶(SD)治疗脑膜炎,肺炎

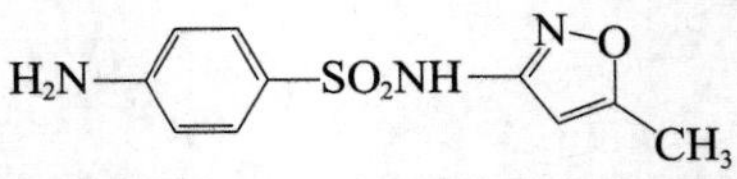

磺胺甲基异恶唑(SMZ),商品名新诺明,治疗各种炎症

农业上，对氨基苯磺酸钠（敌锈钠）、对氨基苯磺酸钙用于防治小麦条锈病。

12.1.6 有机硫杀菌剂

12.1.6.1 大蒜素

大蒜素（garlicin）又名蒜素，存在于大蒜、韭菜、葱等植物中。纯品是无色的油状液体，具有大蒜的异臭，微溶于水，溶于乙醇等有机溶剂，对热和碱不稳定，对酸稳定，对皮肤有刺激性，对许多革兰氏阳性和阴性细菌以及某些真菌具有很强的抑制作用，可用于医药上。在农业上用作杀虫剂、杀菌剂。大蒜素的结构为：

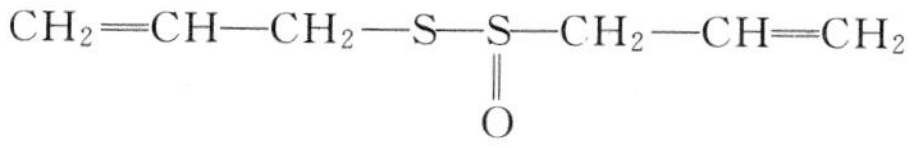

$$CH_2=CH-CH_2-S-\overset{\underset{\|}{O}}{S}-CH_2-CH=CH_2$$

近年已用人工合成方法制得大蒜素的类似物，如乙蒜素，它是一种广谱性杀菌剂，主要用于种子处理，可有效地防治棉花苗期病害、甘薯黑斑病、水稻烂秧和大麦条纹病等。乙蒜素学名 S-乙基硫代磺酸乙酯。纯品为无色或微黄色油状体，有大蒜臭味，工业品为微黄色油状液体。其结构为：

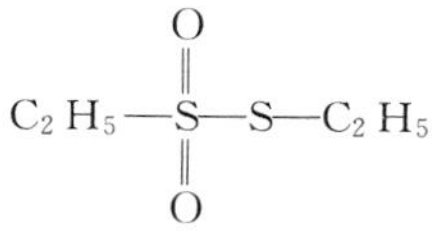

$$C_2H_5-\overset{\underset{\|}{O}}{\overset{\|}{S}}-S-C_2H_5$$

12.1.6.2 代森类杀菌剂

代森（dithane）类（1,2-亚乙基双二硫代氨基甲酸盐类）杀菌剂是应用较多的一类安全的广谱性杀菌剂。它对麦类的各种锈病、霉病，瓜果类霜霉病，薯类的软腐病等皆有极强的抑制作用。常用的有代森铵、代森锌等。它们的结构如下：

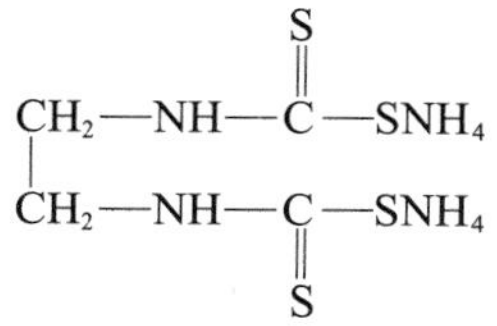

代森铵 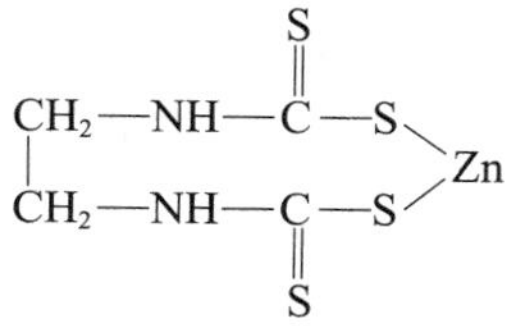   代森锌

代森铵的纯品为无色结晶，熔点 72.5~72.8℃，易溶于水，化学性质稳定，是一种具有保护和治疗作用的杀菌剂。代森锌为白色粉末，难溶于水，能溶于吡啶，遇热、碱性物质易分解。

12.1.6.3 福美双类杀菌剂

福美双（thiram）类杀菌剂也属于二硫代氨基甲酸类杀菌剂，其纯品为白色无味结晶（工业品有鱼腥味），熔点 155~156℃，微溶于水，溶于氯仿、丙酮、乙醇中，遇酸易分解。它是一种有保护作用的广谱性杀菌剂，主要用于处理种子和土壤，防治禾谷类黑穗病及一些作物的立枯病，也用于防治果树和蔬菜的一些病害。

12.2 含磷有机化合物

含磷有机化合物广泛存在于动植物体内，其中有些化合物是核酸和磷脂的重要组成部分，是维持生命和生物体遗传不可缺少的物质。某些含磷化合物在工业上用作增塑剂、聚氯乙烯的稳定剂和稀有金属的萃取剂等。农业上，许多含磷有机化合物用作杀虫剂、杀菌剂及植物生长调节剂等，是一类极为重要的农药。

12.2.1 含磷有机化合物的分类和命名

磷和氮的关系如同硫和氧一样，它们也可以形成结构相似的化合物。磷和氮具有相同的外层价电子构型（$s^2 p^3$），都能形成三价化合物。

NH_3	RNH_2	R_2NH	R_3N	$R_4N^+X^-$
氨	伯胺	仲胺	叔胺	季铵盐
PH_3	RPH_2	R_2PH	R_3P	$R_4P^+X^-$
膦	伯膦	仲膦	叔膦	季膦盐
（三氢化磷）	（一烃基膦）	（二烃基膦）	（三烃基膦）	（卤化四烃基鏻）

另外，由于磷位于第三周期，最外电子层存在 3d 空轨道，所以磷原子还有利用 3d 空轨道的成键能力，形成五价磷的化合物。例如：

$$
\begin{array}{ccc}
\text{HO—}\underset{\underset{\text{HO}}{|}}{\overset{\overset{\text{HO}}{|}}{P}}\text{=O} &
\text{HO—}\underset{\underset{\text{HO}}{|}}{\overset{\overset{\text{R}}{|}}{P}}\text{=O} &
\text{HO—}\underset{\underset{\text{HO}}{|}}{\overset{\overset{\text{H}}{|}}{P}}\text{=O} \\
\text{磷酸} & \text{膦酸} & \text{次磷酸}
\end{array}
$$

$$
\begin{array}{ccc}
\text{HO—}\underset{\underset{\text{HO}}{|}}{\overset{\overset{\text{RO}}{|}}{P}}\text{=O} &
\text{RO—}\underset{\underset{\text{HO}}{|}}{\overset{\overset{\text{RO}}{|}}{P}}\text{=O} &
\text{RO—}\underset{\underset{\text{RO}}{|}}{\overset{\overset{\text{RO}}{|}}{P}}\text{=O} \\
\text{磷酸一烃基酯} & \text{磷酸二烃基酯} & \text{磷酸三烃基酯}
\end{array}
$$

膦酸可看作是磷酸分子的羟基被烃基取代后的产物。磷酸酯是磷酸和醇的酯化产物，它们分子中不含 C—P 键。含磷化合物的命名方法如下。

① 膦和膦酸的命名是在相应的类名前加上烃基的名称。例如：

$$CH_3PH_2 \qquad (C_6H_5)_3P \qquad C_6H_5PO(OH)_2$$

甲膦酸 　　　　三苯基膦 　　　　苯基膦酸

② 磷酸酯类或膦酸酯类，凡含氧酯基都用前缀 "O-烃基" 表示。例如：

$$
\begin{array}{cc}
\underset{\text{C}_2\text{H}_5\text{O}}{\overset{\text{C}_2\text{H}_5\text{O}}{\diagdown}}\!\!P\!\!\overset{\diagup\!\!\!\!\text{O}}{\underset{\diagdown\text{OH}}{}} &
\underset{\text{C}_2\text{H}_5\text{O}}{\overset{\text{C}_2\text{H}_5\text{O}}{\diagdown}}\!\!P\!\!\overset{\diagup\!\!\!\!\text{O}}{\underset{\diagdown\text{C}_6\text{H}_5}{}} \\
\textit{O,O}\text{-二乙基磷酸酯} & \textit{O,O}\text{-二乙基苯基膦酸酯}
\end{array}
$$

由于有机磷农药的名称十分冗长，使用起来很不方便，故习惯上常使用商品名称。

12.2.2 有机磷农药简介

12.2.2.1 乙烯利

乙烯利的化学名称为 2-氯乙基膦酸。乙烯利纯品为白色针状晶体，熔点 74～75℃，易溶于水和乙醇。目前，乙烯利是农业上广泛使用的植物生长调节剂，其生理活性主要是在植物体内分解放出乙烯产生的。在 pH<4 的条件下，乙烯利比较稳定；在 pH>4 时，可缓慢分解放出乙烯。

$$ClCH_2CH_2\!-\!\overset{\overset{\displaystyle O}{\|}}{\underset{\underset{\displaystyle OH}{|}}{P}}\!-\!OH + H_2O \xrightarrow{pH>4} CH_2\!=\!CH_2 + HCl + H_3PO_4$$

当温度升高或 pH 增大时，水解速率会加快。一般植物细胞液的 pH 在 4 以上，故乙烯利进入植物体内，即释放乙烯。乙烯利被植物吸收后，输送到茎、叶、花、果等组织中，能促进植物叶片和果实的脱落，还能促进雌花生长和果实成熟。在香蕉催熟上普遍使用乙烯利。

12.2.2.2 敌百虫

敌百虫的化学名称为 O,O-二甲基-(1-羟基-2,2,2-三氯乙基)膦酸酯，结构如下：

$$CH_3O\!-\!\overset{\overset{\displaystyle O}{\|}}{\underset{\underset{\displaystyle CH_3O}{|}}{P}}\!-\!\underset{\underset{\displaystyle OH}{|}}{C}HCCl_3$$

敌百虫纯品为白色结晶粉末，熔点 83～84℃，可溶于水和多种有机溶剂。在中性和酸性溶液中较稳定，在碱性溶液中水解失效。

敌百虫是一种高效低毒广谱膦酸酯类杀虫剂，应用范围广泛，对昆虫有胃毒和触杀作用，常用于防治鳞翅目、双翅目、鞘翅目等害虫。因敌百虫对哺乳动物的毒性很低，故可用于防治家畜体内外的寄生虫，也可用来杀灭蚊蝇。由于它们都是酯类，因此都可以水解，在碱性条件下反应会更易进行。

12.2.2.3 久效磷

久效磷的化学名称为 O,O-二甲基-O-[1-甲基-2(甲胺基甲酰)]乙烯基磷酸酯，结构如下：

$$CH_3O\!-\!\overset{\overset{\displaystyle O}{\|}}{\underset{\underset{\displaystyle CH_3O}{|}}{P}}\!-\!O\!-\!\underset{\underset{\displaystyle CH_3}{|}}{C}\!=\!CH\!-\!\overset{\overset{\displaystyle O}{\|}}{C}\!-\!NHCH_3$$

久效磷纯品为无色结晶，熔点为 54～55℃，工业品为红棕色黏稠液体，易溶于水，是一种高效、广谱、内吸有机磷杀虫剂，速效性好，残效期长，可有效地防治棉花、水稻、大豆等农作物的多种害虫。

12.2.2.4 甲胺磷

甲胺磷的化学名称为 O,S-二甲基氨基硫代磷酸酯。

$$CH_3O\!-\!\overset{\overset{\displaystyle O}{\|}}{\underset{\underset{\displaystyle CH_3S}{|}}{P}}\!-\!NH_2$$

12.2.2.5 马拉硫磷（马拉松）

马拉硫磷的化学名称是 O,O-二甲基-S-（1,2-二乙氧甲酰基乙基）二硫代磷酸酯，结构式如下：

$$
\begin{array}{c}
\text{S} \\
\| \\
\text{CH}_3\text{O}-\text{P}-\text{S}-\text{CHCOOC}_2\text{H}_5 \\
| \qquad\qquad | \\
\text{CH}_3\text{O} \qquad \text{CH}_2\text{COOC}_2\text{H}_5
\end{array}
$$

马拉硫磷为无色油状液体，微溶于水，易溶于多种有机溶剂。马拉硫磷对害虫具有触杀和胃毒作用，可用于防治咀嚼式和刺吸式口器的害虫，药效高，杀虫谱广，对人、畜毒性很低，遇酸或碱易分解。金属铁、锡、铜、铅等能促进马拉硫磷的分解，因此，配药时宜用塑料或木质器具，且随配随用。

12.2.2.6 辛硫磷

辛硫磷化学名称为 O,O-二乙基-O-（α-氰基苯亚甲氨基）硫代磷酸酯，结构式如下：

$$
\begin{array}{c}
\text{S} \qquad\qquad\qquad \text{CN} \\
\| \qquad\qquad\qquad\quad | \\
\text{C}_2\text{H}_5\text{O}-\text{P}-\text{O}-\text{N}=\text{C}-\underset{}{\bigcirc} \\
| \\
\text{C}_2\text{H}_5\text{O}
\end{array}
$$

辛硫磷纯品为浅黄色油状液体，熔点 5～6℃，微溶于水，易溶于有机溶剂，在中性或酸性介质中稳定，在碱性介质中易分解，对光敏感，阳光下很快分解失效。

辛硫磷是一种广谱有机磷杀虫剂，对害虫具有胃毒和触杀作用，对人、畜低毒，对鳞翅目害虫有特效，可用于防治地下害虫、食叶害虫、仓贮害虫、卫生害虫及动物体内外的寄生虫等。

阅读材料

有机磷农药的利与弊

在第二次世界大战中，德国法西斯研究战争毒剂，合成了一些剧毒的有机磷化合物，用作杀人武器。从这以后，各种有机磷化合物不断地被合成出来，从中筛选并推出了不少高效的剧毒杀虫剂。有机磷杀虫剂通常药效高，品种数量大，施用方便，不少产品具有内吸性，易在自然条件下降解，不会造成过高的残留，在高等动物体内没有积累性，对作物也安全。而且，有机磷农药水解后可以转化为植物生长所需的磷肥。这使有机磷农药经久不衰，并仍在发展。有机磷农药的主要作用机理是抑制昆虫的乙酰胆碱酯酶，此酶能催化神经递质乙酰胆碱的水解，使神经递质在完成神经兴奋的传递任务后，尽快消失。在有机磷农药的作用下，昆虫的神经递质乙酰胆碱不能很快的消失，神经细胞处于持久兴奋中，表现为震颤不已，最后精疲力竭，直至死亡。

有机磷农药对人畜剧毒，有机磷农药中毒由轻到重的主要症状是：头痛、头晕、呕吐、多汗、视力模糊；流涎、大汗、震颤、瞳孔缩小、胸闷、轻度呼吸困难、精神恍惚、步态蹒跚；全身发绀、呼吸道堵塞、口吐白沫、昏迷、肺水肿，或有高热（38～40℃）、抽搐、大小便失禁，1～4h 内即可死亡。

目前，有机磷农药中毒的特效解毒剂有：抗胆碱药——阿托品，主要用于中毒早期的抢救；胆碱酯酶复活剂——解磷定、氯磷定、双复磷、双解磷。

本章小结

一、硫醇的主要化学反应

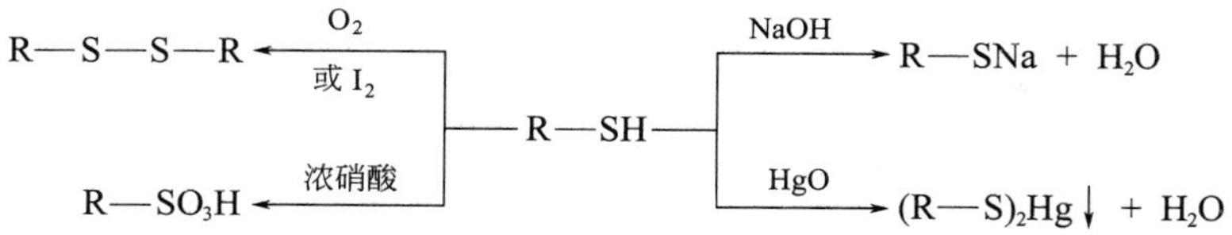

二、硫醚的主要化学反应

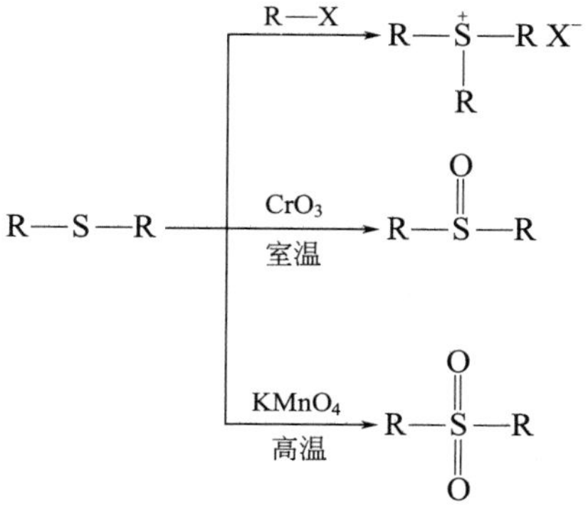

三、磺酸的主要化学反应

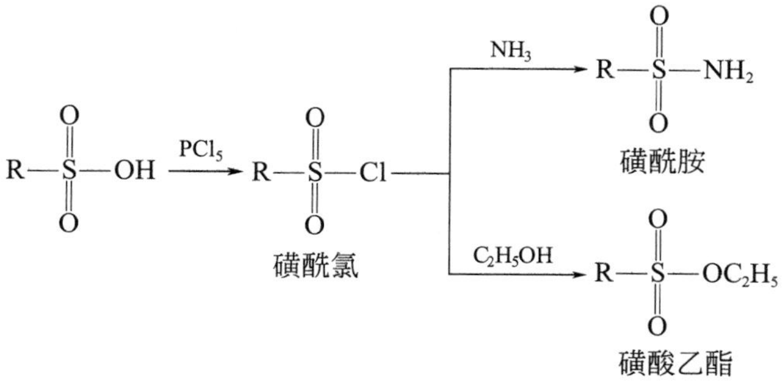

习 题

12-1 命名下列化合物。

（1）

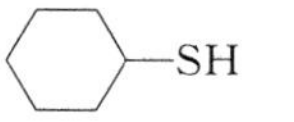

（2）

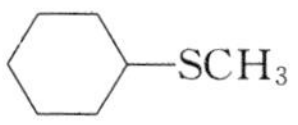

（3） 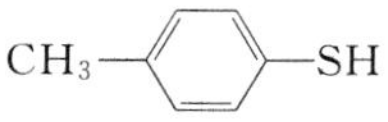 CH_3—◯—SH

（4） CH_3—◯—SO_2Cl

（5） CH_3CH_2—S—$CHCH_3$
　　　　　　　　　|
　　　　　　　　 CH_3

（6） CH_2=CH—CH—$COOH$
　　　　　　　　　 |
　　　　　　　　　 SH

（7） $(C_2H_5O)_2$$\overset{O}{\underset{}{P}}$—$O$—◯—$NO_2$

（8） $(CH_3O)_2$$\overset{O}{\underset{}{P}}$—$OCH_3$

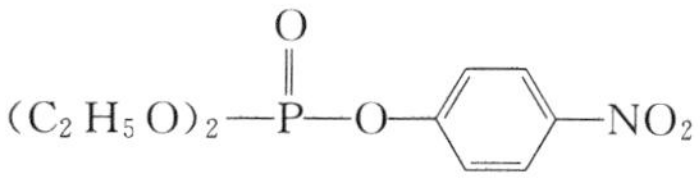

12-2 写出下列化合物的结构式。

(1) 乙硫醇 (2) 对氨基苯磺酰胺 (3) 2-甲硫基戊烷 (4) DMSO

(5) 二丁基二硫 (6) 磷酸三乙酯 (7) 甲乙砜 (8) 辛硫磷

12-3 将下列化合物按酸性由弱到强的次序排列。

(1) $CH_3CH_2SO_2NHCH_3$、$CH_3CH_2SO_2OH$、$CH_3OSO_2OCH_3$

(2) 苯磺酸、硫酚、对甲基苯酚

12-4 将下列化合物按沸点由高到低的次序排列。

(1) 乙硫醇、甲硫醇、乙醇

(2) 正丁醇、异丁醇、异丁硫醇

12-5 完成下列方应式。

(1) $CH_3CH_2SH + NaOH \longrightarrow$?

(2) $CH_3CH_2SH + HNO_3$ （浓） $\longrightarrow$?

(3) $C_6H_5SH + NaHCO_3 \longrightarrow$?

(4) 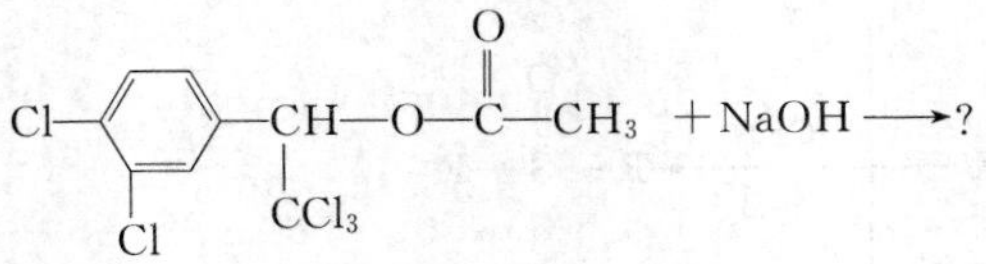
$$Cl\text{—}\underset{Cl}{\underset{|}{\bigcirc}}\text{—}\underset{CCl_3}{\underset{|}{CH}}\text{—}O\text{—}\overset{O}{\overset{\|}{C}}\text{—}CH_3 + NaOH \longrightarrow ?$$

(5) 
$$(CH_3O)_2\overset{O}{\overset{\|}{P}}\text{—}O\text{—}\underset{CH_3}{\underset{|}{C}}=CHCONHCH_3 + H_2O \xrightarrow{OH^-} ?$$

12-6 用化学方法区别下列化合物。

(1) 对甲硫酚、苯甲硫醚 (2) 对甲基苯磺酰氯、甲基对氯苯砜

12-7 分离乙醇、乙硫醇和乙硫醚的混合物（不采用蒸馏法）。

12-8 某中性液体 A，分子式为 $C_6H_{14}O_3S$，水解后生成 B 和 C。B 是一种磺酸，其铅盐的含铅量为 48.7%；C 是一种醇，可被氧化成中性液体 D，D 可生成肟 E，E 的含氮量为 16.1%。D 不能使吐伦试剂还原。试写出 A、B、C、D、E 的结构式及有关反应式。

Chapter 13

杂环化合物和生物碱

13.1 杂环化合物

环状有机化合物中，如果构成环的原子除碳原子外还含有其他原子，则这种环状化合物叫做杂环化合物。组成杂环的原子，除碳以外的都叫做杂原子，常见的杂原子有 O、S、N 等，杂环上可以有一个或多个杂原子。前面学习过的环醚、内酯、内酐和内酰胺等都含有杂原子，但它们容易开环，性质上又与开链化合物相似，所以不把它们放在杂环化合物中讨论。本章将主要讨论的是环系比较稳定、具有一定芳香性的杂环化合物，即芳杂环化合物。

杂环化合物种类繁多，在自然界中分布很广，用途广泛。具有生物活性的天然杂环化合物对生物体的生长、发育、遗传和衰亡过程都起着关键性的作用。例如，在动、植物体内起着重要生理作用的血红素、叶绿素、核酸的碱基、中草药的有效成分——生物碱等都是含氮杂环化合物；一部分维生素、抗菌素、植物色素、许多人工合成的药物及合成染料也含有杂环；有些杂环化合物还是良好的溶剂。

杂环化合物的应用范围极其广泛，涉及医药、农药、染料、生物膜材料、高分子材料、超导材料、分子器件、贮能材料等，尤其在生物界，杂环化合物几乎随处可见。

13.1.1 杂环化合物的分类和命名

按照杂环的结构，杂环化合物大致可分为单杂环和稠杂环两大类。单杂环中最常见的为五元杂环和六元杂环；稠杂环中普遍存在的是苯环与单杂环稠合和杂环与杂环稠合。根据所含杂原子的种类和数目，单杂环和稠杂环又可分为多种。

常见杂环化合物的分类和名称见表 13-1。

表 13-1　常见杂环化合物的结构、分类和名称

杂环分类		碳环母核	重要的杂环化合物				
单杂环	五元杂环	环戊二烯 茂	呋喃 furan 氧(杂)茂	噻吩 thiophene 硫(杂)茂	吡咯 pyrrole 氮(杂)茂	噻唑 thiazole 1,3-硫氮(杂)茂	咪唑 imidazole 1,3-二氮(杂)茂
	六元杂环	苯　苄 环己二烯	吡啶 pyridine 氮(杂)苯	吡喃 pyran 氧(杂)苄	哒嗪 pyridazine 1,2-二氮(杂)苯	嘧啶 pyrimidine 1,3-二氮(杂)苯	吡嗪 pyrazine 1,4-二氮(杂)苯

续表

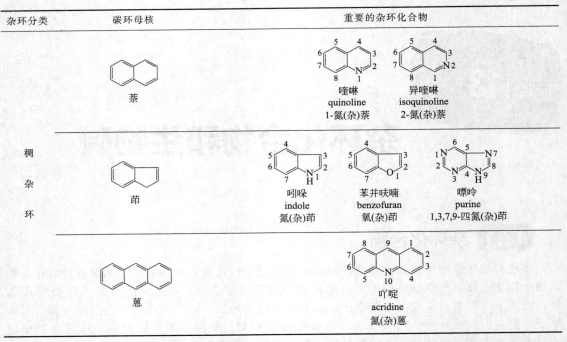

杂环分类	碳环母核	重要的杂环化合物		
	萘	喹啉 quinoline 1-氮(杂)萘	异喹啉 isoquinoline 2-氮(杂)萘	
稠杂环	茚	吲哚 indole 氮(杂)茚	苯并呋喃 benzofuran 氧(杂)茚	嘌呤 purine 1,3,7,9-四氮(杂)茚
	蒽	吖啶 acridine 氮(杂)蒽		

杂环化合物的名称包括杂环母环和环上取代基两方面。取代基的命名原则与前述基本一致。杂环母环的命名采用译音命名法。译音命名法是根据 IUPAC 推荐的通用名，按外文名称的译音来命名，并用带“口”旁的同音汉字来表示环状化合物。例如：

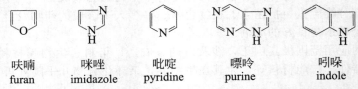

呋喃 furan

咪唑 imidazole

吡啶 pyridine

嘌呤 purine

吲哚 indole

① 杂环上有简单取代基时，以杂环为母体，将环编号以注明取代基的位次，编号一般从杂原子开始。含有两个或两个以上相同杂原子的单杂环编号时，把连有氢原子的杂原子编为 1，并使其余杂原子的位次尽可能小；如果环上有多个不同杂原子时，按氧、硫、氮的顺序编号。例如：

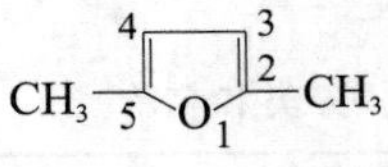

2,5-二甲基呋喃

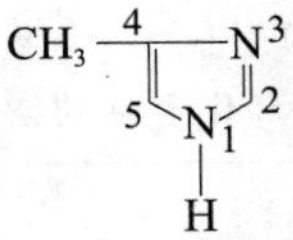

4-甲基咪唑

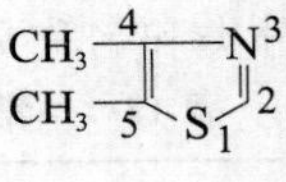

4,5-二甲基噻唑

当只有 1 个杂原子时，也可用希腊字母编号，靠近杂原子的第一个位置是 α-位，其次为 β-位、γ-位等。例如：

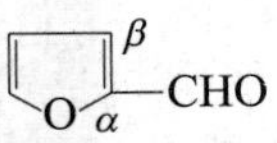

α-呋喃甲醛

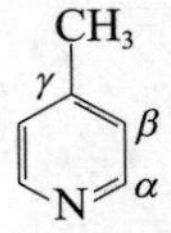

γ-甲基吡啶

② 当环上有复杂取代基或官能团时，常将杂环当做取代基来命名。例如：

4-吡啶甲酸　　　5-硝基-2-呋喃甲醛　　　2-乙酰基吡咯

③ 稠杂环的编号一般和稠环芳烃相同，但有少数稠杂环有特殊的编号顺序。例如：

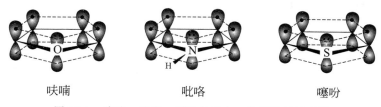

吲哚　　　　　异喹啉　　　　　嘌呤　　　　2,6,8-三羟基嘌呤

13.1.2　杂环化合物的结构与芳香性

13.1.2.1　呋喃、噻吩、吡咯

五元杂环化合物中最重要的是呋喃、噻吩、吡咯及它们的衍生物。

呋喃　　　噻吩　　　吡咯

这三种杂环化合物的结构上都是平面闭合的共轭体系，符合休克尔的 $4n+2$ 规则。环上四个碳原子和杂原子均为 sp^2 杂化，环上相邻的两个原子间均以 sp^2 杂化轨道相互重叠形成 σ 键，组成一个五元环状平面结构。环上的每个原子还剩下一个未参与杂化的 p 轨道，碳原子的 p 轨道各有一个 p 电子，而杂原子的 p 轨道有两个 p 电子，这五个 p 轨道都垂直于环的平面，以"肩并肩"的形式重叠形成大 π 键，组成一个含有五个原子、六个 π 电子的环状闭合共轭体系，符合休克尔规则，具有芳香性，属于芳香杂环化合物。如图 13-1 所示。

呋喃　　　　　吡咯　　　　　噻吩

图 13-1　呋喃、吡咯、噻吩分子中 p 轨道重叠示意图

在呋喃、噻吩、吡咯分子中，由于杂原子的未共用电子对参与了共轭体系（6 个 π 电子分布在由 5 个原子组成的分子轨道中），使环上碳原子的电子云密度增加，因此环中碳原子的电子云密度相对地大于苯中碳原子的电子云密度，所以此类杂环称为富电子芳杂环或多 π 电子芳杂环。

杂原子氧、硫、氮的电负性比碳原子大，使环上电子云密度分布不像苯环那样均匀，所以呋喃、噻吩、吡咯分子中各原子间的键长并不完全相等，故芳香性比苯差。由于杂原子的电负性强弱顺序是：氧＞氮＞硫，所以芳香性强弱顺序是：苯＞噻吩＞吡咯＞呋喃。

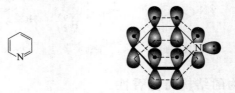

13.1.2.2 吡啶

六元杂环化合物中最重要的是吡啶。吡啶的分子结构从形式上看与苯十分相似，可以看作是苯分子中的一个 CH 基团被 N 原子取代后的产物。根据杂化轨道理论，吡啶分子中 5 个碳原子和 1 个氮原子都是经过 sp^2 杂化而成键的，像苯分子一样，分子中所有原子都处在同一平面上。与吡咯不同的是，氮原子的三个未成对电子，两个处于 sp^2 轨道中，与相邻碳原子形成 σ 键，另一个处在 p 轨道中，与 5 个碳原子的 p 轨道平行，侧面重叠形成一个闭合的共轭体系。氮原子尚有一对未共用电子对，处在 sp^2 杂化轨道中与环共平面。如图 13-2 所示。吡啶符合休克尔规则，所以吡啶具有芳香性。

图 13-2　吡啶的结构

在吡啶分子中，由于氮原子的电负性比碳大，表现出吸电子诱导效应，使吡啶环上碳原子的电子云密度相对降低，故环中碳原子的电子云密度比苯中碳原子的电子云密度要小，所以此类杂环称为缺电子芳杂环或缺 π 电子芳杂环。富电子芳杂环与缺电子芳杂环在化学性质上有较明显的差异。

13.1.3　杂环化合物的物理性质

呋喃、吡咯、噻吩和吡啶都是无色液体，但它们的气味不同，呋喃有氯仿的气味，噻吩有苯的气味，吡咯有苯胺的气味，吡啶有特殊的臭味。呋喃、吡咯、噻吩都难溶于水，易溶于乙醇、乙醚等有机溶剂。吡啶却能与水、乙醇和乙醚等混溶，并能溶解很多有机化合物和无机盐，故在有机合成中常用它作溶剂。

13.1.4　杂环化合物的化学性质

13.1.4.1　亲电取代反应

五元杂环属于富电子体系，亲电取代反应容易进行，一般在较缓和的条件下弱的亲电试剂就可以取代环上的氢原子。而六元杂环吡啶是缺电子体系，较难发生亲电取代反应，一般要在较强烈的条件下才能发生反应。

（1）卤代反应　五元杂环化合物可以直接发生卤代反应，卤原子主要取代 α 位上的氢。

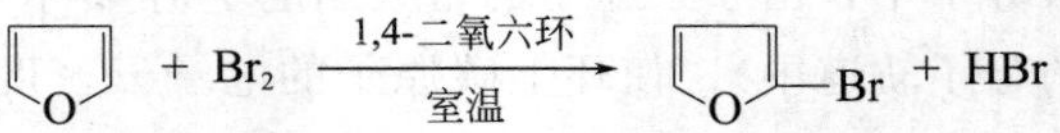

$$\text{（O）} + Br_2 \xrightarrow[\text{室温}]{\text{1,4-二氧六环}} \text{（O）}-Br + HBr$$

α-溴代呋喃

$$\text{（S）} + Br_2 \xrightarrow{\text{HAc}} \text{（S）}-Br + HBr$$

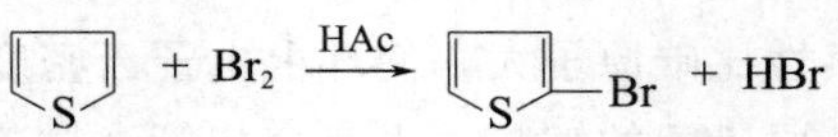

α-溴代噻吩

吡咯极易卤代，例如与 I_2-KI 溶液作用，生成的不是一元取代产物，而是四碘吡咯。

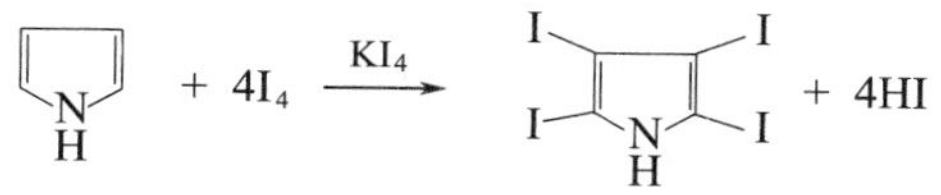

2,3,4,5-四碘吡咯

吡啶的卤代反应比苯难，不但需要催化剂，而且要在较高温度下进行。

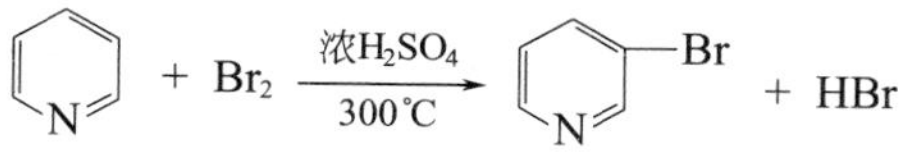

β-溴代吡啶

（2）硝化反应　五元杂环的硝化反应一般不用硝酸作硝化剂（吡咯、呋喃在酸性条件下易氧化导致环的破裂或聚合物的生成），而是用温和的硝化剂（乙酰基硝酸酯）在低温下进行，硝基主要进入 α-位。

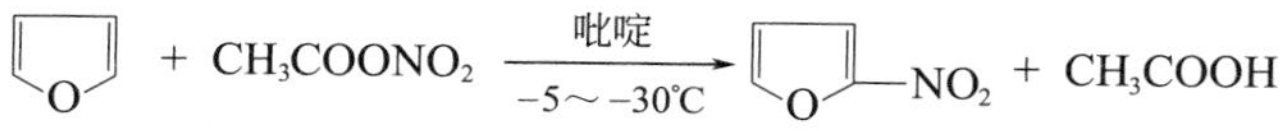

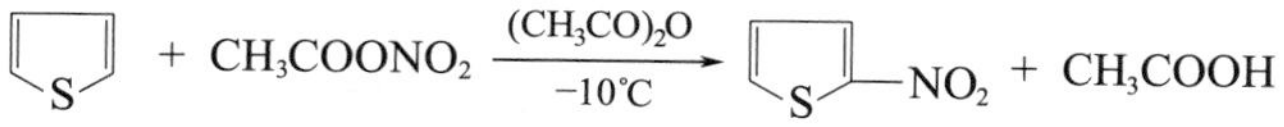

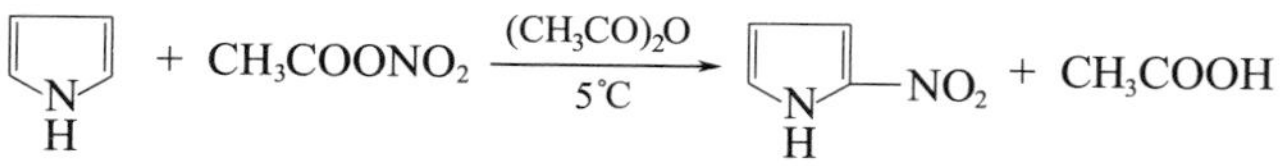

吡啶的硝化反应需在浓酸和高温下才能进行，硝基主要进 β-位。

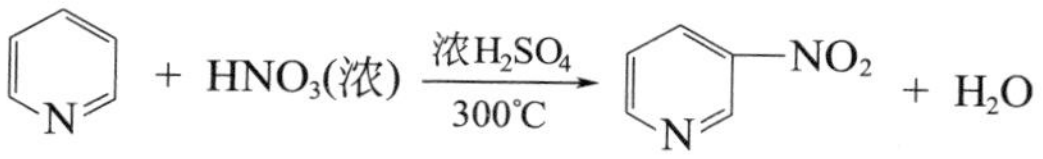

（3）磺化反应　由于吡咯、呋喃在酸性条件下易氧化导致环的破裂或聚合物的生成，所以不能直接用硫酸进行磺化，一般采用吡啶与三氧化硫的加合物作磺化剂。

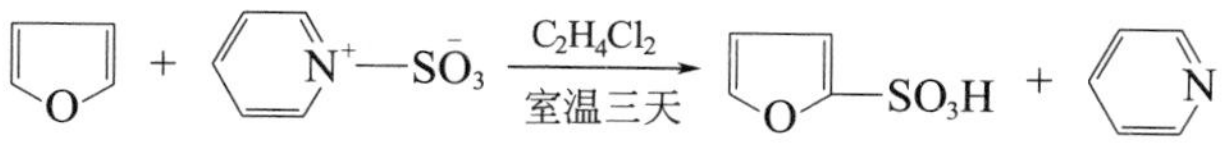

α-呋喃磺酸

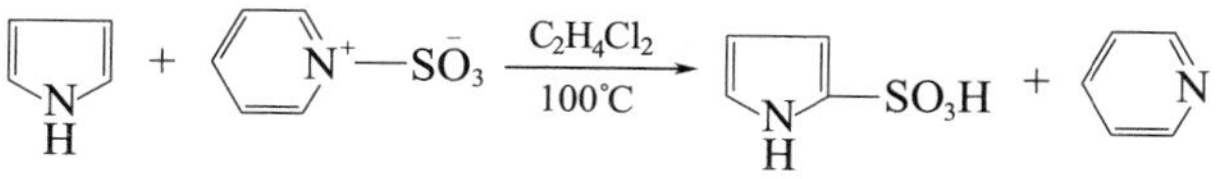

α-吡咯磺酸

噻吩对酸比较稳定，在室温时能与浓硫酸发生磺化反应。

从煤焦油中得到的苯通常含有少量噻吩，由于两者的沸点相差不大，不易用分馏的方法

进行分离，可在室温下反复用硫酸提取。由于噻吩比苯容易磺化，磺化的噻吩溶于浓硫酸中，可以与苯分离，然后水解，将磺酸基去掉，可得到噻吩，常用此法除去苯中含有少量的噻吩。噻吩在浓 H_2SO_4 存在下，与靛红共热显蓝色，反应灵敏，是鉴别噻吩的定性方法。

吡啶在催化剂和加热条件下才能发生磺化反应。

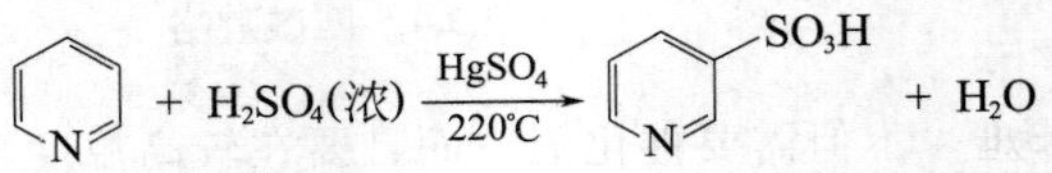

$$\text{吡啶} + H_2SO_4(\text{浓}) \xrightarrow[220℃]{HgSO_4} \text{吡啶-SO}_3\text{H} + H_2O$$

（4）傅-克酰基化反应　五元杂环化合物都可以发生傅-克酰基化反应，而吡啶一般不反应。

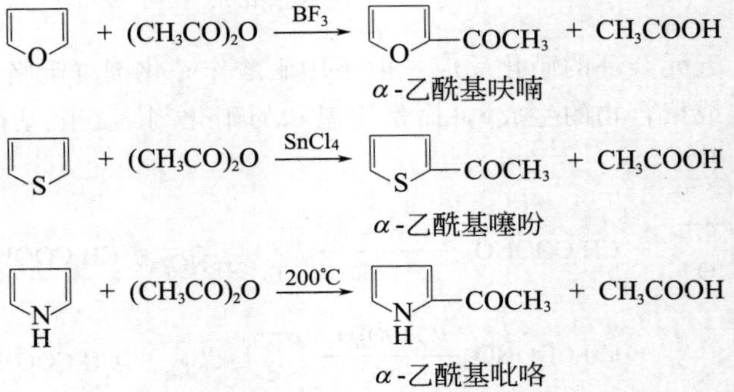

$$\text{呋喃} + (CH_3CO)_2O \xrightarrow{BF_3} \alpha\text{-乙酰基呋喃(—COCH}_3) + CH_3COOH$$

α-乙酰基呋喃

$$\text{噻吩} + (CH_3CO)_2O \xrightarrow{SnCl_4} \text{—COCH}_3 + CH_3COOH$$

α-乙酰基噻吩

$$\text{吡咯} + (CH_3CO)_2O \xrightarrow{200℃} \text{—COCH}_3 + CH_3COOH$$

α-乙酰基吡咯

13.1.4.2　加成反应

无论是富电子或缺电子的杂环化合物都比苯容易发生加成反应，如它们都可以进行催化氢化反应，反应温度约 200℃。

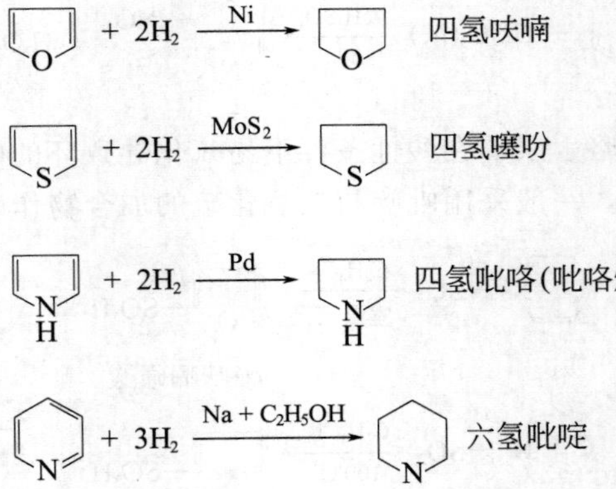

$$\text{呋喃} + 2H_2 \xrightarrow{Ni} \text{四氢呋喃}$$

$$\text{噻吩} + 2H_2 \xrightarrow{MoS_2} \text{四氢噻吩}$$

$$\text{吡咯} + 2H_2 \xrightarrow{Pd} \text{四氢吡咯(吡咯烷)}$$

$$\text{吡啶} + 3H_2 \xrightarrow{Na + C_2H_5OH} \text{六氢吡啶}$$

13.1.4.3　氧化反应

呋喃和吡咯对氧化剂很敏感，在空气中就能被氧化，环被破坏。噻吩相对要稳定些。吡啶对氧化剂相当稳定，比苯还难氧化。如吡啶的烃基衍生物在强氧化剂作用下只发生侧链氧化，生成吡啶甲酸，而不是苯甲酸。

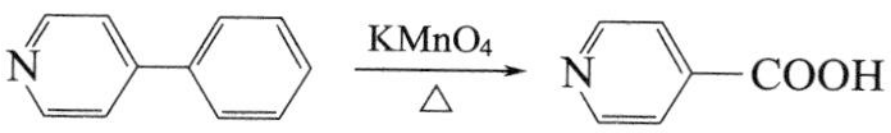

γ-苯基吡啶　　γ-吡啶甲酸

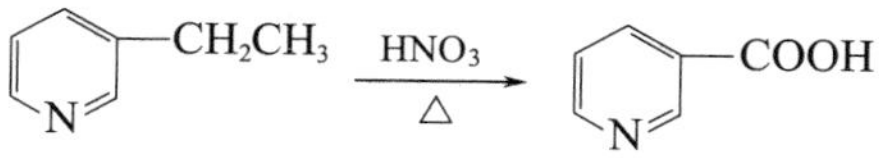

β-乙基吡啶　　β-吡啶甲酸

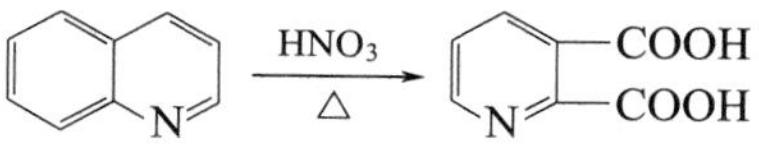

α,β-吡啶二甲酸

13.1.4.4　吡咯和吡啶的酸碱性

吡咯由于其氮原子上的孤电子对参与共轭，使氮原子的电子云密度降低，N—H 键的极性增强，所以它的碱性（$pK_b=13.6$）不但比苯胺（$pK_b=9.4$）弱得多，而且显微弱的酸性（$pK_a=15$），能与氢氧化钾作用生成吡咯钾盐：

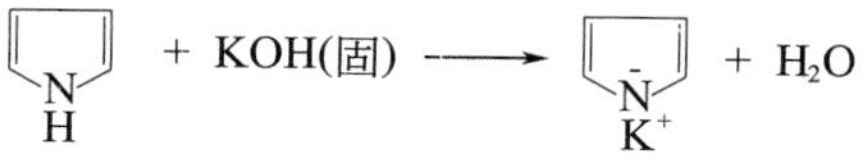

吡啶显弱碱性（$pK_b=8.64$），能与各种酸形成盐：

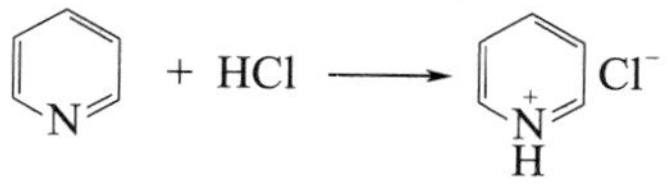

13.1.5　与生物有关的杂环化合物及其衍生物

13.1.5.1　呋喃及其衍生物

呋喃存在于松木焦油中，呋喃是一种无色、有特殊气味的易挥发液体，沸点 32℃，不溶于水，易溶于乙醇、乙醚等有机溶剂。呋喃可作为有机合成原料。检验呋喃存在可用盐酸浸湿的松木片，呋喃存在时显绿色，这称为呋喃的松木片反应。

（1）α-呋喃甲醛　α-呋喃甲醛最早是由米糠与稀酸共热制得的，故又称糠醛，通常利用含有多聚戊糖的农副产品如米糠、玉米芯、高粱杆、花生壳等做原料来制取。

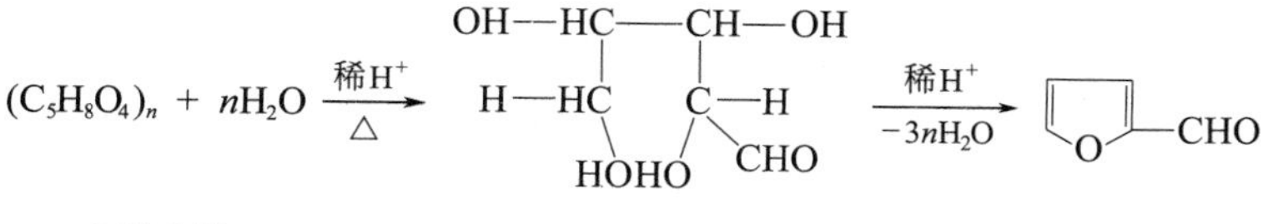

多聚戊糖　　戊醛糖　　糠醛

纯净的糠醛是无色、有特殊气味的液体，暴露于空气中可被氧化，颜色逐渐变深，由黄色→棕色→黑褐色。糠、醛熔点−38.7℃，沸点 161.7℃，易溶于乙醇、乙醚等有机溶剂。糠醛与苯胺醋酸盐溶液作用呈鲜红色，可用于检验糠醛的存在，同时也是鉴别戊糖常用的方法。

糠醛是不含 α-H 的不饱和醛，化学性质很活泼，容易发生氧化、还原、歧化和聚合等反应，是有机合成工业的重要原料，广泛应用于涂料、树脂、医药和农药等工业。

（2）呋喃类药物　呋喃坦丁、呋喃唑酮和呋喃西林是 5-硝基呋喃甲醛的衍生物，它们都是人工合成的广谱抗菌药物，其结构式如下：

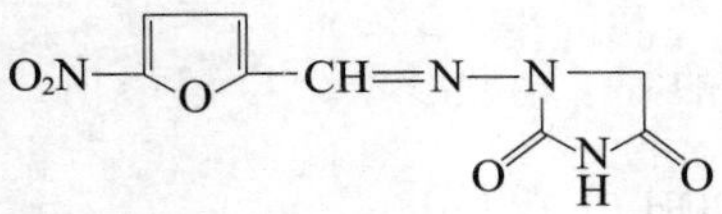

呋喃坦丁 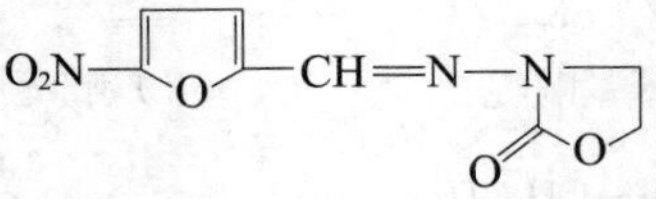   呋喃唑酮 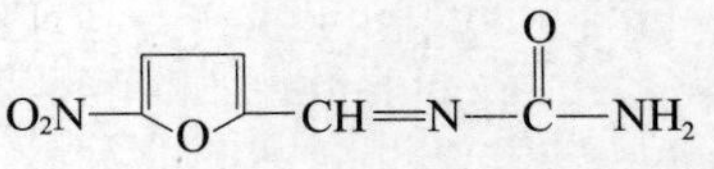   呋喃西林

呋喃坦丁又名呋喃妥因，鲜黄色晶体，味苦，熔点约 258℃（分解），难溶于水及有机溶剂，可溶于 N,N-二甲基甲酰胺中。由于它的分子中含有酰亚胺结构，故显弱酸性，能与碱生成盐。它主要用于抑制和杀灭大肠杆菌、金葡萄球菌、化脓性链球菌和伤寒杆菌等，常用于治疗泌尿系统的炎症。呋喃唑酮又名痢特灵，黄色粉末，熔点 254～258℃（分解），难溶于水及有机溶剂，呈弱酸性。大肠杆菌、炭疽杆菌、痢疾杆菌和伤寒杆菌等对其最为敏感，故常用于治疗肠道感染和菌痢等。呋喃西林又名呋喃新，柠檬黄色结晶粉末，难溶于水及醇。主要对葡萄球菌、痢疾杆菌和枯草杆菌等有杀灭和抑制作用。由于它的毒性较大，已很少内服，多作为外用消炎药。

13.1.5.2　吡咯及其衍生物

吡咯存在于煤焦油和骨焦油中，是无色液体，沸点 131℃，难溶于水，易溶于乙醇、乙醚、苯等有机溶剂。在空气中易被氧化逐渐变成褐色，并产生树脂状聚合物。吡咯蒸气遇到浓盐酸浸过的松木片显红色，这称为吡咯的松木片反应，可用来检验吡咯的存在。

吡咯的衍生物广泛分布在自然界中，其中最重要的是卟啉化合物。这类化合物有一个基本结构称卟吩环（见图 13-3），是由四个吡咯和四个次甲基交替相连而成的复杂大环，环上的原子都在一个平面上，形成了共轭体系，具有芳香性。含有卟吩环结构的化合物叫卟啉化合物。重要的天然色素如叶绿素、血红素等都含有卟吩环。

（1）叶绿素　叶绿素存在于植物的叶和绿色的茎中。植物在进行光合作用时，通过叶绿素将太阳能转变为化学能而贮藏在形成的有机化合物中。叶绿素是由叶绿素 a 和叶绿素 b 组成的混合物。叶绿素 a 为蓝黑色晶体，叶绿素 b 为黄绿色粉末，二者比例约为 3∶1，它们的区别在于环上的 R 基团（见图 13-4）不同：R 是—CH₃ 时，为叶绿素 a；R 是—CHO 时，为叶绿素 b。

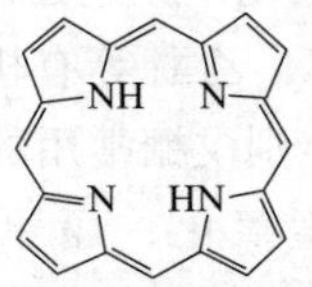

图 13-3　卟吩（porphine）分子结构

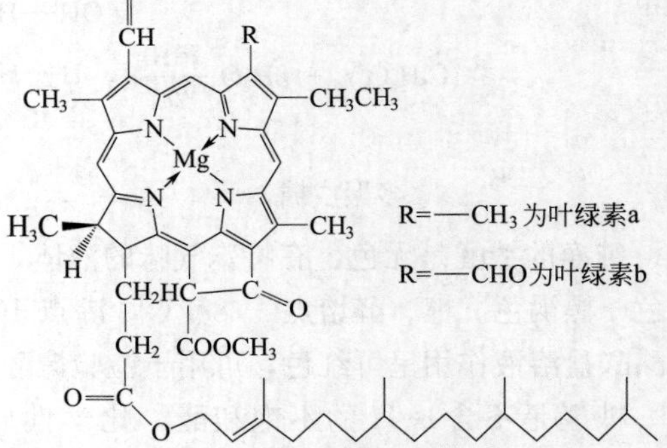

R=—CH₃ 为叶绿素 a

R=—CHO 为叶绿素 b

图 13-4　叶绿素分子结构

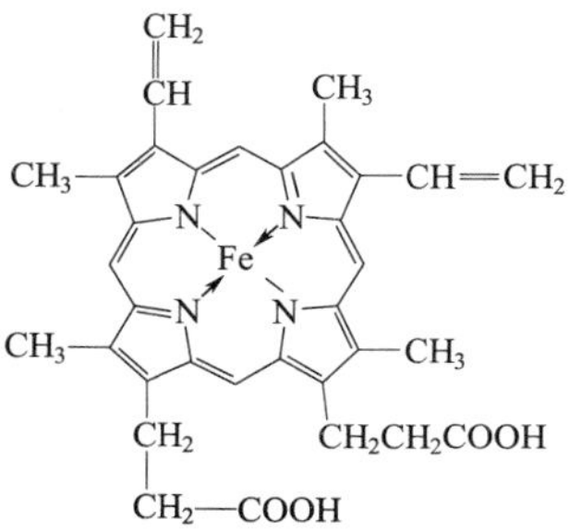

图 13-5　血红素分子结构 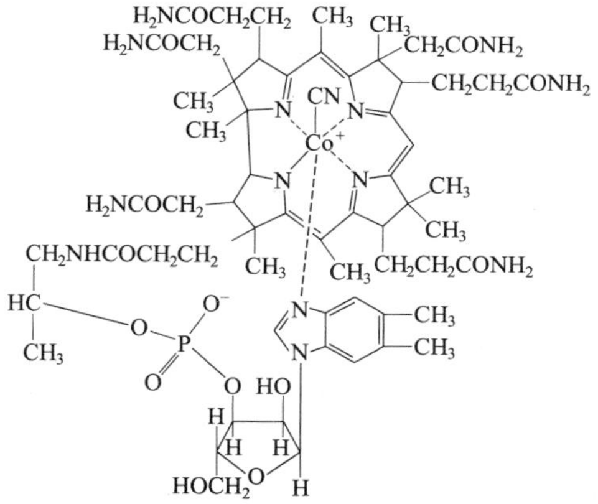　　　　　　图 13-6　维生素 B$_{12}$分子结构

（2）血红素　血红素（图 13-5）存在于哺乳动物的红血球中，能与蛋白质结合形成血红蛋白，血红蛋白的功能是输送氧气，供组织进行新陈代谢。

血红蛋白可与氧气配价结合，形成鲜红色的氧合血红蛋白。血红蛋白与氧结合并不稳定，这与氧气的分压有关，因此在缺氧的地方可以放出氧气。由于这一特性，血液可在肺中吸收氧气，由动脉输送到体内各部分，在体内微血管中，氧的分压低而释放出氧，为组织吸收。一氧化碳与血红蛋白配合的能力比氧大 200 倍，因此在一氧化碳存在时，血红蛋白失去了输送氧气的能力。这就是一氧化碳使人中毒的原因之一。对血红素的研究使人们对卟吩族色素以及生命现象中最重要的呼吸作用有了进一步的了解。

（3）维生素 B$_{12}$　维生素 B$_{12}$（图 13-6）也是含有卟吩环结构的天然产物之一，又名钴铵素。维生素 B$_{12}$的结构式可以分为两大部分：第一部分是以钴原子为中心的卟吩化合物；另一部分是由苯并咪唑和核糖磷酸酯结合而成的。维生素 B$_{12}$有很强的生血作用，是造血过程中的生物催化剂，因此只要几微克就能对恶性贫血患者产生良好的疗效。

13.1.5.3　吡啶及其衍生物

吡啶存在于骨焦油和煤焦油中，是具有特殊臭味的无色液体，沸点 115℃，可与水、乙醇、乙醚等以任意比例混溶，本身也是良好的溶剂。

（1）维生素 PP　维生素 PP 是 B 族维生素之一，它参与生物氧化还原过程，能促进新陈代谢，降低血中胆固醇含量，存在于肉类、肝、肾、乳汁、花生、米糠和酵母中。人体缺乏维生素 PP 能引起糙皮病、口舌糜烂、皮肤红疹等症。维生素 PP 包括 β-吡啶甲酸（俗称烟酸）和 β-吡啶甲酰胺（俗称烟酰胺），二者生理作用相同，都是白色晶体，对酸、碱、热比较稳定。

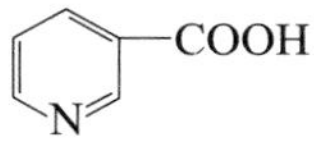

β-吡啶甲酸 (烟酸或尼克酸)　　　　　β-吡啶甲酰胺 (烟酰胺或尼克酰胺)

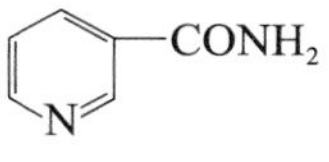

（2）维生素 B$_6$　维生素 B$_6$ 存于蔬菜、鱼、肉、蛋类、豆类、谷物等中，为白色结晶，

溶于水及乙醇。耐热，在酸和碱中较稳定，但易被光所破坏。动物机体中缺乏维生素 B_6 时，蛋白质代谢就不能正常进行。维生素 B_6 又名吡哆素，包括吡哆醇、吡哆醛和吡哆胺。

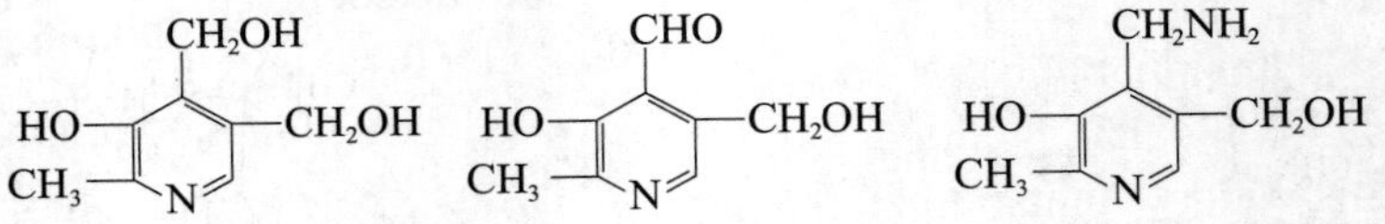

吡哆醇　　　　　　　　　吡哆醛　　　　　　　　　　吡哆胺

13.1.5.4　嘧啶及其衍生物

嘧啶又称 1,3-二氮苯，无色晶体，熔点 22℃，沸点 124℃，易溶于水，具有弱碱性，可与强酸成盐，其碱性比吡啶弱。由于氮原子具有吸电子效应，能使另一个氮原子上的电子云密度降低，结合质子的能力减弱，所以碱性降低。嘧啶很少存在于自然界中，其衍生物在自然界中普遍存在。例如，核酸和维生素 B_1 中都含有嘧啶环，组成核酸的重要碱基（胞嘧啶，Cytsine，简写 C；尿嘧啶 Uracil，简写 U；胸腺嘧啶 Thymine，简写 T）都是嘧啶的衍生物，它们都存在烯醇式和酮式的互变异构体。

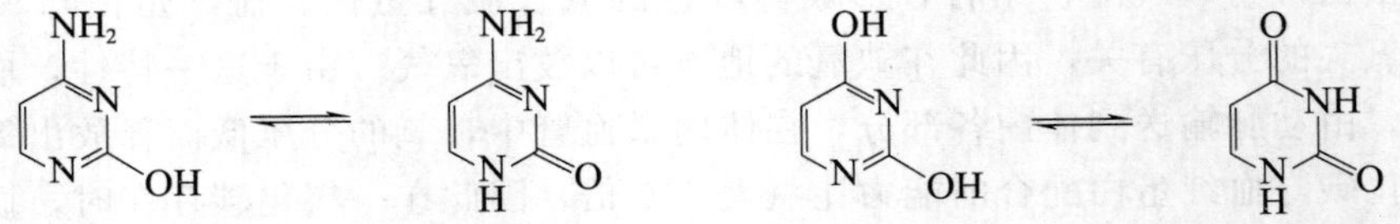

4-氨基-2-羟基嘧啶　　　4-氨基-2-氧嘧啶　　　2,4-二羟基嘧啶　　　2,4-二氧嘧啶

胞嘧啶 (C)　　　　　　　　　　　　　　　尿嘧啶 (U)

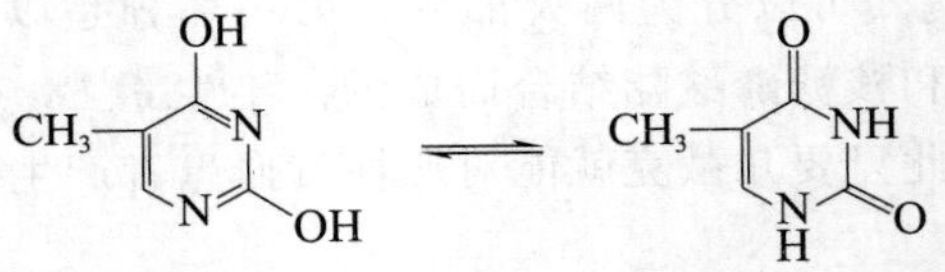

5-甲基-2,4-二羟基嘧啶　　　5-甲基-2,4-二氧嘧啶

胸腺嘧啶 (T)

在生物体中哪一种异构体占优势主要取决于体系的 pH 值。在生物体中嘧啶碱主要以酮式异构体存在。

维生素 B_1 又名硫胺素，存在于米糠、麸皮、酵母、花生和豆类中。药用硫胺素是其盐酸盐，结构式为：

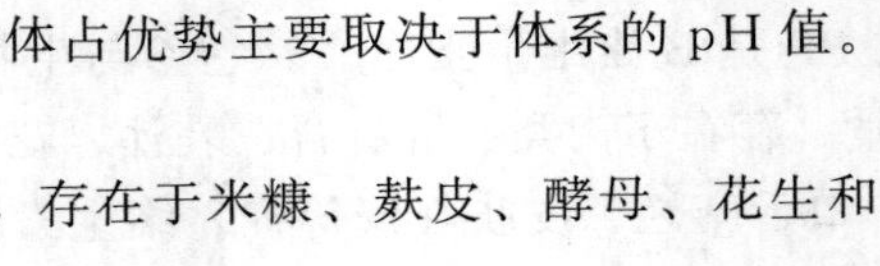

盐酸硫胺素是白色晶体，味微苦，熔点 248℃（分解），易溶于水，对酸稳定，热或碱能使其分解。维生素 B_1 能维持心脏、神经和消化系统的正常功能，能促进糖类化合物代

谢。缺乏维生素 B_1 能导致脚气病、多发性神经炎、食欲不振和消化不良等。

13.1.5.5 嘌呤及其衍生物

嘌呤是嘧啶和咪唑稠合而成的化合物，又名 1,3,7,9-四氮茚。嘌呤有两种互变异构体：

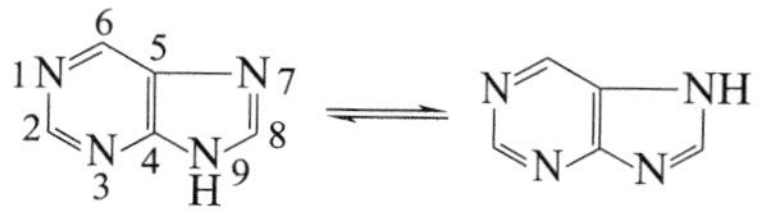

9-氢嘌呤　　　　　　　　7-氢嘌呤

嘌呤为无色晶体，熔点 216℃，易溶于水，能与酸或碱生成盐，但其水溶液呈中性。嘌呤本身在自然界中尚未发现，但它的氨基及羟基衍生物广泛存在于动、植物体中。存在于生物体内组成核酸的嘌呤碱基有：腺嘌呤 A 和鸟嘌呤 G，是嘌呤的重要衍生物。它们都存在互变异构体，在生物体内，主要以右边异构体的形式存在。

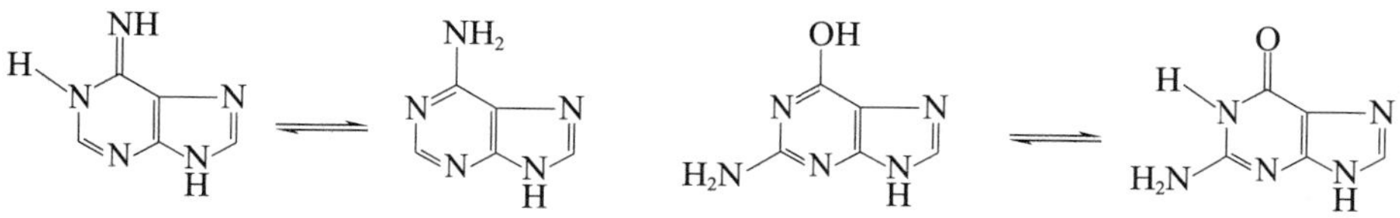

6-氨基嘌呤　　　　2-氨基-6-羟基嘌呤　　　　2-氨基-6-氧嘌呤
腺嘌呤A　　　　　　　　　　　　　　　　　　　鸟嘌呤G

13.1.5.6 吲哚及其衍生物

吲哚存在于煤焦油中，某些植物的花中也含有吲哚，蛋白质腐烂时生成吲哚和 β-甲基吲哚，粪便的恶臭就是由于它们的存在而产生。但吲哚的稀溶液很香，是化妆品常用的香料。

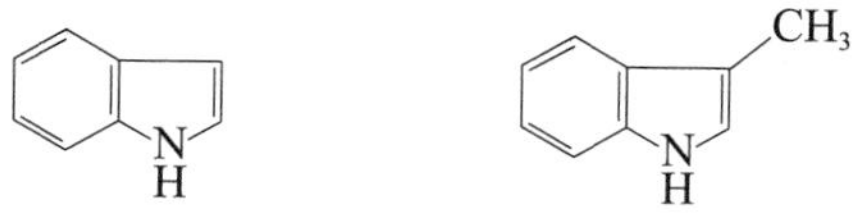

吲哚　　　　　　　　β-甲基吲哚

吲哚是苯环和吡咯环稠合而成的杂环化合物，具有闭合的共轭体系。它是一种无色片状结晶，熔点为 52℃，沸点 254℃，微溶于冷水而溶于有机溶剂和热水中。化学性质与吡咯相似，但稍比吡咯的化学稳定性强，与温和的氧化剂不发生作用，而高锰酸钾可以引起环系破裂。吲哚碱性极弱，在空气中颜色变深，并逐渐变成树脂状物质。它很容易发生亲电取代反应，但只得到 β-取代物。松木片反应呈红色。

吲哚的衍生物在自然界中分布很广，如 β-吲哚乙酸、色氨酸、5-羟色胺、靛蓝等。β-吲哚乙酸是一种植物生长调节剂，用来刺激植物的插枝生长及促进无子果实的形成。色氨酸是蛋白质的组分。5-羟色胺存在于人和哺乳动物的脑中，是保持思维正常活动不可缺少的物质。靛蓝是人类最早使用的天然染料之一。

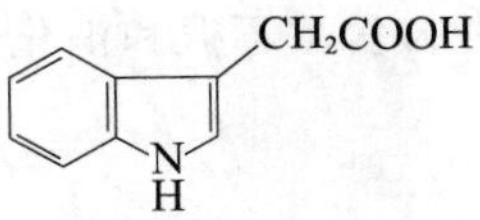

β-吲哚乙酸

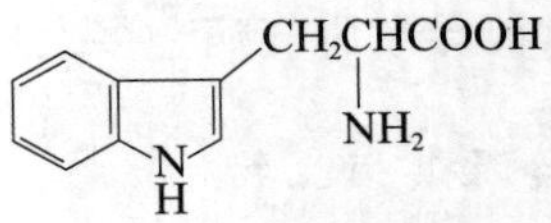

色氨酸

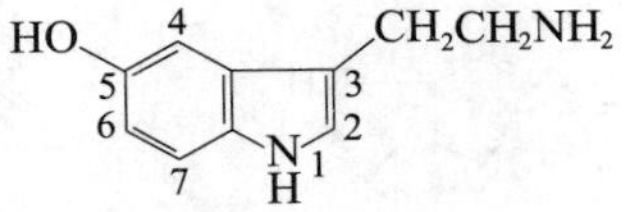

5-羟色胺

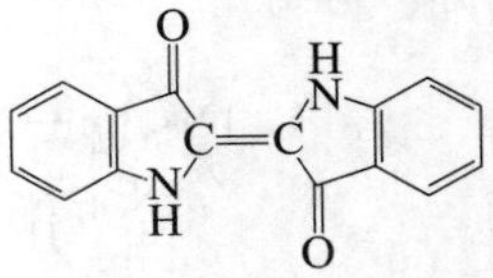

靛蓝

13.2 生物碱

生物碱是一类存在于植物体内，对人和动物有强烈生理效能的含氮碱性有机化合物。多数生物碱都是从植物体内取得的，由动物体内取得的数目很少，目前生物碱专指植物中的含氮的碱性物质。

一般双子叶植物中含生物碱较多，如在罂粟科、毛茛科、豆科等植物中含量较丰富。但并非双子叶植物中都含有生物碱，有些单子叶植物中也含有生物碱，一种植物中往往有多种生物碱。例如，在罂粟里就含有约20种不同的生物碱。同一科的植物所含的生物碱的结构通常是相似的。天然生物碱的旋光性多半是左旋的。生物碱在植物体内绝大多数是和某些有机酸或无机酸结合成盐的形式存在。植物中与生物碱结合的酸常有草酸、乙酸、苹果酸、柠檬酸、琥珀酸、硫酸、磷酸等，也有少数生物碱以游离碱、糖苷、酰胺或酯的形式存在。

生物碱对植物本身有什么作用当前还不清楚，但许多生物碱对人和动物有强烈的生理作用，如当归、甘草、贝母、黄麻、黄连等许多药物中的有效成分都是生物碱。有关生物碱的研究已有约两个世纪的历史，并从各种植物中分离提取了几千个品种，且大多数生物碱的结构已经测定，并用人工合成加以证实。目前，中草药的研究和生物碱的研究正相得益彰，既促进了中药的发展，又促进了有机合成药物的发展，为生命科学开拓了广阔的前景。

13.2.1 生物碱的一般性质

13.2.1.1 生物碱的物理性质

生物碱大多数是无色结晶固体，少数为非结晶体和液体。一般都有苦味，有些极苦而辛辣，还有些能刺激唇舌，使之有焦灼感。大多数生物碱分子中含有手性碳原子，具有旋光性，不溶或难溶于水，能溶于乙醇、乙醚、丙酮、氯仿和苯等有机溶剂中。但也有例外，如麻黄碱、烟碱、咖啡因等可溶于水。

13.2.1.2 生物碱的化学性质

（1）碱性 生物碱一般具有弱碱性，可与酸结合成盐。生物碱的盐类一般易溶于水和乙醇，难溶于其他有机溶剂。生物碱的盐类遇强碱又可重新生成游离的生物碱，利用此性质可以提取生物碱。

（2）沉淀反应 一般生物碱的中性或酸性水溶液均可与数种或某种沉淀试剂反应，生成沉淀。沉淀试剂的种类很多，大多数为重金属盐类、分子较大的复盐及一些酸性物质等。例如，碘化汞钾（K_2HgI_4）、碘化铋钾（$BiI_3 \cdot KI$）、磷钨酸（$H_3PO_4 \cdot 12WO_3 \cdot 2H_2O$）、磷钼酸（$Na_3PO_4 \cdot 12MoO_3$）、硅钨酸（$12WO_3 \cdot SiO_2 \cdot 4H_2O$）、碘-碘化钾、鞣酸、氯化汞（$HgCl_2$）、10%苦味酸、$AuCl_3$盐酸溶液、$PtCl_4$盐酸溶液等，其中最灵敏的是碘化汞钾和碘化铋钾。

利用生物碱的沉淀反应，可以检验生物碱的存在。

（3）显色反应 生物碱还可以和生物碱显色剂发生显色反应。显色剂的种类也很多，随生物碱的结构不同而有所区别。常用的显色剂有：高锰酸钾、重铬酸钾、浓硝酸、浓硫酸、钒酸铵或甲醛的浓硫酸溶液等。如重铬酸钾的浓硫酸溶液使吗啡显绿色；浓硫酸使秋水仙碱显黄色；钒酸铵的浓硫酸溶液使莨菪碱显红色，使吗啡显棕色，而使奎宁显淡橙色。

13.2.2 生物碱的一般提取方法

游离生物碱本身难溶于水，易溶于有机溶剂，而生物碱的盐易溶于水而难溶于有机溶剂，故可利用这些性质从植物体中提取、精制生物碱。

（1）加酸-碱提取法 首先将含有较丰富生物碱的植物用水清洗干净，沥干研碎，再用适量的稀盐酸或稀硫酸处理，使生物碱成为无机酸盐而溶于水中，然后往此溶液中加入适量的氢氧化钠使生物碱游离出来，最后用有机溶剂萃取游离的生物碱，蒸去有机溶剂便可得到较纯的生物碱。

（2）加碱提取法 在某些情况下，可把研碎的植物直接用氢氧化钠处理，使原来与生物碱结合的有机酸与加入的氢氧化钠作用，生物碱就会游离出来，最后用溶剂萃取。

（3）蒸馏法 有些生物碱（如烟碱）可随水蒸气挥发，则可用水蒸气蒸馏法提取。

13.2.3 重要生物碱

（1）烟碱 烟碱又称尼古丁（Nicotine），是烟草中所含十二种生物碱中最多的一种。它由一个吡啶环与一个四氢吡咯环组成，属于吡啶类生物碱，常以苹果酸盐及柠檬酸盐的形式存在于烟草中。其结构式为：

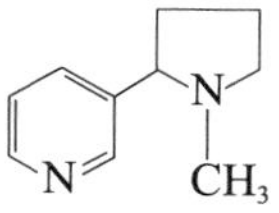

纯的烟碱是无色油状液体，沸点246℃，有苦辣味，易溶于水和乙醇。自然界中的烟碱是左旋体，它在空气中易氧化变色。烟碱的毒性很大，少量烟碱对中枢神经有兴奋作用，能增高血压；大量烟碱能抑制中枢神经系统，使心脏麻痹，以致死亡。烟草生物碱是有效的农业杀虫剂，能杀灭蚜虫、蓟马、木虱等。烟碱常以卷烟的下脚料和废弃品为原料提取得到。我国烟草中烟碱的含量约为1%～4%。

（2）麻黄碱 又名麻黄素，存在于麻黄中。麻黄碱是少数几个不含杂环的生物碱，是一种仲胺。麻黄碱分子中含有两个手性碳原子（C^*），所以应有四个旋光异构体：左旋麻黄碱、右旋麻黄碱、左旋伪麻黄碱和右旋伪麻黄碱。但在麻黄中只有左旋麻黄碱和左旋伪麻黄碱存在，其中左旋麻黄碱的生理作用较强。其结构式如下：

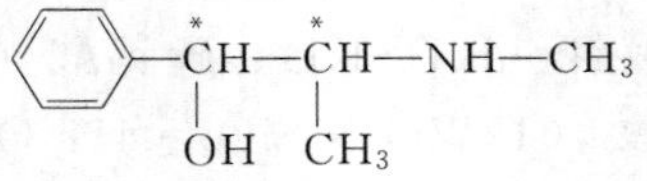

麻黄碱是无色晶体，熔点 38.1℃，易溶于水、乙醇，可溶于氯仿、乙醚、苯和甲苯中。麻黄碱可以兴奋交感神经，增高血压，扩张气管，用于治疗支气管哮喘症。

（3）茶碱、可可碱和咖啡碱　它们存在于可可豆、茶叶及咖啡中，属于嘌呤类生物碱，是黄嘌呤的甲基衍生物，其结构式为：

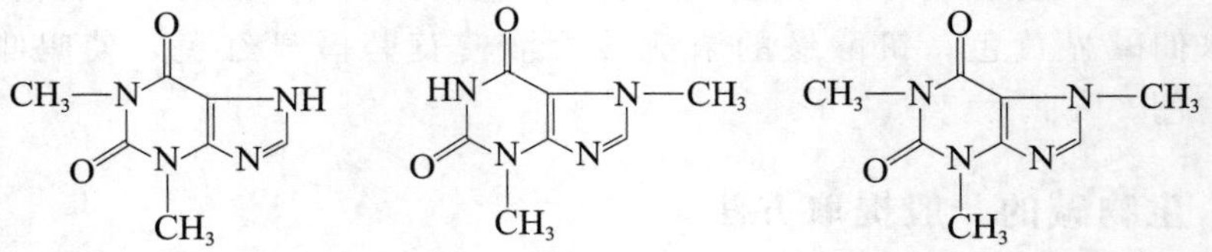

| 茶碱 | 可可碱 | 咖啡碱 |
| (1,3-二甲基黄嘌呤) | (3,7-二甲基黄嘌呤) | (1,3,7-三甲基黄嘌呤) |

茶碱是白色晶体，熔点 270～272℃，易溶于热水，难溶于冷水，显弱碱性，有较强的利尿作用和松弛平滑肌的作用。可可碱是白色晶体，熔点 357℃，微溶于水或乙醇，有很弱的碱性，能抑制胃小管再吸收和具有利尿作用。咖啡碱又叫咖啡因，是白色针状晶体，熔点 235℃，味苦，易溶于热水，显弱碱性，其利尿作用不如茶碱和可可碱，但它有兴奋中枢神经和止痛作用，故咖啡及茶叶一直被人们当作饮料。

（4）金鸡纳碱　金鸡纳碱又称奎宁（quinine），在金鸡纳树皮中含量达 15％。分子中含有喹啉环，属喹啉族生物碱，分子结构如下：

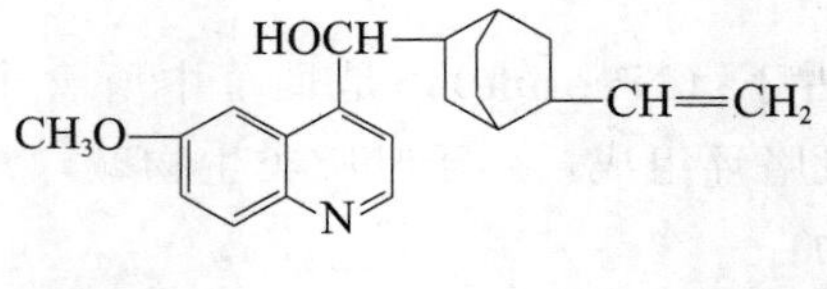

奎宁是无色针状晶体，无水物熔点 172.8℃，味极苦，微溶于水，易溶于乙醇、乙醚等有机溶剂。奎宁可以用于治疗和预防各种疟疾并有退热作用。

（5）吗啡　吗啡碱是发现最早的生物碱之一。罂粟科植物鸦片中含有 20 多种生物碱。这些生物碱中，含量最高的是吗啡碱。吗啡碱的分子中含有一个异喹啉环。吗啡是 1803 年被提纯的第一个生物碱。吗啡的结构直至 1952 年才被确定，后由合成所证实。

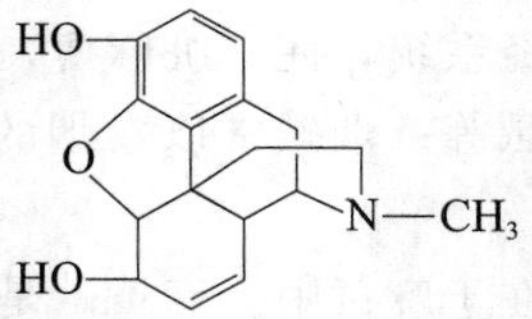

吗啡是白色结晶，熔点254℃，微溶于水，水溶液有苦味。它对中枢神经有麻痹作用，有显著的止咳、镇痛、抑制肠蠕动的作用，但连续使用成瘾。由于有毒，中毒后精神萎靡不振，瞳孔缩小，呼吸缓慢，逐渐呼吸困难而死亡，因此使用时须十分慎重。

（6）喜树碱　喜树碱存在于我国西南和中南地区的喜树中。自然界中存在的是右旋体，其结构式为：

R＝——H ，喜树碱

R＝——OH ，羟基喜树碱

R＝——OCH₃ ，甲氧基喜树碱

喜树碱是淡黄色针尖状晶体，在紫外光照射下显蓝色荧光，熔点264～267℃，不溶于水，溶于氯仿、甲醇、乙醇中。喜树碱对胃癌、肠癌等疗效较好，对白血病也有一定疗效，已供临床应用。因毒性大，使用时要慎重。我国及其他国家均完成了喜树碱的合成工作。

阅读材料

鸦片、吗啡、海洛因

鸦片，学名阿片，在医药领域有着重要的应用，是一种很好的麻醉镇痛药。阿片一词是由希腊文"浆汁"引申而来。鸦片是从植物罂粟的切口流出的浆汁，经自然干燥而制得。鸦片色褐、味苦、异臭、可溶于水。鸦片的主要成分是吗啡（占10%），其次是可待因与罂粟碱。鸦片具有成瘾性、耐受性、欣快性、等级性四大药理特点。所谓等级性是指越是高级神经中枢，作用就越强。

令人遗憾的是，世界上生产的阿片仅一小部分用在医疗上，绝大部分被非法买卖，为"瘾君子"所用。阿片能使人慢性中毒，服用阿片半个月会出现瞳孔缩小，精神欣快，一旦停药会产生戒断综合征：流鼻涕、流眼泪、打哈欠、恶心呕吐、心烦意乱、软弱无力、精神萎靡，此时再服用阿片，戒断综合征立即消除。长此下去，成瘾者意志消沉，消瘦乏力，丧失生活及工作信心。为避免出现戒断综合征和获得欣快感，便会丧失理智地谋取阿片，即"强迫性求药行为"，导致严重的家庭与社会问题。

阿片的主要成分是吗啡，是镇痛的王牌药，又能提高胃肠平滑肌与括约肌的张力，减少蠕动，故可止泻固精，对此《本草纲目》曾有记载。吗啡一词来源于希腊文"梦神"，服用后会产生幻觉。阿片的另一成分是可待因，有中枢性镇咳作用及轻度镇痛作用。另外所含罂粟碱，具有松弛平滑肌作用和血管扩张作用，这一点与吗啡恰好相反。

阿片的近亲有印度大麻及其他人工合成品海洛因、杜冷丁、乙基吗啡。海洛因即盐酸二乙基吗啡，白色粉末，味苦，易溶于水，进入机体后水解成吗啡产生类吗啡作用。它比吗啡镇痛作用大7倍，抑制呼吸中枢作用大四倍，它最大危险性是：只服小剂量，短时间就可成瘾，难以戒除，易复发。

治疗隐君子的药物与方法较多，用非那酮替代是其中一种，这是由于非那酮所产生的戒断综合征较阿片为轻，通过迅速减量至停用以达到戒除的目的。

本章小结

一、杂环化合物的主要化学反应

1. 五元杂环的主要化学反应

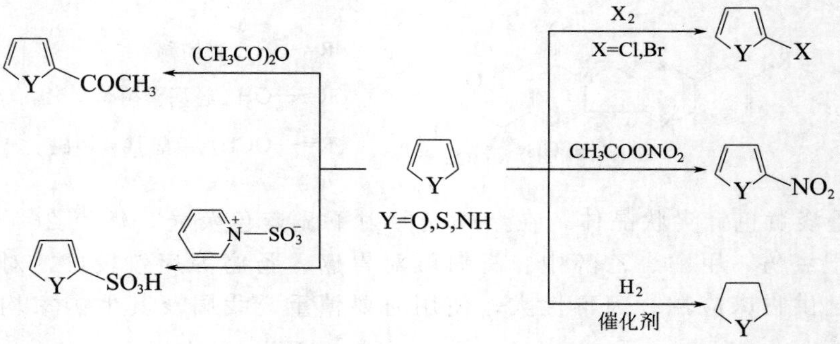

2. 六元杂环的主要化学反应

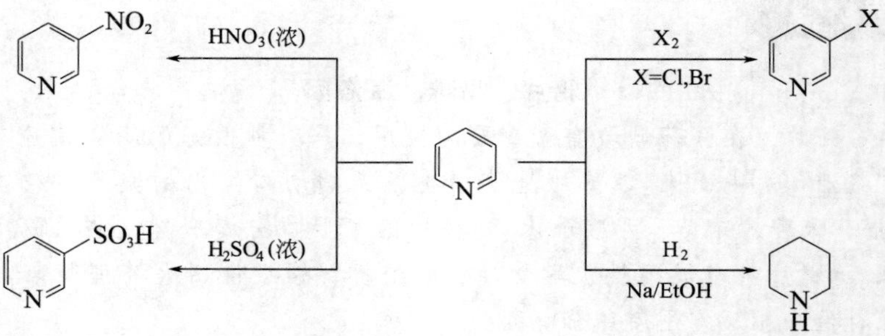

3. 杂环化合物及其衍生物

二、生物碱

1. 生物碱的化学性质

碱性、沉淀反应、显色反应

2. 生物碱提取方法

3. 重要生物碱

 习 题

13-1 命名下列化合物或写出结构式。

(1) 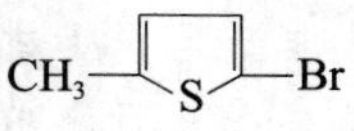 CH₃—〈S〉—Br

(2)

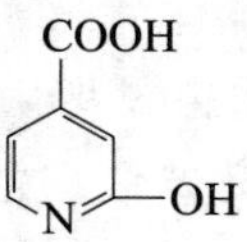

(3)

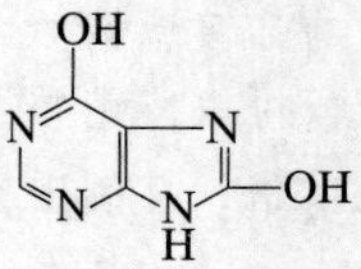

(4) 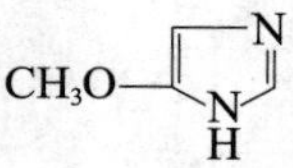 CH₃O—〈 〉

(5)

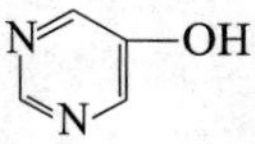

(6)

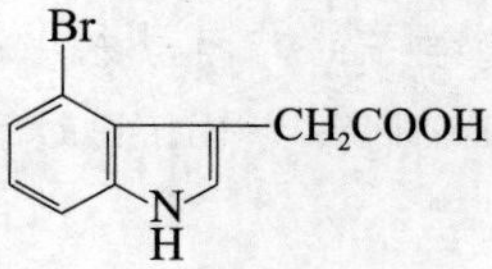

（7）1-甲基-5-溴-2-吡咯甲酸　　（8）2-甲基-4-吡啶甲酸　　（9）3-甲基糠醛　　（10）4-喹啉甲醛

13-2　从电子效应说明为什么吡啶比苯难于发生亲电取代反应，而吡咯比苯易于发生亲电取代反应？

13-3　完成下列反应。

（1）$\begin{array}{c}\text{（呋喃）}\end{array}$ + $(CH_3CO)_2O$ ⟶ ? $\xrightarrow{HNO_3}$?

（2）$\begin{array}{c}\text{（吡咯）}\end{array}$ + $HO_3S\text{—}\text{（苯环）}\text{—}N_2^+Cl^-$ ⟶ ?

（3）$\begin{array}{c}\text{（吡咯）}\end{array}$ + Br_2 $\xrightarrow{C_2H_5OH}$?

（4）$\begin{array}{c}\text{（呋喃）}\end{array}$ + $\begin{array}{c}\text{（马来酸酐）}\end{array}$ ⟶ ?

（5）$\begin{array}{c}\text{（吡啶）}\end{array}$ + Cl_2 $\xrightarrow[100℃]{AlCl_3}$?

（6）$\begin{array}{c}\text{（喹啉）}\end{array}$ $\xrightarrow[\triangle]{KMnO_4,H^+}$?

（7）$\begin{array}{c}\text{（呋喃）}\end{array}$—$CHO$ $\xrightarrow{H_2}{Ni}$?

（8）$\begin{array}{c}\text{（吡啶）}\end{array}$ + HCl $\xrightarrow[100℃]{AlCl_3}$?

13-4　将下列化合物按碱性由强到弱排序。

（1）苄胺、苯胺、吡咯、吡啶、氨

（2）吡咯、吡啶、四氢吡咯

13-5　用化学方法除去下列化合物中的杂质。

（1）甲苯中的少量吡啶　　　　（2）苯中的少量噻吩

13-6　写出下列反应中 A、B、C、D 的结构。

$\begin{array}{c}\text{（呋喃）}\end{array}$—$CHO$ $\xrightarrow[\text{稀NaOH,}\triangle]{CH_3COCH_3}$ A $\xrightarrow{NaOH}{I_2}$ B $\xrightarrow{SOCl_2}$ C $\xrightarrow{C_2H_5OH}$ D

13-7　推断结构式

（1）某甲基喹啉经高锰酸钾氧化后可得三元酸，这种羧酸在脱水剂作用下发生分子内脱水能生成两种酸酐，试推测甲基喹啉的结构式。

（2）某化合物 $C_5H_4O_2$ 经氧化后生成羧酸 $C_5H_4O_3$，把此羧酸的钠盐与碱石灰作用，转变为 C_4H_4O，后者不与钠反应，也不具有醛和酮的性质，原来的 $C_5H_4O_2$ 是什么化合物？

13-8　查阅文献，写一份烟草的化学成分及吸烟的危害的综述性报告。

chapter 14

糖类化合物

糖类化合物是自然界存在最广泛的一类有机物，主要由绿色植物通过光合作用而产生。各种植物种子的淀粉、根、茎、叶中的纤维素，动物的肝和肌肉中的糖原，蜂蜜和水果中的葡萄糖、果糖、蔗糖等都是糖类化合物。植物通过光合作用，把太阳能贮存于所生成的糖类化合物中。反应过程如下：

$$6CO_2 + 6H_2O \xrightleftharpoons[\text{动物呼吸作用}]{\text{植物光合作用}} C_6H_{12}O_6 + 6O_2$$

糖类化合物经过一系列复杂的变化，又释放出能量，成为人类和动物所需能量的主要来源。因此，糖类化合物是一类很重要的有机物。

糖类物质由碳、氢、氧三种元素组成，由于绝大多数的糖类化合物都可以用通式$C_n(H_2O)_n$表示，所以过去人们一直认为糖类是碳与水的化合物，称为碳水化合物。现在已知这种称谓并不恰当，因为有些物质中的碳、氢、氧之比符合上述通式，然而从其理化性质上看，却不属于糖类。例如，甲醛（CH_2O）、醋酸（CH_3COOH）、乳酸（$CH_3CHOHCOOH$）等，而有些糖类物质的碳、氢、氧之比却不符合上述通式，如鼠李糖（$C_6H_{12}O_5$）、脱氧核糖（$C_5H_{10}O_4$）等。只是沿用已久，仍有人称之为碳水化合物。

从分子结构和性质上讲，糖类化合物是多羟基醛或多羟基酮以及水解后生成多羟基醛或多羟基酮的一类有机化合物。根据糖类化合物的结构和性质可把它们分为三类。

（1）单糖　不能水解成更小分子的多羟基醛或多羟基酮的糖类叫单糖，如葡萄糖和果糖等。

（2）低聚糖　能水解成两个或几个单糖分子的糖类叫低聚糖或寡糖。其中最重要的是二糖，如蔗糖、麦芽糖和纤维二糖等。

（3）高聚糖　水解后能生成许多单糖分子的糖类，也称多糖，如淀粉、纤维素等。

单糖是组成低聚糖和高聚糖的基本单位，研究单糖是研究糖类化合物的基础。因此，在本章中先讨论单糖的结构和性质，然后讨论低聚糖和高聚糖。

14.1 单糖

根据单糖分子中所含官能团的不同，可将单糖分为醛糖和酮糖两大类；根据分子中碳原子的数目不同，又可分为丙糖、丁糖、戊糖、己糖、庚糖等。通常把以上两种分类方法结合使用，如五碳醛糖称为戊醛糖、六碳酮糖称为己酮糖等。

自然界的单糖以戊醛糖、己醛糖和己酮糖分布最为普遍。例如，戊醛糖中的核糖、2-脱氧核糖和阿拉伯糖，己醛糖中的葡萄糖、半乳糖和甘露糖，己酮糖中的果糖和山梨糖，都是自然界存在的重要单糖。

14.1.1 单糖的结构

14.1.1.1 单糖的开链结构及构型

除丙酮糖（二羟基丙酮）外，所有的单糖分子中都含有手性碳原子，都具有立体构型和旋光异构现象。例如，葡萄糖有四个手性碳原子，应有 2^4 个旋光异构体。所以，确定其立体构型是单糖的重要研究内容。

单糖的构型一般是采用相对构型法进行标记的，也就是以 D-（＋）-甘油醛作参照标准确定的。在相对构型标记法中，起先人为地规定左、右旋甘油醛用下式表示：

L-（－）-甘油醛　　　　　　D-（＋）-甘油醛

由 D-（＋）-甘油醛衍生的一系列化合物为 D 构型，由 L-（－）-甘油醛衍生的一系列化合物为 L 构型。甘油醛增长碳链可衍生含更多碳原子的单糖，例如：

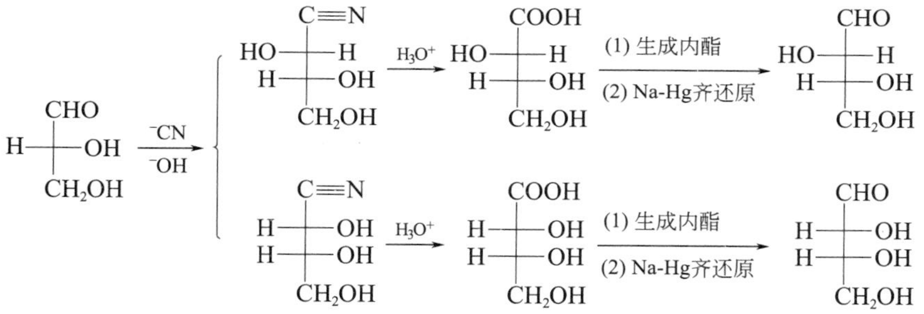

在增长碳链的过程中，甘油醛中决定构型的羟基的位置是不变的，即由 D-甘油醛衍生的一系列单糖最大编号的手性碳原子的羟基在右边，由 L-甘油醛衍生的一系列单糖最大编号的手性碳原子的羟基在左边。因此，在使用 D、L 标记法标记单糖构型时，只考虑距羰基最远的手性碳原子的构型，此手性碳原子上的羟基处于右侧的为 D 构型的糖，处于左侧的为 L 构型的糖。

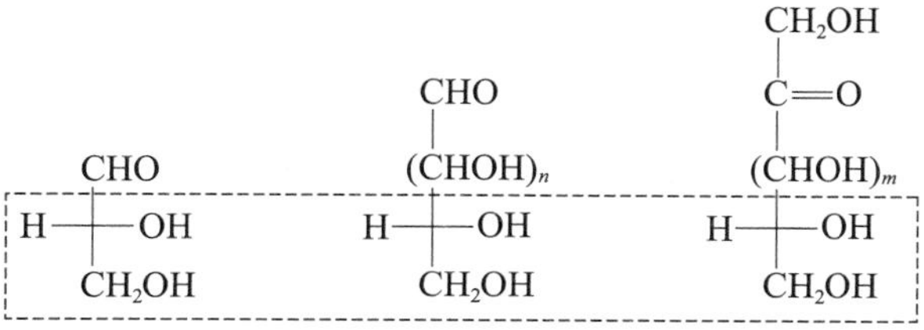

D-甘油醛　　　　　D-某醛糖　　　　　D-某酮糖

为使人们在研究和学习中简便起见，单糖的费歇尔（Fischer）投影式可简写如下：在构型式中将所有碳原子都省掉，用"△"代表醛基（—CHO），用"○"代表末端羟甲基（—CH₂OH），用竖直方向的直线表示碳链，用短横线表示羟基。如 D-(＋)-葡萄糖的 Fisher 投影式可用以下三种形式表示：

$$
\begin{array}{ccc}
& CHO & \\
H & \!\!\!\!-\!\!\!\! & OH \\
HO & \!\!\!\!-\!\!\!\! & H \\
H & \!\!\!\!-\!\!\!\! & OH \\
H & \!\!\!\!-\!\!\!\! & OH \\
& CH_2OH &
\end{array}
\equiv
\begin{array}{ccc}
& CHO & \\
& \!\!\!\!-\!\!\!\! & OH \\
HO & \!\!\!\!-\!\!\!\! & \\
& \!\!\!\!-\!\!\!\! & OH \\
& \!\!\!\!-\!\!\!\! & OH \\
& CH_2OH &
\end{array}
\equiv
$$

从 D-(+)-甘油醛衍生出来的 D-型糖，可用图 14-1 表示。可以看出，单糖的旋光方向与构型没有必然的联系，旋光方向只能通过实验测定。图中各 D 型异构体都各有一个 L 型对映异构体。例如，D-(+)-葡萄糖的对映体是 L-(−)-葡萄糖。它们的旋光度相等，旋光方向相反。因此在己醛糖的十六个旋光异构体中，有八个是 D 型的，有八个是 L 型的。其中只有 D-(+)-葡萄糖、D-(+)-甘露糖和 D-(+)-半乳糖存在于自然界中，其余均为人工合成。

酮糖比含同数碳原子的醛糖少一个手性碳原子，所以旋光异构体的数目要比相应的醛糖少。己酮糖有三个手性碳原子，应有八个旋光异构体，其中四个为 D 型，四个为 L 型。D-(+)-果糖是自然界分布最广的己酮糖。

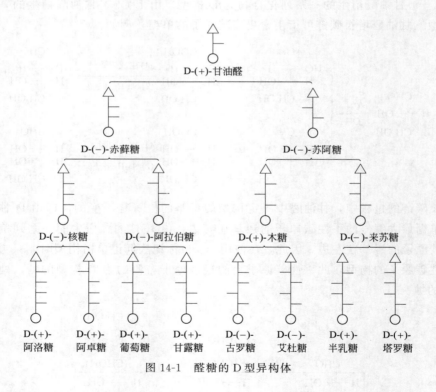

图 14-1　醛糖的 D 型异构体

14.1.1.2　单糖的环状结构和 Haworth 式

（1）变旋现象　人们在研究 D-葡萄糖的性质时发现它有两种结晶形式：一种是从乙醇水溶液中结晶出来的 D-葡萄糖，[α]＝＋112.2°，熔点 146℃；另一种是从吡啶溶液中结晶出来的 D-葡萄糖，[α] ＝＋18.7°，熔点为 148～150℃。常温下，若将这两种不同的葡萄糖晶体分别溶于水中，并立即置于旋光仪中，则可观察到它们的比旋光度都逐渐变为＋52.7°，然后维持恒定。这种比旋光度自行改变的现象叫做变旋现象。

从葡萄糖的开链式结构是无法解释变旋现象的。另外，从链状结构看，葡萄糖含有醛基，虽然它能与 HCN 和羰基试剂等发生类似醛的亲核加成反应，但在通常条件下，它不能与 NaHSO₃ 发生加成反应，并且只能与一分子醇发生缩醛反应。在它的红外光谱中，找不到醛基的特征吸收峰。在 ¹HNMR 中，没有醛基质子的吸收峰。葡萄糖的这些特殊性质是无法从它的开链结构得到解释的。X 射线结构分析说明，结晶状态的葡萄糖是以环状结构存在的，这种差异是由于这两种葡萄糖具有不同的环状结构所致。

（2）单糖的环状结构　葡萄糖的开链结构式中既含有醛基又含有醇羟基，根据醛和醇加成可以形成半缩醛的反应原理，葡萄糖分子内应该可以发生类似醛和醇的加成反应，形成环状半缩醛结构（图 14-2）。

葡萄糖分子中有五个羟基，到底哪一个羟基与醛基发生了加成呢？实验证明，一般是葡萄糖分子内 C⁵ 上的羟基与醛基加成形成环状的半缩醛，羟基可以从醛基所在平面的两侧向醛基进攻，故加成后 C¹ 就成为一个具有两种构型的新手性碳原子，从而得到两个新的旋光异构体：一个称为 α-D-(＋)-葡萄糖，另一个称为 β-D-(＋)-葡萄糖（图 14-2）。这两种环状异构体通过开链结构相互转变而建立动态平衡。

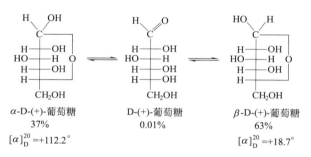

图 14-2　D-(＋)-葡萄糖的环状结构及旋光异构体

两个环状结构的葡萄糖是一对非对映异构体，它们的区别仅在于 C¹ 的构型不同，故也称"异头物"（也称作 C¹ 差向异构体）。C¹ 上新形成的半缩醛羟基（也叫苷羟基）与决定构型的碳原子，即链式结构中距醛基最远的手性碳原子，也就是 C⁵ 上的羟基处于同侧的称为 α 型；反之，称为 β 型。简而言之，半缩醛羟基与决定构型的羟基在同侧的为 α 式；异侧为 β 式。因此，α-D-葡萄糖的半缩醛羟基在碳链的右边，β-D-葡萄糖的半缩醛羟基在碳链的左边。

通过以上的环状半缩醛结构可知，变旋现象是由开链结构与环状的半缩醛结构互变而引起的。实验证明，从乙醇水溶液中结晶出来的葡萄糖晶体为 α-D-(＋)-葡萄糖，从吡啶溶液中结晶出来的葡萄糖晶体为 β-D-(＋)-葡萄糖。当把 α-D-(＋)-葡萄糖溶于水中，便有少量 α-D-(＋)-葡萄糖转化为开链式结构，并且 α-D-(＋)-葡萄糖与链式结构之间可以相互转化，但当链式结构转化为环状半缩醛结构时，不仅能生成 α-D-(＋)-葡萄糖，也能生成 β-D-(＋)-葡萄糖，经过一定时间以后，α 型、β 型和链式三种异构体之间达到平衡，形成一个互变平衡体系，比旋光度也达到一个平衡值而不再变化。如将 β-D-(＋)-葡萄糖溶于水，经过一段时间后，也形成如上三种异构体的互变平衡体系。

在此互变平衡体系中，α 型约占 37%，β 型约占 63%，而链式结构仅占 0.01%，虽然链式结构极少，但 α 型与 β 型之间的互变必须通过链式才能完成。在上述互变平衡体系中，根据计算结果可以得知溶液的比旋光度（113×37%＋19×63%≈52.7），所以，若将以上两种不同的葡萄糖结晶分别溶于水，并置于旋光仪中，则可观察到它们的比旋光度都逐渐变至 ＋52.7°。这样就很好地解释了变旋现象。

其他单糖如果糖、甘露糖、半乳糖、核糖和脱氧核糖等亦有环状半缩醛结构，也有变旋现象。例如，D-果糖在自然界以化合态存在时为五元环结构（呋喃型），而果糖结晶则为六元环结构（吡喃型），故果糖在水溶液中可能存在五种构型，即开链式、六元环的 α 型和 β 型、五元环的 α 型和 β 型，如图 14-3 所示。

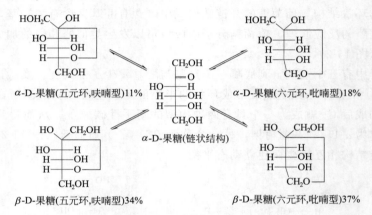

图 14-3　D-果糖五种构型

（3）哈沃斯（Haworth）透视式　上述单糖的环状半缩醛结构是以 Fischer 投影式为基础表示的，不能形象地反映出单糖分子中各原子和基团的空间位置，Haworth 透视式能形象地反映出单糖分子中各原子和基团的空间位置，因此常用其表示单糖的环状半缩醛结构。

下面以 D-(＋)-葡萄糖为例，说明 Haworth 透视式的书写步骤：先将碳链放成水平位置，则氢原子和羟基分别在碳链的上面或下面，如（Ⅰ）；然后将碳链在水平位置向后弯成六边形，如（Ⅱ）；将 C^5 上的原子或原子团按箭头所指进行逆时针轮换，使 C^5 上的羟基靠近 C^1 上的醛基，如（Ⅲ）；C^5 上的羟基与 C^1 上的醛基发生分子内的羟醛缩合反应，形成环状的半缩醛结构，由于羟醛缩合反应后 C^1 成为手性碳原子，C^1 上新形成的羟基（半缩醛羟基）可在环平面的下面或上面，便形成了 α 和 β 两个异构体，Ⅳ 和 Ⅴ 分别为 α-D-葡萄糖和 β-D-葡萄糖的 Haworth 透视式，如图 14-4 所示。

在单糖的 Haworth 式中，如何确定单糖的 D、L-构型和 α、β-构型呢？确定 D、L-构型要看环上碳原子的位次排列方式。如果是按顺时针方式排列，编号最大手性碳上的羟甲基在环平面上方的为 D-构型；反之，羟甲基在环平面下方的为 L-构型。如果是按逆时针方式排列，则与上述判别恰好相反。确定 α、β-构型是根据半缩醛羟基与编号最大手性碳上的羟甲基的相对位置。如果半缩醛羟基与编号最大手性碳上的羟甲基在环的异侧为 α-构型；反之，半缩醛羟基与羟甲基在环的同侧为 β-构型。编号最大手性碳上无羟甲基时，则与其上的氢比较，半缩醛羟基与编号最大手性碳上的氢在环的异侧为 α-构型；反之，为 β-构型。

在 Haworth 透视式中，成环的碳原子均省略了，环上其他基团的相对位置则以链式结构中的相对位置而定。如环上碳原子编号为顺时针方向，在链式结构中位于右侧的基团写在

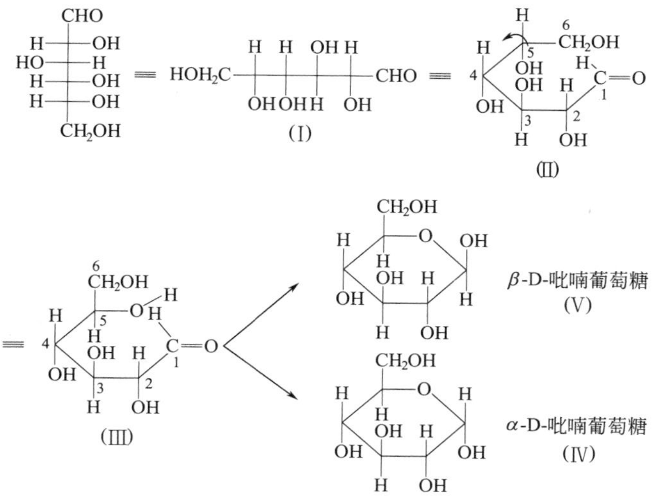

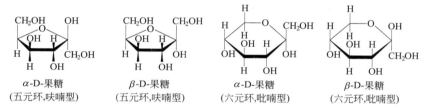

图 14-4　D-葡萄糖的 Haworth 透视式

环的下方，左侧的基团写在环的上方。

D-果糖的酮基与 C^5 上羟基加成形成五元环，与 C^6 上羟基加成形成六元环，其 Haworth 透视式如图 14-5 所示。

α-D-果糖（五元环,呋喃型）　β-D-果糖（五元环,呋喃型）　α-D-果糖（六元环,吡喃型）　β-D-果糖（六元环,吡喃型）

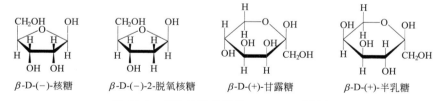

图 14-5　D-果糖的 Haworth 透视式

在单糖的环状结构中，五元环与呋喃环相似，六元环与吡喃环相似。因此，五元环单糖又称呋喃型单糖，六元环单糖又称吡喃型单糖。其他几种单糖的 Haworth 透视式如图 14-6 所示。

β-D-(−)-核糖　β-D-(−)-2-脱氧核糖　β-D-(+)-甘露糖　β-D-(+)-半乳糖

图 14-6　其他几种单糖的 Haworth 透视式

14.1.1.3　单糖的构象

近代 X 射线分析等技术对单糖的结构研究结果表明：以五元环形式存在的糖，如果糖、核糖等，分子中成环的碳原子和氧原子都处于一个平面内；而以六元环形式存在的糖，如葡萄糖、半乳糖等，分子中成环的碳原子和氧原子不在一个平面内，其构象类似于环己烷，且椅式构象占绝对优势。在椅式构象中，又以较大基团连在 e 键上的最稳定。

在 β-D-葡萄糖中，半缩醛羟基处于 e 键上；而在 α-D-葡萄糖中，半缩醛羟基处于 a 键上。所以 β-D-葡萄糖比 α-D-葡萄糖稳定，这就是在 D-葡萄糖的变旋混合物中，β 式所占比例大于 α 式的原因。在所有己醛糖的构象中，β-D-葡萄糖是唯一的所有较大基团都处于 e 键上的糖，这可能就是葡萄糖在自然界中存在最多的原因之一。

虽然构象式能真实地反映单糖的三维空间结构，但为了书写方便，通常仍较多使用开链式和 Haworth 式来表示单糖的结构。

几种单糖的椅式构象如图 14-7 所示。

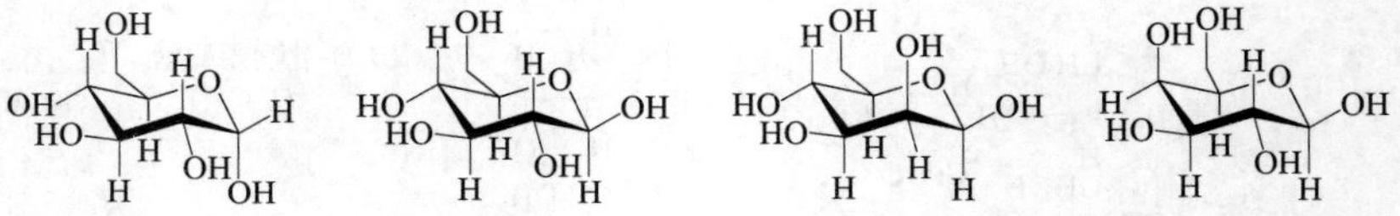

| α-D-葡萄糖 | β-D-葡萄糖 | β-D-甘露糖 | β-D-半乳糖 |

图 14-7　几种单糖的椅式构象

14.1.2　单糖的物理性质

单糖都是无色晶体，易溶于水，能形成糖浆，也溶于乙醇，但不溶于乙醚、丙酮、苯等有机溶剂。除丙酮糖外，所有的单糖都具有旋光性，而且有变旋现象。旋光性是鉴定糖的重要标志，几种常见糖的比旋光度如表 14-1 所示。

表 14-1　常见糖的比旋光度

名称	纯 α 异构体	纯 β 异构体	变旋后的平衡值
D-葡萄糖	$+113°$	$+19°$	$+52°$
D-果糖	$-21°$	$-113°$	$-91°$
D-半乳糖	$+151°$	$+53°$	$+84°$
D-甘露糖	$+30°$	$-17°$	$+14°$
D-乳糖	$+90°$	$+35°$	$+55°$
D-麦芽糖	$+168°$	$+112°$	$+136°$
D-纤维二糖	$+72°$	$+16°$	$+35°$

单糖和二糖都具有甜味，"糖"的名称由此而来。不同的糖，甜度各不相同。糖的甜度大小是以蔗糖的甜度为 100 作标准比较而得的相对甜度。果糖的相对甜度为 173，是目前已知甜度最大的糖。常见糖的相对甜度见表 14-2。

表 14-2　常见糖的相对甜度

名称	相对甜度	名称	相对甜度
蔗糖	100	木糖	40
果糖	173	麦芽糖	32
转化糖	130	半乳糖	32
葡萄糖	74	乳糖	16

14.1.3　单糖的化学性质

单糖的性质是由其分子结构决定的。单糖在水溶液中一般是以链状结构和环状结构的平衡混合物存在，故单糖的性质由这两种形式的结构所决定。从单糖的链状结构可以看出，单糖中有羟基和羰基两类官能团，其主要化学性质由这两类官能团决定。

羟基是醇的官能团，故单糖应具有醇的主要性质，如能发生酯化反应、氧化反应和脱水反应等。而羰基是醛或酮的官能团，故单糖也应具有醛或酮的主要性质，如可以发生羰基双键的亲核加成反应、还原反应、氧化反应等。但是，有机分子是一个整体，由于分子内各基团的相互影响，必然产生一些新的性质。

（1）差向异构化 在含有多个手性碳原子的旋光异构体中，若只有一个手性碳原子的构型不同，其他碳原子的构型完全相同，这样的旋光异构体互称为差向异构体。如 D-葡萄糖和 D-甘露糖，二者都只有第二位碳原子的构型相反，其他碳原子的构型完全相同，故称为2-差向异构体。

在稀碱条件下，单糖的 2-差向异构体之间可以通过形成烯醇式中间体而相互转化，这种作用称为差向异构化。例如，用稀碱处理 D-葡萄糖时，将部分转化为 D-果糖和 D-甘露糖，成为四种物质的平衡混合物。

前面的章节已提到过，具有活泼的 α-H 的醛、酮在一定条件下，存在互变异构现象。单糖的 α-H 受羰基和羟基的双重影响变得更为活泼，在碱性溶液中，醛、酮可以与烯醇式结构平衡存在。在烯醇式结构中，C═C 在纸面上，实楔键连接的氢与羟基伸向纸前，虚线连接的羟基伸向纸后，由于烯醇式结构不稳定，C^1 或 C^2 上的羟基可能变回羰基而形成醛或酮。因此，从烯醇式中间体就可以转化成三种不同的糖。

① 当烯醇式中间体 C^1 羟基上的氢按如图 14-8（a）所示转移到 C^2 时，则 C^2 上的羟基便在右面，得到 D-葡萄糖。

② 当烯醇式中间体 C^1 羟基上的氢按如图 14-8（b）所示转移到 C^2 上，则 C^2 上的羟基便在左面，得到 D-甘露糖。

③ 当烯醇式中间体 C^2 羟基上的氢按如图 14-8（c）所示转移到 C^1 上，这样得到的产物便是 D-果糖。

用稀碱处理 D-甘露糖或 D-果糖，也得到上述同样的平衡混合物。生物体物质代谢过程中，在异构化酶的作用下，常常发生葡萄糖和果糖的互相转变。

从上述平衡体系可知，任何一种醛糖或酮糖，在稀碱溶液中都能通过烯醇式中间体互变为对应的差向异构体。

葡萄糖可以异构化成为果糖的原理在工业上被用来制备高甜度的果葡糖浆。先利用廉价的谷物淀粉经酶水解成葡萄糖，再经过葡萄糖异构化酶的催化作用，使葡萄糖转化为甜度高的果糖，从而制得含 40% 以上果糖的果葡糖浆，俗称人造蜂蜜。

（2）氧化反应 单糖可被多种氧化剂氧化，所用氧化剂的种类及介质的酸碱性不同，氧化产物也不同。

① 酸性介质中的氧化反应

a. 溴水氧化 醛糖能被溴水氧化生成糖酸，而酮糖不被溴水氧化，可由此区别醛糖与酮糖。

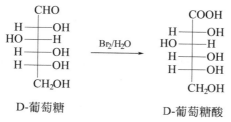

D-葡萄糖　　　　　　　　　　　D-葡萄糖酸

b. 硝酸氧化 醛糖在硝酸作用下生成糖二酸。例如，D-葡萄糖被氧化为 D-葡萄糖二酸，D-

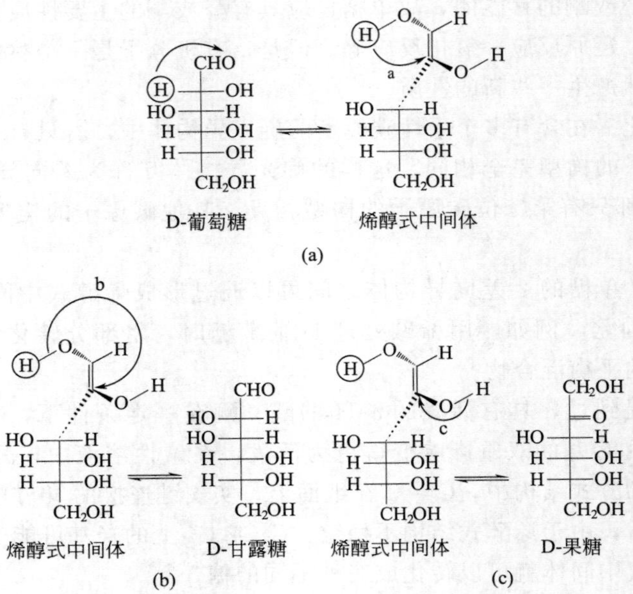

D-葡萄糖　　　　　烯醇式中间体

(a)

烯醇式中间体　　D-甘露糖　　　烯醇式中间体　　D-果糖

(b)　　　　　　　　　　　　　　　(c)

图 14-8　烯醇式中间体的转化

赤藓糖被氧化为内消旋酒石酸。根据氧化产物的结构和性质，可以帮助确定醛糖的结构。

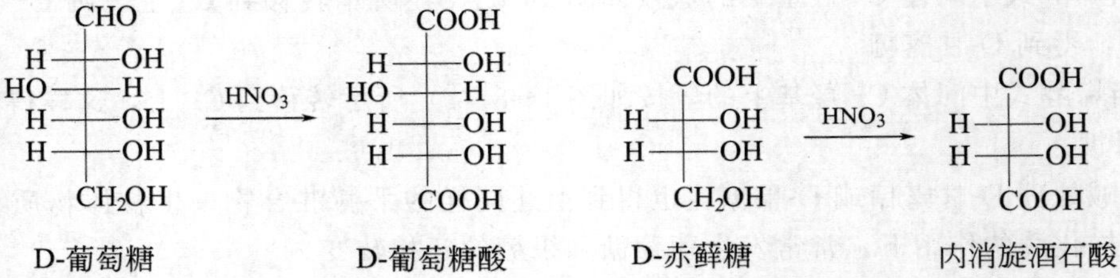

D-葡萄糖　　　　D-葡萄糖酸　　　D-赤藓糖　　　　内消旋酒石酸

酮糖与强氧化剂作用，碳链断裂，生成小分子的羧酸混合物。

c. 高碘酸氧化　单糖分子中因具有邻二醇（或邻羟基醛和酮）的结构，故能与高碘酸（HIO_4）发生碳链断裂的氧化反应，碳链断裂的位置发生在连有羟基的两个邻位碳原子之间或连有羟基的碳原子和羰基碳之间。例如：

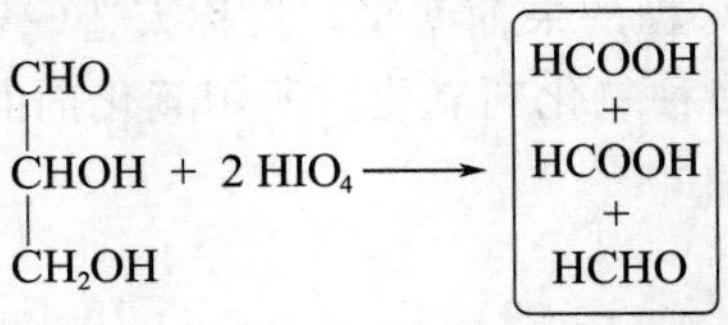

$$
\begin{array}{c}
CHO \\
| \\
CHOH \\
| \\
CH_2OH
\end{array}
+ 2\,HIO_4 \longrightarrow
\begin{array}{c}
HCOOH \\
+ \\
HCOOH \\
+ \\
HCHO
\end{array}
$$

该反应可用以推测糖的结构。苷分子中也含有邻二醇的结构，所以也能发生类似的氧化反应。例如：

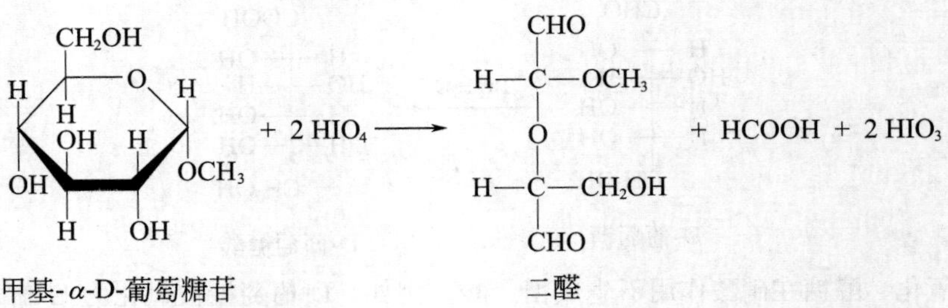

甲基-α-D-葡萄糖苷　　+ 2 HIO_4 ⟶　　二醛　　+ HCOOH + 2 HIO_3

② 碱性介质中的氧化反应　醛能被弱氧化剂氧化，醛糖也具有醛基，同样能被弱氧化剂氧化。酮一般不被弱氧化剂氧化，但酮糖（例如果糖）在弱碱性介质中能发生差向异构化转变为醛糖，因此也能被弱氧化剂氧化。醛糖和酮糖，能被吐伦试剂、斐林试剂和本尼迪试剂所氧化，分别产生银镜或氧化亚铜的砖红色沉淀。通常，把这些糖称为还原性糖。这些反应常用作糖的鉴别和定量测定，如与本尼迪试剂的反应常用来测定果蔬、血液和尿中还原性糖的含量。

③ 生物体内的氧化反应　在生物体内的代谢过程中，有些醛糖在酶作用下发生羟甲基的氧化反应，生成糖醛酸。例如，葡萄糖和半乳糖被氧化时，分别生成葡萄糖醛酸和半乳糖醛酸。

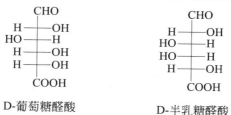

D-葡萄糖醛酸　　　　　　　D-半乳糖醛酸

对于动物体来说，葡萄糖醛酸是很重要的，因为许多有毒物质是以葡萄糖醛酸苷的形式从尿中排泄出体外的，故有保肝和解毒作用。另外，糖醛酸是果胶质、半纤维素和黏多糖的重要组成，在土壤微生物的作用下，生成的多糖醛酸类物质是天然土壤结构的改良剂。

（3）还原反应　在催化加氢或酶的作用下，羰基可还原成羟基，糖还原生成相应的糖醇。例如，葡萄糖还原生成山梨醇，甘露糖还原后生成甘露醇。果糖还原后生成山梨醇和甘露醇的混合物，因为果糖还原时，C^2 成为手性碳原子，所以得到两种化合物。

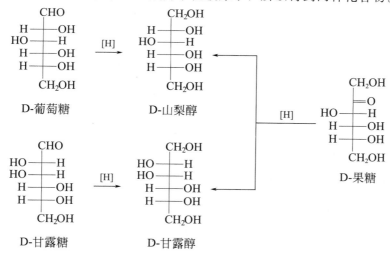

D-葡萄糖　　　　D-山梨醇　　　　　　　　　　D-果糖

D-甘露糖　　　　D-甘露醇

山梨醇和甘露醇广泛存在于植物体内。李、桃、苹果、樱桃、梨等果实中含有大量的山梨醇，而甘露醇则主要存在于甘露蜜、柿、胡萝卜、葱等中。山梨醇还常用作细菌的培养基及合成维生素 C 的原料。

（4）成脎反应　羰基化合物都能与一分子苯肼作用生成苯腙，而醛糖或酮糖却能与三分子苯肼作用，生成的产物称为糖脎。单糖与苯肼作用生成糖脎，一般认为经过下述三步反应：首先羰基与一分子苯肼作用生成糖苯腙；然后糖腙经互变异构，并发生 1,4-消除反应，形成亚胺酮；最后与二分子苯肼反应生成糖脎。生成的糖脎可通过分子内的氢键形成螯环化合物，从而阻止了 C^3 上的羟基继续和苯肼反应。

醛糖   糖苯腙

$$
\begin{array}{l}
CHO \\
CHOH \\
(CHOH)_n \\
CH_2OH
\end{array}
\quad \xrightarrow[-H_2O]{H_2NNHC_6H_5} \quad
\begin{array}{l}
CH{=}NNHC_6H_5 \\
CHOH \\
(CHOH)_n \\
CH_2OH
\end{array}
\quad \xrightarrow{\text{互变异构}} \quad
\begin{array}{l}
HC{-}NH{-}NH{-}C_6H_5 \\
C{-}O{-}H \\
(CHOH)_n \\
CH_2OH
\end{array}
\quad \xrightarrow[-NH_2C_6H_5]{1,4\text{-消除}}
$$

醛糖   糖苯腙

$$
\begin{array}{l}
HC{=}NH \\
C{=}O \\
(CHOH)_n \\
CH_2OH
\end{array}
\quad \text{亚胺酮} \quad \xrightarrow[-NH_3]{2H_2NNHC_6H_5} \quad
\begin{array}{l}
CH{=}NNHC_6H_5 \\
C{=}NNHC_6H_5 \\
(CHOH)_n \\
CH_2OH
\end{array}
\quad \text{糖脎} \quad \longrightarrow \quad \text{糖脎的螯环化合物}
$$

$$
\begin{array}{l}
CH_2OH \\
C{=}O \\
(CHOH)_n \\
CH_2OH
\end{array}
\quad \text{酮糖} \quad \xrightarrow[-H_2O]{H_2NNHC_6H_5} \quad
\begin{array}{l}
CH_2OH \\
C{=}N{-}NH{-}C_6H_5 \\
(CHOH)_n \\
CH_2OH
\end{array}
\quad \text{糖苯腙} \quad \xrightarrow{\text{互变异构}} \quad
\begin{array}{l}
CH{-}O{-}H \\
C{-}NH{-}NH{-}C_6H_5 \\
(CHOH)_n \\
CH_2OH
\end{array}
$$

$$
\xrightarrow[-NH_2C_6H_5]{1,4\text{-消除}} \quad \xrightarrow[-NH_3]{2H_2NNHC_6H_5} \quad \text{(糖脎的螯环化合物)}
$$

在成脎反应中，无论醛糖或酮糖只有第一、第二个碳原子发生反应，如脎进一步与苯肼发生反应，就需破坏脎的稳定结构，故糖的其他碳原子不再进一步发生上述反应。所以第一、二个碳原子结构（构型或构造）不同，其他部分相同的单糖与过量苯肼作用形成相同的糖脎。如 D-葡萄糖、D-甘露糖和 D-果糖与过量苯肼作用生成同一种糖脎即 D-葡萄糖脎，只在生成的速率上有些差别。

$$
\begin{array}{ccc}
CHO & CHO & CH_2OH \\
H{-}OH & HO{-}H & C{=}O \\
HO{-}H & HO{-}H & HO{-}H \\
H{-}OH & H{-}OH & H{-}OH \\
H{-}OH & H{-}OH & H{-}OH \\
CH_2OH & CH_2OH & CH_2OH
\end{array}
$$

$$
\xrightarrow{3H_2NNHC_6H_5}
\begin{array}{l}
CH{=}NNHC_6H_5 \\
C{=}NNHC_6H_5 \\
HO{-}H \\
H{-}OH \\
H{-}OH \\
CH_2OH
\end{array}
$$

糖脎都是不溶于水的黄色结晶，不同的糖脎结晶形状不同，在反应中生成的速率也不相同，并且各有一定的熔点，所以糖脎可用作糖的定性鉴定。

（5）成苷反应　单糖环状结构中的半缩醛羟基（苷羟基）较分子内的其他羟基活泼，故可与醇或酚等含羟基的化合物脱水形成缩醛型物质，这种物质称为糖苷，也称糖甙或配糖物。例如，α-D-葡萄糖的半缩醛羟基与甲醇在干燥的氯化氢的催化作用下脱水，生成α-D-葡萄糖甲苷。

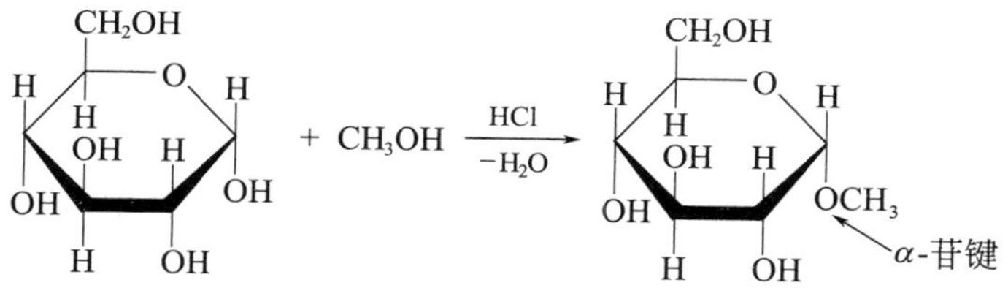

α-D-葡萄糖　　　　　　　　α-D-葡萄糖甲苷

在糖苷分子中，糖的部分称为糖基，非糖部分称为配基。由α型单糖形成的糖苷称为α-糖苷，由β型单糖形成的糖苷称为β-糖苷。糖苷分子中没有半缩醛羟基，所以糖苷没有变旋现象，不能与Tollens试剂、Fehling试剂作用，也不发生成脎反应。糖苷对碱稳定，在酸或酶催化下可以水解。生物体内有的酶，有的只能水解α-糖苷，有的酶只能水解β-糖苷。例如，α-D-葡萄糖甲苷被麦芽糖酶水解为甲醇和葡萄糖，而不能被苦杏仁酶水解。相反，β-D-葡萄糖甲苷能被苦杏仁酶水解，却不能被麦芽糖酶水解。

糖苷在自然界的分布很广泛，主要存在于植物的根、茎、叶、花和种子里。

（6）成酯反应　单糖环状结构中所有的羟基都可以酯化。例如，α-D-葡萄糖在氯化锌存在下，与乙酸酐作用生成五乙酸酯。

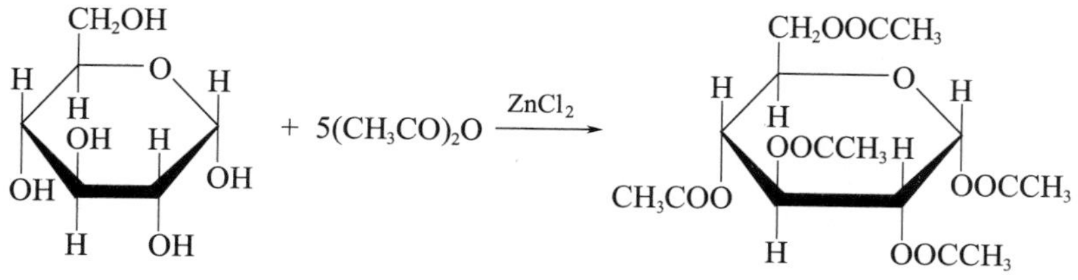

糖还可以和磷酸形成糖的磷酸酯。生物体内广泛存在着己糖磷酸酯和丙糖磷酸酯，它们的结构式如下：

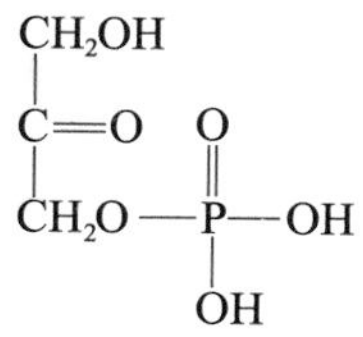

磷酸二羟丙酮 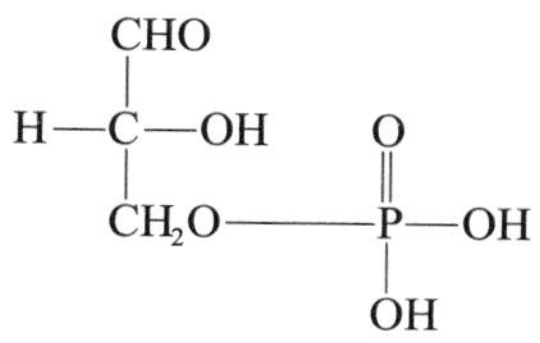　　　3-磷酸甘油醛 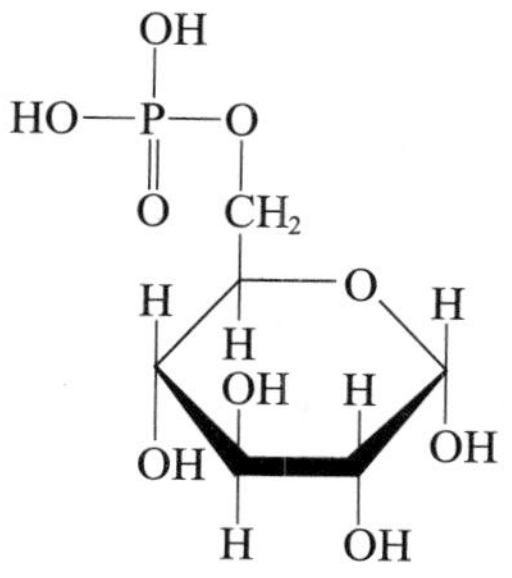　　　α-D-6-磷酸葡萄糖 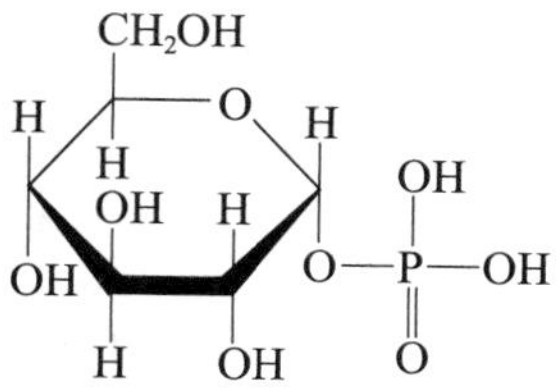　　　α-D-1-磷酸葡萄糖

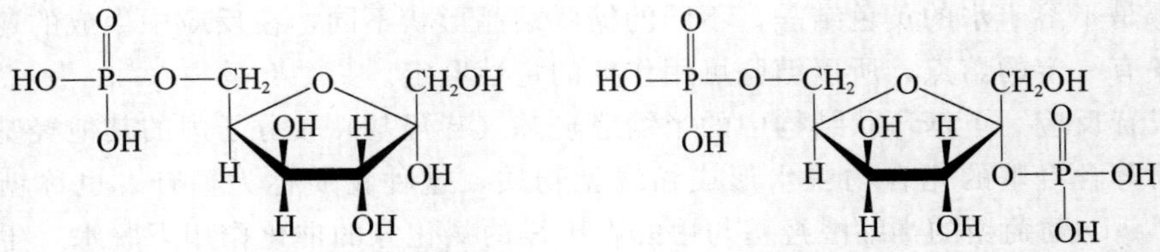

α-D-6-磷酸果糖　　　　　　α-D-2,6-二磷酸果糖

这些糖的磷酸酯都是糖代谢过程中的重要中间产物。作物要施磷肥的原因之一，就是为作物提供合成磷酸酯所需的磷。如果缺磷，作物就难以合成磷酸酯，以致作物的光合作用和呼吸作用都不能正常地进行。

（7）脱水和显色反应　在浓酸（如浓盐酸）作用下，单糖可以发生分子内脱水而形成糠醛或糠醛的衍生物。糖的某些显色反应，就是基于这一前提。例如：

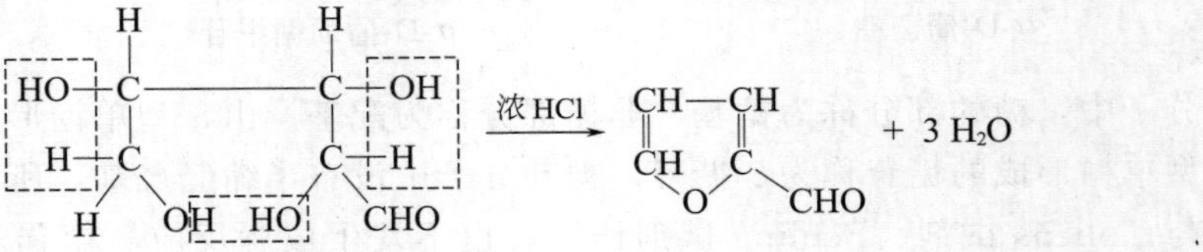

戊糖　　　　　　　　　　糠醛

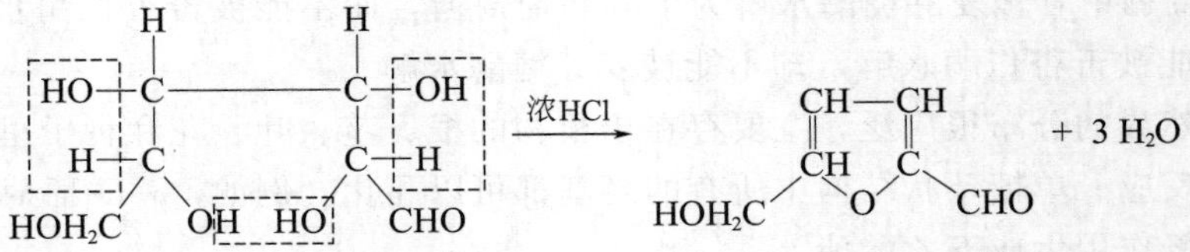

己糖　　　　　　　　α-羟甲基糠醛

糖类能与某些酚类化合物发生显色反应，就是因为它们在酸的作用下首先生成糠醛或羟甲基糠醛，这些产物继续同酚类化合物发生反应，结果生成了有色的物质。

① α-萘酚反应　在糖的水溶液中加入 α-萘酚的乙醇溶液（Molisch 试剂），然后沿试管壁小心地注入浓硫酸，不要振动试管，则在两层液面之间就能形成一个紫色环。所有的糖（包括单糖、低聚糖及高聚糖）都具有这种颜色反应，这是鉴别糖类物质常用的方法，这一反应又称为 Molisch 反应。

② 间苯二酚反应　酮糖与间苯二酚在浓盐酸存在下加热，能较快生成红色物质，而醛糖在 2min 内不呈色。这是由于酮糖与盐酸共热后，能较快地生成糖醛衍生物，这一反应又称 Селиванов（西列凡诺夫）反应。利用这个反应，可以鉴别醛糖和酮糖。

③ 蒽酮反应　糖类化合物都能与蒽酮的浓硫酸溶液作用生成绿色物质，这个反应可以用来定量测定糖类化合物。

④ 苔黑酚反应　在浓盐酸存在下，戊糖与苔黑酚（5-甲基-1,3-苯二酚）反应，生成蓝绿色物质，此反应可用来区别戊糖和己糖。

14.1.4　重要的单糖及其衍生物

14.1.4.1　几种重要的单糖

（1）D-核糖和 D-2-脱氧核糖　核糖和脱氧核糖是生物体内极为重要的戊糖，常与磷酸及某些杂环化合物结合而存在于蛋白质中。它们是核糖核酸及脱氧核糖核酸的重要组分之一，其链式结构和环状结构表示如下：

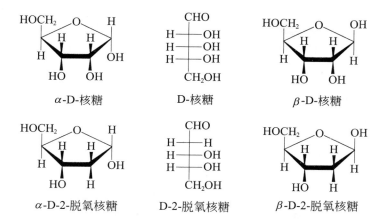

（2）D-葡萄糖　　D-葡萄糖是自然界分布最广的己醛糖，由于它是右旋的，所以也称右旋糖。葡萄糖多结合成二糖、多糖或糖苷而存在于生物体内，也有游离的葡萄糖存在。它也存在于动物的血液、淋巴液和脊髓中。

葡萄糖为无色结晶，熔点146℃，有甜味，易溶于水，微溶于乙醇和丙酮，不溶于乙醇和烃类。葡萄糖在医药上用作营养剂，并有强心、利尿、解毒等作用。在食品工业中用以制作糖浆、糖果等。在印染工业中用作还原剂。

（3）D-果糖　　D-果糖以游离态存在于水果和蜂蜜中，是蔗糖的组成成分。在天然存在的糖中果糖是最甜的一种。$[\alpha] = -92°$，故又称"左旋糖"。果糖是无色结晶，熔点102℃（分解），易溶于水，也可溶于乙醇及乙醚。能与氢氧化钙形成难溶于水的化合物 $C_6H_{12}O_6 \cdot Ca(OH)_2 \cdot H_2O$。工业上用酸或酶水解菊粉来制取果糖。

（4）D-半乳糖　　半乳糖是乳糖和棉籽糖的组成成分，也是组成脑髓的重要物质之一，它以多糖的形式存在于许多植物的种子或树胶中，它的衍生物也普遍存在于植物中。例如，半乳糖醛酸是植物黏液的主要成分，由藻类植物浸出的黏液——石花菜胶（即琼脂）主要就是半乳糖醛酸的高聚物。D-半乳糖是无色结晶，熔点167℃，有微甜味，能溶于水及乙醇，用于有机合成及医药上。

14.1.4.2　氨基糖

自然界存在的氨基糖都是氨基己糖，广泛存在的是 C^2 上的羟基被氨基取代的2-氨基葡萄糖和2-氨基半乳糖。它们常以结合状态存在于杂多糖中。例如，2-氨基-D-葡萄糖和乙酰氨基-D-葡萄糖是昆虫甲壳质的基本单位。2-乙酰氨基-D-半乳糖是软骨素中所含多糖的基本单位。

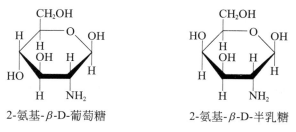

2-氨基-β-D-葡萄糖　　　　　2-氨基-β-D-半乳糖

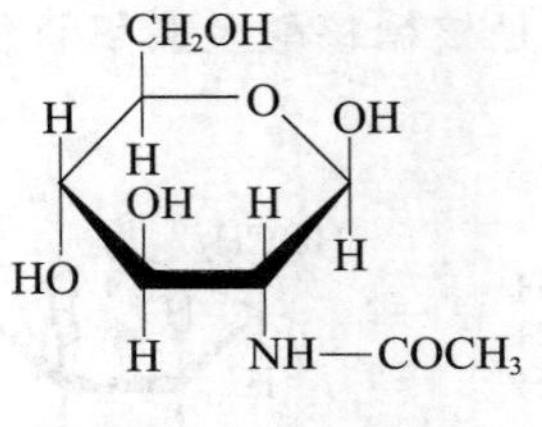

2-乙酰氨基-β-D-葡萄糖 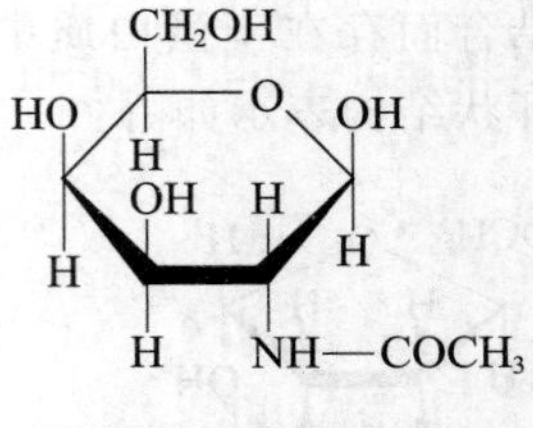　　　　　2-乙酰氨基-β-D-半乳糖

此外，还有单糖环状结构中的苷羟基被氨或胺取代而生成的含氮糖苷，称为糖基胺。例如：

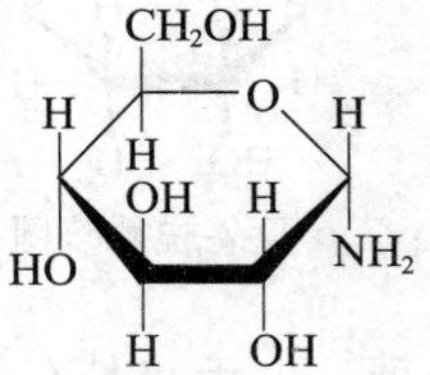

α-D-葡萄糖基胺 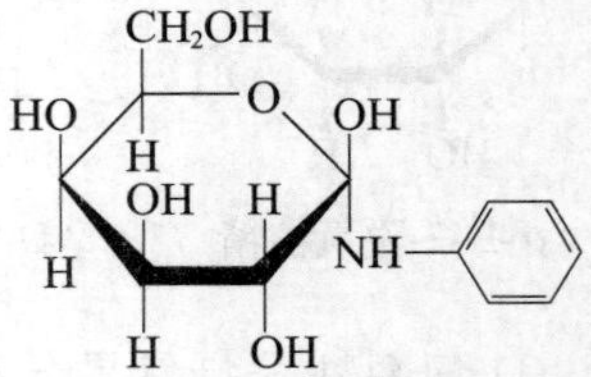　　　　　　　N-苯基-α-D-半乳糖基胺

14.1.4.3　维生素 C

在结构上，维生素 C 可以看作是一个不饱和的糖酸内酯，分子中烯醇式羟基上的氢较易解离，故呈酸性。

由于维生素 C 有防止坏血病的功能，所以在医药上常称为抗坏血酸。维生素 C 容易氧化形成脱氢抗坏血酸，而脱氢抗坏血酸还原又重新变成抗坏血酸。所以在动植物体内氧化过程中具有传递质子和电子的作用。由于它是一种较强的还原剂，故可用作食品的抗氧剂。在工业上它是由葡萄糖制备而成的。

抗坏血酸　　　　　　　　　　　　脱氢抗坏血酸

维生素 C 是白色结晶，易溶于水，为 L 型，比旋光度 $[\alpha] = +21°$，它广泛存在于植物体内，尤以新鲜的水果和蔬菜中含量最多。人体本身不能合成维生素 C，必须从食物获得。如果人体缺乏维生素 C，则将引起坏血病。

14.2 二糖

二糖是低聚糖中最重要的一类，也称作双糖。一个二糖分子经水解生成二个单糖分子，二糖是由两分子单糖失水形成的缩合物（糖苷）。二糖有还原性二糖和非还原性二糖两类。

14.2.1 还原性二糖

若一个单糖分子的半缩醛羟基与另一个单糖分子的醇羟基结合成苷，则其中一个单糖的结构单元仍保留了一个游离的半缩醛羟基，可开环形成链式结构，所以此类二糖有还原性、变旋现象、成脎反应，称为还原性二糖。比较重要的还原性二糖有以下几种。

（1）麦芽糖　在麦芽糖酶的催化下，麦芽糖水解得到 D-葡萄糖，但不被苦杏仁酶水解。这一事实说明麦芽糖属 α-D-葡萄糖苷。进一步的实验研究证明：麦芽糖是由一分子 α-D-葡萄糖 C^1 上的半缩醛羟基（苷羟基）与另一分子 α-D-葡萄糖 C^4 上的醇羟基失水形成 α-1,4-苷键结合而成的。其结构式如下：

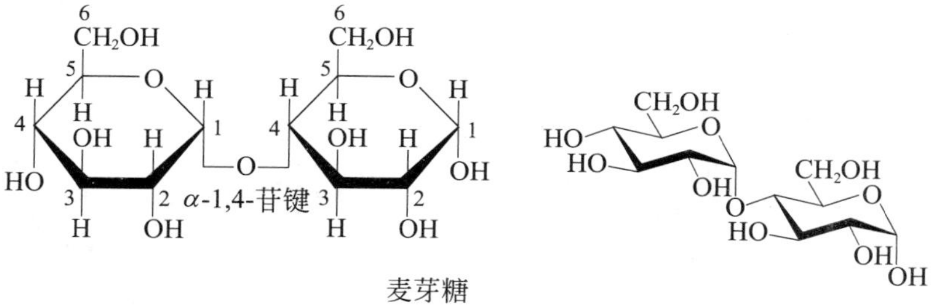

麦芽糖

麦芽糖是无色片状结晶，熔点 102.5℃，易溶于水。因分子结构中还保留一个苷羟基，它在水溶液中仍可以 α、β 两种环状结构和链式结构三种形式存在，所以麦芽糖和葡萄糖等单糖一样，具有还原性。α-麦芽糖的 $[α]_D = +168°$，β-麦芽糖的 $[α]_D = +112°$。

麦芽糖在自然界以游离态存在的很少。在淀粉酶或唾液酶作用下，淀粉水解可以得到麦芽糖，它是饴糖的主要成分，甜度约为蔗糖的 40%，可代替蔗糖制作糖果、糖浆等。

（2）纤维二糖　在苦杏仁酶的催化作用下，纤维二糖能水解生成两分子 D-葡萄糖，但不被麦芽糖酶水解，因此其苷键属 β-D-葡萄糖苷，它是由两分子 β-D-葡萄糖通过 β-1,4-苷键相连接而成的二糖。

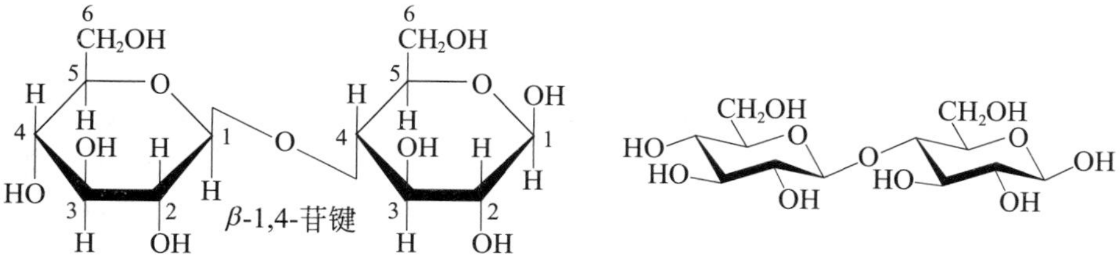

纤维二糖

纤维二糖分子结构中也保留着一个苷羟基，所以具有还原性。纤维二糖在自然界以结合状态存在，它是纤维素水解的中间产物。

（3）乳糖　乳糖是一分子 β-D-半乳糖的半缩醛羟基与一分子 α-D-葡萄糖 C^4 上的醇羟基缩合，以 β-1,4-苷键连接的二糖。分子结构中的葡萄糖结构单元保留有游离的半缩醛羟基，故具有还原性，属于还原性二糖。它能被酸、苦杏仁酶和乳糖酶水解，产生一分子 D-半乳糖和一分子 D-葡萄糖。

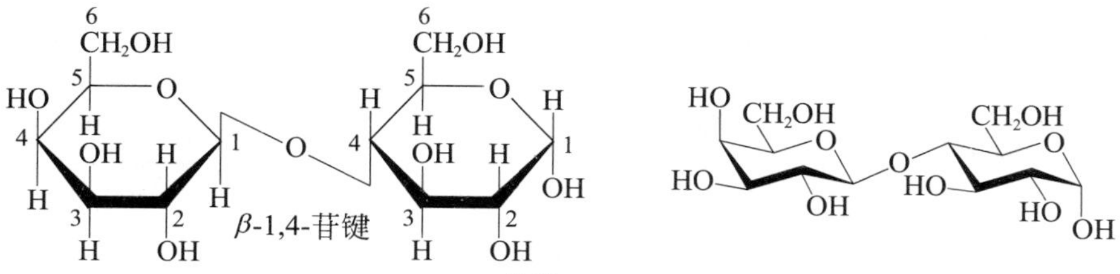

乳糖

乳糖存在于哺乳动物的乳汁中，为白色粉末，熔点 201.5℃，能溶于水，没有吸湿性，常用于食品工业和医药工业。

14.2.2 非还原性二糖

非还原性二糖是由两个单糖分子均利用它们的半缩醛羟基缩合而成的，这种二糖没有游离的半缩醛羟基，所以它不能开环形成链式结构，故没有还原性，没有变旋现象，也不能够成脎。

（1）蔗糖 经测定证明，蔗糖是由一分子 α-D-葡萄糖 C^1 上的半缩醛羟基与一分子 β-D-果糖 C^2 上的半缩醛羟基失去一分子水，通过 α-1-β-2-苷键连接而成的二糖。蔗糖分子中没有游离的半缩醛羟基，二个单糖单位均不能开环成链式结构，因此它没有还原性，没有变旋现象和成脎反应。

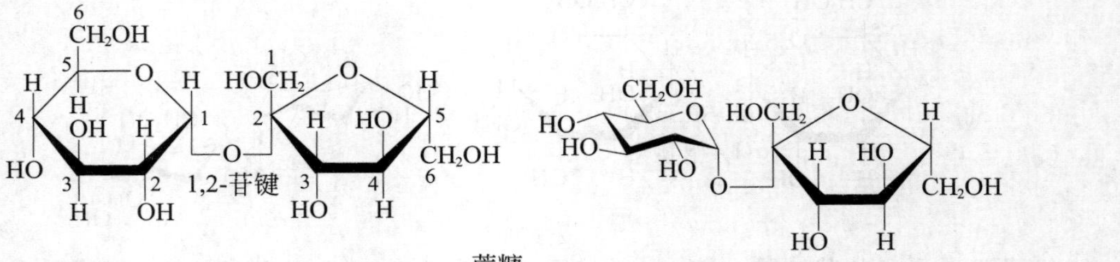

蔗糖

蔗糖是无色结晶，易溶于水。蔗糖的比旋光度为 $+66.5°$，在稀酸或蔗糖酶作用下，水解得到葡萄糖和果糖的等量混合物，该混合物的比旋光度为 $-19.8°$。由于在水解过程中，溶液的旋光度由右旋变为左旋，因此通常把蔗糖的水解作用称为转化作用。转化作用所生成的等量葡萄糖与果糖的混合物称为转化糖。因为蜜蜂体内有蔗糖酶，所以在蜜蜂中存在转化糖。蔗糖水解后，因其含有果糖，所以甜度比蔗糖大。

$$蔗糖 + H_2O \xrightarrow{稀酸} D\text{-葡萄糖} + D\text{-果糖}$$
$$[\alpha]=+66.5° \qquad [\alpha]=+52° \quad [\alpha]=-92°$$
$$[\alpha]=-19.8°$$

蔗糖广泛存在于植物中，在甘蔗茎中含量可高达 26%，甜菜块根中约含 20%。甘蔗和甜菜都是榨取蔗糖的重要原料。日常生活用的食糖，如绵白糖、砂糖、冰糖等，都是晶粒大小不等的蔗糖。蔗糖不仅是一种非常重要的食品和调味品，而且还可用于制焦糖、转化糖、透明肥皂、药物防腐剂等。蔗糖是植物体内糖类化合物运输的主要形式，光合作用产生的葡萄糖转化为蔗糖后再向植物各部位运输，到各部位后又迅速地转变为葡萄糖供植物利用，或者变为淀粉贮藏起来。

（2）海藻糖 海藻糖是由两分子 α-D-葡萄糖在 C^1 上的两个苷羟基之间脱水，通过 α-1,1-苷键结合而成的二糖，其分子结构中不存在游离的半缩醛羟基，所以也是一种非还原性糖。海藻糖又叫酵母糖，存在于海藻、昆虫和真菌体内，它是各种昆虫血液中的主要血糖。海藻糖为白色晶体，能溶于水，熔点 96.5～97.5℃，比旋光度为 $+178°$。

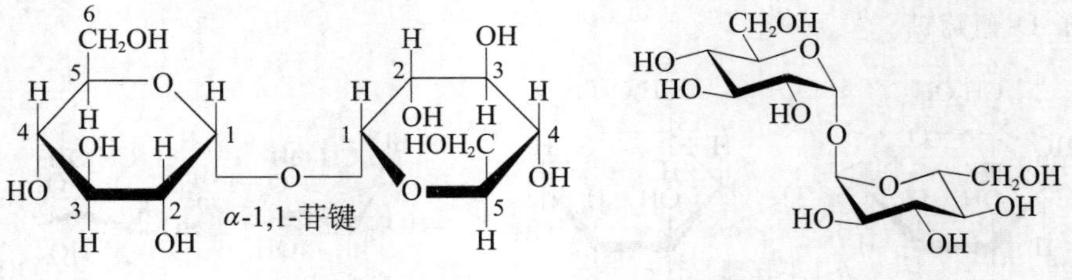

海藻糖

14.3 多糖

多糖是一类由许多单糖以苷键相连的天然高分子化合物，它们广泛分布在自然界，结构极为复杂。组成多糖的单糖可以是戊糖、己糖、醛糖和酮糖，也可以是单糖的衍生物，如氨基己糖和半乳糖酸等。组成多糖的单糖数目可以是几百个，有的甚至高达几千个。多糖没有甜味、变旋现象和还原性，亦无成脒反应。多糖按其组成可分为两类：一类称为均多糖，它是由同种单糖构成的，如淀粉和纤维素等；另一类称为杂多糖，它是由两种或两种以上单糖构成的，如果胶质和黏多糖等。多糖按其生理功能大致可分为两类：一类是作为贮藏物质的，如植物中的淀粉，动物中的糖原；另一类是构成植物的结构物质，如纤维素、半纤维素和果胶质等。

14.3.1 淀粉

淀粉是植物的贮藏物质，广泛存在于植物体的各个部分，特别是在种子及某些块根和块茎中含量较高。例如，稻米中含淀粉 62%～82%，小麦含 57%～75%，马铃薯含 12%～14%，玉米含 65%～72%。

（1）淀粉的分子结构　淀粉是由许多个 α-D-葡萄糖通过苷键结合成的多糖，它们可用通式 $(C_6H_{10}O_5)_n$ 表示。淀粉一般是由两种成分组成的：一种是直链淀粉；另一种是支链淀粉，这两种淀粉的结构和理化性质都有差别。两者在淀粉中的比例随植物的品种而异，一般直链淀粉约占 10%～30%，支链淀粉约占 70%～90%。表 14-3 是几种粮食中直链淀粉和支链淀粉的含量。

表 14-3　几种粮食中直链淀粉和支链淀粉的含量

粮食名称	直链淀粉含量/%	支链淀粉含量/%
小麦	24	76
稻米	17	83
糯米	0	100
玉米	23	77
糯玉米	0	100

粮食作物种子中的直链淀粉和支链淀粉的含量比例决定着谷物种子的食味品质和出饭率，甚至影响谷物的贮藏与加工。支链淀粉含量高，蒸煮后黏性比较大。粳米中支链淀粉比籼米多，因而米饭黏性强，出饭率低。而籼米蒸煮后，黏性小，米饭干松，膨胀大，出饭率高。糯米几乎全部是支链淀粉，所以饭的黏性最大。

淀粉可用酸水解，也可在淀粉酶作用下水解，其最终产物为 D-葡萄糖，但倒数第二个产物是麦芽糖，可见淀粉由 α-D-葡萄糖以 1,4-苷键结合而成的高分子化合物，也有以 1,6-苷键结合成支链，构成支链淀粉的片断。

直链淀粉大约是由 100～1000 个 （一般为 250～300 个） α-D-葡萄糖单位通过 α-1,4-苷键连接而成的长链分子，分子量范围在 30000～100000。

实验证明，直链淀粉不是完全伸直的。由于分子内氢键的作用，使链卷曲盘旋成螺旋状，每卷螺旋一般含有六个葡萄糖单位（图 14-9）。现已发现直链淀粉能与磷酸、脂肪酸等生成复合物。

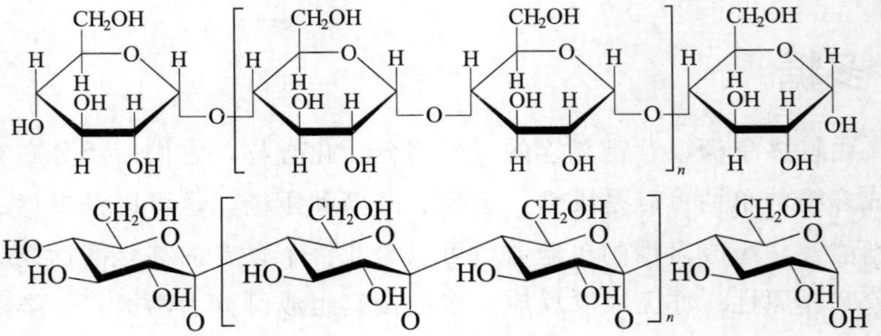

直链淀粉

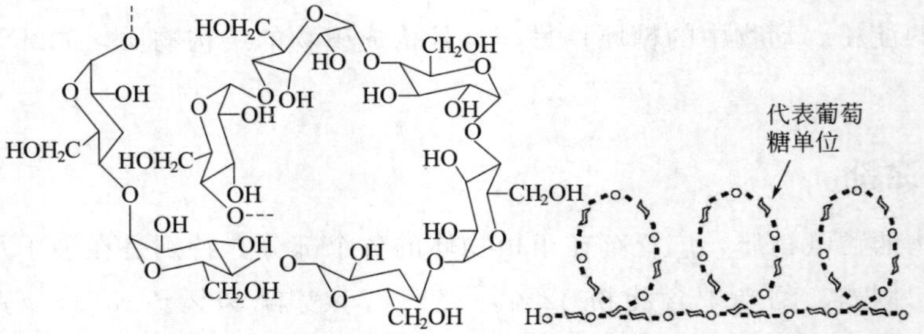

图 14-9   直链淀粉的螺旋结构示意图

支链淀粉的分子比直链淀粉大得多。支链淀粉是由 1000 个以上（一般平均 6000 个）α-D-葡萄糖单位连接而成的树状大分子，为天然高分子化合物中最大的一种。在支链淀粉分子中的 α-D-葡萄糖除通过 α-1,4-苷键连接成长链外，还可以通过 α-1,6-苷键形成分支的侧链。侧链一般含 20～25 个葡萄糖单位，侧链内部的 α-D-葡萄糖单位仍是通过 α-1,4-苷键相互连接的。侧链上每隔 6～7 个葡萄糖单位又能再度形成另一支链结构，使支链淀粉形成复杂的树状分支结构的大分子。

支链淀粉中支链数目的多少随淀粉来源不同而异，但至少有 50 个以上。支链淀粉的形状没有一定的规律。

（2）淀粉的理化性质   淀粉是白色无定形粉末，不同来源的淀粉其形状、大小各异。直链淀粉和支链淀粉由于分子量和结构不同，所以性质亦有差异。

① 水溶性   直链淀粉不溶于冷水而易溶解在热水中而不成糊状。这是由于在加热的情况下，其螺旋状结构散开，易与水形成氢键而均匀地分布在水中成为溶胶，溶胶冻结则形成凝胶，没有黏性，因此含直链淀粉的薯粉和豆粉可制成粉皮和粉丝。

支链淀粉不溶于水，与水共热则膨胀而成糊状，不能形成溶胶。支链淀粉在热水中，其螺旋结构虽然也有所散开，但由于分子中有许多支链彼此纠缠（图 14-10 及图 14-11），而产生糊化现象，呈现很大的黏性，因此含支链淀粉多的糯米煮后黏性特别大。

② 呈色反应   直链淀粉遇碘呈深蓝色，支链淀粉遇碘呈紫红色。淀粉与碘的反应很灵敏，常用来检验淀粉。在分析化学中，可溶性淀粉常用作碘量法的指示剂。直链淀粉遇碘呈深蓝色是由于碘分子"钻入"淀粉的螺旋结构的孔道中，在孔道内羟基的作用下，与淀粉形成了有色的配合物。加热时，淀粉的螺旋结构发生变化，与碘形成的配合物随之分解，故深蓝色褪去，冷却后又恢复淀粉螺旋结构，故又重新显色。

③ 水解   淀粉可以在酸或酶的作用下水解。淀粉水解是大分子逐步裂解为小分子的过程，这个过程的中间产物总称为糊精。糊精是淀粉部分水解的产物，分子虽然比淀粉小，但

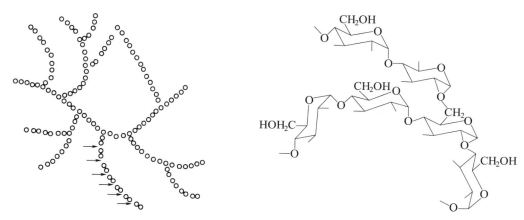

图 14-10　支链淀粉结构示意图 图 14-11　支链淀粉片断

（每个圆圈代表一个葡萄糖单位，∞代表麦芽糖单位，箭头所指处为可被淀粉酶水解部分）

仍然是多糖。在水解过程中，糊精分子逐渐变小，根据它们与碘产生不同的颜色可分为蓝糊精、红糊精和无色糊精。无色糊精约含十几个葡萄糖单位，能还原斐林试剂，无色糊精再继续水解则生成麦芽糖。麦芽糖在酸或麦芽糖酶的催化下最后水解生成葡萄糖。淀粉在淀粉酶催化下最后只能生成麦芽糖。淀粉的水解过程可表示如下：

淀粉 —→ 蓝糊精 —→ 红糊精 —→ 无色糊精 —→ 麦芽糖 —→ 葡萄糖

淀粉酶催化　　　　　　　　　　　麦芽糖酶催化

淀粉在酸的作用下水解，最后产物是葡萄糖，可用下式表示：

$$(C_6H_{10}O_5)_n + (n-1)H_2O \xrightarrow{稀酸} nC_6H_{12}O_6$$

淀粉　　　　　　　　　　　　　　　葡萄糖

糊精能溶于水，水溶液有黏性，可作为固体饮料的载体，还可作黏合剂及纸张、布匹等的上胶剂。

④ 生成淀粉衍生物　淀粉可以与一些试剂作用生成淀粉衍生物。例如，与乙酸酐作用生成乙酸淀粉；与氯乙酸作用生成羧甲基淀粉；与环氧乙烷作用生成羟乙基淀粉等。

(CH₃CO)₂O → 乙酸淀粉

ClCH₂COOH → 羧甲基淀粉

→ 羟乙基淀粉

此外，淀粉虽然是由葡萄糖分子结合而成的，但葡萄糖分子相互间是通过苷键连接的，只有在淀粉分子末端的葡萄糖单位上还保留游离的苷羟基，这种苷羟基在分子中所占的比例极小，因此淀粉无还原性。同理，其他多糖也无还原性。

淀粉除了作为食物外，还可作为酿造工业的原料、纺织工业的浆剂、造纸工业的填料、药剂的赋形剂和制取葡萄糖等。淀粉在食品工业中用处很多，可用来制造糕点、饼干、糖果和罐头食品。淀粉在食品中可作为增稠剂、胶体生成剂、保湿剂、乳化剂、黏合剂等。

14.3.2 糖原

糖原是动物体内的贮藏物质，又称动物淀粉，主要存在于肝和肌肉中，因此有肝糖原和肌糖原之分。糖原在动物体中的功用是调节血液的含糖量，当血液中含糖量低于常态时，糖原就分解为葡萄糖，当血液中含糖量高于常态时，葡萄糖就合成糖原。

糖原也是由许多个 α-D-葡萄糖结合而成的，其结构和支链淀粉相似。不过糖原的支链更多、更短，平均隔三个葡萄糖单位即可有一个分支，支链的葡萄糖单位也只有 $12\sim18$ 个，外圈链甚至只有 $6\sim7$ 个，所以糖原的分子结构比较紧密，整个分子团成球形。它的平均分子量大约在 $10^6\sim10^7$。

糖原为白色粉末，能溶于水及三氯醋酸，不溶于乙醇及其他有机溶剂，遇碘显红色，无还原性。糖原也可被淀粉酶水解成糊精和麦芽糖，若用酸水解，最终可得 D-葡萄糖。

14.3.3 纤维素

（1）纤维素的结构　纤维素分子是由许多 β-D-葡萄糖通过 β-1,4-苷键连接而成的一条没有分支的长链。组成纤维素的葡萄糖单位数目随纤维素的来源不同而异，一般在 $5000\sim10000$ 个。一般认为纤维素分子约由 8000 个左右的葡萄糖单位构成。纤维素分子的结构表示如下：

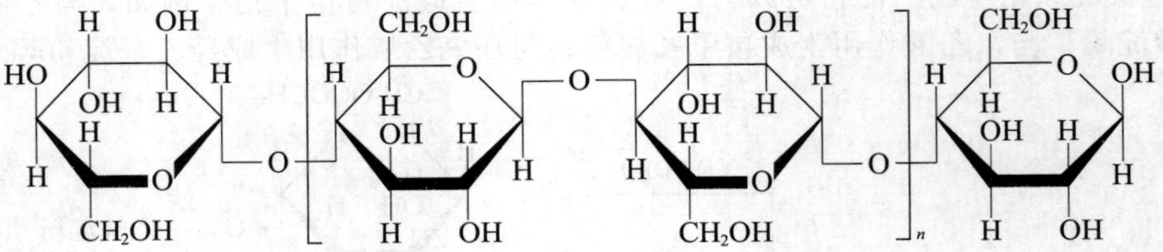

纤维素

纤维素是自然界分布最广的一种多糖，它是植物体的支撑物质，是细胞壁的主要成分。在自然界中，棉花的纤维含量最高，麻、木材、麦秆以及其他植物的茎秆都含有大量的纤维素（表 14-4）。

表 14-4　几种植物纤维素的含量

名称	纤维素含量/%	名称	纤维素含量/%
棉花	88～98	黄麻	60～70
亚麻	80～90	木材	40～50
苎麻	80～85	稻草、麦秆	40～50

纤维素分子在植物细胞壁中构成一种称为微纤维的生物学结构单元，微纤维由一束沿分子长轴平行排列的纤维素分子构成。微纤维呈细丝状，含有 $280\sim800$ 个纤维素分子，直径

为 10～20nm，微纤维束的横切面为椭圆形。微纤维核心的纤维素分子常排列成三维晶格结构，称为纤维素微纤维的微晶区。微纤维核心晶格结构之外的纤维素分子仍大致上处于平行排列的构象，但未形成完善的三维晶格，称为微纤维亚结晶区或称无定形区，一般认为纤维素分子的聚合形式有这两种类型，这两束微纤维有时尚可融合在一起。由于纤维素分子构成的微纤维有强的结晶性质，使纤维素有强的机械强度和化学稳定性。

（2）纤维素的性质　纤维素是白色纤维状固体，无甜味，性质比较稳定。

① 溶解性　纤维素不溶于水，仅能吸水膨胀，也不溶于稀酸、稀碱和一般的有机溶剂，但能溶于硫酸铜的氨溶液、氯化锌的浓溶液、硫氰酸钙的浓溶液等。例如，纤维素溶于铜氨溶液的反应如下：

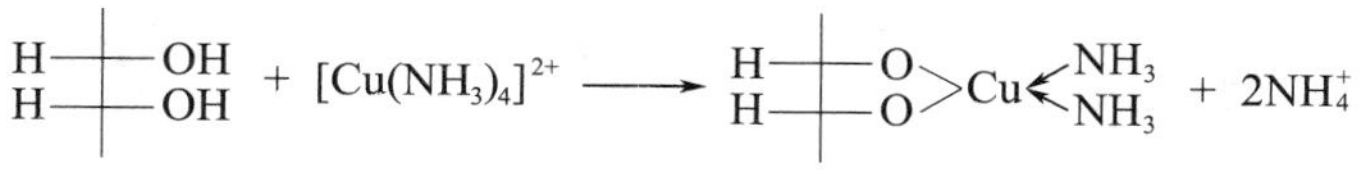

$$
\begin{array}{c}
H\!-\!OH \\
H\!-\!OH
\end{array}
+ [Cu(NH_3)_4]^{2+} \longrightarrow
\begin{array}{c}
H\!-\!O \\
H\!-\!O
\end{array}\!\!>\!Cu\!<\!\!
\begin{array}{c}
NH_3 \\
NH_3
\end{array}
+ 2NH_4^+
$$

这个铜氨配合物遇酸后即分解，原来的纤维素又沉淀下来。人造丝就是利用这个性质制造的。

② 水解　纤维素可以发生水解，但比淀粉困难，纤维素可以被浓硫酸、浓盐酸或纤维素酶水解。水解过程中也产生一系列纤维素糊精、纤维二糖，最后产物是 D-葡萄糖。

纤维素用途很广，除用于制造各种纺织品和纸张外，还可制成人造丝、人造棉、玻璃纸、火棉胶、赛璐珞制品和电影胶片等。纤维素的衍生物，像 N,N-二乙氨基乙基纤维素（DEAE 纤维素）可用于分离蛋白质和核酸等，羧甲基纤维素（CMC）在纺织、医药、造纸和化妆品工业上都有广泛的用途。

14.3.4　甲壳素

甲壳素又称几丁质，存在于虾、蟹及许多昆虫的硬壳上，是这些动物的保护物质。蕈类和地衣的外膜也存在甲壳素。

甲壳素是一种含氮的均多糖，其结构单位是 2-乙酰氨基-β-D-葡萄糖，它们彼此以 β-1，4-苷键相连接。

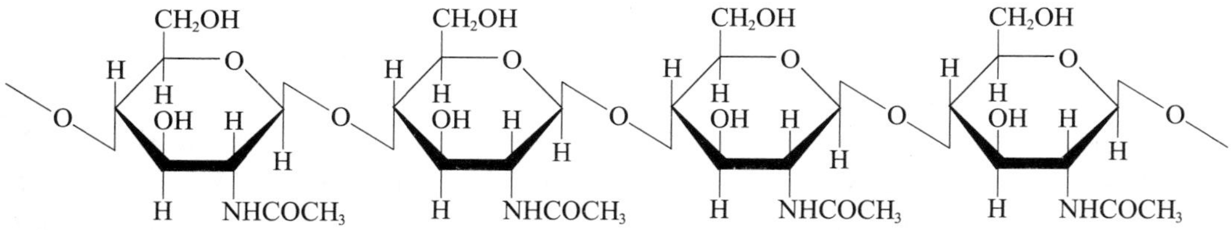

甲壳素

甲壳素与纤维素相似，其分子也是一伸展的直链，但链与链间的氢键数多于纤维素，所以甲壳素相对更为坚硬。甲壳素不溶于水、稀酸和有机溶剂，也不溶于铜氨溶液。它的化学性质稳定，但能被强碱破坏，浓强酸能使其水解，水解的最终产物是 2-氨基葡萄糖和乙酸。

14.3.5　半纤维素

半纤维素是与纤维素共存于植物细胞壁的一类多糖。秸秆、糠麸、花生壳和玉米芯内含量较多。它的分子量比纤维素小，它的组成和结构与纤维素完全不同。不同来源的半纤维素成分也各不相同。

半纤维素不溶于水而能溶于碱，比纤维素容易水解。半纤维素彻底水解，可以得到某些戊糖、某些己糖以及某些戊糖和己糖的衍生物等，故认为半纤维素可能是多缩戊糖和多缩己糖以及杂多糖的混合物。

多缩戊糖中主要是多缩木糖和多缩阿拉伯糖，其中阿拉伯糖为 L 型。多缩戊糖的分子具有像纤维素的直链结构，但链比纤维素短得多。例如，多缩木糖中的基本单位为木糖，它通过 β-1,4-苷键连接成直链。

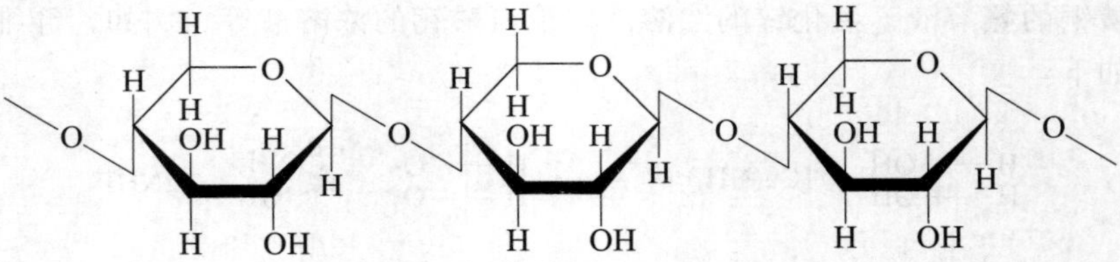

多缩木糖

多缩己糖中主要是多缩甘露糖、多缩半乳糖和多缩半乳糖醛酸。它们也是直链结构，链比纤维素短。例如，多缩甘露糖中的基本单位为甘露糖，也是通过 β-1,4-苷键连接成直链的。

半纤维素的结构现在还不清楚，它是高等植物细胞壁中非纤维素也非果胶类物质的多糖。半纤维素在植物体内主要起着骨架物质的作用。在适当的条件下，如种子发芽时，半纤维素在酶的作用下可以水解生成具有营养作用的单糖。半纤维素属于膳食纤维素的组分之一。膳食纤维素的存在，在消化机制和预防医学方面有一定的功用。

14.3.6 果胶质

果胶类物质又称为果胶多糖，是植物细胞壁的组成成分，它充塞在植物相邻细胞间，使细胞黏合在一起，是植物中的一群复杂胶状多聚糖。在植物的果实、种子、根、茎和叶里都含有果胶类物质，但以水果和蔬菜中含量较多。

果胶类物质是一类成分比较复杂的多糖，它们的分子结构尚未完全清楚。其化学组成常因来源不同而有差别。根据其结合状况、成分和理化性质，可把果胶类物质分为果胶酸、果胶酯酸和原果胶三类。

（1）果胶酸　纯果胶酸是由很多个 D-半乳糖醛酸通过 α-1,4-苷键结合而成的没有分支的线形长链高分子化合物。同时，任何具有果胶酸基本结构能呈现胶体性质的聚合体，都可以称为果胶酸。果胶酸是基本上不含甲氧基的果胶类物质，因其分子中含有羧基，故能与 Ca^{2+}、Mg^{2+} 生成不溶性的果胶酸钙、果胶酸镁沉淀，这个反应可以用来测定果胶类物质的含量。

果胶酸是果胶酯酸和原果胶的构成单位。

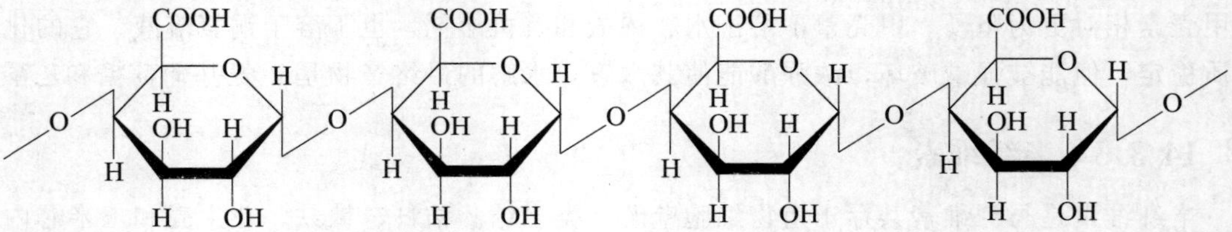

果胶酸

（2）果胶酯酸 果胶酯酸是指甲氧基比例较大的果胶酸。现已证实，果胶酯酸是一组以复杂方式连接的多聚鼠李糖、多聚半乳糖醛酸。它是由 α-1,4-苷键连接的 D-吡喃半乳糖醛酸单位组成骨架链，其中含有少数有序或无序的 α-1,2-苷键连接的鼠李糖单位，在鼠李糖富集区也夹杂有半乳糖醛酸单位。果胶酯酸的一般结构如图 14-12 所示。

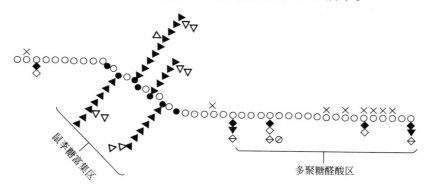

图 14-12 果胶酯酸的结构

（○代表半乳糖醛酸；×代表甲基酯；◇代表葡萄糖醛酸；▽代表岩藻糖；

◆代表木糖；△代表阿拉伯糖；▲代表半乳糖；●代表鼠李糖；⊘代表甲基醚）

从图 14-12 中可以看出，果胶酯酸的结构很复杂，其中有甲基醚、多聚鼠李糖、葡萄糖醛酸、木糖、阿拉伯糖、岩藻糖、半乳糖、多聚半乳糖醛酸及其甲酯等。

果胶是指具有各种甲氧基含量的水溶性果胶酯酸。

（3）原果胶 原果胶泛指一切水不溶性果胶类物质。原果胶存在于未成熟的水果和植物的茎、叶里，不溶于水。一般认为它是果胶酯酸与纤维素或半纤维素结合而成的高分子化合物。未成熟的水果是坚硬的，这直接与原果胶的存在有关。随着水果的成熟，原果胶在酶的作用下逐步水解为有一定水溶性的果胶酯酸，水果也就由硬变软了。

现在已经证实，果胶类物质主要分为同质多糖和异质多糖两类；前者包括多聚半乳糖醛酸、多聚半乳糖和多聚阿拉伯糖；后者包括多聚阿拉伯糖、多聚半乳糖和多聚鼠李糖醛酸，同时还有一些单糖组分，包括 D-半乳糖、L-阿拉伯糖、D-木糖、L-岩藻糖、D-葡萄糖醛酸以及罕见的 α-甲氧基-D-木糖、α-甲氧基-L-岩藻糖和 D-芹叶糖。

14.3.7 琼脂

琼脂又称琼胶，是从红藻类植物石花菜或其他藻类中提取出来的一种黏胶。其结构是由九个 D-半乳糖分子以 β-1,3-苷键相连，其还原性端基又以 1,4-苷键与一个 L-半乳糖连接。L-半乳糖的 C^6 上是硫酸酯，并且与钙形成盐类。其结构式表示如下；

（R 为—$CH_2OSO_2OCa_{1/2}$）

琼脂

琼脂为白色或浅褐色，无臭味，不溶于冷水，加水煮沸则溶解成黏液，冷却后即成半透明的凝胶物质，可供食用，也常用作缓泻药，在微生物培养中用作培养基的固化物。

阅读材料

氨基糖与血型

天然氨基糖是己醛糖 C² 上的羟基被氨基或乙酰氨基取代的糖。N-乙酰氨基-α-D-葡萄糖、α-D-半乳糖、N-乙酰氨基-α-D-半乳糖和 α-L-岩藻糖等是构成血型物质的组成之一。其结构分别如下：

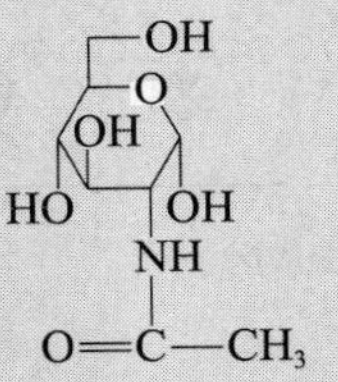
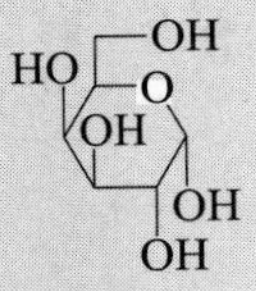
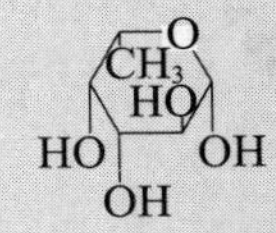
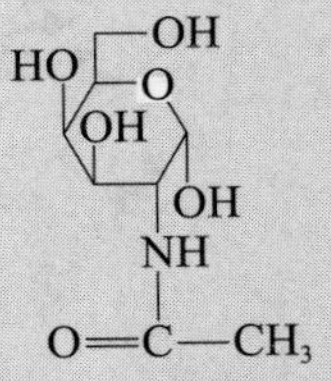

N-乙酰氨基-*α*-D-葡萄糖　　*α*-D-半乳糖　　*α*-L-岩藻糖　　*N*-乙酰氨基-*α*-D-半乳糖

众所周知，人的血型可分为 A 型、B 型、AB 型和 O 型四类。O 型血能与 A 型、B 型、AB 型匹配，但后三者却均不能成为 O 型血者的血源，否则将发生凝血，危及生命。这是为什么？人的红细胞质膜上结合着一个寡糖链，不同的血型，血液中红细胞表面的寡糖链不同，四种血型其血液中红细胞表面的寡糖链的基本组成分别如下：

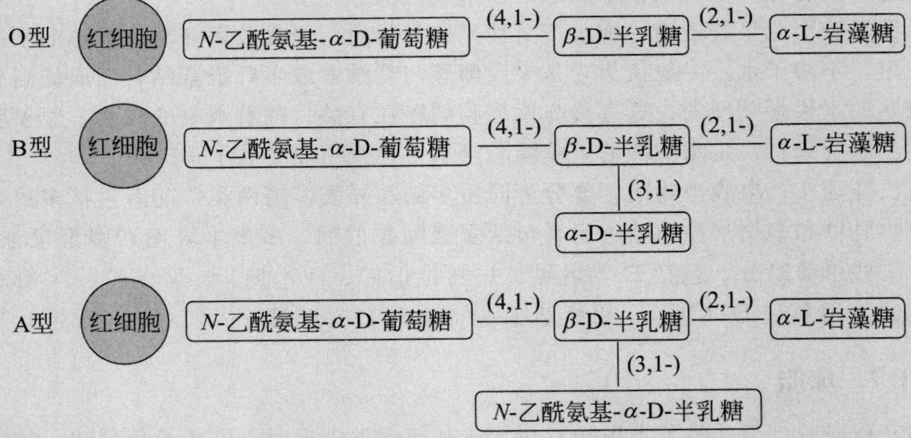

AB型　　兼有A型和B型的糖

可以看出，O 型血的成分最简单。A 型、B 型和 AB 型都额外多出了一个单糖残基，“剪掉”它们，大家都成了万能血。

本章小结

一、单糖的结构

1. 单糖构型的 D、L 标记法

2. 单糖的链式结构、Haworth 氧环式结构和变旋现象

二、单糖的主要化学性质

1. 差向异构化

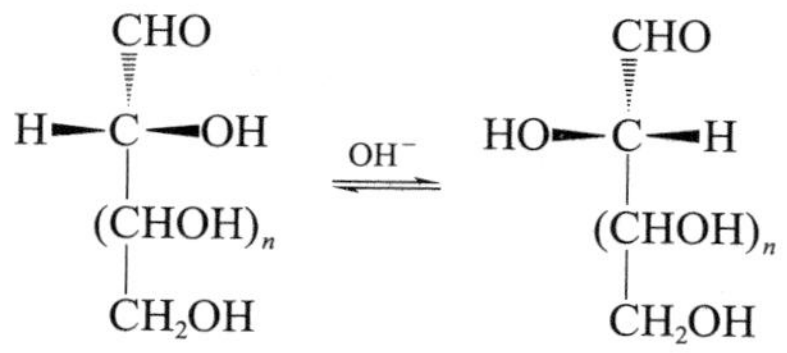

2. 氧化反应

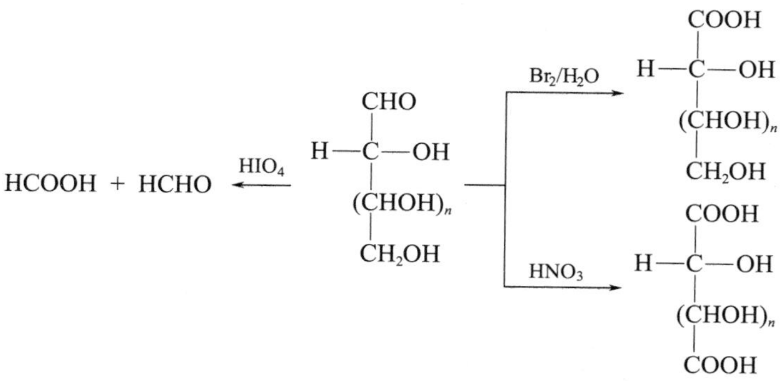

3. 还原反应

在催化加氢或酶的作用下，糖还原生成相应的糖醇。

4. 成脎反应

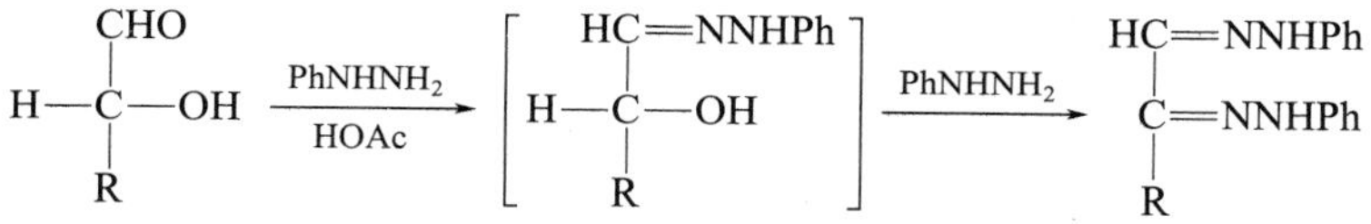

5. 成苷反应

单糖环状结构中的半缩醛羟基可以与酚或醇等含羟基的化合物脱水生成糖苷。

6. 成酯反应

单糖中所有的羟基可以和酸酐、羧酸和磷酸或酯。

7. 脱水和显色反应

在浓酸作用下，单糖可发生分子内脱水反应。在浓酸条件下，糖类能与某些酚类化合物发生显色反应。

习　题

14-1　写出下列化合物的 Haworth 式。

（1）乙基-β-D-甘露糖苷　　　　　（2）α-D-半乳糖醛酸甲酯

（3）α-D-葡萄糖-1-磷酸　　　　　（4）β-D-呋喃核糖

14-2　写出下列化合物的构象式。

（1）β-D-吡喃葡萄糖　　　　　（2）α-D-呋喃果糖

（3）甲基-β-D-吡喃半乳糖苷　　　　　（4）α-D-吡喃甘露糖

14-3　举例解释下列名词。

（1）差向异构体　　　　（2）端基异构体　　　　（3）变旋现象

(4) 还原糖、非还原糖　　　　(5) 苷键

14-4　写出 D-葡萄糖与下列试剂作用的主要产物。

(1) H_2NOH　　　　　(2) Br_2-H_2O　　　　　(3) CH_3OH/HCl

(4) $LiAlH_4$　　　　　(5) 苯肼

14-5　用简单化学方法鉴别下列各组化合物。

(1) 甲基葡萄糖苷、葡萄糖、果糖、淀粉

(2) 麦芽糖、蔗糖、果糖

14-6　有三种单糖与过量苯肼作用后生成相同的糖脎，其中一种为 A（D-葡萄糖），写出其他两个异构体 B 与 C 的 Fischer 投影式。

14-7　写出下列反应的主要产物或反应物。

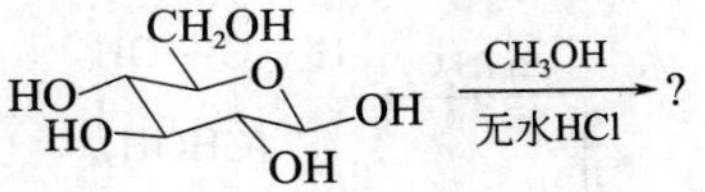

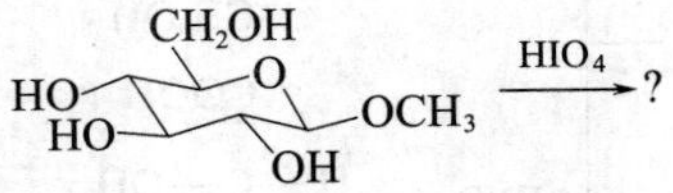

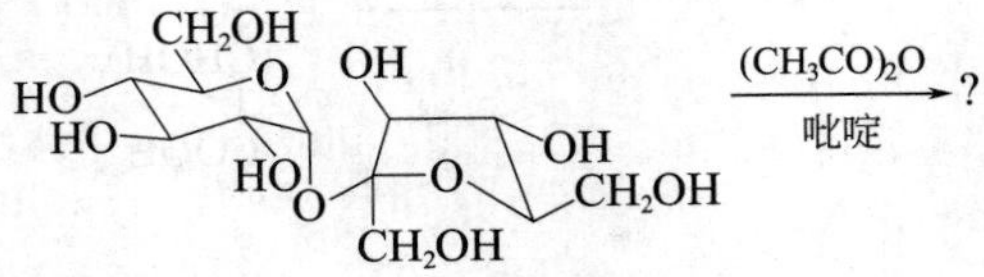

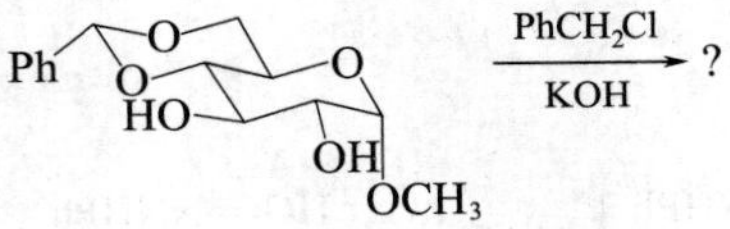

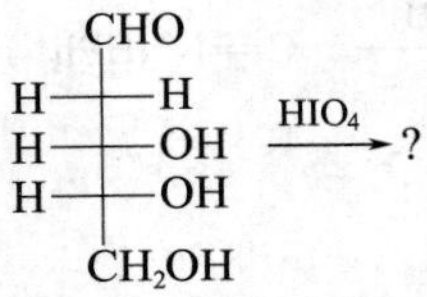

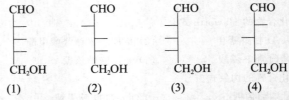

(6) (A) $\xrightarrow{HNO_3}$ 内消旋酒石酸

(7) (B) $\xrightarrow{NaBH_4}$ 旋光性丁四醇

14-8　指出下列糖化合物哪些有还原性。

(1) D-阿拉伯糖　　　　(2) D-甘露糖　　　　(3) 淀粉

(4) 蔗糖　　　　　　　(5) 纤维素　　　　　(6) 苯基-β-D-葡萄糖苷

14-9　指出下列戊糖的名称、构型（D 或 L），哪些互为对映体？哪些互为差向异构体？

14-10　有两个具有旋光性的丁醛糖 A 和 B，与苯肼作用生成相同的脎。用硝酸氧化 A 和 B 都生成含有四个碳原子的二元酸，但前者有旋光性，后者无旋光性。试推测 A 和 B 的结构。

Chapter 15

氨基酸、蛋白质和核酸 ▶▶

蛋白质和核酸都是生物高分子化合物，是生命现象的物质基础。蛋白质存在于一切生物体中，肩负着各种生理功能，是生物体内各种生命活动的主要承担者。自然界中存在的蛋白质种类繁多，正是由于蛋白质的如此多样性，生物体才能表现出千差万别、丰富多彩的生物功能。核酸是生物遗传的物质基础，在生物体的生长、发育、繁殖、遗传、变异、转化等生命现象中，核酸起着决定性的作用。

蛋白质与核酸的生物功能与它们的化学结构密切相关。由于蛋白质水解的最终产物是氨基酸，这表明氨基酸是组成蛋白质的基本单位。因此，要了解蛋白质的结构和性质，首先要讨论氨基酸。

15.1 氨基酸

15.1.1 氨基酸的分类、命名和构型

氨基酸是羧酸分子中烃基上的氢原子被氨基（—NH_2）取代后的衍生物，分子中含有羧基和氨基两种官能团。目前已经发现几百种天然氨基酸，组成蛋白质的最基本的氨基酸有20余种。

根据氨基酸分子中氨基和羧基的相对位置不同，氨基酸可分为 α-氨基酸、β-氨基酸、γ-氨基酸等。组成蛋白质的氨基酸都是 α-氨基酸，除脯氨酸外，其结构通式为：

$$\underset{\underset{H}{|}}{\overset{\overset{NH_2}{|}}{R-C}}-COOH$$

根据分子中烃基的结构不同，氨基酸可分为脂肪族氨基酸、芳香族氨基酸和杂环族氨基酸。根据分子中所含氨基和羧基的数目不同，氨基酸又可分为中性氨基酸（氨基和羧基的数目相等）、酸性氨基酸（羧基的数目多于氨基的数目）、碱性氨基酸（氨基的数目多于羧基的数目）。

组成蛋白质的常见氨基酸通常采用俗名，即根据其来源或某些特性来命名，如氨基乙酸因具有甜味称为甘氨酸，丝氨酸最早来源于蚕丝而得名，天冬氨酸源于天门冬植物。为了方

便起见，使用时常用中文代号或英文名称缩写符号表示氨基酸。例如，甘氨酸，英文名称为"glycine"，可用"甘"或"Gly"来表示。氨基酸的系统命名法与其他取代羧酸的命名相同，即以羧酸为母体来命名。存在于蛋白质中的二十种常见氨基酸的名称、中英文缩写及结构式见表 15-1。

表 15-1　存在于蛋白质的二十种常见氨基酸

分类	氨基酸俗名	英文缩写	中文代号	结构式	等电点(pI)
中性氨基酸	甘氨酸	Gly	甘	CH_2COOH / NH_2	5.97
	丙氨酸	Ala	丙	$CH_3CHCOOH$ / NH_2	6.00
	丝氨酸	Ser	丝	$HOCH_2CHCOOH$ / NH_2	5.68
	半胱氨酸	Cys	半胱	$HSCH_2CHCOOH$ / NH_2	5.07
	缬氨酸*	Val	缬	$(CH_3)_2CHCHCOOH$ / NH_2	5.96
	苏氨酸*	Thr	苏	$CH_3CHOHCHCOOH$ / NH_2	5.70
	蛋氨酸*	Met	蛋	$CH_3SCH_2CH_2CHCOOH$ / NH_2	5.74
	亮氨酸*	Leu	亮	$(CH_3)_2CHCH_2CHCOOH$ / NH_2	5.98
	异亮氨酸*	Ile	异亮	$CH_3CH_2CHCH_3CHCOOH$ / NH_2	6.02
	苯丙氨酸*	Phe	苯丙	$C_6H_5CH_2CHCOOH$ / NH_2	5.48
	酪氨酸	Tyr	酪	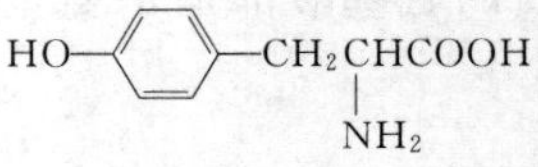 $HO-\!\!\bigcirc\!\!-CH_2CHCOOH$ / NH_2	5.66
	脯氨酸	Pro	脯	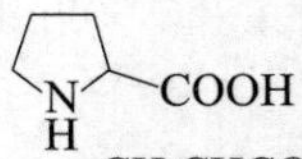 $\overset{N}{\underset{H}{\bigcirc}}-COOH$	6.30
	色氨酸*	Try	色	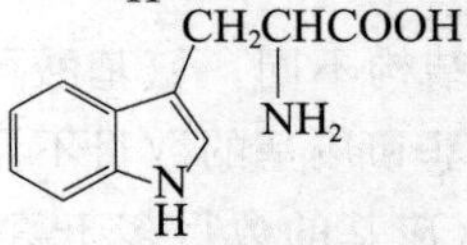 $CH_2CHCOOH$ / NH_2（吲哚环）	5.89
	天冬酰胺	Asn	天酰	$H_2NCOCH_2CHCOOH$ / NH_2	5.41
	谷酰胺	Gln	谷酰	$H_2NCOCH_2CH_2CHCOOH$ / NH_2	5.65

续表

分类	氨基酸俗名	英文缩写	中文代号	结构式	等电点(pI)
酸性氨基酸	天冬氨酸	Asp	天冬	$\underset{\underset{NH_2}{\vert}}{HOOCCH_2CHCOOH}$	2.77
	谷氨酸	Glu	谷	$\underset{\underset{NH_2}{\vert}}{HOOCCH_2CH_2CHCOOH}$	3.22
碱性氨基酸	精氨酸	Arg	精	$\underset{\underset{NH}{\Vert}}{H_2NCNHCH_2CH_2CH_2}\underset{\underset{NH_2}{\vert}}{CHCOOH}$	10.76
	赖氨酸*	Lys	赖	$H_2NCH_2CH_2CH_2CH_2\underset{\underset{NH_2}{\vert}}{CHCOOH}$	9.74
	组氨酸	His	组	$\underset{\underset{NH_2}{\vert}}{CH_2CHCOOH}$ 咪唑环	7.59

表 15-1 中标有"＊"者是动物自身不能合成，必须从食物中摄取的氨基酸，称为必需氨基酸。如果食物中缺少这些氨基酸，将会影响动物的生长发育。

自然界中存在的氨基酸，除甘氨酸外，分子中的 α-C 都是手性碳原子，具有旋光性。氨基酸的构型通常采用 D、L 标记法，即以甘油醛为参照标准，在 Fischer 投影式中，氨基酸分子中 α-氨基的位置与 L-甘油醛手性碳原子上—OH 的位置相同者为 L-型，相反者为 D-型。

$$
\begin{array}{ccc}
\text{CHO} & \text{COOH} & \text{COOH} \\
HO-\!\!\!\!\!\!\vert\!\!-H & H_2N-\!\!\!\!\!\!\vert\!\!-H & H_2N-\!\!\!\!\!\!\vert\!\!-H \\
\text{CH}_2\text{OH} & \text{CH}_2\text{OH} & \text{CH}_3 \\
\text{L-甘油醛} & \text{L-丝氨酸} & \text{L-丙氨酸}
\end{array}
$$

由蛋白质水解得到的氨基酸绝大多数是 L-型的，构型不同其生理功能则大不一样。

15.1.2 氨基酸的物理性质

氨基酸多为无色晶形固体，通常以内盐的形式存在，表现出盐类的特性。难溶于苯、石油醚等有机溶剂，一般能溶于水，但不同的氨基酸在水中的溶解度差别较大。在有机物中，氨基酸属于熔点较高的化合物，其熔点比相应的羧酸或胺类都要高，一般在 200℃ 以上，而且加热至熔点时常易分解。除甘氨酸外，α-氨基酸都有旋光性。

15.1.3 氨基酸的化学性质

氨基酸分子中同时含有氨基（—NH$_2$）和羧基（—COOH）两个官能团，因此氨基酸既具有羧酸的性质，也具有胺类化合物的性质，还具有由氨基与羧基共同参与而表现出的特殊性质。羧基和氨基的有些性质在前面相关章节已有介绍，这里不再赘述。

（1）氨基酸的两性和等电点 氨基酸分子中的氨基是碱性的，而羧基是酸性的，因而氨基酸既能与酸反应，也能与碱反应，是一个两性化合物。氨基酸分子本身的氨基和羧基也可发生反应，生成内盐，亦称两性离子或偶极离子。

$$
\underset{\underset{R-CH-COOH}{}}{\overset{NH_2}{\vert}} \longrightarrow \underset{\underset{R-CH-COO^-}{}}{\overset{\overset{+}{NH_3}}{\vert}}
$$
$$\text{内盐（偶极离子）}$$

氨基酸在溶液中的存在形式与溶液的酸碱度有关。在酸性溶液中，氨基酸偶极离子中的 —COO⁻ 接受 H^+，氨基酸带正电荷；而在碱性溶液中偶极离子中的—NH_3^+ 给出 H^+，氨基酸带负电荷。这种变化可用下式表示：

$$
\underset{\substack{\text{阴离子}\\ \text{pH>pI}}}{R-\underset{\underset{NH_2}{|}}{CH}-COO^-}
\underset{H^+}{\overset{OH^-}{\rightleftharpoons}}
\underset{\substack{\text{偶极离子}\\ \text{pI}}}{R-\underset{\underset{^+NH_3}{|}}{\overset{\overset{H}{|}}{C}}-COO^-}
\underset{OH^-}{\overset{H^+}{\rightleftharpoons}}
\underset{\substack{\text{阳离子}\\ \text{pH<pI}}}{R-\underset{\underset{^+NH_3}{|}}{CH}-COOH}
$$

显然，通过调节溶液的 pH 值，可以控制某种氨基酸在溶液中的存在形式。氨基酸以偶极离子形式存在时溶液的 pH 值，称为该氨基酸的等电点（用 pI 表示）。不难看出，当溶液 pH<pI 时，氨基酸以正离子形式存在；当溶液 pH>pI 时，氨基酸以负离子形式存在；当溶液 pH＝pI 时，氨基酸以偶极离子形式存在。

不同的氨基酸由于其组成与结构不同，因此具有不同的等电点（见表 15-1）。在等电点时，氨基酸的酸式解离和碱式解离程度相等，氨基酸是电中性的，但其水溶液并不是呈中性的，即溶液的 pH 并不等于 7。对于中性氨基酸，由于羧基比氨基解离程度大，因此需要加入适当的酸以抑制羧基的解离，促使氨基的解离，使氨基酸以偶极离子的形式存在，所以中性氨基酸的等电点都小于 7。酸性氨基酸的羧基多于氨基，必须加入更多的酸才能达到其等电点，因此酸性氨基酸的等电点更低。与之相反，要使碱性氨基酸达到其等电点，必须加入适量碱，因此碱性氨基酸的等电点都大于 7。

在等电点时，氨基酸在水中的溶解度最小，最易从溶液中析出沉淀。因此，可以通过调节等电点的方法，分离、提纯氨基酸。另外，不同的氨基酸在某一酸度下以不同的形式存在，利用它们在电场中移动的方向和速度的差异，可以分离和鉴别氨基酸。

（2）与亚硝酸反应　α-氨基酸中的氨基（伯胺），能与亚硝酸反应放出氮气，生成 α-羟基酸。

$$
R-\underset{\underset{NH_2}{|}}{CH}-COOH + HNO_2 \longrightarrow \underset{\alpha\text{-羟基酸}}{R-\underset{\underset{OH}{|}}{CH}-COOH} + H_2O + N_2\uparrow
$$

由于此反应可定量释放出氮气，故可计算出氨基酸分子中氨基的含量，也可测定蛋白质分子中的游离氨基含量。

（3）与甲醛反应　氨基酸分子中的氨基作为亲核试剂与甲醛的羰基发生加成反应，生成 N,N-二羟甲基氨基酸。由于羟基的吸电子诱导效应，氨基氮原子上的电子云密度降低，使氨基的碱性消失，这样就可以用标准碱液来滴定氨基酸的羧基，用于氨基酸含量的测定。

$$
\underset{\underset{NH_2}{|}}{RCHCOOH} + 2HCHO \longrightarrow \underset{\underset{N(CH_2OH)_2}{|}}{RCHCOOH}
$$

$$N,N\text{-二羟甲基氨基酸}$$

（4）脱羧反应　将氨基酸缓缓加热或在高沸点溶剂中回流，可以发生脱羧反应，失去二氧化碳而得到少一个碳的胺。

$$
R-\underset{\underset{NH_2}{|}}{CH}-COOH \overset{\triangle}{\longrightarrow} \underset{\text{胺}}{RCH_2NH_2} + CO_2\uparrow
$$

生物体内的脱羧酶也能催化氨基酸的脱羧反应，这是蛋白质腐败发臭的主要原因。例如，赖氨酸脱羧生成 1,5-戊二胺（尸胺）。

（5）与茚三酮的显色反应　α-氨基酸与水合茚三酮发生显色反应，最终生成蓝紫色的化合物（称为罗曼紫），并放出 CO_2。该反应可用于 α-氨基酸的定性和定量分析。凡是具有游离氨基的 α-氨基酸均可和水合茚三酮发生显色反应，多肽和蛋白质也有此显色反应。

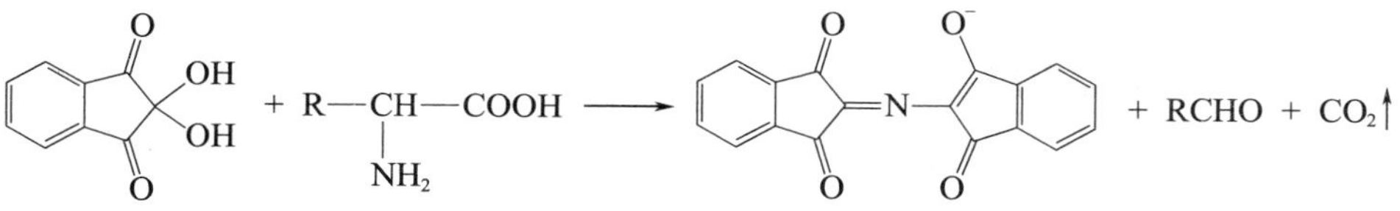

水合茚三酮　　　　　　　　　　　　　　（蓝紫色）

（6）成肽反应　一个氨基酸分子中的氨基与另一个氨基酸分子中的羧基之间脱水缩合所形成的化合物称为肽，该反应称为成肽反应。例如：

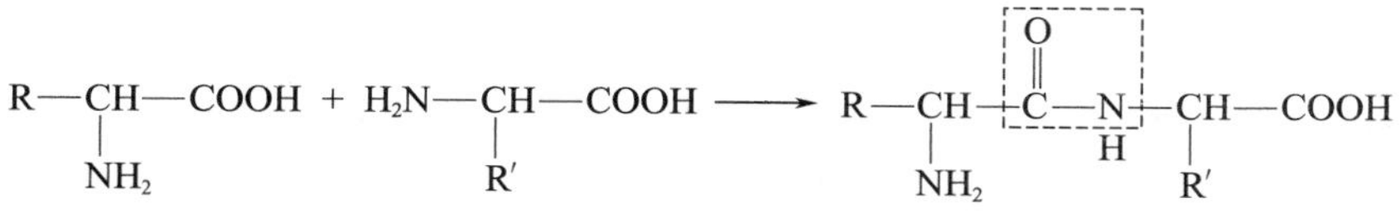

二肽

分子中的酰胺键（—CONH—）又称为肽键。由两分子氨基酸脱水缩合形成的肽称为二肽。以此类推，有三肽、四肽、五肽……多肽，分子量大于 10000 的多肽一般称为蛋白质。

15.2　多肽

15.2.1　多肽的组成和命名

多肽是多个氨基酸分子通过酰胺键（肽键）相连而形成的一类化合物。氨基酸形成多肽后，已不再是完整的氨基酸，故将多肽中的每个氨基酸单位称为氨基酸残基。多肽链中含有游离氨基的一端称为"N-端"，含有游离羧基的一端称为"C-端"。在写多肽结构时，通常将 N-端放在左边，C-端放在右边。例如：

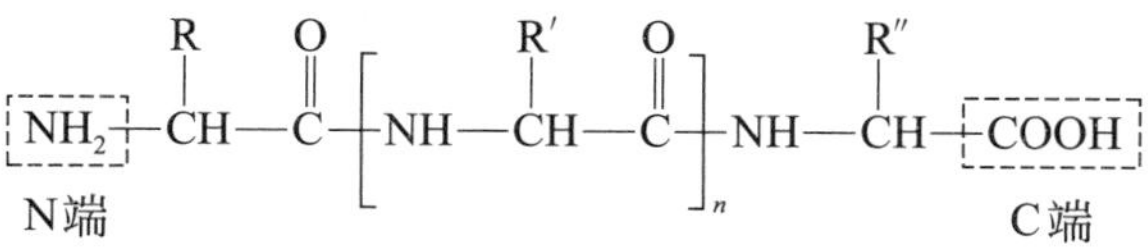

N端　　　　　　　　　　　　　　　　　　　　　　　C端

多肽命名时以含有完整羧基的氨基酸（即 C-端氨基酸）为母体，从 N-端开始，将其他氨基酸的"酸"字改为"酰"字，依次列在母体名称前，称为"某氨酰某氨酸"。例如：

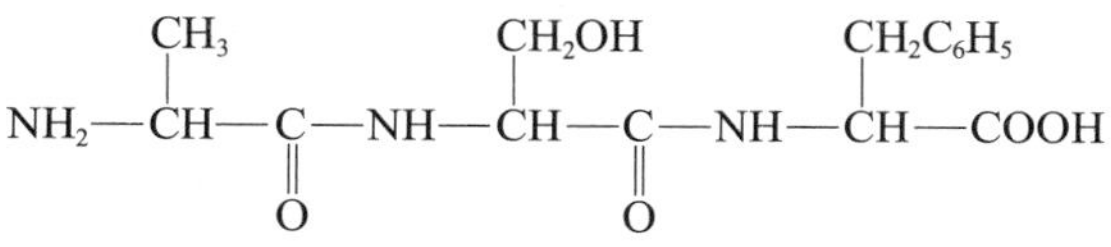

丙氨酰丝氨酰苯丙氨酸

为简便起见，也可用氨基酸的中文代号或英文缩写表示，氨基酸之间用"-"或"·"隔开。如上述三肽的名称可简写为丙-丝-苯丙或丙·丝·苯丙（Ala·Ser·Phe）。对于较复杂的多肽通常采用俗名，如催产素、胰岛素等。

天然存在的多肽都是由不同的氨基酸组成，分子大小不等，分子量一般在 10000 以下。有些多肽在生物体内起着很重要的作用，许多是具有特殊生理作用的活性物质。例如，具有促进子宫肌肉收缩作用的催产素和具有增高血压作用的增血压素都是肽类激素。

15.2.2　多肽的结构测定

测定多肽的分子结构是一项相当复杂的工作，不但要确定组成多肽的氨基酸种类和数目，还需要测出这些氨基酸残基在多肽链中的排列顺序。

（1）氨基酸组成和含量分析　利用全自动氨基酸分析仪可测定多肽的组成。将多肽用酸彻底水解成游离氨基酸的混合液，利用样品中各种氨基酸在结构、酸碱性、极性以及分子大小等方面的不同，进行色谱法分离，再经光度法确定其组成和含量。

至于多肽分子中氨基酸残基的排列顺序，则可通过末端残基分析法并配合部分水解等方法加以确定。

（2）多肽末端氨基酸残基的分析　末端残基分析即定性确定多肽链中 N-端和 C-端的氨基酸。通常选择一种适当的试剂作为标记化合物，使之与肽链 N-端或 C-端作用，再经肽链水解，则含有此标记物的氨基酸就是链端的氨基酸。

① 测定 N-端

a. 2,4-二硝基氟苯法　2,4-二硝基氟苯与氨基酸的 N-端氨基反应后，再经酸性水解，分离出 N-(2,4-二硝基苯基) 氨基酸，用色谱法分析，即可知道 N-端为何种氨基酸。

$$
\begin{array}{l}
O_2N\!\!-\!\!\!\bigcirc\!\!\!-\!\!F + H_2N\!-\!CH\!-\!C\!-\!NH\!-\!CH\!-\!C\!-\!NH\!-\!CH\!-\!COOH \\
\qquad\;\;\, O_2N \qquad\quad\;\; R^1\;\;O \qquad\quad R^2\;\;O \qquad\quad R^3
\end{array}
$$

$$
\longrightarrow O_2N\!\!-\!\!\!\bigcirc\!\!\!-\!\!NH\!-\!CH\!-\!C\!-\!NH\!-\!CH\!-\!C\!-\!NH\!-\!CH\!-\!COOH
$$

$$
\overset{水解}{\longrightarrow} O_2N\!\!-\!\!\!\bigcirc\!\!\!-\!\!NH\!-\!CH\!-\!COOH + H_2N\!-\!CH\!-\!COOH + H_2N\!-\!CH\!-\!COOH
$$

b. 异硫氰酸苯酯法　异硫氰酸苯酯与氨基酸的 N-端氨基反应后，再经酸性水解，N-端氨基酸断裂下来，用色谱法分析，即可知道 N-端为何种氨基酸。

$$
\bigcirc\!\!-\!\!N\!=\!C\!=\!S + H_2\ddot{N}\!-\!CH\!-\!C\!-\!NH\!-\!CH\!-\!CO\sim \xrightarrow{OH^-}
$$

$$
\bigcirc\!\!-\!\!\overset{H}{\underset{}{N}}\!-\!\overset{S}{\underset{}{C}}\!-\!NH\!-\!CH\!-\!C\!-\!NH\!-\!CH\!-\!CO\sim \xrightarrow{稀酸}
$$

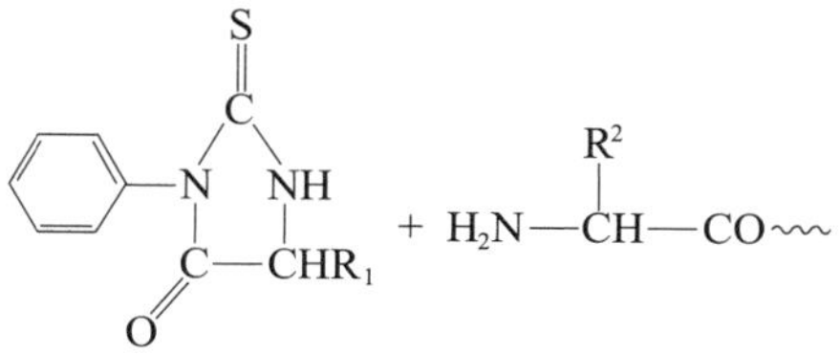

异硫氰酸苯酯法的特点是，多肽中仅脱去 N-端的氨基酸残基，其余多肽链会保留下来，这样就可以继续测定其 N-端，逐个鉴定出氨基酸的排列顺序。

② 测定 C-端　C-端氨基酸的分析，通常是用羧肽酶水解法。羧肽酶可以有选择地只把 C-端氨基酸水解下来，对该氨基酸进行鉴定，即可知道 C-端为何种氨基酸。

（3）多肽链的部分水解及氨基酸排列顺序的确定　对于分子较大的复杂多肽，除采用端基标记法外，还需要配合部分水解法。即将多肽用不同的蛋白酶进行部分水解，使之生成二肽、三肽等碎片，再用端基分析法分析各碎片的结构，最后将各碎片在排列顺序上进行组合、对比，即可推断出多肽中氨基酸的排列顺序。

例如，某八肽完全水解后，经分析氨基酸的组成为：丙氨酸、亮氨酸、赖氨酸、苯丙氨酸、脯氨酸、丝氨酸、酪氨酸、缬氨酸；端基分析结果为：N-端为丙氨酸，C-端为亮氨酸；蛋白酶催化水解结果为：得到酪氨酸，一种三肽和一种四肽；用异硫氰酸苯酯法分别测定三肽、四肽的顺序，结果为：丙-脯-苯丙；赖-丝-缬-亮。

由上述信息即可推断出该八肽为：丙—脯—苯丙—酪—赖—丝—缬—亮。

15.2 蛋白质

15.3.1 蛋白质的组成和分类

（1）蛋白质的组成　蛋白质是由多种氨基酸缩合而成的一类天然高分子化合物，分子量一般在 10000 以上。从各种动物和植物组织中提取的蛋白质，经过元素分析，其组成主要有：碳 $50\%\sim55\%$，氢 $6\%\sim7\%$，氧 $19\%\sim24\%$，氮 $13\%\sim19\%$，硫 $0\sim4\%$；有些蛋白质还含有磷、铁、碘、镁、锌、铜等元素。

生物体中的氮元素，大部分以蛋白质的形式存在，而且各种蛋白质的含氮量很接近，平均含氮量为 16%，即每克氮相当于 $6.25g$ 蛋白质。因此，只要测定出生物样品中的含氮量，就可以计算出其中蛋白质的近似含量。

$$粗蛋白质含量＝氮含量\times6.25$$

（2）蛋白质的分类　蛋白质结构复杂、种类繁多，有多种分类方法。

① 根据分子形状不同分类

a. 纤维蛋白　纤维蛋白外形细长或呈纤维状，大多不溶于水，如丝蛋白、角蛋白、胶原蛋白等。

b. 球蛋白　球蛋白的形状近似于球形或椭圆形，一般可溶于水或酸、碱、盐溶液，如酪蛋白、蛋清蛋白、血红蛋白等。

② 根据化学组成不同分类

a. 单纯蛋白质　单纯蛋白质是完全由 α-氨基酸通过肽键结合而成的蛋白质，其水解的最终产物都是 α-氨基酸。如蛋清蛋白、血清蛋白、角蛋白等。

b. 结合蛋白质 结合蛋白质是由单纯蛋白质和非蛋白质（又称辅基）组成的蛋白质，这类蛋白质完全水解后，除生成 α-氨基酸外，还含有糖、脂肪、色素和含磷、含铁化合物等。根据辅基不同，结合蛋白质又可分为核蛋白、脂肪蛋白、糖蛋白、磷蛋白、血红蛋白等。

③ 根据功能不同分类

a. 活性蛋白质 指生命活动中具有一定特殊生理活性的蛋白质，如酶、激素、抗体等。活性蛋白质占蛋白质的绝大部分。

b. 非活性蛋白质 指生物体中起保护或支撑作用的蛋白质，如角蛋白、胶原蛋白、弹性蛋白等。

15.3.2 蛋白质的结构

蛋白质是结构非常复杂的生物大分子，通常用一级结构、二级结构、三级结构和四级结构四种不同的层次来描述。

（1）蛋白质的一级结构 蛋白质的一级结构是指多肽链中氨基酸残基的种类及排列顺序。在一级结构中，氨基酸通过肽键相互连接成多肽链，多肽链是蛋白质分子的基本结构，肽键是蛋白质一级结构中主要的化学键。有的蛋白质分子就由一条多肽链组成，有些蛋白质分子则由两条或两条以上的多肽链构成。蛋白质的一级结构是其空间构象和特定生物学功能的基础。一级结构相似的多肽或蛋白质，其空间构象以及生物学功能也相似。

（2）蛋白质的空间结构 蛋白质的空间结构是指多肽链在空间进一步盘曲折叠形成的构象，它包括二级结构、三级结构和四级结构，又称为蛋白质的高级结构。

蛋白质的二级结构是指多肽链借助分子内氢键盘曲或折叠形成的有规则的空间构象，氢键是维持蛋白质二级结构稳定存在的重要因素。蛋白质的二级结构是蛋白质复杂空间结构的基础，主要包括 α-螺旋、β-折叠等基本类型。α-螺旋是一条肽链中的酰胺键上的氧原子与另一酰胺键中氨基上的氢原子形成氢键，而绕成螺旋形（图 15-1）；β-折叠是由链间氢键将肽链拉在一起形成的片状结构（图 15-2）。

图 15-1 α-螺旋

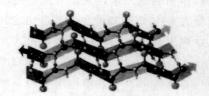

图 15-2 β-折叠

蛋白质的三级结构是指在二级结构基础上，多肽链通过氢键、范德华力、疏水作用力、静电引力、二硫键等各种副键进一步卷曲、折叠所形成的稳定的空间构象。图 15-3 表示的是肌红蛋白的三级结构。

很多蛋白质分子是由两条或两条以上具有完整三级结构的多肽链组成，聚合成具有一定空间构型的聚合体，这种空间构象称为蛋白质的四级结构。图 15-4 表示的是血红蛋白的四级结构。

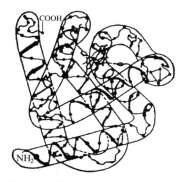

图 15-3　肌红蛋白的三级结构图

图 15-4　血红蛋白的四级结构示意图

15.3.3　蛋白质的性质

蛋白质由氨基酸组成，因此，蛋白质具有一些与氨基酸相似的性质，如两性、等电点及某些颜色反应等。蛋白质是一种高分子化合物，分子量大，有复杂的空间结构，故又有其特有的性质，如胶体性质、沉淀、变性等。

(1) 蛋白质的两性和等电点　蛋白质由氨基酸组成，不论肽链多长，在其链的两端总会有游离的氨基和羧基存在，并且其侧链上也常含有碱性基团和酸性基团。因此，蛋白质与氨基酸相似，也具有两性和等电点。调节蛋白质溶液 pH 值至某一合适值，使蛋白质分子所带的正、负电荷相等，此时溶液的 pH 值称为该蛋白质的等电点（pI）。不同 pH 值的溶液中，蛋白质以不同的形式存在：若 pH＜pI，蛋白质以阳离子的形式存在；若 pH＞pI，蛋白质以阴离子的形式存在；若 pH＝pI，蛋白质以两性离子的形式存在。

不同的蛋白质具有不同的等电点。在等电点时，蛋白质分子呈电中性，在电场中不发生迁移，这时的蛋白质溶解度最小。利用这些性质可以分离、纯化蛋白质。

由于蛋白质具有两性，所以在生物组织中它们既对外来酸、碱具有一定的抵抗能力，而且能对生物体内代谢所产生的酸、碱性物质起缓冲作用，使生物组织液维持在适当的 pH 值范围内。

(2) 蛋白质的胶体性质　蛋白质是生物高分子化合物，其分子颗粒直径在 $1\sim100nm$ 的胶粒范围内，它们以单分子分散在水中而形成高分子溶液，具有胶体溶液的一般特性，如具有较强的吸附作用，蛋白质颗粒不能透过半透膜等。自然界中，具有生理活性的蛋白质几乎都处于溶胶或凝胶状态，一旦胶体体系遭到破坏，蛋白质的生理活性就被大大削弱，甚至完全消失。蛋白质能够形成稳定的亲水胶体溶液，一方面的原因是由于蛋白质分子在溶液中带电，由于同性电荷相互相斥，使蛋白质分子不易凝聚；另一方面的原因是由于蛋白质多肽链上含有多种亲水基团（如羧基、氨基、肽键、羟基、巯基等），使蛋白质分子表面形成一层水化膜，故蛋白质粒子不易聚集而沉降。

(3) 蛋白质的沉淀　蛋白质的沉淀分为可逆沉淀和不可逆沉淀。使蛋白质沉淀的方法通常有以下几种。

① 盐析　向蛋白质溶液中加入一定量的强电解质无机盐（如硫酸铵、硫酸镁、氯化钠等），会使蛋白质从溶液中沉淀出来，这一作用称为蛋白质的盐析。这是由于强电解质在水中破坏了蛋白质表面的水化膜；同时，电解质离子所带的电荷也会中和或削弱蛋白质粒子表面所带的电荷，两者均使蛋白质的胶体溶液稳定性降低，进而产生凝聚沉淀。盐析一般不会

破坏蛋白质的结构，当再加水时，沉淀又能重新溶解，所以盐析作用是可逆沉淀。因此，采用盐析可以分离、提纯蛋白质。

② 水溶性有机溶剂沉淀法　向蛋白质溶液中加入适量的水溶性有机溶剂如乙醇、丙酮等，由于它们对水的亲和力较大，使蛋白质粒子脱去水化膜而沉淀。沉淀后若迅速将蛋白质与脱水剂分离，仍可保持蛋白质原有的性质。

③ 重金属盐沉淀法　蛋白质在其 pH＞pI 的溶液中带负电荷，可与 Hg^{2+}、Pb^{2+}、Cu^{2+}、Ag^+ 等重金属离子结合，产生不可逆沉淀。重金属的杀菌作用是由于它能沉淀蛋白质，牛奶、蛋清或豆浆对重金属中毒有解毒作用，也是利用了这一性质。

④ 生物碱试剂沉淀法　蛋白质在其 pH＜pI 的溶液中带正电荷，可与苦味酸、鞣酸、三氯醋酸、磷钼酸等生物碱试剂的酸根结合，产生不可逆沉淀。

（4）蛋白质的变性　蛋白质分子受某些物理因素（如高温、高压、高频振荡、紫外线、X 射线、超声波等）和化学因素（如强酸、强碱、有机溶剂、重金属离子、生物碱试剂）的影响，使蛋白质分子的空间结构发生改变，从而导致其理化性质的改变和生物活性的丧失，这种现象称为蛋白质的变性。

变性蛋白质的性质改变是很明显的。首先，蛋白质一旦变性，就会失去生理活性。例如，酶失去催化性能，激素失去生理调节功能，病毒失去致病能力等。其次，一些理化性质也会发生改变，如溶解度降低，容易被酶水解，侧链基团的化学活性更为显著等。

蛋白质的变性作用广泛应用在工农业生产、科学研究以及日常生活中。例如，通常采用的加热、紫外线照射、酒精杀菌消毒就是使细菌体内的蛋白质变性。在食品加工中，制作豆腐时利用钙盐使大豆蛋白质凝固。烹饪含蛋白质丰富的食物也是为了使蛋白质变性，因为变性蛋白质易被蛋白酶消化水解，便于人体吸收。

（5）蛋白质的水解　蛋白质在稀酸、稀碱或酶的催化作用下可以发生水解，彻底水解的产物是各种 α-氨基酸。在缓和的条件下谨慎地水解蛋白质，可以得到一系列中间产物，其中最重要的是胨，它是比蛋白质小得多的多肽，可以溶解于水，容易消化。胨进一步水解，可以得到各种小肽，最后得到 α-氨基酸。蛋白质的水解反应，对研究蛋白质的结构以及蛋白质在生物体中的代谢都具有十分重要的意义。

（6）蛋白质的颜色反应　蛋白质分子由不同的氨基酸残基组成，含有多种官能团，故蛋白质可以与很多试剂作用产生特殊的颜色反应，利用这些反应可以鉴别蛋白质。蛋白质的重要颜色反应有以下。

① 缩二脲反应　分子中含有两个以上肽键的有机化合物，都能与硫酸铜的碱性溶液作用呈红紫色，该反应称为缩二脲反应。蛋白质、多肽都能发生缩二脲反应。

② 茚三酮反应　蛋白质分子中仍存在 α-氨基酸残基，故能与水合茚三酮作用呈现蓝紫色。

③ 黄蛋白反应　分子中含有苯环的蛋白质，遇浓硝酸即显黄色，这是由于苯环发生了硝化的缘故。再用碱处理，颜色转深而变成橙色，此反应称为黄蛋白反应。

④ 米隆反应　蛋白质分子中含有酪氨酸残基时，在其溶液中加入米隆试剂（硝酸汞、亚硝酸汞、硝酸、亚硝酸的混合溶液）即产生白色的蛋白质汞盐沉淀，再加热则转变成暗红色，此反应称为米隆反应。这是酪氨酸分子中酚羟基所特有的反应，多数蛋白质都含有酪氨酸残基，故此反应也可用于检测蛋白质。

15.4 核酸

15.4.1 核酸的组成

（1）核酸的化学组成　根据化学组成的不同，核酸可分为核糖核酸（RNA）和脱氧核糖核酸（DNA）两类。组成核酸的元素有 C、H、O、N、P，在各类核酸中 P 的含量变化不大，平均含量为 9.5%，即每克磷相当于 $10.5g$ 的核酸。因此，通过测定核酸的含磷量，即可算出核酸的大致含量。

粗核酸含量＝磷含量×9.5

核酸在酸、碱或酶的作用下，可以逐步水解。核酸完全水解后得到磷酸、戊糖、含氮碱三类化合物。其水解过程如下：

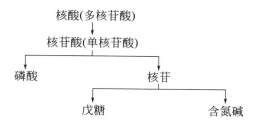

两类核酸在组成的基本单位戊糖和含氮碱上存在差异。RNA 与 DNA 的基本化学组成如表 15-2 所示。

表 15-2　RNA 与 DNA 的基本化学组成

类别		RNA	DNA
戊糖		β-D-核糖	β-D-2-脱氧核糖
含氮碱	嘧啶碱	尿嘧啶　胞嘧啶	胸腺嘧啶　胞嘧啶
	嘌呤碱	腺嘌呤　鸟嘌呤	腺嘌呤　鸟嘌呤
磷酸		H_3PO_4	H_3PO_4

核酸中的戊糖有两类：D-核糖和 D-2-脱氧核糖，二者都为 β-构型。结构式为：

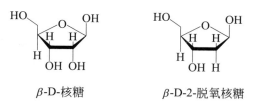

β-D-核糖　　　　　β-D-2-脱氧核糖

核酸中的碱基有两类：嘧啶碱和嘌呤碱。结构式为：

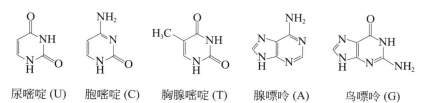

尿嘧啶 (U)　　胞嘧啶 (C)　　胸腺嘧啶 (T)　　腺嘌呤 (A)　　鸟嘌呤 (G)

（2）核苷　核苷是由 D-核糖和 D-2-脱氧核糖 C^1 上的 β-苷羟基与嘧啶碱的 1 位氮原子或嘌呤碱 9 位氮原子上的氢原子脱水而成的 β-糖苷。核苷命名时，碱基放在核苷的前面。在 RNA 中四种核糖核苷的结构式及名称如下：

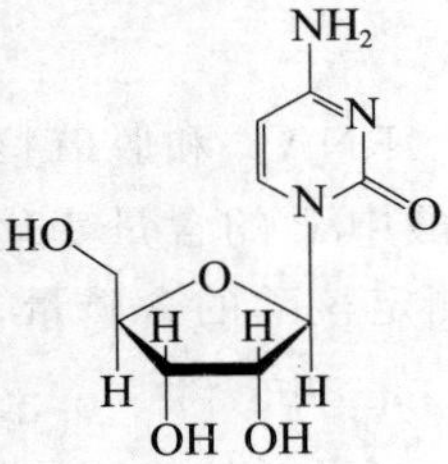

胞嘧啶核苷　　　　尿嘧啶核苷　　　　腺嘌呤核苷　　　　鸟嘌呤核苷
（胞苷）　　　　　（尿苷）　　　　　（腺苷）　　　　　（鸟苷）

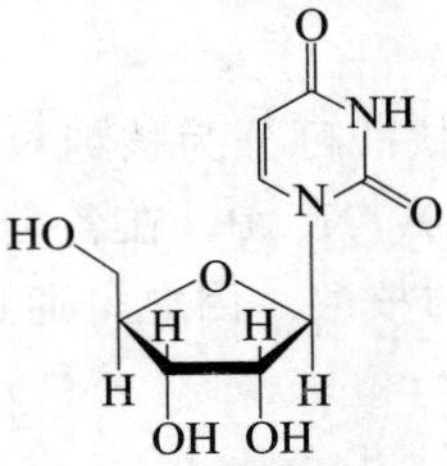

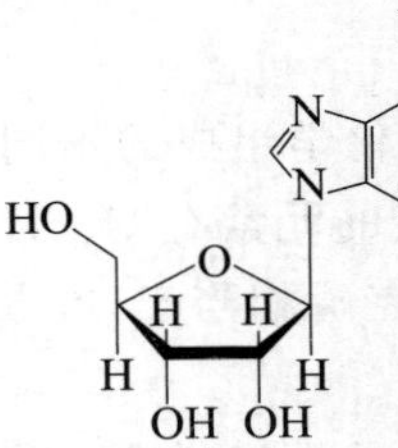

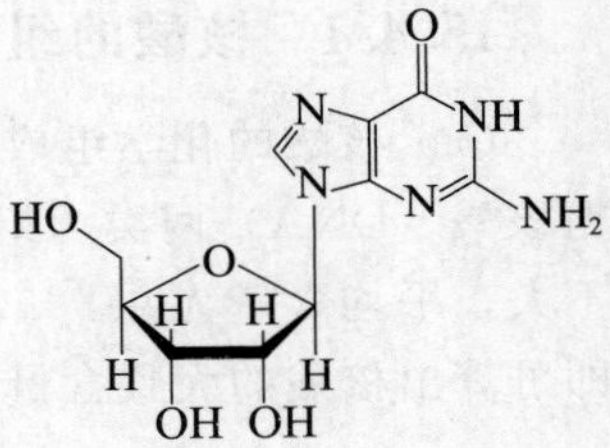

在 DNA 中四种脱氧核糖核苷的结构式及名称如下：

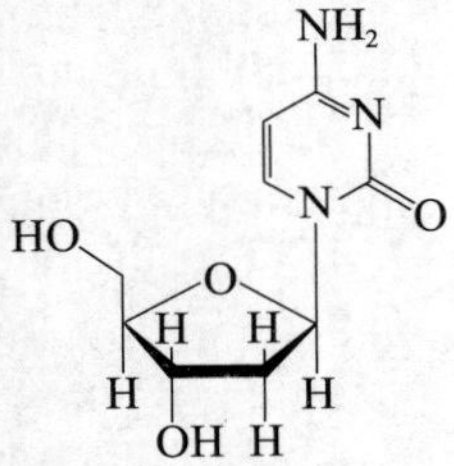

胞嘧啶脱氧核苷　　胸腺嘧啶脱氧核苷　　腺嘌呤脱氧核苷　　鸟嘌呤脱氧核苷
（脱氧胞苷）　　　（脱氧胸苷）　　　　（脱氧腺苷）　　　（脱氧鸟苷）

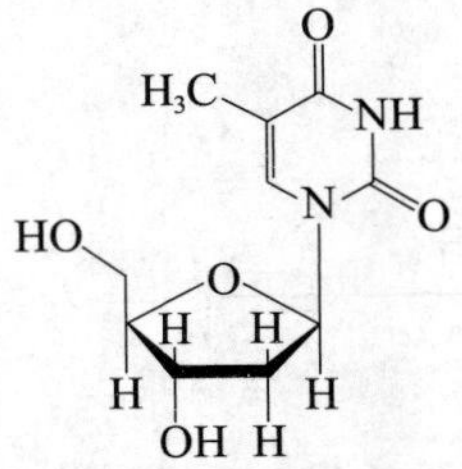

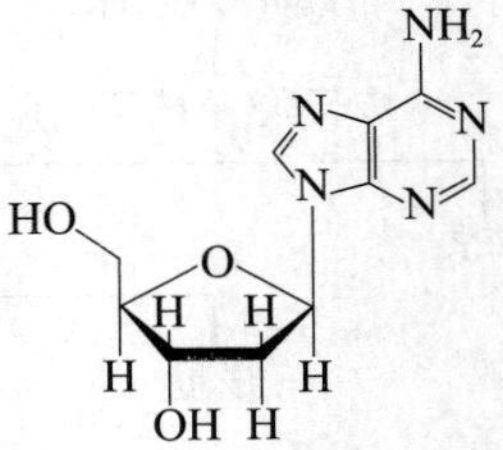

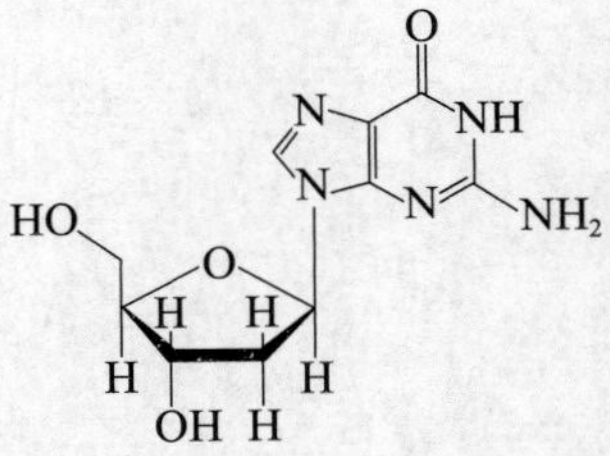

（3）核苷酸　核苷酸是核苷中核糖或脱氧核糖上的 $C^{3'}$ 位或 $C^{5'}$ 上的羟基与磷酸缩合而成的酯。生物体内核苷酸主要是 $C^{5'}$-磷酸酯。单核苷酸的命名要包括糖基和碱基的名称，同时标出磷酸在戊糖上的位置。如腺苷酸又叫 $5'$-腺苷酸或腺苷-$5'$-磷酸。

组成 RNA 的核苷酸有胞苷酸、尿苷酸、腺苷酸和鸟苷酸；组成 DNA 的核苷酸有脱氧胞苷酸、脱氧胸苷酸、脱氧腺苷酸和脱氧鸟苷酸，其结构如下：

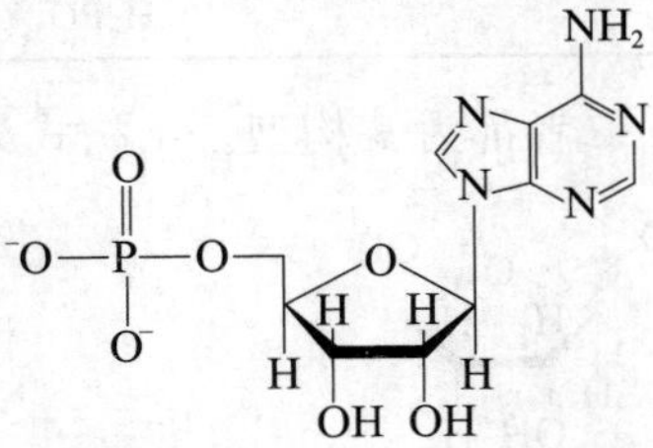

腺苷-$5'$-磷酸 ($5'$-AMP) 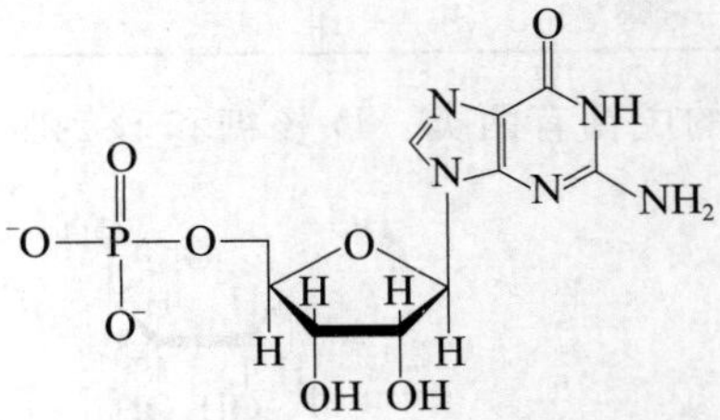　　　　　　　鸟苷-$5'$-磷酸 ($5'$-GMP)

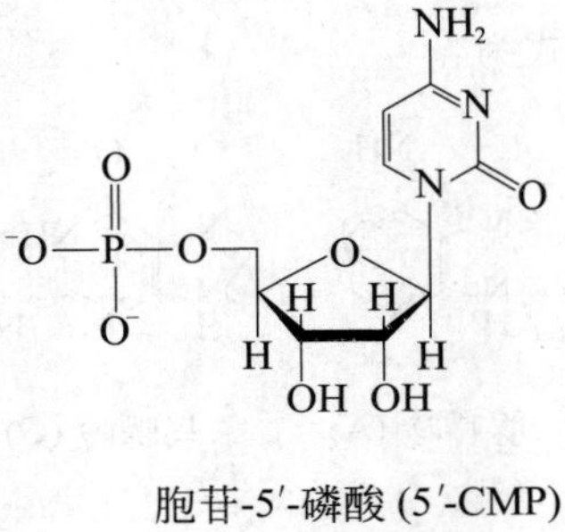

胞苷-$5'$-磷酸 ($5'$-CMP) 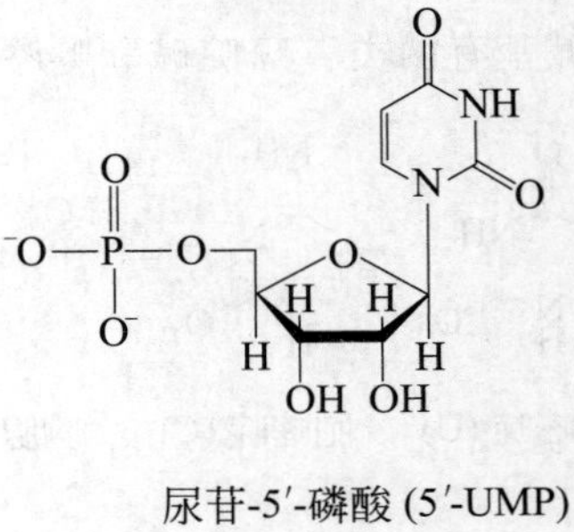　　　　　　　尿苷-$5'$-磷酸 ($5'$-UMP)

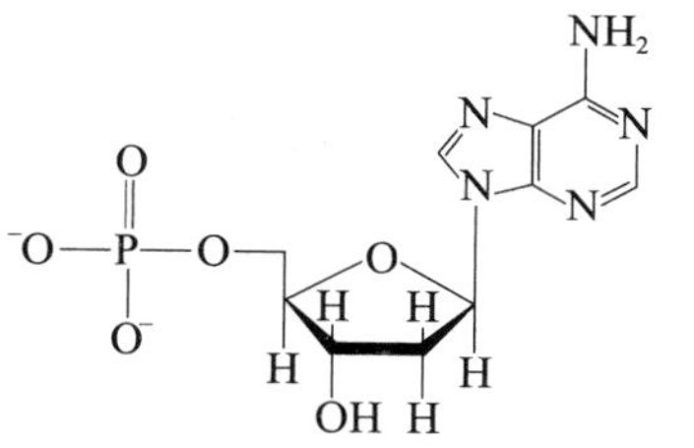

脱氧腺苷-5′-磷酸 (5′-dAMP)

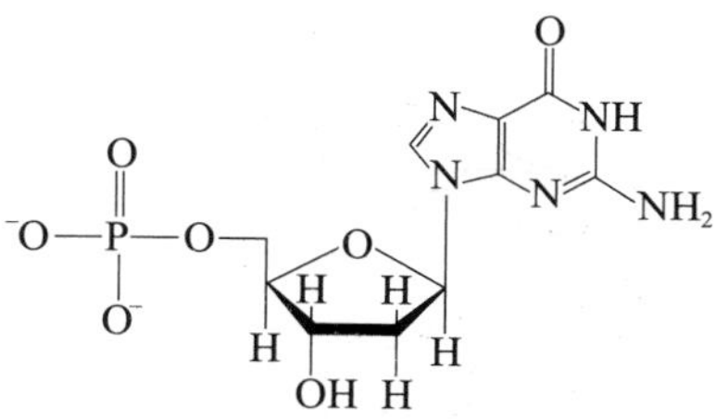

脱氧鸟苷-5′-磷酸 (5′-dGMP)

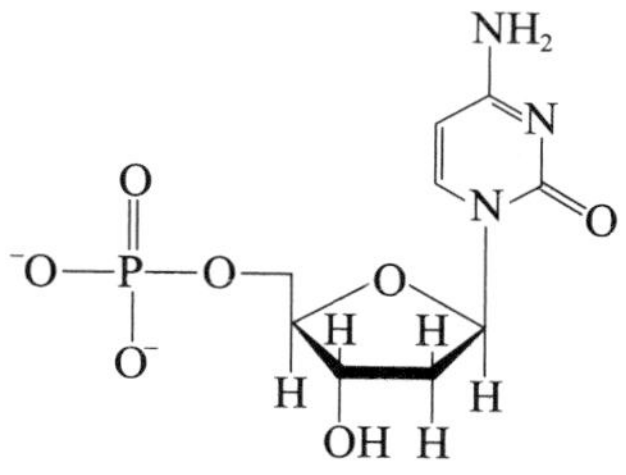

脱氧胞苷-5′-磷酸 (5′-dCMP)

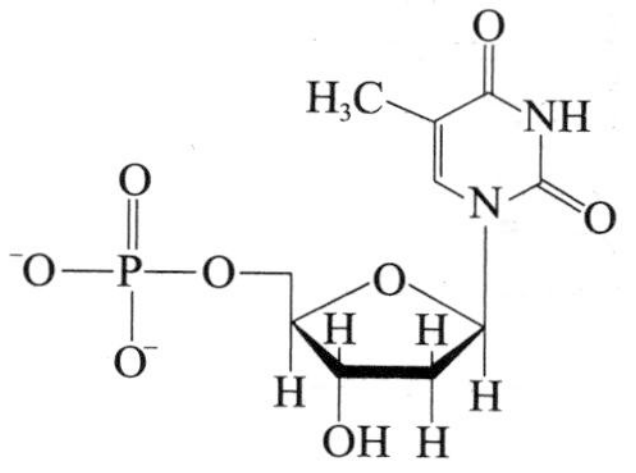

脱氧胸苷-5′-磷酸 (5′-dTMP)

15.4.2 核酸的结构和生物功能

（1）核酸的一级结构　　核酸的一级结构是指核酸分子中各种核苷酸排列的顺序，又称为核苷酸序列。由于核苷酸间的差别主要在于碱基，所以又称为碱基序列。在核酸分子中，各核苷酸之间是通过 3′ 和 5′-磷酸二酯键（即一个核苷酸的 3′-羟基与另一个核苷酸的 5′-磷酸基形成的磷酯键）连接的。DNA 的一级结构片段可用简式表示：用 P 表示磷酸，用竖线表示戊糖，碱基用相应的英文字母表示，用斜线表示磷酸酯键，如图 15-5 所示。

（2）DNA 的二级结构　　核酸的二级结构主要指 DNA 分子的双螺旋结构。1953 年沃森（Watson）和克里克（Crick）在前人研究的基础上，提出了 DNA 的双螺旋结构模型。双螺旋结构模型认为，DNA 分子由两条核苷酸链组成，沿着一个共同的轴心以反平行走向盘旋成右手双螺旋结构（图 15-6）。在双螺旋结构中，亲水的脱氧戊糖基和磷酸基位于双螺旋的外侧，碱基则朝向内侧。一条链的碱基和另一条链的碱基通

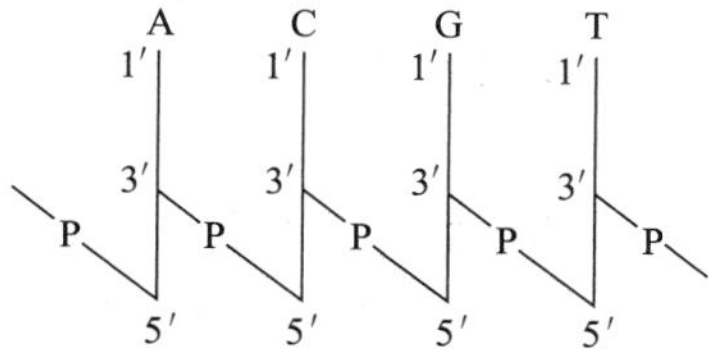

图 15-5　DNA 的一级
结构简式片段

过氢键结合成对。碱基对的平面与螺旋结构的中心轴垂直。配对碱基总是腺嘌呤（A）与胸腺嘧啶（T）配对，鸟嘌呤（G）与胞嘧啶（C）配对，称之为碱基配对规则。

碱基配对规则是由双螺旋结构的几何形状决定的，因为只有由嘌呤碱与嘧啶碱配对才能使碱基对合适地安置在双螺旋内。如果配对的碱基都是嘌呤碱，则体积太大而无法容纳；如果配对的碱基都是嘧啶碱，又会因两者相距太远而难以形成氢键。另外，如果腺嘌呤（A）与胸腺嘧啶（T）配对，鸟嘌呤（G）与胞嘧啶（C）配对，则可形成五个氢键；如果是腺嘌呤（A）与胞嘧啶（C）配对，鸟嘌呤（G）与胸腺嘧啶（T）配对，只能形成四个氢键。氢键的数目越多，越有利于双螺旋结构的稳定性。

在双螺旋结构中，双螺旋直径为 2.0nm，两个相邻碱基对平面之间的距离为 0.340nm，

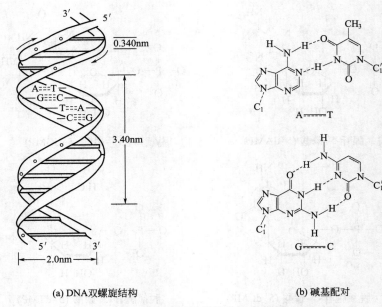

(a) DNA双螺旋结构　　　　　　　　　　　　(b) 碱基配对

图 15-6　DNA 分子双螺旋结构及碱基配对示意图

每 10 对碱基组成一个螺旋周期，即每旋转一周的高度（螺距）为 3.40nm。碱基间的疏水作用可导致碱基堆积，这种碱基堆积力维系着双螺旋的纵向稳定，而碱基对间的氢键则维系双螺旋的横向稳定。

由于一个碱基只能与另一个特定的碱基配对，所以一条核苷酸链上的碱基次序就决定了另一条核苷酸链的碱基次序。DNA 的这种特性在遗传学中具有重要意义。

RNA 在结构上与 DNA 不同，大多数天然 RNA 以单链形式存在，但在单链的许多区域可发生自身回折，在回折区域内碱基以 A-U 和 G-C 配对，配对的核苷酸链（约占 40%～70%）形成双螺旋结构，不能配对的碱基则形成突环。所以 RNA 的二级结构不如 DNA 分子有规律。

（3）核酸的生物功能

① 核酸是生物遗传的物质基础　遗传是生命的特征之一，而 DNA 则是生物遗传信息的携带者和传递着，即某种生物的形态结构和生理特征都是通过亲代 DNA 传给子代的。DNA 大分子中载有某种遗传信息的片段就是基因，它是由四种特定的核苷酸按一定顺序排列而成的，它决定着生物的遗传性状。在新生命形成时的细胞分裂过程中，DNA 按照自己的结构精确复制，将遗传信息（核苷酸的特定排列顺序）一代一代传下去，绵延着生物体的遗传特征。

② 核酸对蛋白质的生物合成起着决定性的作用　核酸在生物体内主要与蛋白质结合成核蛋白而存在，蛋白质是生命的物质基础，蛋白质的合成是生命活动的基本过程。DNA 主要存在于细胞核中，DNA 的结构决定生物合成蛋白质的特定结构，并保证把这种特性遗传给下一代。RNA 主要存在于细胞质中，它们是以 DNA 为模板而形成的，而且直接参与蛋白质的生物合成过程。根据在蛋白质合成过程中所起的作用，RNA 分为以下三类。

a. 核蛋白体 RNA（rRNA）　又称核糖体 RNA，细胞内 80%～90% 的 RNA 都是核蛋白体组织，它是合成蛋白质的场所。

b. 信使 RNA（mRNA）　它是合成蛋白质的模板，在蛋白质合成时控制氨基酸的排列顺序。

c. 转运 RNA（tRNA）　它是合成蛋白质时的搬运工具。氨基酸先由各自特异的 tRNA "搬运" 到核蛋白体上，然后再 "组装" 成多肽链。

可见，DNA 是 RNA 的模板，而 RNA 又是蛋白质的模板。存在于蛋白质分子上的遗传信息就是这样由 DNA 传递给 RNA，再传递给蛋白质。因此，核酸在生物体的生长、发育、繁殖、遗传、变异、转化等生命现象中起着决定性的作用，可以说 "没有核酸就没有生命"。

阅读材料

神奇的 DNA 修复术

2015 年诺贝尔化学奖授予了瑞典科学家托马斯·林达尔(Tomas Lindahl)、美国科学家保罗·莫德里克(Paul Modrich)和拥有美国、土耳其双重国籍的科学家阿齐兹·桑贾尔(Aziz Sancar)，以表彰他们在 DNA 修复机理研究方面所作的贡献。三位科学家从分子水平上揭示了细胞如何修复损伤的 DNA 以及如何保护遗传信息，为科学界提供了关于活体细胞功能的基本知识。

DNA 双螺旋结构被发现后，人们一度认为基因是非常稳定的分子。二十世纪七八十年代，从斯德哥尔摩卡罗琳斯卡医学院获得医学博士学位的托马斯·林达尔发现，DNA 并不像人们想象中的那样稳定，而是会在紫外线、自由基及其他外部条件影响下发生损伤。但是，DNA 的特殊性在于，它是细胞中唯一可以在受损后被修复的分子。人类的遗传物质之所以没有崩溃瓦解，正是得益于一个能够监控并修复 DNA 的分子系统。

林达尔的发现称为碱基切除修复，即细胞里有一些蛋白质（如尿嘧啶糖苷水解酶、糖苷酶等），专门寻找某些特定的 DNA 碱基错误，然后把它从 DNA 的链上切掉，从而修复它。

莫德里克的发现称为 DNA 错配修复，即在细胞分裂的过程中，细胞如何纠正基因复制时的偶发错误。

桑贾尔的发现称为核苷酸切除修复，指的是细菌在致命剂量的紫外线照射下，可以自我修复。把细菌 DNA 从紫外线的损伤中解救出来的功臣是光解酶，所以这个过程被称为核苷酸切除修复。人类的 DNA 比细菌遗传物质更加复杂，但是核苷酸切除修复功能适用于所有的生物。

如果细胞修复机制出现错误，那么癌症就有可能发生。碱基切除修复如果有缺陷，会增加患肺癌的风险；DNA 错配修复如果出问题，会增加患遗传性结肠癌的风险；核苷酸切除修复如果遭受先天性损伤，会让人对紫外线极为敏感，在阳光下暴露后也可能会发展为皮肤癌。因此，深入研究 DNA 的损伤和修复机理对了解相关疾病的起源、降低某些遗传病的发病率、降低 DNA 的损伤率和突变率具有重要意义。

本章小结

α-氨基酸的主要化学反应如下。

一、氨基的反应

1. 与亚硝酸反应

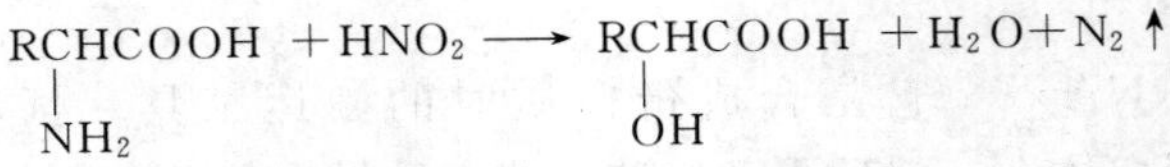

$$\underset{\underset{NH_2}{|}}{RCHCOOH} + HNO_2 \longrightarrow \underset{\underset{OH}{|}}{RCHCOOH} + H_2O + N_2 \uparrow$$

（α-羟基酸）

2. 与甲醛反应

$$\underset{\underset{NH_2}{|}}{RCHCOOH} + HCHO \longrightarrow HOH_2C-\underset{\underset{CH_2OH}{|}}{\overset{\overset{R-CH-COOH}{|}}{N}}-CH_2OH$$

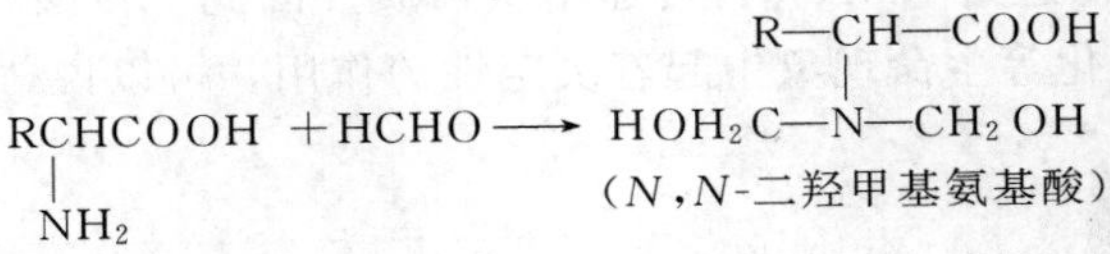

（N,N-二羟甲基氨基酸）

二、羧基的反应

脱羧反应

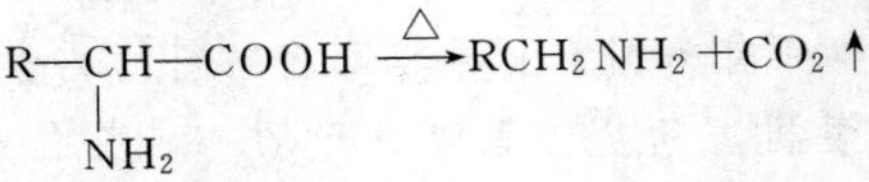

$$\underset{\underset{NH_2}{|}}{R-CH-COOH} \xrightarrow{\triangle} RCH_2NH_2 + CO_2 \uparrow$$

三、氨基与羧基共同参与的反应

1. 氨基酸的两性和等电点

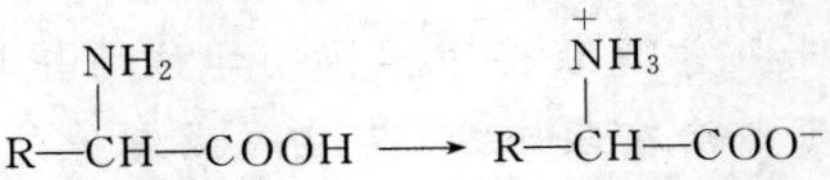

$$\underset{\underset{NH_2}{|}}{R-CH-COOH} \longrightarrow \underset{\underset{\overset{+}{NH_3}}{|}}{R-CH-COO^-}$$

内盐（偶极离子）

2. 成肽反应

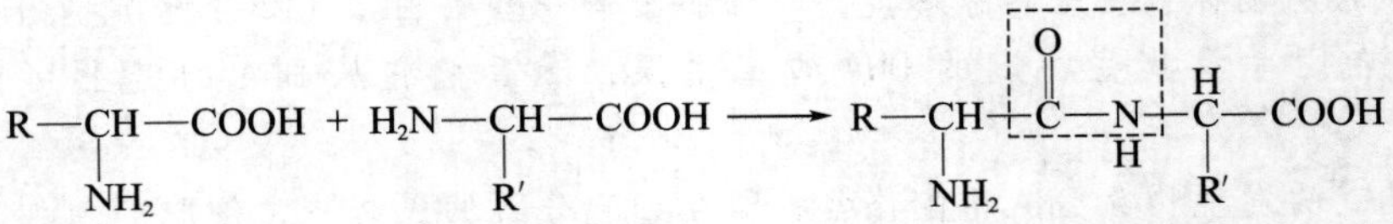

$$\underset{\underset{NH_2}{|}}{R-CH-COOH} + \underset{\underset{R'}{|}}{H_2N-CH-COOH} \longrightarrow \underset{\underset{NH_2}{|}}{R-CH}\boxed{\overset{\overset{O}{\|}}{C}-\overset{\overset{H}{|}}{N}}\underset{\underset{R'}{|}}{-C-COOH}$$

二肽

3. 与茚三酮的显色反应

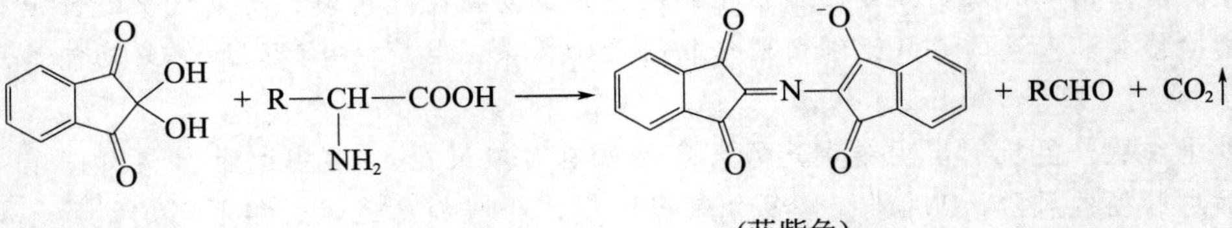

（蓝紫色）

习 题

15-1 写出下列化合物的结构式。

(1) 苏氨酸　　(2) 苯丙氨酸　　(3) 丝氨酰甘氨酸　　(4) 半胱氨酸　　(5) 亮氨酸

(6) 谷氨酸　　(7) 丙-亮-甘　　(8) 胞嘧啶　　(9) 尿嘧啶核苷

15-2 写出下列氨基酸的主要存在形式。

(1) 丝氨酸在 pH=8.0 的溶液中

（2）酪氨酸在 pH＝4.0 的溶液中

（3）谷氨酸在 pH＝3.2 的溶液中

15-3　某氨基酸溶于 pH＝7 的纯水中，所得溶液的 pH＝6，该氨基酸的等电点是大于 6，还等于 6，还是小于 6？

15-4　将丙氨酸、丝氨酸、半胱氨酸置于电泳仪中，电泳仪中装有 pH＝5.68 的缓冲溶液，试判断通电后它们向电极移动的情况。

15-5　某 DNA 双螺旋的一条多核苷酸链某一片段中碱基排列次序为 A-C-T-G-T-C，写出另一条对应的多核苷酸的碱基排列次序。

15-6　有一个八肽，经末端分析知 N 端和 C 端均为亮氨酸，缓慢水解此八肽得到如下一系列二肽、三肽：精-苯丙-甘、脯-亮、苯丙-甘、丝-脯-亮、苯丙-甘-丝、亮-丙-精、甘-丝、精-苯丙。试推断此八肽中氨基酸残基的排列顺序。

15-7　用化学方法鉴别下列各组化合物。

（1）谷氨酸、蛋白质、淀粉

（2）苯丙氨酸、丙-甘-半胱、甘氨酸

（3）谷氨酸、葡萄糖、蛋白质

15-8　分子式为 $C_4H_9O_2N$ 的某有机物，具有旋光性，既能与酸也能与碱作用生成盐，并能与醇生成酯，与亚硝酸作用放出氮气。试推断该有机物的可能构造式。

15-9　化合物 A 的分子式为 $C_5H_{11}O_2N$，具有旋光性，用稀碱处理发生水解后生成 B 和 C。B 也有旋光性，既溶于酸又溶于碱，并与亚硝酸作用放出氮气；C 无旋光性，但能发生碘仿反应。试推断 A、B、C 的构造式。

Chapter 16

油脂和类脂化合物

油脂和类脂化合物总称为脂类化合物，它们作为能量的贮存形式及生物膜的主要成分广泛存在于生物体中。油脂通常是指牛油、猪油、菜油、花生油、茶油等动、植物油。类脂化合物通常是指磷脂、蜡和甾体化合物等。虽然它们在化学组成和结构上有较大差别，但由于这些物质在物态及物理性质方面与油脂类似，因此把它们称为类脂化合物。

脂类具有特殊的生理功能，同时也是食品、化工、医药等工业的重要原料。1g 脂肪在体内分解成二氧化碳和水并产生 39kJ 的能量，代谢所提供的能量是蛋白质或糖类化合物的两倍，正常人体每日所需的能量大约有 25％～30％ 是由所脂肪提供的。动物体内的脂肪除供给能量外，还是许多脂溶性生物活性物质如维生素等的良好载体。体表和脏器周围的脂肪具有保护内脏免受机械损伤的生物功能，皮下脂肪可防止体温散失。类脂是构成生物膜如细胞膜和线粒体膜等的重要物质，具有调节代谢、控制生物生长发育的作用，还与细胞识别、种属特异性和组织免疫等有着密切地关系。

16.1 油脂

16.1.1 油脂的组成与结构

油脂是油和脂肪的总称，通常把在常温下呈液体的称为油，呈固态或半固态的称为脂肪。油脂是由甘油与高级脂肪酸所形成的酯，称为三酰甘油或甘油三酯。结构通式表示如下：

$$
\begin{array}{l}
H_2C-O-\overset{\displaystyle O}{\overset{\displaystyle \|}{C}}-R^1 \\[4pt]
HC-O-\overset{\displaystyle O}{\overset{\displaystyle \|}{C}}-R^2 \\[4pt]
H_2C-O-\overset{\displaystyle O}{\overset{\displaystyle \|}{C}}-R^3
\end{array}
$$

R^1、R^2、R^3 分别表示三种高级脂肪酸的烃基，烃基可以完全相同，也可不相同。完全相同者称为单三酰甘油（简单三酰甘油），不同者则称为混三酰甘油（混合三酰甘油）。

例如：

$$H_2C-O-\overset{\overset{O}{\|}}{C}-C_{17}H_{33}$$
$$HC-O-\overset{\overset{O}{\|}}{C}-C_{17}H_{33}$$
$$H_2C-O-\overset{\overset{O}{\|}}{C}-C_{17}H_{33}$$

人造油

$$H_2C-O-\overset{\overset{O}{\|}}{C}-C_{17}H_{33}$$
$$HC-O-\overset{\overset{O}{\|}}{C}-C_{15}H_{31}$$
$$H_2C-O-\overset{\overset{O}{\|}}{C}-C_{17}H_{35}$$

猪油

人造油中 3 个 R 是油酸烃基，水解后生成 1 分子甘油和 3 分子油酸，为单三酰甘油。猪油中 3 个 R 分别是油酸、软脂酸和硬脂酸烃基，是混三酰甘油。

三酰甘油命名时将脂肪酸名称放在前面，甘油的名称放在后面，叫作某酸甘油酯（或某脂酰甘油）。如果是混三酰甘油，则分别用 α, α' 和 β 表明脂肪酸的位次。例如：

$$H_2C-O-\overset{\overset{O}{\|}}{C}-(CH_2)_{16}CH_3$$
$$HC-O-\overset{\overset{O}{\|}}{C}-(CH_2)_{16}CH_3$$
$$H_2C-O-\overset{\overset{O}{\|}}{C}-(CH_2)_{16}CH_3$$

三硬脂酸甘油酯

$$H_2\overset{\alpha}{C}-O-\overset{\overset{O}{\|}}{C}-(CH_2)_{16}CH_3$$
$$H\overset{\beta}{C}-O-\overset{\overset{O}{\|}}{C}-(CH_2)_{14}CH_3$$
$$H_2\overset{\alpha'}{C}-O-\overset{\overset{O}{\|}}{C}-(CH_2)_7CH=CH(CH_2)_7CH_3$$

α-硬脂酰-β-软脂酰-α'-油酰甘油

天然油脂是各种混三酰甘油的混合物。此外，还含有少量的磷脂、固醇、色素、维生素、游离脂肪酸、脂肪醇、蜡、醛和酮等。自然界中存在的混三酰甘油都是 L-构型，即在 Fischer 投影式中 C^2 上的酰基在甘油基碳链的左侧。组成油脂的高级脂肪酸种类很多，目前已经发现在油脂中的脂肪酸约 50 多种。常见的高级脂肪酸见表 16-1，它们都具有如下共性。

表 16-1 油脂中常见的脂肪酸

习惯名称	系统名称	结构式
月桂酸	十二碳酸	$CH_3(CH_2)_{10}COOH$
软脂酸	十六碳酸	$CH_3(CH_2)_{14}COOH$
硬脂酸	十八碳酸	$CH_3(CH_2)_{16}COOH$
油酸	Δ^9-十八碳烯酸	$CH_3(CH_2)_7CH=CH(CH_2)_7COOH$
亚油酸	$\Delta^{9,12}$-十八碳二烯酸	$CH_3(CH_2)_4(CH=CHCH_2)_2(CH_2)_6COOH$
亚麻酸	$\Delta^{9,12,15}$-十八碳三烯酸	$CH_3CH_2(CH=CHCH_2)_3(CH_2)_6COOH$
桐油酸	$\Delta^{9,11,13}$-十八碳三烯酸	$CH_3(CH_2)_3(CH=CH)_3(CH_2)_7COOH$
花生四烯酸	$\Delta^{5,8,11,14}$-二十碳四烯酸	$CH_3(CH_2)_4(CH=CHCH_2)_4(CH_2)_2COOH$

① 碳链很长，一般有 14～20 个碳原子，几乎都是偶数。最常见的是 16～18 个碳原子，12 个碳原子以下的饱和脂肪酸多存在于哺乳类动物的乳脂中。

② 饱和脂肪酸中，最普遍的是软脂酸（C_{16}）和硬脂酸（C_{18}）。不饱和脂肪酸常见的有油酸、亚油酸、亚麻酸和花生四烯酸等。

③ 不饱和脂肪酸的熔点比链长相等的饱和脂肪酸低。

④ 不饱和高级脂肪酸包含有一个或多个 C ═C 双键，其中以 C_{18} 不饱和脂肪酸为主。

不饱和脂肪酸的双键多数位于碳链中间 C^9 的位置，双键常用"Δ"表示，把双键的位置写在"Δ"的右上角。

⑤ 几乎所有的不饱和脂肪酸都是顺式构型。

多数脂肪酸在人体中内都能合成。亚油酸、亚麻酸在人体内不能自身合成，花生四烯酸虽然能自身合成，但量太少，还必须由食物供给，故三者称为必需脂肪酸。人体从食物中获得这些必需脂肪酸后就能够合成同族的其他不饱和脂肪酸，所以必需脂肪酸对人体的健康是必不可少的。

16.1.2 油脂的性质

16.1.2.1 物理性质

纯净的油脂是无色、无臭、无味的。大多数天然油脂由于溶有维生素和色素的缘故而呈黄色至红色。天然油脂尤其是植物油，都带有些香味或特殊的气味，如芝麻油有香味，而鱼油有令人作呕的臭味。油脂比水轻，相对密度 0.9～0.95，难溶于水，易溶于有机溶剂，如乙醇，乙醚、石油醚、氯仿、四氯化碳和苯等。

油脂的熔点高低取决于所含不饱和脂肪酸的数目，含有不饱和脂肪酸多的油脂有较高的流动性和较低的熔点。这是因为油脂中的不饱和脂肪酸的 C ═C 双键大多数是顺式构型，这种构型使脂肪酸的碳链弯曲，分子内羧酸脂肪链之间不能紧密排列，导致三酰甘油分子之间的作用力减弱，熔点降低。植物油中含不饱和脂肪酸的比例较动物脂肪中的大（表 16-2），因此常温下植物油呈液态，动物脂肪呈固态。油脂是混三酰甘油的混合物，无恒定的熔点和沸点。

表 16-2　常见油脂中脂肪酸的含量和皂化值、碘值

油脂名称	软脂酸/%	硬脂酸/%	油酸/%	亚油酸/%	皂化值/mg·g^{-1}	碘值/g·$(100g)^{-1}$
牛油	24～32	14～32	35～48	2～4	190～200	31～47
猪油	28～30	12～18	41～48	6～7	190～200	46～66
花生油	6～9	4～6	50～57	13～26	185～194	83～105
大豆油	6～10	2～4	21～29	50～59	189～194	124～136
棉籽油	19～24	1～2	23～33	40～48	191～196	103～115
桐油		2～6	4～16	0～1	190～197	160～180
蓖麻油	0～1		0～9	3～9	176～187	81～90
亚麻油	4～7	2～5	9～38	3～43	189～196	170～204

16.1.2.2 化学性质

（1）水解和皂化　三酰甘油在酸、碱或酶（如胰脂酶）的作用下发生水解，生成一分子甘油和三分子脂肪酸。油脂在碱性条件下的水解，则得到甘油和高级脂肪酸的盐类，这种盐类俗称肥皂，故油脂在碱性溶液中的水解又称皂化。普通肥皂是各种高级脂肪酸钠盐的混合物。油脂用氢氧化钾皂化所得的高级脂肪酸钾盐质软，叫做软皂。现在广义地把酯的碱性水解称为"皂化"。

$$
\begin{array}{c}
\text{O} \\
\| \\
CH_2OCR^1 \\
\text{O} \\
\| \\
CHOCR^2 \quad + \quad 3NaOH \longrightarrow \\
\text{O} \\
\| \\
CH_2OCR^3
\end{array}
\qquad
\begin{array}{c}
CH_2OH \\
| \\
CHOH \\
| \\
CH_2OH
\end{array}
\qquad
\begin{array}{c}
R^1COONa \\
+ \quad R^2COONa \\
R^3COONa
\end{array}
$$

　　　　　　　　　　　　　　油脂　　　　　　　　　　甘油　　　脂肪酸钠

　　1.0g 油脂完全皂化时所需氢氧化钾的质量（单位：mg）称为皂化值。根据皂化值的大小，可以判断油脂中所含三酰甘油的平均分子量。皂化值越大，表示油脂中三酰甘油酯的平均分子量越小。两者之间有如下关系：

$$平均分子量 = \frac{3 \times 56 \times 1000}{皂化值}$$

　　皂化值是衡量油脂质量的重要指标之一，天然油脂都有正常的皂化值范围，如果测得某油脂的皂化值低于或高于其正常范围，表明该油脂中含有不能被皂化或者可以与氢氧化钾作用的杂质。常见油脂的皂化值见表 16-2。

　　（2）加成

　　① 氢化　油脂中不饱和脂肪酸的碳碳双键可催化加氢，转化为饱和程度较高的固态或半固态脂肪。这一过程可使油脂的物态发生变化，叫油脂的氢化或硬化。氢化后得的油脂称为硬化油，氢化后的油脂不易被氧化，便于贮存和运输。

　　② 加碘　油脂的不饱和程度可用碘值来定量衡量，工业上把 100g 油脂所吸收的碘的克数称为碘值。碘值越大，油脂所含双键的数目越多，油脂的不饱和程度也越大。通常碘不易与碳碳双键直接进行加成，故实际常用氯化碘（ICl）或溴化碘（IBr）在冰醋酸中与油脂的反应来测定。

　　碘值是标志油脂不饱和程度的重要数据，故按碘值大小将油脂分为三类：第一类是干性油，结膜快，如桐油、亚麻子油，碘值在 130 以上；第二类是半干性油，结膜慢，如棉籽油，碘值在 100～130；第三类是非干性油，不能结膜，如花生油、蓖麻油，碘值小于 100。

　　（3）酸败　油脂在空气中长期放置，逐渐发生变质，产生难闻的气味，这种现象称为酸败。酸败是一个复杂的化学变化过程，受空气中的氧、水分或微生物（酶）的作用，油脂中不饱和脂肪酸的双键被氧化生成过氧化物，这些过氧化物再继续分解或进一步氧化，产生有臭味的低级醛、酮和或羧酸。此外，由于油脂可水解成甘油和游离的脂肪酸，脂肪酸在微生物或酶的作用下可发生 β-氧化，即羧酸中的 β-C 被氧化为羰基，生成 β-酮酸，β-酮酸可进一步分解生成有臭味的低级酮或羧酸。光、热或湿气都可以加速油脂的酸败过程。

　　油脂的酸败可用酸值来表示。即中和 1.0g 油脂中的游离脂肪酸所需的氢氧化钾的质量（mg）称为油脂的酸值。酸值大小也是衡量油脂品质好坏的重要指标之一。酸值越大，说明油脂中脂肪酸的含量越高，油脂的品质越低。为防止酸败，油脂应贮存于密闭容器中，放置于阴凉处，也可适当添加少量抗氧化剂（如维生素 E 等）。

　　（4）干性　某些油脂如桐油、亚麻油等涂成薄层暴露在空气中，能逐渐形成一层坚韧、有弹性、不透水的薄膜，这种现象称为油脂的干化作用。干化作用的化学本质不十分清楚，一般认为与油脂的不饱和程度以及碳碳双键的共轭效应有关。

16.2 磷脂和蜡

16.2.1 磷脂

磷脂是一类含有磷元素的类脂化合物，也称磷脂类、磷脂质。主要存在于脑、神经组织、骨髓、心、肝及肾等器官中，蛋黄、植物种子、胚芽及大豆中也含有丰富的磷脂。它是由两分子脂肪酸和一分子磷酸或取代磷酸与甘油缩合而成的复合类脂，按其结构，可将磷脂分成甘油磷脂和鞘磷脂两类。由甘油构成的磷脂称为甘油磷脂；由神经鞘氨醇构成的磷脂称为鞘磷脂。磷脂是体内最多的脂类，具有重要的生理作用。油料种子中含有丰富的磷脂，见表 16-3。

表 16-3　几种重要油料种子中的磷脂含量

油料种子	磷脂含量/%	油料种子	磷脂含量/%
大豆	$1.21 \sim 3.30$	棉籽	$1.25 \sim 1.75$
油菜	$1.03 \sim 1.21$	向日葵	$0.61 \sim 0.85$
花生仁	$0.44 \sim 0.62$	蓖麻籽	$0.25 \sim 0.30$
亚麻籽	$0.44 \sim 0.74$	大麻籽	0.86

（1）甘油磷脂　甘油磷脂可以看作磷脂酸的衍生物。甘油磷脂中所含甘油的两个羟基与脂肪酸成酯，第三个羟基与磷酸成酯，这个化合物称为磷脂酸。磷脂酸中的磷酸再分别与胆碱、乙醇胺（胆胺）等分子中的醇羟基以磷酸酯键相结合，得到各种甘油磷脂。甘油磷脂有磷脂酰胆碱（卵磷脂）、磷脂酰乙醇胺（脑磷脂）、磷脂酰丝氨酸、磷脂酰甘油、二磷脂酰甘油（心磷脂）及磷脂酰肌醇等。每一类磷脂因其组成的脂肪酸不同而有若干种，这些磷脂分别对生物体的各部位和各器官起着相应的功能。

$$
\begin{array}{c}
\text{O}\\
\text{H}_2\text{COCR}^1\\
\text{O}\\
\text{R}^2\text{COCH}\\
\text{O}\\
\text{H}_2\text{CO—P—OH}\\
\text{OH}
\end{array}
\qquad
\begin{array}{c}
\text{CH}_3\\
\text{HOCH}_2\text{CH}_2\overset{+}{\text{N}}\text{CH}_3\text{OH}^-\\
\text{CH}_3
\end{array}
\qquad
\text{HOCH}_2\text{CH}_2\text{NH}_2
$$

　　　磷脂酸　　　　　　　　　　胆碱　　　　　　　　乙醇胺

磷脂酸结构中 C^2 是一个手性碳原子，可形成一对对映体，天然存在的甘油磷脂都属于 R 构型。国际纯化学和应用化学联合会（IUPAC）和国际生物化学联合会（IUB）的生物化学命名委员会建议采用专门的习惯法给手性甘油磷脂进行编号和命名，命名原则如下：

$$
\begin{array}{ll}
^1\text{CH}_2\text{OH} & 1\\
\text{HO—}^2\text{C—H} & 2 \quad \big\} \text{立体专一编号}\\
^3\text{CH}_2\text{OH} & 3
\end{array}
$$

在甘油的 Fischer 投影式中，C^2 上的羟基写在碳链的左侧，磷酰基连在碳链 C^3 的位置，从上到下碳原子的编号为 1、2 和 3，该编号次序不能颠倒，这种编号称为立体专一编号，用 Sn（stereospecific numbering）表示，写在化合物名称的前面。如：

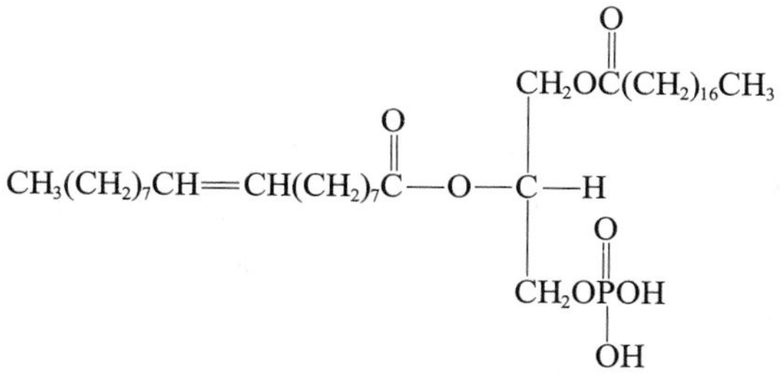

$$CH_3(CH_2)_7CH=CH(CH_2)_7\overset{O}{\underset{}{C}}-O-\overset{CH_2O\overset{O}{\underset{}{C}}(CH_2)_{16}CH_3}{\underset{CH_2OPOH}{\underset{OH}{\overset{O}{\underset{}{P}}}}}$$

Sn-甘油-1-硬脂酸-2-油酸-3-磷酸酯

（2）鞘磷脂　鞘磷脂又称神经磷脂，不含甘油的成分，这是鞘磷脂与甘油磷脂最主要的差异。鞘磷脂的主链为鞘氨醇或二氢鞘氨醇，鞘氨醇或二氢鞘氨醇是具有脂肪族长链的氨基二元醇，人体以含十八碳的鞘氨醇为主。鞘氨醇的氨基与脂肪酸以酰胺键结合，所得 N-脂酰鞘氨醇称为神经酰胺。神经酰胺 C^1 上的烃基与磷酸胆碱（或磷酸乙醇胺）通过磷酸酯键相连接的化合物即为鞘磷脂。鞘氨醇、神经酰胺、鞘磷脂的结构如下：

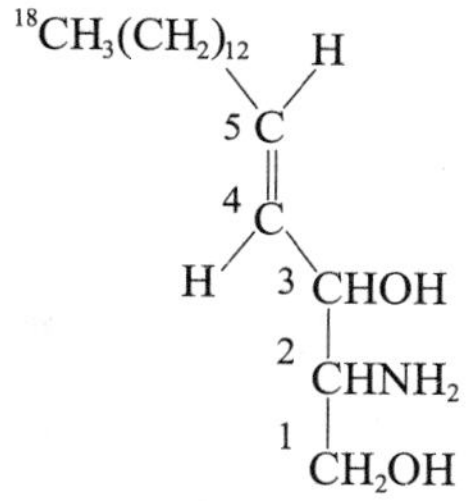

鞘氨醇 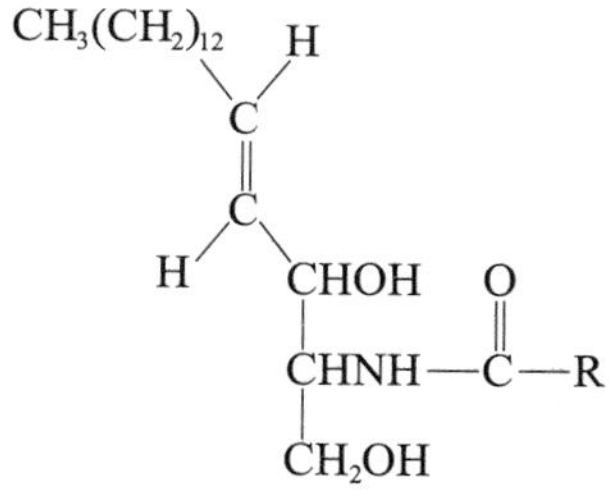　　　　　　　神经酰胺 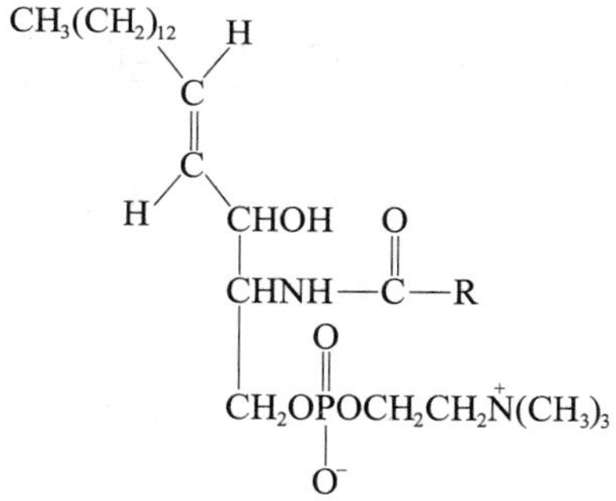　　　　　　　鞘磷脂

天然鞘磷脂分子中，鞘氨醇残基中的碳碳双键以反式构型存在。在不同组织器官中，鞘磷脂中的脂肪酸种类有所不同，神经组织中以硬脂酸、二十四碳酸和神经酸（15-二十四碳烯酸）为主，而在脾脏和肺组织中则以软脂酸和二十四碳酸为主。

鞘磷脂有两条由鞘氨醇残基和脂肪酸残基构成的疏水性长碳氢链，有一个亲水性的磷酸胆碱残基，故结构与甘油磷脂类似，具有乳化性质。鞘磷脂是白色结晶，在空气中不易被氧化，不溶于丙酮及乙醚，而溶于热的乙醇中。鞘磷脂是构成生物膜的重要成分之一，大量存在于脑和神经组织中，人的红细胞脂质中含 20%～30% 鞘磷脂。

16.2.2　蜡

蜡是类脂的一种，存在于许多海生浮游生物中，也是某些动物羽毛、毛皮、植物的叶及果实的保护层。它的主要成分是高级脂肪酸与高级一元醇形成的酯。一般含 24～26 个偶数碳原子的脂肪酸和含有 16～36 个偶数碳原子的脂肪醇形成的酯混合物。几种重要的蜡见表 16-4。蜡中除高级脂肪酸的高级醇酯外，还含有少量游离脂肪酸、高级醇、酮和烃。蜡根据其来源可分为动物蜡和植物蜡两类。

表 16-4　几种重要的蜡

名称	主要成分	熔点/℃
虫蜡	$C_{25}H_{51}COOC_{26}H_{53}$	80～84
蜂蜡	$C_{15}H_{31}COOC_{30}H_{61}$	62～65
鲸蜡	$C_{15}H_{31}COOC_{16}H_{33}$	42～45
巴西棕榈蜡	$C_{15}H_{51}COOC_{30}H_{61}$	82～86

　　动物蜡有蜂蜡、虫蜡、鲸蜡、羊毛蜡等。虫蜡也叫白蜡，是寄生于女贞树上的白蜡虫的分泌物。白蜡为我国特产，主要产地是四川，其熔点高，硬度大。蜂蜡是由工蜂腹部的蜡腺分泌出来的蜡，是建造蜂窝的主要物质。鲸蜡是从巨头鲸脑部的油中冷却分离得到的。植物蜡有巴西棕榈蜡，存在于巴西棕榈叶中。蜡比油脂硬而脆，稳定性大，不溶于水，溶于乙醚、苯等有机溶剂。在空气中不易变质，难于皂化，在体内不能被脂肪酶所水解，故无营养价值。植物的果实、幼枝和叶的表面常有一层蜡起保护作用，以减少水分蒸腾，避免外伤和传染病。此外，蜡在鸟和动物的表面防水方面起着重要的作用。蜡还可以用来制造蜡纸、软膏、鞋油、上光剂、地板蜡、润滑油等。

　　蜡和石蜡不能混淆，石蜡是石油中得到的直链烷烃（含有 26～30 个碳原子）的混合物，虽然它们的物态、物性相近，但化学性质则完全不同。

16.3　肥皂及合成表面活性剂

16.3.1　肥皂的组成及乳化作用

　　油脂皂化后得到的高级脂肪酸钠盐就是肥皂。

　　高级脂肪酸钠盐从结构上看，一部分是羧酸盐离子，具有极性，是亲水基；另一部分是链状的烃基，非极性的，是疏水基。在水溶液中，这些链状的烃基由于范德华力互相靠近聚成一团，似球状。在球状物表面为有极性的羧酸离子所占据，带负电荷，这种球状物称为胶束。如图 16-1 所示。

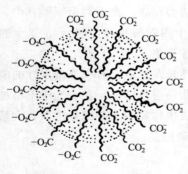

图 16-1　胶束示意图

　　在油水两相中，胶囊的烃基部分可溶入油中。羧酸离子部分伸在油滴外面而溶入水中，这样油就可以被肥皂分子包围起来，分散而悬浮于水中，形成一种乳液。这种现象叫乳化作用，具有乳化作用的物质称为乳化剂。

　　肥皂是一种弱酸盐，遇酸后游离出高级脂肪酸而失去乳化功能，故肥皂不能在酸性溶液中使用。肥皂也不能在硬水中使用，因为在含有 Ca^{2+}、Mg^{2+} 的硬水中，肥皂转化为不溶性的高级脂肪酸钙盐或镁盐，从而失去乳化能力。因此，肥皂的应用有一定限制，同时制造肥皂还要消耗大量天然油脂，近年来已经广泛采用合成表面活性剂。

16.3.2　合成表面活性剂

　　能够降低液体表面张力的物质叫表面活性剂，其分子中既含亲水基又含疏水基。肥皂就是一种表面活性剂。表面活性剂按用途可分为乳化剂、润湿剂、起泡剂、洗涤剂、分散剂等；按离子类型可分为阴离子型表面活性剂、阳离子型表面活性剂和非离子型表面活性剂。

（1）阴离子型表面活性剂　这一类表面活性剂在水中可以生成带有疏水基的阴离子，起表面活性作用的是阴离子。例如：

$$RSO_3^- \, Na^+ \qquad 烷基磺酸钠（R：C_{12}～C_{20}）$$

$$R—\text{⬡}—SO_3^- \, Na^+ \qquad 烷基苯磺酸钠（R：C_{10}～C_{12}）$$

$$RCOO^- \, Na^+ \qquad 脂肪酸钠（R：C_{15}～C_{17}）$$

肥皂就是一种阴离子表面活性剂。烷基磺酸钠和烷基苯磺酸钠是常见的合成洗涤剂，它们在水中都能生成带有疏水基的阴离子，可用作发泡剂、润湿剂、洗涤剂，也可用作牙膏、化妆品、洗头水和洗衣粉等日用化学工业原料。

（2）阳离子型表面活性剂　这一类表面活性剂在水中可以生成带有疏水基的阳离子，起表面活性作用的是阳离子。常用的主要是季铵盐，也有一些含磷、含硫的化合物。例如：

溴化二甲基-苯氧乙基-十二烷基铵(杜灭芬)　　　　溴化二甲基-苄基-十二烷基铵(新洁尔灭)

它们除了作乳化剂外，还有较强的杀菌作用，所以常用做消毒剂。例如，新洁尔灭用于外科手术时皮肤和器械的消毒；杜灭芬用于预防和治疗口腔炎、咽炎；四丁基溴化铵用作相转移催化剂等。

（3）非离子型表面活性剂　这一类表面活性剂在水中不能生成离子，它们的亲水基主要是羟基和多个醚键，能和水形成氢键的基团，起表面活性作用的是中性分子。例如：

$$R—\text{⬡}—O\!\!-\!\!(CH_2CH_2—O)_{\overline{n}}H \qquad\qquad (HOCH_2)_3CCH_2OOCC_{17}H_{35}$$

聚氧乙烯烷基酚醚（$n=6～12$，R=$C_8～C_{10}$）　　　　硬脂酸季戊四醇酯

这类化合物通常为黏稠液体，它们极易与水混溶，常用作洗涤剂和乳化剂。此外，它们不解离，所以不会和硬水中的 Ca^{2+}、Mg^{2+} 形成不溶性盐而失去乳化能力。

16.4 萜类化合物

萜类化合物广泛存在于自然界，如植物香精油中的某些组分及动植物中的某些色素等都含有萜类化合物。萜类化合物的特点是分子中碳原子的个数是异戊二烯碳原子个数的整数倍（个别例外），这种结构特点称为异戊二烯规则。根据分子中所含异戊二烯骨架的多少，萜类化合物可分为单萜和多萜（表 16-5）。

表 16-5　萜类化合物的分类

类别	异戊二烯单位/个	碳原子数/个	类别	异戊二烯单位/个	碳原子数/个
单萜	2	10	三萜	6	30
倍半萜	3	15	四萜	8	40
二萜	4	20			

16.4.1　单萜

单萜是由两个异戊二烯单位组成的化合物，根据碳架的连接方式分为开链单萜、单环单

有机化学

萜和双环单萜三类。

开链单萜是由两个异戊二烯单位组成的开链化合物，其中许多是重要的香料或用作合成香料的原料，少数用于配制日用香精。这类化合物中通常都含有羟基和羰基等官能团。

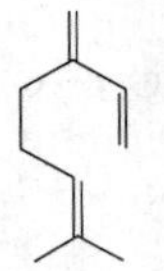

β-月桂烯 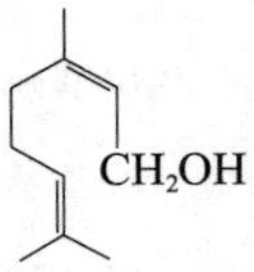　　　橙花醇 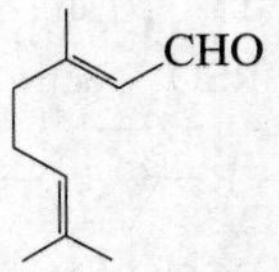　　　α-柠檬醛

单环单萜可以看作二聚异戊二烯的环状结构，这类化合物分子中都含有一个六元碳环。单纯的单环单萜实际上并不存在于自然界，但其衍生物却是重要的萜类。

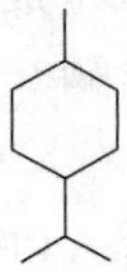

对蓋烷 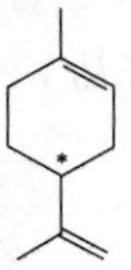　　　苧烯 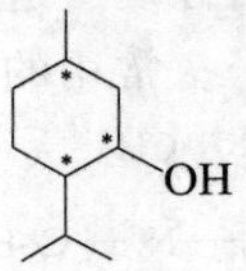　　　薄荷醇

双环单萜是由一个六元环分别和三、四或五元环共用两个或两个以上碳原子组成，属于桥环化合物。他们广泛分布于植物体中，具有明显的生理效应，在医药、香料工业应用较广。

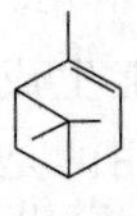

α-蒎烯 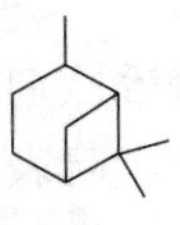　　　蒎烷　　　菠醇

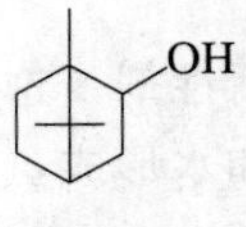

16.4.2　倍半萜

倍半萜是由三个异戊二烯单位组成的化合物，如金合欢醇及山道年都属于倍半萜。

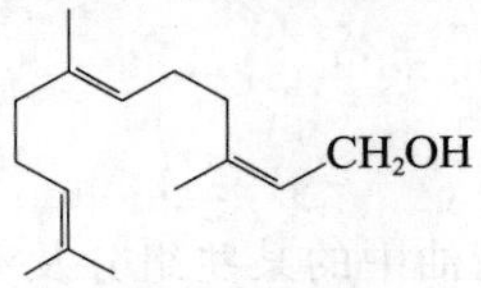

金合欢醇 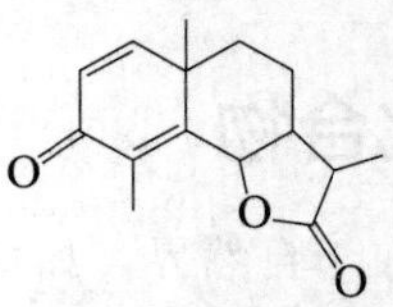　　　山道年

16.4.3　二萜

二萜是四个异戊二烯单位组成的化合物，广泛分布于动植物界，如叶绿醇、松香酸和维生素 A 等。

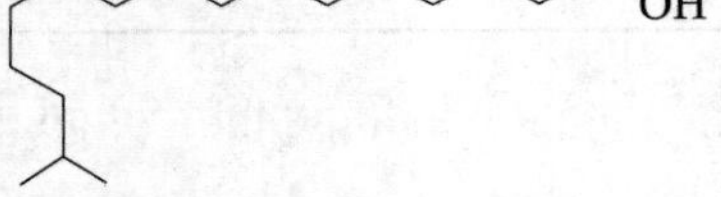

叶绿醇 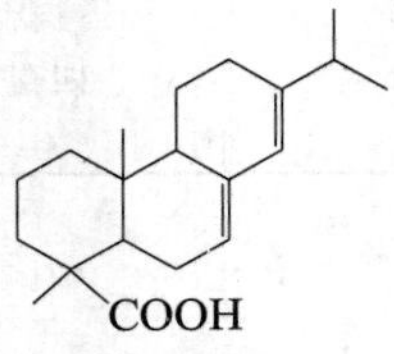　　　松香酸 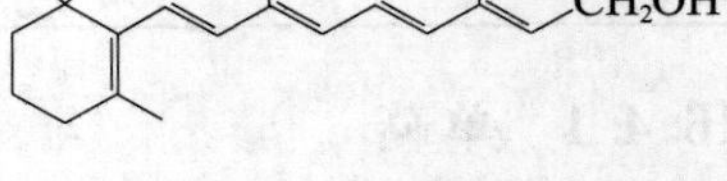　　　维生素A₁

16. 4. 4 三萜

三萜是六个异戊二烯单位组成的化合物。如龙涎香醇和角鲨烯等。

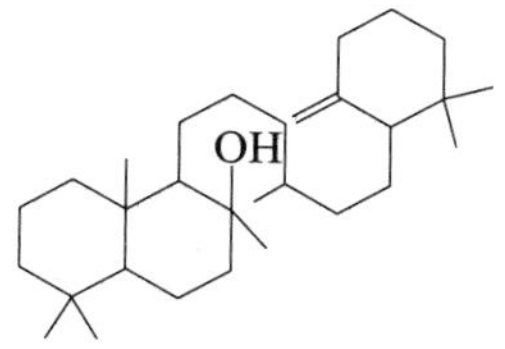

龙涎香醇

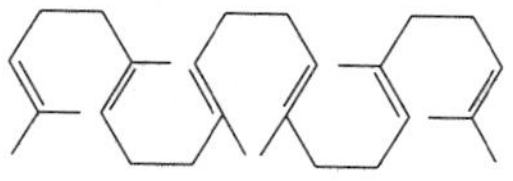

角鲨烯

16. 4. 5 四萜

四萜是由八个异戊二烯单位组成的化合物，这类化合物分子中都含有较长的 C＝C 共轭体系，往往都具有颜色，也称为多烯色素。四萜在自然界分布很广，如 β-胡萝卜素、叶黄素、番茄红素和虾青素等。

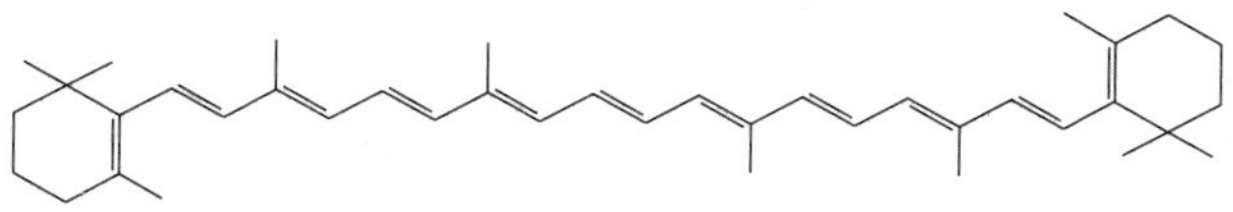

β-胡萝卜素

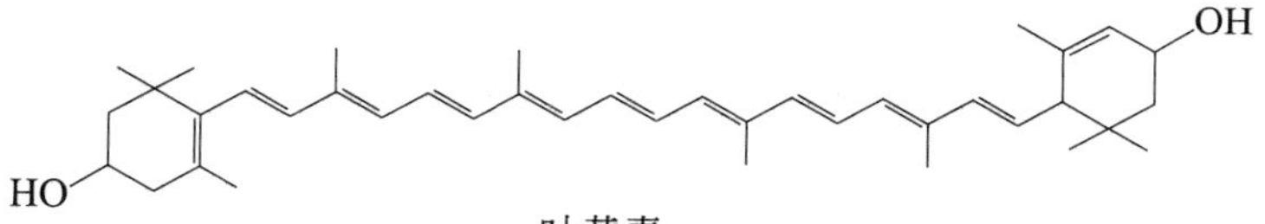

叶黄素

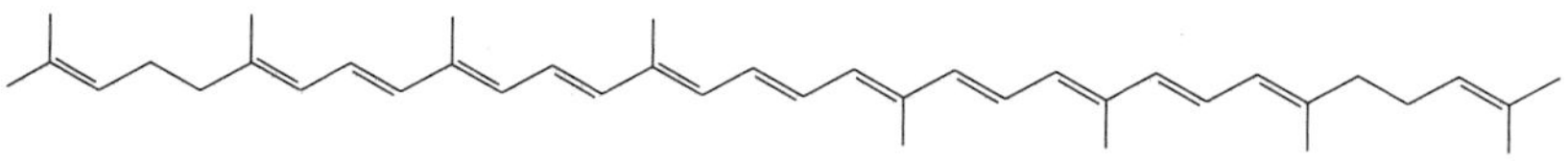

番茄红素

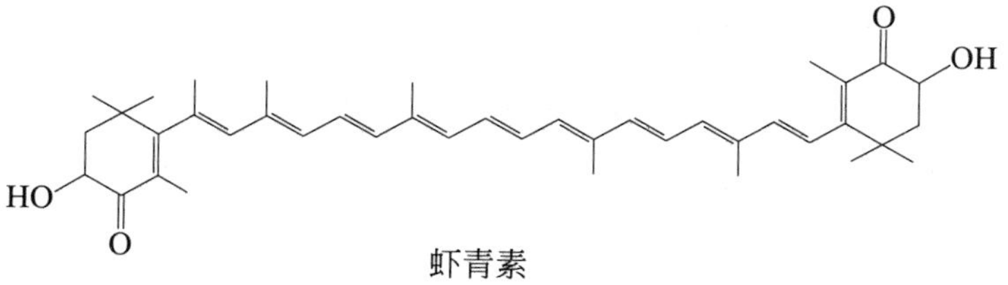

虾青素

16. 4. 6 多萜

多萜是含有较多异戊二烯单位的化合物。天然橡胶是异戊二烯的高聚物，可以视为多萜类化合物。

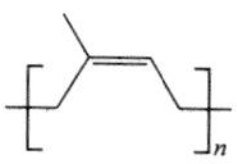

16.5 甾族化合物

甾体化合物亦称为类固醇，广泛存在于动植物体内，并在动植物生命活动中起着重要的调节作用，是一类重要的天然类脂化合物。

16.5.1 甾体化合物的结构

从化学结构上看，甾体化合物分子中都含有氢化程度不同的环戊烷并多氢菲结构，该结构是甾体化合物的母核，四个环常用 A、B、C、D 分别表示，环上的碳原子按如下顺序编号：

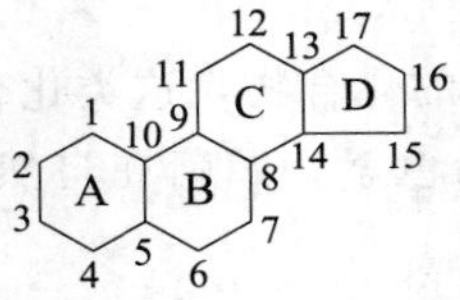

环戊烷并多氢菲 (甾环)

甾体化合物除都具有环戊烷并多氢菲母核外，几乎所有此类化合物在 C^{10} 和 C^{13} 处都有一个甲基，叫角甲基，在 C^{17} 上还有一些不同的取代基。

甾体化合物都含有四个环，它们两两之间都可以在顺位或反位相稠合。存在于自然界的甾体化合物，环 B 与环 C 都是反式稠合的，环 C 与环 D 也是反式稠合的，环 A 和环 B 可以是顺式或反式相稠合。若 A、B 环反式稠合则称作异系；顺式稠合则称作正系。

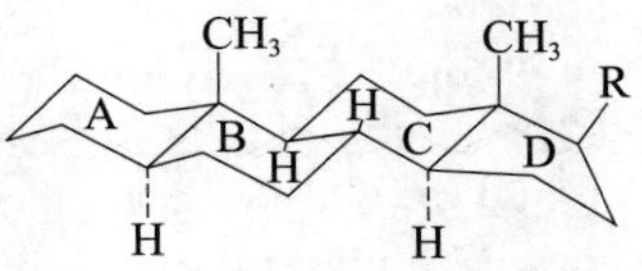

A、B反式(异系) 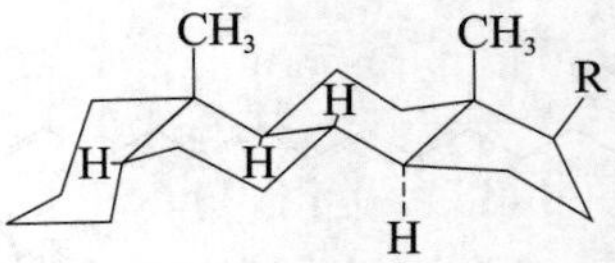　　　　A、B顺式(正系)

如果用平面结构式表示时，以 A、B 环之间的角甲基作为标准，把它安排在环平面的前面，并用楔形线与环相连。凡是与这个甲基在环平面同一边的，都用楔形线与环相连，不在同一边的取代基则用虚线与环相连。例如：

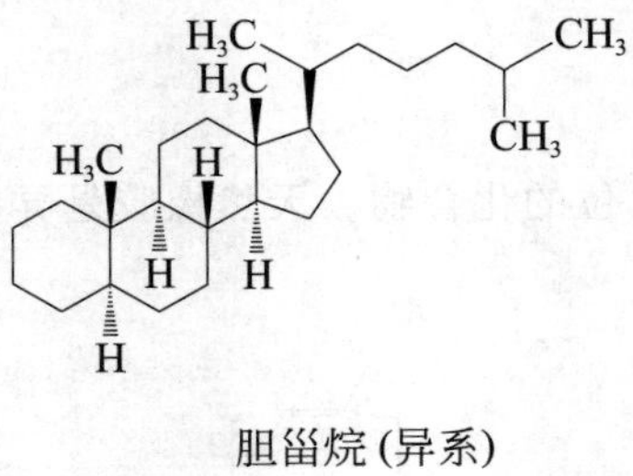

胆甾烷 (异系)

16.5.2　重要的甾体化合物

（1）胆甾醇　胆甾醇是脊椎动物细胞的重要组分，在脑和神经组织中特别多，人体内发现的胆石，几乎全都由胆甾醇构成，故俗称胆固醇。

胆甾醇是无色蜡状固体，不溶于水，易溶于有机溶剂。结构中含有双键，能与氢和碘加成。它在氯仿溶液中与乙酸酐和硫酸作用生成蓝绿色，颜色深浅与胆甾醇的浓度成正比，故可用比色法来测定胆甾醇的含量。所有其他不饱和甾醇都有此反应。在人体中，如胆固醇代谢发生障碍，血液中的胆固醇就会增加，这是引起动脉硬化的原因之一。

胆甾醇在酶催化下氧化成 7-脱氢胆甾醇，它的 B 环中有共轭双键。7-脱氢胆甾醇存在于皮肤组织中，在日光照射下发生化学反应，转化为维生素 D_3。

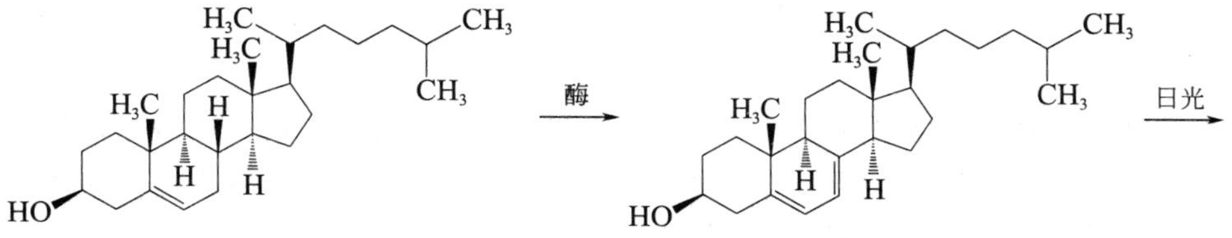

胆甾醇　→（酶）→　7-脱氢胆甾醇　→（日光）→

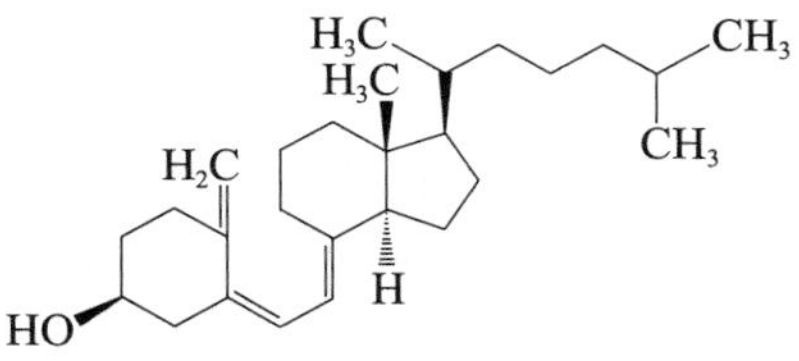

维生素 D_3

维生素 D_3 是小肠吸收 Ca^{2+} 的关键化合物，体内维生素 D_3 的浓度太低会引起 Ca^{2+} 缺乏，不足以维持骨骼的正常生长而产生软骨病。

（2）麦角甾醇　麦角甾醇存在于酵母、麦角之中，是一种重要的植物甾醇。在紫外线照射下，通过一系列中间产物，最后生成维生素 D_2。

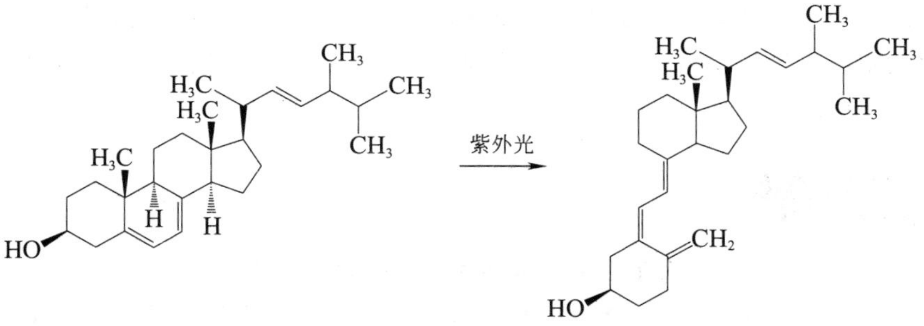

麦角甾醇　→（紫外光）→　维生素 D_2

维生素 D_2 同维生素 D_3 一样，也能抗软骨病。因此，可将麦角甾醇用紫外线照射后加入到牛奶或其他食品中，以保证儿童能得到足够的维生素 D。

（3）甾体激素　激素是动物体内分泌的物质，它能控制生长、营养、性机能，其中具有甾体结构的激素称为甾体激素。性激素是重要的甾体激素之一，它是人和动物性腺的分泌物，分为雄性激素和雌性激素两种。

睾酮是睾丸分泌的一种雄性激素，其主要功用是促进男性器官的形成及副性器官的发育。雌二醇为卵巢分泌物，对雌性第二性征的发育起主要作用。孕甾酮是卵巢排卵后形成的黄体分泌物，故称黄体酮，它的生理作用是抑制排卵，并使受精卵在子宫里发育，促进乳腺发育，医药上用于防止流产等。

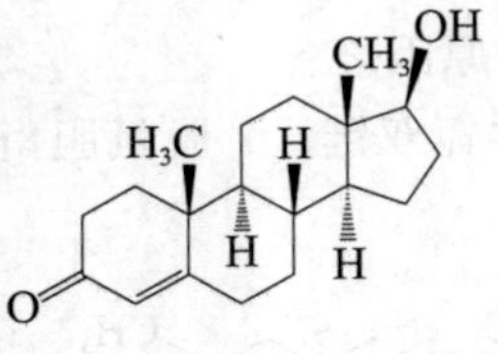

睾酮 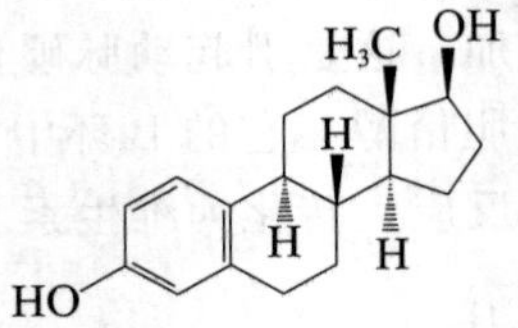　　　　　　雌二醇 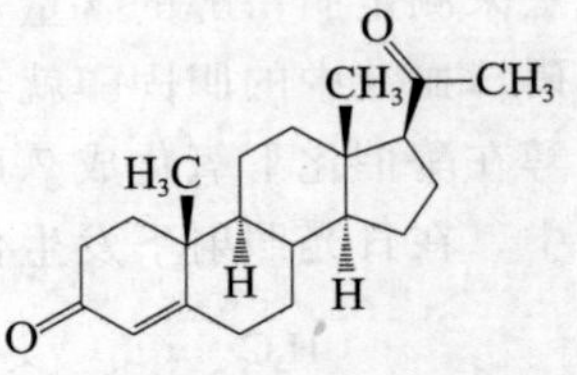　　　　　　孕甾酮

（4）昆虫蜕皮激素　昆虫蜕皮激素是由昆虫的前胸腺分泌出来的一种激素，它可以控制昆虫蜕皮。昆虫的一生要经历多次蜕变和变态，这些蜕变和变态是由蜕皮激素和保幼激素协调控制的，可控制昆虫的发育与变态，在昆虫生理上十分重要。

昆虫蜕皮激素不但可以从昆虫中得到，而且从甲壳动物，甚至从植物中也得到了数十种具有同样生理活性的物质。人工也合成了许多与昆虫蜕皮激素有类似结构和功能的化合物。例如：

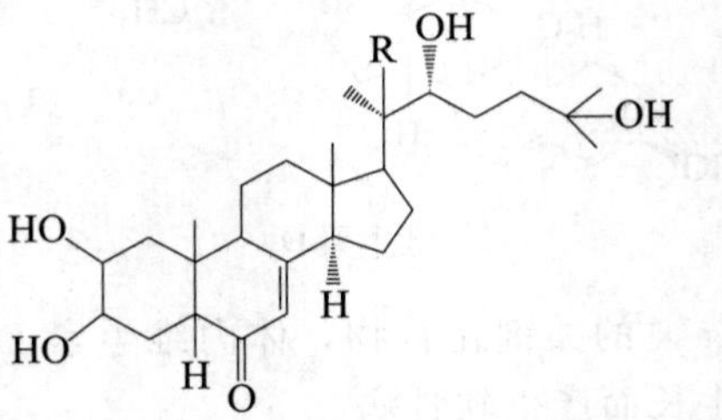

R=H, 蜕皮激素　　　　　　R=OH, 蜕皮甾酮

蜕皮激素对害虫的防治作用大致可分为两种：一种作用是通过施用蜕皮激素使昆虫体内激素平衡失调，产生生理障碍或发育不全而死亡；另一种作用是蜕皮激素使害虫不能正常发育，以达到控制害虫生长的目的。在家蚕的饲料中加入适量的蜕皮激素，可以促进上簇和结茧整齐，达到增产的目的。

 **阅读材料**

人工合成脂类物质——脂肪替代物

脂肪替代物是为了克服天然脂肪容易引起肥胖病或心血管疾病而通过人工合成或对其他天然产物经过改造而形成的具有脂类物质口感和组织特性的物质。

目前可见到的脂肪替代物包括脂肪替代品和脂肪模拟品两类。脂肪替代品常见的是人工合成物，而脂肪模拟物常为天然非油脂类物质。如蔗糖脂肪酸聚酯和山梨醇聚酯是已经有所应用的脂肪替代品。前者为蔗糖与 6~8 个脂肪酸通过酯基团转移或酯交换而形成的蔗糖酯的混合物，不能为人体提供能量。山梨醇聚酯是山梨醇与脂肪酸形成的三、四及五酯，可提供的热量仅为 4.2kJ·g⁻¹，远比甘油三酯的 39kJ·g⁻¹ 低。脂肪模拟品常以天然蛋白或多糖（植物胶、改性淀粉、某些纤维素等）经加工形成。

最早面世、广泛使用的脂肪替代物是 Simplesse 于 1988 年由 Nutrasweel 公司推出，于 1990 年被公认为安全可食用的。它以牛奶或鸡蛋蛋白质为原料，用特殊加热混合加工法（也称"微结粒"法）制成，蛋白质受热后凝聚，产生胶凝大颗粒，经进一步混合，胶凝变成极细的球形小颗粒，使人们在饮用时的口感是液体，而不是一个个小颗粒，同时提供通常脂肪所特有的油腻和奶油状感。目前，它已广泛用于冷冻甜点、酸奶、奶酪、乳制品、沙拉盖料、蛋黄酱和人造奶油等产品中，但不可用在烹调油或需要熔烤或煎炸的食物中，这是因为高温会使蛋白质凝固，失去其脂肪状口感。Olestra 是一种酷似食用脂肪的人造蔗糖酯，可直接通过人体消化系统，不会被吸收，不会产生热量或胆固醇，其在外观、香味和品质方面均与尺度脂肪相似，因此，适合作脂肪替换品，包括在焙烤、煎炸中的应用。

👆 本章小结

一、油脂的主要化学性质

1. 水解和皂化

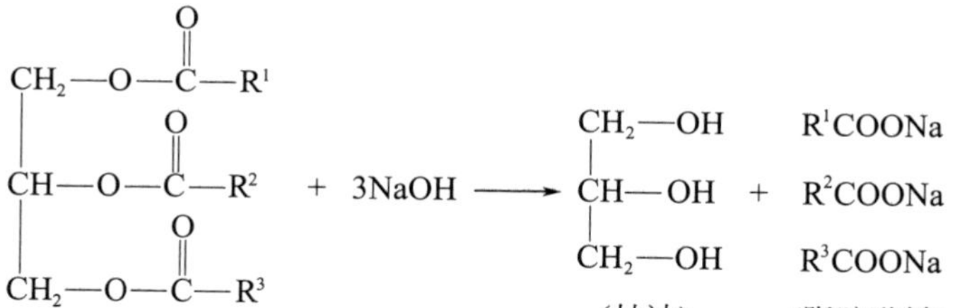

$$
\begin{array}{c}
CH_2-O-\overset{\displaystyle O}{\overset{\|}{C}}-R^1 \\
CH-O-\overset{\displaystyle O}{\overset{\|}{C}}-R^2 \\
CH_2-O-\overset{\displaystyle O}{\overset{\|}{C}}-R^3
\end{array}
+ 3NaOH \longrightarrow
\begin{array}{c}
CH_2-OH \\
CH-OH \\
CH_2-OH \\
\text{(甘油)}
\end{array}
+
\begin{array}{c}
R^1COONa \\
R^2COONa \\
R^3COONa \\
\text{(脂肪酸钠)}
\end{array}
$$

2. 加成反应（氢化、加碘）

3. 酸败

4. 干性

二、类脂化合物

1. 蜡

2. 磷脂

3. 萜类化合物、异戊二烯规则

4. 甾体化合物

5. 表面活性剂

📚 习　题

16-1　写出下列化合物的结构式。

（1）亚油酸　　（2）胆固醇　　（3）卵磷脂　　（4）脑磷脂

16-2 指出卵磷脂和脑磷脂结构上的主要差别，如何将它们分离？

16-3 油脂中脂肪酸的结构有哪些特点？

16-4 解释下列化学名词。

(1) 皂化和皂化值　　(2) 油脂的酸败和酸值　　(3) 油脂的硬化和油脂的碘值

16-5 油脂、蜡和磷脂在结构上的主要区别是什么？

16-6 下列化合物分别属于几萜类化合物？试用虚线分开其结构中的异戊二烯单元。

(1)

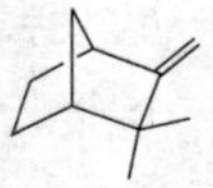

莰烯

(2)

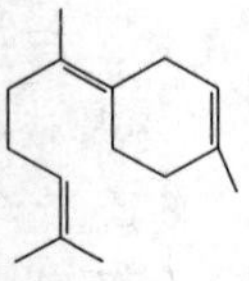

红没药烯

(3)

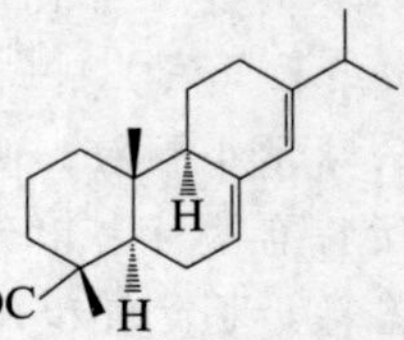

HOOC

松香酸

(4)

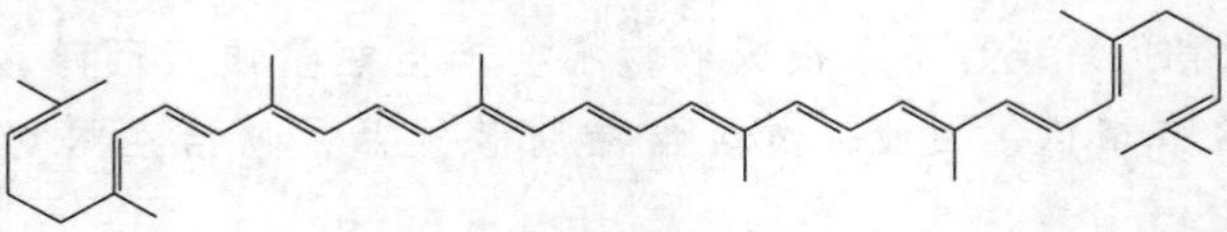

番茄红素

16-7 有一萜化合物 A（$C_{10}H_{18}O$）与 Tollens 试剂反应得到一羧酸 B（$C_{10}H_{18}O_2$），A 用酸性的高锰酸钾溶液氧化得到丙酮和一种二元羧酸 C〔$HOOCCH_2CH(CH_3)CH_2CH_2COOH$〕。请推测 A 的结构并写出有关反应式。

16-8 某单萜 A 分子式为 $C_{10}H_{18}$，催化加氢生成化合物 B（$C_{10}H_{22}$）。用高锰酸钾氧化 A，则得到乙酸、丙酮和 4-氧代戊酸。试推测 A 和 B 的构造式。

习题参考答案

1-1

(1) CH_3CH_2CHO (2) CH_3COCH_3 (3) 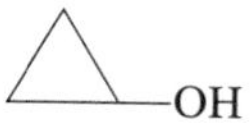 一OH   (4) $CH_2=CHOCH_3$

(5) 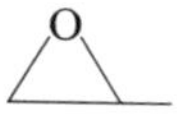 一O   (6) $CH_2=CHCH_2OH$

1-2

碳原子的杂化类型依次为：sp^3，sp、sp^3，sp^2，sp^2

1-3

极性分子有（2）、（3）、（7）、（8）、（9）、（10）、（11）、（12）；非极性分子有（1）、（4）、（5）、（6）。

1-4

(1) 卤代烃   (2) 醚   (3) 醇   (4) 脂肪醛   (5) 烯烃   (6) 胺   (7) 脂肪族硫醇
(8) 酯   (9) 羧酸   (10) 芳香醛   (11) 酚   (12) 芳胺

1-5

能溶于水化合物有（3）、（4）、（5）、（6）、（7）；

能溶于有机溶剂的化合物有：（1）、（2）、（8）

1-6

路易斯酸是（1）、（6）、（9）、（10）、（11）、（12）；

路易斯碱是（2）、（3）、（4）、（5）、（7）、（8）

1-7

酸性由强至弱顺序为：（10）、（7）、（6）、（5）、（1）、（3）、（2）、（9）、（8）、（4）

1-8

化合物的分子式为 $C_2H_4O_2$。

1-9

化合物的分子式为 $C_6H_{14}O_2N_2$。

2-1

(1) $CH_3CH_2CH=CH_2$ 在 $3000cm^{-1}$ 处存在 $=C-H$ 的伸缩振动吸收，在 $1600cm^{-1}$ 处存在 $C=C$ 的中强吸收；

(2) $CH_3CH_2C\equiv CH$ 在 $3100cm^{-1}$ 处存在 $\equiv C-H$ 的伸缩振动吸收；

(3) CH_3CH_2CHO 在 $2850cm^{-1}$ 处存在醛氢的特征吸收；

(4) $CH_3CH_2CH_2OH$ 在 $3300cm^{-1}$ 处存在羟基的特征吸收，$CH_3CH_2CH_2NH_2$ 在 $3300\sim3100cm^{-1}$ 处存在氨基的特征吸收；

(5) 苯在 1600～1450cm^{-1} 处存苯环的骨架振动。

2-2

（A）3450cm^{-1} 处可能存在缔合—OH，2900cm^{-1} 处为 C—H 的伸缩振动吸收，1600～1450cm^{-1} 处可能为苯环的骨架振动，1200cm^{-1} 处可能为 C—O 的伸缩振动吸收，900～700cm^{-1} 处可能为=C—H 的弯曲振动吸收。

（B）3291cm^{-1} 处可能为 N—H 的伸缩振动吸收，3058～3054cm^{-1} 处可能为≡C—H 或=C—H 的伸缩振动吸收，2100cm^{-1} 处可能为—C≡N 或 C≡C 的伸缩振动，1488～1444cm^{-1} 处可能为 C—H 的弯曲振动吸收，1000cm^{-1} 以下可能为其他键的弯曲振动吸收。

2-3

第三个化合物能吸收较长波长的光，第二个化合物能吸收较短波长的光。因为第三个化合物分子中的共轭体系最大，第二个化合物分子中的共轭体系最小。

2-4

(1) n ⟶π* 跃迁，R 带　　(2) π ⟶π* 跃迁，K 带

(3) π ⟶π* 跃迁，K 带　　(4) π ⟶π* 跃迁，K 带，B 带，E 带

2-5

化合物可能结构式为：CH$_3$CHBrCH$_2$CH$_2$Br

2-6

化合物可能结构式为：A　　(CH$_3$)$_2$CHI；　　　　B　CH$_3$CHBr$_2$；

C　ClCH$_2$CH$_2$CH$_2$Cl；　　D　CH$_3$CH$_2$OOCCH=CHCOOCH$_2$CH$_3$

2-7

化合物可能结构式为：CH$_3$OOCCH$_2$CH$_2$COCH$_2$CH$_3$

2-8

化合物可能结构式为：H$_3$CH$_2$CO—C—⟨苯环⟩—C—OCH$_2$CH$_3$

3-1

(1) 2-甲基-4,5-二乙基庚烷　　　(2) 2,2,3-三甲基丁烷

(3) 2,3-二甲基-3-乙基戊烷　　　(4) 2,2,4-三甲基戊烷

(5) 8-氯二环 [3.2.1] 辛烷　　　(6) 8-甲基螺 [4.5] 癸烷

(7) 反-1，4-二甲基环己烷　　　(8) 5-异丁基螺 [2.4] 庚烷

3-2

(1) CH$_3$CH$_2$CHCHCH$_2$CH$_2$CH$_2$CH$_3$ （CH$_3$ 上、CH$_2$CH$_3$ 下）

(2) CH$_3$CH—C—CHCH$_3$ （C$_2$H$_5$ 上、CH$_3$ 下、CH$_3$ CH$_3$ 下）

(3) CH$_3$CHCH$_2$CH$_2$CH$_3$ （CH$_3$ 下）

(4) CH$_3$-⟨双环结构⟩

(5) ⟨螺环结构⟩

3-3

略

3-4

(1) 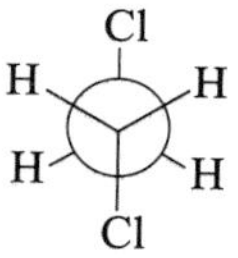 　　(2)

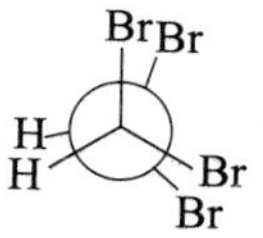

3-5

(1) 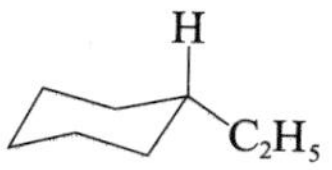 　(2) 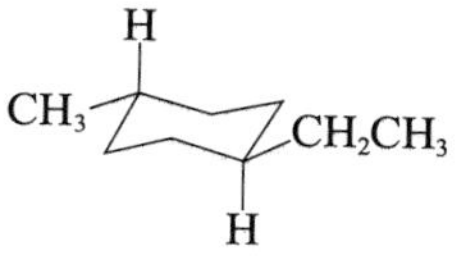 　(3)

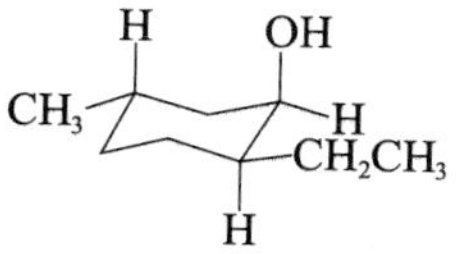

3-6

1,2-二甲基环己烷的反式异构体较稳定，因两甲基空间距离较远，排斥力较小；1-甲基-3-异丙基环己烷，是顺式异构体稳定还是的反式异构体较稳定，理由同上。构象式略。

3-7

(1) ＞ (3) ＞ (2)

3-8

(4) ＞ (2) ＞ (3) ＞ (1)

3-9

(1) 正丙基，n-Pr　　(2) 异丙基，iso-Pr　　(3) 异丁基，iso-Bu

(4) 叔丁基，$tert$-Bu　　(5) 甲基，Me　　(6) 乙基，Et

4-1

(1) 2-乙基-1-丁烯　　　　　　　　(2) 2,5-二甲基-2-己烯

(3) 2-正丙基-1-己烯　　　　　　　(4) 3,5-二甲基-3-庚烯

(5) 4-甲基-1-己炔　　　　　　　　(6) 3,4-二甲基-1,3-戊二烯

(7) 4-甲基-1-己烯-5-炔　　　　　　(8) 3-甲基-4-己烯-1-炔

(9) 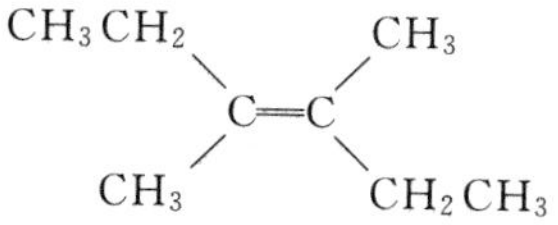 　　　　(10) $HC{\equiv}CCH_2C{\equiv}CCH_3$

(11) $HC{\equiv}CC(CH_3)_2CH_2CH_2CH_3$　　(12)

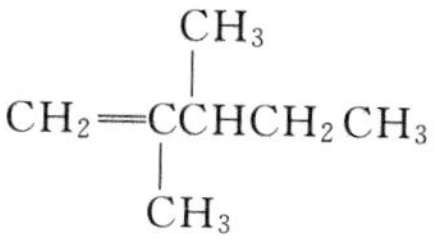

(13) 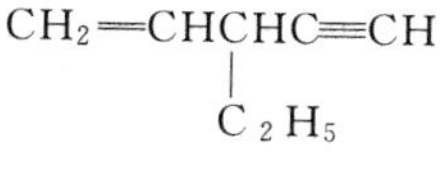 　　(14)

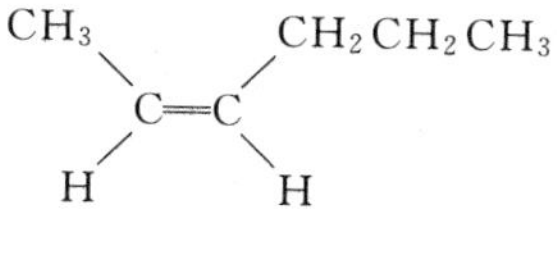

4-2

(1) 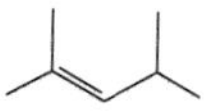 　(2) 错，应为 1-丁烯  　(3)

(4) 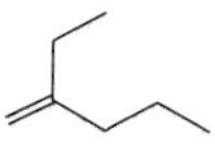 　(5)  　(6) 错，应为 2,3-二甲基-1-戊烯

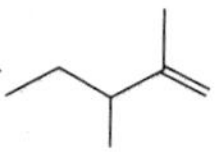

(7) 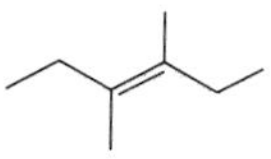 　(8) 错，应为 2-甲基-3-乙基-2-己烯

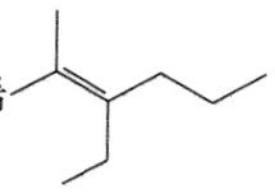

4-3

(1)
$$CH_3CHCH_3 \quad CH_3CHCH_3$$
$$\quad\ \ OSO_3H \qquad\quad OH$$

(2)
$$CH_3CH_2\underset{CH_3}{\overset{CH_3}{C}}CH_3$$
$$\qquad\ \ Br$$

(3)
$$CH_3CH_2CH_2\underset{Cl}{\overset{Cl}{C}}CH_3$$

(4)
$$CH_3CH_2\overset{O}{\overset{\|}{C}}CH_3$$

(5) $CH_3CH_2COOH \quad CH_3COOH$

(6) $CH_3CH_2CH_2COCH_3 + CH_3CH_2COCH_2CH_3$

(7) 环己烯-CHO（环己烯基甲醛）

(8) 环己烯-CN

(9)
$$CH_3\underset{CH_3}{\overset{}{C}}=CHCH_2Br$$

(10) $CH_3CH_2CH=CHCN$

(11) $CH_3CH_2C\equiv CAg$

(12) $CH_3CH_2CH_2CH_3$

4-4

(1)
乙烷、乙烯、乙炔 $\xrightarrow{Br_2/CCl_4}$ 无反应→乙烷；褪色→乙烯、乙炔 $\xrightarrow{Ag(NH_3)_2^+}$ 无反应→乙烯；灰白色↓→乙炔

(2)
正庚烷、1,4-庚二烯、1-庚炔 $\xrightarrow{Ag(NH_3)_2^+}$ 灰白色↓→1-庚炔；无反应→正庚烷、1,4-庚二烯 $\xrightarrow{Br_2/CCl_4}$ 褪色→1,4-庚二烯；无反应→正庚烷

(3)
2-甲基戊烷、2-己炔、1-己炔 $\xrightarrow{Ag(NH_3)_2^+}$ 灰白色↓→1-己炔；无反应→2-甲基戊烷、2-己炔 $\xrightarrow{Br_2/CCl_4}$ 褪色→2-己炔；无反应→2-甲基戊烷

4-5

或

4-6

$$CH_3\underset{CH_3}{\overset{}{C}}HCH_2C\equiv CH$$

4-7

A $\quad CH_3CH_2CH_2CH_2C\equiv CH$

B $\quad CH_3CH=CHCH=CHCH_3$

4-8

$$CH_3CH_2C\equiv CCH_2CH_3$$

5-1

(1) 2-甲基-3-苯基-1-丁烯 　　(2) 间乙基苯乙烯 　　(3) 3-甲基-1-萘甲醛

(4) 对苯基苯甲醛 　　(5) 环戊基苯 　　(6) 四氢萘

（7）8-硝基-2-萘磺酸　　　　（8）对硝基邻氯苯甲酸（9）4-硝基-4′-甲基二苯甲烷

5-2

（1）邻苯二甲酸（COOH，COOH）　（2）CH_3—苯—CH_2—苯　（3）萘（CH_3，C_2H_5）　（4）苯（NO_2，SO_3H）

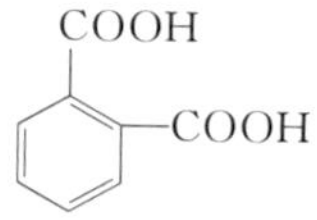

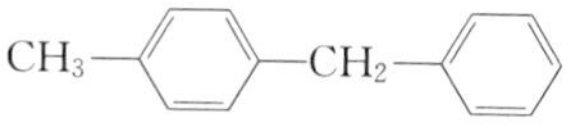

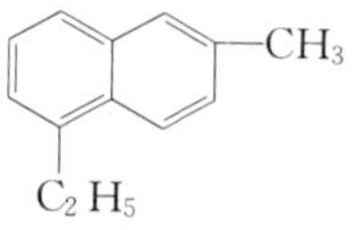

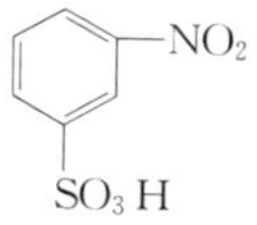

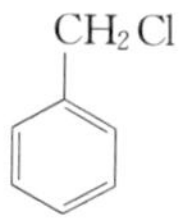

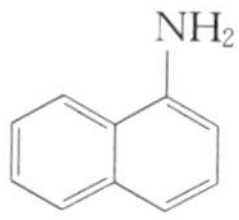

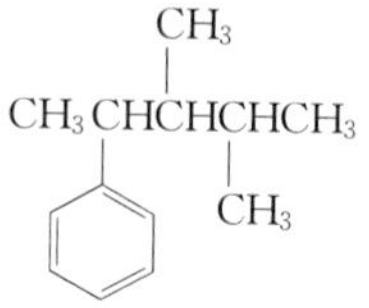

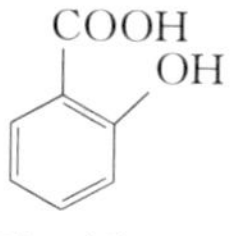

（5）苯CH_2Cl　（6）萘NH_2　（7）苯$CH_3CHCHCHCH_3$（CH_3，CH_3）　（8）苯（COOH，OH）　（9）苯（OH，NO_2）

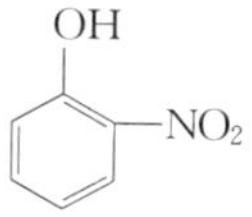

5-3　只给出提示：（1）烷基化反应（异构化）　　（2）硝化反应（特别提示：甲基是致活基）

（3）侧链 α-氢以及双键部位的氧化反应　　（4）亲电加成；α-氯代

（5）苯环上的亲电取代　　（6）分子内的烷基化反应　　（7）分子内的酰基化反应

（8）硝化反应；萘环的溴代反应（特别提示：硝基是致钝基）　　（9）侧链 α-氯代

（10）侧链 α-氢的氧化反应

5-4　（1）、（3）、（5）、（8）能；

（2）、（4）、（6）、（7）不能

5-5　（1）甲苯＞苯＞氯苯＞硝基苯

（2）苯酚＞甲苯＞苯甲酸＞硝基苯

（3）对二甲苯＞甲苯＞对甲苯甲酸＞苯甲酸

（4）苯甲醚＞苯＞溴苯＞苯乙酮

5-6　（1）C^4 位　　（2）C^4 位、C^6 位　　（3）C^4 位、C^6 位　　（4）C^4 位、C^6 位

（5）C^5 位　　（6）C^5 位　　（7）C^4 位、C^6 位　　（8）C^3 位

5-7

（1）先加硝酸银的氨溶液（产生白色沉淀者为苯乙炔）；再加溴的四氯化碳溶液（褪色者为苯乙烯）；加高锰酸钾的酸性溶液（褪色者为乙苯）；剩下的即为乙基环己烷。

（2）先加硝酸银的氨溶液（产生白色沉淀者为苯乙炔）；再加溴的四氯化碳溶液（褪色者为1,3-环己二烯）；加高锰酸钾的酸性溶液（褪色者为甲苯）；剩下的即为苯。

（3）先加溴的四氯化碳溶液（褪色者为环己烯）；再加高锰酸钾的酸性溶液（褪色者为环己基苯）；剩下的即为苯。

5-8

只给出提示：（1）先氧化，后氯代　　（2）先溴代，后氧化　　（3）先硝化，后氯代

（4）先氯代，后磺化　　（5）先硝化，再氯代，最后氧化　　（6）先溴代，再氧化，最后硝化

（7）先硝化，再侧链 α-氯代，最后烷基化

5-9

具有芳香性的是：环丙烯正离子、环戊二烯负离子、䓬

5-10

$C_6H_5CH_2CH{=\!=}CHCH_2C_6H_5$

5-11

A 为对甲苯乙炔；B 为对乙基甲苯；C 为对苯二甲酸

5-12

A 为丙苯或异丙苯；B 为对乙基甲苯；C 为均三甲苯

6-1

C D D C A

6-2

(1)　CH$_3$CH$_2$CH$_2$ĊHCH$_2$CH$_3$　　(2) A、B具有对称因素，C、D是手性分子。
　　　　　　　　　|
　　　　　　　　CH$_3$

6-3

(1) (R)-1-氯-1-溴乙烷　　　　　(2) (S)-3-溴-1-戊烯

(3) (2S，3R)-2，3-二氯戊烷　　　(4) (2R，3R)-3-氯-2-溴戊烷

6-4

130.8＝42.3/ρ_B×1，计算得 ρ_B＝3.09g·mL^{-1}

6-5

A　CH$_3$CH$_2$CHC≡CH　　　B　CH$_3$CH$_2$CHC≡CAg　　　C　CH$_3$CH$_2$CHCH$_2$CH$_3$
　　　　　　　|　　　　　　　　　　　　　　|　　　　　　　　　　　　　　|
　　　　　　CH$_3$　　　　　　　　　　　　CH$_3$　　　　　　　　　　　　CH$_3$

6-6

A　CH$_3$CH$_2$CH＝CHCH$_2$CH$_3$　　　　　　　B　CH$_3$CH$_2$CHOHCH$_2$CH$_2$CH$_3$
C　CH$_3$CH$_2$CHOHCHOHCH$_2$CH$_3$

7-1

(1) 3-甲基-4-氯庚烷　　　(2) 顺-3-甲基-2-氯-2-戊烯

(3) 4-乙基-2-氯甲苯　　　(4) 3-溴环戊烯

(5) 4-甲基-2-氯-6-溴庚烷　(6) 1-环己基-3-溴-1,3-丁二烯

(7) 顺-3-氯-1-叔丁基环己烷　(8) 反-1,2-二溴环己烷

(9) 2-氯二环 [2.2.1] 庚烷　(10) 5-溴螺 [3.4] 辛烷

7-2

(1) CH$_2$＝CHCH$_2$Cl　　　　　(2) ⬡—CH$_2$Br

(3) CHI$_3$　　　　　　　　　　(4) (CH$_3$)$_2$CHMgBr

(5) ⬡—CH$_3$　　　　　　　　(6)
　　　|
　　　Br

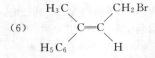

7-3

(1) C$_2$H$_5$CH—CH$_2$　　　C$_2$H$_5$C≡CH　　　C$_2$H$_5$C—CH$_3$
　　　　|　　|　　　　　　　　　　　　　　　　　　　‖
　　　Br　Br　　　　　　　　　　　　　　　　　　　O

(2) ⬡—CH＝CHCH$_2$CH$_3$

(3) ⬡—CH$_2$—⬡—C(CH$_3$)$_3$

(4) C$_6$H$_5$CHCH$_3$　　　C$_6$H$_5$CHCH$_3$　　　C$_6$H$_5$CHCOOH
　　　|　　　　　　　　　|　　　　　　　　　|
　　　Br　　　　　　　　MgBr　　　　　　　CH$_3$

(5) CH$_2$＝CHCH$_2$Br　　　CH$_2$＝CHCH$_2$CN　　　CH$_2$＝CHCH$_2$COOH

(6) ClCH＝CHCH$_2$ONO$_2$＋AgCl

(7) ⬡—CH$_2$Cl　　　⬡—CH$_2$OH

7-4

(1) 氯化苄　＞　1-苯基-2-氯乙烷　＞　对氯甲苯

（2）3-溴环戊烯　＞　4-溴环戊烯　＞　1-溴环戊烯

7-5

（1）①＞②＞③　　　　　　（2）①＞②＞③

7-6

（1）S_N2　　　（2）S_N1　　　（3）S_N2　　　（4）S_N1

7-7

（A） 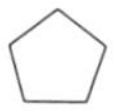　　（B） 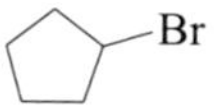　　（C）

7-8

（A） 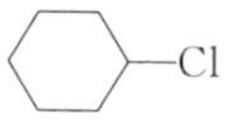　　（B） 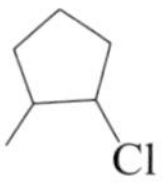　或 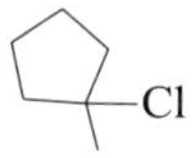　

（C） 　　（D）

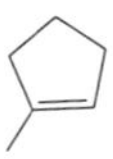

7-9

（A）$CH_3CH{=\!=}CH_2$　　　　（B）$CH_3CH{-\!-}CH_2$（Cl，Cl）　　　（C）$CH_2{=\!=}CHCH_2Cl$

（D）$CH_2{=\!=}CHCH_2CH_2CH_3$　　　（E）$CH_2{=\!=}CHCHCH_2CH_3$（Br）

（F）$CH_2{=\!=}CHCH{=\!=}CHCH_3$　　　（G）

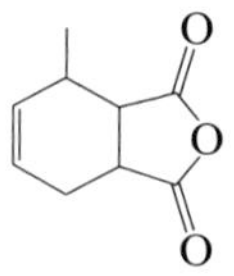

8-1

（1）3,3-二甲基丁醇　（2）4-戊炔-2-醇　（3）2-丙基-2-丁烯-1-醇　（4）2,3-戊二醇

（5）3-甲氧基苯酚（间甲氧基苯酚）　（6）3-硝基-2-氯苯酚　（7）2-环戊烯-1-醇

（8）2-苯基-2-戊醇　（9）2,6-二溴-4-叔丁基苯酚　（10）5-甲基-2-萘酚

（11）乙基乙烯基醚　（12）4-甲基苯甲醚（对甲基苯甲醚）

8-2

（1） 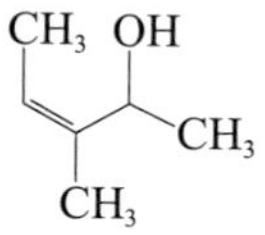　（2） 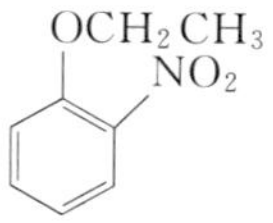　（3）　（4）

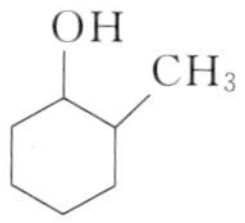

（5） 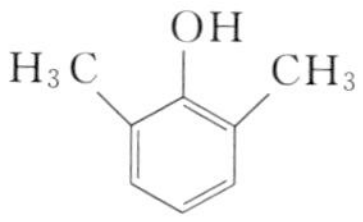　（6）

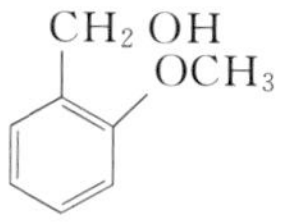

8-3

（1）D＞C＞A＞B　　　（2）C＞A＞B＞D＞E

8-4

（1）$H_3C-CH-CH_3$（Br）　　$H_3C-CH-CH_3$（MgBr）　　（2）

(3) $CH_3-CH-CH_2Cl$
        $|$
        CH_2CH_3

(4)

(5) $CH_3-C-CH_2-CH_3$ (含羰基)
         $\|$
         O

(6)

(7)

$+CH_3CH_2I$

(8)

8-5

(1) 可以使溴水褪色的是环己烯，能使高锰酸钾褪色的是环己醇，没有变化的是环己烷。

(2) 首先分别将四种物质加入到溴水中，能褪色的是 3-丁烯-2-醇和 3-丁烯-1-醇，不能褪色的是正丁醇和 2-丁醇。再将上述物质分别加入卢卡斯试剂中，很快出现浑浊的为 3-丁烯-2-醇和 2-丁醇，长时间无浑浊者为 3-丁烯-1-醇和正丁醇。

(3) 首先用三氯化铁溶液加入到盛有四种物质的试管中，呈现出紫色的物质是苯酚；其次将钠加入到盛有剩下三种物质的试管中，其中会放出氢气的物质是苄醇；最后向盛有剩余两种物质的试管中滴加酸性高锰酸钾溶液，其中能使高锰酸钾溶液会褪色的是甲苯，剩下的一种物质是苯甲醚。

8-6

(1) 用少量的浓硫酸洗涤，再分液，有机层为环己烷。

(2) 加入足量碳酸钠溶液，用乙酸乙酯萃取，分液，水层加入稀盐酸至弱酸性，再用乙酸乙酯萃取，减压蒸馏得到苯酚；有机层用浓硫酸洗涤，乙酸乙酯萃取，再将有机层减压蒸馏出去溶剂得到苯；浓硫酸溶液用氢氧化钠溶液中和至弱碱性，再用乙酸乙酯萃取，减压蒸馏得到苯甲醚。

8-7

(1) $CH_3CH_2CH=CH_2 \xrightarrow[\text{(2) }OH^-,\ H_2O_2,\ H_2O]{\text{(1) }BH_3/THF} CH_3CH_2CH_2CH_2OH$

(2) $CH_3CH_2CH_2OH \xrightarrow[\triangle]{H_2SO_4} CH_3CH=CH_2 \xrightarrow{HBr} CH_3CHCH_3$
                                                                      $|$
                                                                      Br

$\xrightarrow{OH^-} CH_3CHCH_3 \xrightarrow[H^+]{KMnO_4} CH_3COCH_3$
          $|$
          OH

(3) $CH_3CH_2CH_2CH_2OH \xrightarrow[\triangle]{H_2SO_4} CH_3CH_2CH=CH_2 \xrightarrow{HBr} CH_3CH_2CHCH_3$
                                                                                      $|$
                                                                                      Br

$\xrightarrow{OH^-} CH_3CH_2CHCH_3 \xrightarrow{(CH_3CO)_2O} CH_3CH_2CHCH_3$
              $|$ $|$
              OH $OOCCH_3$

8-8

A

B

C CH_3I

(1) 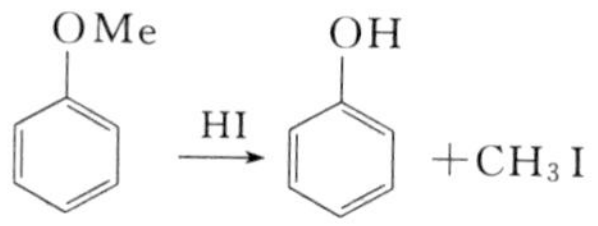 PhOMe $\xrightarrow{\text{HI}}$ PhOH $+ CH_3I$ 　　(2) 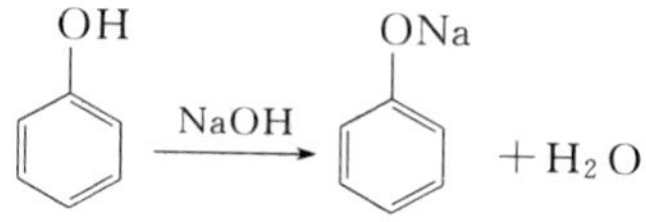 PhOH $\xrightarrow{\text{NaOH}}$ PhONa $+ H_2O$

(3) $CH_3I \xrightarrow{\text{AgNO}_3} CH_3ONO_2 + AgI$

8-9

A　$(CH_3)_2CH-CHBr-CH_3$　　B　$(CH_3)_2CH-CH(OH)-CH_3$　　C　$(CH_3)_2C=CH-CH_3$

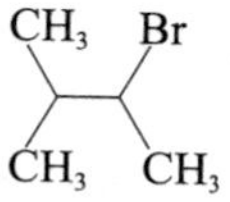

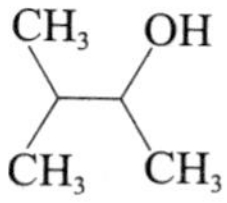

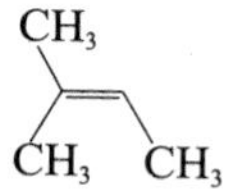

9-1

（1）2,3-二甲基丁醛　（2）4-甲基-2-戊酮　（3）2,4-戊二酮　（4）3-甲基-2-丁烯醛

（5）1-戊烯-3-酮　（6）2-甲基环己酮　（7）苯丙酮　（8）二苯酮

（9）2-甲氧基苯甲醛（邻甲氧基苯甲醛）

9-2

（1）$(CH_3)_2CHCH_2CHO$　（2）$CH_3CH_2CH(CH_3)COCH_3$　（3）环己基$COCH_3$　（4）$CH_3CH_2CH(C_6H_5)CH_2COCH_2CH_3$

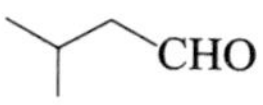

（5）$OHC-CH_2CH_2-CHO$　（6）环状缩醛（1,3-二氧杂环戊烷，2-甲基）　（7）$CH_3CHBr-CHO$

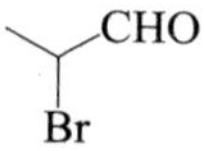

9-3

（1）$CH_3-CH(CH_3)-CH(OH)-CN$

（2）环己酮缩乙二醇

（3）邻甲苯基$-CH(OH)-CH_2CH_3$

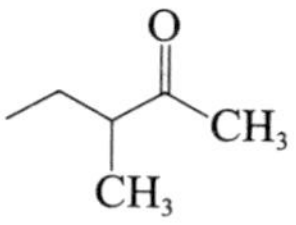

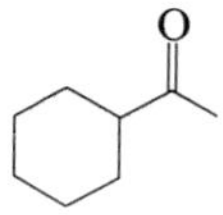

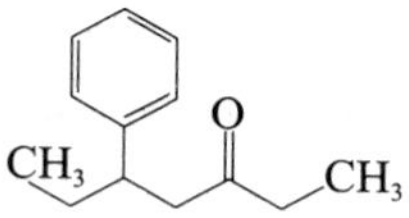

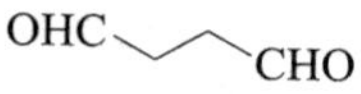

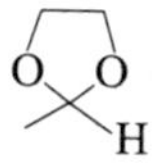

（4）$CH_3-CH(CH_3)-C(OH)(CH_3)-SO_3Na$

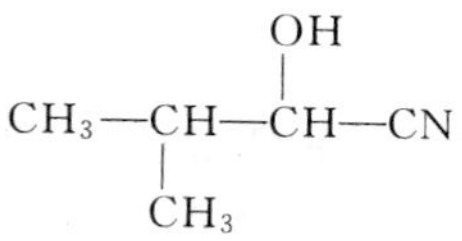

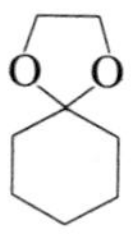

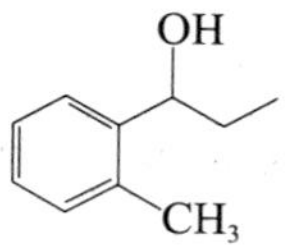

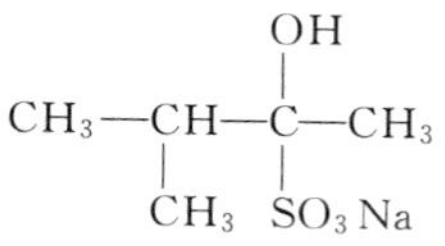

（5）间硝基苯甲醛肟 $C_6H_4(NO_2)-CH=NOH$

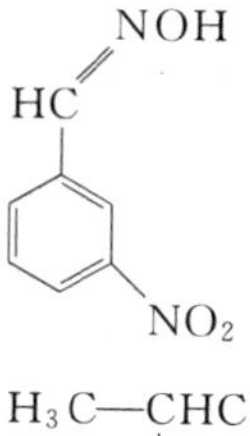

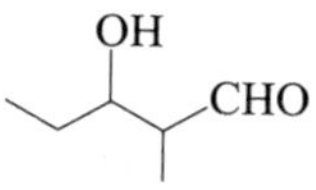

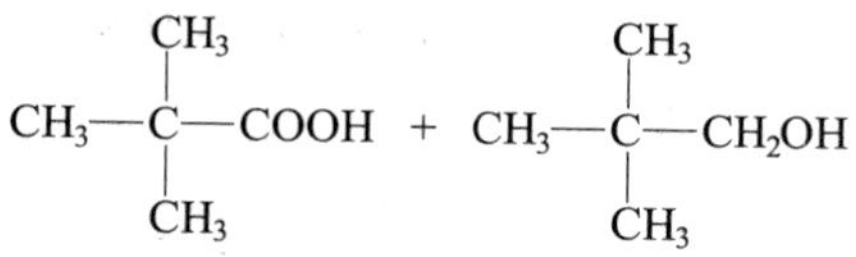

（6）$CH_3CH_2-CH(OH)-CH(CH_3)-CHO$

（7）$(CH_3)_3C-COOH + (CH_3)_3C-CH_2OH$

（8）$C_6H_5-CH(CH_3)-CH_2CH_3$

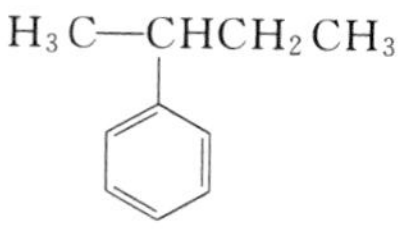

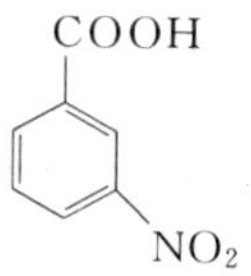

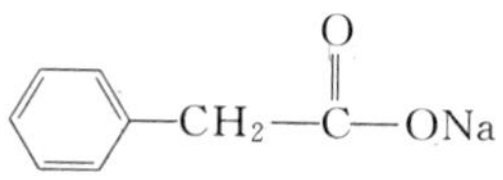

（9）$CH_3CH_2CH_2CH=CH_2$

（10）间硝基苯甲酸 $C_6H_4(NO_2)-COOH$

（11）$C_6H_5-CH_2-CO-ONa$

（12）四氢吡喃-2-醇，四氢吡喃-2-甲氧基（2-OH 及 2-OCH₃ 四氢吡喃）

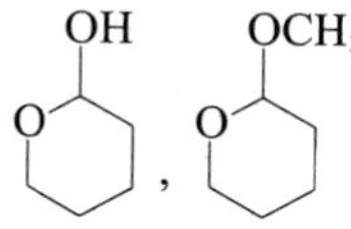

9-4

（1）$CH_3CHO > CH_3COCH_3 > CH_3CH_2COCH_3 > (CH_3)_3C-CO-C(CH_3)_3$

(2) 　CCl$_3$—C(=O)CH$_2$CH$_3$ ＞ CH$_3$—C(=O)CH$_2$CH$_3$

9-5

（1）先将三种物质分别加入盛有斐林试剂的试管中，有砖红色沉淀产生的甲醛和乙醛，没有变化的是丙酮。在甲醛和乙醛中分别加入碘的氢氧化钠溶液，产生黄色沉淀的是乙醛，没有变化的是甲醛。

（2）加入吐伦试剂，有光亮银镜产生的是醛；在两种醛中，分别加入斐林试剂，有红色沉淀的是戊醛，没有变化的是苯甲醛。再在两种酮中，分别加碘的氢氧化钠溶液，有黄色沉淀生成的是2-戊酮，没有变化的是环戊酮。

（3）加入卢卡斯试剂，静置一段时间有沉淀的是异丙醇，加热生成沉淀的是丙醇。剩下的为丙醛和丙酮，再用碘的氢氧化钠溶液，有黄色沉淀生成的为丙酮，不反应的为丙醛。

（4）能使 FeCl$_3$ 溶液显紫色的是苯酚，加入吐伦试剂并微热，有白色沉淀的是苯甲醛；向其余两个中加入碘的氢氧化钠溶液，有黄色沉淀的是苯乙酮，没有变化的是苯甲醇。

9-6

（1）三氯乙醛＞一氯乙醛＞乙醛＞苯乙酮＞二苯甲酮

（2）三氯乙醛＞甲醛＞乙醛＞丙酮

9-7　（1）和（5）可以发生碘仿反应，产物为（1）CH$_3$CH$_2$COO$^-$　（5）环戊基-COO$^-$

9-8

先用吉拉德（Girard）试剂与混合物反应，再加入水，并用乙酸乙酯萃取、分液，有机层减压蒸馏得到1-戊醇，水溶液用酸处理解离出醛和酮。醛和酮的混合物用饱和亚硫酸钠溶液处理，再用乙酸乙酯萃取、分液，有机层减压蒸馏得到3-戊酮。水层再用稀盐酸处理，用乙酸乙酯萃取并分液，有机层减压蒸馏得到戊醛。

戊醛 + H$_2$N—NHCCH$_2$N$^+$(CH$_3$)$_3$Cl$^-$ ⟶ 戊基-N—NHCCH$_2$N$^+$(CH$_3$)$_3$Cl$^-$　溶于水

3-戊酮 + H$_2$N—NHCCH$_2$N$^+$(CH$_3$)$_3$Cl$^-$ ⟶ N—NHCCH$_2$N$^+$(CH$_3$)$_3$Cl$^-$　溶于水

戊醛 + NaHSO$_3$ ⟶ CHOH-SO$_3$Na $\xrightarrow{HCl}$ 戊醛

9-9

（1）CH$_3$CH$_2$CHO $\xrightarrow[Et_2O]{CH_3MgBr}$ $\xrightarrow[H^+]{H_2O}$ CH$_3$CH$_2$CHCH$_3$（OH）

（2）BrCH$_2$CH$_2$CHO $\xrightarrow[干HCl]{HOCH_2CH_2OH}$ H$_2$C—CH$_2$（Br）(缩醛) $\xrightarrow{Mg}$ H$_2$C—CH$_2$（MgBr）(缩醛)

$\xrightarrow[Et_2O]{CH_3CHO}$ $\xrightarrow[H^+]{H_2O}$ CH$_3$CHCH$_2$CH$_2$CHO（OH）

（3）H$_3$C—C(=O)—CH$_3$ $\xrightarrow{NaOH}$ CH$_3$—C=CHC(=O)CH$_3$（CH$_3$） $\xrightarrow[NaOH]{I_2}$ $\xrightarrow{H^+}$ CH$_3$—C=CHCOOH（CH$_3$）

(4) $CH_3CH_2CHO \xrightarrow[Ni]{H_2} CH_3CH_2CH_2OH$

$CH_3CH_2CHO \xrightarrow[H_2SO_4]{Na_2Cr_2O_7} CH_3CH_2COOH$

$CH_3CH_2COOH + CH_3CH_2CH_2OH \xrightarrow[\triangle]{H_2SO_4} CH_3CH_2COOCH_2CH_2CH_3 + H_2O$

(5) $CH_3CH_2OH \xrightarrow[273\sim300℃]{Cu} CH_3CHO \xrightarrow[Et_2O]{CH_3CH_2MgBr} \xrightarrow{H^+} CH_3\overset{OH}{\underset{|}{C}HCH_2CH_3 \xrightarrow[H_2SO_4]{Na_2Cr_2O_7}}$

$\overset{O}{\underset{||}{C}H_2CCH_2CH_3}$

9-10

(1)

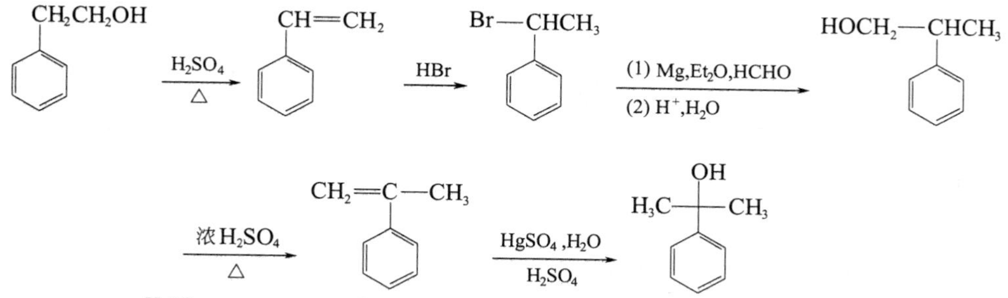

(2) $CH_2=CH_2 \xrightarrow[H_2O]{H_2SO_4} CH_3CH_2OH \xrightarrow{Cu} CH_3CHO \xrightarrow{稀\ NaOH} CH_3CH=CHCHO \xrightarrow[Ni]{H_2} CH_3CH_2CH_2CH_2OH$

9-11

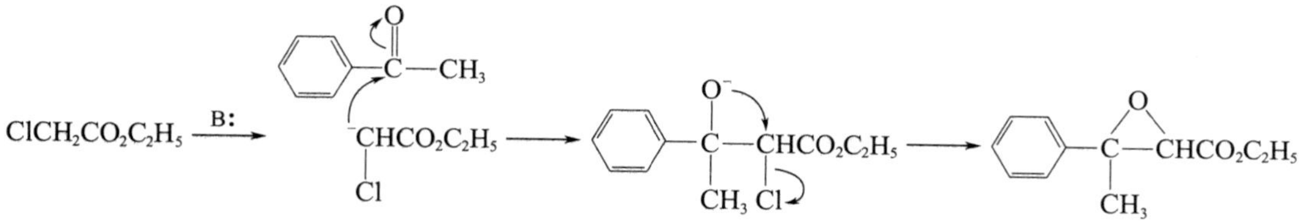

9-12

亲核加成反应受电子效应和空间位阻的影响，$ArCH_2COR$ 由于羰基离芳基较远因而位阻相对于 $ArCOR$ 要小，反应活性较高。同时由于 $ArCOR$ 的羰基直接与芳基相连，因而可以形成共轭体系，使得羰基更稳定，因而活性相对较低。综上，$ArCH_2COR$ 的亲核加成活性优于 $ArCOR$。

9-13

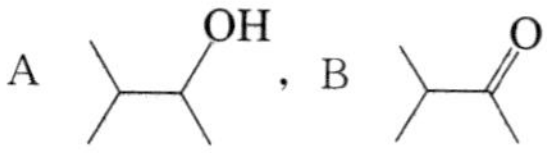

A , B

(1)

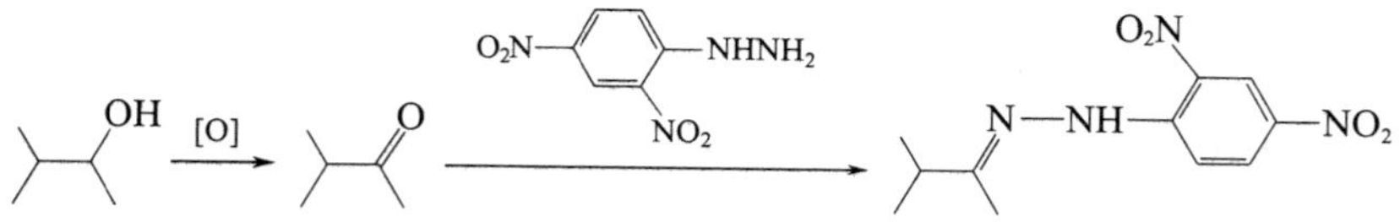

(2) 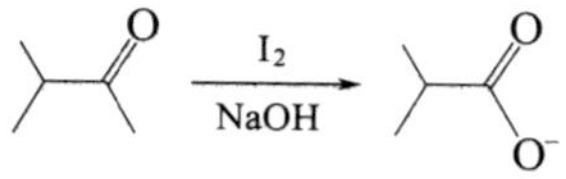 羰基与甲基相连才能发生碘仿反应

(3) 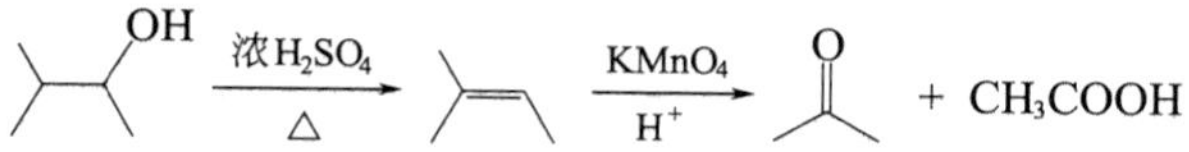 $+ CH_3COOH$

9-14

A

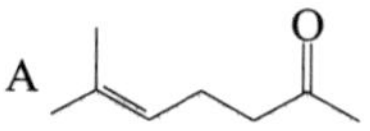

(1) (CH₃)₂C=CHCH₂CH₂COCH₃ $\xrightarrow{[O]}$ CH₃COCH₃ + HOOCCH₂CH₂COCH₃

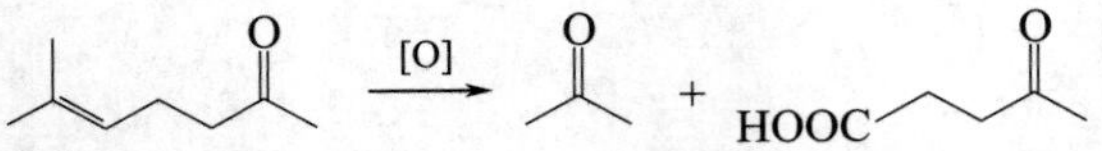

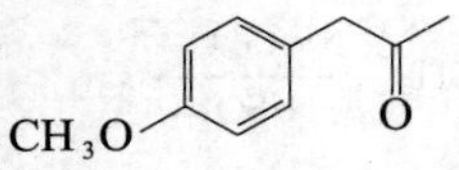

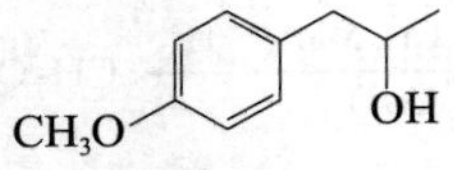

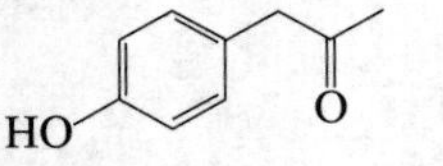

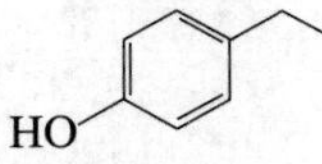

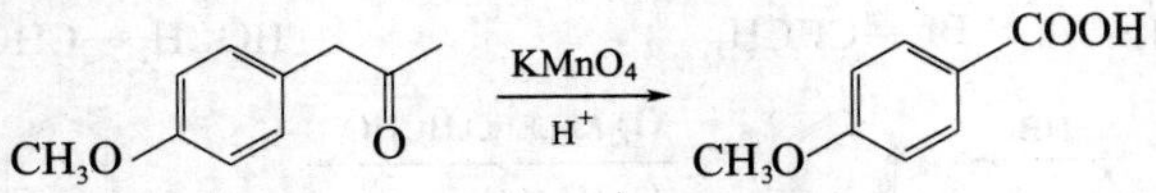

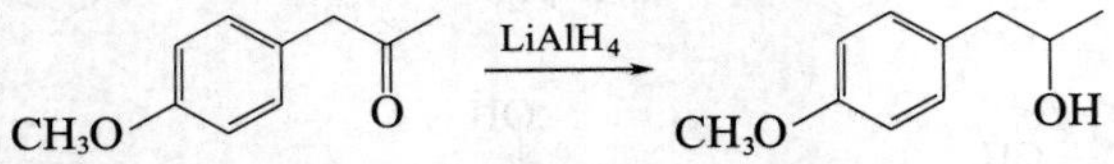

(2) HOOCCH₂CH₂COCH₃ $\xrightarrow{NaClO}$ HOOCCH₂CH₂COOH + CHCl₃

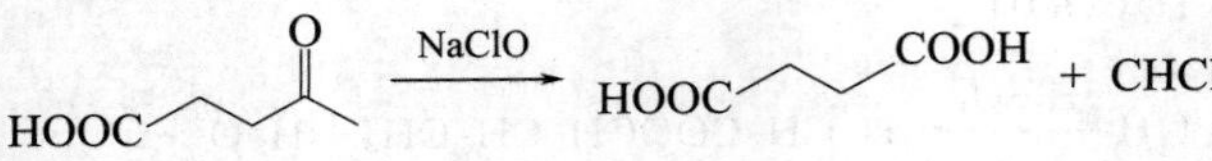

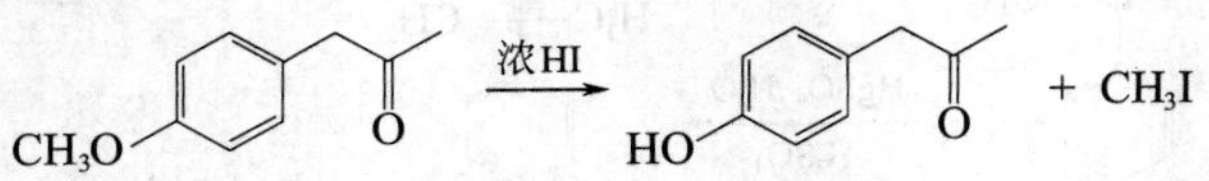

9-15

A CH₃O—C₆H₄—CH₂COCH₃

B CH₃O—C₆H₄—CH₂CH(OH)CH₃

C HO—C₆H₄—CH₂COCH₃

D HO—C₆H₄—CH₂CH₂CH₃

(1) CH₃O—C₆H₄—CH₂COCH₃ $\xrightarrow[H^+]{KMnO_4}$ CH₃O—C₆H₄—COOH

(2) CH₃O—C₆H₄—CH₂COCH₃ $\xrightarrow{LiAlH_4}$ CH₃O—C₆H₄—CH₂CH(OH)CH₃

(3) CH₃O—C₆H₄—CH₂COCH₃ $\xrightarrow{浓HI}$ HO—C₆H₄—CH₂COCH₃ + CH₃I

(4) HO—C₆H₄—CH₂COCH₃ $\xrightarrow[浓HCl]{Zn/Hg}$ HO—C₆H₄—CH₂CH₂CH₃

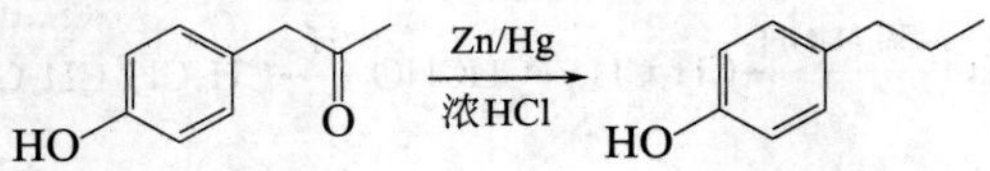

10-1

(1) (2E,4E)-2,4-己二烯酸

(2) 2,5-二甲基庚酸

(3) 对羟基苯甲酸

(4) 2,4-二氯苯氧乙酸

(5) 邻乙酰氧基苯甲酸（乙酰水杨酸）

(6) N-甲基氨基甲酸苯酯

(7) 5-羟基萘乙酸

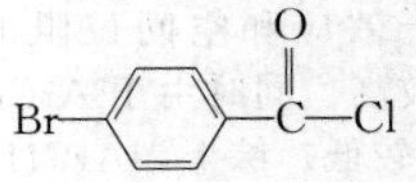

(8) 3-甲基-4-环己基丁酸

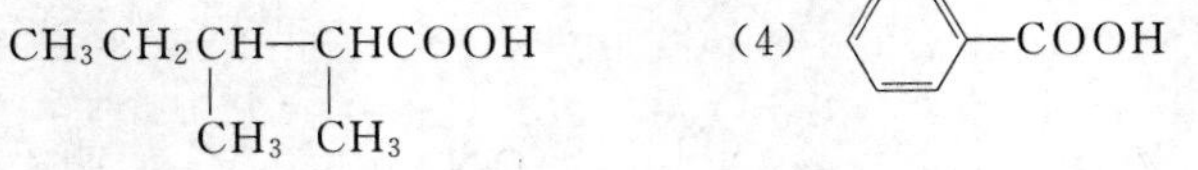

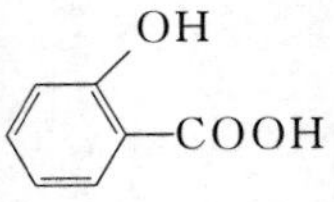

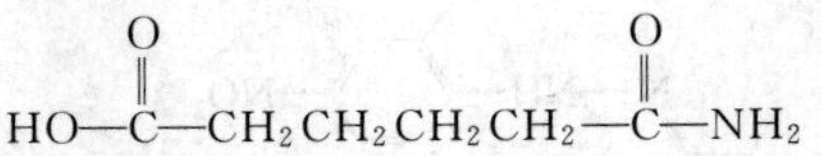

10-2

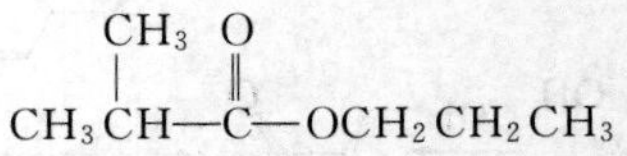

(1) 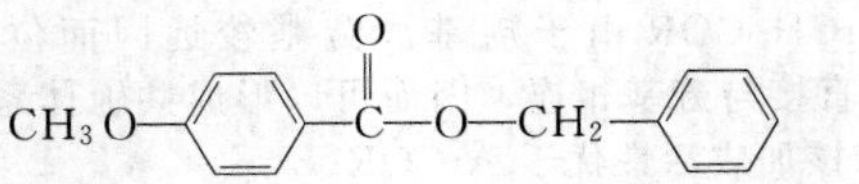 CH₃O—C₆H₄—CO—O—CH₂—C₆H₅

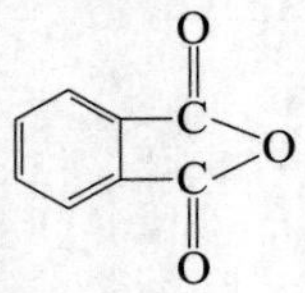

(2) Br—C₆H₄—CO—Cl

(3) CH₃CH₂CH—CHCOOH
         | |
       CH₃ CH₃

(4) 邻-(OH)C₆H₄—COOH

(5) HOOC—CH₂CH₂CH₂CH₂—CO—NH₂

(6) CH₃CH(CH₃)—CO—OCH₂CH₂CH₃

(7) 邻苯二甲酸酐

(8) HO—C(CH₃)(H)—COOH

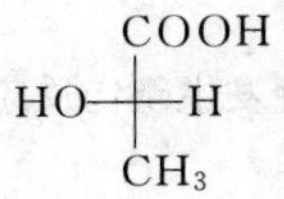

10-3

(1) 苯酚＜乙酸＜氯乙酸＜二氯乙酸

(2) 丙酸＜3-氯丙酸＜2-氯丙酸＜2,2-二氯丙酸

(3) 环己醇＜水＜苯甲酸＜甲酸

10-4

（1）Tollens 试剂，Na_2CO_3 溶液，$KMnO_4$ 溶液

（2）$FeCl_3$ 溶液，Na_2CO_3 溶液

（3）水，苯胺

10-5

（1）$CH_3-\overset{O}{\overset{\|}{C}}-CH_2-\overset{O}{\overset{\|}{C}}-OC_2H_5$　　（2）CH_3CHO　　（3）

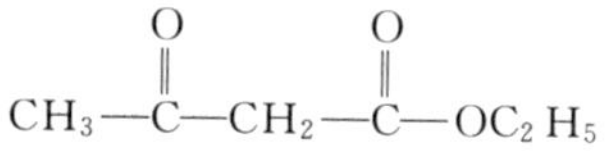

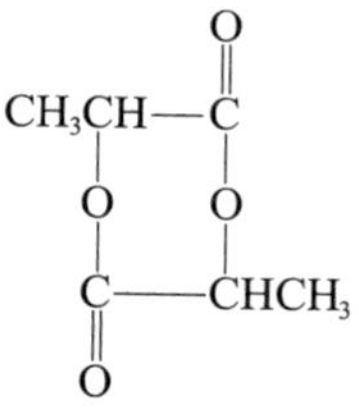

（4）$CH_3CH=CHCOOH$　　（5）$CH_3CH_2-\overset{O}{\overset{\|}{C}}-NH_2$　　（6）

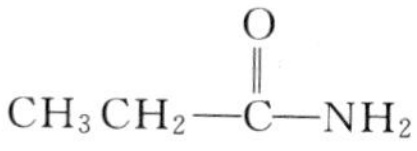

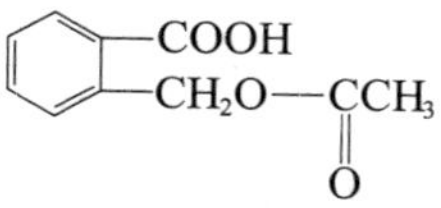

10-6

略

10-7

（1）$CH_2=CH_2 \xrightarrow[H_2O]{浓 H_2SO_4} CH_3CH_2OH \xrightarrow{CrO_3} CH_3CHO$

$\xrightarrow{HCN} CH_3-\underset{OH}{\overset{}{CH}}-CN \xrightarrow{H_2O} CH_3-\underset{OH}{\overset{}{CH}}-COOH \xrightarrow{[O]} CH_3-\overset{O}{\overset{\|}{C}}-COOH$

（2）

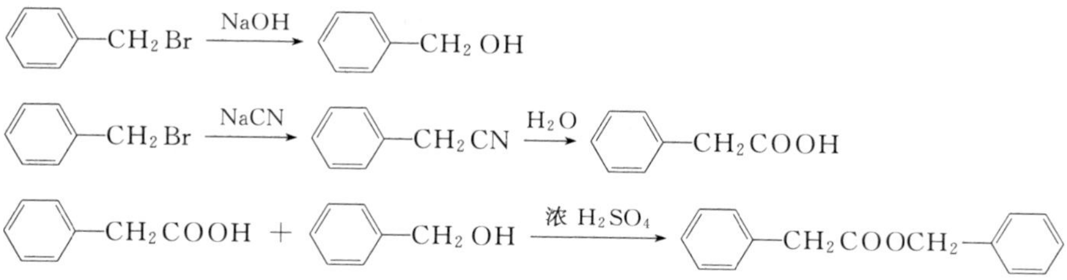

10-8

A　$CH_3\underset{OH}{\overset{CH_3}{\underset{|}{\overset{|}{CH}}CH}CH_3}$　　B　$CH_3\underset{O}{\overset{CH_3}{\underset{\|}{\overset{|}{C}}CH}CH_3}$　　C　$CH_3\overset{CH_3}{\overset{|}{C}}=CHCH_3$

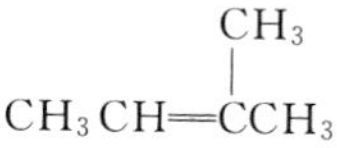

10-9

A　$HOOC-CH=\underset{CH_3}{\overset{}{C}}-COOH$　　B　$HOOC-CH_2\underset{CH_3}{\overset{}{CH}}-COOH$　　C

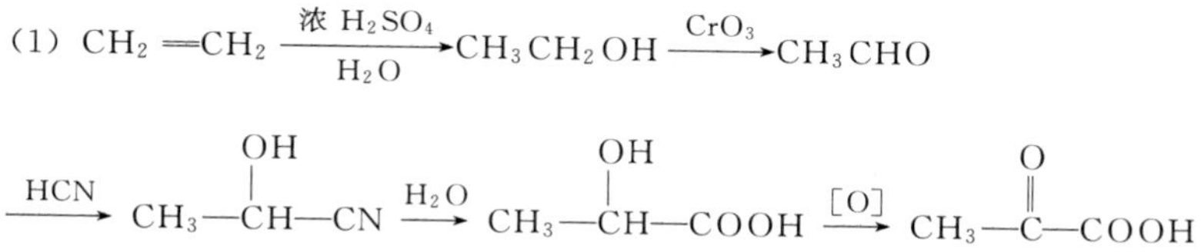

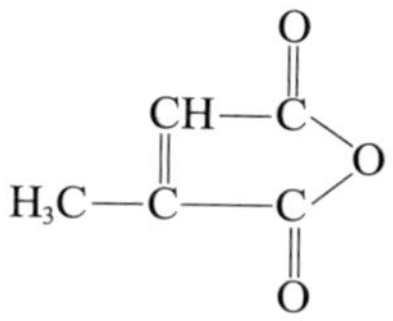

10-10

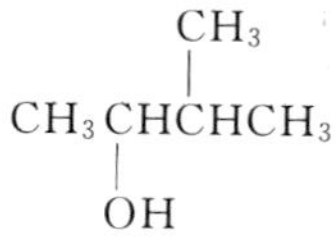

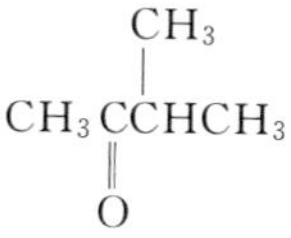

A　$CH_3-\overset{O}{\overset{\|}{C}}-CH_2-\overset{O}{\overset{\|}{C}}-O-\underset{}{\overset{CH_3}{\overset{|}{CH}}}CH_3$　　B　$CH_3-\overset{O}{\overset{\|}{C}}-CH_2-\overset{O}{\overset{\|}{C}}-OH$　　C　$CH_3-\overset{O}{\overset{\|}{C}}-CH_3$

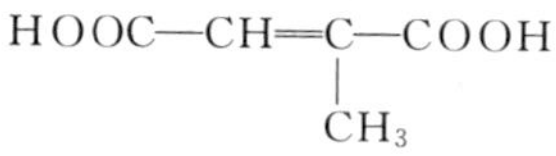

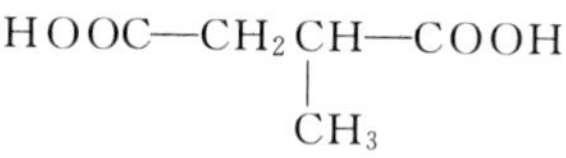

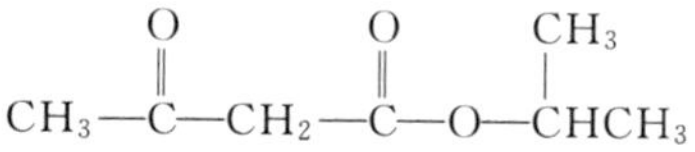

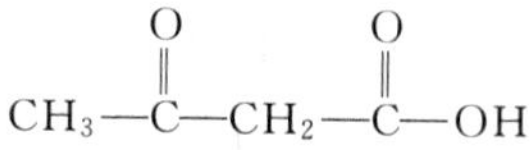

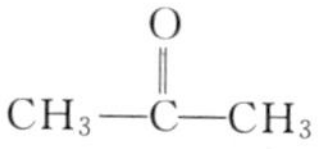

10-11

A CH$_3$CH$_2$—C(=O)—CH$_2$—C(=O)—OCHCH$_3$(CH$_3$) 或 CH$_3$—C(=O)—CH(CH$_3$)—C(=O)—OCHCH$_3$(CH$_3$)

B CH$_3$CH$_2$—C(=O)—CH$_2$—C(=O)—OH 或 CH$_3$—C(=O)—CH(CH$_3$)—C(=O)—OH   C CH$_3$CH$_2$CH$_3$(OH)

11-1

(1) 硝基乙烷   (2) 1,7-庚二胺   (3) *N*-亚硝基二乙基胺   (4) 氯化苯铵   (5) 邻溴乙酰苯胺

(6) 对硝基苯肼   (7) 1-甲基哌啶   (8) 丁二酰亚胺   (9) 溴化二甲基苄基十二烷基铵

(10) *N*-甲基-*N*-乙基对氯苯胺   (11) *N*-甲基吡咯烷酮

11-2

(1) 二甲胺＞甲胺＞氨＞乙酰胺   (2) 环己胺＞对甲氧基苯胺＞苯胺

(3) 甲乙胺＞戊胺＞苯胺＞乙酰苯胺

(4) 氢氧化四甲铵＞甲胺＞尿素＞甲酰胺＞邻苯二甲酰亚胺

11-3

(1) (CH$_3$)$_3$N$^+$CH(CH$_3$)$_2$Br$^-$ (2) 见结构式   (3) 见结构式

(4) 见结构式

(5) 见结构式

(6) 见结构式

(7) (CH$_3$)$_2$N$^+$(CH$_2$CH$_3$)$_3$I$^-$, (CH$_3$)$_2$N$^+$(CH$_2$CH$_3$)$_2$OH$^-$, (CH$_3$)$_2$NCH$_2$CH$_3$ + CH$_2$=CH$_2$

11-4

(1) 采用 Hinsberg 反应鉴定。

(2) 采用 Hinsberg 反应鉴定。

(3) 银镜反应鉴定出乙醛, 碘仿反应鉴定出乙醇, Hinsberg 反应鉴定出乙胺, 剩余乙酸。

11-5

(1) CH$_3$CH$_2$CH$_2$CH$_2$Br $\xrightarrow[\text{C}_2\text{H}_5\text{OH}]{\text{KOH}}$ CH$_3$CH$_2$CH=CH$_2$ $\xrightarrow{\text{HBr}}$ CH$_3$CH$_2$CHCH$_3$(Br) $\xrightarrow{\text{NaCN}}$

CH$_3$CH$_2$CHCH$_3$(CN) $\xrightarrow{\text{H}^+}$ CH$_3$CH$_2$CHCH$_3$(COOH) $\xrightarrow[\text{NH}_3]{\text{SOCl}_2}$

CH$_3$CH$_2$CHCH$_3$(CONH$_2$) $\xrightarrow{\text{Br}_2,\text{OH}^-}$ CH$_3$CH$_2$CHCH$_3$(NH$_2$)

(2)

(3)

11-6

$$CH_3CHCH_2CH(CH_3)_2$$
$$\underset{|}{}$$
$$NH_2$$

A

$$CH_3CHCH_2CH(CH_3)_2$$
$$\underset{|}{}$$
$$OH$$

B

$$CH_3CH=CHCH(CH_3)_2$$

C

12-1

（1）环己基硫醇　　　（2）甲基环己基硫醚　　　（3）对甲基苯硫酚　　　（4）对甲基苯磺酰氯

（5）乙基异丙基硫醚　　　（6）2-巯基-3-丁烯酸　　　（7）O,O-二乙基-O-对硝基苯基磷酸酯

（8）O,O,O-三甲基磷酸酯

12-2

（1）CH_3CH_2SH

（2）$H_2N\text{—}\bigcirc\text{—}SO_2NH_2$

（3）$CH_3CH_2CH_2\underset{\underset{SCH_3}{|}}{CH}CH_3$

（4）$H_3C\overset{O}{\overset{\|}{S}}CH_3$

（5）$CH_3CH_2CH_2CH_2\text{—}S\text{—}S\text{—}CH_2CH_2CH_3$

（6）$H_3CH_2CO\text{—}\underset{\underset{OCH_2CH_3}{|}}{\overset{\overset{O}{\|}}{P}}\text{—}OCH_2CH_3$

（7）$H_3C\text{—}\underset{\underset{O}{\|}}{\overset{\overset{O}{\|}}{S}}\text{—}CH_2CH_3$

（8）$(C_2H_5O)_2\text{—}\underset{\underset{S}{\|}}{P}\text{—}O\text{—}N=\underset{\underset{CN}{|}}{C}\text{—}\bigcirc$

12-3

（1）$CH_3OSO_2OCH_3 < CH_3CH_2SO_2NHCH_3 < CH_3CH_2SO_2OH$

（2）对甲基苯酚＜硫酚＜苯磺酸

12-4

（1）乙醇＞乙硫醇＞甲硫醇

（2）正丁醇＞异丁醇＞异丁硫醇

12-5

（1）$CH_3CH_2SNa + H_2O$

（2）$CH_3CH_2SO_3H$

（3）$\bigcirc\text{—}SNa + H_2O + CO_2\uparrow$

（4）$\underset{\underset{Cl}{|}}{Cl}\text{—}\bigcirc\text{—}\underset{\underset{CCl_3}{|}}{CH}OH + CH_3COONa$

（5）$2CH_3OH + H_3PO_4 + HO\text{—}\underset{\underset{CH_3}{|}}{C}=CHCOONa + CH_3NH_2$

12-6

（1）加入 $NaHCO_3$

（2）加入 $CH_3CH_2NH_2$

12-7

略

12-8

A $CH_3CH_2-SO_2-OCH(CH_3)CH_2CH_3$　　B $CH_3CH_2SO_3H$　　C $CH_3CH(OH)CH_2CH_3$

D $CH_3C(=O)CH_2CH_3$　　E $CH_3C(=N-OH)CH_2CH_3$

13-1

（1）2-甲基-5-溴噻吩　（2）2-羟基-4-吡啶甲酸　（3）6,8-二羟基嘌呤

（4）5-甲氧基咪唑　（5）4-溴-3-吲哚乙酸　（6）4-溴-3-羧甲基吲哚

（7）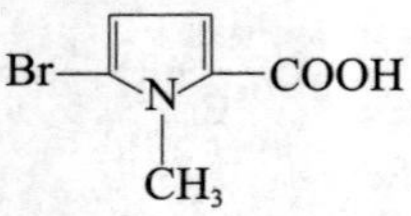

（8）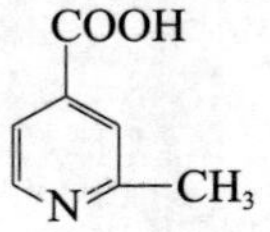

（9）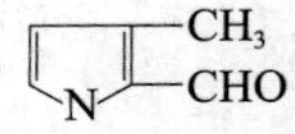

（10）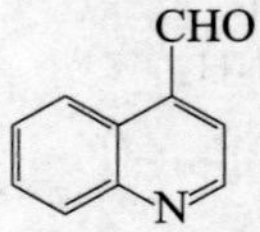

13-2

在吡啶分子中，氮原子的电负性比碳大，表现出吸电子诱导效应，使环中碳原子的电子云密度小于苯中碳原子的电子云密度，是缺电子芳杂环，所以难于发生亲电取代反应。而吡咯分子中环上电子云密度比苯大，是富电子芳杂环，所以易于发生亲电取代。

13-3

（1）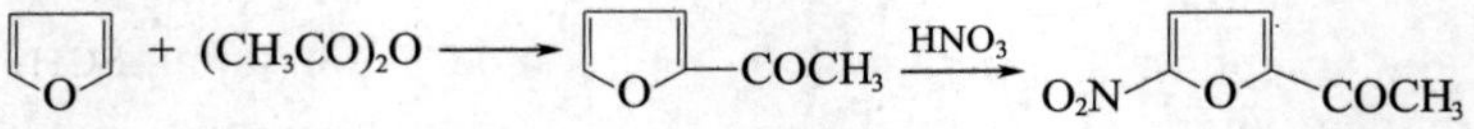

（2）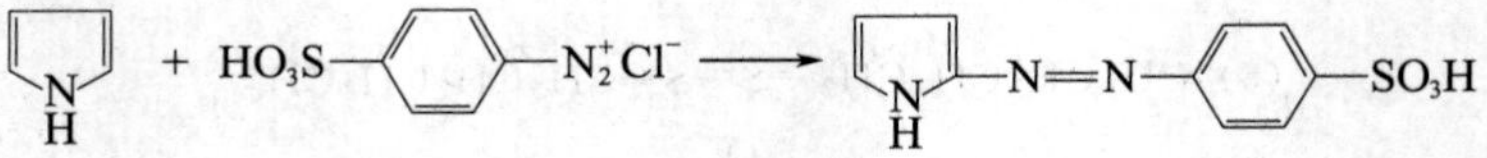

（3）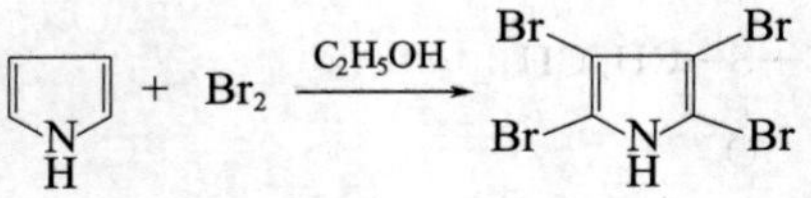

（4）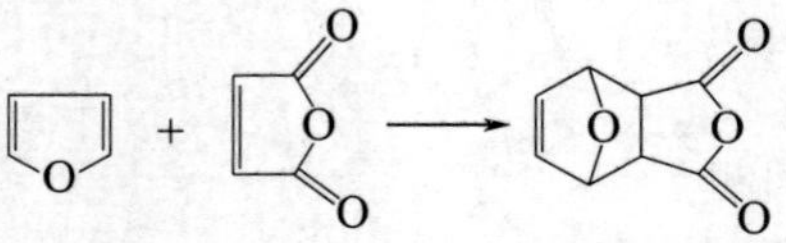

（5）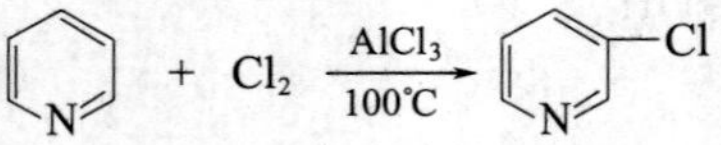

（6）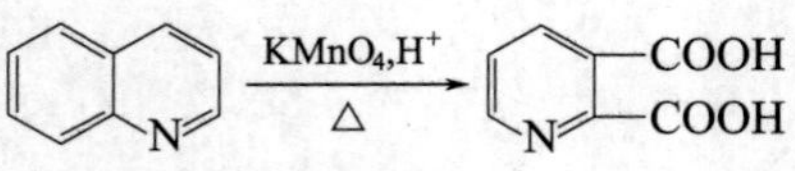

（7）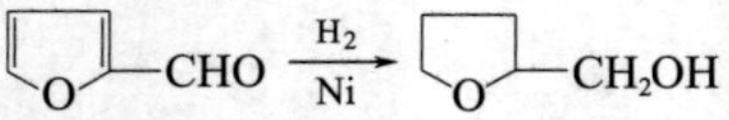

（8）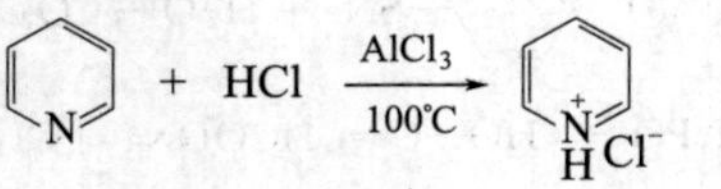

13-4

（1）苄胺＞氨＞吡啶＞苯胺＞吡咯

（2）四氢吡咯＞吡啶＞吡咯

13-5

（1）用浓盐酸处理，吡啶具有碱性而与盐酸生成盐溶于水相，分离出吡啶。

（2）在室温下用浓硫酸处理，噻吩在室温与浓硫酸反应生成 α-噻吩磺酸而溶于浓硫酸，苯不反应。

13-6

A CH=CHCOCH₃

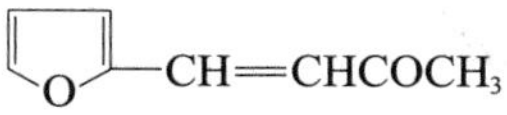

B CH=CHCOOH

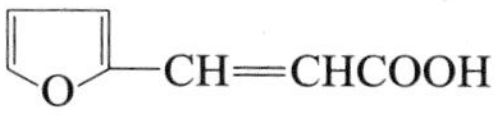

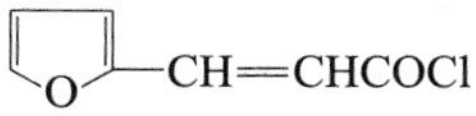

C CH=CHCOCl

D CH=CHCOOC₂H₅

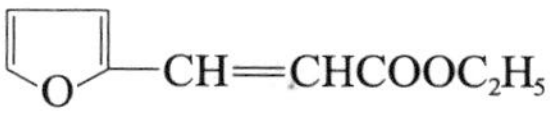

13-7

（1）

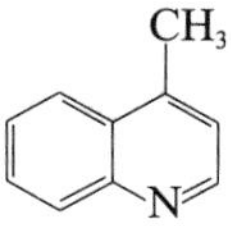

（2） 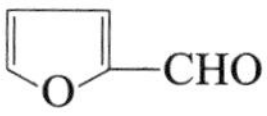 CHO

13-8

略

14-1

（1）

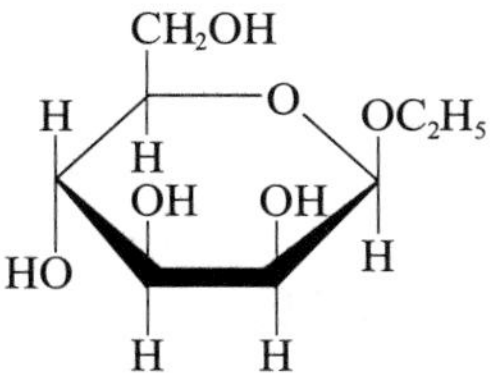

（2）

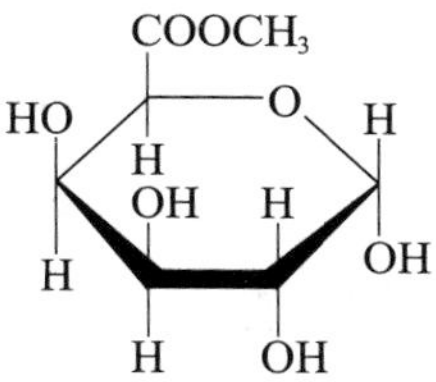

（3）

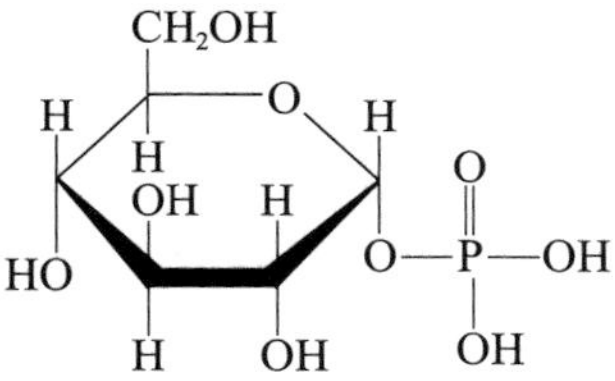

（4）

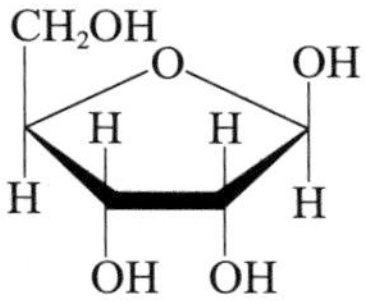

14-2

（1）

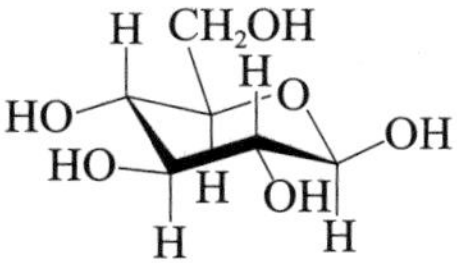

（2）

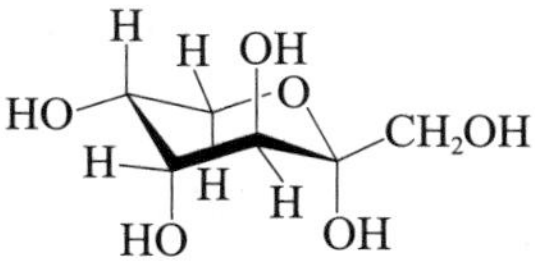

（3）

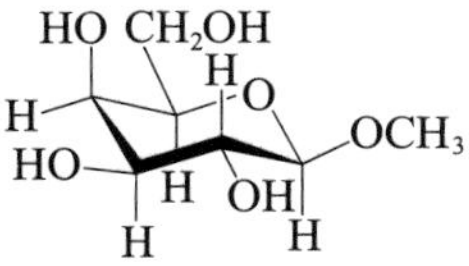

（4）

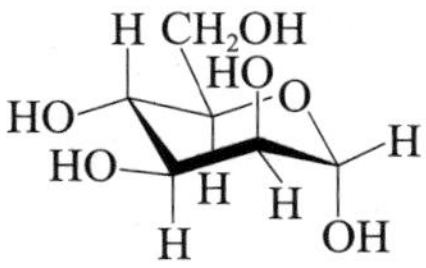

14-3

（1）D-葡萄糖和D-甘露糖的差别仅 C^2 位的构型不同，像这种有多个手性碳的非对映异构体，彼此间只有一个手性碳原子的构型不同，而其余都相同，称为差向异构体。

（2）连有半缩醛羟基的手性碳构型相反，其他相对应的手性碳的构型均相同的糖互为端基异构体。

（3）糖在水溶液中自动改变比旋光度，最后达到恒定值的现象称为变旋光现象。

（4）凡是能被弱氧化剂（Tollens，Benedict 和 Fehling 试剂）氧化的糖称为还原糖，如葡萄糖、麦芽糖。不能被弱氧化剂氧化的糖称为非还原糖，如蔗糖。

（5）糖的半缩醛羟基与其他化合物分子脱水键合所形成的键，称为苷键。

14-4

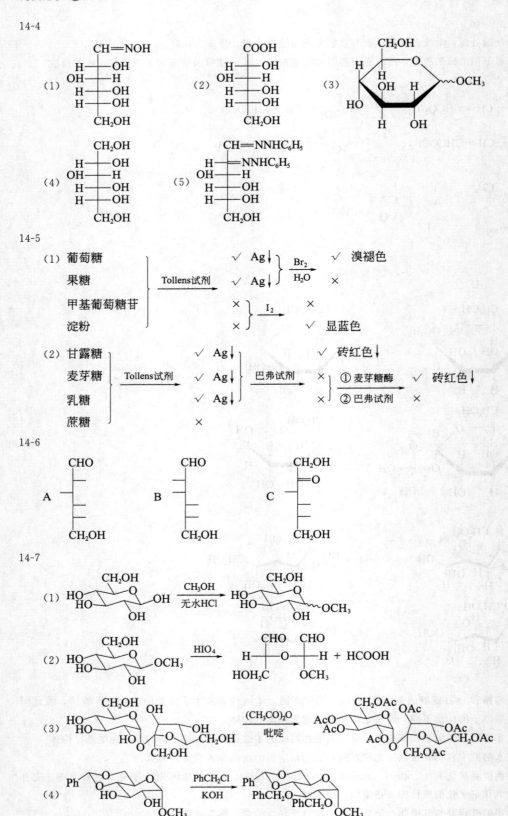

(5)

$$\begin{array}{c} CHO \\ H \overline{} H \\ H \overline{} OH \\ H \overline{} OH \\ CH_2OH \end{array} \xrightarrow{\ HIO_4\ } OHC\!-\!CH_2\!-\!CHO + HCOOH + HCHO$$

(6)

$$\begin{array}{c} CHO \\ H \overline{} OH \\ H \overline{} OH \\ CH_2OH \end{array} \ 或 \ \begin{array}{c} CHO \\ HO \overline{} H \\ HO \overline{} H \\ CH_2OH \end{array} \xrightarrow{\ HNO_3\ } \begin{array}{c} COOH \\ H \overline{} OH \\ H \overline{} OH \\ COOH \end{array}$$

(7)

$$\begin{array}{c} CHO \\ H \overline{} OH \\ HO \overline{} H \\ CH_2OH \end{array} \ 或 \ \begin{array}{c} CHO \\ HO \overline{} H \\ H \overline{} OH \\ CH_2OH \end{array} \xrightarrow{\ NaBH_4\ } \begin{array}{c} CH_2OH \\ HO \overline{} H \\ H \overline{} OH \\ CH_2OH \end{array}$$

14-8

(1) D-阿拉伯糖　　　　(2) D-甘露糖

14-9

(1) D-核糖　　　(2) D-阿拉伯糖　　　(3) L-核糖　　　(4) D-木糖

(1) 与 (3) 互为对映异构体；(1) 与 (2)，(1) 与 (4) 互为差向异构体。

14-10

$$A \quad \begin{array}{c} CHO \\ HO \overline{} H \\ H \overline{} OH \\ CH_2OH \end{array} \qquad B \quad \begin{array}{c} CHO \\ H \overline{} OH \\ H \overline{} OH \\ CH_2OH \end{array}$$

15-1

(1) $CH_3CH(OH)CH(NH_2)COOH$　　　　(2) $C_6H_5CH_2CH(NH_2)COOH$

(3) $CH_2(OH)CH(NH_2)CONHCH_2COOH$　　　　(4) $CH_2(SH)CH(NH_2)COOH$

(5) $(CH_3)_2CHCH_2CH(NH_2)COOH$　　　　(6) $HOOCCH_2CH_2CH(NH_2)COOH$

(7) $\begin{array}{c} CH_3CHCONHCHCONHCH_2COOH \\ | \quad\quad\quad | \\ NH_2 \quad CH_2CH(CH_3)_2 \end{array}$

(8)

$$\begin{array}{c} NH_2 \\ | \\ \underset{\underset{H}{|}}{N} \\ \end{array}$$

(9)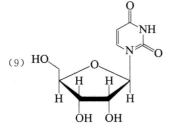

15-2

(1) 负离子　　　(2) 正离子　　　(3) 两性离子

15-3

小于 6

15-4

丙氨酸（正离子）向阴极移动；半胱氨酸（负离子）向阳极移动；丝氨酸（两性离子）不移动

15-5

G-A-C-A-G-T

15-6

亮-丙-精-苯丙-甘-丝-脯-亮

15-7

(1) 蛋白质（茚三酮反应）；淀粉（与 I_2 的显色反应）。

(2) 苯丙氨酸（黄蛋白反应）；丙-甘-半胱（茚三酮反应）。

(3) 葡萄糖（银镜反应）；蛋白质（茚三酮反应）。

15-8

$CH_3CH_2CH(NH_2)COOH$ 或 $CH_3CH(NH_2)CH_2COOH$ 或 $H_2NCH_2CH(CH_3)COOH$

15-9

A：$CH_3CH(NH_2)COOC_2H_5$ B：$CH_3CH(NH_2)COOH$ C：CH_3CH_2OH

16-1

(1) $CH_3(CH_2)_4(CH=CHCH_2)_2(CH_2)_6COOH$

(2)

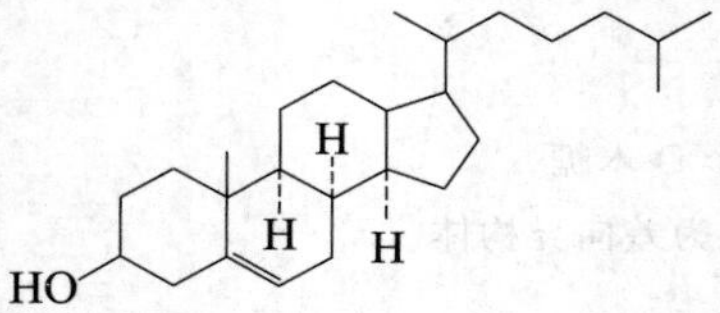

(3)

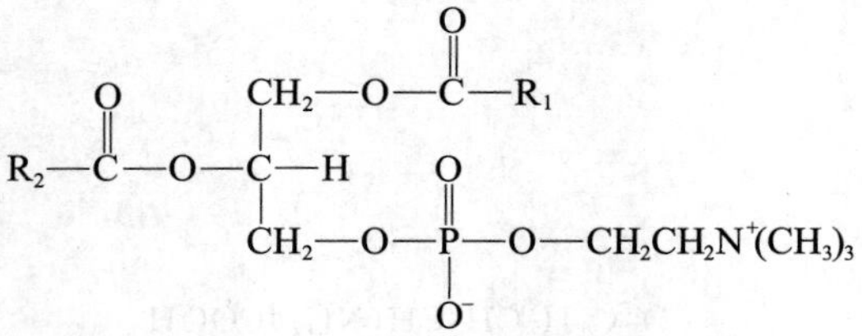

(4)

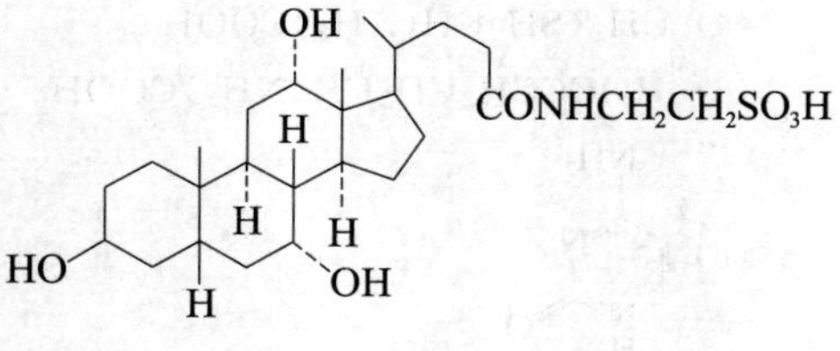

16-2

卵磷脂又称为磷脂酰胆碱，分子结构中含有胆碱。脑磷脂又称为磷脂酰胆胺，分子结构中含有胆胺（乙醇胺）。脑磷脂在冷乙醇中的溶解度很小，而卵磷脂在冷乙醇中的溶解度较大，利用此溶解性差异可将二者分离。

16-3

天然油脂中的脂肪酸一般都是含偶数碳原子的直链饱和脂肪酸和非共轭的不饱和脂肪酸。绝大多数脂肪酸含 12～18 个碳原子。而且不饱和脂肪酸中的双键多是顺式构型。

16-4

(1) 皂化是油脂在碱催化下水解成高级脂肪酸和甘油的反应。1g 油脂完全皂化时所需氢氧化钾的毫克数称为皂化值。

(2) 脂的酸败是指油脂中不饱和脂肪酸被空气中的氧缓慢氧化，生成小分子醛、羧酸等物质的过程。中和 1g 油脂中的游离脂肪酸所需氢氧化钾的毫克数称为油脂的酸值。

(3) 油脂的硬化是指在催化剂存在下，使油脂中的不饱和键氢化为饱和键的过程。100g 油脂中不饱和键所能吸收碘的克数称为油脂的碘值。